国际电气工程先进技术译丛

高温超导技术在电力装备中的应用

[美] 斯沃恩·辛格·卡尔斯（Swarn Singh Kalsi） 著
丘 明 诸嘉慧 译

机 械 工 业 出 版 社

本书系统地介绍了近年来超导电力技术的发展状况，分章节就目前商品化超导材料应用性能、低温制冷设备技术状况和各种高温超导电力装备的工作原理、结构组成、设计方法、模型样机、制造工艺和工程应用进行了详细论述。其中，涉及交/直流电机、电力变压器、故障电流限制器、电力电缆、磁悬浮交通等诸多应用领域，就人们所关心的技术经济性问题，深入分析了各种电力装备及其工程应用的关键要点、存在问题及其解决途径。并且在部分章给出了设计实例，为读者快速掌握技术核心、开展自主设计提供了重要帮助和参考。本书内容具体翔实，涉及知识领域广泛，与同类图书相比，介绍内容更偏重超导装备实用化技术。可供原始设备生产商、设计者、工业和公用事业用户、大学和国防服务研究机构，以及相关专业高年级研究生和指导教师参考。

译　者　序

超导电力技术是利用超导体的无阻高密度载流能力及超导体的超导态—正常态相变的物理特性发展起来的一门新兴技术，在实现电力装备轻量化、小型化、高效化和提高电网安全性、稳定性和供电电能质量等方面具有重要的意义和广阔的应用前景，其广泛的应用将带来传统电力工业的重大革新。我国国情和电力工业发展的固有特点决定了采用超导电力等先进技术解决传统电力工业发展的瓶颈问题，是电力工业发展的必由之路。为此，选择了这本《高温超导技术在电力装备中的应用》进行翻译，以便为国内读者推广和普及超导电力技术知识，促进相关的技术研发和现实应用。

原书作者从事超导技术研发工作近40年，有着丰富的实践经验，该书是作者历年来研发成果的整体体现。如今，有关超导电力技术的综合类图书，如涵盖超导材料、低温制冷、超导电机、电力变压器、电力电缆、故障限流器等装备应用技术等内容，体现国际最新研发和应用成果的译著较为少见。该书从系统的角度，详细论述了高温超导材料在多种先进电力装备中的应用原理、关键技术、设计方法和应用状况，基于技术经济性分析展望了相关技术的发展趋势和应用前景，结合实例指出了人们所需重点关注和研究的内容。

原书内容具体翔实，涉及面广泛。与同类图书相比，更偏重超导装备实用化所关注的问题，数据丰富，时效性较强，充分体现了当前国际发展水平。所针对的读者对象主要是从事应用超导技术研究工作的科技工作者、电工与电力技术领域的高级技术人员、电力设备研制高级技术人员，电气和机械工程师以及高等院校相关专业教师和研究生。

全书共有11章，其中第1~5章由丘明博士翻译，第6~11章由诸嘉慧博士翻译。本书在文字编辑过程中还得到北京交通大学方进教授课题组和华北电力大学李卫国教授课题组同学的帮助，在此一并表示感谢。

译　者

原 书 序

在许多同事们的强烈劝说下，我完成了本书的撰写，目的在于为20世纪80年代后期发展起来的高温超导电力设备设计提供参考。目前，高温超导（High Temperature Superconductor，HTS）技术处在初期培育阶段，成材技术及其应用仍在不断革新和发展中，本书所讨论的设计和分析方法源于通用电气公司全球研究部、诺斯罗普·格鲁曼公司和美国超导公司的多名同事超过35年经验和教训的总结，以及我在参与橡树岭和布鲁克黑文国家实验室核聚变及加速器项目期间对超导应用的深入理解。写作本书，我声明自身没有做出任何原创性或推动后续发展的贡献，本书仅试图通过合理组织来介绍各种电力设备的基本原理、设计基础及范例、原型样机，并鼓励读者进一步开展高温超导技术研发。

本书假定大家已经通晓如电动机、发电机、变压器、电力电缆和电磁铁等传统电力设备的基本设计原理和分析方法，潜在的读者是在电力行业和国家实验室工作的电气、机械工程师及高等院校研究生。以下是每一章的主题介绍：

第1章为引言，内容包括高温超导技术及其在电力设备中应用的介绍、技术应用推广所需达到的价格目标。

第2章提供了高温超导技术发展状况的相关信息，包括高温超导最热门的应用、超导磁体设计的基础数据和用于说明整个设计流程的一个高温超导磁体的简单设计范例。

第3章描述了用于保证高温超导线圈工作在4～80K温区所需的不同类型的制冷机，介绍了低温气体和维持超导体处于特定低温环境中的杜瓦容器，给出范例说明杜瓦的设计过程并强调了其关键要素。

第4章篇幅最长，内容包括空心（磁路无铁心）旋转交流电机设计分析的基本方程式，通过一台旋转电机的设计分析阐述了方程式的使用方法，并列举了一台发电机设计实例、众多已完成建造和测试的电动机和发电机原理样机。

第5章描述了旋转直流单极电机，该电机采用静止的高温超导磁体做励磁绕组，以及室温下旋转的直流电枢绕组，结合所测试的原理样机介绍了基本的设计分析方程式，这种电机在船舶推进领域中具有巨大的应用潜力。

第6章介绍了励磁和交流电枢绕组均安装在静止结构上的交流开关磁阻电机和一通过测试的原理样机，这种电机具有与传统绕线磁极式同步电机相同的端部特性，通常用于高频、高速场合。

第7章介绍了高温超导变压器的设计与性能分析，并给出了一个设计范例。

变压器是电力工业中最常用的设备，目前高温超导变压器已具备了商业化开发的条件。

第8章介绍了各种高温超导故障限流器（Fault Current Limiter，FCL）的概念，超导故障限流器在限制故障电流和其后无需人工干预自动恢复方面具有令人满意的特性。通过对硬件构成的描述，本章内容涵盖了大部分类型高温超故障导限流器的设计和性能分析。

第9章介绍了大容量高温超导电力电缆的设计与分析，城市中心区域对电力需求的增加和输电走廊的限制推动了高功率密度、热中性高温超导电缆的研发。本章讨论了大部分类型的高温超导电缆，包含设计范例和已建电缆系统的介绍。

第10章描述了磁悬浮列车系统中两种最常用类型的磁悬浮原理，介绍了列车悬浮和推进用超导磁体的设计。

第11章介绍利用高温超导体所制作的高、低场磁体和世界上的一些实例。高温超导磁体可以运行在4~80K宽温区范围内，相比于低温超导（LTS）磁体，具有较小的尺寸和重量、较高的效率和场强以及更好的磁热稳定性，因而在某些场合更具吸引力。

我希望这本书中提及的理论和设计方法能够有助于制造工程师和用户认识到高温超导技术应用于电力设备所带来的好处。在目前注重电网改造、提高电网可靠性、增加电力输送效率和单机运行效率的背景情况下，高温超导技术可以发挥十分显著的作用。然而作为一个用户，第一优先考虑的是如何避免采用可靠性小和可用数据缺乏的技术，以便最大程度地降低风险。由于高温超导等新技术的应用通常比较困难，但它具有解决存在于电力设施、工业和船舶系统中的相关电网和电力设备众多棘手问题的潜力，因此我极力主张当今和未来的工程师能够持续研发高温超导技术。如今，高温超导技术的发展阶段如同一个世纪前电工铜技术的状态，接下来的几十年内许多看似坚不可摧的障碍将被克服，新的高温超导导体及其应用将涌现，到那时现在的高温超导技术会显得原始、落后。

缩　略　语

符　　号	定　　义
NbTi	铌-钛
Nb_3Sn	铌三锡
MgB_2	二硼化镁
BSCCO-2212	$Bi_2Sr_2CaCu_2O_8$
BSCCO-2223	$(Bi, Pb)_2Sr_2Ca_2Cu_3O_{10}$
YBCO-123	$YBa_2Cu_3O_7$
SMES	超导储能系统
HTS	高温超导体
FCL	故障限流器
LTS	低温超导体
B	磁感应强度
T	特斯拉（磁感应强度单位）
J	电流密度
J_c	临界电流密度
J_e	工程电流密度
K	开尔文（温度单位）
OPIT	氧化物粉末套管
1G	氧化物粉末套管法制备的 BSCCO-2223 导体
2G	YBCO-123 涂层导体
kAm	1m 导线通过千安级电流
H_c	临界磁场
T_c	临界温度
MFC	多芯复合导体
MRI	磁共振成像
SEI	住友电气工业株式会社（日本）
AMSC	美国超导公司（美国马萨诸塞州）
SP	超能，IGC 公司（美国纽约）
1G	第 1 代高温超导体

（续）

符　　号	定　　义
2G	第 2 代高温超导体
SCS	铜包覆稳定层
MOD	金属有机沉积
RABiTS	轧制辅助双轴织构基底
PLD	脉冲激光沉积
IBAD	离子束辅助沉积
LMO	$LaMnO_3$
CTFF	连续装管成型及填充
YSZ	钇稳定的氧化锆
He	氦
Ne	氖
H_2	氢
N_2	氮
O_2	氧
LHe	液氦
LN_2	液氮
LNe	液氖
VPI	真空压力浸渍

目　录

第1章 引 言

1986年所发现的高温超导材料目前已经在世界范围内实现商用化，随之涌现出两种类型的应用：一是使用液氮实现77K温区的低场应用；二是采用制冷机获得25K以上温区的高场应用。低成本的高温超导材料和与其配套价位合理的制冷系统促进了高温超导技术在各种磁体和电力装备中的应用，现已建成多个电工应用的原理样机，如电动机、发电机、变压器、输电电缆、故障限流器、磁悬浮列车和应用物理研究用磁体等。

据美国能源部统计，电动机的能源消耗占美国国内生产消耗总量的四分之三，使用了美国发电总量超过一半的电能。除了少数特例，现在几乎所有的游艇均采用电力推进，许多其他类型的商船和战舰也采用船用电动机作为其主要动力源。那些功率超过1000hp[⊖]的大型电动机就消耗超过三分之一的发电量，其中四分之三的大型电动机适于采用高温超导技术。

超导技术同样有利于提升电力辅助设备的性能、保障电网的稳定运行，如超导磁储能系统（Superconductor electro Magnetic Energy Storage，SMES）和故障限流器（FCL）。除了提高系统效率外，使用超导体还可以减小电力设备的尺寸和重量。大部分电能是在相对低的电压以交流的形式产生，在甚至更低的电压下使用，利用高压输电技术从发电侧向用户侧输送，借助变压器将电能从一个电压等级向另一个电压等级转换，变压器是电网中使用最为广泛的设备，是高温超导技术应用首选的对象。

电网不可避免地会遭遇极端的自然灾害和各类故障。故障限流器如熔断器，被用于限制故障电流以保证电网的正常运行。然而，故障过后熔断器需人工更换，而高温超导限流器则是一种自触发、自复位设备，允许电网故障后快速恢复。

在相似几何尺寸条件下，采用高温超导材料所制作的电力电缆能够承载数倍于常规铜电缆的电能，使用高温超导电缆节省下的空间可以用于增加功率传输或另作其他用途。

大型电磁体广泛应用在工业、科研和军事领域。使用高温超导材料制造磁体具有相当的吸引力，高温超导磁体可表现以下优点：尺寸和重量小、效率和场强高、稳定性好、寿命长且便于冷却。

⊖ 1hp = 745.700W，后同。

实用高温超导材料主要包括 BSCCO-2223、YBCO-123、BSCCO-2212 和 MgB_2 四种，但其中仅有 BSCCO-2223 和 YBCO-123 线材能够运行在 20～70K 温区，因而被广泛用于构造电工设备。YBCO-123 涂层导体成材技术发展迅速，其载流密度已满足实际设备应用的性能要求，基于涂层导体制造的 Roebel 电缆能够承载千安级电流且具有极低的损耗。BSCCO-2212 线材被用于构造运行在 4K 温区内的插式高场磁体，其棒材也被用于制作液氮浸泡冷却的故障限流器。MgB_2 导体已经成材，但其载流能力仍低于其他高温超导材料。

相对于 NbTi 和 Nb_3Sn 低温超导材料，高温超导材料尽管具有较高的不可逆场和运行温度，但 MRI、加速器和核聚变磁体至今尚未采用高温超导材料绕制，其原因在于高温超导材料在 4K 左右温区的比热容值较低。MRI、加速器和核聚变等低温超导应用是完全运行在 4K 附近温区的直流磁体，该温区工作的高温超导磁体对即使很小的热扰都会十分敏感，局部的温升就可能导致磁体的猝灭。反之，若运行在 30K 左右，高温超导材料比热容数值将高于 4K 温区数百倍，任何局部的热扰仅会引起较小的温升，而且它的 *N* 值较低⊖，正常态转变相对缓慢，使得高温超导磁体即使在明显热扰的情况下也能维持正常运行。

高温超导材料已被证实成功用于许多场合，相比而言低温超导材料显得并不理想，特别在工业应用方面。高温超导材料可以用来建造运行在液氮温区、交流电网中的电力电缆、故障限流器和变压器，已实施完成许多相关大型项目。高温超导体同样也用于构造大型交流同步电动机和发电机励磁磁极上的高场直流绕组，这些线圈固定在转子上，采用热虹吸或氦气循环的静态制冷机冷却，借助氦或氖等热媒将绕组中产生的热负荷输送到制冷系统。已经成功建造的大型电动机和发电机包括 8MVA 和 12Mvar 无功同步调相机、船舰用 4MW 双极发电机、5MW 和 36.5MW 高转矩船舰推进电动机以及 1000hp 和 5000hp 工业电动机。

电工领域是高温超导体最大的潜在应用市场，涉及电力传输电缆、高功率工业和船舶用推进电动机、发电机、同步调相机、故障限流器和变压器。2003 年 8 月 14 日的美国东北地区发生的停电事故促进了高温超导电力设备的加速发展。

本书总结了高温超导材料及其冷却系统的关键特性，讨论了它们在诸如旋转电机、变压器、电力电缆、故障限流器、磁悬浮列车和磁体系统等电工装备中的应用，给出设计实例帮助读者针对具体应用定制设备，大量参考文献提供了开发应用的相关细节。

目前高昂的材料成本制约了高温超导电工装备的商业化应用，预计不同应

⊖ *N* 是高温超导带材的 $V-I$ 曲线的指数。

用最高可接受的价格在 1～100 美元/(kA·m) 之间，这里 kA 是指材料的运行电流水平。低温超导 NbTi 线材典型售价约 1 美元/(kA·m)，但仅限于液氦温区使用；针对一些价格在 10～100 美元/(kA·m) 范围的应用场合，使用高温超导体且运行在 20～77K 温区则被认为具有较好的经济性。电工装备所用铜材的典型数值约为 15～25 美元/(kA·m)，为超导材料的使用设定了基准，由于电力应用成本压力巨大，高温超导材料必须与常规铜材相竞争。

在 1995～2010 年期间，国际上先后研发出包括发电机和电动机在内的许多同步电机原理样机，其中包括船舰推进用 100～200r/min 低速电机和 1800～3600r/min 高速电机，但因大部分使用了价格昂贵的 BSCCO-2223 高温超导材料，使之不可能成为商品。然而，如今的 YBCO-123 涂层导体材料具有低成本、高载流的特点，再次激发出人们的兴趣来研制应用在集中式电站和风电场的同步发电机。

采用 BSCCO-2223 线材和 YBCO-123 涂层导体构造的地下电力传输高温超导电缆已得到示范应用，如今多根超导电缆在世界各地运行，额定电压等级涵盖 11～138kV 范围。尽管这些电缆的运行给用户见证了高温超导技术的优越性，但高昂的成本费用和可靠性问题仍阻碍了高温超导电缆的实用化进程。

目前许多故障限流器项目正在进行中，大多数使用 YBCO-123 涂层导体或块材，有一些原理样机已在电网中试验运行。虽然故障限流器可以解决目前常规技术难以解决的电力系统问题，但能否成功应用仍将取决于其投资成本和可靠性评估。

在 1995～2005 年，世界上也制造出许多超导电力变压器原理样机，大部分使用 BSCCO-2223 线材，由于其交流损耗较高，发现并不适于变压器应用。现在新的项目开始尝试使用 YBCO-123 涂层导体，有望将损耗降低至可接受的水平，这些导体一般采用宽带或 Roebel 电缆。尽管高温超导变压器可以提高效率和减轻重量，但将来的应用推广仍将取决于其经济可行性和运行的可靠性。

为了鼓励未来的用户采用高温超导技术，发展并建立类似于常规设备的各类标准是必需的。高温超导设备必须满足 CIGRE、IEEE、NEMA 和 VAMAS 等工业标准对常规设备的所有要求，如果某项要求不能满足则必须制定相应方案以确保超导新设备与目前可供使用的常规设备在性能指标和可靠性方面相当。必须从现在开始启动标准工作，目前 IEEE 和 CIGRE 正在着手开展高温超导旋转电机和故障限流器标准的起草工作。

尽管高温超导技术的许多应用是可行的，但需降低高温超导材料及其冷却系统的费用才能实现应用推广，这是一个典型的鸡和蛋的问题：大部分的应用要求降低高温超导材料和冷却系统成本，而研发人员则需要更多的需求（订单）来降低这些成本。预计 21 世纪 20 年代，可能出现一些符合经济性要求的产品。

第2章　高温超导材料

2.1　概述

一些材料冷却到极低的温度下能够无阻地承载电流，这些材料称为超导体。超导体可以用来构造各种电工装备，并显示出巨大的优越性。例如，美国电网近7%的电能消耗在发电侧到用户侧之间的传输线路上，同样数量的电能消耗在发电端与配电端之间，巨大的损耗与自然资源的高效利用和环境保护需求相抵触，超导材料在发电和配电装备上的应用可以显著地提高系统的效率。从超导应用中可以获益的电工技术包括大型电动机与发电机、变压器及电力电缆和其他应用，如磁悬浮列车（Maglev）。超导技术也可作为辅助设备平滑电网运行，应用案例如超导磁储能系统（SMES）和故障限流器（FCL）。除提高系统效率外，应用超导材料还可以减小设备的尺寸和重量，那些结构紧凑、轻巧的电动机和发电机在船舶、飞机、磁悬浮列车和传统列车上的应用都很受欢迎。

早期发现的超导体是一些纯金属，如汞、铅、锡等，这些超导体在高场下载流能力几乎为零，因此没有太大的实用价值。20世纪50年代末至60年代初，发现了新型高场合金和化合物超导材料，如NbTi和Nb_3Sn，并被用于诸如MRI和各种高场磁体系统等商业化设备中。这些合金和化合物超导材料必须冷却至4K左右温区，低温制冷系统的成本及运行可靠性限制了其更广泛的应用。

1986年，30～40K温区的超导电性被发现，随后材料的临界温度提升至110K，促使人们考虑将这些材料用于各种电工装备。这些超导材料被分类为高温超导体（HTS），可以用液氮冷却，应用于低场条件，也可以通过商品化的制冷机冷却至30～40K，工作在高场环境中。高温超导技术广泛应用的先决条件在于发展革新技术来提高材料性能，降低高温超导材料生产和所需冷却系统的成本。本章首先简单回顾了超导电性的研究历史，然后讨论了可供使用的各种高温超导体，其中主要包括BSCCO-2212、BSCCO-2223、YBCO-123和MgB_2超导材料，这些材料在提高电力工业系统效率、降低运行成本方面有着良好的应用前景，超导体更详细的论述参见本章参考文献［1］。最后给出一个设计范例，用以说明超导磁体的设计过程。

2.2　高温超导体背景和专业术语

2.2.1　背景

1908 年在实验室实现氦气液化后，1911 年卡末林·昂内斯（Kamerlingh Onnes）发现了超导现象，Blaugher 在本章参考文献［2］中阐述了超导电性与低温制冷系统之间的关系。目前，商业化的低温超导体（LTS）有 NbTi 和Nb_3Sn两种，它们的临界温度分别为 9K 和 18K，因此对于大多数应用而言必须运行在 5K 温区以下，通常昂贵的制冷成本使其难以在工业领域获得应用。相比而言，新的高温超导氧化物陶瓷材料仅需较少的冷量，且可在液氮饱和大气压力平衡温度 77K 以上实现低场应用，还可在 30～40K 温区实现高场应用。制冷机在 77K 下的运行功耗低于在 4K 时相应数值的十分之一。

如图 2.1 所示，所有超导体必须工作在由电流密度、运行温度和磁场 3 个相互关联临界参数所限定的区域内。其中超导体无阻载流（呈现超导态）所对应的最高温度称为该超导体的临界温度（T_c），其载流能力上限称为临界电流密度（J_c），而临界磁场（H_c）则是指磁场强度高于此数值后超导体将丧失超导电性。3 个临界参数超过其中任何一个，超导体都将转变为正常态。自从 1986 年 HTS 被发现后，HTS 材料正逐步用于制作一些原理样机，如电动机、发电机、电力电缆、变压器、故障限流器和磁悬浮列车用磁体等。

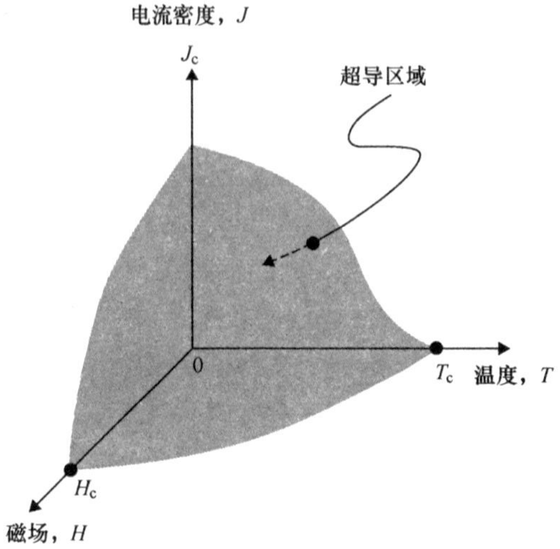

图 2.1　由电流密度、温度和磁场定义的超导三维空间

最常见的 HTS 材料包括 BSCCO-2212、BSCCO-2223、YBCO-123 和 MgB_2 导体，它们采用不同的工艺制备，接下来的章节将对每种材料及其制备过程和应用局限性进行简要的介绍，若读者有兴趣了解更多的相关信息可参考 Scanlan 等人所撰写的文章[3]，该文章同时也包含了一份详细的参考文献目录。

2.2.2　术语

在深入介绍之前，也许有必要详细说明一下超导材料制造商和用户所使用的量化参数。理论上，临界电流（I_c）的物理定义是指使超导体由超导态转变为正常态所承载电流的大小，但对于实用超导线材而言其转变不是跃变而是一个渐变的过程，这种情况下 I_c 被定义为沿线材长度方向电压降超过某一特定电场强度阈值（E_c）所对应的电流大小。在 77K 液氮温区和自场条件下，E_c 通常取值为 1μV/cm，但在设备运行场合通常倾向选择更为严格的数值 0.1μV/cm，特别是针对商业化低温超导线材。自场是指有限的电流通过超导线材所产生的磁场，在临界电流测量过程中自场是指通流后待测线材直线段处感生的磁场。

超导线材的载流性能可以用 $V-I$ 特性曲线或"沿线材长度方向电压降随载流变化的函数曲线"来表征，一个典型的 $V-I$ 曲线如图 2.2 所示。工业上的习惯做法是将超导体产生 1μV/cm 压降所对应的电流定义为临界电流（I_c）。超导体的另一特征量 N 值描述了超导线材电压降与其载流间的变化关系。

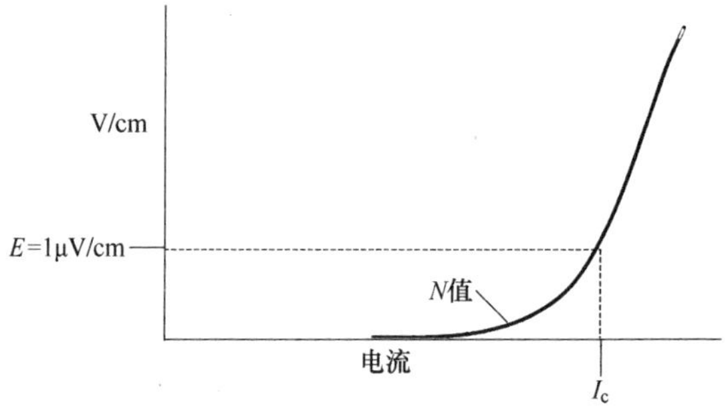

图 2.2　超导体 $V-I$ 特性曲线

对于零电阻（零压降）到有限电阻（有限压降）的转变过程，超导线材 $V-I$ 特性曲线可以用式（2.1）指数函数来拟合，式中，$E(I)$ 是超导体的纵向电压降，E_c 是电场判据（1.0μV/cm），I 是导体电流大小，I_c 是超导体的临界电流，N 是幂指数。N 值越大，$V-I$ 特性曲线在相变点处的转变就越为陡峭，体现了超导体的质量。高品质的超导体具有较高的 N 值，每厘米长度超导线材的损耗等于 $E(I)$ 与 I 的乘积，通常 I 仅为 I_c 数值的一小部分，N 值越高则损耗就越低。

$$E(I)=E_c\left(\frac{I}{I_c}\right)^N \tag{2.1}$$

通常，依据其临界电流密度（J_c）选取超导材料，即临界电流与超导体横截面积的比值。然而，超导线材工程临界电流密度（J_e）是超导装置设计中的关键参数，即超导线材临界电流与整个线材横截面积的比值，该截面包括超导体和正常导体部分。J_e 的大小在实际装置制造中十分重要，它决定了线圈截面的尺寸，包括力学支撑、电气绝缘等绕组附加构件。

2.3 BSCCO-2212 导体

BSCCO-2212 的临界温度（T_c）约为 90K，因为在 77K 背景磁场下载流能力很低，所以其在 4.2～20K 温区下的高场性能更令人们感兴趣，它是最早用来制备超导线材的高温超导材料且用途广泛。BSCCO-2212 可以制成圆线、扁带或铸成各种形状尺寸的棒材和块材，其融化再结晶能力使之在导体几何形状上具有相当的灵活性。相对于不同外磁场方向，圆线临界电流显示出各向同性的特征。一些能成功制备高载流密度导体的工艺也已经被验证了，其中包括粉末套管法（Powder In Tube，PIT）、浸涂法、流延法、电泳涂装法和喷涂法等，BSCCO-2212 材料已可制备成无损伤、沿长度方向具有良好均匀性的长带。这些都为 BSCCO-2212 在 20K 以下温区的工程应用提供了一个潜在的空间。

Barzi[4] 测试了牛津超导技术公司（Oxford Superconductor Technologies，OST）制备的 BSCCO-2212 导体在不同温度下的载流特性，如图 2.3 是临界电流密度（J_c）随磁场（B）的变化曲线。实验中 OST 圆形样品直径 0.7mm，通过测量 I_c 并除以导体截面积即可得到 J_c 大小。从图 2.3 中可以看出，高温下 BSCCO-2212 临界电流密度 J_c 迅速下降。此外，Marken 等人发表了 BSCCO-2212 导体制备和应用的相关综述[5,6]。

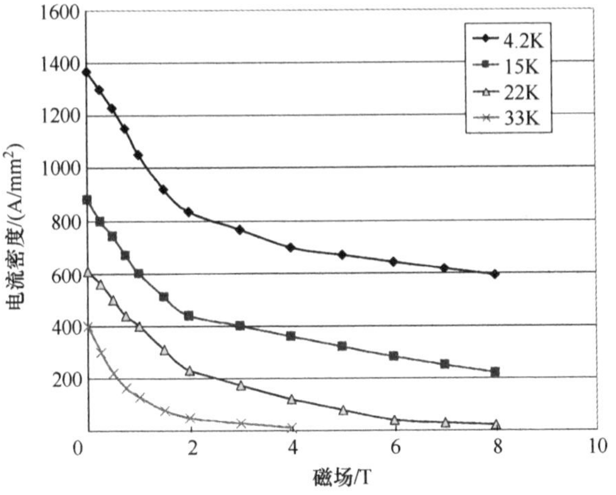

图 2.3 不同温度下 BSCCO-2212 临界电流密度（J_c）随磁场（B）的变化关系曲线

BSCCO-2212 薄带在、自场下的电流密度为 7100A/mm²[3]，并在 4.2K 及 10T 平行背场条件下，电流密度达 3500A/mm²，能够在高场环境中使用，作为内插式线圈创造了数个高场超导磁体，至今 BSCCO-2212 超导磁体仍保持最高磁场纪录。制备出的 BSCCO-2212 多芯线材可应用于高场磁体、加速器磁体和其他高载流超导磁体用 Rutherford 电缆，这种线材可以直接替代加速器磁体 Rutherford 电缆中的 LTS 线材。

如前所述，BSCCO-2212 在 20K 以下温区性能优异，但运行温度高于 20K 后性能大打折扣，与 2.3 节将要讨论的 BSCCO-2223 线材相比显得黯然失色。

2.4 BSCCO-2223 OPIT 线材

BSCCO-2223 高温超导材料临界温度约 110K，高出 BSCCO-2212 近 20K，许多制造厂商采用氧化物粉末套管（Oxide Powder In Tube，OPIT）法制备柔性的 BSCCO-2223 多芯复合导体[7]，该导体又被称为第 1 代（1G）高温超导线材。4mm 宽 BSCCO-2223 高温超导线材在 77K、自场下临界电流 I_c 最高平均值达 150A，OPIT 制备工艺已成功用于线材的工业化生产，连续单根线材长度可达数百米，同时线材的性价比也有所提高。1G 高温超导线材已实现商品化，电气、机械、热学性能基本满足电机、电力电缆等应用领域的要求。然而，2005 年这种材料最低成本仍约合 100 美元/(kA · m)，高于实现广泛工业化应用所预期的目标成本 10 美元/(kA · m)。2006 年日本住友电气工业株式会社（SEI）的新闻发布指出，2011 年之后该公司所生产的 BSCCO-2223 高温超导线材的价格目标降至 20 美元/(kA · m)。

2.4.1 制备工艺

1G 高温超导线材呈现带状，主要尺寸是 0.2mm × 4mm，由 55 根或更多数目的带状芯丝组成并嵌入银合金基底中。每根芯丝厚 10μm、宽达 200μm，通常由尺寸长达 20μm 的 BSCCO-2223 晶粒同轴取向排列组成。为满足一些应用要求，BSCCO-2223 线材两侧压接不锈钢带以提高其力学性能和防止环境侵蚀。2004 年已有大量公司生产 BSCCO-2223 高温超导线材，其中包括美国超导公司（马萨诸塞州 Devens）、欧洲先进超导公司（德国 Hanau）、英纳超导技术公司（中国北京）、住友电气工业株式会社（日本）和 Trithor 公司（德国 Rheinbach），全球产能超过 1000km/年。

虽然 BSCCO-2223 高温超导线材工业化生产过程的具体细节并不公开，但此处仍给出粉末套管（PIT）法基本成形工艺，如图 2.4 所示。先期通过气溶胶、喷雾热解法或简单的氧化物混合工艺合成含铅 BSCCO-2212、碱土铜酸盐、铜氧化物和其他氧化物的混合前驱粉末，原料按照 BSCCO-2223 成分配比；然后将前驱粉末装满银管，再密封和抽空，通过系列模具的多道拉拔延展形成六边形棒材；将这些棒材截断并束集在一起（典型芯数为 55 ~ 85 根），再次装入另一根银或银合金套管中，通过密封、抽空和进一步拔制形成细的圆线；随后通过轧机制成扁带，经过多道轧制和多次热处理使管内粉末发生反应形成织构化的 BSCCO-2223，超导相填充因子通常在 30% ~40% 之间。

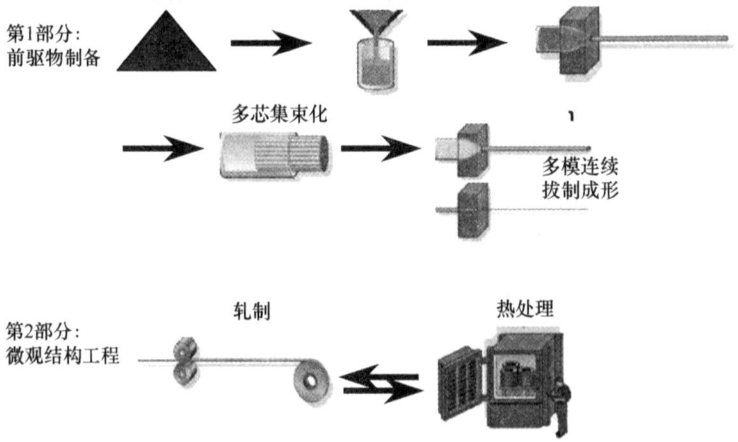

图 2.4 生产 BSCCO-2223 高温超导线材 OPIT 工艺流程示意图（美国超导公司提供）

2.4.2 电气和力学特性

截至 2006 年 BSCCO-2223 高温超导线材三大供应商分别是美国超导公司（AMSC，美国）、住友电气工业株式会社（SEI，日本）和欧洲高温超导公司（EHTS，德国），这里主要介绍美国超导公司和住友电气工业株式会社两大生产厂商提供的线材性能。具有 0.2mm × 4mm 矩形横截面的典型 BSCCO-2223 线材如图 2.5 所示，图中还给出了相对于导体截面垂直场（$B_{\perp}$）和平行场（$B_{\parallel}$）分量方向。BSCCO-2223 导体一般有 85 根超导芯丝，嵌入在银合金基体中。这种线材的主要技术问题在于经过最后一道热处理工艺后的导体银包套，在充分退火后其机械强度很差，屈服点低，与 BSCCO-2223 超导芯的力学性能严重失配。为了使超导线材能够承受磁体中较大的洛伦兹力作用，一些制造厂商考虑采用掺杂的银包套以提高机械强度。美国超导公司采用三明治结构，将线材置于两根不锈钢带之间来制作高强度高温超导线材。

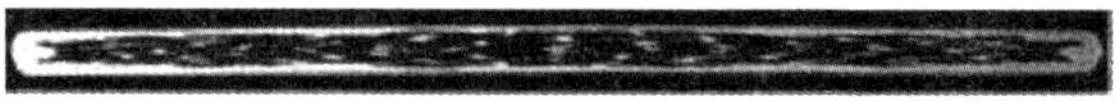

BSCCO-2223导体

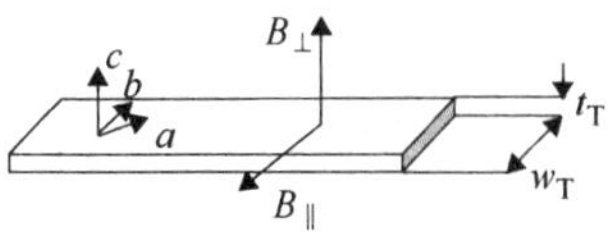

$B_{\perp}$和$B_{\parallel}$定义

图 2.5 0.2mm × 4mm 典型 BSCCO-2223 导体横截面图（美国超导公司提供）

1）美国超导公司（AMSC）线材。美国超导公司提供多种结构的 BSCCO-2223 高温超导线材，高载流密度和高强度的两种主要结构线材参数详见表 2.1，超导体在带材截面的占比通常在 30% ~40%。高载流密度超导线材用于高性能线圈和磁体绕制，但其机械强度较低（额定值 65MPa）。高强度超导线材则用于机械强度要求高、允许弯曲半径小的应用场合，较高的强度是通过将 BSCCO-2223 裸线夹在两根不锈钢带中间并使用焊料固化在一起来获得，这种线材显示出很大的拉伸强度，室温和 77K 下分别为 200MPa 和 250MPa，临界弯曲直径 38mm，可以承受高品质线圈和电缆制作过程中所施加的必要应力。根据 77K、自场条件下的额定载流量，把线材分 125A、135A，145A 和 155A 几个等级销售。

表 2.1 美国超导公司 BSCCO-2223 超导线材性能参数

参　数	高载流密度	高　强　度
155A 线材电流密度/(A/cm²)	17200	13300
平均厚度/mm	0.21 ~0.23	0.255 ~0.285
宽度/mm	3.9 ~4.3	4.2 ~4.4
最小双向弯曲直径/mm	100	38
最大拉伸应力额定值/MPa		
• 室温	65	200
• 液氮温度（77K）	65	250

注：来自 2006 年美国超导公司网站（www.amsc.com）数据。

图 2.6 显示了载流量 155A 的超导线材不同温度下临界电流（I_c）随磁场的变化曲线，对于其他载流量的超导线材可以通过线性比例获得相应的曲线。在磁场垂直于带材表面（$B_\perp$）和平行于带材表面（$B_\parallel$）两种情况下的线材的临界电流 I_c 如图所示，可以看出垂直场下 I_c 数值远低于平行场，因此磁体设计时必须注意垂直场的大小和分布，以免绕组内部产生过多的交流损耗。

2006 年年中，美国超导公司停止了 BSCCO-2223 高温超导线材的生产，集中力量转向 YBCO-123 涂层导体的研发。

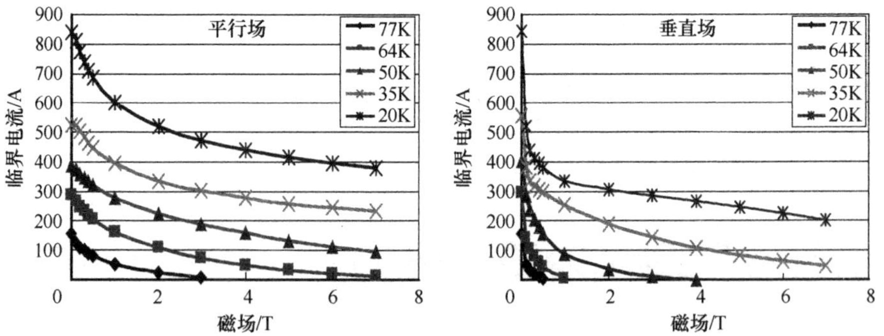

图 2.6 载流量 155A 线材不同温度下临界电流随磁场的变化曲线：左图为磁场平行于导体平面的情况（$B_\parallel$）；右图为磁场垂直于导体平面（$B_\perp$）的情况（美国超导公司提供）

2）住友电气工业株式会社（SEI）线材。住友电气工业株式会社 2006 年所制造的高载流密度和高强度两种结构的 BSCCO-2223 高温超导线材，详见表 2. 2。该公司开发出一种固相法，用于银与铋系高温超导材料的混合处理。使用这种被称为“Controlled Overpresssure（CT-OP）”的创新工艺，显著提高了线材的质量和产量，线材临界电流增加 30%，力学性能提高 50% 以上。高强度超导线材室温和 77K 下机械拉伸应力分别达到 170MPa 和 210MPa，临界弯曲直径 50mm，导体密度从常规的 85% 增至 100%，2007 年这种线材仍在销售。该公司的超导线材根据 77K、自场条件下的额定载流量，按照 110A、120A、140A 和 150A 分级提供，平行场 $B_{\parallel}$ 和垂直场 $B_{\perp}$ 情况下 I_c 变化曲线如图 2. 7 所示（摘自 2007 年该公司网站）。

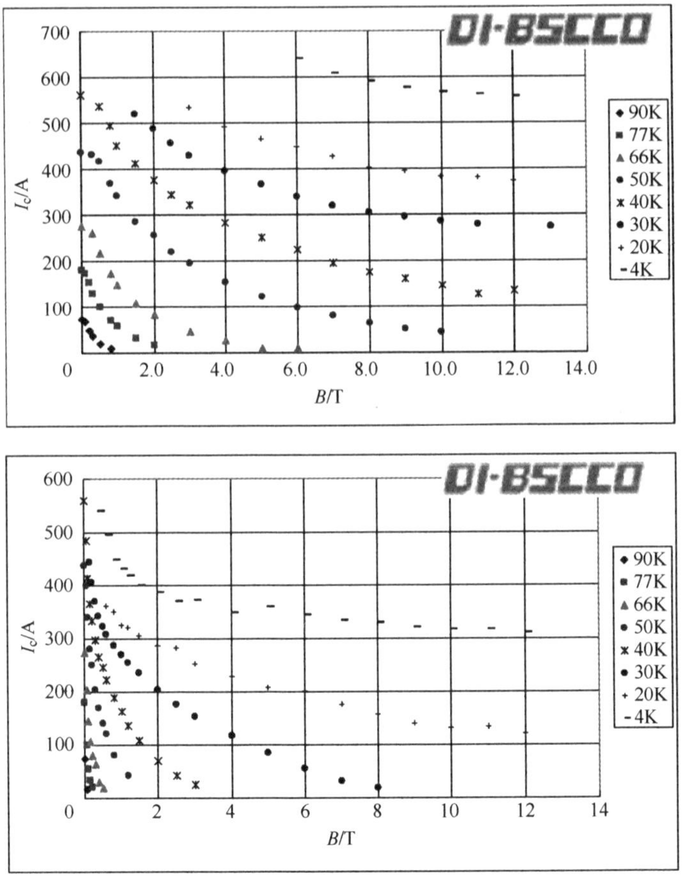

图 2. 7　载流量 150A 线材不同温度下临界电流随磁场的变化曲线：左图为磁场平行于导体平面的情况（$B_{\parallel}$）；右图为磁场垂直于导体平面（$B_{\perp}$）的情况。（住友电气工业株式会社提供）

表 2.2　住友电气工业株式会社 BSCCO-2223 超导线材性能参数

参　　数	高载流密度	高　强　度
载流量 150A 线材电流密度/(A/cm^2)	15000	12000
平均厚度/mm	0.22 ±0.02	0.22 ±0.02
宽度/mm	4.2 ±0.2	4.2 ±0.2
最小双向弯曲直径/mm	70	50
最大额定拉伸应力/MPa		
• 室温	100	170
• 液氮温度（77K）	135	210

2.5　YBCO-123 涂层导体

在第 1 代（1G）超导线材规模化生产的同时，许多厂商基于钇系超导体 $YBa_2Cu_3O_7$（YBCO-123）薄膜开发第 2 代（2G）高温超导材料。由于 BSCCO-2223 自身材料特性，在高于 2T 磁场环境中使用 1G 超导线材时，工作温度必须低于 40K。图 2.8 显示了 77K 温度下典型的 1G BSCCO-2223 超导线材和 2G YBCO 涂层导体之间的性能差异，显而易见与 1G 超导线材相比，2G 超导线材在高场下仍能保持较高的 J_c数值。

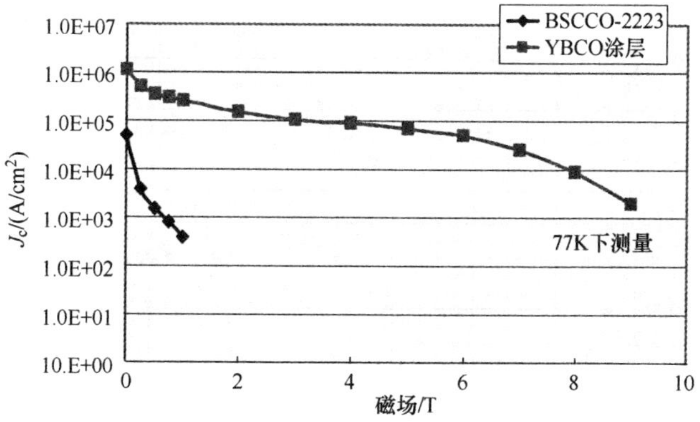

图 2.8　典型的 1G 和 2G 高温超导线材性能比较

2G 线材与 1G 线材相比，结构明显不同。不像 1G 线材，2G 线材不使用银这种贵金属，而银的使用至今仍是 1G 线材实现低成本的主要障碍。由于 2G 线材具有较大的临界电流（I_c），较高的流通量和较低的自动化生产成本，因此具有降低生产成本为 1/3 ~ 1/2 的潜力。低成本和高性能长带化被认为是 2G 线材具有商业机会的两个关键要素。并且，作为 1G 线材形式和功能上的替代品，2G 线材的使用仅需对 1G 线材现已开发和商业化的应用进行最小程度的改造，其较大的应变能力也为电力装备设计者提供了更大的结构选择空间。尽管世界范围内有许多其他生产厂商正在研发 2G 线材，但这里仅讨论美国超导公司（AMSC）和超能（SuperPower）公司的 MOD/RABiTS 和 IBAD-MgO 工艺，它们是发展最为成熟且代表着目前使用的两种最常见制备工艺。世界上具有价格竞争力的 2G 线材有多个来源，本节主要介绍目前美国正在使用的 MOD/RABiTS 和 IBAD-MgO 工艺。

1）美国超导公司 2G 线材。如图 2.9 所示，2G YBCO 线材包括多个涂层，这些涂层涂覆在基底或衬底材料上，可使超导材料获得最佳性能并实现低成本。美国超导公司选择有机金属沉积/轧制辅助双轴织构基底制备技术（简称 MOD/RABiTS）来生产 2G 线材，并进一步将 2G 线材与两根普通金属带叠压形成“三层”结构，即把 2G 线材夹在薄铜带或不锈钢带中间（类似于它们的商业化 1G HTS 线材），同时还借鉴了 1G 超导线材制备过程中的相关技术、生产设备和经验。美国超导公司 2G 超导线材产品——344 和 348 超导体已经取代 1G HTS 线材用于制造电缆、电动机、发电机、同步调相机、变压器和故障限流器，而无需重新设计或再加工。针对采用非真空法制备的 2G 涂层导体，伴随未来大规模生产，预测在 77K、0T 下的成本将低于铜的实际价格 10 美元/kA · m[8]。

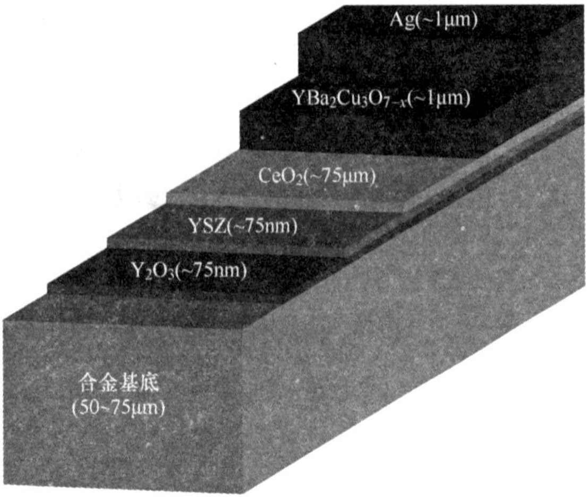

图 2.9 美国超导公司 2G 超导线材结构

美国超导涂层导体结构（见图 2.9）包括一层柔性基底，一般优先选择强度高、非磁性或弱磁性的金属，典型厚度 50μm。基底上是多功能氧化物隔离层或缓冲层，典型厚度小于 0.5μm，上面是 1 ~ 3μm 厚的 YBCO 超导层，然后是几 μm 厚的银保护层，较厚的铜保护层及稳定层，共同组成涂层导体[9]。在 2005 ~ 2006 年期间，连续卷对卷式涂层导体制备工艺取得巨大进展（见图 2.10），1cm 宽、10 ~ 100m 连续长带的制备和两端测量的临界电流高达 270A/cm 宽度（自场、77K）的性能指标表明了卷对卷式多步制备工艺的成功，沿线材长度方向的均匀性预示着制备千米级长度线材的可能性。2006 年工艺规模化放大后，用以生产 40mm 宽的涂层导体，该导体随后可以被切割成 4mm、10mm 或其他客户所希望的任意宽度。

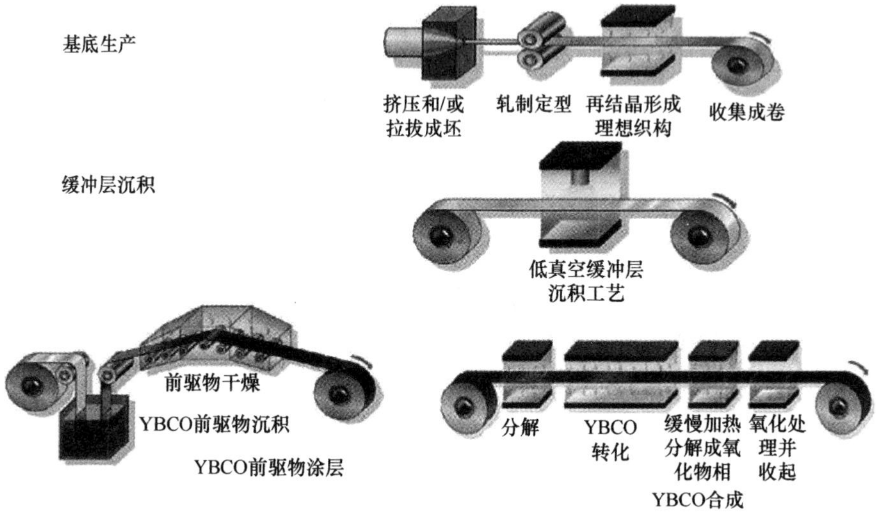

图 2.10 美国超导公司卷对卷式 2G 超导线材制备工艺

美国超导公司以类似 344 导体形式销售他们的 2G 超导线材。如图 2.11 所示，344 导体具有三层结构，2G YBCO 涂层导体夹在铜或不锈钢带中间，其主要的性能参数见表 2.3，可以看出 2G 超导线材力学性能优于 1G 线材。

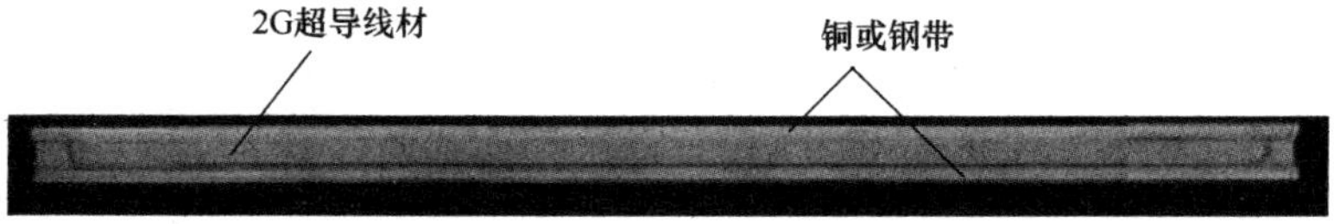

图 2.11 美国超导公司 344 导体（2G YBCO 涂层导体夹在铜带中间）

表 2.3 美国超导公司 2G 超导线材性能参数（覆铜）

性能参数	
最小临界电流 I_c/A	90
平均厚度/mm	0.20 ±0.02
宽度/mm	4.83 ±0.12
最小弯曲直径/mm	30
最大拉伸应力（室温、MPa）	150
最大拉伸应变（77K）	0.3%
连续单根长度/m	500

注：数据源于 2010 年美国超导公司网站（www.amsc.com）数据。

2）美国超能（SuperPower）公司 2G 超导线材。美国超能公司采用离子束辅助沉积（Ion Beam Assisted Deposition，IBAD）工艺制造 2G 涂层导体，2006 年成功将低产出的 IBAD-YSZ（钇稳定氧化锆）技术转换成高产出的 IBAD-MgO

技术[10]，建立了 IBAD 和缓冲层沉积两条中试系统，两者均具备单段长度超千米的生产能力。2G 涂层导体分层结构如图 2.12 所示，基底和高温超导层之间的 IBAD-MgO 缓冲堆栈区有 5 层，目的在于使得高温超导薄膜沉积夯实：第一层氧化铝层主要充当扩散层以阻止沉积过程中金属基底元素扩散到其他缓冲层和高温超导层；第二层氧化钇层作为种子层辅助 IBAD-MgO 成核；第三层 IBAD-MgO 层是关键的一层，通过离子束辅助沉积形成表面的双轴织构结构；第四层是同质外延生长的 MgO 层，可使 IBAD-MgO 坚固并改善织构组织；第五层包覆层，实现与高温超导层的良好匹配，选择 $LaMnO_3$（LMO）包覆层有助于导体获得较高的临界电流 I_c 数值。考虑到大长度线材的操控能力、较短的处理加工时间和沿带宽方向较好的均匀性等优势，因此选择螺旋绕带处理方式而非宽带方式（见图 2.13）。

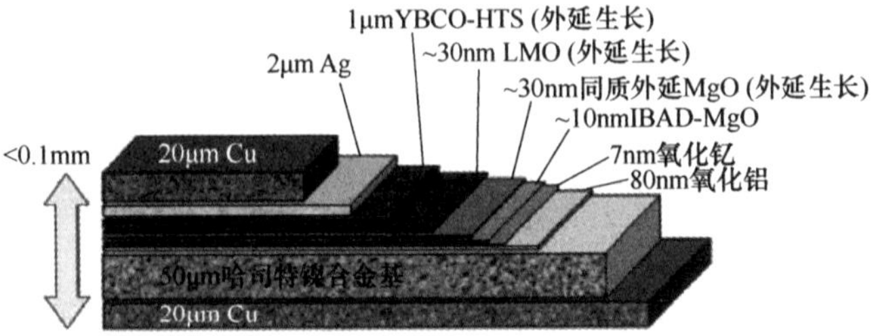

图 2.12　美国超能公司 2G 超导线材结构

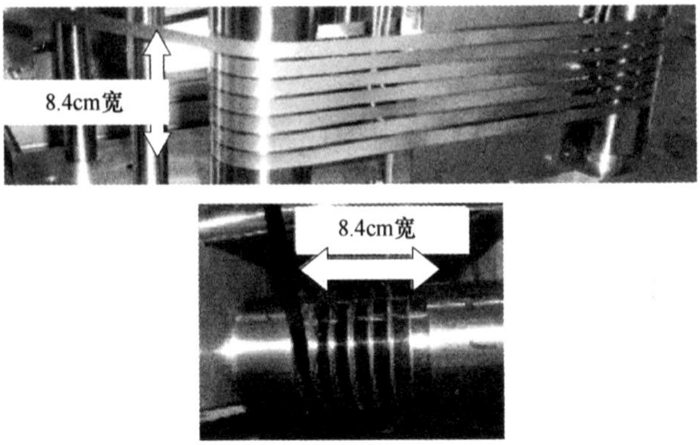

图 2.13　美国超能公司螺旋绕带操作

美国超能公司销售 3mm、4mm、6mm 和 12mm 4 种宽度的 2G 高温超导线材，利用覆着铜稳定层（Surround Copper Stabilizer，SCS）实现线材的完全包裹，稳定层可以保护导体并在边缘处形成圆形倒角，利于高压应用，这种导体的主要性能参数见表 2.4。

表 2.4 美国超能公司 2G 超导线材性能参数（铜稳定导体）

性能参数	
最小临界电流 I_c/A	80 ~ 140
平均厚度/mm	0.1
宽度/mm	4
最小弯曲直径/mm	11
最大拉伸应力（室温）/MPa	>550
最大拉伸应变（77K）	0.45%
连续单根长度/m	多达 500

图 2.14 显示了 4mm 标准宽度 1G 和 2G 超导线材宽温区临界电流（I_c）的变化特性曲线，可以看出 2G 超导线材在整个温度范围内性能均优于 1G。对于应用两者最主要差异在于 77K，即使用 2G 线材、利用液氮冷却可以实现一些高场的应用。考虑到 77K 温区的制冷系统成本可以大幅降低，这对于应用而言相当有利。2010 年，2G 超导线材性能仍在不断提高，建议读者联系生产厂商获取线材的最新性能曲线。

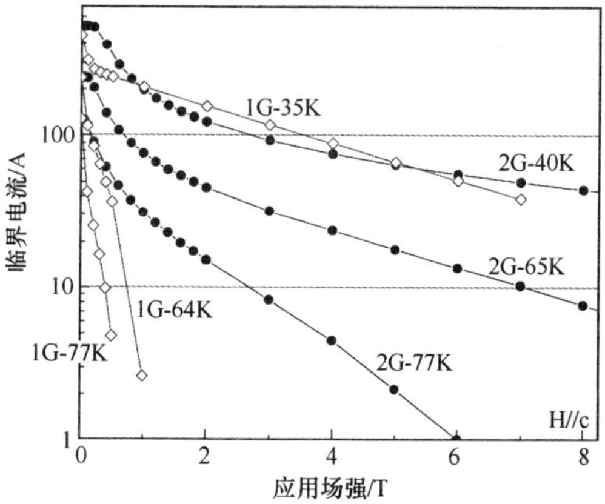

图 2.14 1G 与 2G 超导线材性能比较（美国超导公司提供）

2.6 二硼化镁（MgB_2）

2001 年初，日本 Akimitsu 教授研究小组发现人们很久以前合成的化合物二硼化镁（MgB_2）是一种迄今尚未被关注、临界温度为 40K 的超导体[11]。自从 MgB_2 被发现后，美国 Hyper Tech Research 公司就一直致力于使用该化合物制备成高性能、低成本的超导线材。MgB_2线材主要用于 25K 温区以下，采用粉末套管（PIT）法工艺制备，已有许多团队使用预反应（非原位）MgB_2 粉末制备模型成材，也有使用 Mg、B 混合粉末在线内原位反应生成 MgB_2（原位法）[12]。

MgB_2在 25K 以上电流密度和上临界磁场接近为零，限制了其高温区的使用；而低温区（25K 以下）则成为低温超导（LTS）或 BSCCO 线材的有力竞争者。MgB_2另一特征是其相变过程变化相当迅速，更像低温超导体而非高温超导体，因此具有用来制作高 N 值、甚至是持续电流模式磁体的可行性，是潜在的 MNR 或 MRI 磁体导线。MgB_2另一优势在于 Mg 和 B 原料成本低，商品化 MgB_2价格有望低于 Nb 系超导体很多。目前，美国俄亥俄州哥伦布市的 Hyper Tech Research 公司、意大利热那亚市的 Columbus Superconductors 公司和日本日立公司正在着手解决商品化 MgB_2的成材技术问题，若能保持低成本，与 Nb 系低温超导体竞争也有可能性。与 BSCCO 或 YBCO 体系的 1G、2G 高温超导线材的竞争，则取决于几特斯拉磁场条件下高载流超导装置允许工作温区的扩展情况。

美国 Hyper Tech Research 公司在 PIT 法基础上开发出连续包覆焊管加工（Continuous Tube Forming and Filling，CTFF）技术并申请了专利，用以制备 MgB_2超导体粉末冶金工艺线材。其生产流程如图 2.15 所示：前驱粉末在传送带上连续填充至金属带，金属带通过机械冲压变形成为包覆着前驱物的套管，通过后期的拉拔和处理形成线材。这种技术可以连续生产长达 4km 的单芯和多芯线材，并提供圆形或矩形截面的导体。MgB_2重量较小，且 20K 温区运行时制造成本可低于（1G 或 2G）高温氧化物陶瓷超导带材，此外可根据特定线圈的尺寸和性能要求调整 MgB_2线材参数（安培数和 J_c），因此适用性广。

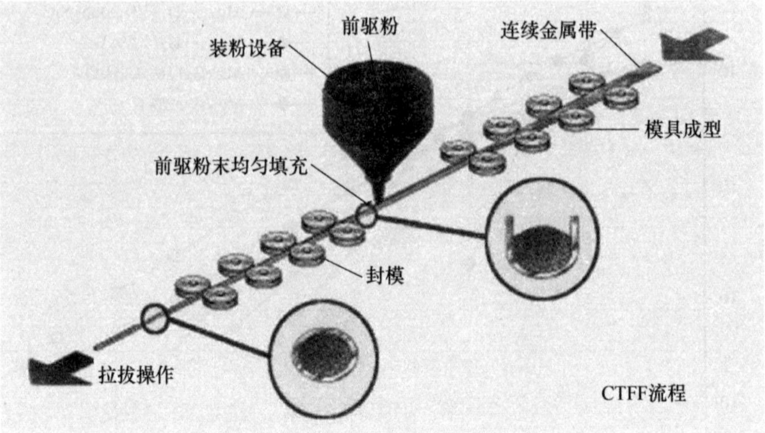

图 2.15　美国 Hyper Tech Research 公司 MgB_2线材生产流程

美国 Hyper Tech Research 公司生产的典型线材截面和磁场下的性能曲线如图 2.16 所示，线材单根长度 1～4km，芯数为 7 和 19，更多细节详见表 2.5。2010 年，MgB_2线材性能仍在不断提高，建议读者联系线材生产厂商获取最新的线材参数和特性曲线。

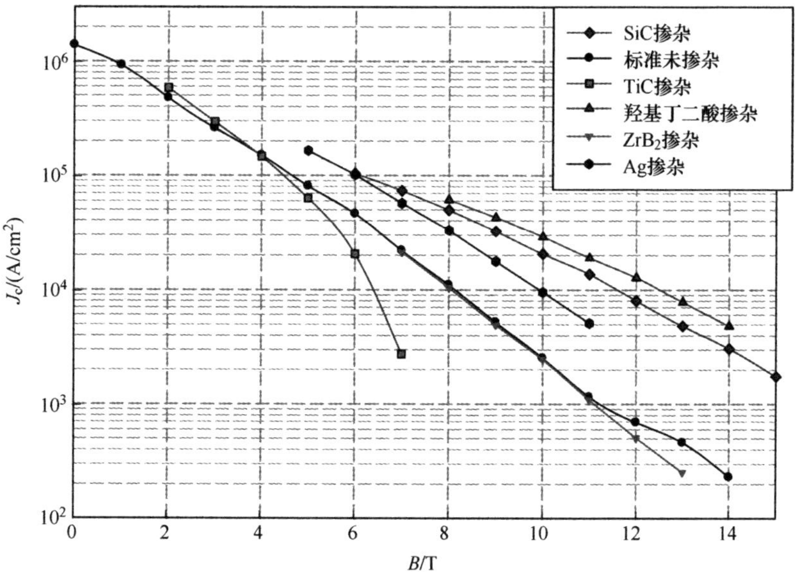

a)

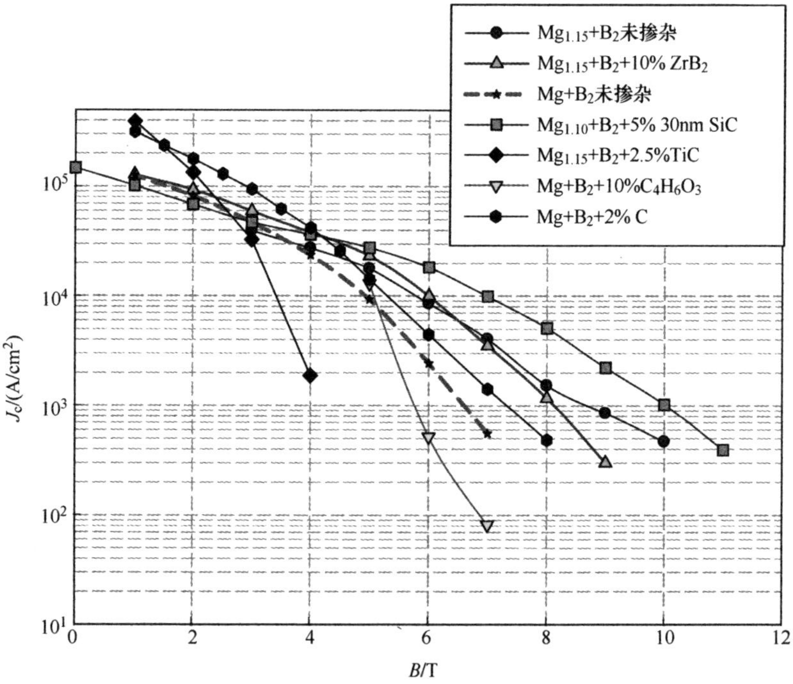

b)

图 2.16　MgB_2线材临界电流 I_c特性（Hyper Tech Research 公司提供）

a）4.2K 温度下高场（12T）传输特性　b）20K 温度下高场（6T）传输特性

MgB_2线材适用性广，构造25K以下温区运行的装置具有许多潜在的应用价值，一些可能的应用包括变压器、电感、电抗、电动机、发电机、故障限流器和磁共振成像系统（Magnetic Resonance Imaging，MRI）等。

表 2.5　Hyper Tech Research 公司 MgB_2线材参数

性能参数	
临界电流密度（20K、2T）	175kA/cm^2
超导部分	13% ~18%（未来30%）
直径/mm	0.7 ~0.9
芯数	7 和 19
状态	已反应和未反应
热处理温度/时间	700℃/20min（额定值）
最大允许拉伸应变（77K）	0.35%
连续单根长度/km	1 ~4

2.7　不同高温超导体的技术现状

目前 BSCCO-2223、YBCO-123 和 MgB_2 3 种高温超导材料已经商品化，然而它们在磁场下的 J_e变化特性和运行温度差别很大，材料在特定应用场合的适用性可利用图2.8类似的曲线数据进行分析评估。这3种材料按照发展的成熟度依次递减排序，分别是 BSCCO-2223、YBCO-123 和 MgB_2，其中 BSCCO-2223 最为成熟，但其初始状态本征强度差，必须层压诸如不锈钢、黄铜或紫铜等支撑材料来抵抗绕组制作和磁体运行过程中的机械应力，但因工艺因素影响线材长度有限；其次是 YBCO-123 涂层导体，它内含哈氏合金、镍-钨等高强度基底材料，人们可以生产具有商业价值的较大长度的 YBCO-123 线材。BSCCO 和 YBCO 材料两者都存在均匀性问题，即沿线材长度方向 J_e分布不均，J_e最小的区域决定了线圈的运行电流；并且，J_e的大小强烈依赖于磁场与线材宽带面之间的夹角，当磁场平行于带面时 J_e较大，而垂直于带面时 J_e较小，因此针对具体应用设计超导线圈时，认真地考虑 J_e的各向异性是基本的原则。MgB_2目前发展最为不成熟，但最令人满意之处在于可以制成圆线，因此传输特性与磁场方向无关，且更容易绕制，这种材料只适合在20K以下温区使用，然而 J_e小，长线获取有限。

2.8　超导磁体设计

20世纪90年代末，人们采用 BSCCO-2223 超导线材制作了多个高场磁体[13,14]。本节介绍一个超导磁体设计实例，考虑到线材典型特征数据获得的便捷性，磁体采用 BSCCO-2223 线材，设计参数详见表 2.6。

表 2.6 实例磁体结构参数

参　数	数　值
室温孔径/mm	100
中心点轴向磁场/T	3
由零升至额定磁场幅值所需励磁时间/s	2
运行温度/K	35
冷却方式	传导冷却
制冷机类型	低温制冷机

设计磁体的第一步是计算线圈尺寸和安匝数，以便在磁体轴向产生所需要的磁场幅值。在本设计实例中，室温孔与超导磁体内孔之间存在处于室温的金属恒温器薄壁和热绝缘材料，根据过去热绝缘系统设计的经验此间隔厚度设定为 25mm，经验上选择超导磁体线圈内径为 150mm，而外径和轴向长度需要根据所需轴向磁场大小通过迭代计算获得。对于空心磁体而言，可以用解析和有限元方法来计算磁场，本实例应用有限元程序进行计算，多次迭代后确定了产生 3T 目标磁场磁体线圈的外径、轴向长度和安匝数，具体结果详见表 2.7。该磁体选用额定电流为 145A（自场、77K）的美国超导公司 BSCCO-2223 线材，由一组饼式线圈组成，为了承受运行过程中所产生的轴向应力线圈内部需要施加必要的力学支撑。每个饼式线圈的高度由下式确定：

$$h_{pc} = \text{线材宽度} + \text{电气绝缘厚度} + \text{轴向支撑高度} \\ = 4.4\text{mm} + 0.25\text{mm} + 2.35\text{mm} = 7\text{mm}^{\ominus} \tag{2.2}$$

每匝径向厚度可以按照下式来计算：

$$t_{turn} = \text{线材厚度} + \text{电气绝缘厚度} + \text{环向支撑厚度} \\ = 0.29\text{mm} + 0.25\text{mm} + 0.16\text{mm} = 0.7\text{mm} \tag{2.3}$$

表 2.7 线圈设计细节

参　数	数　值
线圈内径/mm	150
线圈绕组径向尺寸/mm	50
线圈轴向尺寸/mm	240
安匝数/(kA · 匝)	385
美国超导公司 BSCCO-2223 裸线几何尺寸	
• 宽度/mm	4.4
• 厚度/mm	0.29

⊖ 原书为 8mm，有误。

（续）

参　数	数　值
饼式线圈高度（含绝缘和结构支撑）/mm	8
饼式线圈数量	30
饼式线圈匝数	70
绝缘单匝绕组厚度/mm	0.7
磁体总匝数	2100
每匝电流/A	185
设定的运行温度/K	35
导体承受的峰值磁场	
• $B_{\parallel}$/T	3.1
• $B_{\perp}$/T	1.1
选用的美国超导公司 BSCCO-2223 线材 I_c（自场、77K）/A	145
图 2.6 给出、给定运行温度下 $B_{\parallel}$ 设计值所对应的线材 I_c/A	280
图 2.6 给出、给定运行温度下 $B_{\perp}$ 设计值所对应的线材 I_c/A	230
平均单匝长度/m	0.63
线圈所需线材总量/m	~1350
磁体线圈电感/H	0.83
给定 2s 时间内磁体励磁电压/V	51
最大允许释能电压/V	500
额定磁场下最小释能时间/s	0.31

来源：所选用的超导线材 I_c 值按照 145/155 的比例对图 2.6 中曲线数据进行折算后获得。

考虑到磁体线圈径向结构尺寸为 50mm，由此可以折合每个饼式线圈匝数，即 50/0.7（$=t_{turn}$），约 70 匝；饼式线圈数量等于磁体高度除以饼式线圈厚度，即 240/8（$=h_{pc}$），约为 30；从而，磁体总匝数可以通过饼式线圈数量乘以每个饼式线圈的匝数来获得，即 30×70，合计 2100 匝。磁体总安匝数设定为 385kA，由此可计算出每匝的电流大小，即 385kA/2100 匝，约为 185A/匝。

第二步是确定特定运行温度、存在 $B_{\parallel}$ 和 $B_{\perp}$ 磁场分量条件下导体的临界电流大小。图 2.17 所示的有限元场图显示出磁体处 $B_{\parallel}$、$B_{\perp}$ 磁场分量极值分别为 3.1T 和 1.1T，由图 2.7 可以得到 35K 温度、相应分量下所对应的超导线材 I_c 分别为 300A 和 250A，由于图 2.7 中的 I_c 曲线对应于临界电流 150A 的超导线材，而非磁体所选用的临界电流 145A 线材，I_c 数值需要通过乘数因子 145/155 加以校正，由此获得 $B_{\parallel}$、$B_{\perp}$ 磁场分量所对应的 I_c 数值为 280A 和 230A，最终的磁体设计如图 2.18 所示。

磁体设计的第三步是利用式（2.1）计算磁体内部的传输损耗。有限元场图给出了磁体各处 $B_{\parallel}$ 和 $B_{\perp}$ 磁场分量大小及其分布，由此可以借助局部的 $B_{\parallel}$ 和 $B_{\perp}$ 磁场分量确定各区域的电场 $E(I)$，式（2.1）中 I_c 应选择利用局部 $B_{\parallel}$、$B_{\perp}$ 计算结果中的较小值进行赋值，区域单元电压 V_e 等于单元 $E(I)$ 沿该区域长度的积分，整个磁体电压 V_t 则通过对所有单元的 V_e 求和获得，磁体的传输损耗 P_c 等于 $V_t \times I$，其中 I 为磁体电流。需要说明的是区域单元内部损耗 $V_e \times I$，可用于评估相应区域绕组冷却的充分程度。

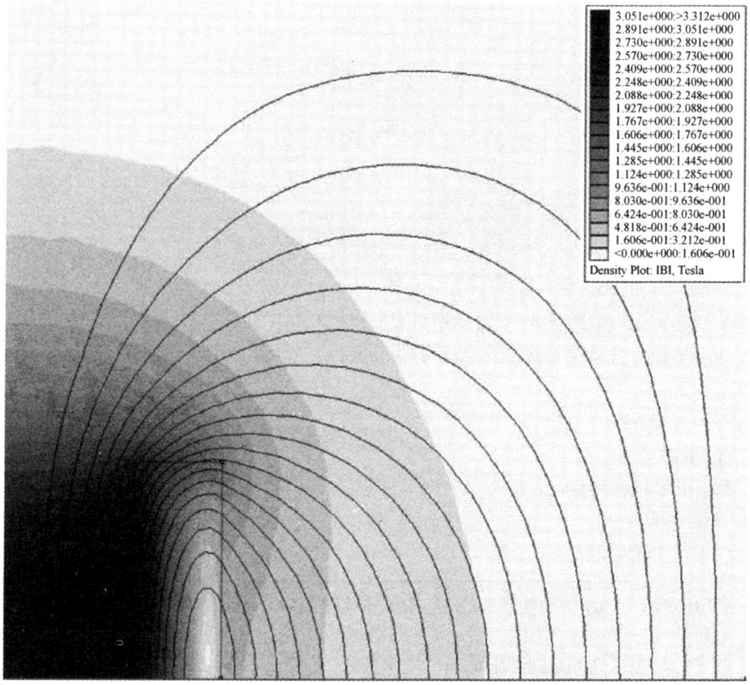

图 2.17　实例线圈的有限元磁场分布图

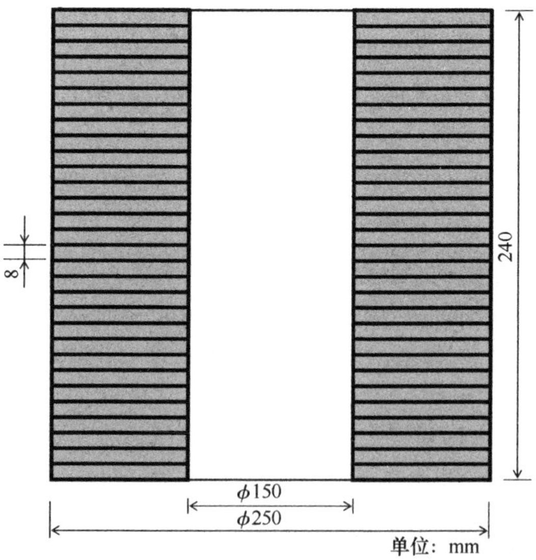

图 2.18　实例线圈设计细节

对于磁体实例，假设 $B_{\parallel}$ 和 $B_{\perp}$ 平均值分别为 2.5T 和 0.75T，依据图 2.6 可以看出相对应的 I_c 值分别为 300A 和 280A，针对所选用的线材该数值已利用 145/155 因子进行了校正。该磁体 N 值预计约 16，因此根据式（2.1），$E(I)$ 可表示为

$$E_e = 10^{-6} \times \mathrm{V/cm} \times \left(\frac{I = 185\mathrm{A}}{I_c = 230}\right)^{N=16} = 3.1 \times 10^{-8}\mathrm{V/cm} \tag{2.4}$$

磁体用线量 1350m，则其内部损耗为

$$\begin{aligned} P_c &= E_e \times I \times \text{线材长度} \\ &= 3.1 \times 10^{-8}\mathrm{V/cm} \times 185\mathrm{A} \times 1350\mathrm{m} \times 100\mathrm{cm/m} = 0.8\mathrm{W} \end{aligned} \tag{2.5}$$

结果显示磁体总的传输损耗仅为 0.8 W，非常小。

磁体实例电感是 0.83H，额定载流时存储能量为 13.9kJ。为了实现 2s 内完成励磁（如表 2.6 中所要求），施加在磁体两端的直流电压 V_{dc} 必须达到

$$V_{dc} = L\mathrm{d}I/\mathrm{d}t = \frac{0.83\mathrm{H} \times 185\mathrm{A}}{2\mathrm{s}} = 77\mathrm{V} \tag{2.6}$$

若处于紧急状态，施加磁体系统两端的直流电压可能高达 500V，此时释能所需时间 t_d 可由下式计算得到，即

$$t_d = \frac{0.83\mathrm{H} \times 185\mathrm{A}}{500\mathrm{V}} = 0.31\mathrm{s} \tag{2.7}$$

组装后的磁体绕组通流时会承受环向和轴向电磁力的作用。磁体实例中，环向和轴向总电磁力分别为 116kN 和 110kN，基于此数据可用以计算导体内部应力，具体过程如下：

1）环向应力。美国超导公司生产的 BSCCO-2223 线材额外附有厚度 0.16mm 的不锈钢支撑［见式（2.3）］和厚度 0.05mm 的不锈钢，因此线材不锈钢总厚度为 0.16 + 0.05 = 0.21mm，单根线材宽度 4.4mm。假设环向应力沿磁体截面均匀分布，平均环向应力 ε_h 可由下式计算得到：

$$\begin{aligned} \varepsilon_h &= \text{环向电磁力}/(\text{磁体匝数} \times \text{不锈钢厚度} \times \text{线材宽度}) \\ &= \frac{116\mathrm{kN}}{2100 \times 0.21\mathrm{mm} \times 4.4\mathrm{mm}} \\ &= 60\mathrm{N/mm^2} = 60\mathrm{MPa} \end{aligned} \tag{2.8}$$

高温超导线材将承受同样大小环向应力的作用，由表 2.1 可以看出该数值远低于美国超导公司 1G 线材所能承受的最大允许拉伸应力。

2）轴向应力。磁体中部区域的饼式线圈将承受最大的压缩应力，施加在高温超导线材不锈钢带上的平均压缩应力可以表示为

$$\begin{aligned} \varepsilon_c &= \text{轴向电磁力}/(\text{磁体匝数} \times \text{每匝平均长度} \times \text{不锈钢厚度}) \\ &= \frac{110\mathrm{kN}}{2100 \times 0.63\mathrm{m} \times 100\mathrm{mm/m} \times 0.21\mathrm{mm}} \\ &= 4\mathrm{N/mm^2} = 4\mathrm{MPa} \end{aligned} \tag{2.9}$$

可以看出，施加在不锈钢带和高温超导体上的压缩应力恰好处于线材所允许的范围内。

尽管以上计算出的平均拉伸和压缩应力均处于高温超导体所允许的能力范围内，但由于磁体沿截面材质的不均匀性，其中还包含如电气绝缘和环氧等非金属部件，这些材料的弹性模量比不锈钢低很多，因此局部所要承受的应力可能更高。开展局部应力分析、处理应力集中是所有超导磁体设计的关键问题。

2.9 总结

本章介绍了高温超导技术的发展现状，内容涵盖最常见的高温超导线材导体结构，提供了可用于超导磁体设计的线材特性参数，并为那些尚不熟悉该领域的读者列举了超导磁体设计实例。事实上，磁体系统设计还涉及许多其他相关的重要问题，例如导体磁滞/涡流损耗、低温恒温器热负荷、磁体失超保护、电流引线性能及其损耗，这些将在后续章节中结合具体装置的设计进行讨论。

参考文献

1. Peter J. Lee, ed., *Engineering Superconductivity*, Wiley-Interscience, New York, 2001.
2. R. D. Blaugher, "Superconducting Electric Power Applications," *Adv. Cryogenic Eng.* 42: 883–898, 1996.
3. R. M. Scanlan, A. P. Malozemoff, and D. C. Larbalestier, "Superconducting Materials for Large Scale Applications," *Proc. IEEE* 92(10): 1639–1654, 2004. DOI 10.1109/JPROC.2004.833673.
4. E. Barzi, L. Del Frate, D. Turrioni, R. Johnson, and M. Kuchnir, "High Temperature Superconductors for High Field Superconducting Magnets," *Adv. Cryogenic Eng.* 52: 416, 2006.
5. K. R. Marken, W. Dai, L. Cowey, S. Ting, and S. Hong "Progress in BSCCO-2212/Silver Composite Tape Conductors," *IEEE Trans. Appl. Superconductivity* 7(2, Pt. 2): 2211–2214, 1997. DOI 10.1109/77.621033.
6. K. R. Marken, H. Miao, M. Meinesz, B. Czabaj, and S. Hong, "BSCCO-2212 Conductor Development at Oxford Superconducting Technology," *IEEE Trans. Appl. Superconductivity* 13 (2, Pt. 3): 3335–3338, 2003. DOI 10.1109/TASC.2003.812307.
7. L. J. Masur, J. Kellers, F. Li, S. Fleshler, and E. R. Podtburg, "Industrial High Temperature Superconductors: Perspectives and Milestones," *IEEE Trans. Appl. Superconductivity* 12(1): 1145–1150, 2002.

8. A. P. Malozemoff, S. Annavarapu, L. Fitzemeier, Q. Li, V. Prunier, M. Rupich, C. Thieme, W. Zhang, A. Goyal, M. Paranthaman, and D. F. Lee, "Low-Cost YBCO Coated Conductor Technology," *Superconductor Science & Technology* Vol. 13, No. 5, 473, 2000.
9. D. Verebelyi, E. Harley, J. Scudiere, A. Otto, U. Schoop, C. Thieme, M. Rupich, and A. Malozemoff, "Practical Neutral Axis Conductor Geometries for Coated Conductor Composite Wire," *Supercond. Sci. Technolo.* 16: 1158–1161, 2003. Ibid, "Uniform Performance of Continuously Processed MOD-YBCO Coated Conductors Using a Textured Ni-W Substrate," *Supercond. Sci. Technol.* 16: L19–L23, 2003.
10. X. Xiong, K. P. Lenseth, J. L. Reeves, Y. Qiao, R. M. Schmidt, Y. Chen, Y. Li, Y-Y Xie, and V. Selvamanickam, "High Throughput Processing of Long-Length IBAD MgO and Epi-Buffer Templates at SuperPower," Paper 4MA3. Presented at the IEEE Applied Superconductivity Conference, August 2006.
11. J. Nagamatsu, N. Nakagawa, T. Murakana, Y. Zenitani, and J. Akimitsu, "Superconductivity at 39 K in Magnesium Diboride," *Nature* 410: 63–64, 2001.
12. R. Flukiger, H. L. Suo, N. Musolino, C. Beneduce, P. Toulemonde, and P. Lezza, "Superconducting properties of MgB_2 tapes and wires," *Physica C* 385: 286–305, 2003.
13. G. Snitchler, S. S. Kalsi, M. Manlief, R. E. Schwall, A. Sidi-Yekhief, S. Ige, R. Medeiros, T. L. Francavilla, and D. U. Gubser "High-Field Warm-Bore HTS Conduction Cooled Magnet," *IEEE Trans. Appl. Superconductivity* 9(2, Pt. 1): 553–558, 1999. DOI 10.1109/77.783356.
14. H. Morita, M. Okada, K. Tanaka, J. Sato, H. Kitaguchi, H. Kumakura, K. Togano, K. Itoh, and H. Wada "10T Conduction Cooled Bi-2212/Ag HTS Solenoid Magnet System," *IEEE Trans. Appl. Superconductivity* 11(1, Pt. 2): 2523–2526, 2001. DOI 10.1109/77.920379.

第 3 章　冷却与绝热系统

3.1　引言

目前已知的所有超导体都必须运行在 4 ~ 80K 的低温环境，然而低温制冷技术相当复杂，需要大量独出心裁的革新和创造来构建实现 4 ~ 80K 低温条件的制冷设备（称为低温制冷机，或简称制冷机）。本章仅限于讨论构建和维持超导设备工作所必需的低温环境，包括介绍适于低温环境使用的气体，维持超导体低温环境的恒温器或附件设计，以及将热负荷从冷环境中移出的低温制冷机，分析低温恒温器设计流程，过程涉及各种热负荷计算。最后列举一个低温恒温器设计实例，说明整个设计过程，强调设计中的关键点。

3.2　低温恒温器结构

低温恒温器内放置超导磁体，并维持磁体适合的运行环境。第 2 章所述的高温超导磁体用低温恒温器示意见图 3.1，该高温超导磁体经过环氧浸渍，利用制冷机传导冷却维持所需的 30K 工作温区。低温恒温器包括以下组件：真空容器、高温超导磁体、电流引线、结构支撑件、中温区热辐射屏、多层绝热（Multi Layer Insulation，MLI）和制冷机。真空容器内部通过特殊结构悬挂高温超导磁体，为磁体组件（也称“冷质”）提供力学支撑，并设置有效孔径 ϕ100mm 的磁场净空间。处于 60K 中温区的热辐射屏环绕在磁体组件周边，阻隔来自室温真空容器壁的辐射热，多层绝热（MLI）则布置在热辐射屏和真空容器内壁之间。磁体通过一对电流引线供电，由于引线室温端的传导漏热将给冷质带来额外的热负荷，因此需要对引线进行优化设计以降低其大小。典型的电流引线包括工作在磁体和热辐射屏温区间的高温超导电流引线及工作在热辐射屏和室温区间的铜或黄铜引线两部分组成，室温和热辐射屏间的传导漏热由制冷机一级冷头带走，热辐射屏和磁体间的传导漏热则由制冷机二级冷头带走。图 3.1 显示了用于冷却超导磁体组件的二级制冷机，一级冷头的冷量用以抵消来自室温并穿过 MLI 层的辐射漏热，以及通过冷质支撑件、测试信号线以及冷端处于 60K 辐射屏处常导引线的传导漏热；二级冷头冷量主要移出 35K 温区热负荷，其中包括来自 60K 热辐射屏的辐射漏热，以及通过冷质支撑件、测试信号线和一级冷头与磁体之间高温超导电流引线的传导漏热。针对低温超导磁体，必须选用二级制冷机将其冷却至 4K 温区，而对于高温超导磁体，单级制冷机通常就足够使其冷却至 30K，实例磁体选择二级制冷机仅为了便于说明低温恒温器配置组件的各种功能。

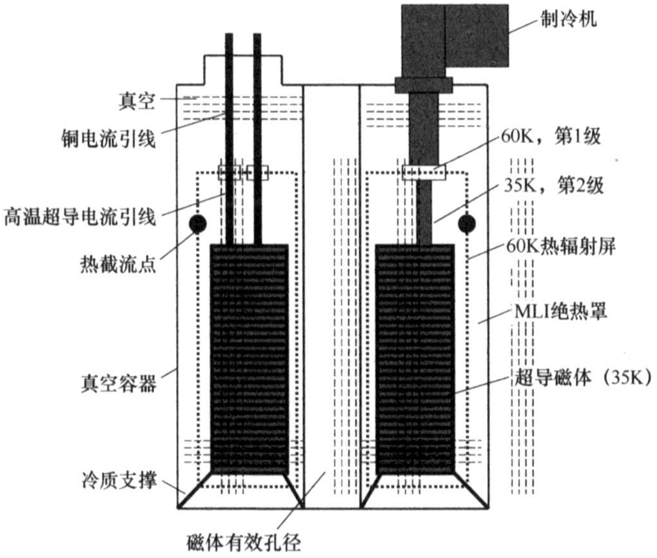

图 3.1　第 2 章磁体设计实例低温恒温器结构

图 3.1 显示了一个无制冷剂、传导冷却的磁体。借助线圈与制冷机间低阻热传导通路，利用制冷机实现冷却。制冷机可以将超导磁体由室温（300K）降至 30K，对于低温超导线圈甚至可达 4K。一般情况下，制冷机也可用于冷却环氧和浸渍超导线圈，因为即使直接浸泡在制冷剂中它们依然可以通过热传导实现冷却。

不同低温恒温器组件的设计流程将在下面章节进行介绍。

3.3　高温超导磁体用低温制冷剂

为实现高效、可靠的运行，超导磁体必须冷却到适当的温区，最简单的方法是将其直接浸泡在沸点温度适合超导材料工作的低温液体制冷剂中，在恒定气压的条件下制冷剂沸点温度保持不变。氦（He）、氢（H_2）、氖（Ne）、氮（N_2）和氧（O_2）这 5 种常见流体的主要物理特性见表 3.1[1]，其中气态的性质读者可参考本表所引用的参考文献和其他可用的数据来源。考虑到火灾隐患，一般不建议使用液氢和液氧：因为如聚四氟乙烯和铝等一些不可燃物，液氧却可以使它们燃烧爆炸；液氢在航天航空等高科技领域被有限地使用，其安全性处于严密的监控中。其他流体中的液氦、液氖和液氮等可优先选用，它们的化学性质呈现惰性，不会与其他流体结合而形成爆炸物。

表 3.1　制冷剂在 1atm①条件下的基本属性

属　性	He	H_2	Ne	N_2	O_2
沸点温度 T_s/K	4.22	20.39	27.09	77.39	90.18
三重点/K	—	13.96	24.56	63.16	54.36
单位质量汽化潜热/(kJ/kg)	20.9	443	85.9	199.3	213
单位体积汽化潜热/(J/cm^3)	2.6	31.1	104	161	243
密度（T_s、液体）/(kg/m^3)	125	70.8	1206	807	1141
密度（T_s、气体）/(kg/m^3)	16.9	1.33	9.37	4.60	4.47
密度（293K）/(kg/m^3)	0.167	0.084	0.840	1.169	1.333
密度比（T_s、液体）/密度（293K）	749	843	1436	690	856

注：数据来自 Iwasa[1]。

① 1atm = 101.325kPa，后同。

大多数铌钛（NbTi）和铌三锡（Nb_3Sn）低温超导磁体需要在接近 4K 的低温环境下运行，液氦冷却是这些磁体唯一的选择，几乎所有的低温超导高场磁体都使用液氦作为制冷剂。相比而言，BSCCO-2223 和 YBCO-123 高温超导体则可以在液氮（77K）温区实现低场应用，在液氖（27 K）温区实现高场应用。液氮价格便宜，化学性质不活泼，易于获取，成为高温超导磁体制冷剂的首选；而液氖同具吸引力，但价格昂贵，且不易大量获得。现在已有许多高温超导磁体的应用采用液氖和液氮作为制冷剂，这将在后面的章节中进行讨论。在使用过程中所面临的主要问题在于所有制冷剂均需要不断地补充其消耗量，或利用闭环系统，由制冷机冷凝汽化后的制冷剂。由于涉及危险性，为谨慎起见，低温工程必须严格遵守安全操作规程。

3.4　采用制冷剂直接冷却方式

NbTi 和 Nb_3Sn 低温超导磁体一般采用液氦浸泡冷却，几乎所有的 NbTi 磁共振成像（Magnetic Resonance Imaging，MRI）磁体均采用池冷这种方式，大多数 MRI 和粒子加速器磁体属于此类。由于 NbTi 导体浸泡在液氦中，所产生的热量将全部转移至制冷剂而被吸收，通过汽化潜热的形式将液氦变为氦气。这些磁体中只要超导体表面热通量（单位面积热量）低于液氦所能移走的热量，超导体就将处于超导态，维持超导态所允许的最大表面热通量称为临界热通量。一旦发热量超过临界热通量，超导体温度则开始升高，超过临界温度（T_c）后将最终转变为正常态。

另一类磁体采用液氦迫流冷却，超导股线或嵌套在管道中，或与管道外壁紧密附着，液氦在管道内强迫流动，通过热传导使超导股线冷却。这种方法可使其冷却更加高效，且较池冷方式更易于控制。世界上已建成多个池冷和迫流冷却的大型超导磁体系统，为了深入研究磁体用低温超导体的性能，读者可参阅 Wilson 的专著[2]。

由于制造技术和工艺的限制，低温超导线径较小，一般典型的 NbTi 和 Nb_3Sn 超导线（或绞线）直径为0.5～1mm，仅能载流100～200A，并不适合用来绕制大型磁体。因为大型磁体安匝数高，若采用小尺寸导线绕制，磁体匝数多、电感大，会引起失超保护困难、充电时间长、成本增加等诸多问题。由于超导绕组电气绝缘与冷却散热的要求相矛盾，且磁体压降小，故通常施加在两端的最大允许电压仅约1000V。倘若磁体突然失超，为保护磁体的理想状态，需要最大程度地在最短时间内释放所存储的电磁能，此时低感抗有其独特的优势。为了构造电感较小的磁体，必须采用高载流复合导体，即将多股超导细丝编制成束并通过适当扭绞确保沿截面电流均匀分布，图 3.2 给出了其中的两种类型。

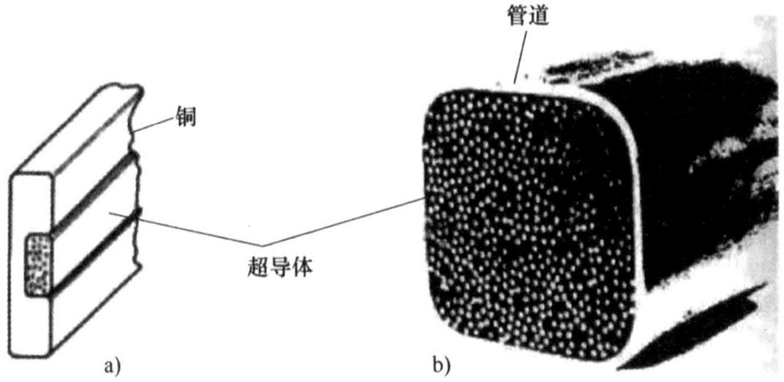

图 3.2 高载流复合超导体

a）池冷 b）迫流冷却

1）电缆型导体：采用池冷方式，多股超导芯束通过焊接敷着在铜基体上；

2）管内电缆导体：采用迫流冷却方式，多股超导芯束置于冷却通道内。

世界上已成功设计制作出多种不同类型的高载流复合导体，如管内电缆导体正在考虑用于国际热核聚变实验堆（ITER）计划[3]，该计划隶属国际联合研究与发展合作项目，旨在验证核聚变科技用于建造“人造太阳”的可行性。

3.5 间接或传导冷却

许多高场超导磁体利用制冷机，采用简单便捷的传导冷却方式，目前这种商品化的磁体中心场强已超过12T。磁体绕组经过环氧浸渍形成整体结构，一是实现了结构的机械强化，二是便于装配。磁体绕组内部通过与表面之间的热传导实现冷却，图3.3显示了两种典型的传导冷却方案：冷却管道和制冷机，高温超导绕组与冷却管道或制冷机冷头保持良好的热接触。

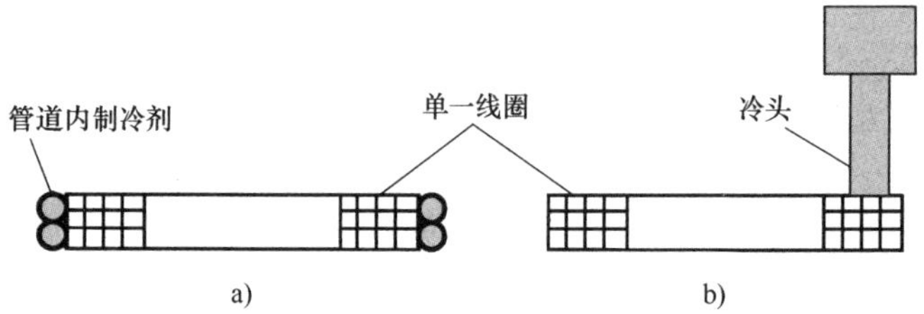

图3.3 超导磁体绕组传导冷却方案

a）冷却管道 b）制冷机直接冷却

冷却管道内部流动的制冷剂既可以是低温气体，也可以是低温液体，整体可工作在闭环的状态，即将磁体系统的热负荷移出并通过制冷机或其他类似的冷凝器消纳，而不消耗制冷剂；当然，低温液体也可取自低温储槽。此外，制冷机需要与被冷却的高温超导绕组保持良好的热接触，下节将讨论目前可供使用的各种类型的制冷装置。

3.6 低温制冷系统

制冷的目的是降低某一封闭空间或物质的温度并维持其较低的温度，是将内部热量移出，释放到其他地方的过程。从低温区域移出热负荷，制冷系统需要消耗功率，尽管多年来其效率（η）一直稳步提高，然而适于高温超导体运行温区的系统最大制冷效率仍低于卡诺循环效率（η_c）的20%，这里η_c定义为

$$\eta_c = \frac{T_l}{T_h - T_l} \tag{3.1}$$

若环境温度（T_h）和运行温度（T_l）分别为300K和77K，则$\eta_c = 34.5\%$，而制冷机的典型效率一般为η_c的20%，即$\eta = 6.9\%$。系统制冷效率还可以用比功率（$=1/\eta$）的概念来表征，其量纲为W（室温）/W（低温），即低温环境中移走1W的热量制冷系统所需消耗的视在电功率。当制冷效率等于6.9%时，对应比功率数值为14.5，这就意味着77K温区移走1W的热量需要消耗室温14.5W的功率，这一要求也被称为制冷损失，其相当于附加损耗，抵消了高温超导材料使用所减少的磁体或装置焦耳（I^2R）损耗。显然目标温度越低，η就越小，如30K温区η_c仅为11%。因此，磁体的低温运行温度越低，制冷系统实际效率就

越低，比功率就越高，制冷损失就显得更严重。

Radebaugh 细致介绍了可用于冷却 HTS 和 LTS 磁体的各种制冷系统的技术现状[4]，其中大多数磁体运行温区在 4 ~ 80K 之间，在此温区范围内制冷系统分为以下两类：

1）间壁式（稳定流动）：如焦耳-汤姆逊、布雷顿和克劳德循环制冷机；

2）回热式（交变流动）：如斯特林、吉福德-麦克马洪[5]和脉冲管制冷机。

在美国能源部 1000hp 电动机研发项目中，瑞恩电气和美国超导公司建造了一台逆布雷顿循环制冷机用以冷却转子[6]，该制冷机产生 24K 左右温度的冷氦气、通过热传导冷却电动机中的高温超导绕组。然而，本节仅限于讨论广泛用于冷却 HTS 磁体的回热式制冷机，特别关注吉福德 - 麦克马洪、斯特林和脉冲管制冷机。

3.6.1　吉福德-麦克马洪（G-M）制冷机

吉福德-麦克马洪（G-M）制冷机是冷却 HTS 磁体最常用的一种，其主要优点之一在于压缩机与蓄冷器和自由浮塞（排出器）相脱离，从而可以直接使用改造后的商用空调压缩机，G-M 制冷机每隔 1 ~ 3 年需要维护一次。尽管 G-M 单元体积庞大，且笨重，但运动中的自由浮塞仍将引起固有的振动，这一问题可通过压缩机与冷头分置、远离被冷器件进行缓解。

G-M 制冷机广泛用于 2 ~ 80K 温区的磁体冷却，分为一、二和三级制冷机，美国、欧洲和日本制造的产品尺寸各异。三级制冷机通常用于产生 2K 以下的低温，而对于大多数磁体应用而言使用一、二级制冷机就足够，通常二级制冷机能够将温度降至 4K，而一级制冷机足以维持 20K 及以上的低温环境，因此 HTS 磁体一般采用一级制冷机。大容量 Cryomech AL600 一级制冷机与 CP-1000 型号压缩机联合使用，其制冷功率曲线如图 3.4 所示[7]，冷头和压缩机的性能参数详见表 3.2（数据源于网站 www. cryomech. com），制冷机及其附属的压缩机典型外观如图 3.5 所示。

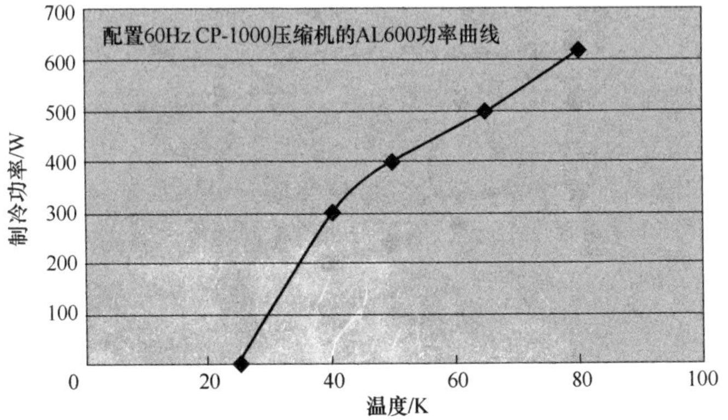

图 3.4　30K 时 AL600 制冷机 100W 功率曲线（Cryomech 公司提供）

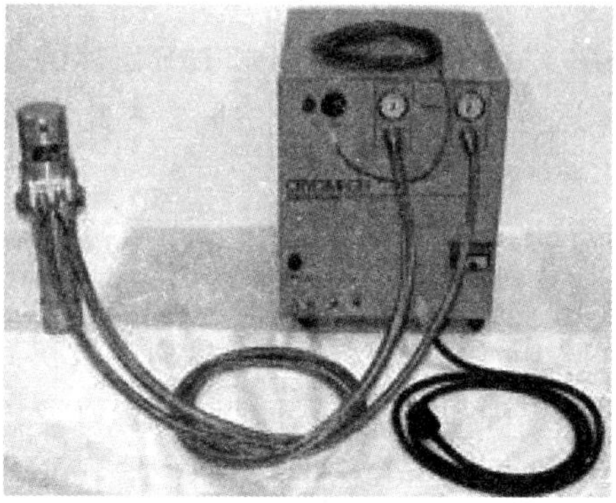

图 3.5 制冷机冷头及其压缩机（Cryomech 公司提供）

表 3.2 AL600 大容量制冷机相关数据

性能参数	
冷头型号	AL600
重量/kg	47.6
尺寸：冷指直径×高度/mm	ϕ159×308
水冷压缩机	CP1014
重量/kg	222.7
尺寸：长×宽×高/(mm×mm×mm)	610×580×970
冷却方式	水

注：数据源于 Cryomech 公司网站（www.cryomech.com[7]）

虽然 G-M 制冷机在用户中备受欢迎，并可提供由小到大、不同等级的制冷容量，但仍存在以下方面的不足：

- 效率；
- 尺寸和重量；
- 噪声和振动；
- 热损失；
- 成本。

因此，针对特定应用选择 G-M 制冷机之前，上述问题值得认真评估。对大多数应用领域 G-M 制冷机具有便携性好、功能多等特点，已用来构造多种可基于 HTS 的装置/设备。在半导体工业发展高峰期，全球每年制造约 20000 个 G-M 制冷单元，G-M 制冷机还可用于冷却磁共振成像（MRI）系统磁体辐射屏，使其温度降至 10～15K，以减少液氦蒸发率，或在某些情况下使氦气在 4.2K 温度重新液化。一级制冷机实现 30K 以上温度的成本不高，80K 温区制冷功率一般在 10～500W 范围，制冷机相应输入功率 800W～10kW。油润滑压缩机使用寿命至少 5 年，但累积工作一至两年必须更换一次油分离吸收盒，且需一年更换一次自由浮塞密封。

3.6.2 斯特林制冷机

与 G-M 制冷机相比较，斯特林制冷机具有更高的效率，能够在 65K 温区提供更大的制冷功率，但其十分笨重，成本大幅增加。尽管人们有着丰富的制造经验，但由于自由浮塞存在运动，极易产生振动。考虑到冷腔和室温腔之间气体工质的流动，为了防止润滑密封的污染，斯特林制冷机动密封必须处于无润滑的干式状态，要达到 3～10 年的使用寿命成本昂贵。

斯特林制冷机低温下通常选择氦气作为冷媒工质，通过自由浮塞的往复运动改变冷腔和室温腔的工质体积，以保持一定相位差的膨胀和压缩，获得一定的制冷效应。斯特林制冷机制冷功率从毫瓦级至百瓦级，具有多种型号。毫瓦级制冷机体积非常小，相对便宜；而采用二级制冷机，温度可降至 20K。

正如下面所述，斯特林低温制冷机有 3 种不同的类型，以满足并适用于不同的技术要求和工作温区。

1）液态制冷剂重新液化制冷机（R-LPC）：可冷却至 65K 温区，超导装置运行过程中气化的制冷剂得到重新液化和再利用。这类制冷机可为以下应用提供解决方案：

① 通过自然流动设计能够获得充分冷却的 HTS 装置；

② 运行过程中便于在放有超导装置的低温恒温器顶部收集冷媒气体。

2）液态制冷剂迫流冷却制冷机（LPC）：利用过冷气液迫流循环，可冷却至 65K 温区。这类制冷机在下面的应用场合凸显优势：

① 制冷机的放置不能紧邻超导装置；

② HTS 装置无法完全通过自然流动设计获得充分的冷却。

3）气态制冷剂冷却制冷机（GPC）：通过氦气循环传递冷量以实现超导装置的冷却，可同时获得 20～40K 和 80K 的低温环境，适用于 65K 以下温区、全方位冷却的应用场合。

可获得 20K 和 80K 低温的二级制冷机技术数据汇总见表 3.3，其中 SPC-1T 二级单缸制冷机实物如图 3.6 所示。

表 3.3 大冷量斯特林制冷机技术数据

参　数	SPC-1T	SPC-4T
缸数	1	4
二级制冷功率	—	—
20K/W	50	200
80K/W	150	600
水冷流量要求（L/h）	750	3000

（续）

参　数	SPC-1T	SPC-4T
输入功率/kW	12	45
安装占地要求/m^3	3	3
总重量/kg	600	1800
最高环境温度/℃	45	45

注：数据源于斯特林低温制冷公司网站（www. stirling，nl）

图 3.6　大型 SPC-1T 斯特林制冷机（斯特林低温制冷公司网站提供）

3.6.3　脉冲管制冷机

脉冲管制冷机的优势在于其“排出器”是一个气体活塞而非固体，去除了低温环境下一个关键的运动部件，从而大大地提高了系统运行的可靠性，并减小了振动。到目前为止，大部分脉冲管制冷机冷量较小，约 50W 或更低。最新进展证实了单机可提供高达 1kW@ 77K 冷量的可行性，预计未来可以实现更大的冷量。

如今，脉冲管制冷机的研究主要集中在制冷原理的基本理解、工作温区的扩展和各种制冷系统布置的开发上，面临的挑战是提升性能参数、增加低温应用的工作频率、温区扩展到深冷方向、改善长期运行的稳定性和小型化。这些脉冲管制冷机按照规格有不同的额定冷量，从几瓦至几十瓦不等，而更大冷量的制冷机正开始步入市场。大容量、商品化的一级 Cryomech 脉冲管制冷机如图 3.7 所示，80K 温区其冷量为 60W。

图 3.7　PT60 冷头（压缩机部分未显示）（Cryomech 公司提供）

PT60Cryomech 制冷机振动小，接近 30K 温区仍可提供一定的冷量。选用低振动模式时，冷端的振动等级实测仅有 1μ。PT60 制冷机非常适于液氮的反复冷凝和冷却高温超导设备，可以配备远程电动机最大限度地减少振动。这些脉冲管制冷机几乎无需维护，仅需每运行 20000h 更换一次压缩机吸附剂。单级 PT60 制冷机可以提供 0W@30K 和 60W@80K 的冷量，压缩机采用空冷或者水冷。

3.7　液氮开环冷却

全世界拥有一个庞大的液氮生产和供应网络，可以提供数千吨的液氮，这些液氮用于超导中极具经济吸引力。液氮开环冷却系统安装简单，运行所需的复杂部件少，通过真空泵减压降温可实现 65 ~ 77K 的低温。

采用池冷液氮蒸发冷却的开环系统，具有许多显而易见的优势：一是投资成本低；二是系统简单，无主设，运行可靠性显著提高。然而，尽管液氮的使用在成本上颇具竞争力，运行的经济性优于小型制冷机，但在一些偏远地区其成本仍会有所增加。另外，一些系统布局可能并不适合迫流循环冷却，因此需要进行特殊的低温恒温器设计。

3.8 磁体材料

磁体系统构件涉及多种材料，如铜、黄铜、铝、不锈钢、镍基合金、Kevlar纤维（芳纶）、特氟龙、Kapton、尼龙、G-10玻璃纤维、玻璃纤维、铅、铟、蓝宝石等，它们的电气、力学和热学性能可以通过国家标准与技术研究院（NIST）网站查询。这些性能曲线可以拟合为温度的函数，利于自动迭代计算程序的集成。并且，Iwasa[1]在其著作中也列举了一些常用材料的电气、力学、热学性能参数。另外，材料性能也通过查询网站 http://www. submm. caltech. edu/cso/receivers/thermal/properties. html 获得。

3.9 电流引线

电流引线充当桥梁作用，在室温端与低温端——磁体线圈间传输电流，同时在两端形成一个热传导通路。由于低温区带走热负荷需要消耗较大的制冷功率，因此必须尽可能地减少室温区与低温区间的热传导。依据所使用冷却技术的不同，电流引线可分为3类，如图3.8所示。

1）导冷引线（见图3.8a）：通过冷端传导移走热负荷，从而实现冷却；

2）气冷引线（见图3.8b）：内部采用多孔结构，低温端蒸发的冷气通过孔洞流过室温端，利用冷气潜热将热负荷带走；

3）强迫冷却引线（见图3.8c）：内部同样采用多孔结构，强迫低温端蒸发的冷气通过孔洞流过室温端。

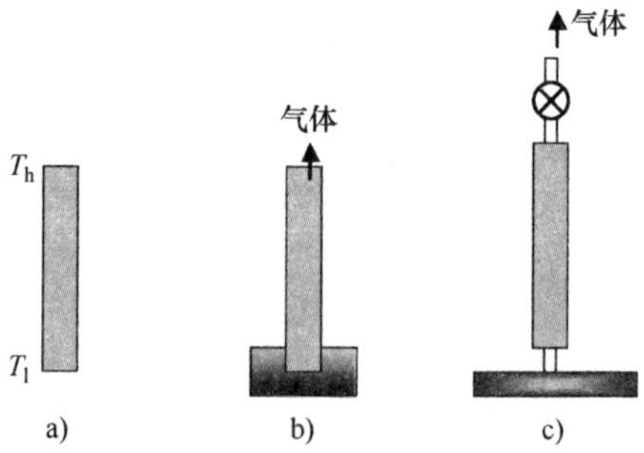

图3.8 不同冷却方式电流引线

a）导冷 b）气冷 c）迫流冷却

3.9.1　低温超导磁体电流引线

为了进一步减少传导漏热，运行在较低温区下的超导磁体可以采用混合电流引线，这类电流引线的两种构型如图 3.9 所示。

1）导冷混合引线（见图 3.9a）分为两部分。下半部分工作在磁体运行温度（$T_l<60K$）与中温度（$T_{int}\sim 60K$）之间的温区；上半部分工作在 T_{int} 与 T_h（~300K 室温）之间的温区。这种电流引线通常用在二级制冷机传导冷却的磁体系统中。下半部分可采用本征热导率低的 HTS 材料制作，通过制冷机二级冷头传导冷却；上半部分采用铜材制作，通过制冷机一级冷头传导冷却。

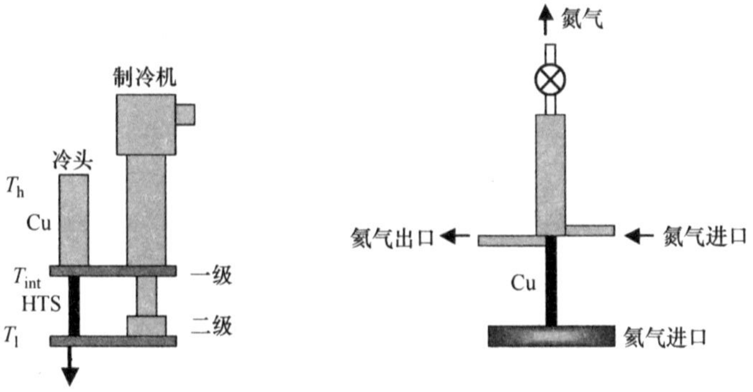

图 3.9　混合电流引线

a）导冷　b）气冷/迫流冷却

2）气冷/迫流冷却引线（见图 3.9b）也包括两部分，各部分均可采用气冷或迫流冷却。下半部分利用来自磁体的氦气冷却，该气体可升温至液氮温区；上半部分则利用液氮冷却，温度跨度可至室温（$T_h=300K$）。当然，也可用 HTS 材料制作引线的下半部分，以便进一步减少磁体系统热负荷。

大部分 HTS 磁体运行在“干式”状态——无制冷剂条件，利用制冷机传导冷却。这类磁体通常采用导冷电流引线（见图 3.8a），通过一级制冷机冷却，工作在 30 ~ 40K 温区；但倘若工作在更低温区（<20K），则采用二级制冷机，并使用如图 3.9a 所示的电流引线。

不同载流大小的系列 HTS 电流引线已经商品化，其中涉及两项基础材料技术，即氧化物陶瓷块材超导体和金属基体复合超导体，两者各自有其优缺点。

氧化物陶瓷块材 HTS 引线制作工艺多样，并可选用不同的材质，但所追求的性能指标是相同的，即高的临界载流能力、低的接头电阻和坚固的陶瓷结构。这种引线的优点在于：由于 HTS 陶瓷本征热导率低，引线长度可以做得很短，便于系统集成。但也存在缺点，即在安装、运行和引线热处理温度漂移过程中容易发生破损，且已证实陶瓷块材超导体和引线末端的金属端子间实现低阻连接有一定的难度，但这些不利因素在许多磁体中可以通过周密的系统设计加以回避，在成功建成的多个系统中，已使用了耐克森超导公司所提供的 HTS 块材电流引线。

金属基体复合超导体引线（见图 3.10）使用粉末套管法所生产的 BSCCO-2223 线材，采用低热导率的金属或合金来替代传统的银基。这类引线具有本征强度好、抗温度波动能力强和接触电阻低等优点，可以弥补复合导体材料热导率略高的不足，但与块材 HTS 引线相比需要较大的装配长度来降低传导漏热。

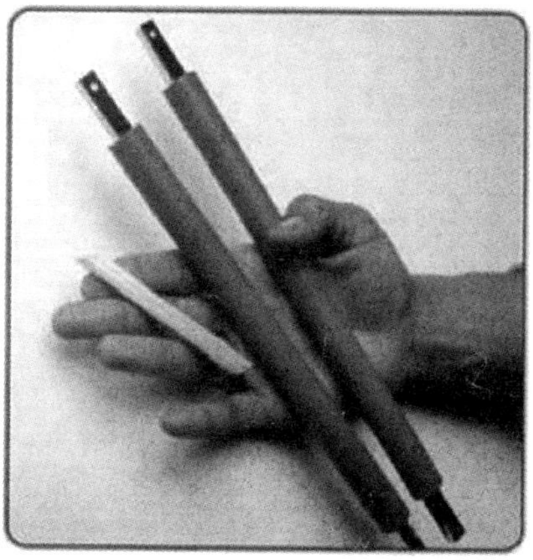

图 3.10　HTS 电流引线（美国超导公司提供）

3.9.2　导冷引线设计

如图 3.8a 和图 3.9a 上半部分所示，导冷引线一般运行在 60～300K（室温）之间，通常采用铜或黄铜材料制作，其设计原则是最大限度地降低从室温端传导至低温端的漏热，设计所遵从的简单计算方程如下。由室温端传导至低温端，引线总漏热可以表示为

$$Q=\frac{\rho LI^2}{A}+\frac{KA\Delta T}{L} \tag{3.2}$$

式中，I 为引线载流量；L 为引线长度；ρ 为引线材料平均电阻率；K 为引线材料的平均热导率；A 为引线横截面积；ΔT 为室温端与低温端之间的温差。

通过重新整理，式（3.2）可以写为

$$Q=\left(\sqrt{\frac{\rho LI^2}{A}}-\sqrt{\frac{KA\Delta T}{L}}\right)^2+2I\sqrt{\rho K\Delta T} \tag{3.3}$$

为了使 Q 值达到最小，式（3.3）中第一个括号内的项必须为零，即传导漏热的大小等于引线的欧姆损耗 I^2R。根据这一判据，对多项式的重新排列组合，可以得到下面的表达式：

$$\frac{L}{A}=\frac{1}{I}\sqrt{\frac{K}{\rho}\Delta T} \tag{3.4}$$

可以看出，式（3.4）给出导冷电流引线长度与横截面积的优化比值（L/A），它是有关引线载流量、室温端与低温端之间温差、材料电阻率和热导率的函数。联立式（3.3）和式（3.4），计算得到低温端引线的传导漏热为

$$Q=2I\sqrt{\rho K\Delta T} \tag{3.5}$$

不同材料制作的电流引线其 ρK 乘积近似相同，因此选择引线材料并不重要。对于一个 100A 载流容量的电流引线而言，若在 60～300K 温区运行，由传导漏热所带来的热负荷典型值约为 4W。为了更准确地设计分析，读者可参考 Iwasa 的著作[1]，使用以温度为自变量的材料性能参数。

3.10　低温恒温器设计实例

本节利用前面所讨论的方法，设计 2.7 节磁体实例配套的低温恒温器和制冷系统，该磁体及其低温恒温器如图 3.1 所示。设计中，首先计算各种来源的热负荷，然后依据热负荷大小选择合适的制冷机。

3.10.1　结构

该磁体系统有一直径 ϕ100mm 的净室温孔，HTS 磁体利用真空容器底部的喇叭状锥形结构件进行支撑，该结构件的锥壁上开有多个孔洞，以使其截面最小化，减少室温真空容器传导至冷质的热负荷。采用一对二元电流引线，由室温向低温区磁体提供电流。在低温恒温器内壁和磁体表面之间设有一个热辐射屏，该辐射屏运行在 60K 温区，这也是电流引线中间段的温度。

3.10.2　热负荷计算

无制冷剂、传导冷却磁体总的热负荷包括以下 4 个部分：

1）HTS 线材（HTS 线圈中）的传输损耗是 0.8W，（已由 2.8 节式（2.5）计算得到）；

2）通过 MLI 的辐射漏热；

3）通过电流引线的传导漏热；

4）通过力学支撑件的传导漏热。

通过 MLI 的辐射漏热本节计算了处于室温（300K）的真空容器壁与处于 60K 温区的热辐射屏之间的辐射漏热，其 4 部分组成分别计算如下：

1）室温低温恒温器壁传递至内腔辐射屏之间的热负荷。HTS 线圈内径 150mm，磁体高度 240mm，低温恒温器壁与磁体冷表面之间的径向间隙为

$$L_{gap} = 0.5 \times (150 - 100)\,\text{mm} = 25\text{mm} \tag{3.6}$$

位于该间隙中间的辐射屏直径为

$$d_s = 100\text{mm} + 25\text{mm} = 125\text{mm} \tag{3.7}$$

室温孔高度 h_b 等于磁体高度（240mm）、低温恒温器底部与磁体间距（75mm）以及磁体与低温恒温器顶部间距离（250mm）三者之和，即 565mm。

MLI 罩的平均表面积为

$$\begin{aligned} A_{b\text{-}MLI} &= \pi \cdot d_s \cdot h_b = \pi \times 125\text{mm} \times 565\text{mm} \\ &= 221762\text{mm}^2 = 0.222\text{m}^2 \end{aligned} \tag{3.8}$$

一般地，从 300K 低温恒温器壁辐射至 60K 辐射屏的热通量（通过 MLI 罩）约为

$$Q_r = 3\text{W/m}^2 \tag{3.9}$$

其具体数值随着 MLI 层数、填充密度和真空度水平的变化而变化，为了达到 MLI 的性能要求，一般填充密度约为 1 层/mm，真空度在 10^{-4}Torr⊖及以下。根据式（3.8）和式（3.9），辐射屏的总热负荷可以计算得到

$$Q_b = Q_r \cdot A_{b\text{-}MLI} = 3 \times 0.222 = 0.67\text{W} \tag{3.10}$$

2）低温恒温器外壁至辐射屏外壁之间的热辐射。低温恒温器外壁直径为

$$D_{o\text{-}CS} = \text{magnet OD}(250\text{mm}) + 2 \times 75\text{mm} = 400\text{mm} \tag{3.11}$$

磁体和低温恒温器外壁间辐射屏的直径为

$$D_{o\text{-}RS} = D_{o\text{-}CS} - 50\text{mm} = 400\text{mm} - 50\text{mm} = 350\text{mm} \tag{3.12}$$

辐射屏外表面面积为

$$A_{o\text{-}MLI} = \pi \cdot D_{o\text{-}RS} \cdot h_b = \pi \times 350\text{mm} \times 565\text{mm} = 0.621\text{m}^2 \tag{3.13}$$

则通过 MLI 罩，辐射屏外部的热辐射为

$$Q_o = A_{o\text{-}MLI} \cdot Q_r = 1.86\text{W} \tag{3.14}$$

3）低温恒温器底部与磁体之间的热辐射。辐射屏表面积为

$$A_{bot} = \frac{\pi}{4}(D_{o\text{-}RS}^2 - d_s^2) = \frac{\pi}{4} \times (350^2 - 125^2)\,\text{mm}^2 = 0.084\text{m}^2 \tag{3.15}$$

由于辐射，来自低温恒温器底部的热负荷为

$$Q_{bot} = A_{bot} \cdot Q_r = 0.084\text{m}^2 \times 3\text{W/m}^2 = 0.25\text{W} \tag{3.16}$$

4）低温恒温器顶部法兰与磁体之间的热辐射。首先，假设从低温恒温器顶部法兰到磁体的热辐射与其底部到磁体的热负荷相等：

$$Q_{top} = Q_{bot} \tag{3.17}$$

⊖ 1Torr = 133.322Pa，后同。

辐射产生的总热负荷为

$$
\begin{aligned}
Q_{rad} &= Q_b + Q_o + Q_{bot} + Q_{top} \\
&= 0.67W + 1.86W + 0.25W + 0.25W = 3.87W^{\ominus}
\end{aligned} \tag{3.18}
$$

对于一个经过优化设计的辐射屏，可以忽略不计 60 ~ 35K 表面的热辐射。然而，由于电流引线、测试探头、磁体支撑和制冷机冷头处辐射屏上开有多个孔洞，这些区域将会产生较大的损耗，为了减小潜在的能耗面积，需要认真地进行辐射屏设计。

3.10.3 电流引线

磁体采用一对电流引线供电，每根引线承载 185A 电流。引线材料选择黄铜，其平均电阻率（ρ）0.04 μΩ · m，热导率（K）为 100W/(m · K)。假设引线末端固定在 60K 辐射屏上，室温端（300K）和辐射屏（60K）之间温差 Δt = 240K。依据式（3.4），优化后引线的长度与截面积之比（L/A）可以计算如下：

$$
\begin{aligned}
\frac{L}{A} &= \frac{(K \cdot \Delta T/\rho)^{0.5}}{I} \\
&= \frac{(100 \times 240/(0.04 \times 10^{-6}))^{0.5}}{185} = 4187 1/m
\end{aligned} \tag{3.19}
$$

每根引线（300K 端至 60K 冷端）之间的长度（L）约为 0.4m，因此每根引线的截面积为

$$
A = \frac{0.4}{4187} m^2 = 95.5 mm^2 \tag{3.20}
$$

转换为引线直径，即为 ϕ11mm。

利用式（3.5），可以计算通过两根引线传导至 60K 冷端的热量为

$$
\begin{aligned}
Q_{lead} &= 2 \times 2 \times I \cdot (\rho \cdot K \cdot \Delta T)^{0.5} \\
&= 2 \times 2 \times 185 \times (0.04 \times 10^{-6} \times 100 \times 240)^{0.5} = 23W
\end{aligned} \tag{3.21}
$$

在 60K 和 35K 磁体之间的引线部分采用低热导率的 HTS 材料，其间的热传导可以忽略不计。

3.10.4 热传导

超导磁体由真空容器底部喇叭状的锥形结构件支撑，其上开有许多孔洞以减少热传导，采用 G-10 玻璃纤维材料制成，平均直径 d_s 为 250mm，厚度 t_s 为 3mm，高度 h_s 为 75mm。G-10 玻璃纤维平均热导率 K_s 为 0.6W/(m · K)，从而由室温（300K）至 60K 辐射屏总的传导漏热为

⊖ 原书有误，3.87 应为 3.03。

$$Q_{300\text{K-s}} = K_s(\pi \cdot d_s \cdot t_s)\Delta T/h_s$$

$$= 0.6 \times \left(\pi 0.25 \times \frac{3}{1000}\right) \times (300-60) \Big/ \left(\frac{75}{1000}\right) = 4.5\text{W} \tag{3.22}$$

同时，传导至35K磁体的热负荷为

$$Q_{\text{s-35K}} = K_s(\pi \cdot d_s \cdot t_s)\Delta T/h_s$$

$$= 0.6 \times \left(\pi 0.25 \times \frac{3}{1000}\right) \times (60-35) \Big/ \left(\frac{70}{1000}\right) = 0.5\text{W} \tag{3.23}$$

3.10.5 制冷机的选择

磁体系统60K和35K温区热负荷见表3.4，这些数值将作为依据用来选择合适的制冷机。

对于该磁体，可以选择2W、35K，50W、60K冷量的二级制冷机，但是二级制冷机价格比较昂贵，且不如单级制冷机运行可靠。根据可能性，若不设置辐射屏且去除35K温区的所有损耗，磁体系统在35K温区总的热负荷约为35W，可以选择Cryomech AL230制冷机冷却，来带走这些热负荷。Cryomech AL230制冷机配备了CP950压缩机，功耗为5.5kW，可提供60W、30K冷量。

表3.4 热负荷汇总表

热负荷	35K区域	60K区域
HTS传输损耗/W	0.8	
电流引线/W	—	23
辐射漏热/W	—	3.87①
传导漏热/W	0.5	4.5
总和/W	1.3	31.4②

① 原书有误，应为3.03。

② 原书有误，应为30.53。

3.11 总结

本章简要介绍了低温恒温器设计，回顾了可供使用的制冷机，并针对第2章所讨论的磁体给出了其低温恒温器和冷却系统的设计实例。冷却系统的性能决定了HTS装置在工业领域中应用的接受程度，与冷却系统相关的其他重要因素还包括成本、运维、可靠性、结构紧凑程度和制冷机效率，更多的细节可参见本章最后附带的参考文献和制造商的网站。

参考文献

1. Y. Iwasa, *Case Studies in Superconducting Magnets: Design and Operational Issues*, Plenum Press, New York, 1994.
2. M. N. Wilson, *Superconducting Magnets*, Clarendon Press, Oxford, 1983.
3. M. Huguet, "Team and Home Teams, Key Engineering Features of the ITER-FEAT Magnet System and Implications for the R&D Programme," 18th IAEA Fusion Energy Conference, IAEA-CN-77/OV6/1, 2000.
4. R. Radebaugh, "Refrigeration for Superconductors," *Proc. IEEE* 92(10): 1719–1734, 2004.
5. W. E. Gifford, "The Gifford-McMahon Cycle," 1965 Cryogenic Engineering Conference, Rice University, Houston, August 23–25, 1965.
6. D. Aized, B. B. Gamble, A. Sidi-Yekhlef, J. P. Voccio, D. I. Driscoll, B. A. Shoykhet, and B. X. Zhang, "Status of the 1000 HP HTS motor development," *IEEE Trans Appl. Superconductivity* 9(2, Pt. 1): 1197–1200, 1999. DOI 10.1109/77.783514
7. Data from Cryomech website on January 31, 2010.

第 4 章　旋转交流电机

4.1　引言

按照美国能源部的统计，电动机的耗电量约占美国国内制造业能源消耗的 70%，超过发电总量的 55%；而那些输出功率大于 1000hp 的大型电动机耗电量已超过发电总量的 30%；其中，70% 的大型电动机适合采用高温超导体（HTS）技术。除了少数特例外，几乎所有在建的豪华游轮都采用电力推进，许多其他类型的商船和战舰也都采用船用电动机作为其主要的动力源。

一般地，包括电动机和发电机在内的旋转电机其转子和定子采用铜绕组，绕组中传输电流时将产生焦耳损耗，这些损耗是能源和经济资源的重大浪费，任何效率上的提高都将可能节省巨大的能源消耗。当电流通过超导体时，超导电性使之呈现零或接近零的阻值，因此超导材料的使用将大量降低旋转电机的电能消耗，并减小电气部分和电工设备的体积和重量。1986 年，高温超导体的发现促进了超导绕组旋转电机的发展。相比于低温超导体，HTS 可在更高的温区（25~77K 之间）下运行，简化了制冷系统。最近，各种全尺寸超导电动机和发电机已经获得示范。本章将叙述交流旋转电机拓扑结构及其理论和设计制造等相关问题，涉及高、低速电动机和发电机。并使用工业标准计算机代码进行电机分析，以实现电网中的特性仿真。

HTS 电动机非常适用于公用事业和工业用户所使用的泵、风机、压缩机、鼓风机和带传动机械，特别是那些需要连续运行的设备。同样，它们也适用于大型工程作业，例如钢铁混炼、纸浆/造纸流程、化工/石油及天然气精炼、采矿和其他重型机械应用。值得一提的是，其中一个重要且发展迅速的应用领域是交通运输，尤其是海军舰艇和商用舰船的推进。对于船舰而言，体积和重量的减小会大幅度提高设计的灵活性，并可将有限的空间留作他用。

4.2　拓扑结构

同步和感应电机是旋转电机的两种常见类型。同步旋转电机有两个绕组，即定子交流绕组和转子直流绕组，尽管这两个绕组的位置可以互换，但这是最常见的电机结构。感应电动机转子绕组有笼型和绕线转子两种，转子绕组以转差频率承载交变电流，当转差率为1时，转子相对静止，转子频率等于工频。当电动机以额定转速运行时，转子转差频率通常小于工频的5%。感应电动机非常普遍地用于工业中小功率（<500hp）设备，而在工业和船用大型设备中同步电动机则更受青睐。而且，感应电动机无论是定子还是转子绕组，均承载交变电流，因此采用超导绕组并不是最佳选择。正如第2章中的讨论，超导体损耗仅当电动机承载直流电时可以忽略不计，而在交流环境中损耗较大，从经济性角度考虑难以消除。由于当前超导材料和制冷系统价格不菲，超导电动机主要用在公用设施和工业生产中大型的泵和风机（>1000hp），特别是那些需要连续运转的系统和大型船舶用驱动。

图4.1显示了一台采用超导励磁绕组的典型交流同步电机。旋转的高温超导励磁绕组在铜电枢绕组中产生磁场，其幅值通常是传统电动机的两倍；转子采用空心（非磁性）结构，定子开有非金属齿槽，这将增加气隙磁密，消除定、转子叠压铁心固有的铁损并回避铁心饱和问题，铜电枢绕组紧靠气隙外侧，在一些场合下，嵌在提供力学支持的非金属齿槽中。

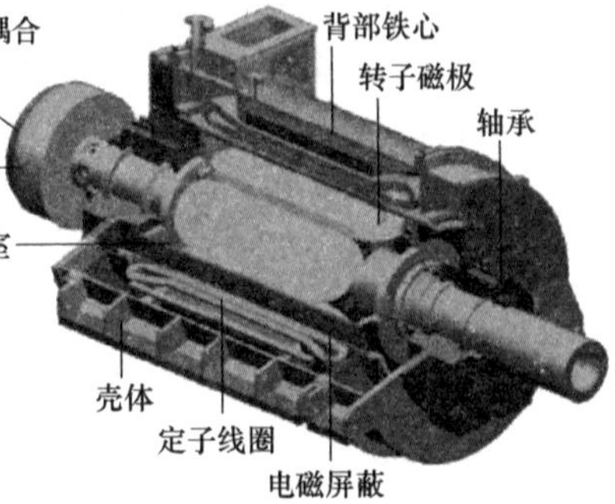

图4.1 转子使用超导励磁绕组的一种典型同步电机结构（美国超导公司提供）

电机在稳态运行时，转子与三相电枢电流所产生的旋转磁场同步运动，超导励磁绕组只承受直流磁场的作用；然而，在负载和电源瞬变条件下，转子在电枢磁场的作用下发生位移，将感受到交变磁场谐波的影响。为此，HTS线圈与定子绕组之间设置有电磁（EM）屏蔽罩，以便超导励磁绕组免受这些交变磁场的影响。室温EM屏蔽罩置于转子最外侧表面，其内侧为绝热（真空）腔室，环绕在转子低温恒温器外部。低温EM屏蔽罩（如果采用）置于真空腔室的内表面，其壳层的电导率较高，温度接近超导线圈运行的温度；超导励磁线圈则安装在EM屏蔽罩内非磁性支架上。室温EM屏蔽罩将转矩直接传递至室温轴承，因而在设计上需要有足够的机械强度，以便在发生故障时能够承受大的应力，并吸收因负序电流和变速驱动（Variable Speed Drive，VSD）引起的谐波电流所产生的热量。

制冷系统通过闭合管路输送冷氦气或其他适用气体，以保持 HTS 励磁绕组处于低温环境。其中，氦气在转子内部的冷却通道中循环流动，整个闭合冷却管路涉及旋转的转子本体至外部放置的静止的低温制冷系统，该低温系统使用第 3 章所讨论的 G-M 冷头。

定子铜绕组采用无磁齿槽结构，热绝缘等级典型设计为 F 级（最大运行温度为 155℃），但通常运行在 B 级（最大运行温度为 130℃）。为了减小涡流损耗，定子线圈采用铜绞合导体，该导体由多股小尺寸、绝缘和换位绞线构成。由于定子绕组内孔表面磁场高，传统电动机的定子齿槽会发生磁饱和，因此超导电动机的定子电枢绕组不采用齿槽结构，在此区域需要特别注意定子绕组的结构支撑和低温冷却。定子气隙绕组反电动势接近于正弦波，谐波分量远小于传统电机。

4.3 分析与参数计算

超导电机的优化设计主要基于电气、机械、传热、经济性和可靠性等多个相互制约和矛盾的性能参数，需要综合分析加以判断和选择。例如，降低电气性能，可以提高电机的运行温度，改善系统的传热性能；而降低电机结构的可靠性，可以增加电气系统的稳定性和功率密度；牺牲整体的机械强度和抗振性，则可以提高电机的绝热性能；同时，采用超导技术所增加的复杂性并不会损害电机运行的可靠性，所有折中均须考虑经济可行性。本节仅限于讨论交流同步电机的基本理论，给出采用超导励磁绕组同步电机结构设计公式。对于电动机和发电机而言，两者设计公式相同，分析和参数计算没有什么区别。

4.3.1 磁路和谐波分量

尽管可能存在其他结构，这里选择讨论的同步电机由定子电枢绕组、励磁绕组等部分组成，EM 屏蔽罩放置在转子上。图 4.2 显示了两极同步电机的截面示意图，表 4.1 则给出了各部分的说明。

表 4.1 两极电机截面组成部分

符号	含义
F，F^-	励磁绕组，正、负电流区域
A，A^-	A 相电枢绕组，正、负电流区域
B，B^-	B 相电枢绕组，正、负电流区域
C，C^-	C 相电枢绕组，正、负电流区域
R_1	励磁绕组内径
R_2	励磁绕组外径

（续）

符号	含义
R_3	电枢绕组内径
R_4	电枢绕组外径
R_{so}	EM 屏蔽罩外径
t_s	EM 屏蔽罩径向厚度
R_o	铁轭内径
R_{oo}	铁轭外径
α	1/2 励磁绕组极角（电角度）
β	励磁绕组最大张角（≤90°电角度）

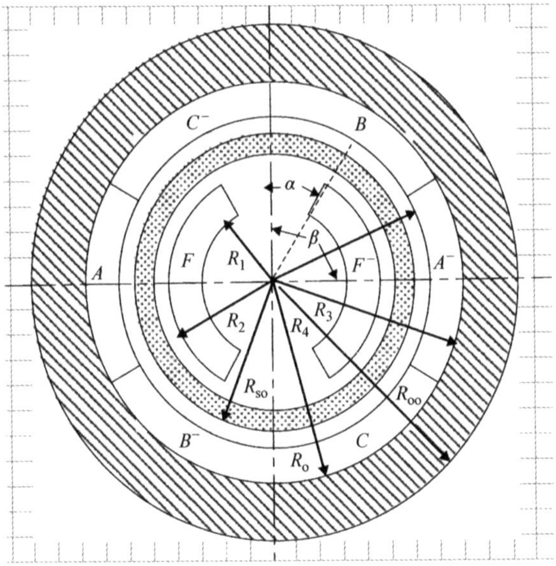

图 4.2 两极同步电机截面示意图

假设电机沿 z 轴方向无限长，可以忽略有限尺寸绕组的端部效应，相关影响可以通过调节经验系数加以考虑，这将在后面章节中进一步讨论。对于图 4.2 所示的电机，两极励磁绕组所产生的磁场可以在圆柱坐标系中采用 Laplace 方程来描述[1,2]，其中 z 为电机的长度方向，即轴向。

$$\frac{\delta^2 A_z}{\delta\rho^2}+\frac{1}{\rho}\cdot\frac{\delta A_z}{\delta\rho}+\frac{1}{\rho^2}\cdot\frac{\delta^2 A_z}{\delta\theta^2}=0 \tag{4.1}$$

式中，A 为磁位矢量；ρ 为半径；θ 为实际位置与磁极中央平面的夹角。

求解该方程，可以获得磁位矢量 A 的表达式：

$$A=(a\cdot\rho^{n\cdot p}+b\cdot\rho^{-n\cdot p})[c\cdot\sin(n\cdot p\cdot\theta)+d\cdot\cos(n\cdot p\cdot\theta)] \tag{4.2}$$

由此，径向和切向磁场分量可以通过式（4.3）和式（4.4）计算得到。

$$H_r = \frac{\delta A}{\delta \rho} \tag{4.3}$$

$$H_\theta = \frac{1}{\rho} \cdot \frac{\delta A}{\delta \theta} \tag{4.4}$$

对励磁绕组厚度为 dρ、半径为 ρ 的薄圆柱形壳层中的电流分布进行傅里叶级数展开，可以得到如下形式：

$$K(\rho) = \frac{a_o}{2} + \sum_{n=1}^{\infty} [a_n \cos(n \cdot p \cdot \theta) + b_n \sin(n \cdot p \cdot \theta)] \tag{4.5}$$

在电流对称分布的情况下，式（4.5）中系数 α_0 和 α_n 均为零，即

$$a_o = \frac{1}{\pi} \cdot \int_{-\pi+\alpha}^{-\alpha} - J_f \cdot d\rho \cdot d(p \cdot \theta) + \frac{1}{\pi} \cdot \int_{\alpha}^{\pi-\alpha} J_f \cdot d\rho \cdot d(p \cdot \theta) = 0 \tag{4.6}$$

$$\begin{aligned} a_n = & \frac{1}{\pi} \cdot \int_{-\pi+\alpha}^{-\alpha} - J_f \cos(n \cdot p \cdot \theta) \cdot d\rho \cdot d(p \cdot \theta) \\ & + \frac{1}{\pi} \cdot \int_{\alpha}^{\pi-\alpha} J_f \cos(n \cdot p \cdot \theta) \cdot d\rho \cdot d(p \cdot \theta) = 0 \end{aligned} \tag{4.7}$$

系数 b_n 可以简化为

$$\begin{aligned} b_n = & \frac{1}{\pi} \cdot \int_{-\pi+\alpha}^{-\alpha} - J_f \sin(n \cdot p \cdot \theta) \cdot d\rho \cdot d(p \cdot \theta) \\ & + \frac{1}{\pi} \cdot \int_{\alpha}^{\pi-\alpha} J_f \sin(n \cdot p \cdot \theta) \cdot d\rho \cdot d(p \cdot \theta) \end{aligned} \tag{4.8}$$

$$b_n = \frac{4J_f \cdot dr}{n \cdot \pi} \cos(n \cdot p \cdot \alpha)$$

从而对于励磁绕组，式（4.5）简化成

$$K(\rho) = \sum_{n\_odd} \left[\frac{4J_f \cdot d\rho}{n \cdot \pi} \cos(n \cdot p \cdot \alpha) \cdot \sin(n \cdot p \cdot \theta) \right] \tag{4.9}$$

磁位矢量 A 由下式给出：

$$A = \sum_{n\_odd} \left[\frac{4J_f \cdot d\rho}{n \cdot \pi} \cos(n \cdot p \cdot \alpha) \sin(n \cdot p \cdot \theta) \cdot (a \cdot \rho^{n \cdot p} + b \cdot \rho^{-n \cdot p}) \right] \tag{4.10}$$

将式（4.3）、式（4.4）和式（4.10）联立，可以获得径向和切向磁场分量的具体表达式：

$$H_r = \sum_{n\_odd} \left[\frac{4J_f \cdot d\rho}{n \cdot \pi} \cos(n \cdot p \cdot \alpha) \cdot \sin(n \cdot p \cdot \theta) \right] \cdot n \cdot p \cdot (a \cdot \rho^{n \cdot p-1} - b \cdot \rho^{-n \cdot p-1}) \tag{4.11}$$

$$H_\theta = \sum_{n\_odd} \left[\frac{-4J_f \cdot d\rho}{n \cdot \pi} \cos(n \cdot p \cdot \alpha) \cdot \cos(n \cdot p \cdot \theta) \right] \cdot n \cdot p \cdot (a \cdot \rho^{n \cdot p-1} - b \cdot \rho^{-n \cdot p-1}) \tag{4.12}$$

针对铁磁 EM 屏蔽罩或金属 EM 屏蔽罩，通过施加合适的边界条件，可以确定式（4.11）和式（4.12）中的系数变量，见本章参考文献［1，2］。具体结果有两种表达式：一种适用于任何极对数（p）的电机，另一种仅适用于极对数 p 为 2 的电机。

1）励磁绕组电流产生的磁场。以下是除极对数 p 为 2 外，任意极对数电机内部磁场分布。

在励磁绕组角度 ϕ、半径 ρ（$\rho < R_1$）区域，径向和切向磁场分量分别由式（4.13）和式（4.14）给出，其中系数 C_{fi} 如式（4.15）。

$$B_r(\rho,n) = C_{fi} \cdot \left[\frac{R_2^{-n \cdot p+2} - R_1^{-n \cdot p+2}}{-n \cdot p+2} + I \cdot \left[\frac{R_2^{n \cdot p+2} - R_1^{n \cdot p+2}}{(n \cdot p+2) \cdot R_o^{2 \cdot n \cdot p}}\right]\right] \cdot \rho^{n \cdot p-1}\cos(n \cdot p \cdot \phi), \tag{4.13}$$

$$B_\theta(\rho,n) = -C_{fi} \cdot \left[\frac{R_2^{-n \cdot p+2} - R_1^{-n \cdot p+2}}{-n \cdot p+2} + I \cdot \left[\frac{R_2^{n \cdot p+2} - R_1^{n \cdot p+2}}{(n \cdot p+2) \cdot R_o^{2 \cdot n \cdot p}}\right]\right] \cdot \rho^{n \cdot p-1}\sin(n \cdot p \cdot \phi), \tag{4.14}$$

$$C_{fi} = \frac{\mu_0 \cdot J_f \cdot 2[\cos(\alpha \cdot n \cdot p) - \cos(\beta \cdot n \cdot p)]}{\pi \cdot n} \tag{4.15}$$

式中，B_r 为径向磁场分量；B_θ 为切向磁场分量；J_f 为绕组全电流密度；n 为奇次谐波数（$n=1$，3，5…）；ϕ 为与磁极轴线的夹角；半径 R_0 处有屏蔽层且为铁磁材料时 $I=+1$，为导体材料时 $I=-1$，无屏蔽层时则 $I=0$。

在 $R_1 < \rho < R_2$ 绕组区域内，径向和切向磁场分量分别由式（4.16）和式（4.17）给出，其中系数 C_{fw} 见式（4.18）。

$$B_r(\rho,n) = C_{fw} \cdot \left[\frac{-2 \cdot n \cdot p + (2+n \cdot p)(R_2/\rho)^{-n \cdot p+2} - (2-n \cdot p) \cdot (R_1/\rho)^{n \cdot p+2}}{2-n \cdot p} \cdot \rho + I \cdot \frac{R_2^{n \cdot p+2} - R_1^{n \cdot p+2}}{R_o^{2 \cdot n \cdot p}} \cdot \rho^{n \cdot p-1}\right] \cdot \cos(n \cdot p \cdot \phi) \tag{4.16}$$

$$B_\theta(\rho,n) = C_{fw} \cdot \left[\frac{4 - (2+n \cdot p)(R_2/\rho)^{-n \cdot p+2} - (2-n \cdot p) \cdot (R_1/\rho)^{n \cdot p+2}}{2-n \cdot p} \cdot \rho - I \cdot \frac{R_2^{n \cdot p+2} - R_1^{n \cdot p+2}}{R_o^{2 \cdot n \cdot p}} \cdot \rho^{n \cdot p-1}\right] \cdot \sin(n \cdot p \cdot \phi) \tag{4.17}$$

$$C_{fw} = \frac{\mu_0 \cdot J_f \cdot 2[\cos(\alpha \cdot n \cdot p) - \cos(\beta \cdot n \cdot p)]}{\pi \cdot n \cdot (n \cdot p+2)} \tag{4.18}$$

在$\rho > R_2$绕组区域内，径向和切向的磁场分量分别由式（4.19）和式（4.20）给出，其中系数C_{fo}见式（4.21）。

$$B_r(\rho,n) = C_{fo} \cdot (R_2^{2+n \cdot p} - R_1^{2+n \cdot p}) \cdot \left(\rho^{-n \cdot p-1} + I \cdot \frac{\rho^{n \cdot p-1}}{R_o^{2 \cdot n \cdot p}}\right) \cdot \cos(n \cdot p \cdot \phi) \tag{4.19}$$

$$B_\theta(\rho,n) = C_{fo} \cdot (R_2^{2+n \cdot p} - R_1^{2+n \cdot p}) \cdot \left(\rho^{-n \cdot p-1} + I \cdot \frac{\rho^{n \cdot p-1}}{R_o^{2 \cdot n \cdot p}}\right) \cdot \sin(n \cdot p \cdot \phi) \tag{4.20}$$

$$C_{fo} = \frac{\mu_0 \cdot I_f \cdot 2[\cos(\alpha \cdot n \cdot p) - \cos(\beta \cdot n \cdot p)]}{\pi \cdot n \cdot (n \cdot p + 2)} \tag{4.21}$$

下面为两对极电机（极数为4）的磁场分布。在半径ρ小于励磁绕组内径R_1区域，径向和切向磁场分量分别由式（4.22）和式（4.23）给出：

$$B_r(\rho,n) = C_{fi} \cdot \left[\ln\left(\frac{R_2}{R_1}\right) + I \cdot \left[\frac{R_2^{2 \cdot n+2} - R_1^{2 \cdot n+2}}{(2 \cdot n+2) \cdot R_o^{4 \cdot n}}\right]\right] \cdot \rho^{n \cdot 2-1}\cos(n \cdot 2 \cdot \phi) \tag{4.22}$$

$$B_\theta(\rho,n) = -C_{fi} \cdot \left[\ln\left(\frac{R_2}{R_1}\right) + I \cdot \left[\frac{R_2^{n \cdot 2+2} - R_1^{n \cdot 2+2}}{(n \cdot 2+2) \cdot R_o^{4 \cdot n}}\right]\right] \cdot \rho^{n \cdot 2-1}\sin(n \cdot 2 \cdot \phi) \tag{4.23}$$

在$R_1 < \rho < R_2$绕组区域内，径向和切向的磁场分量分别由式（4.24）和式（4.25）给出：

$$\begin{aligned} B_r(\rho,n) = C_{fw} \cdot \Bigg[& \left[1 - \left(\frac{R_1}{\rho}\right)^{2 \cdot n+2} + (2 \cdot n+2) \cdot \ln\left(\frac{R_2}{\rho}\right)\right] \\ & + I \cdot \frac{R_2^{n \cdot 2+2} - R_1^{n \cdot 2+2}}{R_o^{4 \cdot n}} \cdot \rho^{n \cdot 2-2}\Bigg] \cdot \rho\cos(n \cdot 2 \cdot \phi) \end{aligned} \tag{4.24}$$

$$\begin{aligned} B_\theta(\rho,n) = C_{fw} \cdot \Bigg[& -\left[1 - \left(\frac{R_1}{\rho}\right)^{2 \cdot n+2} + (2 \cdot n+2) \cdot \ln\left(\frac{R_2}{\rho}\right)\right] \\ & + I \cdot \frac{R_2^{n \cdot 2+2} - R_1^{n \cdot 2+2}}{R_o^{4 \cdot n}} \cdot \rho^{n \cdot 2-2}\Bigg] \cdot \rho\sin(n \cdot 2 \cdot \phi) \end{aligned} \tag{4.25}$$

在$\rho > R_2$绕组区域外，径向和切向的磁场分量分别由式（4.26）和式（4.27）给出：

$$B_r(\rho,n) = C_{fo} \cdot (R_2^{2+n \cdot 2} - R_1^{2+n \cdot 2}) \cdot \left(\rho^{-n \cdot 2-1} + I \cdot \frac{\rho^{n \cdot 2-1}}{R_o^{4 \cdot n}}\right) \cdot \cos(n \cdot 2 \cdot \phi) \tag{4.26}$$

$$B_\theta(\rho,n) = C_{fo} \cdot (R_2^{2+n \cdot 2} - R_1^{2+n \cdot 2}) \cdot \left(\rho^{-n \cdot 2-1} + I \cdot \frac{\rho^{n \cdot 2-1}}{R_o^{-4 \cdot n}}\right) \cdot \sin(n \cdot 2 \cdot \phi) \tag{4.27}$$

给定励磁绕组电流密度 J_f，联立式（4.13）~式（4.27）即可计算励磁绕组在任何区域所产生的磁场分量 B_r和 B_θ，如图 4.2 所示。尽管图中仅给出两极电机的情况，但本节分析适用于任何极对数 p 的电机。式（4.13）~式（4.27）的普适性特征也类似于其他类型绕组，唯一不同的是其中的系数 C，即 C_{fi}、C_{fw}和 C_{fo}。每一阶次谐波磁场分量都可以通过选择特定的 n 值（$n=1$、3、5、7…）来计算，对任意一点谐波分量求和即可获得该处总的磁场大小。为了确定高温超导线材的载流能力和交流损耗，需要计算磁场分量。

2）电枢绕组电流产生的磁场。电枢电流密度 J_a所产生的磁场分量表达式与式（4.13）~式（4.27）类同，但有如下变化：

① 分别用 R_3、R_4替代式中的 R_1、R_2；

② 分别用 C_{ai}、C_{aw}和 C_{ao}替代式中系数 C_{fi}、C_{fw}和 C_{fo}。系数 C_{ai}、C_{aw}和 C_{ao}由式（4.28）~式（4.30）给出。

$$C_{ai}=\frac{\mu_0\cdot J_a\cdot 2\cdot[\cos(\pi\cdot n\cdot p/3)-\cos(\beta\cdot n\cdot p)]}{\pi\cdot n} \tag{4.28}$$

$$C_{aw}=\frac{\mu_0\cdot J_a\cdot 2\cdot[\cos(\pi\cdot n\cdot p/3)-\cos(\beta\cdot n\cdot p)]}{\pi\cdot n(n\cdot p+2)} \tag{4.29}$$

$$C_{ao}=\frac{\mu_0\cdot J_a\cdot 2\cdot[\cos(\pi\cdot n\cdot p/3)-\cos(\beta\cdot n\cdot p)]}{\pi\cdot n\cdot(n\cdot p+2)} \tag{4.30}$$

3）屏蔽绕组电流产生的磁场。屏蔽电流密度所产生的磁场分量表达式与式（4.13）~式（4.27）类同，但有如下变化：

① 分别用 R_{si}、R_{so}替代式中的 R_1、R_2；

② 分别用 C_{si}、C_{sw}和 C_{so}替代式中 C_{fi}、C_{fw}和 C_{fo}。系数 C_{si}、C_{sw}和 C_{so}由式（4.32）~式（4.34）给出。

假设屏蔽绕组空间为正弦分布，但流经每匝的电流相同，电流密度峰值可由式（4.31）给出。

$$J_s=\frac{N_s\cdot I_s}{R_{so}^2-R_{si}^2} \tag{4.31}$$

则磁场计算系数 C_{si}、C_{sw}和 C_{so}表示为

$$C_{si}=\frac{\mu_0\cdot J_s}{2} \tag{4.32}$$

$$C_{sw}=\frac{\mu_0\cdot J_s}{2\cdot(n\cdot p+2)} \tag{4.33}$$

$$C_{so}=\frac{\mu_0\cdot J_s}{2\cdot(n\cdot p+2)} \tag{4.34}$$

式（4.13）~式（4.34）可以用来计算励磁、电枢和屏蔽绕组中每一个绕组在图 4.2 中任意位置所产生的径向和切向磁场分量，所有绕组磁场分量叠加即

可获得目标位置处总的径向和切向磁场分量。计算高温超导线材载流能力和交流损耗需要获悉磁场大小和分布，且目前大多数可获取的超导线材为带状，可承载的临界电流强烈地依赖于磁场与其宽、窄带面的夹角，因此有必要计算相对于高温超导线材带面的径向和切向磁场分量。

4.3.2 参数计算

一旦获悉所有绕组产生的磁场分布，每个绕组的自感和互感可以利用本节所提供的公式进行计算，具体数值取决于绕组径向厚度值。

绕组的自感和互感。不同类型绕组的自感和互感可以借助 Bumby[3] 讨论的通用方法来计算。然而，不同的是下面给出的电感公式是对有限厚度的绕组空间中的磁链进行积分，而不是仅限于薄的电流壳层。

（1）自感

1）电枢相绕组自感（L_A）。电枢绕组自感（L_A）的 n 次空间谐波分量由下面的表达式给出，其中式（4.35）和式（4.36）分别对应 $p\neq2$ 和 $p=2$ 两种情况。

$$LA_a(n)=\frac{144N_a^2\cdot\mu_0\cdot l\cos(n\cdot\pi/3)^2}{\pi^3\cdot n^3\cdot p\cdot(1-x^2)^2}\cdot\left[\frac{(n\cdot p-2)-(n\cdot p+2)\cdot x^4+4\cdot x^{n\cdot p+2}}{(n\cdot p)^2-4}+I\cdot2\cdot\left(\frac{R^4}{R_o}\right)^{2\cdot n\cdot p}\cdot\frac{(1-x^{n\cdot p+2})^2}{(n\cdot p+2)^2}\right]\cdot k_w(n)^2 \tag{4.35}$$

$$LA_a(n)=\frac{144N_a^2\cdot\mu_0\cdot l\cos(n\cdot\pi/3)^2}{\pi^3\cdot n^3\cdot p(1-x^2)^2}\cdot\left[\frac{1-x^4}{4}+x^4\ln(x)+I\cdot2\cdot\left(\frac{R^4}{R_o}\right)^{2\cdot n\cdot p}\cdot\frac{(1-x^{n\cdot p+2})^2}{(n\cdot p+2)^2}\right]\cdot k_w(n)^2 \tag{4.36}$$

式中，LA_a 为 $p\neq2$ 电机电枢绕组的自感；LA_a 为 $p=2$ 电机电枢绕组的自感；$x=R_3/R_4$；N_a 为每相匝数；l 为电枢绕组轴向有效长度；μ_0 为真空磁导率，即 $4\pi\times10^{-7}$H/m；$k_w(n)$ 为 n 次空间谐波绕组系数，如式（4.39）所示。

电枢绕组可以采用短间距线圈（小于磁极距），在一相带中可有多个线圈，其节距因数 $k_p(n)$ 和分布因数 $k_d(n)$ 定义如下。

对于 n 次空间谐波，分数节距的绕组节距系数见式（4.37）：

$$k_p(n)=\cos\left(\frac{1-\xi}{2}\cdot\pi\cdot n\right) \tag{4.37}$$

式中，ξ 是作为磁极距一部分的线圈节距。而绕组分布因数为

$$k_{\mathrm{d}}(n)=\frac{\sin[N_{\mathrm{c}}\cdot(\Psi\cdot n)/2]}{N_{\mathrm{c}}\sin(\Psi\cdot n/2)} \tag{4.38}$$

式中，N_{c} 为一个相带中的线圈数；Ψ 为相带电角度，等于 p 与机械角度的乘积。绕组系数 $k_{\mathrm{w}}(n)$ 则可以表示为

$$k_{\mathrm{w}}(n)=k_{\mathrm{p}}(n)\cdot k_{\mathrm{d}}(n) \tag{4.39}$$

2）励磁绕组自感（L_{f}）。励磁绕组自感（L_{f}）的 n 次空间谐波分量由下面的表达式给出，其中式（4.40）和式（4.41）分别对应 $p\neq2$ 和 $p=2$ 两种情况。

$$LA_{\mathrm{f}}(n)=\frac{16\cdot N_{\mathrm{f}}^{2}\cdot\mu_0\cdot l\cdot[\cos(\alpha\cdot n\cdot p)^2-\cos(\beta\cdot n\cdot p)^2]}{\pi^3\cdot n^3\cdot p\cdot(1-y^2)^2\cdot[(\beta-\alpha)\cdot p/(\pi/2)]^2}\cdot\Bigg[\frac{(n\cdot p-2)-(n\cdot p+2)\cdot y^4+4\cdot y^{n\cdot p+2}}{(n\cdot p)^2-4}+I\cdot 2\cdot\left(\frac{R_2}{R_{\mathrm{o}}}\right)^{2\cdot n\cdot p}\cdot\frac{(1-y^{n\cdot p+2})^2}{(n\cdot p+2)^2}\Bigg] \tag{4.40}$$

$$l4_{\mathrm{f}}(n)=\frac{16\cdot N_{\mathrm{f}}^{2}\cdot\mu_0\cdot l[\cos(\alpha\cdot n\cdot p)^2-\cos(\beta\cdot n\cdot p)^2]}{[\pi^3\cdot n^3\cdot p\cdot(1-y^2)^2]\cdot[(\beta-\alpha)\cdot p/(\pi/2)]^2}\cdot\left[\frac{1-y^4}{4}+y^4\ln(y)+I\cdot 2\cdot\left(\frac{R_2}{R_{\mathrm{o}}}\right)^{2\cdot n\cdot p}\cdot\frac{(1-y^{n\cdot p+2})^2}{(n\cdot p+2)^2}\right] \tag{4.41}$$

式中，LA_{f} 为 $p\neq2$ 电机励磁绕组的自感；$l4_{\mathrm{f}}$ 为 $p=2$ 电机励磁绕组的自感；$y=R_1/R_2$；N_{f} 为每极匝数；l 为励磁绕组轴向有效长度。

3）阻尼（屏蔽）绕组自感（L_{s}）。外接电源时，由于存在电枢空间谐波及任何时刻叠加在电枢绕组上的谐波分量，使得超导励磁绕组处于交变磁场中，这些谐波磁场分量将使超导绕组及其支撑结构产生额外的损耗。为了最大程度地减小励磁绕组所承受的交变谐波磁场，超导励磁绕组用诸如铜或铝等导电材料制成的圆（屏蔽）筒包围，在屏蔽壳体上感应电流非均匀自由分布，可视为正弦分布的阻尼绕组电流按照傅里叶级数展开（与本章参考文献［2］相同），对此校正即认为每一空间谐波磁场在屏蔽筒将感应出正弦分布的电流。对于 n 次空间谐波，转子电磁屏蔽自感（L_{s}）计算如下，其中式（4.42）和式（4.43）分别对应 $p\neq2$ 和 $p=2$ 两种情况。

$$LA_{\mathrm{s}}(n)=\frac{N_{\mathrm{s}}^{2}\cdot\mu_0\cdot l\cdot\pi}{4\cdot n\cdot p}\cdot\frac{1}{[1-(R_{\mathrm{s1}}/R_{\mathrm{s2}})^2]^2}\cdot\Bigg[\frac{n\cdot p-2-(n\cdot p+2)\cdot(R_{\mathrm{s1}}/R_{\mathrm{s2}})^4+4\cdot(R_{\mathrm{s1}}/R_{\mathrm{s2}})^{n\cdot p+2}}{(n\cdot p)^2-4}\cdot+I\cdot 2\cdot\left(\frac{R_{\mathrm{s2}}}{R_{\mathrm{o}}}\right)^{2\cdot n\cdot p}\cdot\left[\frac{1-(R_{\mathrm{s1}}/R_{\mathrm{s2}})^{n\cdot p+2}}{(n\cdot p+2)}\right]^2\Bigg] \tag{4.42}$$

$$LA_s(n)=\frac{N_s^2\cdot\mu_0\cdot l\cdot\pi}{4\cdot n\cdot p}\cdot\frac{1}{[1-(R_{s1}/R_{s2})^2]^2}\cdot\left\{\frac{1-(R_{s1}/R_{s2})^4}{4}+\left(\frac{R_{s1}}{R_{s2}}\right)^4\cdot\ln\left(\frac{R_{s1}}{R_{s2}}\right)+I\cdot 2\cdot\left(\frac{R_{s2}}{R_o}\right)^{2\cdot n\cdot p}\cdot\left[\frac{1-(R_{s1}/R_{s2})^{n\cdot p+2}}{(n\cdot p+2)}\right]^2\right\} \tag{4.43}$$

式中，LA_s 为 $p\neq2$ 电机屏蔽绕组的自感；LA_s 为 $p=2$ 电机屏蔽绕组的自感；R_{s1} 为屏蔽筒内径；R_{s2}为屏蔽筒外径；N_s 为每极匝数（在此设定为1）。

（2）互感

需要获知所有绕组之间互感的大小，若电机屏蔽采用多种材质，应分开处理不同材质壳层，壳层间的互感也应计算。

1）电枢相/励磁绕组间互感。计算电枢单相绕组和励磁绕组之间的互感时，假设励磁绕组加载激励，然后计算由励磁绕组的磁动势在单相电枢绕组中产生的磁链，再除以励磁电流。电枢与励磁绕组间互感的 n 次谐波分量计算如下，其中式（4.44）和式（4.45）分别对应 $p\neq2$ 和 $p=2$ 两种情况。

$$LA_{af}(n)=\left\{\frac{96\cdot\mu_0\cdot N_a\cdot N_f\cdot l\cdot[\cos(\alpha\cdot n\cdot p)-\cos(\beta\cdot n\cdot p)]\cdot\cos[n\cdot(\pi/3)]\cdot\cos(n\cdot p\cdot\theta)}{\pi^3\cdot n^3\cdot p(1-x^2)\cdot(1-y^2)\cdot[(\beta-\alpha)\cdot p/(\pi/2)]}\left(\frac{R_2}{R_4}\right)^{n\cdot p}\right\}\cdot(1-y^{n\cdot p+2})\cdot\left[\frac{1-x^{-n\cdot p+2}}{4-(n\cdot p)^2}+I\cdot\left(\frac{R_4}{R_o}\right)^{2\cdot n\cdot p}\cdot\frac{1-x^{n\cdot p+2}}{(n\cdot p+2)^2}\right]\cdot k_w(n) \tag{4.44}$$

$$LA_{af}(n)=\left\{\frac{96\cdot\mu_0\cdot N_a\cdot N_f\cdot l\cdot[\cos(\alpha\cdot n\cdot\alpha)-\cos(n\cdot p\cdot\beta)]\cdot\cos[n\cdot(\pi/3)]\cdot\cos(n\cdot p\cdot\theta)}{\pi^3\cdot n^3\cdot p\cdot(1-x^2)\cdot(1-y^2)\cdot[(\beta-\alpha)\cdot p/(\pi/2)]}\left(\frac{R_2}{R_4}\right)^{n\cdot p}\right\}\cdot(1-y^{n\cdot p+2})\cdot\left[\frac{-\ln(x)}{n\cdot p+2}+I\cdot\left(\frac{R_4}{R_o}\right)^{2\cdot n\cdot p}\cdot\frac{1-x^{n\cdot p+2}}{(n\cdot p+2)^2}\right]\cdot k_w(n) \tag{4.45}$$

式中，LA_{af}为 $p\neq2$ 电机电枢绕组与励磁绕组间的互感；LA_{af}为 $p=2$ 电机电枢绕组与励磁绕组间的互感。

2）电枢相与屏蔽绕组间互感。计算电枢相与屏蔽绕组间的互感时，假设单相电枢绕组加载激励，计算由于电枢绕组磁动势在等效屏蔽绕组中产生的磁链，再除以电枢绕组电流。电枢绕组与屏蔽绕组间互感的 n 次谐波分量计算如下，其中式（4.46）和式（4.47）分别对应 $p\neq2$ 和 $p=2$ 两种情况。

$$LA_{as}(n)=\frac{12\cdot\mu_0\cdot N_a\cdot N_s\cdot l\cdot\cos(n\cdot\pi/3)\cdot\cos(n\cdot p\cdot\theta)}{\pi\cdot n^2\cdot p\cdot(1-x^2)\cdot[1-(R_{s1}/R_{s2})^2]}\cdot\left(\frac{R_{s2}}{R_4}\right)^{n\cdot p}\cdot\left[1-\left(\frac{R_{s1}}{R_{s2}}\right)^{2+n\cdot p}\right]\cdot\left[\frac{1-x^{2-n\cdot p}}{4-(n\cdot p)^2}+I\cdot\left(\frac{R_4}{R_o}\right)^{2\cdot n\cdot p}\cdot\frac{1-x^{n\cdot p+2}}{(2+n\cdot p)^2}\right]\cdot k_w(n) \tag{4.46}$$

$$L4_{as}(n)=\frac{12\cdot\mu_0\cdot N_a\cdot N_s\cdot l\cdot\cos(n\cdot\pi/3)\cdot\cos(n\cdot p\cdot\theta)}{\pi\cdot n^2\cdot p\cdot(1-x^2)\cdot[1-(R_{s1}/R_{s2})^2]}\cdot\left(\frac{R_{s2}}{R_4}\right)^{n\cdot p}\cdot\left[1-\left(\frac{R_{s1}}{R_{s2}}\right)^{2+n\cdot p}\right]\cdot\left[\frac{-\ln(x)}{2+n\cdot p}+I\cdot\left(\frac{R_4}{R_o}\right)^{2\cdot n\cdot p}\cdot\frac{1-x^{n\cdot p+2}}{(2+n\cdot p)^2}\right]\cdot k_w(n) \tag{4.47}$$

式中，LA_{as}为 $p\neq2$ 电机电枢绕组与屏蔽绕组间的互感；$L4_{as}$为 $p=2$ 电机电枢绕组与屏蔽绕组间的互感。

3）励磁绕组与屏蔽绕组间互感。计算励磁与屏蔽绕组间互感时，假设励磁绕组加载激励，计算励磁绕组磁动势在等效屏蔽绕组中产生的磁链，再除以励磁绕组电流。励磁绕组与屏蔽绕组互感的 n 次谐波分量计算如下，其中式（4.48）和式（4.49）分别对应 $p\neq2$ 和 $p=2$ 两种情况。

$$LA_{fs}(n)=\frac{[4\cdot\mu_0\cdot N_f\cdot N_s\cdot l\cdot[\cos(n\cdot p\cdot\alpha)-\cos(n\cdot p\cdot\beta)]\cdot(1-y^{n\cdot p+2})]\cdot(R_2/R_{s2})^{n\cdot p}}{\pi\cdot n^2\cdot p\cdot[(\beta-\alpha)\cdot p/(\pi/2)]\cdot(1-y^2)\cdot[1-(R_{s1}/R_{s2})^2]}\cdot\left[\frac{1-(R_{s1}/R_{s2})^{2-n\cdot p}}{4-(n\cdot p)^2}+I\cdot\frac{(R_{s2}/R_o)^{2\cdot n\cdot p}\cdot[1-(R_{s1}/R_{s2})^{2+n\cdot p}]}{(2+n\cdot p)^2}\right] \tag{4.48}$$

$$L4_{fs}(n)=\frac{[4\cdot\mu_0\cdot N_f\cdot N_s\cdot l\cdot[\cos(n\cdot p\cdot\alpha)-\cos(n\cdot p\cdot\beta)]\cdot(1-y^{n\cdot p+2})]\cdot(R_2/R_{s2})^{n\cdot p}}{\pi\cdot n^2\cdot p\cdot[(\beta-\alpha)\cdot p/(\pi/2)]\cdot(1-y^2)\cdot[1-(R_{s1}/R_{s2})^2]}\cdot\left[\frac{-\ln(R_{s1}/R_{s2})}{2+n\cdot p}+I\cdot\frac{(R_{s2}/R_o)^{2\cdot n\cdot p}\cdot[1-(R_{s1}/R_{s2})^{2+n\cdot p}]}{(2+n\cdot p)^2}\right] \tag{4.49}$$

式中，LA_{fs}为 $p\neq2$ 电机励磁绕组与屏蔽绕组间的互感；$L4_{fs}$为 $p=2$ 电机励磁绕组与屏蔽绕组间的互感。

4）屏蔽绕组 1 与屏蔽绕组 2 间互感。计算两个屏蔽绕组之间的互感时，假设屏蔽绕组 1 加载激励，计算屏蔽绕组 1 磁动势在屏蔽绕组 2 中产生的磁链，再除以屏蔽绕组1的电流。屏蔽绕组1与屏蔽绕组2间互感的n次谐波分量计算如下，其中式（4.50）和式（4.51）分别对应$p\neq2$和$p=2$两种情况。

$$MS(n)=\frac{\mu_0\cdot\pi\cdot l}{2\cdot n\cdot p}\cdot\frac{(R_{t2}/R_{s2})^{n\cdot p}\cdot[1-(R_{t1}/R_{t2})^{2+n\cdot p}]}{[1-(R_{s1}/R_{s2})^2]\cdot[1-(R_{t1}/R_{t2})^2]}\cdot\left[\frac{1-(R_{s1}/R_{s2})^{2-n\cdot p}}{4-(n\cdot p)^2}+I\cdot\frac{(R_{s2}/R_o)^{2\cdot n\cdot p}\cdot[1-(R_{s1}/R_{s2})^{2+n\cdot p}]}{(2+n\cdot p)^2}\right]\tag{4.50}$$

$$M4(n)=\frac{\mu_0\cdot\pi\cdot l}{2\cdot n\cdot p}\cdot\frac{(R_{t2}/R_{s2})^{n\cdot p}\cdot[1-(R_{t1}/R_{t2})^{2+n\cdot p}]}{[1-(R_{s1}/R_{s2})^2]\cdot[1-(R_{t1}/R_{t2})^2]}\cdot\left[\frac{-\ln(R_{s1}/R_{s2})}{2+n\cdot p}+I\cdot\frac{(R_{s2}/R_o)^{2\cdot n\cdot p}\cdot[1-(R_{s1}/R_{s2})^{2+n\cdot p}]}{(2+n\cdot p)^2}\right]\tag{4.51}$$

式中，MS为$p\neq2$电机屏蔽绕组间的互感；$M4$为$p=2$电机屏蔽绕组间的互感；R_{s1}、R_{s2}分别为屏蔽绕组1内、外半径；R_{t1}、R_{t2}分别为屏蔽绕组2内、外半径。

（3）绕组阻值

1）励磁绕组阻值。励磁绕组的阻值基本为零，然而考虑到电流引线和励磁系统部件存在电阻，励磁绕组的典型阻值可以设定为0.02Ω。

2）电枢绕组阻值。假定电枢绕组的全电流密度为J_a，有必要预先估算绕组空间中铜导线的占空系数λ。依赖于定子设计方法，λ取值在0.15～0.3之间，则

$$r_a=\frac{12N_a^2\cdot\rho_a\cdot l}{\pi\cdot[(R_4)^2-(R_3)^2]\cdot\lambda}\tag{4.52}$$

式中，r_a为每相电枢绕组阻值；ρ_a为运行温度下铜的电阻率。

电阻r_a将随着电枢绕组涡流损耗的产生而增大。

3）屏蔽绕组阻值。计算屏蔽绕组阻值时，假定绕组匝数在一个极距内正弦分布，在此条件下屏蔽绕组阻值可以表示为

$$r_s=\frac{N_s^2\cdot\pi\cdot l\cdot\rho_{ss}}{4R_{s2}\cdot(R_{s2}-R_{s1})}\tag{4.53}$$

式中，r_s为每相屏蔽绕组的阻值；ρ_{ss}为屏蔽材料的电阻率。

上述所有阻值和电感的计算必须根据绕组端部连接方式进行校正，这将在后面讨论。

（4）电枢屏蔽尺寸

在上述分析中，假定电枢绕组被磁铁（$I=1$）或导电金属壳层（$I=-1$）所屏蔽，本节将讨论如何计算磁铁或导电壳层厚度的方法。

1）磁屏蔽（铁轭屏蔽）。分析假定磁铁具有无限大的磁导率，磁屏蔽层内

径为 R_o，如图 4.1 所示。当励磁绕组通入电流使得电机端部电压（开路）达到额定值时，计算磁屏蔽层外径需要考虑半径 R_o 以外的所有磁通。在有负载情况下，由于电枢反应电机内部的磁路变化很大，第一原则是铁轭中总磁通量近似等于（额定电压下）开路的总磁通。开路时，铁轭处的磁场可以通过半径 R_o 处、由磁极中心轴线到半个极距励磁绕组所产生的径向磁场进行积分获得，具体表达式如下：

$$\Phi = \int_0^{\frac{\pi}{2p}} \sum_{\mathrm{n\_odd}} (B_{\mathrm{r}}(R_o, \phi, n) \cdot R_o \cdot l) d\phi \tag{4.54}$$

式中半径 R_o 处的径向磁场 $B_{\mathrm{r}}(R_o,\phi,n)$ 由式（4.19）计算得到，且为奇次空间谐波分量。

若已知铁轭的工作磁感应强度 B_{yoke}，则铁轭的径向厚度（t_{yoke}）可以计算如下：

$$t_{\mathrm{yoke}} = \frac{\Phi}{l \cdot B_{\mathrm{yoke}}} \tag{4.55}$$

式中，l 为电机的轴向长度。因此，磁屏蔽层的外径即可给出：

$$R_{\mathrm{oo}} = R_o + t_{\mathrm{yoke}} \tag{4.56}$$

利用普通叠压结构下损耗的典型数值，根据实际重量就可以估算出铁轭损耗的大小。

2）感应屏蔽。设感应屏蔽层内径为 R_o，尽管实际上由铜或铝等导电材料组成，可以假设其导电率为无穷大。屏蔽层的作用是力图降低半径 R_o 外所有磁场分量幅值，对于基波频率（f）的电机其感应屏蔽层厚度通常选择为材料趋肤深度的 3 倍就足够了。趋肤深度（Δ）和屏蔽层厚度可以分别由式（4.57）和式（4.58）计算得到。

$$\Delta = \sqrt{\frac{2 \cdot \rho_{\mathrm{s}}}{\omega \cdot \mu_0}} \tag{4.57}$$

式中，ρ_{s} 为屏蔽材料电阻率；ω 为旋转频率，即 $2\pi f$；μ_0 为真空磁导率。

$$t_{\mathrm{s}} = 3\Delta \tag{4.58}$$

联立式（4.20）和式（4.21），即可得到 $\rho = R_o$ 处的最大切向磁场（$B_{\theta\_\max}$），见式（4.59）。当电机端部开路时，必须利用产生额定电压的 J_{f} 数值来计算 $B_{\theta\_\max}$ 的大小。

$$B_{\theta\_\max} = \frac{\mu_0 \cdot J_{\mathrm{f}} \cdot 2[\cos(\alpha \cdot n \cdot p) - \cos(\beta \cdot n \cdot p)]}{\pi \cdot n \cdot (n \cdot p + 2)} \cdot (R_2^{2+n \cdot p} - R_1^{2+n \cdot p}) \cdot (2 \cdot R_o^{-n \cdot p - 1}) \tag{4.59}$$

屏蔽层单位面积的损耗可以表示为

$$p_{\mathrm{s}} = \rho_{\mathrm{s}} \cdot \frac{B_{\theta\_\max}^2}{2 \cdot \Delta} \tag{4.60}$$

屏蔽层总损耗可以写成

$$P_s = (B_{\theta\_max})^2 \cdot \pi \cdot R_o \cdot l \cdot \sqrt{\frac{\omega \cdot \mu_0 \cdot \rho_o}{2}} \tag{4.61}$$

4.3.3 电机端部参数

像传统同步电机一样，超导电机也有端部特征参数，本节将在与传统电机相同的基础上计算超导电机的这些参数。

1）电机输出参数。通过前面章节所定义的感抗和电阻数值，可以计算电机的端部参数。电枢相电流为

$$I_a = J_a \cdot \frac{\pi \cdot (R_4^2 - R_3^2)}{6N_a} \tag{4.62}$$

励磁电流是励磁绕组全电流密度（J_f）的函数，并随着负载而变化。对于一个运行在给定滞后功率因数的发电机而言，J_f的大小应足以支撑电机的端部电压，以及因电机电阻和同步电抗而引起的压降。若已知J_f大小，则励磁电流可以计算如下：

$$I_f = \frac{\pi}{2} \cdot (R_2^2 - R_1^2) \cdot \left(\frac{\beta - \alpha}{\pi/(2 \cdot p)}\right) \cdot J_f \tag{4.63}$$

2）电机稳态运行。发电机端部电压及其励磁电压矢量图如图4.3所示，下面给出构成完整矢量图所需的参数。对于基波（$n=1$），将计算LA_a和LA_{af}的数值。

R_a为由式（4.52）计算得到电枢绕组阻值；

X_s为X_d与X_q相等时的三相电机同步电抗，大小为$1.5\omega \cdot LA_a(n=1)$；

f为频率；

ω为$2\pi f$；

I_a为由式（4.62）计算得到的电枢电流；

I_f为由式（4.63）计算得到的励磁电流；

L_{af}为电枢和励磁绕组之间的互感，大小为$LA_{af}(n=1)$；

E_f为励磁绕组电压，大小为$\omega \cdot L_{af} \cdot I_f/\sqrt{2}$；

ϕ为功率因数角。

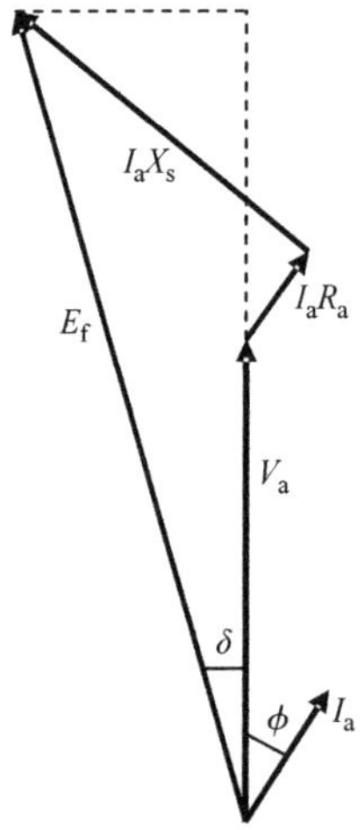

图4.3 发电机运行在滞后功率因数时的矢量图

负载角δ可以利用上面定义的变量所构成的式（4.64）来计算：

$$\sin(\delta) = \frac{I_a \cdot (X_s\cos\phi - R_a\sin\phi)}{E_f} \tag{4.64}$$

电机终端相电压可以表示为

$$V_a = E_f\cos\delta - I_a \cdot X_s\sin\phi - I_a \cdot R_a\cos\phi \tag{4.65}$$

终端电机额定值则为

$$VA = 3V_aI_a \tag{4.66}$$

输出功率的大小为

$$P = 3V_aI_a\cos\phi \tag{4.67}$$

3）磁场分布谐波分量。电枢绕组的感应电压直接正比于转子励磁绕组及其与电枢绕组相互作用所产生的磁通量，若励磁绕组在电枢绕组区域产生谐波磁场，则电枢绕组感应电压中也会存在相应的谐波分量。如图 4.4 所示，通常电枢区域超导绕组所产生的谐波分量很小，随后的 4.4.5 节将讨论一个设计实例。图 4.4 中电枢区域径向磁场的所有谐波分量均可以忽略，因此电枢感应电压基本是一个标准的正弦波，这一点远远优于谐波分量很大、常需要修正（采用短距绕组）以减小谐波对输出电压影响的传统电机。

谐波阶次	基波占比
1	1
3	0
5	5.977×10^{-4}
7	7.394×10^{-6}
9	0
11	6.074×10^{-8}
13	1.542×10^{-10}
15	0
17	1.032×10^{-11}
19	-3.381×10^{-14}

图 4.4　电枢绕组中心处励磁绕组径向磁场谐波分量

同样图 4.5 给出了转子 EM 屏蔽层外表面的 A 相电枢电流所产生的径向和切向的磁场谐波分量，磁场的分布远优于传统电机，其中三次谐波比例较大，但当三相电流磁场分量矢量叠加后，其影响就将被抵消。EM 屏蔽层表面电枢磁场的低阶谐波分量相当重要，原因如下：

① 低阶谐波在 EM 屏蔽层中所产生的损耗较小；

② 外部电源流入电枢绕组的实时谐波电流所产生的任意磁场可被大大削弱。

谐波阶次	基波占比 径向分量	基波占比 切向分量
1	1	1
3	−0.057	0.116
5	3.869×10^{-4}	7.097×10^{-3}
7	4.567×10^{-5}	-1.153×10^{-3}
9	-7.546×10^{-5}	-4.378×10^{-4}
11	4.55×10^{-6}	-4.586×10^{-5}
13	-8.935×10^{-7}	1.027×10^{-5}
15	5.559×10^{-7}	4.827×10^{-6}
17	-1.149×10^{-8}	5.882×10^{-7}
19	-2.729×10^{-9}	-1.475×10^{-7}

图 4.5　转子 EM 屏蔽层外表面的电枢磁场谐波分量

基于上述原因，具有室温 EM 屏蔽层的超导电机最适宜作为同步电机运行在电网中或用于电力驱动。这样的一台 5MW、6 极变速驱动（VSD）电动机已成功完成测试[9]。

参数计算。为了应用已有分析手段实现系统的集成和在电网中的运行，超导电机必须按照传统电机方法来表征。4.3.2 节中提供了单个回路电阻、电感和不同回路互感的计算公式。基于 $d-q$ 轴表示法，传统同步电机通常采用下面的参数来定义特性：

- d 轴同步（x_d）、瞬态（x_d'）和次瞬态（x_d''）电抗；
- 电枢短路时间常数（τ_a）；
- d 轴瞬态（τ_d'）和次瞬态（τ_d''）短路时间常数；
- d 轴瞬态（τ_{do}'）和次瞬态（τ_{do}''）开路时间常数；
- q 轴同步（x_q）和次瞬态（x_q''）电抗；
- q 轴次瞬态（τ_q''）短路时间常数；
- q 轴次瞬态（τ_{qo}''）开路时间常数。

这些参数可以使用单个回路参数来计算，具体介绍如下。

对于 N_{ph} 相电机，d 轴同步电抗的计算如式（4.68），

$$x_d = 0.5N_{ph} \cdot \omega \cdot L_a \tag{4.68}$$

式中，N_{ph} 为电枢绕组的相数；L_a 为由式（4.35）或式（4.36）计算得到的 A 相绕组的自感。

d 轴瞬态电抗（x_d'）的计算如式（4.69）⊖。

$$x_d' := \frac{N_{ph}}{2} \cdot \left(x_a - \frac{x_{af}^2}{x_f}\right) \tag{4.69}$$

d 轴次瞬态电抗（x_d''）的计算如下式。

$$x_d'' := \frac{N_{ph}}{2} \cdot \left(x_a - \frac{x_s \cdot x_{af}^2 - 2 \cdot x_{af} \cdot x_{as} \cdot x_{fs} + x_f \cdot x_{as}^2}{x_s \cdot x_f - x_{fs}^2}\right) \tag{4.70}$$

由于超导电机没有凸极，q 轴同步电抗等于 d 轴同步电抗：

$$x_q = x_d \tag{4.71}$$

q 轴没有励磁绕组，因此没有定义 q 轴瞬态电抗。q 轴次瞬态电抗（x_q''）可以表示为

$$x_q'' := \frac{N_{ph}}{2} \cdot \left(x_a - \frac{x_{as}^2}{x_s}\right) \tag{4.72}$$

电枢短路时间常数（τ_a）为

⊖ 所有电抗（X）和电感（L）之间有如下关系：$x = \omega \cdot L$，式中 ω 是电机额定旋转频率。

$$\tau_a := \frac{1}{\omega \cdot r_a}\left[\frac{2}{(1/x''_d)+(1/x''_q)}\right] \tag{4.73}$$

d 轴瞬态开路（τ'_{do}）和瞬态短路（τ'_d）时间常数分别见式（4.74）和式（4.75）。

$$\tau'_{do} := \frac{x_f}{\omega \cdot r_f} \tag{4.74}$$

$$\tau'_d := \frac{1}{\omega \cdot r_f} \cdot \left(x_f - \frac{x_{af}^2}{x_a}\right) \tag{4.75}$$

d 轴次瞬态开路（τ''_{do}）时间常数和次瞬态短路（τ''_d）时间常数分别见式（4.76）和式（4.77）。

$$\tau''_{do} := \frac{1}{\omega \cdot r_s} \cdot \left(x_s - \frac{x_{fs}^2}{x_f}\right) \tag{4.76}$$

$$\tau''_d := \frac{1}{\omega \cdot r_s} \cdot \left(x_s - \frac{x_f \cdot x_{as}^2 - 2 \cdot x_{as} \cdot x_{af} \cdot x_{fs} + x_a \cdot x_{fs}^2}{x_a \cdot x_f - x_{af}^2}\right) \tag{4.77}$$

而 q 轴次瞬态开路（τ''_{qo}）时间常数和次瞬态短路（τ''_q）时间常数分别见式（4.78）和式（4.79）。

$$\tau''_{qo} := \frac{x_s}{\omega \cdot r_s} \tag{4.78}$$

$$\tau''_q := \frac{1}{\omega \cdot r_s} \cdot \left(x_s - \frac{x_{as}^2}{x_a}\right) \tag{4.79}$$

每个单元的电机参数。电机的特性通常用等效电路来表征，等效电路反过来又用于电机的设计和分析。一种最为普遍接受的等效电路是假设电枢、励磁和 EM 屏蔽电路之间的互抗相同，这一假设对于传统的铁心电机比较精确，但对于电枢、励磁和 EM 屏蔽层均采用空芯绕组的超导电机则是无效的。并且，大多数用于计算旋转电机与电网或电力电子系统集成的商用计算代码仍然采用代表性电机模型，该模型为单位参数的电机等效电路，等效电路假定电机任意轴上所有电路之间的互抗相等，这一假定所产生的结果计算精度在 5% 以内，对于大多数应用通常可以接受。同时也令现有的设计工具可用于电网或其他系统中同步电机的设计和集成。图 4.6 和图 4.7 分别显示了 d 轴和 q 轴等效电路，随意选择其中的互抗（x_{ad}和 x_{aq}），定义如下：

$$\left.\begin{aligned} & x_{ad} = x_d - 0.5x''_d, x_{aq} = x_{ad} \\ & x_\lambda = 0.5x''_d \end{aligned}\right\} \tag{4.80}$$

定子、励磁和屏蔽绕组单位（pu）基准量的定义分别见式（4.81）~式（4.83）。

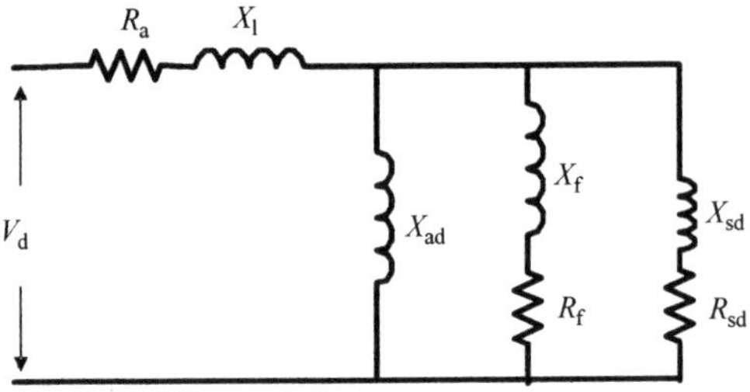

图 4.6 同步电机 d 轴等效电路

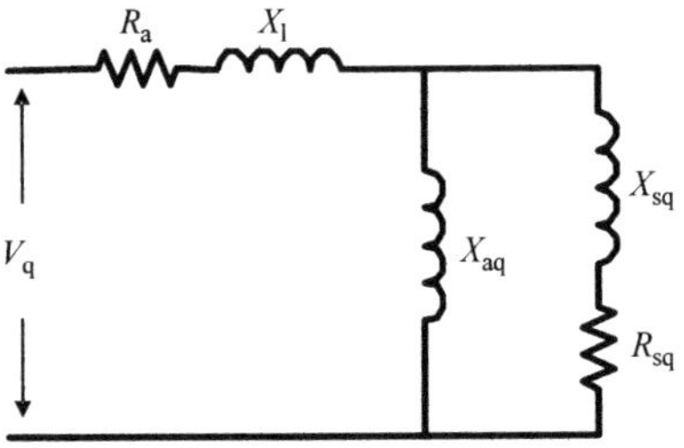

图 4.7 同步电机 q 轴等效电路

单位基准量

基准电压 基准电流 基准功率 基准阻抗	$V_B = V_a \cdot \sqrt{2}$ $I_B = I_a \cdot \sqrt{2}$ $P_B = 1.5 \cdot V_B \cdot I_B$ $Z_B = \frac{V_B}{I_B}$	(4.81)
基准励磁电流 基准励磁电压 基准阻抗	$I_{fB} = \frac{x_{ad}}{x_{af}} \cdot I_B$ $V_{fB} = \frac{P_B}{I_{fB}}$ $Z_{fB} = \frac{V_{fB}}{I_{fB}}$	(4.82)
基准 EMS 电流 基准 EMS 电压 基准 EMS 阻抗	$I_{sB} = \frac{x_{ad}}{x_{as}} \cdot I_B$ $V_{sB} = \frac{P_B}{I_{sB}}$ $Z_{sB} = \frac{V_{sB}}{I_{sB}}$	(4.83)

除 x_{ad} 外，图 4.6 中所有电抗值均为漏抗。各量的单位数值如下，其中所有的单位基准量均用大写字母表示。

$$X_{ad}=X_{aq}=\frac{x_{ad}}{Z_B} \tag{4.84}$$

单位电枢绕组电阻（R_a）和漏抗（X_l）为

$$R_a=\frac{r_a}{Z_B} \tag{4.85}$$

$$X_l=\frac{x_l}{Z_B} \tag{4.86}$$

单位励磁绕组电阻（R_f）和漏抗（X_f）为

$$R_f=\frac{r_f}{Z_{fB}} \tag{4.87}$$

$$X_f=\frac{x_f}{Z_{fB}}-X_{ad} \tag{4.88}$$

单位 EM 屏蔽电阻（R_s）和漏抗（X_s）为

$$R_{sd}=R_{sq}=\frac{r_s}{Z_{sB}} \tag{4.89}$$

$$X_{sd}=X_{sq}=\frac{x_s}{Z_{sB}}-X_{ad} \tag{4.90}$$

由于超导电机没有凸极，电枢和屏蔽绕组 q 轴单位基准量等于 d 轴的相应数值。

电机瞬态参数（单位基准量）可以依据 Adkins 专著[4]中的公式来定义，具体如下。

d 轴同步电抗：

$$X_d:=X_{ad}+X_l \tag{4.91}$$

d 轴瞬态电抗：

$$X'_d:=X_l+\frac{1}{(1/X_{ad})+(1/X_f)} \tag{4.92}$$

d 轴次瞬态电抗：

$$X''_d:=X_l+\frac{1}{(1/X_{ad})+(1/X_f)+(1/X_{sd})} \tag{4.93}$$

q 轴瞬态电抗：

$$X_q:=X_{aq}+X_l \tag{4.94}$$

q 轴次瞬态电抗：

$$X''_q:=X_l+\frac{1}{(1/X_{aq})+(1/X_{sq})} \tag{4.95}$$

d 轴瞬态开路时间常数：

$$\tau'_{\mathrm{do}}:=\frac{X_{\mathrm{ad}}+X_{\mathrm{f}}}{\omega\cdot R_{\mathrm{f}}} \tag{4.96}$$

d 轴瞬态短路时间常数：

$$\tau'_{\mathrm{d}}:=\frac{1}{\omega\cdot R_{\mathrm{f}}}\left[X_{\mathrm{f}}+\frac{1}{(1/X_{1})+(1/X_{\mathrm{ad}})}\right] \tag{4.97}$$

d 轴次瞬态开路时间常数：

$$\tau''_{\mathrm{do}}:=\frac{1}{\omega\cdot R_{\mathrm{sd}}}\left[X_{\mathrm{sd}}+\frac{1}{(1/X_{\mathrm{ad}})+(1/X_{\mathrm{f}})}\right] \tag{4.98}$$

d 轴次瞬态短路时间常数：

$$\tau''_{\mathrm{d}}:=\frac{1}{\omega\cdot R_{\mathrm{sd}}}\cdot\left[X_{\mathrm{sd}}+\frac{1}{(1/X_{1})+(1/X_{\mathrm{ad}})+(1/X_{\mathrm{f}})}\right] \tag{4.99}$$

q 轴次瞬态开路时间常数：

$$\tau''_{\mathrm{qo}}:=\frac{X_{\mathrm{aq}}+X_{\mathrm{sq}}}{\omega\cdot R_{\mathrm{sq}}} \tag{4.100}$$

q 轴次瞬态短路时间常数：

$$\tau''_{\mathrm{q}}:=\frac{1}{\omega\cdot R_{\mathrm{sq}}}\cdot\left[X_{\mathrm{sq}}+\frac{1}{(1/X_{1})+(1/X_{\mathrm{aq}})}\right] \tag{4.101}$$

4.4 设计

本节讨论定子、转子和电磁屏蔽相关的电机设计问题。最后，以一台 10MW 发电机为设计实例演示如何使用本章前面所推导出的方程，这些方程是通用的，可以用于任何额定值和极对数电机的设计。

4.4.1 定子绕组设计问题

1）定子绕组结构。一般地，电枢（定子）绕组与传统同步电机或感应电机的绕组结构非常类似，单层和双层绕线方式均可。超导电机设计通常采用气隙电枢绕组，即定子没有铁齿，但也不排除超导电机中采用具有磁性铁齿定子绕组的可能性。使用铁齿定子绕组，为防止铁齿的饱和通常会对设计进行限定，使超导励磁绕组处于低场；然而，若铁齿被无磁、非导电结构代替，则超导励磁绕组可能运行在更高的磁场水平，定子绕组区域的磁场数值将远大于铁齿定子，因此设计定子绕组区域磁场为 1 ~ 2T 的超导电机是可行的。倘若定子采用铁齿，假定槽宽/槽距比为 0.5，则铁齿磁场理论值在 2 ~ 4T 范围，如此高的磁场将带来较大的铁损，影响电机效率，导致铁齿局部热点散热非常困难，铁齿饱和也将在齿槽处产生磁场泄露，从而引起较大的铜损，除非使用细丝绞线导体。显然，必须使用一些其他的方法和材料（非导电、非磁性）来支撑定子绕组，以抵消稳态和短路情况下的应力。

去掉铁齿可以使定子区域增加额外的导体面积，即可增大定子绕组的电流载荷。因为电机的额定值是电枢负载和由超导励磁绕组所产生的电枢磁场的函数，因此与相同额定值的传统电机相比，超导电机结构更加紧凑。

在常规的铁齿定子中，定子绕组线圈只承受横穿齿槽的磁场（1D），这些线圈通常采用薄铜带绕制（其窄面与横穿齿槽的磁场相对）。然而，当去除定子铁齿后，定子线圈将承受径向和切向变化的叠加交变磁场（2D）。因此，基于下面两个原因，气隙绕组中的线匝必须使用小直径绞线：（1）它承受径向和切向两个分量的交变磁场（或旋转磁通波形）；（2）磁场水平较高（在超导电机中）。小直径绞线必须分别绝缘和换位，以限制线间环流，这种导线已经商业化，被称为“Litz”导线。然而，相比于常规电机绕组线圈，由 Litz 导线制作的定子线圈具有较低的空间因子，在一定程度上抵消了由于去除气隙绕组铁齿而节省空间的优点。此外，电枢负载受绕组类型（有或无铁齿）和冷却方式（空气或液体冷却）影响非常大。两种类型的同步电机均已成功建造和运行，本书中所介绍的设计公式仅适用于无铁齿的空芯定子绕组。由于铁心饱和，铁齿电机的设计需要使用非线性有限元分析工具，这样的定子很难解析建模，已超出本书所涉及的范畴。

2）定子铁轭（屏蔽）结构。去除定子绕组区域的铁齿并不会消除电机中磁场，为了实现这一点，的确允许自由选择了一些概念。下面列出 3 种可能的选择：

① 无屏蔽；

② 叠片铁轭；

③ 固体导电铁轭。

在 4.3.1 节中，所有电机绕组的磁场方程中均包含一个常数 I，这从本质上限定了所选择的铁轭（屏蔽）类型，对应上述三种屏蔽，I 定义如下：

- $I=0$：无屏蔽；
- $I=+1$：叠片铁轭；
- $I=-1$：固体导电铁轭。

第一种选项为无屏蔽（$I=0$），尽管原理上吸引人，但难以想象，因为杂散磁场可以引起电机周边的导电金属部件内产生涡流感应加热。而且，电机附近随机分布的金属元件也会在电机定子和转子中产生非对称力。这个选项最大的优势在于提出了制作结构最紧凑电机的可能，一些外太空或海上风力发电机可能对此情况感兴趣。

第二种选项（$I=+1$）是迄今为止所建造的大多数超导电机使用的。作为本选项的特征——叠片铁轭，除了齿部在冲压过程中会被去掉，其他制作方式类似于传统电机的铁轭。这种类型的屏蔽能够保证定子整体设计中需要重点考虑的结构刚性和振动阻尼，但主要的缺点是过于笨重。该屏蔽选项可以抑制交/直流磁场，提升电机工作区域的磁场幅值（见 4.3.1 节的场方程）。对一个给定的铁轭平均磁场，通过式（4.55）可以计算出铁轭的厚度。

第三种选项（$I=-1$），采用铜、铝导体或其他高电导金属壳层包绕在电枢绕组外部。应用这种屏蔽方式，屏蔽电流的趋肤深度并不大。当转子旋转时，屏蔽层仅抑制交变磁场的作用；当转子静止时，则不对转子稳态磁场提供屏蔽。该屏蔽层必须远离定子绕组，以避免产生较大的屏蔽损耗，并尽量地降低屏蔽层退磁效应的影响。相比于磁轭，采用固体导电屏蔽结构的主要优点在于重量轻，但仍需一些高强度非金属结构件来支撑定子绕组，承担电机重量，抵抗短路应力以及从定子线圈到基座传递电机扭矩，导电屏蔽层的厚度及其涡流损耗可以分别用式（4.57）和式（4.58）、式（4.61）来计算。

3）定子绝缘。去掉超导发电机相邻定子绕组之间的铁齿可以在定子中释放空间，以实现以下目的：

- 增大绝缘厚度，提高电机耐压水平；
- 附加铜导体，增大定子电流载荷。

但同时所有气隙绕组将面临技术的挑战：在气冷电机中，绕组任意侧的铁齿有助于线圈散热，若无铁齿将丧失这一功能。假定用无磁性导热齿来弥补因无铁齿而削弱的冷却能力，大部分超导电机的空芯绕组可采取下述之一的方法：

- 线圈横截面内埋设冷却管，制冷剂（例如，水）在冷却管中流动来冷却线圈导体。制冷剂与线圈同电位，需要采用特殊的技术实现其与地电位冷却设备的连接。这些技术已被用于传统大型发电机线圈中，目前在工业界已相当成熟。

- 在相邻线圈中嵌入冷却管具有可行性，加之选择如 FR3 等合适的绝缘油，使用油在冷却管道中流动来冷却电机线圈，已制造的一些大型电机就使用了这种方法。

对于大型汽轮发电机，定子绕组通常使用水冷棒[6]。

4.4.2　励磁绕组设计问题

稳态时，超导转子绕组直接承受全部负载转矩、离心力和内部的电磁力，因此转子的机械设计必须能够具有传输大转矩的结构，同时还需限制热量向低温区域的传导。而且，转子低温和高温部件的热收缩率必须相互配合。超导绕组应充分地冷却并确保热学和力学的稳定性，避免受到定子交变谐波磁场的影响，这些交变谐波磁场源于定子绕组空间谐波，定子不平衡电流和反馈到定子上的时间谐波，该谐波来自用于驱动电动机的电网或者电力电子设备等的外部源。一般采用低导电材料制成的圆筒状电磁屏蔽罩将整个超导绕组区域封闭起来，以抑制谐波磁场的影响。与 EM 屏蔽罩相关的设计问题将在下节中介绍。

在特定的瞬态情况下，例如电网出现故障、励磁绕组同时或分别承受磁场、温度和电流变化时，每一运行状态均必须考虑超导体中磁场、温度和电流的变化范围，确保低于相应临界阈值的安全裕度，防止励磁绕组发生正常态的转变。

1）超导励磁绕组。超导励磁绕组直流励磁，通过设计，在定子电枢区域产生一定磁场，当转子旋转时定子绕组则感受到交变磁场的作用，对于发电机该交变磁场在定子线圈中将感应出电压。定子所承受的磁场对励磁绕组设计提出以下要求：

- 仅励磁绕组的基波磁场分量对功率的产生有用；
- 励磁绕组所产生的任意空间谐波都将在定子线圈中感应出谐波电压，并在线圈和其他金属部件中引起额外的涡流感应加热，因此必须尽可能地减小这些空间谐波分量；
- 通过设计，励磁绕组应最大程度地实现高载流密度，以便减小转子的占用空间，降低昂贵超导体的使用量；
- 超导绕组必须冷却充分，使得暂态和故障情况下其温升最小化，维持电机的正常运行；
- 由室温降至低温和升至室温过程中，绕组及其支撑结构内部的机械应力必须控制适度，并且绕组必须能够承受稳态和故障条件下的各种压力。

制造商采用了许多不同的工艺来构建超导励磁绕组，其中一些主要的方法描述如下：

- 凸极上绕制超导体，该凸极直接作为励磁绕组磁极，一些情况下磁极材料即为固体状的磁性磁铁；
- 绕制许多跑道型线圈，然后将它们组装构成磁极，磁极骨架可以为磁性或非磁性材料；
- 将超导体直接绕制定位在固体磁性磁铁上切割出的沟槽中，类似于传统电机的转子。

几乎在所有情况下，绕组都将进行环氧浸渍，形成一个整体结构，以抵抗磁负荷和便于冷却操作。

在 1970～1995 年的 25 年间，采用低温超导体（铌-钛），利用液氦作为制冷剂，人们建造出了许多运行在 4.5K 温区的超导电机[7]。若排除制冷系统成本和可靠性问题，不考虑实用性，其中大多数电机可谓是相当成功。1995 年后，高温超导材料的商业化则为超导电机的实用化创造了契机，这些新颖的高温超导材料具有下面诱人的特性：

● 高温超导材料在较高温区具有超导电性，因此可以构造 30 ~ 77K 温区运行的实用化装置；

● 高温区制冷系统成本较低；

● 运行在较高温区的高温超导材料具有较大的比热容，可以吸收暂态热扰而不发生正常态的转变；

● 模块化的制冷系统可靠，且易于操作。

2）转矩管。超导绕组承受着电机的全部转矩，超导绕组上的转矩传递至室温转轴，与发电机功率源（原动机）和电动机负荷实现交互。将转矩从低温励磁绕组转移至室温转轴的部件被称为“转矩管”，转矩管在传递转矩的同时将最大限度地减小室温转轴传导至转子低温环境中的热量。对于低温超导电机，采用氦气冷却转矩管，以便使得制冷负荷最小化，但转矩管的结构十分复杂。相比而言，因为高温区的制冷成本较低，高温超导励磁绕组转矩管的结构则相对简单，在高温超导电机中成功使用的转矩管主要由金属和非金属复合材料构成。

3）电流引线。超导励磁绕组由处于室温环境的电源提供直流励磁电流，而电流引线作为超导绕组与室温电源之间的接口存在热量的传导，任何由于引线热传导所产生的低温热负荷都必须由制冷系统带走。通常，电流引线由黄铜或青铜制成，截面依据室温与低温的温度差而变化并实现结构参数的优化，优化设计后引线的传导热量等于其欧姆热 I^2R，电流引线的设计过程已在第 3 章中讨论，并可参见本章参考文献［8，9］。

4）低温恒温器。低温环境下的超导励磁绕组必须受到保护，以免受到来自室温环境的热辐射和热传导影响，第 3 章中所讨论的低温恒温器设计原则同样适应于超导励磁绕组低温恒温器的设计。因为低温恒温器在电机中是旋转的，所以需要特别注意。下面是一台旋转电机低温恒温器的主要特征：

● 低温恒温器室温壁与电机轴机械连接；

● 由励磁绕组及其支撑结构组成的冷质通过转矩管与低温恒温器室温壁连接；

● 在一些情况下，采用处于中间温度（低温与室温之间）的电磁（EM）屏来阻隔谐波磁场所引起的定子热载荷；

● 低温恒温器室温壁与冷壁间的夹层空间通常被抽空，并填充多层绝热，最大限度地减少室温壁向冷壁的热辐射；

● 除转矩管外，任何冷质与低温恒温器壁间的其他机械连接必须进行优化设计，最大限度地减小进入励磁绕组低温环境的传导漏热。

对于高温超导励磁绕组，因为其对整个热负荷的影响很小，中间的热辐射屏很少使用。

超导励磁绕组的热负荷包括以下 4 部分：

- 额定载流时超导绕组中的磁滞和传输损耗；
- 电流引线损耗；
- 来自室温表面的热辐射和传导漏热；
- 通过转矩管的传导漏热。

在好的励磁绕组设计方案中，以上 4 种热负荷的所占比例基本相同。

4.4.3 电磁屏蔽罩设计问题

超导电机需要电磁屏蔽罩来保护超导励磁绕组不受电枢电流产生的异步磁场影响，除了削弱交流磁场外电磁屏蔽罩在暂态短路故障过程中还必须能抵抗巨大转矩和电磁力的作用。近年来所建造的大型电机[10,11]均采用室温电磁屏蔽罩，该屏蔽罩位于转子低温恒温器室温壁的外侧，这一位置的电磁屏蔽罩将感受到定子绕组的交变磁场，最大限度地削弱交变磁场幅值以减小低温区域的热负荷。当发生瞬态故障时，如电机端部或附近发生短路，该屏蔽罩也能承受较大的转矩和电磁力作用。电磁屏可以采用高电导率（HC）的铝或铜来制作，以提供所需的交变磁场吸纳能力，然而，这些 HC 金属的强度不足以承受故障转矩和电磁力，而且出于力学原因，并不建议增加铝或铜的电磁屏蔽罩的厚度，因为较厚的电磁屏蔽罩会降低电网发生扰动后抑制波动的阻尼转矩。从本质上讲，其他一些地方[6]所提出的复合屏是一不错的替代方案。复合屏的外层是 HC 材质金属，内层采用不锈钢筒以提供故障过程中所需的力学支撑。HC 屏的厚度通常需要优化设计，以提供足够的交变磁场消纳和波动抑制的阻尼转矩；通过设计承载故障转矩和电磁力，完成不锈钢筒的设计。HC 屏与不锈钢筒机械上必须紧密贴合，因为不锈钢外壳承载着 HC 屏的所有故障转矩和电磁力，而复合电磁屏蔽罩也必须牢固地连接在转轴上以便传递故障转矩。

4.4.4 损耗和效率计算

与传统电机相比，超导电机通常具有更高的效率。超导电机主要的损耗来源如下。

- 定子绕组一般由铜线圈组成，铜损在效率计算中是最主要的损耗来源，其大小可以利用电枢电阻公式（4.52）来计算；
- 铁轭损耗对于 60Hz 工频电机而言通常是第二大损耗来源，该损耗可以以每千克为单位，且以磁场和频率为函数变量进行估算，由叠片制造商提供；
- 摩擦和风阻损耗可能也很大，大小可以依据轴承类型和气隙间冷却媒质来估算；
- 超导励磁绕组系统损耗（包括冷却系统输入功率）通常是电机损耗中占比最小的部分（约占总损耗的 2%），其中超导绕组的自身损耗可以忽略，大部分与励磁绕组有关的损耗来源于冷却系统输入功率。

典型的双极、60Hz 工频发电机损耗分布如图 4.8 所示。在欠负荷的情况下，除定子损耗外，所有的损耗分量基本保持不变，而定子损耗与负载电流的平方成正比，其数值较小。因此，与传统电机不同，超导电机在欠负荷时仍保持较高的效率。如图 4.8 所示，该发电机满负荷时效率高达 98.6%，在低于额定数值三分之一的欠负荷情况下仍可保持这一效率。

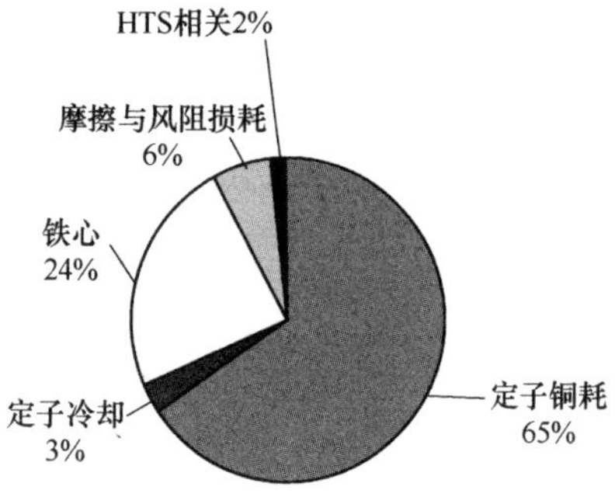

图 4.8 双极同步发电机损耗分布

4.4.5 设计实例

（1）技术参数

技术参数是电动机或发电机设计的出发点，其设计必须满足一定的要求。10MW 发电机整体技术参数见表 4.2 所示，该发电机基于高温超导 BSCCO-2223 线材（俗称 1G 超导体）进行设计，尽管这些线材正逐步被 YBCO-123 涂层导体（俗称 2G 超导体）所替代，但目前 YBCO-123 涂层导体的工程应用性能尚没有广泛满足。一旦 YBCO 性能达标，设计过程中用 YBCO 替代 BSCCO 将是一个简单的事情。

表 4.2 10MW 发电机技术参数

参 数	单 位	数 值
额定功率	MW	10
线电压	kV	13.8
相数	—	3
定子联结形式	—	星形
频率	Hz	60
额定负载下的功率因数	—	0.85 滞后
转速	r/min	1200
励磁绕组（HTS）	—	Bi-2223
极数	—	6

1）额定值和尺寸。同步电机的输出取决于额定电磁负荷、速度、气隙直径和轴向长度。低速电机极数较多，由于超导电机的有效气隙很大，相邻磁极之间的漏磁通会随着极数的增加而增大，这将减少电枢线圈间耦合磁链，导致电机输出减小。因此，通常而言，多极数超导电机没有太多的吸引力。

2）额定负荷（电枢和励磁）。电枢的额定载荷（A/m 沿镗孔周长）是线圈冷却的强关联函数，特别是采用非传导齿槽气隙绕组的超导电机。与水冷或油冷绕组相比，气冷绕组有更小的电枢额定负荷。

对于特定的超导体而言，励磁绕组的额定负荷是绕组局域磁场和运行温度的函数。超导线材的运行电流依据超导体的损耗大小和正常运行条件下安全移除能耗的能力来决定，同时受到失超过程中电磁屏蔽罩对超导绕组保护能力的限制。电机端部或近端部发生突然的短路故障时，电枢反应电流会明显上升，由此增大的励磁电流等于故障前数值的$\{(x_d - x'_d)/x'_d\}$倍，通常在超导电机中以一较大的瞬态短路时间常数（τ'_d）缓慢衰减，故障期间增大的励磁电流持续加载，流过绕组。因此，超导绕组的设计必须能够确保在该种故障条件下保持安全运行。作为一个经验法则，超导绕组的工作电流约为额定运行温度和磁场下绕组临界电流的3/4。

3）主体尺寸。由于超导电机气隙绕组具有较长的气隙长度，选择尽可能大的励磁绕组极距十分重要，典型的极间距以 300 ~ 400mm 为好。虽然可以将带磁性铁齿的传统定子绕组与超导励磁绕组组合，但这种组合气隙磁场需要保持在一个低值，从而不引起铁齿饱和。相比于气隙磁场不受铁齿饱和限制的气隙电枢绕组电机而言，这样的电机通常更庞大、更笨重。传统的叠压铁轭置于超导电枢绕组外部，保持电机外部漏磁场大小与非超导的传统电机处于同一水平。另外，可以采用导电屏蔽罩（铜或铝制成）替代磁性铁轭，但通常不会选择这一方案，主要出于以下两个原因考虑：

- 将增加电机整体直径，但电机重量低于铁轭屏蔽电机；
- 当励磁转子转速低于额定数值时，电机外部漏磁场相当大。

电枢绕组槽口深度和槽距的选择原则类似于传统电机。然而，气隙绕组中磁场沿径向和切向方向变化，迫使电枢线圈采用 Litz 绞线导体。Litz 绞线导体由多根小口径、细丝股线组成（绝缘并完全换位），具有较小的涡流损耗。

实际超导电动机或发电机的设计内含许多复杂的工程问题，涉及机械、热学和电磁等设计，其中超导绕组及其冷却系统的设计过程同样也相当复杂，在满足材料性能约束和应用物理限制基础上获得可接受的设计方案前，需要大量的设计校核和迭代分析。下面的实例设计介绍了各种需要考虑的问题。

（2）端部修正。

第 4.3.2 节中，参数计算采用 2D 分析，无法考虑线圈端部匝的影响。端部匝的贡献可以利用经验修正因子调整每一参数来计入，这些因子可以借助 3D 有限元磁场分析，或物理模型测量，或两者兼而有之而得到。下面所提供的修正因子可使本节所讨论的实例电机获得合理的性能评估。

1）电枢绕组修正。使用如下因子修正电枢电阻和电感。

将式（4.52）计算得到的电阻值乘以下面的电枢电阻修正因子：

$$AR_{CF}=1+2\frac{L_{EndTurn}}{l} \tag{4.102}$$

式中，l 为电机有效轴向长度；$L_{EndTurn}$ 为超出定子槽口端部、一个端部线匝的长度。

将式（4.35）和式（4.36）计算得到的电感值乘以下面的电枢电感修正因子：

$$AL_{CF}=1+\frac{(L_{EndTarn}-EndLoop)}{3l} \tag{4.103}$$

式中，EndLoop 为电枢线圈转向节的轴向延伸长度。

2）励磁绕组修正。超导绕组电阻基本为零，因此励磁绕组没有电阻修正因子。

将式（4.40）和式（4.41）计算得到的励磁绕组电感值乘以下面的励磁绕组电感修正因子：

$$FL_{CF}=\left(\frac{R_2}{R_1}\right)^2 \tag{4.104}$$

3）电磁屏蔽罩修正。将式（4.53）计算得到的屏蔽罩电阻值乘以下面的屏蔽罩电阻修正因子：

$$SR_{CF}=1+\frac{2\cdot\pi\cdot R_{so}\sin[(\alpha+\beta)/2]}{l} \tag{4.105}$$

屏蔽罩电感修正因子与式（4.103）计算的电枢绕组的电感修正因子相同，将式（4.42）和式（4.43）计算得到的屏蔽罩电感值乘以下面的屏蔽罩绕组修正因子：

$$SL_{CF}=AL_{CF} \tag{4.106}$$

4）电枢绕组与励磁绕组互感修正。电枢和励磁绕组的互感修正因子与式（4.107）中的电枢自感相关，将式（4.44）和式（4.45）计算得到的互感乘以下面的修正因子：

$$AF_{CF}=\sqrt{AL_{CF}} \tag{4.107}$$

5）电枢绕组与电磁屏蔽罩互感修正。电枢与电磁屏蔽罩互感修正因子与式（4.106）计算得到的电磁屏蔽罩自感修正因子相同，将式（4.46）和式（4.47）计算得到的互感乘以下面的修正因子：

$$AS_{CF}=SL_{CF} \tag{4.108}$$

6）励磁绕组和电磁屏蔽罩互感修正。电枢与电磁屏蔽罩互感修正因子与式（4.104）中励磁绕组自感的修正因子相同，将式（4.48）和式（4.49）计算得到的互感乘以下面的修正因子：

$$FS_{CF}=FL_{CF} \tag{4.109}$$

7）电磁屏蔽罩壳间互感修正。任意两电磁屏蔽罩壳间互感的修正因子与式（4.105）计算得到的电磁屏蔽罩自感修正因子相同，将式（4.50）和式（4.51）计算得到的互感乘以下面的修正因子：

$$SS_{CF}=SL_{CF} \tag{4.110}$$

本节中定义修正因子的目的，在于说明如何使用它们来校正绕组参数。然而，对于给定结构尺寸的电机需要明确它们的有效性。一旦确定了修正因子，在特定的结构尺寸下通过调整即可获得相应的电机额定参数。

（3）设计描述

表4.3列出了10MW发电机案例的计算设计参数和组件尺寸，设计中假设整个励磁绕组区域平均电流密度100A/mm^2，每一励磁线圈截面横跨30^{oE}半极角（α）至86^{oE}的角度（β），是此类发电机所采用的典型设计数值。实际上，拱形励磁绕组截面可以通过多个线饼的堆叠或直接在骨架磁极上绕制得到。励磁绕组区域的内、外径分别为350mm和390mm，电机有效长度为1610mm。假定采用1G高温超导线材（宽4.5mm、厚0.3mm），励磁绕组工作在35K，以实现中等制冷系统成本条件下线材成本的最小化。受高温超导线材局域磁场和温度的限制，运行励磁电流为187.5A。所有磁极的励磁绕组需要总长61.8km的高温超导线材，其封闭在低温恒温器内，与室温环境热隔离。运行过程中，任何异步谐波磁场都可能在HTS绕组中引起交流损耗，这些损耗必须由价格不菲的制冷机带走。为了使损耗最小化，可在励磁绕组外部，半径大于R_2处放置导体电磁屏蔽罩。原则上，下面3个位置可以放置电磁屏蔽罩：

1）临近励磁绕组，半径稍大于R_2的位置。电磁屏蔽罩工作温度约等于或稍大于励磁绕组温度。

2）半径在R_2与低温恒温器室温壁内径中间的位置。该位置的电磁屏蔽罩可以工作在高于励磁绕组的温区，因此较高温区的电磁屏蔽罩损耗可以被更加经济地移走。

3）低温恒温器室温壁外侧。该位置电磁屏蔽罩的室温损耗很容易被气隙中的空气带走。

本设计选择第3个位置的电磁屏蔽罩，因为该位置的屏蔽层最具鲁棒性，且有最小的机械和冷却风险。电磁屏蔽罩内、外半径分别为430mm和470mm，总径向厚度为40mm，其中包括厚度24mm的铜壳层和作为内部支撑件、厚度为16mm的不锈钢壳层。铜壳层屏蔽所有非同步磁场，不锈钢外壳层在短路故障时对铜壳层起到力学支撑的作用。

表 4.3 设计参数和组件尺寸计算值

参　数	单　位	数　值
励磁绕组初始假定与设计		
励磁区域全电流密度	A/mm^2	100
半极角（α）	deg. Elect.	30
励磁绕组节距角（β）	deg. Elect.	86
励磁绕组内径（R_1）	mm	350
励磁绕组外径（R_2）	mm	390
电机有效长度（l）	mm	1610
HTS 线材类型	—	Bi-2223
HTS 线材厚度	mm	0.3
HTS 线材宽度	mm	4.5
HTS 线圈填充系数	—	0.72
HTS 线圈运行温度	K	35
HTS 线圈 N 值	—	12
HTS 线圈预期能耗	W	20
励磁绕组电流	A	187.5
匝数/极数	—	2572
单个线圈每匝平均长度	mm	4004
所有线圈线材总长度	km	61.8
电磁（阻尼）屏设计		
电磁屏蔽罩内径	mm	430
电磁屏蔽罩径向厚度	mm	40
屏蔽罩与电枢间气隙长度	mm	140
电磁屏蔽罩材料（SS 在 Cu 壳层内）	—	铜/SS
电磁屏蔽罩铜壳层厚度	mm	24
电磁屏蔽罩不锈钢壳层厚度	mm	16
电枢绕组初始假定与设计		
电枢区域全电流密度	A/mm^2	1
电枢绕组内径（R_3）	mm	570
电枢绕组外径（R_4）	mm	647
每极、每相槽数	—	8
单个线圈匝数	—	4
线圈高度方向匝数	—	2
每槽线圈数	—	2
电枢导体填充系数（λ）	—	0.69
线圈节距（ξ）	—	5/6
电路数量	—	2

（续）

参　　数	单　　位	数　　值
冷却类型	—	Oil
绝缘电压	kV/mm	5
线圈总体绝缘厚度	mm	1.593
匝间绝缘厚度	mm	0.319
对地绝缘厚度	mm	1.275
Litz 绞合股线直径	mm	0.5
冷却水温度	℃	35
热交换器温升	℃	5
流经线圈制冷剂温升	℃	15
槽数	—	144
每相电枢匝数	—	192
绕组因子（k_w）		0.923
单个线圈平均每匝长度	mm	4773
槽宽	mm	15.3
齿宽	mm	9.6
线圈高度	mm	38.5
导体宽度	mm	12.1
导体高度	mm	8.35
导体含铜量	mm^2	69.9
整个电枢导体总长度	m	2749
铜最高温度	℃	55
每相电枢电阻	mΩ	0.4
铁轭内径	mm	652
铁轭外径	mm	717
铁轭平均磁密	tesla	1.6

三相电枢气隙型双层绕组置于定子内，简单地说气隙绕组类似于放置在磁性铁心齿槽中的常规绕组，唯一的不同是铁心被诸如 G10 或同类环氧等非磁性、非导电性的结构材料所代替。这种非导电结构必须能够承受所有的机械力，并能够保证铜电枢绕组的高效冷却。双层电枢绕组放置在 144 个齿槽中（每相、每极 8 个齿槽），每个齿槽容纳两个线圈，每个线圈有 4 匝，两个线圈置于一个齿槽中，流经线圈侧面和齿槽壁间的油用来冷却线圈，根据电场应力 2.5kV/mm 来决定线圈绝缘厚度。电枢绕组分布在半径 R_3（570mm）和 R_4（647mm）之间的环形区域，由于气隙绕组没有被铁齿磁屏蔽，电枢导体由多根直径 0.5mmLitz 股线绞合制成。半径 R_4 外，铁轭包裹着电枢绕组，其平均磁场设计值为 1.6T，内、外半径分别为 652mm 和 717mm。

表4.4显示了发电机的性能参数。由于有效气隙区域缺少铁轭，转子与定子绕组间相互耦合通常很小，导致同步电抗较小。然而，由于励磁绕组电阻通常很小，励磁绕组时间常数很大，电磁屏蔽罩（阻尼）时间常数可以与常规电机相比拟，这些参数对电机性能的影响将随后讨论。由于同步电抗较小，额定负载下的负载角同样也很小，通常小的负载角可使电机在电网运行时具有更好的暂态稳定性。

表4.4 发电机性能参数

参　　数	单　　位	数　　值
定子线电压	kV	13.8
定子电流	A	511
基值阻抗	Ω	15.6
电枢电阻	mΩ	1.6
励磁电流	A	187.5
励磁电路电阻	mΩ	0.569
电磁屏蔽罩（阻尼）电阻	μΩ	9.24
电枢与励磁互抗	Ω	67.25
d 轴同步电抗	pu	0.2
d 轴瞬态电抗	pu	0.19
d 轴次瞬态电抗	pu	0.140
q 轴同步电抗	pu	0.2
q 轴次瞬态电抗	pu	0.141
电枢短路时间常数	s	14.3
d 轴瞬态短路时间常数	s	152400
d 轴次瞬态短路时间常数	ms	18
d 轴瞬态开路时间常数	s	162500
d 轴次瞬态开路时间常数	ms	24
q 轴次瞬态短路时间常数	ms	24
q 轴次瞬态开路时间常数	ms	34
额定负载下的负载角	deg	8.8

（4）运行

超导电机在电网运行中有很多优点，同时面临着一些问题。因为大多数磁路没有铁轭，使得超导电机的同步电抗很小（0.2～0.5pu），这使电机具备另外的优势，即在MVA等级下具有相当大的动态稳定阈值，在一个快速反馈控制系统中并不经常需要电机稳定。在小振荡期间，它们也有优越的阻尼特性，且不需要磁场力来阻尼这些振荡。一般地，在系统暂态故障期间，超导电机比传统电机更具鲁棒性，其瞬态和次瞬态电抗的大小与传统电机相类似。

较小的同步电抗允许超导电机可以运行在比传统电机更低的负载角下。超导电机的其他优点可以概括如下：

- 提供无功功率（MVAR），至其满 MVA 额定值（超前或滞后）；
- 紧凑且重量小；
- 本质上端电压无谐波；
- 由于励磁绕组电流变化消除了热负载循环，从而提高了转子寿命；
- 更高的效率，即使在欠负载条件，也能显著节省运行成本；
- 更小振动和更低噪声。

当同步电机运行在滞后零功率因数状态时，转子上电枢电流（I_a）所产生的磁场方向与励磁绕组所产生的磁场方向相反；换句话说，即励磁绕组必须产生额外的电动势（V_{ar}）来克服电枢反应。虚拟量同步电抗（x_d）等于 V_{ar}/I_a，在传统铁心电机中，由于铁心饱和 x_d 受励磁和电枢电流影响较大。由于超导电机没有铁心，同步电机在整个运行过程中的 x_d 基本保持为常数。

图 4.3 显示了发电机参数（端电压、滞后功率因数下电枢电流、电枢电阻、同步电抗和内部励磁电流感应电压）之间的关系。当实例发电机（如表 4.4 所述）运行在滞后功率因数为 0.85 的状态时，其负载角仅为 8.8°，内部感应电压为 1.12pu，与传统铁心电机相比数值很小。由于 x_d 小，超导电机具有良好的电压调节能力，可以不需要自动电压调节器并实现在电网中的稳定运行。

超导电机可以工作在整个运行区域，而不必考虑其静态和动态稳定性。图 4.9 显示了实例电机在空载至额定满载期间 5 个负载点对应的电压曲线，可以看出开路（即电枢电流为零）时，需要正常激励（即励磁电流），在电机端部产生额定电压；空载时，仅需正常激励的 80%，就可输出（超前零功率因数）额定电流，其作用如同电感，可为电网提供 MVA 额定值的感性功率，该模式在（夜间）轻载时有用，此时地下电缆相当于发电机的容性负载。发电机也可输出（滞后零功率因数）额定电流，只需 120% 的正常激励，此时发电机充当电容，吸收电网中的感性负荷。图 4.9 中的其他曲线显示了发电机在各种有源负载下所提供的无功功率，发电机在整个电压曲线范围内均保持稳定，仅受电枢

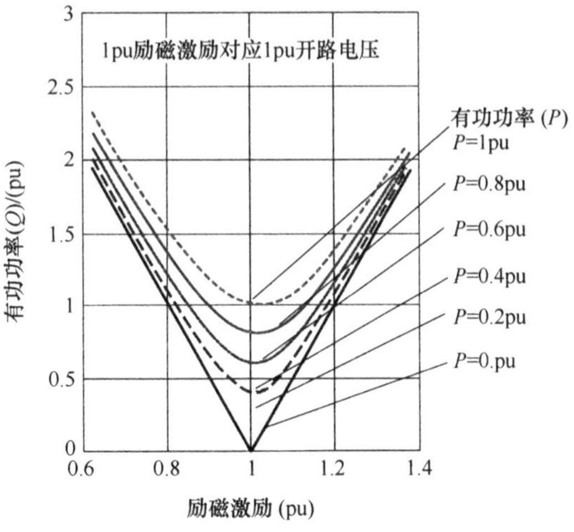

图 4.9　不同功率（P）下的电压曲线

电流的限制。超导发电机是一个理想的同步调相机，在2006年期间建造完成一台8Mvar的模型单元，并在电网中运行试验长达一年[11]。

变速驱动运行（VSD）。大型同步电动机的许多应用场合要求电动机与VSD联合运行，VSD为电动机提供不同电压和频率的输入功率。采用室温电磁屏蔽罩的超导电动机对于这些应用而言最为理想，这是因为电枢和电磁屏蔽罩之间有较大气隙，电枢绕组产生的时空谐波对电磁屏蔽罩和超导励磁绕组影响最小。一台用于船舶推进的5MW、230r/min超导同步电动机模型样机成功试验[10]，而另一台36.5MW、120r/min全尺寸电动机也成功与VSD联合使用并完成出厂测试[12]。

4.5 制造问题

超导电机的制造方法与传统电机相当相似，但不包括以下方面：

- 超导励磁绕组及其冷却系统；
- 从超导励磁绕组到室温轴的转矩传递；
- 定子绕组。

与上述方面相关的制造问题讨论如下。

4.5.1 超导励磁绕组及其冷却系统

2010年后，几乎所有建造的超导电机都采用（BSCCO-2223）1G HTS材料，这是因为该材料是当时唯一商业化的材料，它们的电气、力学和热学性能基本满足电机的应用要求。尽管2007年基于YBCO薄膜的2G HTS材料已经开始商业化，但其性能和成本仍然还不能与1G HTS材料相比拟。

由于1G和2G HTS线材扁平的几何形状，饼状或层式线圈看起来成为构造励磁绕组最好的模块单元，而励磁绕组构型中HTS线圈的装配和支撑则是技术难点。为此针对这些绕组的支撑和冷却许多生产厂商提出了直观的解决办法，多数情况下绕组传导冷却，即绕组的热负荷传导至低温元件，该元件反过来被适合的冷媒冷却，实现旋转励磁绕组和静态制冷机的交互。

饼式线圈制作过程中，每个饼式线圈独立制作并进行环氧浸渍，一定数量的线圈再组装在一起构成励磁绕组磁极，如图4.10所示。层绕励磁绕组的制作方法如图4.11所示，高温超导线材直接绕制在转子齿槽内。一旦所有的磁极装配在转子上后，将被封闭在低温恒温器中以维持超导绕组运行的低温环境。当磁场强度高于2T时，1G线材运行温度将限制在40K以下。尽管2G材料具有进一步降低成本、较好的机械强度和运行温度接近77K的潜力，但是这些特征尚需在旋转电机应用中得到验证。标准尺寸的1G和2G超导线材仅能通流100A左右，对于建造大型电动机和发电机的励磁绕组来说工作电流太小，这就需要多匝绕制，无形中增加了绕组电感，使得快速改变励磁电流变得几乎不可能，同时也无法使用工业标准化的励磁机和电压调节器。目前，国际上正在研发连续换位的缆型（Continously Transposed Cable，CTC）导体，该导体内部的2G超导涂层导体被切割成一定理想宽度的锯齿状股线，然后组装在一起构成“Roebel”电缆，可以承载高达2000～3000A的电流。这些CTC缆线绕制的励磁绕组匝数非常少，这就允许使用工业标准化的励磁机和标准的电压调节器。未来的电机有望利用这种CTC缆线来制作，同样也有可能采用CTC缆线制作交流电枢线圈。

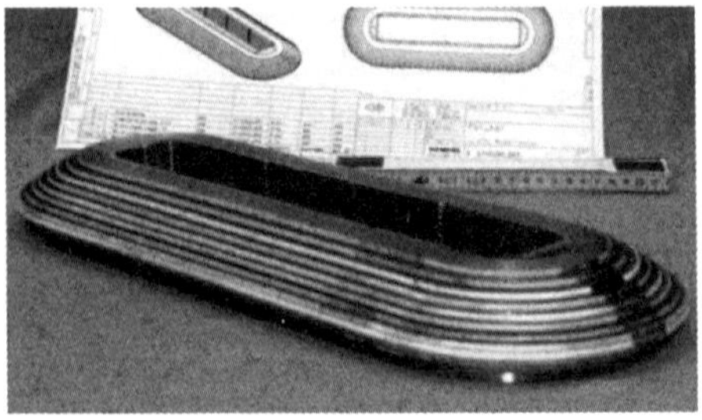

图4.10 堆叠饼式线圈构造的励磁绕组磁极（美国超导公司提供）

图4.11 直接绕制在转子齿槽中的励磁绕组（Siemens公司提供）

至今，大多数HTS原型电机仍采用第3章所讨论的G-M制冷机。一台单级G-M制冷机可在30K温区提供100W的冷量，大型电机的冷却系统可以采用模块化的G-M制冷机来构造。系统使用氦气作为工作流体介质，将HTS绕组内部的热量输送至制冷机，美国超导公司为5MW、230r/min电动机建造的冷却系统如图4.12所示。

励磁绕组被静止制冷机提供的冷却介质实现传导冷却。两种热门的冷却介质分别是液氖和氦气。冷却介质通过旋转耦合的方式通过转子，可以流入也可流出。许多不同的公司已经成功建造和运行了低温传输系统：首先是作为20世纪70年代和80年代的低温超导项目中的一部分；最近是作为高温超导项目中的一部分，该部分设计中的所有技术问题均已被解决。

图4.12 5MW、230r/min超导电动机冷却系统（美国超导公司提供）

4.5.2 低温励磁绕组到室温轴的转矩传递

运行在低温环境下的励磁绕组直接承受机械转矩。转矩必须从低温环境传递到室温轴，并保证从室温到低温环境具有最小的热传导。与转矩传递相关的观点和问题见4.3.2节。

4.5.3 定子绕组

制造定子绕组时，有两种设计方案可用：

1）利用磁齿引导磁通的常规定子（“改造”）。

2）没有磁齿的空芯绕组。

在一些应用场合，如大型发电机，人们强烈希望电机尽可能与常规设计相兼容。这对于常规带有磁齿的定子方案有利。在改造方案中，可以通过增加气隙来限制定子对超导转子绕组的反应，在一个常规定子中放入HTS转子也能对已有的电机容量进行比较小的升级。这种策略对顾客、制造商的服务和零售业务都有益处。它有助于克服引进新型电机的障碍，该电机由新颖的HTS转子和既有挑战又昂贵的定子构成。

使用高性能定子气隙绕组需要更紧凑的设计，相比传统电机具有较小的系数4（或更好）。高温超导电机的低同步电抗提供了更好的稳定性、高过载能力，并改善了无功功率补偿能力。这种观点已经发展起来，并在 LTS 发电机项目和 HTS 电动机项目中实现成功测试。

定子气隙绕组尽管由“传统的”铜进行制造，但它仍面临着一个大挑战。在定子绕组中采用高性能的机械和电气部件可以实现 HTS 旋转电机的高功率密度。高功率密度电机通常需要迫流冷却系统，一个明显的解决方案是水冷，其已经在高额定值的电机中得到广泛的应用。GE 公司[6]和 Super-GM[13]在建造定子气隙绕组时已经使用这种方法。一个替换的方案是采用液体作为热传递和电气绝缘，例如采用“Midel”和“Silicone Oil”这两种液体，也可以采用热管或热虹吸管解决这方面额外的设计问题。

4.6 仿真

为了实现电网仿真或者应用电力电子技术进行控制，超导电动机和发电机需要有一个解析模型。仿真模型应该相似于当前所使用的商业化代码，例如 PSCAD、EMTP、PSSE 和 MATLAB。这些代码中大多数都应用 Park 两轴（d-q）方程代表同步电机。可以采用 d-q 轴方程对超导电机进行建模，方程中不同线圈间的互感不相等。然而，几乎所有的商业代码假设在每个轴上（d-q 轴）所有线圈之间都有一个共同的互感。这些代码根据等效电路进行工作，每个单元系统类似于 4.3.3 节中的介绍。作者已经研究了假设每轴不同线圈间互感相同和不同时超导电机的瞬态行为，并发现两种方法的结果相差在 ±5% 以内，在大多数实际应用中，这个误差很小，优先采用配备内置工具与电网或电力电子接口、并有所需要的图形能力的商业代码。

4.7 发电机

自 20 世纪 60 年代初到 20 世纪 70 年代，超导一直是实现大型发电的希望和憧憬。当时，发展核能发电推动发电机的等级达到了物理尺寸的极限，超导技术被认为是一个契机，可以进一步提高功率密度和等级。其他的主要技术优势是提高了效率，增加了无功功率能力和降低同步电抗，这些都对电力系统稳定性产生积极的影响。在 1970 ~ 1990 年之间，全世界范围内有许多采用 LTS NbTi 线材的发电机成功实现示范，由于其低温系统的复杂性和 LTS 绕组的低稳定性，导致这些电机从经济上来看并不吸引人。

然而，20 世纪 80 年代中期发明的 HTS 让人们重新审视旋转电机。HTS 线圈相比由 LTS 材料制成的线圈可以运行在相当高的温度下，并且采用相对简单、低成本和更高效的冷却系统。这些因素令 HTS 带材在电动机和发电机的发展和商业化方面具有技术和经济的可行性。最近几年，已有两种类型的发电机原型样机：高速发电机（>10000r/min）和低速发电机 AMSC（<3600r/min）。

4.7.1 高速发电机

在军事和商业应用中，需要 1～5MW 便携式的高功率密度发电系统。一种方法是直接耦合至一个高速汽轮机的高速发电机，产生高频功率，然后通过实体功率变换技术将其转换至所需频率。尽管超导技术提供了最高功率密度的发电机，但是要制造可靠轻型的超导电机，仍然存在一些工程难题。为了满足这个要求，通用公司为美国空军研究实验室（AFRL）研制了一个坚固、高速、几 MW 级的 HTS 发电机[15]。该发电机在 GE 高速电机测试中心进行测试，最大带载 1.3MW。基于单极感应电机拓扑结构，发电机的能量密度高于 4 kW/lb，并具有坚固的结构，适合高速应用场合。

该发电机由静止的 HTS 励磁线圈、实心转子锻件、先进且常规的定子构成，如图 4.13 所示。电枢部分包括液体冷却的气隙绕组，该绕组放置在一个先进的叠压铁轭上，从三个维度方向引导磁通从电机一端达到另一端。静止的 HTS 线圈放置在磁性转子锻件上，在两个凸极之间的任一端有一个极距的周向偏移。HTS 励磁线圈具有提供比常规铜线圈更多的磁动势（MMF）的能力，从而使气隙电枢绕组在气隙中具有高磁通密度。这个发电机的主要特征列举如下：

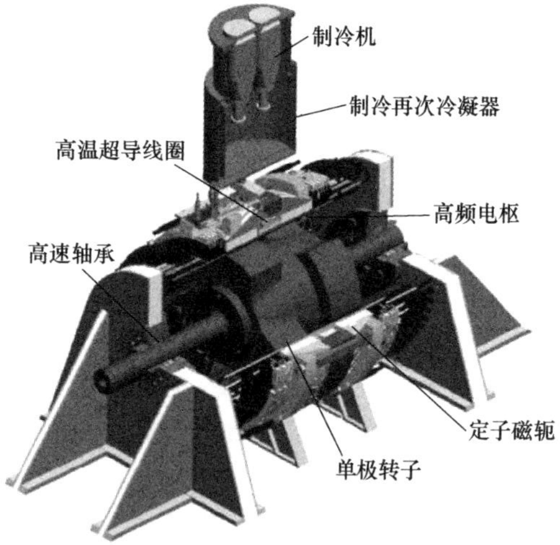

图 4.13 含 HTS 励磁绕组的单极感应交流电机原理图（General Electric 提供）

1）静止超导励磁线圈不承受旋转线圈所受到的大离心力。由于缺乏离心载荷，减少了对线圈支撑件的要求，线圈和周围环境之间的热绝缘也得到了提高。

2）线圈的恒温器是静止的。不需要传输耦合将冷却介质引入到旋转的冷却回路中。

3）不需要“集电环”和电刷部件将电流从静止的励磁机传递至线圈。

在常规铁心槽中采用常规线圈的电枢绕组也能用于该电机。然而，GE 公司采用气隙绕组以实现更高的功率密度。电枢气隙绕组设计中使用的线圈由紧凑的 Litz 铜线匝绕而成，通过流过氧化铝陶瓷冷却管的普通水或绝缘液体直接冷却。每个线圈在一个精密的导热环氧模具中进行湿绕和固化，然后线圈被组装，连接到陶瓷低温管上，放置到 G10 的圆筒中，该圆筒的内、外壳都采用导热环氧树脂。电枢线圈内径和外径处的 G10 壳可作为对地绝缘。电枢绕组被安装到定子轭上构成一个牢固的结构，从而具有抵抗故障转矩、振动和冲击负载的能力。

4.7.2 中速发电机

从 2000 年开始的 10 年内，几家公司尝试研究几种低速电机。三个最典型的电机是：通用电气公司（General Electric）100MW 发电机、美国超导公司（AMSC）8Mavr 同步调相机和西门子（Siemens）4MW 发电机。下面将对其分别讨论。超低速同步电机也可应用于船舶推进电动机、水利发电机和风力发电机。

1）GE 100 MW 发电机项目。通用电气公司尝试开发了一个 100MW、3600r/min 采用超导转子绕组和常规铁心定子的两极发电机。在发电站中应用高温超导电机的优势是可以提高系统的效率。发电机的励磁绕组和电枢条会消耗功率，当励磁绕组使用超导线材时，实际上可以消除转子损耗。由于提高了功率密度和减小了所需的冷却容量，其他损耗也能得到降低。与传统电机相比，HTS 发电机产生同样的电能但损耗更低，甚至效率只有很小的提高，也能带来极大的节约。当一半的发电效率提高 1% 时，根据每 kWh 电价为 5 美分，每年运行 8000 小时计算，对每 100 MW 发电机，可以令公共或独立电力生产商每年获得 20 万美元的额外收益。GE 公司 100MW 发电机采用常规定子芯及磁性结构框架和包含铁心的 HTS 转子。该方案完全取消了任何有关定子设计的风险，并在转子中提供磁场结构，从而增强了转矩传输能力。它提供了直接的效率优势，与涡轮驱动系统的兼容性和应用 HTS 转子改造已有发电机的能力。另外，“空芯”的设计可以消减大部分的结构和磁性钢，获得比同容量常规发电机小且轻的发电机。对那些尺寸和质量的减小是最大优势的应用场合，比如船舶和火车，超导发电机能够增加发电容量而不需要额外的空间。其制造、运输和安装也被简化了，由于体积小，重量轻或许成本也会变低。但是，制造空芯 HTS 发电机所面临的难点包括：发电机内的转矩传递和汽轮发电机驱动火车时对故障转矩的放大潜力。

100MW 发电机[7]的转子结构如图 4.14 所示。当完成转子设计后，该项目就取消了，因为高温超导（1G）和低温系统的成本太高[17]以至于发电机没有任何经济上的吸引力。未来的技术（2G 带材和脉冲管制冷机）在 2004 年还没有得到充分地发展，因此无法让人做出客观的决定。

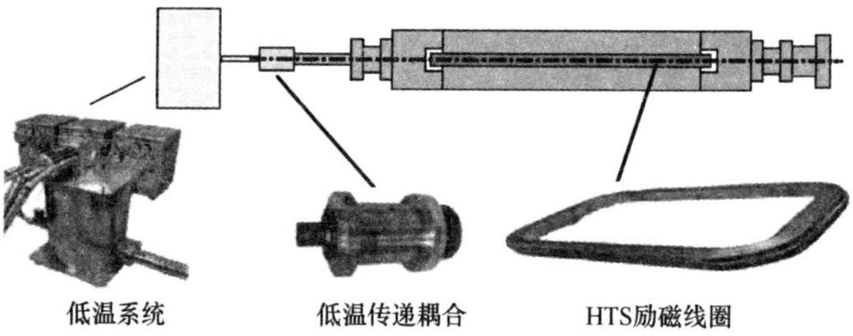

图 4.14 通用电气公司 100 MW 超导发电机转子结构（General Electric 提供）

2）AMSC 同步调相机。当连接到电网后，超导发电机固有的低同步电抗使其能够在任何功率因数（超前或滞后）下运行。AMSC 公司为电网应用研制出了 8Mvar 和 12Mvar 的同步调相机原型样机。为了避免电网事故，一个 8Mvar 动态同步调相机（Dyamic Synchronous Condenser，DSC）[18]已运行在田纳西州（TVA）电网，为电弧炉提供无功功率防止电压闪变。尽管原型电机已经实现所有的目标，但考虑到经济性，该项目并未取得成功。换句话说，由于 HTS 材料和制冷系统成本太高，与相似尺寸的电子型解决方案（STATCOM）相比，超导电机成本太高。

该电机具有高温超导（HTS）励磁绕组和常规定子绕组。并且占地面积小，为挂车式，所以易于运输，很容易放置在变电站。HTS DSC 通过向电力系统动态注入所需的超前或滞后的无功功率进行无功补偿，从而增强系统的利用率。在试验现场（电弧炉附近），所做测试的目的不仅表明 HTS DSC 是解决电弧炉电压闪变的优选方案，而且它还能够处理每天成千上万次的输电瞬变。该设备可以持续吸收含很高负序（>30%）和零序（>15%）电流分量的瞬时扰动。铜壳作为转子的连续阻尼绕组可以有效地吸收由负序和零序电流产生的热量而具有较小的温升。定子绕组也承受这些电流，并保持在峰值温度以内。

HTS 电机使用不超过常规同步调相机一半的电能，与现代柔性交流输电系统（FACTS）设备所消耗的电能相同。该电机在 2004 年 10 月首次实现与电网同步，并在 TVA 电网中开始为期一年的运行。8Mvar 同步调相机概念见图 4.15 所示。

该图展示了电机的不同组成部分，在 TVA 现场被测试的实际电机如图 4.16 所示。原型样机的额定容量为 8Mvar，产品的额定容量是 12Mvar，线电压为 13.8kV，被设计为运行在 60Hz 频率电网的 4 极电机。

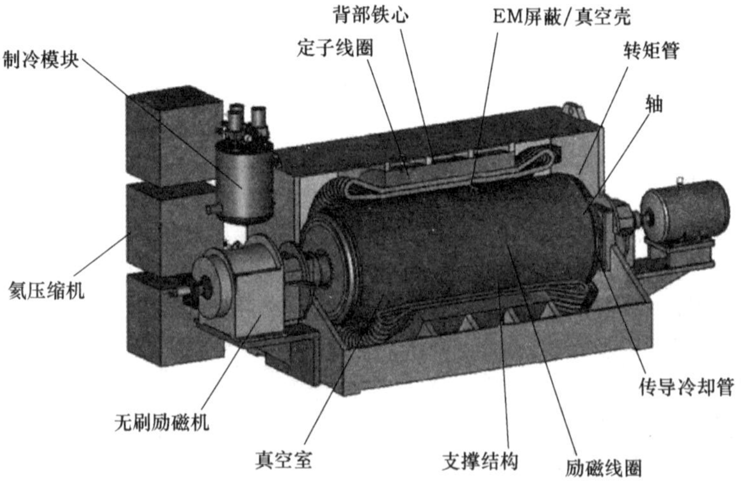

图 4.15 同步调相机概念图（American Superconductor Corporation 提供）

图 4.16 测试中的一台 8Mvar 同步调相机（American Superconductor Corporation 提供）

3）西门子同步发电机。西门子公司在 1999～2006 年之间示范了两台电机[19]。1999～2001 年，为了验证基于 HTS 超导同步电机概念设计的可行性，一台 400 kW 模型电机被构造和制造出来。如图 4.17 左边所示，该电机采用旋转的低温恒温器作为真空容器，HTS 绕组放置在一个 4 极铁心上，并置于该容器中。定子包含被设计为气隙绕组的铜电枢绕组，其磁性铁齿被非金属支撑结构代替。低温恒温器的热传导损失令 HTS 线圈运行温度降低到 25K，通过一个特别设计的转矩传递管保持低温。冷却系统由商业化现货供应的吉福德-麦克马洪（G-M）制冷机结合采用液氖作为制冷剂的热虹吸冷却过程组成。在 2 年密集的试验阶段，可以看到所有组成部分（如旋转低温恒温器或 HTS 绕组）的设计和制造方式都能令其在旋转电机中可靠运行。并对该电机在发电机模式和电动机模式分别进行测试。

从2002年开始，西门子设计和制造了第二台HTS同步电机，如图4.17右边所示。该电机是为船舶应用而设计的一个发电机，其额定功率为4MVA，频率为60Hz，转速为3600r/min。随后，电机被设计出来，并根据船舶应用“Germanischer Lloyd”的特定标准进行了测试。图4.17显示了在德国纽伦堡公司测试部分的电机照片。

图4.17　西门子公司构造的HTS电机（Siemens提供）

转子由Bi-2223带材构造的HTS饼式线圈组成。冷却系统由3个冷头组成，安装位置见图4.17右侧。在25K额定运行温度下，每个冷头可提供45W的制冷功率。

正常运行下2个冷头已足够，但该系统这样建造的目的是为了在进行系统维护时，一个冷头可以从系统完全移出而不会影响电机的运行。

4）科孚德水力发电机。科孚德已经构造完成了一台1.7MW、28极、214r/min的水力发电机[20]，电机采用高温超导励磁绕组和常规定子。该电机将被安装在德国Hirschaid水电站，并试图成为超导技术在可持续和可再生能源发电实际应用的技术展示。该电机旨在取代和更新已有的常规发电机，并将直接连接德国电网。HTS励磁绕组采用Bi-2223带材制成，由高压氦气冷却到30K左右，该氦气通过旋转耦合从静止制冷机传递到转子。

线圈具有多层绝缘，并被放置在室温叠压铁心转子磁极上。转子被封闭在一个真空容器内，完全装配后的转速为214r/min。

4.8　电动机

运行在5000hp、1800r/min的工业电动机已经实现成功示范，但是能否进入工业市场仍在等待低成本的2G（YBCO）超导带材的可用性。用于船舶推进和风力机组的超低速同步电机代表了一种强烈的需求，它们的经济可行性与 2G HTS 材料的成本紧密相关。美国超导公司（AMSC）建造的两个低速船舶推进电动机（5MW、230r/min 和 36.5MW，120r/min）已运至美国橡树岭国家实验室（ONR）。

4.8.1 高速电动机

1995～2007 年间，许多生产商研制了应用 HTS 带材的多台超导电机。Rockwell Automation 是美国第一家开始研制 HTS 电机的生产商[21]。图 4.18 是 Rockwell Automation 建造的一台 200hp（1996 年测试）和一台 1000hp（2000 年测试），4 极、60Hz 的原型样机，美国超导公司（AMSC）提供由 BSCCO-2223 带材制造的 HTS 励磁磁极和冷却系统。1000hp 的 HTS 电动机利用 VSD 实现运行控制，采用气隙定子绕组和 HTS 励磁绕组，运行转速为 1800r/min。在这个拓扑结构下，HTS 线圈放置在转子上，定子由常规铜绕组构成，高温超导线圈安装在支架上，通过所安装的支撑结构件实现传导冷却，定子绕组通过内嵌的冷却管实现水冷。这种设计增强了制冷效率并为 HTS 电动机运行在更高额定值提供了潜力。

200hp，1800r/min Motor

1000hp，1800r/min Motor

图 4.18　Rockwell Automation 公司 200hp（左）和 1000hp（右）采用 HTS 励磁绕组的 HTS 同步电动机（Baldor/Rockwell Automation 提供）

2001 年，美国超导公司设计、建造并测试了一台 5000hp、4 极、1800r/min 电机，如图 4.19 所示。该电动机采用闭环氖热管概念[22]，具有令人满意的性能。这台 5000hp 电动机完成了所有预期目标，验证了设计工具，确认了 HTS 转子及其冷却系统的设计方案，提出了一种新颖的单层气隙绕组概念[23]。

图 4.19 AMSC 公司 2001 年测试的 5000hp、4 极、1800r/min 采用 HTS 励磁绕组的同步电动机（American Superconductor Corporation 提供）

4.8.2 低速电动机

如前所述，船舰推进电动机、水力发电机和风力发电机对低速同步电机是感兴趣的。这些电机运行转速为 10 ~ 200r/min，由于低转速，这些电机具有高转矩、大尺寸和重量的特征，超导励磁绕组能够在电枢区域产生强磁场，从而可以减小这些电机的尺寸和重量。

在 20 世纪 90 年代末，美国海军决定其未来战舰均采用电力推进，即电力将用于推进电动机及其他负载。在船上管理这些电力的生产和利用，一些新技术和技能是必要的。而且，更轻、更紧凑、适合于船舰的子系统由于占用空间小，因此受到欢迎。高温超导推进电动机是这种船舶的理想选择。此外，这些电动机还与标准的变速驱动设备（VSD）相兼容，它能够满足美国海军和商业电气船舶的需要，降低了推动发展所做的努力及经常性成本。高温超导推进电动机的优点列出如下：

1）相比其他替代技术，具有最高 4 倍的转矩密度，高温超导电机结构更加紧凑，重量更轻，尺寸和重量上的优势使其更易于运输和安装，并且能灵活地安置在船舶上。

2）没有定子铁齿，减小了结构传导的噪声。

3）全速到低速的高效率提高了船舶的关键运行参数，如燃油经济性、持续速度和任务区间。

4）等温励磁绕组非常适合重复的负载变化。

与传统技术相比，HTS 电动机推进系统具有的巨大优势在于消除了定子铁齿。所形成较大的气隙允许设计者能够最大限度地提高功率密度。同时，通过单独调整电机参数，如同步和超瞬态电抗等以满足以下系统需求：

1）运行在单位功率因数降低电力驱动等级和成本。

2）较低的对地电容，减小驱动开关频率对电动机的影响。

3）可管理的故障电流（由 HTS 电动机运行在高压实现，最大 10kV），减少了对断路器的要求。

4）由于大气隙削弱了谐波磁场，可以比常规电机承受更大的谐波电流和抵挡转子电磁屏蔽罩传导热的能力。该特征减少了对谐波滤波器以及相关重量和体积的需求。

美国超导公司和海军研究办公室签订合同，研制了两台电动机原型样机：一台 5MW、230r/min 电动机[24]和一台 36.5MW、120r/min 电动机[12]。

该能量密度技术核心是转子由超导带材构造，可产生比常规铜绕组或者应用当前永磁技术更大的磁场，为了更好地利用较高的转子磁通，定子绕组支撑齿采用非磁性材料，定子应用非导电绝缘油进行液冷。36.5MW 电动机在与前期建造和测试的 230r/min、5MW HTS 电动机的转矩比为 14∶1。这两台电动机均采用 1G（BSCCO-2223）励磁绕组，且由 G-M 制冷机实现冷却。

在 CAPS 设备中，一台 5 MW 电动机连接两台 2.5MW 感应电动机，如图 4.20 所示。CAPS 令电动机在满载（5MW）及全速（230r/min）下共运行了 21 个小时，并确定电动机的定子和转子均达到了稳态温度，实测温度与电动机设计值非常接近。这次负载试验显示，HTS 电动机能够满足特定的性能和运行条件压力下的功率等级。

图 4.20　AMSC 公司 5 MW 电动机连接两台 2.5 MW 感应电动机（American Superconductor Corporation 提供）

36.5MW HTS 电动机的目标是为未来海军应用研制出一个大尺寸、高功率密度、低重量和先进的推进电动机。已建造的 36.5MW、120r/min HTS 电动机如图 4.21 所示，它是 5MW 电动机的一个比例放大。它采用许多 5MW 电动机的技术，包括高温超导励磁绕组、大电流密度液冷定子、制冷机、机械支撑和励磁系统。输出轴转速为 120r/min，能产生超过 2.9×10^6N·m（2.2×10^6ft·lb）

的转矩。设计的驱动系统包括低系统重量，并且其他驱动系统提高了效率和抗冲击能力。2008 年底，美国海军在费城海军军事基地测试现场进行了 36.5MW 高温超导电动机的满负荷测试试验。

图 4.21　AMSC 公司 36.5 MW 电动机工厂测试（American Superconductor Corporation 提供）

4.9　总结

许多开发人员已经充分论证了高速和低速高温超导旋转电机的技术可行性，但是其经济可行性还要依赖于低成本超导材料的供应情况以及可靠和负担得起的冷却系统。超导材料和冷却系统的成本必须降低才能令 HTS 电机与常规铜绕组电机及永磁电机相竞争。事实上，为美国海军研制的 36.5MW、120r/min 船舶推进电动机已经论证了高温超导电机比常规铜绕组和永磁电机更小、更轻和更高效。采用该技术甚至能够研制出更大的电机，直驱式 10MW 风力发电机已经证明了离岸应用的可行性。一旦高温超导技术经济可行，可能的应用场合包括：应用在中心电站的电动机和发电机，风力发电机、船舶推进电动机、工业电动机以及同步调相机等。

参考文献

1. H. H. Woodson, Z. J. J. Stekly, and E. Halas, “A study of Alternators with Superconducting Field Windings: I. Analysis,” *IEEE Trans. Power Appara. Syst.* 85: 264–274, 1966.
2. J. L. Kirtley, “Basic Formulas for Air Core Synchronous Machines,” Paper 71 CP 155-PWR, Winter Power Meeting, IEEE, New York, 1971.
3. J. R. Bumpy, *Superconducting Rotating Electrical Machines*, Clarendon Press, Oxford, 1983.

4. B. Adkins, "The General Theory of Electrical Machines," Chapman and Hall, 1964.
5. S. S. Kalsi, and P. M. Winn, "Thermally Conductive Stator Support Structure," US Patent 7,423,356 and 7,211,919.
6. Superconducting Generator Design, EPRI EL-663, Project 429-2, Final Report, March 1978.
7. S. S. Kalsi, K. Weeber, H. Takesue, C. Lewis, H.-W. Neumueller, and R. D. Blaugher, "Development Status of Rotating Machines Employing Superconducting Field Windings," *Proc. IEEE* 92(10): 1688–1704, 2004.
8. R. McFee, "Optimum Input Leads for Cryogenic Apparatus," *Rev. Scientific Instr.*, 10(2): 1959.
9. S. S. Kalsi, D. Madura, and M. Ingram, "Superconducting Synchronous Condenser for Reactive Power Support in an Electric Grid," *IEEE Trans. Appl. Superconductivity* 15(2, Pt. 2): 2146–2149, 2005.
10. G. Snitchler, B. Gamble, and S. S. Kalsi, "The Performance of a 5 MW High Temperature Superconductor Ship Propulsion Motor," *IEEE Trans. Appl. Superconductivity* 15(2, Pt. 2): 2206–2209, 2005.
11. S. S. Kalsi, D. Madura, T. MacDonald, M. Ingram, and I. Grant, "Operating Experience of Superconductor Dynamic Synchronous Condenser," *IEEE Power & Energy Society Transmission & Distribution* 899–902, 2006.
12. J. Buck, B. Hartman, R. Ricket, B. Gamble, T. MacDonald, and G. Snitchler, "Factory Testing of a 36.5 MW High Temperature Superconducting Propulsion Motor," *ASNE Day Symp.*, June 25–26, 2007.
13. K. Yamaguchi, M. Takahashi, R. Shiobara, T. Taniguchi, H. Tomeoku, M. Sato, H. Sato, Y. Chida, and M. Ogihara, "70 MW Class Super-conducting Generator Test," *IEEE Trans. Appl. Superconductivity* 9(2): 1209–1212, 1999.
14. R. H. Park, "Two-Reaction Theory of Synchronous Machines," *Trans. AIEE* 48: 716, 1929.
15. K. Sivasubramaniam, T. Zhang, M. Lokhandwalla, E. T. Laskaris, J. W. Bray, B. Gerstler, M. R. Shah, and J. P. Alexander, "Development of a High Speed HTS Generator for Airborne Applications," Presented at the 2008 IEEE Applied Superconductivity Conference.
16. E Richter, "High Speed Homopolar Inductor Generator with Straight Winding Construction," US Patent 3,737,696, 1973.
17. J. M. Fogarty, "GE Generator Status Report," 2004 US: DOE Superconductivity Peer Review.
18. S. S. Kalsi, D. Madura, M. Ross, M. Ingram, R. Belhomme, P. Bousseau, and

J.-V .Roger, "Operating Experience of a Synchronous Compensator," CIGRE 2006, Paper A1-108.

19. G. Klaus, W. Nick, H-W Neumuller, G. Nerowski, and W. McCown, "Advances in the Development of Synchronous Machines with High Temperature Superconducting Field Winding at Siemens AG," 2006 IEEE Power Engineering Society General Meeting, June 18–22, 2006, Montreal, IEEE Cat. 06CH37818C.
20. R. Fair, C. Lewis, J. Eugene, and M. Ingles, "Development of an HTS Hydroelectric Power Generator for the Hirschaid Power Station," Presented at the 2009 European Conference on Applied Superconductivity.
21. D. Aized., B. B. Gamble, A. Sidi-Yekhlef, J. P. Voccio, D. I. Driscoll, B. A. Shoykhet, and B. X. Zhang, "Status of the 1000 hp HTS Motor Development," *IEEE Trans. Appl. Superconductivity* 9(2): 1999, pp 1197–1200.
22. B. B. Gamble, A. Sidi-Yekhlef, R. E. Schwall, D. L. Driscoll, and B. A. Shoykhet, "Superconductor Rotor Cooling System," US Patent 6,376,943.
23. S. S. Kalsi, "Superconducting Electric Motor," US Patent 7,453,174.
24. S. S. Kalsi, B. B. Gamble, G. Snitchler, and S. O. Ige, "The Status of HTS Ship Propulsion Motor Developments," 2006 IEEE Power Engineering Society General Meeting, June 18–22, 2006, Montreal, IEEE Cat. 06CH37818C, ISBN 1-4244-0493-2.

第5章　旋转直流单极电机

5.1　引言

直流单极电机以1831年演示的法拉第盘式电机为基础。20世纪60年代人们获得低温超导材料后，首台超导原理样机诞生[1]。单极电机有低电压和大电流的特点，通过旋转电刷部件收集电流，如何用电刷高效收集电流颇具挑战性，同时也制约着该技术的产业化。超导单极电机的部分优势在于其励磁线圈是静止固定的简单螺线型绕组，不承受电机转矩，从而简化了励磁绕组及其低温恒温器的设计。美国海军花费了多年时间尝试研发这项技术[2]，数台大型电机已完成建造，并采用了超导励磁绕组，容量达到5MW。

5.2　原理

基于法拉第盘式电机的单极电机如图5.1所示。图中显示了一个有垂直转轴的圆盘，在该转轴和圆盘边缘之间施加电压，将产生一个径向电流（I），径向电流和垂直磁场的相互作用会使得磁盘发生旋转。圆盘内部的感应电压可以通过下式求得：

$$V_i = \pi BN(R_o^2 - R_i^2) \tag{5.1}$$

式中，R_i、R_o为圆盘内、外径（m）；N为旋转速度（r/s）；B为磁场强度（T）。

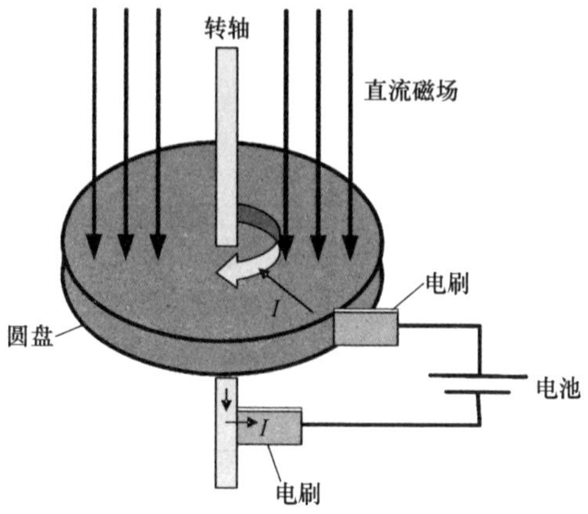

图5.1　法拉第盘式电机

假设内、外径分别为0.1m和1m的圆盘处于1T磁场中，以300r/min（等于5r/s）速度旋转，则转轴和磁盘外部边缘之间产生的感应电压为15.5V。对于一台100kW（等于134hp）电动机，其圆盘通过的电流将达到6.4kA。倘若尺寸固定，由于感应电压与磁场、转速一一对应，电流幅值的增加直接与电机额定容量成正比。因此，对于实际电机而言，希望增加电压、减小电流。下面的内容将介绍一些相关的技术来实现这一目标。

5.3　结构

提高电机电压的一种方法是将数个圆盘串联，但这将增加整体电刷的数量，因为每个圆盘需要两个电刷或电刷组件。研发人员选择了一种更为实用的方法，即采用鼓形转子结构，如图 5.2 所示。鼓形转子端部附放置两个圆筒形线圈，线圈将在转子外表面产生一个径向磁场。径向磁场的大小沿电机转子长度方向的变化如图 5.3 所示。电流由转子的一端引入，在转子另一端利用电刷收集，电刷之间的轴向距离决定了电机的有效长度。电刷之间的感应电压由下式给出：

$$V_i = 2\pi RNBl \tag{5.2}$$

式中，R 为鼓盘（导体）平均半径；N 为旋转速度（r/s）；B 为磁场强度（T）；l 为轴向（有效）长度（m）。

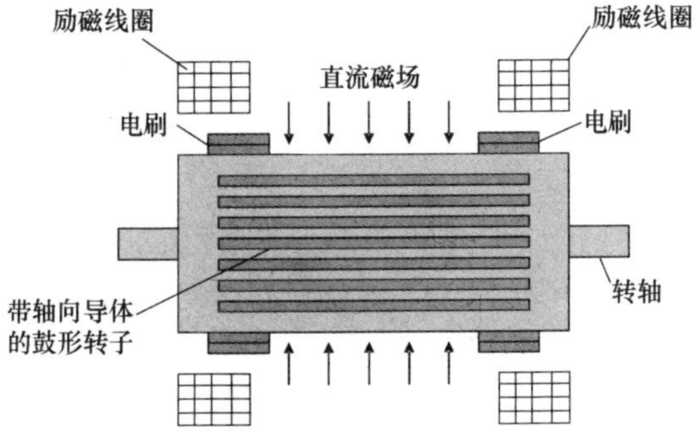

图 5.2　鼓形转子单极电机

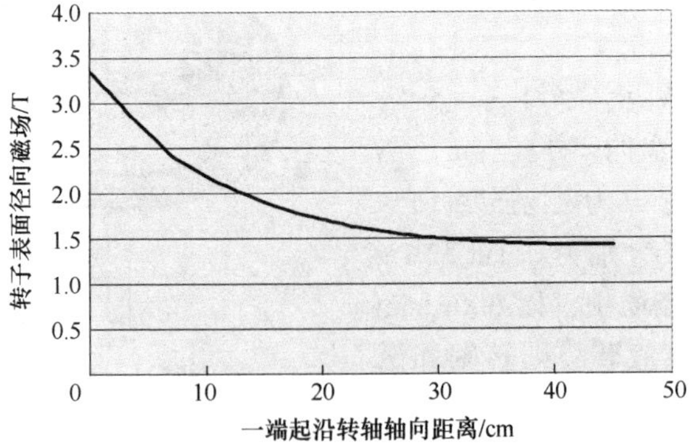

图 5.3　示例电机沿转子一半长度方向的磁场分布

对于这种结构，感应电压的大小可以通过增加有效长度来调节，倘若给定线圈/转子结构参数，存在一个最佳的长度与直径比。假设电机的有效长度为

1m，鼓盘的平均半径为 0.5m，为了具有与上述盘式电机相同的磁场和转速，则电刷之间的感应电压为 15.5V，但这仍是一个很小的电压数值。为此，可以使用多个均位于励磁绕组产生的共同磁场中的同心鼓盘[3]。例如，五鼓盘的电机（如图 5.4 所示），通过这 5 个鼓盘的串联，就可以得到 $5\times15.5=77.5\text{V}$ 的电压。事实上，相比于长度较短的鼓盘，较长的鼓盘能够产生更高的电压，因为它们沿长度方向切割更多的径向磁通；每一个鼓盘任意一端均需要一对分离的电刷，所有的电刷流过相同的电流。因此，可以通过增加电刷数量和复杂性为代价，添加额外的鼓盘来获取更高的电压，但电刷装配占用轴向长度，会导致部分漏磁和单个鼓盘输出电压降低。

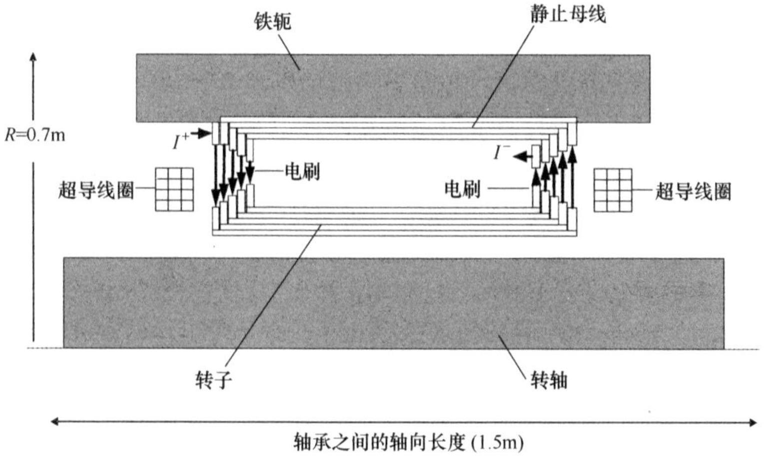

图 5.4 示例电机的结构图

在上述例子中，我们假定有效磁场为 1T，该磁场幅值完全有理由可以通过超导线圈来达到。通常可获得的最大电压在 300～400V 之间，但仍需大电流流经电刷。随着鼓盘数量的增加和/或磁场幅值的增大，电刷焦耳损耗及其内部感应环流将降低电机效率。当大电流流经鼓盘导体时，其冷却是个难题，电刷和导体主动冷却成为必然。

5.4 设计难点

鼓形转子电动机是高额定功率容量等级所考虑的类型[3,4]，这类电动机主要的技术难点如下：超导励磁绕组，磁屏蔽，鼓形转子，电刷系统。

1）超导励磁绕组。超导线圈的设计方法明确，可以利用低温超导或高温超导材料制作。由于这些线圈不承受转矩，结构设计大大简化。超导线圈仅受到来自沿着电机转轴方向线圈间的相互斥力，假设共用同一低温恒温器这个力会与线圈之间轴向约束相互抵消。然而，也可以以增加冷负荷为代价，独立支撑每个线圈。

对于这种电动机，超导体的选择相对简单：工作在4.5K左右温区的低温超导NbTi线圈可能是最为经济的选择；另一种低温超导材料Nb_3Sn也是一个较好的备选。尽管Nb_3Sn机械强度方面需特别考虑，但其也可以工作在4.5K，比NbTi有更高的临界温度T_c，允许承载更大的电流。与高温超导线圈相比，低温超导线圈的制冷系统价格较为昂贵，但由于低温超导材料成本低、运行性能高，整体系统的成本低于高温超导系统。超导电动机通常运行在恒定励磁的条件下，通过电枢电压调节转速；当然，也有可能保持鼓盘电压恒定，改变励磁电流的大小来实现调速。励磁线圈可以用高温超导线材复合成高载流Roebel导体制作，Roebel导体具有大的通流能力，可以减少线圈匝数，从而大大降低线圈的电感。由于高温超导线圈在励磁变化过程中易于消纳小的热负荷，由这种高温超导线圈建造的单极电机可以通过改变励磁电流的大小实现控制。然而，对于给定负载，当磁场降低时鼓盘电流所引起的焦耳损耗将会增加。励磁和鼓盘电流的一些组合调控可以实现一次成本的优化，并使得电机最高效地运行。

2）磁屏蔽。虽然无需背铁来减小超导单极电机中磁路的阻抗，但超导磁体的杂散磁场需要限制以减少其对周围设备的影响。可以简单地采用磁屏蔽，并作为电机外壳的一部分进行形状优化，并阻尼轴转矩。因为仅为直流磁场，电机外壳可以由实心铸铁制作，但磁屏蔽效果的要求对整体电机的重量有较大的影响。

3）鼓形转子。多匝线圈转子由多个同心、绝缘的鼓盘构成，每一个鼓盘任意一端都需要一个电刷套件收集电流。在定子侧，任一鼓盘一端的电刷必须与相邻鼓盘另一端的电刷连接。转子鼓盘端部的电刷套件之间通常使用铜母线连接，铜母线平行于电机转轴，每个母线的平均长度等于电机的有效长度。电机结构必须支撑这些母线，以抵抗转子转矩。为了最大程度地实现电机结构紧凑，转子鼓盘上的铜线和母线必须在符合预期效率和散热管理前提条件下，承载尽可能大的电流密度。对于最为紧凑的结构设计，有必要对这些铜组件提供主动冷却。由于制冷剂在每个转子鼓盘间进出，同时还要保持电气隔离和温度的均匀分布，因此转子冷却系统变得相当复杂。

4）电刷系统。对于直流单极电机，电刷是最大的技术挑战。电刷安装在电动机静止不动的部分（定子），为常规导体液冷转子提供电气连接。由于通流密度低和易于磨损，固态碳或金属-石墨电刷已被发现难以满足要求，在早期的超导单极电机中石墨纤维电刷获得了一些成功应用[⊖]。在20世纪80年代，液态金

⊖ 典型使用预计运行时间2750h/年，6%全速（近似电动机线速度12m/s）。如果每年正常运行2750h，电刷总计滑移距离约为每年6500万mile（1mile=1609.344m）左右。

属电刷也被研制并应用在单极电机中，但由于材料和寿命限制，很多应用并不适用。目前，正在考虑潮湿的 CO_2 环境下工作的铜纤维电刷[3]，它可以在电流承载能力和长期磨损性能间实现折中，人们期望这种电刷能够有 5 年的运行寿命，对于典型的运行状况相当于电机集电环移动 6.5×10^7m/年[1]。为了限制电刷的最高工作温度，控制电刷损耗是其中的关键，为此有必要运用各种复杂方法和措施实现电刷的加装和定子与转子的液冷。

5.5　原型样机

通用原子（GA）技术公司设计、制造和部分测试了一台 3.7MW（4960hp）电动机[5]，如图 5.5 所示。GA 技术公司近期又完成了一台 36.5MW 低速超导单极电动机的初步设计（示意图见图 5.6），其尺寸大小适用于船舶推进。3.7MW 低温超导电动机直径 3.5 英尺⊖，长 6 英尺；36.5MW 电动机直径约 9 英尺，长度约 12 英尺。减小电机直径可以提高吊舱推进系统的流体动力学性能。

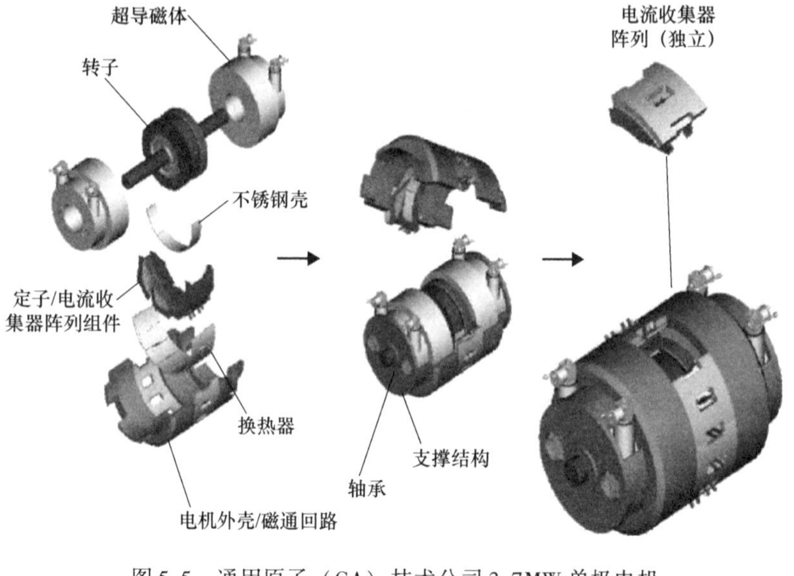

图 5.5　通用原子（GA）技术公司 3.7MW 单极电机

注：该图由通用原子（GA）技术公司 2008 年授权，许可后转载，未经许可禁止进一步复制，保留所有权利。

相比于高温超导交流电动机，直流单极电动机具有一系列潜在的优势。例如，单极电动机因没有交流电机噪声源之一的时空间变化的作用力，预计将非

⊖ 1 英尺 = 0.3048m。

常安静。的确，事实上两者的主要特征差异在于一个是直流而另一个是交流，而非一个运行在 4.7K 而另一个运行在 30K 左右。

图 5.6 GA 技术公司正在研制的 36.5MW 单极电动机

注：该图由通用原子（GA）技术公司 2008 年授权，许可后转载，未经许可禁止进一步复制，保留所有权利。

单极电动机系统的诱人之处是其相对简单的设计。当超导直流单极电动机系统与未来的直流母线配电系统组合使用时，可以简化舰船的集成配电和电动机驱动系统，减少组件，提高效率，并降低系统购置和运行成本。但是，目前正在考虑的直流配电系统设定电压在 3000～6000VDC，使得单极电动机与其直接配合使用的兼容性成为问题。能够略去功率变换环节的一个颇具吸引力的组合是单极电动机配套一台低电压输出的发电机，如燃料电池和热电发电机。

5.6 总结

超导直流单极电机原理非常简单，但存在许多棘手的问题。它们在船舶推进方面有巨大的应用潜力，主要取决于电刷可靠性/维护性问题的解决，以及低压大功率直流发电与管理复杂性等问题的解决。另一个潜在的应用可能是风力涡轮发电机，它具有低速运行的特点。

参考文献

1. A. D. Appleton, "Superconducting DC Machines," *in a book Superconducting Machines and Devices*: Large Systems Applications, edited by S. Foner and B. B. Schwartz, Plenum Press, New York, 1973.
2. M. J. Superczynski and D. J. Waltman, "Homopolar Motor with High Temperature Superconductor Field Windings," *IEEE Trans. Appl. Superconductivity* 7(2): 513–518, 1997. DOI 10.1109/77.614554.
3. M. Heiberger, W. P. Creedon, M. R. Reed, K. M. Schaubel, B. J. O'Hea, and A. Langhorn, "Superconducting DC Homopolar Motor Development for

U.S. Navy Ship Propulsion," Proc. 3rd Naval Symp. Electric Machines, Philadelphia, December 4–7, 2000.

4. R. J. Thome, W. Creedon, M. Reed, E. Bowles, and K. Schaubel, "Homopolar Motor Technology Development," *IEEE Power Engineering Society Summer Meeting*, Chicago, IL, July 25, 2002, 260–284, IEEE ISBN 07-7803-7518-1.
5. L. Petersen, "DOD Perspective," Talk presented at the 2008 US-DOE Peer Review of Electric Delivery and Energy Reliability.

第6章　交流同步单极电机

6.1　引言

同步单极电机已有较长时间的应用，主要为工业中250Hz～200kHz的高频负荷供电。这种电机和传统励磁绕制的同步电机有相同的端部特性，典型特点是励磁绕组产生单极的d轴磁场，励磁绕组固定在定子上，并环绕转子，但不放在转子上。由于转子没有绕组，因此电机转速能够达到转子材料离心应力的极限值。而且，在定子中放置励磁绕组也有很多优势，包括消除集电环、大大简化转子结构，因此可以用单片高强度钢来构造转子。实心钢转子令单极电机在高速运行时更具优势，同时，由于电机的机械支撑、低温冷却和电气接口都变得简单得多，所以静止的超导励磁绕组也变得极具优势。超导励磁绕组可以有效地实现高磁通，使无槽定子设计具有可行性。类似于常规或者永磁电机，无槽定子设计也面临将定子线圈弯曲后固定在定子铁轭光滑内孔的这个问题。

6.2　原理

最简单的同步单极电机的结构及其磁通路径如图6.1所示。该电机有两个定子和两个转子，构成一个简单的磁路，由环形的直流励磁绕组通电。同步单极电机是一个正弦波交流电机，气隙两侧均为柱形表面，定子是传统的多相交流定子，转子内部有隔磁磁桥，用于最大化d轴（高电感）与q轴（低电感）的电抗比。由于具有柱形结构以及运行在正弦波交流电下，该电机可以被设计为输出低纹波、低噪声的转矩。通过将转子磁极错开一个极距，可以用直线型线圈构成单个定子绕组。通用电气公司（GE）已经开发出采用超导励磁绕组的电机，它是一个1MW、15000r/min的发电机，具有一个实心转子，一个多相定子绕组以及超导励磁绕组。具有很多优点，如高转速、静止的电枢和励磁线圈，特别是超导励磁线圈固定不动的结构降低了风险，也简化了冷却系统。

图6.1是一个4凸极的实心转子单极电机，对每个定子部分（左定子或右定子），磁通从径向横穿气隙。例如，对左边定子，磁通穿过转子到定子；对右边定子，磁通穿过定子到转子。因此，在任何径向位置，左右定子上的线圈所感应的电压具有相反极性。基于此原因，有必要将定子分成左定子和右定子两

部分，如图中所示。在磁极（d 轴）下的气隙磁通密度远大于与相邻磁极（q 轴）中点的磁通密度。一个磁极下的气隙磁通密度以及与相邻磁极中点的磁通密度如图 6.2 所示。假设磁通的最大和最小峰值近似相等，可以定义出平均磁通密度线。因此，一个 4 极的磁通分布可以看成是 8 极的平均磁通密度分布。电枢线圈的交流感应电压对应 8 极磁通密度分布，两个分离的定子线圈之间需要一个端部匝线圈的空间，如果单个线圈跨越两个定子部分，那么此空间可减小。为了达到这一目标，转子磁极的左右两部分被错开一个极距，如图 6.1 所示。图 6.2 是占据左、右定子有效部分的定子线圈的磁通密度分布。励磁绕组夹在两个定子之间，放置在如图 6.1 所示的定子的静止部分。由定子交流绕组、直流励磁绕组和凸极转子构成的单极电机[2]的分解图如图 6.3 所示。

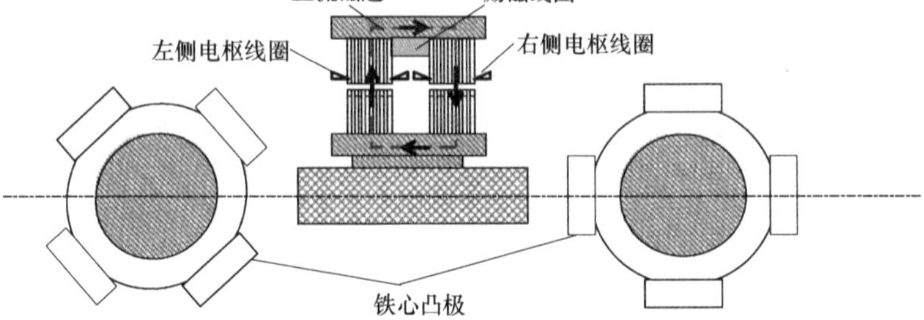

左右交错磁极令直线型电枢线圈跨越两个定子部分

图 6.1　单极交流电机的结构

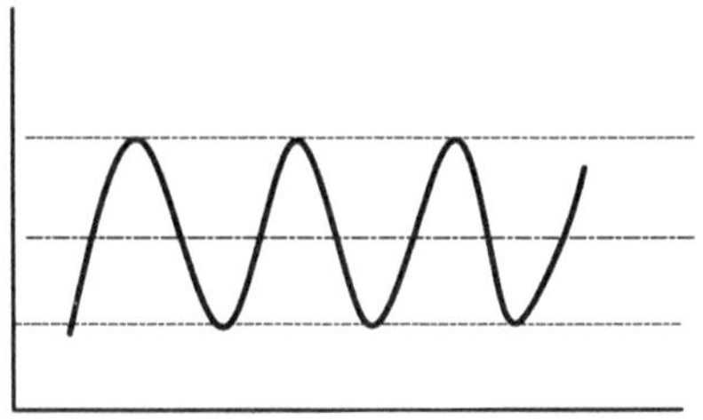

图 6.2　气隙磁通密度的变化

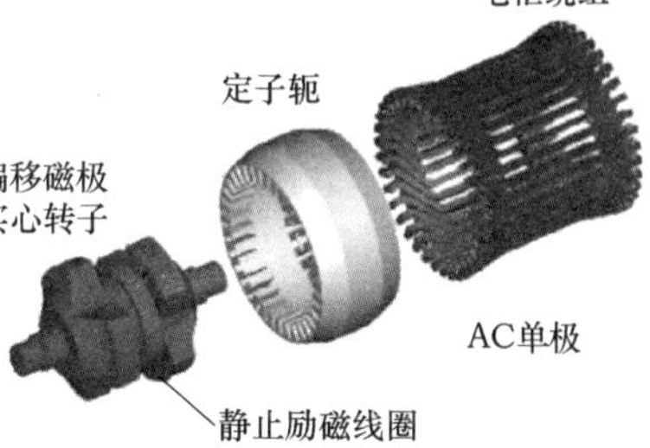

图 6.3　单极电机的结构（GE 公司提供）

6.3　设计分析

当已知电机的气隙磁场分布时，可以采用传统电机的设计方法（原因见本章参考文献［1］）。三相电机的功率额定值可通过下式计算

$$S=1.11K_{w}\pi^{2}B_{g}acD_{a}^{2}L_{act}rps \tag{6.1}$$

式中，K_w为定子绕组分布系数；B_g为平均气隙磁通密度（T）；ac为电枢电流负荷（A/m）；D_a为气隙直径（m）；L_{act}为定子有效长度（m）；rps为转子转速（r/s）。

针对转子磁极交错的结构，L_{act}是两个定子有效部分的长度之和。B_g是图6.2所示的气隙磁场。

采用传统电机的相关设计方法确定电机的定子运行电压、运行电流和相数，原因见本章参考文献［1］中的解释。电机的运行参数可以使用该参考文献中的公式进行计算，但为了得到更准确的结果，可以使用2D（或者最好是3D）的有限元软件计算。因为当已知电机参数时，可以采用常规同步电机的分析方法计算电机的运行特性。

6.4　设计难点

单极电机主要由一个超导励磁线圈和一个常规多相电枢绕组构成。像常规电机一样，电枢绕组被放置在叠压的铁心槽中，可以应用常规导体组成电枢线圈，并通过气体或者液体进行冷却，但是，气隙磁通密度会受到铁心齿饱和的限制。由于超导励磁绕组会在气隙中产生很大的磁场，因此可以不采用铁齿结构，而用第4章讨论过的完全换位的绞合导体来构造定子线圈。

励磁绕组由夹在两个定子之间的线圈组成，如图6.1所示，励磁线圈产生的磁力线先从一半定子进入转子，再从另一半定子返回。由于磁力线包围着励磁线圈，因此需要在励磁线圈外附加额外的铁心，当励磁线圈产生的磁场比较大时，铁心厚度也需要增加。此外，励磁线圈周围还需要放置绝热材料以保障励磁线圈在周围部件都处于室温时仍能保持低温。当增加两个定子之间的轴向距离时，会增加漏磁通（即不穿过定子和转子的磁通）。虽然超导励磁线圈不承受任何反作用转矩，但却必须承受由于自身电流产生的环向力及在冷却和加热循环过程中的热应力。而且，它在低温中必须进行机械支撑，这些支撑部件一端处于低温而另一端处于常温，不能引起从热温域到冷温域的热传导。这种线圈能采用第2章和第3章所讨论的任何超导体和冷却系统。

最高转速和轴承支撑的设计应采用高速动态系统使用的最佳方法进行设计。

6.5 原型样机

通用电气（GE）公司已经为美国空军制造了一台 1MW 的单极发电机[3]，如图 6.3 所示。之后，GE 公司对一台 36MW、3600r/min 的发电机，一台 36MW、120r/min 的推进电动机和一台 4MW、7000r/min 的发电模块进行了可行性研究[2]。由于线圈与转子机械分离，并可保持所谓的静止状态，因此单极电机具有如下许多优势：

1）静止的线圈不用承受太大的离心力，它可以是一个环绕转子的简单螺线管而不必是复杂的跑道型线圈，所以线圈的支架可以简单很多。由于没有离心载荷，并且降低了对线圈支架的要求，因此线圈与环境的热绝缘得到了改善。

2）超导线圈不受力也不产生应力，因此可以用 BSCCO 或 YBCO 涂层导体构造更加可靠的高温超导线圈。此外，相比于空气芯电机设计，该电机设计中减小的安培匝数能够大大减小超导材料的用量。

3）励磁线圈和低温恒温器是静止的，不需要将冷却媒质引入到旋转的冷却回路中，因此可以采用一种更可靠的方式来冷却线圈，例如传导冷却等。具有良好绝热性能的真空或泡沫绝缘材料是静止的，因此有较高的可靠性。而且，转子上的励磁线圈不承受较大的重力，因此绝缘方案的其他部分也可被设计得非常可靠。

4）无需使用集电环部件从静止的励磁机给线圈通电流。

5）不需要旋转无刷励磁机。

研究结论表明，对于高速应用而言，超导单极电机能提供最高的功率密度。

6.6 总结

当同步单极电机运行在 3600r/min 或更高转速时，具有非常高的功率密度。关于单极磁通利用率的缺陷可以通过由超导励磁绕组和高转速产生的较大的气隙磁通密度来补偿。传统同步电机的每个极上都有单独的超导线圈，而单极电机只有一个仅需简单冷却的超导励磁线圈，提高了超导单极电机的可靠性。

参考文献

1. M. G. Say, *The Performance and Design of Alternating Current Machines*, S. Pitman, London, 1958.

2. K. Sivasubramaniam, E. T. Laskaris, M. R. Shah, J. W. Bray, and N. R. Garrigan, "HTS HIA Generator and Motor for Naval Applications," Presented at the 17th International Conference on Electrical Machines, Chania, Greece, 2006.
3. K. Sivasubramaniam, T. Zhang, M. Lokhandwalla, E. T. Laskaris, J. W. Bray, B. Gersler, M. R. Shah, and J. P. Alexander, "Development of a High Speed HTS Generator for Airborne Applications," *IEEE Trans. Appl. Superconductivity*, Vol. 19, Issue 3, Part 2, 2009, pp. 1656–1661, Digital Object Identifier, 10.1109/TASC. 2009.2017758.

第7章　变　压　器

7.1　引言

大规模电能生产和应用均需要变压器，变压器是电网中应用最广泛的电力设备。大部分生产的电能是低电压的交流电，而大量电能以非常高的电压从发电侧向用电侧传输，应用变压器可将电能从一个电压等级转换到另一个电压等级。一般来说，从发电侧到用电侧的电能变换约5~10次[1]。传统的变压器采用常规导体（铜或铝）绕组，其中，有一小部分的电能会以焦耳热的形式损失在这些绕组上。假设一个变压器的平均效率在99%左右（包括所有部件），那么变压器总损失功率为5%~10%。在当今能源成本较高的时代，这意味着功率（或能量）的巨大浪费。用超导绕组取代常规导体绕组将能把变压器的能量损耗减小到原来的60%或以下。实现这一目标的前景现在看起来非常美好，因为高温超导体（HTS），尤其是第二代（2G）YBCO-123涂层导体实用性的最新进展几乎已达到在变压器中应用所需的性能指标，并且成本也具有经济可行性。

高温超导变压器的一些显著优点如下所列：

1）更小和更轻。由于高温超导线材的高功率密度，HTS变压器具有较小的尺寸和重量，是相同功率等级传统变压器的40%~60%。此特性可以帮助降低制造、运输和安装成本。此外，由于减少了空间需求，也具有选址灵活性，这是将HTS变压器应用在拥挤的城市变电站、风力发电机机舱、铁路和船舶上的一个关键因素。

2）更长的寿命。电阻产生的热量和运行过程中持续的温度变化（热循环）是导致传统变压器铜线圈电气绝缘退化的因素之一。高温超导线圈可以消除这个影响，因为它运行在一个恒定的低温下。另外，传统变压器可以在很短的时间过载（根据IEEE/ANSI标准，200%过载并持续30min）。独立散热的高温超导变压器可以在需要的任何时候过载，而不减少设备的使用寿命，并具有可控的负载损耗。

3）更高的效率。通过消除绕组上的焦耳热可减少能量损失。

4）环境无害。应用价格低廉且对环境无害的液氮取代传统的油作为电气绝缘和冷却介质。因为液氮是安全、阻燃和环保的，使用它代替油作为绝缘和冷却剂消除了一个潜在的爆炸源，减小了原油泄漏造成土壤污染的潜在可能性。HTS 变压器可以被设计以满足室内应用的要求。

5）系统性能。HTS 变压器可以设计为低电抗，从而带载运行时具有最小电压降。该特性可以减少或消除对笨重、昂贵且不可靠的分接开关的需求。

6）系统安全性。应用高温超导变压器可以提高系统安全性。它们可以直接连接地下超导电缆，由于无油泄漏或燃烧，高温超导变压器在系统受到攻击时不会成为爆炸目标。

7）故障电流限制。高温超导线材的材料性能具有故障电流限制功能，见第 8 章讨论。在某些特定应用下，变压器也可具有故障电流限制特性。

已有许多正在进行中的变压器开发项目[2~5]，其技术成功性也得到了验证。高温超导变压器的商业化将依赖于量身定制、具有可接受性能和价格的第二代（2G）高温超导线材。

7.2　结构

变压器的工作机理是同一磁通链过两个线圈产生互感。为了在两个线圈之间实现高效的能量转移，需要有较大的互磁通。通常应用铁心作为线圈之间磁通的通道。铁心的优点如下：

1）铁心的低磁阻可以增加交互磁通。

2）由于在铁心中建立所需要的磁通需要较少的安培·匝数，因此励磁电流较小。

3）绕组截面的减小使得漏磁通（不链过线圈的磁通）大大减少。

即使考虑铁心损耗，这些优势仍然存在。一个典型的传统变压器的结构如图 7.1 所示。传统变压器采用铜绕组，导体电流密度为 4 ~ 5A/mm^2，采用带风扇的油冷却系统，低电流密度造成铜绕组截面很大，同时也增加了重量。图 7.1 所示的大型变压器各组件均被放置在一个充满油的金属罐中，利用油来冷却绕组并提高它们的电气绝缘性能。

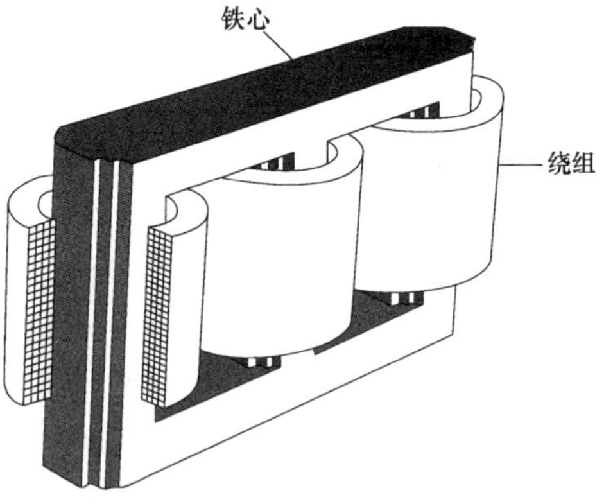

图 7.1　典型变压器结构

常规分布式变压器通常使用宽扁导体承载额定电流。由于铜的室温电阻率较高，因此漏磁场产生的端部涡流损耗较小。2G 高温超导线材的宽度一般被制造为40mm，并能承载大电流。然而，由于超导体接近零电阻的特性，所以由漏磁场产生的磁滞和涡流损耗较大。在过去的10年里，许多变压器原型样机尝试采用4mm宽的1G（BSCCO—2223）线材，但由于线材较低的载流能力和较高的交流损耗，这些尝试都没有成功。大多数开发人员得出的结论是低损耗高温超导线材是发展实用和经济可行的变压器的先决条件。

来自美国、欧洲、日本的2G线材当平行局部磁场方向时损耗很低，需要采用合适的方法降低垂直场损耗。目前，可承载100A电流的4mm宽的标准导体并不适合制造大型变压器。定制更宽的导体（10～40mm）也许会降低导线电流密度并产生更高的交流损耗，因此它们可能都不适合标准变压器的制造过程，有必要在变压器中重新配置2G超导带材。连续换位电缆（CTC）技术[6,7]使其成为可行，CTC类似于通常在大型交流发电机和大型电力变压器中应用的Roebel导体。新西兰工业研究有限公司（IRL）和通用电缆超导体（GCS）正在研发基于商业化2G带材制造CTC的加工过程。

通常一个Roebel电缆采用大量具有一定周期性横向弯曲的宽铜线组装而成，这样对一个给定长度的电缆而言，每根导线都能位于所有可能的位置。2G线不能横向弯曲，但它可以被切割组成Roebel电缆中的一束导线。图7.2显示了一个CTC的构造步骤，采用传统毫米宽度的束/股线构造电缆，通过组装必要数量的股线实现CTC所需的电流。因此，一个CTC的交流损耗是各个股线损耗之和再加上股线之间较小的磁耦合损耗。

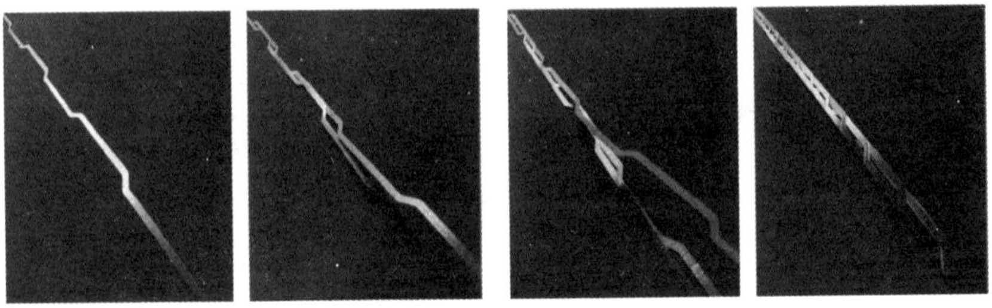

a) b) c) d)

图7.2 CTC绕组

a）单股 b）绕制第二股 c）绕制第三股 d）完成电缆（IRL提供）

IRL和其他公司通过测量由CTC构造的线圈来开发计算交流损耗的公式[8]。目前通用电缆超导体使用2mm和5mm宽的股线制造CTC。这些电缆的换位节距分别是90mm和300mm。可以组装10根2mm宽（10/2）和15根5mm宽（15/5）的CTC导体，其他组合在简单的变化之后也是可行的。

高温超导变压器绕组放置在非金属容器中，并由液氮或其他冷却方式实现其在低温下的运行。一个高温超导变压器的基本结构如图7.3所示，因为铁心损耗在低温下基本保持不变，并且应用制冷机移除该损耗是不经济的，所以铁心在室温下运行。放置绕组和制冷剂的容器外部垂直室温层可以是金属的。顶部和底部层（包括冷暖层）必须是非金属的，或者应该分隔开它们以防止环绕铁心的垂直支臂形成短路匝。这些包围层的设计必须能够承受内部真空和外界大气压力。一个金属室温层一般包围绕组及铁心，以抵挡外部环境的影响，如图 7.4 所示。这种变压器的平面图如图 7.5 所示。

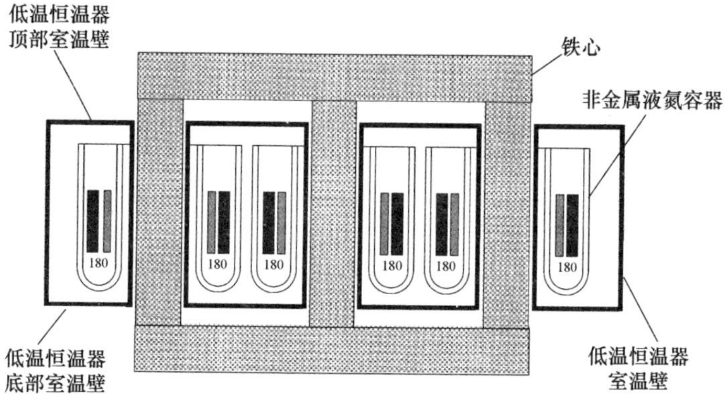

图 7.3 通用高温超导变压器构造

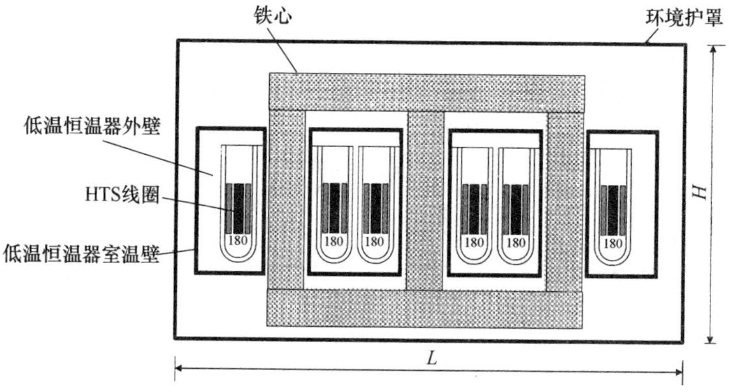

图 7.4 环保型高温超导变压器结构

置于液氮（LN_2）容器中的高温超导线圈在 3～4Bar 压力，约 70K 的环境下运行，实现过冷液氮冷却的系统如图 7.6 所示。LN_2 在一个独立的低温恒温器中被制冷机冷却，然后被输送到放置绕组的容器中，连接关系见图中所示。可以使用一台泵抽取 LN_2 到所有容器中，通过控制制冷机冷头的温度来实现对液氮温度的控制。

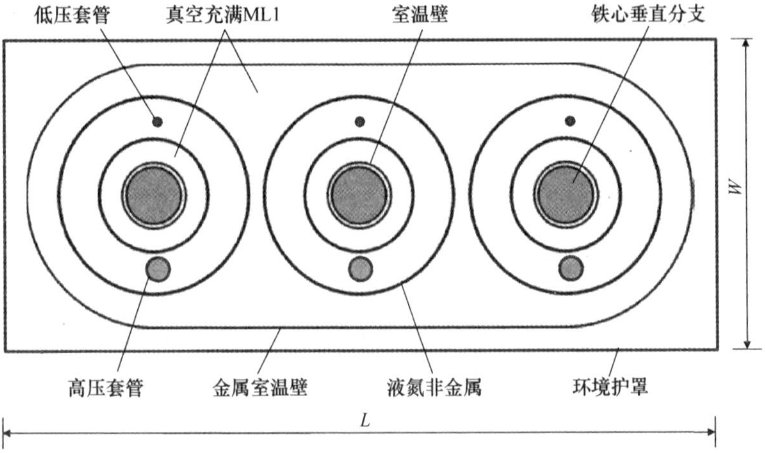

图7.5 高温超导变压器的平面图

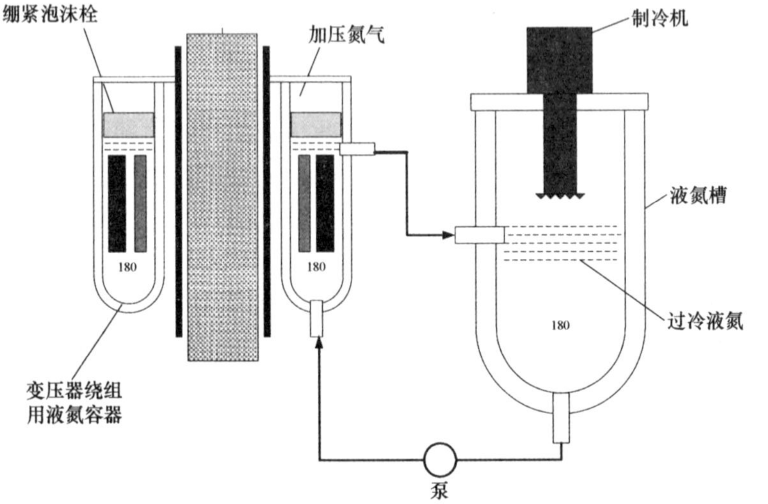

图7.6 冷却系统结构图

过量的制冷功率将会降低液氮的温度，因此从基于过载时具有额外的安全裕度角度考虑，这种方法是可取的。在实际系统中，加热器被安装在冷头上保持其温度维持在液氮冰冻温度以上，防止其结冰。目前，该系统已成功建造，并在橡树岭国家实验室和其他地方实现运行。

7.3 设计分析

高温超导变压器的基本设计过程类似于常规变压器[9,10]。一个好的设计是对有效材料（如铁心）、高温超导材料和低温冷却系统的最佳利用。Baldwin[11]和 Berger 等人[12]已经发表了高温超导变压器的优化设计程序。本节将会介绍一个 50MVA 高温超导变压器的设计过程。这种设计可能不是成本、尺寸、重量或效率的最优设计。大型变压器设计通常会根据用户的要求和制造商的能力进行优化。下面将讨论会对高温超导变压器的尺寸、重量、成本和性能产生主要影响的几个关键问题。

1）HTS 绕组的交流损耗。设计分析中使用 CTC 以减少绕组的交流损耗。交流损耗可能占据了制冷系统中总热负荷的很大部分，但现在还没有可靠的分析方法来估算当 CTC 承载交流电流并处于外部交流磁场中的损耗。IRL 和其他公司正致力于开发交流损耗分析方法，由于没有良好的分析基础，绕组的交流损耗还无法被估算。

2）尺寸和重量。每匝电压可以通过测量铁心支柱的横截面积获得，较大的铁心截面可降低高温超导体的用量，但是以较大的重量和体积为代价的。因为大铁心需要更大直径的线圈，而制造商可能更愿意卷绕直径不超过其现有机器可操作范围的线圈。因此，保持类似于传统变压器的铁心直径，能减少相似等级的高温超导变压器的整体规模和重量。换句话说，变压器制造商在现有绕制和处理设备及设施空间的条件下，能制备两倍于生产能力的高温超导变压器。然而，考虑到产品价格会较低一些，用户可能不介意较大的重量（由较大的铁心直径引起的）。所以，针对两种方法，最好由用户和制造商讨论决定如何选择。

3）运行温度。一个设计运行温度为 100°C 的传统油冷变压器，循环容器中的油可以 50% 过载运行，当利用额外的散热风扇，可达 100% 过载运行。类似的比率在高温超导变压器中也可实现。例如，如果高温超导变压器设计在 77K 下运行，那么在 70K 和 64K 时可以分别过载运行 50% 和 100%。在较低的温度下运行时，将需要额外的低温冷却能力。

4）运行限制。由于高温超导绕组比传统变压器的铜绕组更紧凑，所以高温超导变压器的漏阻抗可以被设计得更低。低漏抗会令空载和额定负载运行时输出电压的变化较小。它也可以消除使用分接开关，该开关通常用于纠正负载的输出电压。然而，在变压器经历短路事件时，较低的漏抗会因为故障电流和应力作用而变得较高。因此在低漏抗和可接受的故障电流之间需要一个折中。

5）符合行业标准。根据 IEEE[13]和 IEC[14]标准，第二类变压器能够承受的终端故障的周期为 2s。一旦故障电路被隔离，要求变压器继续为正常电路工作（即，无故障电路）。HTS 变压器为了满足这一要求，需要在 CTC 上辅助绕制厚铜带（稳定层）。然而，较厚的铜带会占据更多的空间，影响变压器的体积和重量，这会消除与传统变压器相比在体积和重量上的优势，而且厚铜带中的交流损耗也是不可接受的。为了让变压器在故障清除后能够承受载荷，需要控制高温超导绕组在系统故障后保持运行温度低于90K。另一方面，如果绕组的温度高于90K时，在承受载荷前，必须将绕组降温至77K（正常工作温度）。一个可行的解决办法是使用较厚的带材，可以在故障结束后0.25s将绕组温度限制在90K。该方法需要用到断路器或其他快速开关设备，包括更快的故障检测手段来保护高温超导变压器。

6）切换过程中的瞬态电流。当一台变压器突然连接到电网时，由于铁心磁化作用，会产生一个大的浪涌电流。该电流可能是正常电流的10倍，会在高温超导变压器中持续很长一段时间。如此高的电流毫无疑问会引起高温超导绕组失超，需要先将其冷却至超导状态，因此在变压器承受负荷前，需要足够的冷却时间。可以利用波开关的单触点方案来减少开关电流，利用这种方法，瞬态电流可降低到高温超导线圈电流的1%～2%。此问题已得到解决，见本章参考文献［15，16，17］。

基本设计公式介绍如下。

7.3.1 铁心尺寸

基于假设的每匝电压来选取铁心的横截面。每匝的电压（e_t）为

$$e_t = \frac{\omega}{\sqrt{2}} k_{fe} \pi r_c^2 B_c \tag{7.1}$$

式中，ω为频率，$\omega = 2\pi f$；r_c为铁心外径；k_{fe}为铁心系数（横截面中铁所占部分）；B_c为铁心最大工作磁通密度。

一旦选定e_t，对于一个确定的铁心峰值运行磁场，可以根据式（7.1）计算出铁心半径r_c。铁心系数可以通过任何变压器设计书[9]获得，对于图7.7所示的三阶梯铁心，铁心系数为0.75。

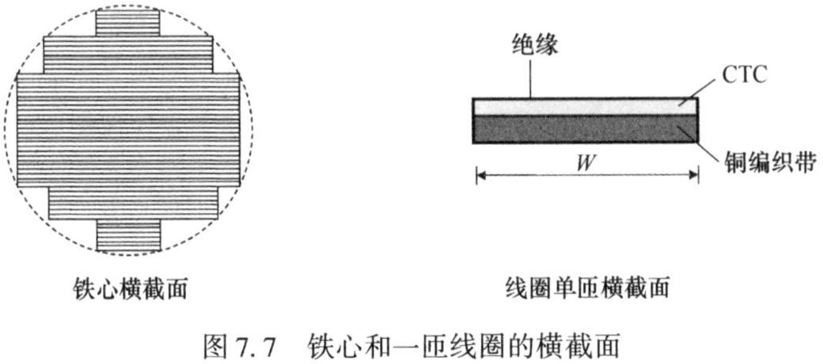

图7.7 铁心和一匝线圈的横截面

因为HTS变压器需要承受一段时间的短路故障，因此有必要对每匝线圈加入铜线，可以在CTC上附加铜编织线来实现，这样的一匝线圈的横截面如图7.7所示。CTC和铜编织线通过绝缘材料卷绕在一起。一次和二次绕组的匝数由相

电压除以每个绕组的e_t得到。

7.3.2　50MVA 实例设计

通过对一台50MVA，132kV/13.8kV 的变压器进行概念设计，以演示设计过程，并明确各部件的技术及性能问题，为高温超导变压器提供了磁路设计的技术指标。HTS 变压器的一次绕组为星形联结，工作电压为132kV，二次绕组为三角形联结，工作电压是13.8kV。其设计主要基于以下假设：

表 7.1　50MVA HTS 变压器参数

参　　数	50MVA
额定等级/MVA	50
一次绕组线电压/kV	132
一次侧连接方式	星形①
二次绕组线电压/kV	13.8
二次侧连接方式	三角形①
频率/Hz	60
制冷	液氮
连续过载能力	50%
工作温度/K	
正常负载	77
过载	70
绝缘水平	
交流耐压/kV	230
BIL（IEEE 标准 C57.12.00-2000）/kV	550

① 在美国，通常一次绕组连接方式是三角形联结，二次绕组是星形联结。

1）一次和二次绕组都采用由2G 高温超导带材制造的 CTC，一个典型的 CTC 如图7.8 所示。每股线（冲压后）的电流密度假定为300A/cm @77K。

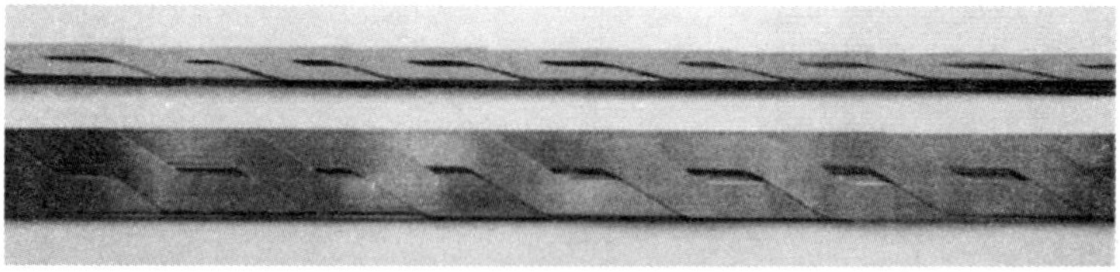

图7.8　2G 超导体制成的典型 CTC（IRL 提供）

2）一次绕组采用的是2×8 CTC 电缆（2mm 宽×8 股），在77K 自场下的临界电流是 DC 480A。

3）二次绕组采用的是5×17 CTC 电缆（5mm 宽×17 股），在77K 自场下的临界电流是 DC 2550A。

4）铁心与传统变压器的铁心类似，运行在室温。

5）每相的一次和二次绕组都被放置在单独的液氮容器中。

如图 7.4 所示，各相的同心绕组都环绕每个铁心支柱放置。为了减小漏磁通，二次绕组分成两部分，并跨过单个的一次绕组，铁心窗口内的绕组布局如图 7.9 所示，图中标记的不同结构尺寸见表 7.2 中的 50MVA 的变压器设计实例数据。

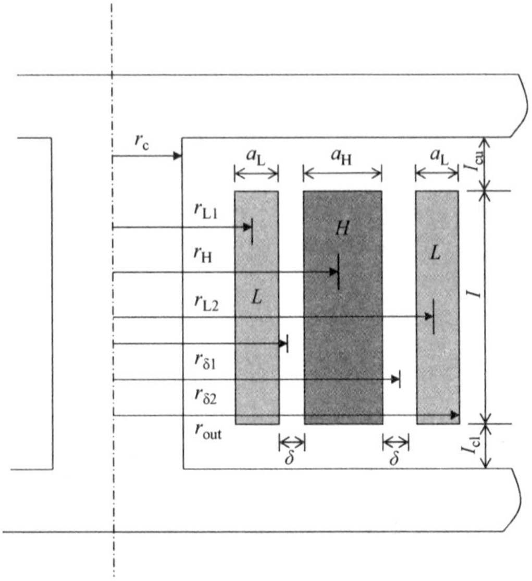

图 7.9 一次、二次绕组的布置

表 7.2 绕组尺寸

描 述	符 号	值/mm
铁心半径	r_c	300
高压绕组数值		
到中点的半径	r_H	402.5
高度	l_H	516
径向距离	a_H	21.5
低压绕组		
到内绕组中点的半径	r_{L1}	364.5
到外绕组中点的半径	r_{L2}	440.5
高度	l_L	507
径向距离	a_L	8.7
相邻绕组间距	δ	23

（续）

描　　述	符　　号	值/mm
绕组与铁心之间空隙		
上限值	l_{cu}	300
下限值	l_{cl}	300
内低压绕组与铁心径向间隙	t_{csi}	60
外低压绕组和低温恒温器外侧径向间隙	t_{cso}	40
相邻相低温恒温器间距	t_{ph}	30

表 7.3～表 7.7 列出了 50MVA 的 HTS 变压器设计总结。该尺寸变压器典型的单匝电压大约是 90Vrms/匝，选择变压器的工作磁通密度是 1.6T。基于上述两个参数的要求，铁心柱的直径是 600mm，基于单匝线圈电压，星形联结的一次绕组的每相匝数是 860，三角形联结的二次绕组的每相匝数是 156。

使用表 7.2 中的符号和数据，可以计算出变压器铁心中相邻支臂（L_{sp}）间的距离：

$$L_{sp}=2(r_{I2}+0.5a_L)+t_{cso} \tag{7.2}$$

采用线圈最大高度计算窗口高度（L_h）：

$$L_h=\max(l_H,l_L)+l_{cu}+l_{cl} \tag{7.3}$$

根据L_{sp}和L_h的值可以计算窗口面积和铁心垂直支臂的重量。

一次绕组共有 10 层，每层有 86 匝，这些线圈采用了 8 股的 CTC，每股 2mm 宽。每个电缆的宽度是 5mm（裸线），加绝缘后宽度是 5.1mm。CTC 实例如图 7.8 所示。铜编织带的厚度是 1.6mm，与 CTC 一起缠绕，每根 5mm 宽，厚度为 1mm 的 CTC 绝缘厚度是 0.05mm。可以采用浸入液氮后有良好绝缘特性的电缆纸（DuPontNomex）或聚酰亚胺薄膜（Kapton）多层绕制构成绝缘层。该绕组的结构建议如下：一个 0.05mm 厚的固体绝缘板应放在相邻两层之间，一次绕组的径向长度是 22mm，每匝平均长度是 2.53m，每个一次线圈的轴向长度是 516mm，所有 3 个一次绕组所需要的 CTC 导体长度是 6.5km。

表 7.3　50MVA HTS 变压器的设计总结——1

设 计 参 考	实 例 参 数
额定值	
额定等级/MVA	50
一次侧线电压/V	132000
一次绕组联结方式	星形
二次侧线电压/V	13800
二次绕组联结方式	三角形
频率/Hz	60

（续）

设计参考	实例参数
铁心最大磁通密度/T	1.6
高温超导体特征	2G-YBCO
临界电流/(A/cm)	300
一次 CTC 绕组特性	
股数	8
股宽/mm	2
电缆宽度/mm	5
电缆厚度/mm	0.1
电缆电流/A	480
二次 CTC 绕组的特性	
股数	17
股宽/mm	5
电缆宽度/mm	12
电缆厚度/mm	2
电缆电流/A	2550

二次绕组分成两部分，每一部分有2层，这些线圈使用17股的CTC，每股5mm宽，构成一根12mm宽、2mm厚的电缆。3.4mm厚的铜编织线与CTC卷绕在一起，通过缠绕两层电缆纸（Nomex）或聚酰亚胺薄膜（Kapton）形成0.05mm厚的电缆绝缘，相邻两层间使用0.05mm厚的固体绝缘板。二次绕组的径向长度为9mm，轴向长度为507mm。每层匝数的布局决定了支臂的垂直高度，整个二次绕组所需要的CTC的总长度是1.2km。

表7.4 50MVA HTS变压器的设计总结——2

绕组尺寸	值
铁心半径/mm	300
低压绕组径向厚度/mm	9
高压绕组径向厚度/mm	22
一次绕组轴向长度/mm	516
二次绕组轴向长度/mm	507
顶部线圈与铁心间距/mm	300
底部线圈与铁心间距/mm	300
相邻绕组间距/mm	23
低温恒温器和液氮空间内的低压绕组与铁心间距/mm	60
低温恒温器和液氮空间内的高压绕组与RT表面间距/mm	40
相邻相低温恒温器的间距/mm	30

（续）

绕组尺寸	值
内低压绕组中点的半径/mm	364
外低压绕组中点的半径/mm	441
内低压绕组和高压绕组之间气隙中点的半径/mm	380
外低压绕组和高压绕组之间气隙中点的半径/mm	425
高压绕组中点半径/mm	402
外侧高压绕组外径/mm	445
单相恒温器外径/mm	485
线圈电压/匝/V	88.5

一次和二次绕组都浸泡在一个独立的液氮容器中（也叫低温恒温器），相邻线圈间的径向间距是 23mm，其中包括一个 3mm 厚的绕组芯棒和 4～5 层 0.025mm 厚的固体聚酰亚胺薄板。聚酰亚胺板用来提高与液氮填充间隙接口处的 BIL 耐压能力，它的其中一面涂上了杜邦公司 0.0125mm 厚黏稠的 Teflon® FEP 涂层。低温二次绕组和室温铁心之间的径向间距是 60mm，该空间用于布局低温恒温器的冷暖壁和它们之间的热绝缘层，最外侧二次绕组的低温面和液氮容器的内壁之间有 40mm 的径向间距，相邻相液氮容器的外表面之间间距为 30mm。在线圈径向距离和空间允许的前提下，相邻铁心支柱中心到中心的距离是 1000mm，整个铁心的宽度是 3269mm，总高度是 2800mm，铁心总重为 17071kg。例如，对超导绕组，液氮和环境封闭罩的重量定义 50% 的裕度，整个变压器的重量估计是 25606kg，所有铁心损耗是 12.2kW。

以单位值为基准，一次和二次绕组之间的综合漏抗是 0.067pu，励磁电抗是 105pu，如果二次侧带额定负载，并且为额定电压，那么，一次侧绕组的电压和电流分别为 1.04pu 和 1.006pu ［功率因数是 0.76（滞后）］。

表 7.5 50MVA HTS 变压器的设计总结——3

设计细节	值
一次绕组细节	
一次绕组电流/A	219
电缆并绕根数	1
线圈匝数	860
每匝宽度/mm	6
层数	10
相邻匝间距/mm	0.05
匝数/层	86
轴向长度/m	516

（续）

设计细节	值
平均单匝长度/m	2.53
电缆总长度/相/m	2175
二次绕组细节	
二次绕组电流/A	1208
电缆并绕根数	1
线圈匝数	156
每匝宽度/mm	13
层数	4
相邻匝间距/mm	0.025
匝数/层	39
轴向长度/m	507
内低压绕组平均单匝长度/m	2.29
外低压绕组平均单匝长度/m	2.77
电缆总长度/相/m	394
阻抗计算	
基值阻抗/Ω	348
总漏抗（pu）	0.067
励磁电抗（pu）	105

尽管图7.3给出了能够实现最少重量和最小尺寸的最优设计，但在开始时，为每一相单独使用一个低温恒温器仍是有利的。这种设计如图7.10所示。在该设计中，每一相部件的冷却与其他相均是独立的，这样可以在最终装配前，允许对每一相进行单独测试。每一相的测试装置类似于图7.11所示，高压套管和超导线圈的位置安排如图7.12所示。Waukesha[18]发现商业销售的环氧树脂/纸套管在HTS变压器中工作良好，这些套管的末端位于很低的温度下，能够经受液氮温度，不会发生开裂或性能损失。

表7.6 50MVA HTS变压器的设计总结——4

铁心细节	值
铁心支柱的磁通/Wb	0.34
铁心半径	300
垂直支柱的横截面积/m^2	0.21
垂直支柱的高度/mm	1116
垂直支柱的C-C间距/mm	1000
窗口宽度/mm	400
铁轭高度（十字形柱）/mm	542
铁轭宽度/mm	600
铁心总宽度/mm	2600

（续）

铁心细节	值
铁心总高度/mm	2200
铁心重量/kg	17071
变压器总重量/kg	25606
变压器总长度/mm	3269
变压器总宽度/mm	1570
变压器总高度/mm	2800
铁心损耗	
支柱损耗/kW	4
铁轭损耗/kW	8
铁心总损耗/kW	12
电流引线损耗/W	238
恒温器损耗/W	102

表 7.7　50MVA HTS 变压器的设计总结——5

变压器性能	参　数
二次侧 VA 等级	1
二次负载电压（pu）	1
二次负载电流（pu）	1
二次负载电流功率因数	0.8
励磁电流（pu）	0.010
一次绕组电压（pu）	1.042
一次绕组电压（pu）	1.006
一次侧 VA 等级	1.042
一次侧功率因数	0.763
一次绕组安匝数	189161
二次绕组安匝数	188406

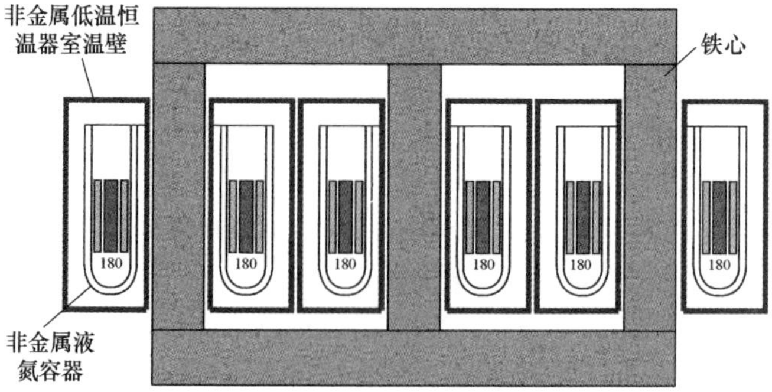

图 7.10　各相带独立低温恒温器的变压器

图7.11 单相测试系统结构（Waukesha Electric Systems 提供）

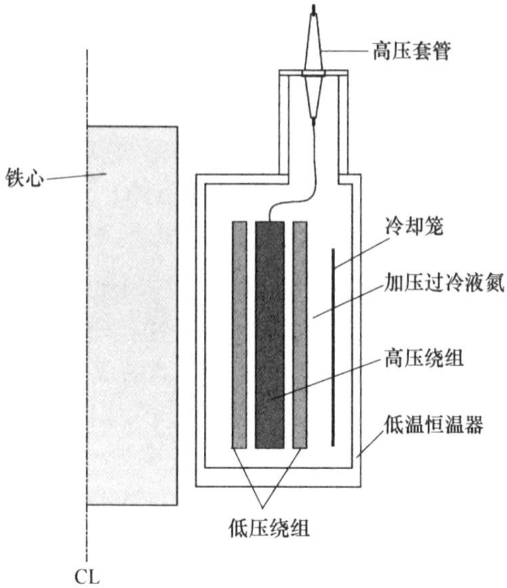

图7.12 HTS绕组和高压套管集成图

如果不采用图7.6所示的单独冷却装置，在低温恒温器中使用浸没式的冷却笼单独冷却各相也具有优势。为了防止形成短路，冷却笼并没有围绕铁心支柱形成一个闭合的金属回路。冷却笼结构如图7.13所示。制冷机应用导冷带连接冷却笼以实现冷却。

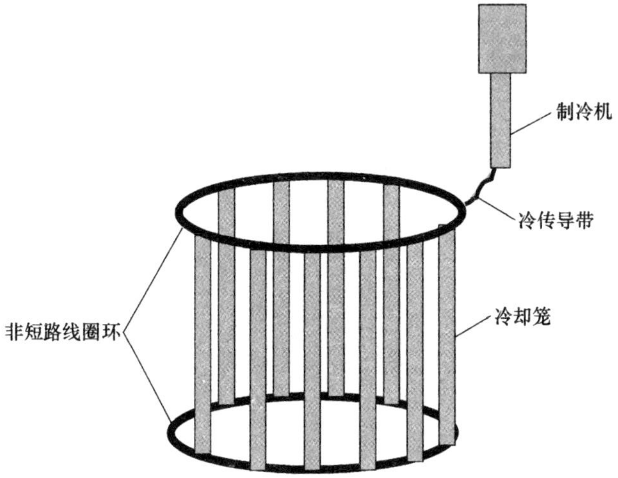

图 7.13　各相低温恒温器冷却原理

7.4　技术难题

电网中使用各种容量（几瓦～几百兆瓦）等级的变压器，然而，由于低温恒温器（保持部件在低温下的保温容器）所需空间以及超导线材和制冷设备的成本，建造小容量的高温超导变压器是不经济的。最小的经济性容量大约是25MVA，最小容量受低温制冷机和超导线材成本的影响。制造商预计在不久的将来高温超导线材成本为 25 美元/(kA・m)，低温制冷机目前使用 G-M 制冷机(见第 3 章讨论)，每一台成本大约是 30000 美元，通常一台变压器至少需要两台制冷机，那么这些制冷机会给一台 HTS 变压器的成本增加 60000 美元。例如，一台 1MVA 常规变压器的售价大约是 30000 美元，对商业推广来说可能不是一个具有吸引力的经济容量。

大部分变压器制造商更倾向于使用单根线材绕制线圈，换句话说就是线圈中不允许有接头。因此具有均匀特性的尽可能长的导线对在工厂中制造 HTS 变压器是至关重要的。同样，在起始阶段成功制造高温超导变压器原型样机也是十分重要的，可以让那些还没准备好适应这项技术的用户看到它。

低温下电绝缘的介电特性也是很重要的，因为局部放电（Partial Dicharge，PD）会随时间逐渐削弱绝缘性能，重复的冷/热循环会产生隐藏的微裂纹，导致局部放电，令绝缘系统退化。因此，有必要对低温环境下的绝缘系统积累运行经验。

像常规变压器一样，HTS 变压器绕组易遭受故障应力，该应力会作用在线圈截面上。考虑到该截面比常规变压器小很多，铁心所承受的正常和故障应力类似于常规变压器，因此在变压器的设计初期解决这些问题是至关重要的。制造一台50MVA HTS变压器的主要难点包括构造基于CTC的超导绕组、液氮容器、制冷系统、故障应力处理、装配和运行。为了减小这些问题难点所带来的风险，建议建造变压器样机，并在配电网中运行，应用IEEE和IEC标准或者其他主要机构的标准进行测试，以便让示范变压器得到所有厂家和用户的认可。

7.5 制造问题

用于制造HTS变压器的技术已经被证实或者正在被证实，以下是制造HTS变压器所需关键技术的现状。

1）HTS线材。变压器需要的商业化2G线材可以在美国、欧洲和日本买到，但当前价格较高，随着超导线材需求的增加和生产技术的提高，其价格有望下降到25美元/(kA·m)。

2）CTC导体。CTC可以从通用电缆超导体公司（General Cable Superconductors）购买。CTC的单根长度受限于可获得的单根带材的长度，如果允许有接头的话，最长可达400m。当HTS变压器和其他电力设备需求增多时，CTC制造价格和效率问题可能会有所改善。除了变压器，CTC还可以被应用到电动机、发电机、故障限流器和各种磁体系统中。

3）绕组结构。HTS线圈已经被建造，并成功地在各种设备（如电动机和发电机、变压器、故障限流器和磁体系统）中进行测试。绕组加工技术已经在中小型容量的设备中获得验证，但是在工厂制造时需要适时调整。HTS带材中必须加入额外的金属以增加强度，从而使它们在卷绕制造过程中能够稳定地承受高强度张力。

4）低温恒温器。HTS绕组放置在装有液氮制冷的非金属容器中。这种非金属容器已经在世界各地成功建造，许多用于变压器及其他一些应用。

5）制冷系统。液氮制冷系统已经在许多的工程中被示范。一个闭环液氮制冷系统可以使用制冷机来实现。由于制冷机是模块化设备，在变压器运行和带载时可以进行维护。

6）铁心。HTS变压器使用的铁心和传统变压器是一样的。对于相同容量的单元，HTS变压器使用的铁心量是传统变压器的一半。

7）套管。传统变压器使用的标准纸/环氧树脂套管也可以应用到HTS变压器中。

在建造较大HTS变压器（>50MVA）之前，有必要先在小容量单元（1~5MVA）中示范技术方案。这些小容量单元采用的技术对大容量变压器也是适用的。更小的单元在城市变电站、风力发电机机舱、船舶系统和高层建筑中也存在相当大的市场应用潜力。

7.6 原型

Waukesha 在 DOE 的支持下设计了一台全尺寸的 HTS 变压器原型样机[19]。然而由于绝缘缺陷，所有的目标都没能实现。之后，Waukesha 提出了一个组件开发计划，将来准备设计一个全规模原型样机。目前还没有正在进行的其他原型样机计划。

7.7 总结

目前，HTS 变压器技术已经为商业开发做好了准备。为建造实用化的超导变压器，HTS 线材、CTC、线圈构造和低温制冷技术都已足够成熟。当超导带材降低价格，并且制冷系统的成本是现价的一半时，HTS 变压器才具有经济可行性。目前，全球范围内正在开展许多高温超导应用的示范项目。

参考文献

1. Transformer—Project Fact Sheet, US Department of Energy, Office of Electric Transmission and Distribution, Superconductivity Programs for Electric Systems, Revised May 28, 2004.
2. T. J. Hammons, B. Kennedy, R. Lorand, S. Thigpen, B. W. McConnell, S. Rouse, T. A. Prevost, C. Pruess, S. J. Dale, V. R. Ramanan, and T. L. Baldwin, "Future Trends in Energy-Efficient Transformers," *IEEE Power Eng. Rev.* Vol. 18, Issue 7, 1998, pp. 5–16.
3. K. Funaki, M. Iwakuma, K. Kajikawa, M. Hara, J. Suehiro, T. Ito, Y. Takata, T. Bohno, S. Nose, M. Konno, Y. Yagi, H. Maruyama, T. Ogata, S. Yoshida, K. Ohashi, H. Kimura, and K. Tsutsumi, "Development of a 22 kV/6.9 kV Single-Phase Model for a 3 MVA HTS Power Transformer," *IEEE Trans. Appl. Superconductivity* 11(1): 2001, pp. 1578–1581.
4. B. W. McConnell, "Transformers—A Successful Application of High Temperature Superconductors," *IEEE Trans. Appl. Superconductivity* 10(1): 2000, pp. 716–720.
5. R. Schlosser, H. Schmidt, M. Leghissa, and M. Meinert, "Development of High-Temperature Superconducting Transformers for Railway Applications," *IEEE Trans. Appl. Superconductivity* 13(2): 2003, pp.

2325–2330.

6. R. A. Badcock, N. J. Long, M. Mulholland, S. Hellmann, A. Wright, and K. A. Hamilton, "Progress in the Manufacture of Long Length YBCO Roebel Cables," *IEEE Trans. Appl. Superconductivity* 19(3): 2009, pp. 3244–3247.
7. N. J. Long, R. Badcock, P. Beck, M. Mulholland, N. Ross, M. Staines, H. Sun, J. Hamilton, and R. G. Buckley, "Narrow Strand YBCO Roebel Cable for Lowered AC Loss," *J. Phys. Conf. Ser.* 97: 2008.
8. L. S. Lakshmi, K. P. Thakur, M. P. Staines, R. A. Badcock, and N. J. Long, "Magnetic AC Loss Characteristics of 2G Roebel Cable," *IEEE Trans. Appl. Superconductivity* 19(3): 2009, pp. 3361–3364.
9. M. G. Say, *The Performance and Design of Alternating Current Machines*, CBS Publishers, New Delhi, 2002.
10. J. H. Harlow, *Electric Power Transformer Engineering*, CRC Press, Boca Raton, 2004.
11. T. L. Baldwin, J. I. Ykema, C. L. Allen, and J. L. Langston, "Design Optimization of High-Temperature Superconducting Power Transformers," *IEEE Trans. Appl. Superconductivity* 13(2): 2003, pp. 2344–2347.
12. A. Berger, M. Noe, and N. Hayakawa, "Design Method for Optimized Superconducting Transformer," presented at the 2008 Applied Superconductivity Conference.
13. IEEE Std. C57.12.00-2000, IEEE Standard General Requirements for Liquid-Immersed Distribution, Power, and Regulating Transformers.
14. IEC 60076-3 and -4, *Power Transformers*.
15. S. J. Asghar, "Elimination of Inrush Current of Transformers and Distribution Lines," Proc. 1996 Int. Conf. Power Electronics, Drives and Energy Systems for Industrial Growth, Vol. 2, January 1996, 976–980, held in New Delhi.
16. US Patent 7095139.
17. T. Ishigohka, K. Uno, and Sakio Nishimiya, "Experimental Study on Effect of Inrush Current of Superconducting Transformer," *IEEE Trans. Appl. Superconductivity* 16(2): 1473–1476, 2006.
18. S. W. Schwenterly and E. F. Pleva, "HTS Transformer Development," Presented by Waukesha at the 2008 US-DOE Peer Review.
19. S. W. Schwenterly and E. F. Pleva, "HTS Transformer Development," Presented by Waukesha at the 2007 US-DOE Peer Review.

第8章　故障限流器

8.1　引言

电网是一个复杂的系统，由发电机、电动机、变压器、开关设备和传输线路组成。不可避免会有由自然灾害而产生的各种故障。比如，短路故障会破坏短路点的电力设备，而且所产生的故障电流将使全网的其他设备承受很高的温度和应力。发电功率增长和电网间互联的增加使得故障电流的等级随着增加。故障电流很容易会超出系统额定的短路电流，因此要使用各种装置对短路电流进行控制，使得当故障电流超过额定峰值和短时耐受电流极限时，电力设备依然保持运行。这些装置还能延长设备服役的时间。在新规划的电网中，使用故障限流器可以降低设备的等级，从而节约成本。虽然高阻抗变压器也具有重要的作用，但控制故障电流最常用的设备是熔丝和电感器。熔丝是简单和便宜的故障电流限制设备，但在故障后，需要人力干预，会延长电力中断的时间。同时，熔丝应用于输电电压等级是不现实的，因为故障后恢复所需的时间过长。把无源设备（如电感）串联进线路后，可以通过它们的阻抗限制故障电流，但是其阻抗也将限制输电电路正常运行中的电力传输。当故障发生时，它将阻碍系统的恢复并增加电抗电阻比。后者会对断路器暂态恢复造成影响。较高的电抗电阻比在断路器断开时将产生较高的暂态恢复电压。因此，断路器会更加复杂和昂贵。所以电感器很少使用。最好是采用具有反应迅速、故障后可以自恢复，在正常运行期间对系统性能影响小的限流器。

超导故障限流器（S-FCL）能够满足这些要求。超导故障限流器的原理很简单：将超导单元与传输线路串联，在正常运行时，其对系统的运行没有任何限制，因为超导单元的电阻几乎为零，而且感性阻抗可以降到最小。但是当发生故障时，故障电流超过超导体临界电流的很多倍，超导单元快速失超转变到正常态（电阻增大到预设值），增加的电阻/阻抗限制了故障电流。一旦故障消除，超导单元恢复后将继续承载系统的正常电流，此时其电阻仍接近零。在故障期间，即当超导单元处于正常态时，它的温度会上升。故障后的恢复时间取决于将超导体冷却到故障前温度所用的时间。恢复时间的控制是有难度的。

20世纪80年代后期，人们已经开发出来了基于高温超导体的超导故障限流器[1~3]，但经济性、实用性和可靠性一直不够理想。理想的故障限流器应该限制故障电流到所需值，并在清除故障后迅速恢复。研制满足用户要求[4,5,6]的超导故障限流器已成为在这一领域的重要目标。已完成了几个小的超导故障限流器示范项目[7~9]。近年来，美国能源部正在支持几个超导故障限流器的研发项目[10]。最近，第一个商业化的超导故障限流器已被推出[11]。

8.2 原理和结构

如前面的第 2 章所述，超导体具有以下两个特性：

1）在临界温度（T_c）、临界磁场（B_c）、临界电流密度（J_c）或临界电流（I_c）以下运行时，流过直流电流的超导体具有零电阻。

2）一旦超导体的温度、磁场或电流超过临界值后，超导材料的电阻将迅速增加。

大多数超导故障限流器利用了超导体从小电流时零电阻状态向大电流时有限电阻状态的快速过渡的特性。当流过的电流超过正常电流时，高温超导体的高阻性就会限制故障电流。只要超导单元能够承受故障电流且能恢复到初始状态，那么超导故障限流器就是自我触发、安全失效的保护设备。但是在利用这些优势之前，必须解决以下关键的问题。

1）故障限流器（电阻型设计）的超导元件必须被冷却到低温（液氮温度或其以下），而且制冷成本必须要低。

2）需要一个正常的旁路单元（如不锈钢）与高温超导单元并联，防止形成局部热点，并作为热缓冲吸收局部热量。

3）高温超导材料中的交流损耗（磁滞和涡流）增加了制冷成本，需要进行控制。

4）需要考虑低温环境下的高压与绝缘。

到目前为止，两个材料已被证明具有可靠的限制故障电流的能力。一种是熔铸加工的 $Bi_2Sr_2CaCu_2O_8$（MCP BSCCO 2212），临界温度 T_c 为 92K，可以用来铸造元件（形状如，棒、中空圆柱体，线圈），应用这种材料，完成了第一个中压等级的超导故障限流器项目[8,9]；另外一种具有吸引力的材料是 $YBa_2Cu_3O_{7-\delta}$（YBCO-123），它也具有相同的 92K 的临界温度，这种材料适用于喷涂在基带上[通常称为涂层导体或 2G（第二代）超导线]。第 2 章介绍了这两种材料的性能和制造工艺。也有制造商采用 BSCCO-2212 材料。

实际上有几种基于高温超导体的限流器（FCL）。包括前面提到的，基于超导态向电阻态转变超导故障限流器。其他类型的限流器的原理是与耦合磁性铁心的互感。因此，高温超导故障限流器可以分为两类。

1）电阻型故障限流器（R-FCL），利用高温超导体在非超导态时增加的电阻来限制电流。主要包括：

① 无感线圈型。

② 直导线束型。

③ 实心棒或空心筒单元型。

④ 空心圆柱切成单股或双股线圈型。

2）电感型故障限流器，通过高温超导线圈产生的电感来限制电流。主要包括：

① 屏蔽铁心型。

② 饱和铁心型。

电阻型的超导故障限流器可进一步划分为两种类型：第一种限制电流是基于超导体失超后产生的电阻；第二种将超导体快速转变过程作为开关，而实际限制电流的是并联的电阻或电抗。

基于这些概念的原型样机已经被制造和测试，并且取得了不同程度的成功[7,8]。目前，针对高电压应用的大型原型样机在制造中，配电电压等级的商业化限流器已经交付使用[11]。以下是对这些限流器的概述。

8.2.1 电阻型故障限流器

高温超导单元串联接入受保护的输电线路。故障时，当电流超过临界值 I_c(i. e. , J_c)后，限流器的电阻迅速增加，导致高温超导单元在短路电流达到第一个峰值之前就发生失超。在 50Hz 或 60Hz 的交流系统中，根据预期故障电流与正常电流的比例，HTS 单元在故障发生后 1 ~2ms 内失超。R-FCL 的每一相均需要一对电流引线，电流引线将低温超导单元与室温套管连接起来。引线一般由常规的金属导体如黄铜或紫铜制成，它们既产生焦耳热，同时也将热能从室温套管传导到低温的 HTS 单元。这增加了制冷系统的热负荷，并增大了它的尺寸和成本。为了达到足够的耐电压等级，套管和低温恒温器的尺寸比较大，尤其是对输电电压等级而言。在失超后，最好通过传统的机械开关隔离电阻型故障限流器，因为超导体在限流阶段是被加热的，因此在负荷下高温超导单元很难恢复到超导态。对机械开关的需求降低了电阻型故障限流器的故障-安全性能，而且很可能需要多个机械开关来提供系统的安全裕量。在某些情况下，在带负荷时的超导态恢复是可以实现的。在这种状况下，机械开关就不是必需的。

经过一段恢复时间后（通常在几秒范围内），冷却系统将高温超导单元冷却到故障前的工作温度，电阻型故障限流器重新接入到电网中。可以利用分流电抗器中的电流触发快速开关。利用分流电抗器的交流场对一个薄片产生排斥力，然后利用薄片打开安放在高温超导电路中的快速开关（见图 8.9）。这一概念已在日本获得了示范应用[12,13]。高压真空断路器也已经在日本得到了开发[14,15]，这些断路器可以分流电抗器的排斥力实现触发。

然而，当通过额定负载电流时，所设计的利用磁通流阻区域实现限流的高温超导单元将能恢复到正常的工作温度。这样的设计需要大量的高温超导材料用以限制故障电流，并能在故障排除后快速恢复到超导状态。这增加了正常运行下的交流损耗，并且使设备变得笨重和昂贵。

可以用高温超导线材绕制的无感（双线）线圈，来构造故障电流限制单元，见图 8.1。在双绕线圈中，相邻层流过的电流是反向的。这种结构最大限度地减少了磁通，因而使高温超导单元有较小的电感和待机交流损耗。或者，利用交错螺线管线圈，令任何两个相邻的螺线管通过相反方向的电流以达到类似的效果。此外，可以安置饼式线圈使得由一个饼式线圈产生的磁场与其相邻线圈产生的磁场反向。这种反向布局比双绕线圈的磁通稍多些，因此有较大的电感和交流损耗。通过串联/并联双绕线圈，来满足电压和电流的要求。线圈可用单根带材或第 7 章所述的连续换位电缆（CTC）绕制。如果采用 CTC，线圈的总数量将会大大减小，因为一根 CTC 的载流能力比单根带材大。例如，一根 15 股 5mm 宽的 CTC 可载流 $1250A_{\_rms}$（稳态），这对许多系统都是足够的。但是在故障期间，CTC 需要承载 5 倍电流（$=6520A_{\_rms}$）达 0.1s。理想的 R-FCL 必须在故障清除后几秒钟内恢复到它的故障前状态，这是一个具有挑战性的要求。图 8.2 是一种连接形式，所有相线圈都被放置在同一个低温恒温器中，并由一个常规的冷却系统冷却。当然针对特定应用，可将各相放置在单独的低温恒温器中。

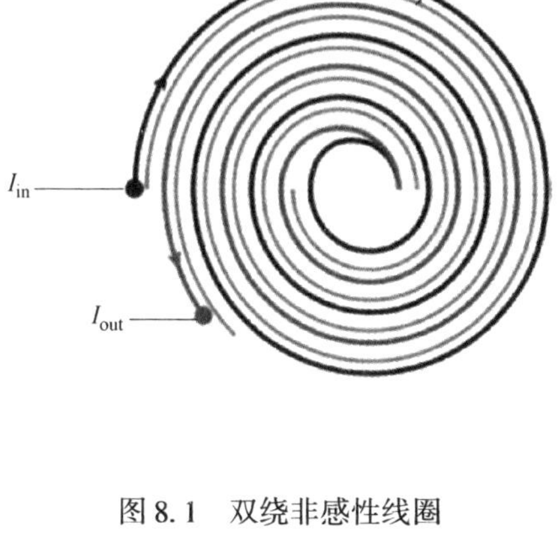

图 8.1　双绕非感性线圈

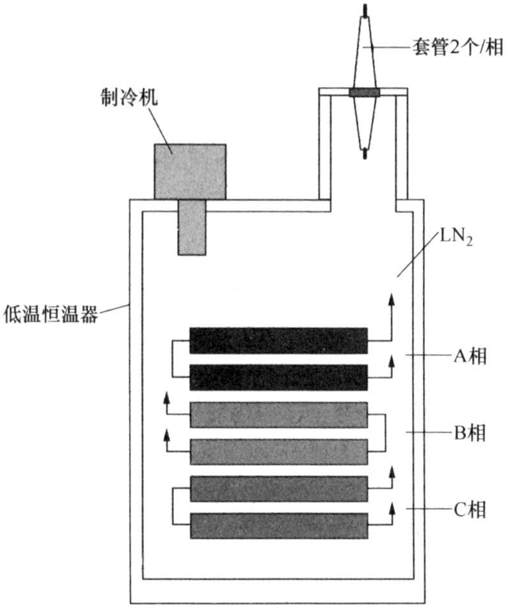

图 8.2　采用双绕非感性线圈的 FCL 装置

直线型的 R-FCL 单元可以由 2G 带材并联堆叠而成，如图 8.3 所示。这些带材也可以用 CTC 替换，这种结构比 2G 带材简单堆叠效果好，因为 CTC 内的单股导线均流性能更好。将所需数量的单元以串联/并联结构安置，以满足电压和电流的要求。

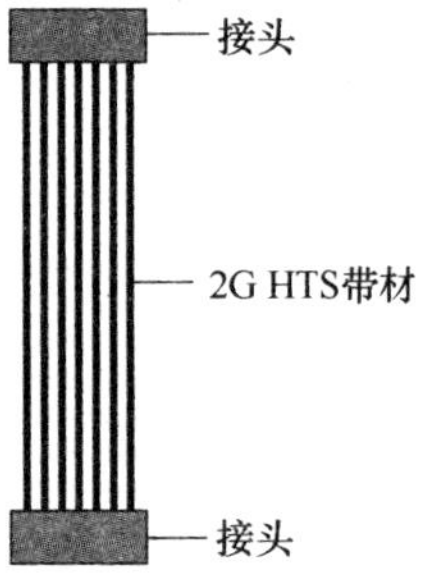

图 8.3 由二代超导带材或 CTC 制成的 FCL

直线单元也可用棒状超导体。对给定的应用，将所需数量的超导棒单元按串联或者并联形式进行连接。有时也可以采用具有双螺旋壁结构的空心管[8]，电流流过该表面可以产生双绕线圈的效果。该棒状单元如图 8.4 所示。所有直线棒状单元被安放在一个低温恒温器中，作为 R-FCL 的部件，如图 8.5 所示。棒状单元的实际应用情况如图 8.6 所示。

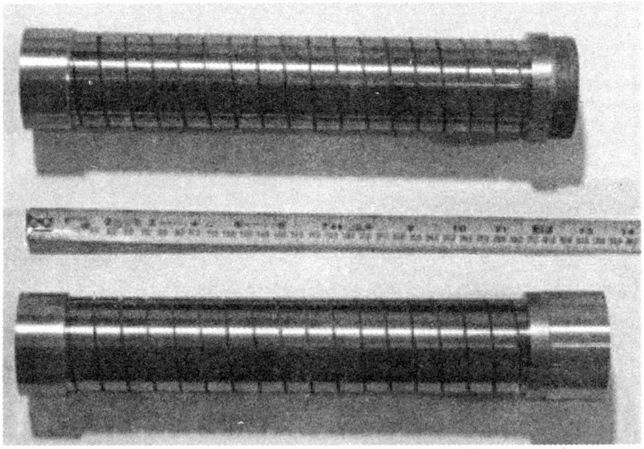

图 8.4 BSCCO-2212 固体管切割形成的单绕线圈并焊接到金属分流器（Nexans 超导公司提供）

美国正在开发应用 2G 双绕线圈的原型样机，欧洲也开发了几个应用超导线圈的超导故障限流器原型样机[11]。

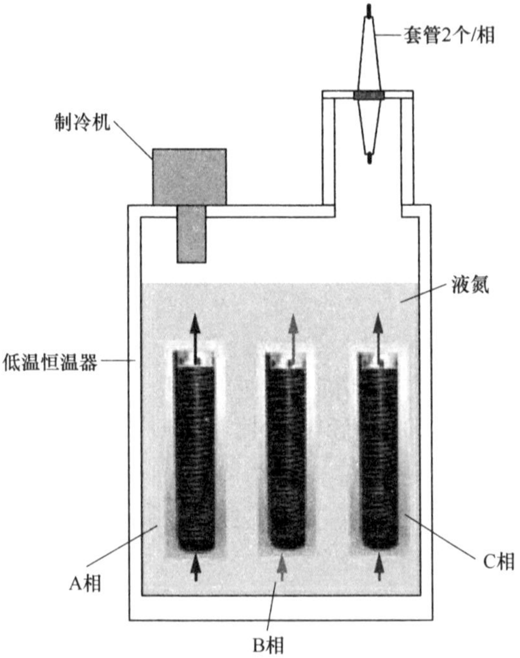

图8.5　采用直线单元的FCL装置

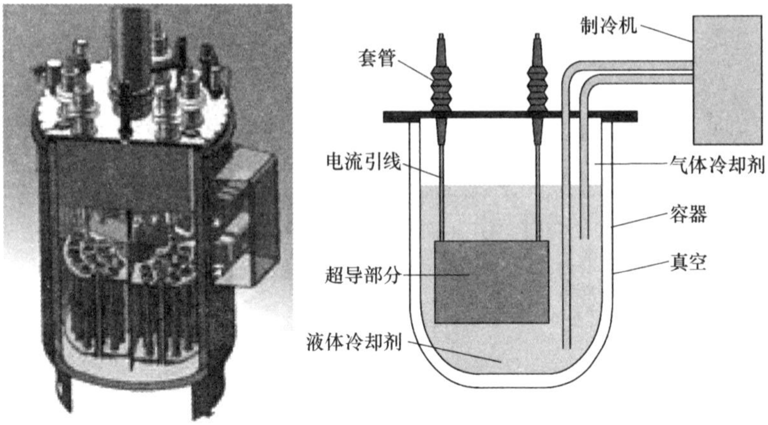

图8.6　采用实体棒单元的FCL装置（Nexans超导公司）

8.2.2　屏蔽铁心型感性FCL

屏蔽铁心型FCL由铁心、一次绕组（正常导体）、二次绕组（超导圆筒）组成。这个装置就像是由超导块体构成的二次绕组短路的变压器。在正常运行中，一次绕组在铁心上产生了磁通。但是，该磁通与二次绕组感应电流产生的磁通方向是相反的，屏蔽铁心里的磁通理论上保持是零。在这种状态下，一次绕组的有效阻抗非常低。事实上，阻抗等于二次绕组短路时变压器的净阻抗，其值为一次和二次绕组漏阻抗之和，大约是5% ~10% （或0.05 ~0.1pu）。在故障期间，因为大的故障电流使超导体失超，超导圆筒的屏蔽效应消失了。在失超状态下，超导单元内部的电流只是一次绕组中故障电流的一小部分。一旦超导体屏蔽效应消失，铁心中将形成磁通，大量的磁通与一次绕组匝链，使其阻抗增加到预先设计的一个较大的数值，从而故障电流被限制到理想值。该系统的主要优点是二次绕组短路圈（HTS 圆筒），不要求电流引线。这个设计的缺点是在正常运行时将一个有限阻抗串联进线路中，以及还有大体积和大重量的变压器铁心。这种限流器的设计和变压器相类似，一次绕组必须承受相当高的额定电压，同时铁心不发生饱和。因此，像变压器一样，它的体积往往很大，如图 8.7 所示。经过初期的技术验证后，该设计被放弃，原因有以下 3 个方面：

1）铁心使系统变得笨重。

2）很难使超导体均匀失超，也不能避免因不均匀受热和不均匀热应力而失效。

3）在正常运行时，可接受的低接入阻抗很难实现。

虽然可以用 CTC[⊖]线圈取代块状的高温超导圆筒用作二次绕组，但在正常运行期间，采用传统的变压器设计技术难以实现低阻抗。正常运行时的阻抗通常接近于变压器（即0.05 ~0.1pu），大多数客户都不愿意接受这样的设备。

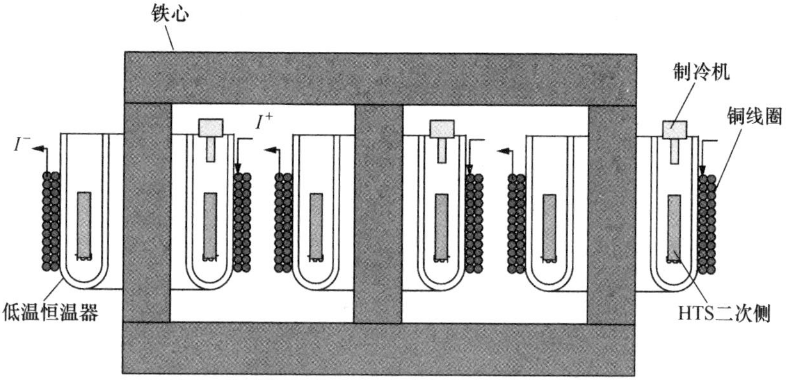

图 8.7　带屏蔽铁心的电感型 FCL

8.2.3　饱和铁心电感型 FCL

饱和铁心限流器的每一相使用两个铁心，如图 8.8 所示。在正常运行时，

⊖ 参见第 7 章变压器介绍。

利用传统的铜线圈来令铁心饱和。然而，为了减少在铜线圈中的 I^2R 损耗，让客户能够接受该设备，开发人员选择使用超导线圈实现铁心饱和。这种 FCL 最吸引人的优点是简单和具有故障—安全运行模式。能够处理长时间的故障，并能瞬时从故障中恢复过来，设备可以快速持续地处理多个连续的故障，如已存在合闸逻辑的受保护线路或断路器的自动合闸。运行原理说明如下：

1）正常运行时，运行直流的二次侧高温超导线圈使铁心饱和。这会降低一次侧交流铜线圈的阻抗，接近空气芯线圈的阻抗。

2）故障时，故障电流对铁心消磁，令其从饱和状态变为非饱和状态（线性 B-H 区间）。这增加了一次侧交流线圈阻抗，所增加的阻抗限制故障电流到所需的水平。

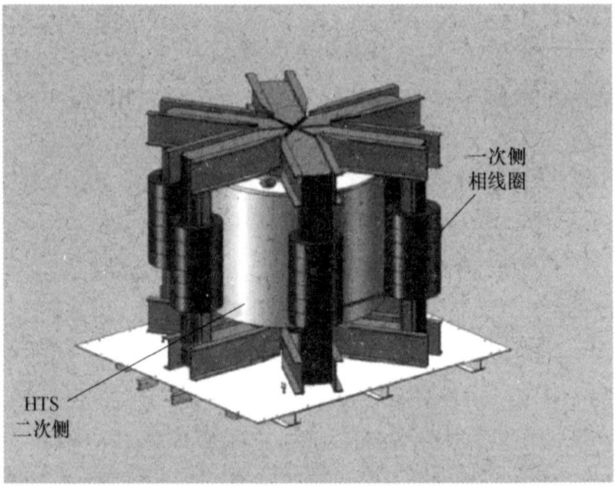

图 8.8 带饱和铁心的电感型 FCL（Zenergy Power 提供）

因为交流有正、负波峰来磁化铁心，因此，每相需要采用两个单独的铁心。每个铁心都有一个常规（铜）线圈与被保护线路串联。一个铁心工作在交流正向，另一个铁心工作在反向。基于该原理的三相限流器如图 8.8 所示，图中有 6 个一次侧铜线圈（2 个/相）和一个共用的使所有铁心同时饱和的二次直流 HTS 线圈。该装置在 2009 年 3 月安装在南加州爱迪生公司的 Avanti 电网上，成为第一个在美国配电网中运行的超导故障限流器。阿伯特[16]描述了这个限流器的运行情况。

下面列出了这种故障限流器的优点：

1）被动和即时触发；

2）故障后被动和即时的全面恢复；

3）安全失效的过程；

4）所有时间内保持超导状态；

5）超导线圈及其相关低温系统保持很低的对地电压；

6）保持电网的选择性；

7）高电压设计类似于变压器。在故障期间，每个铜线圈承受系统电压（由8.3节描述的电压分压效果决定）

然而，饱和铁心型设计也有以下缺点：

1）较大的正常接入阻抗。

2）每相需要两个铜线圈。增加了正常运行时被保护电路的接入阻抗。就像变压器一样，这些线圈在正常和故障运行期间必须能够承受较大的系统电压。

3）由6个大体积的铁心组装，较大的尺寸和重量。

4）当所有的一次侧交流线圈的电流平衡时，直流超导线圈中的总磁通基本上为零（例如，所有的相流过相同的电流）。当相电流不平衡时，交流磁通与高温超导线圈交链，产生感应电流。线圈两端感应出交流电压，从而增加超导线圈的损耗。所感应的交流纹波电流和损耗在正常运行期间数值较小，但在故障期间较大（参见8.3.2节）

应用CTC构成的HTS线圈具有较低的交流感应电压（由于较小的线圈匝数）和较低AC损耗（因为线束较小）。设计的主要缺点仍然是较大的尺寸和重量。

8.3 设计流程

通常在电网应用中，故障限流器把较大的故障电流限制到较低的数值，以便于现有的断路器和其他辅助设备进行处理。故障电流的大小等于母线电压除以电网阻抗（X_g）。为了使故障电流减少到所需的数值，需要在被保护的电路中接入故障限流器，增加附加阻抗（X_{fcl}）。通过故障限流器增加的阻抗定义如下式。

$$X_{fcl}=\frac{V_{ph}}{I_{lim}}-X_g$$

式中，V_{ph}是故障限流器接入点的母线相电压。

在故障期间，X_g和X_{fcl}共同承担相电压，因此故障限流器电路所承受的电压远远小于母线额定相电压。例如为了使8pu的故障电流减少到6pu，故障限流器需要加入的阻抗X_{fcl}等于$X_g/3$。在这种情况下，整个故障限流器阻抗（X_{fcl}）上的电压降仅为0.25pu，其中1pu电压等于相电压V_{ph}。故障限流器承受电压的降低导致了较少的高温超导材料需求和较小的故障限流器装配尺寸。

所有类型的R-FCL的基本设计原理均是相对简单的。在故障期间，R-FCL利用高温超导带材转变到正常状态时增加的电阻限制故障电流。R-FCL的关键设计参数是故障电流、故障持续时间（Δt）和高温超导单元的允许温升（ΔT）。以下的方程都与这些变量相关。为了简化分析，热容和电阻率被认为与温度无关。限流电阻（R）和可限制电流（I_{lim}）由下式给出：

$$R=\frac{V_0}{I_{lim}}=\frac{\rho L}{tw},\quad I_{lim}=tw\sqrt{\frac{C_p\Delta T}{\rho\Delta t}} \tag{8.1a}$$

在限流期间，所允许的最大电场不受横截面影响。

$$E_{lim}=\sqrt{\frac{\rho C_p\Delta T}{\Delta t}} \tag{8.1b}$$

式中，R 是故障期间 FCL 电阻；V_0是系统电压有效值；L 是 HTS 限流单元长度；ΔT 是最大允许的温升；Δt 是最大故障持续时间；ρ，t，w 是高温超导体的电阻率、厚度和宽度；C_p是高温超导体和稳定层的有效热容；I_{lim}是允许流过高温超导单元的最大电流；E_{lim}是限流期间的最大电场。

通过求解下列方程可以获得最小导体体积。Tixador 指出[3]，在近似绝热的情况下，所需的最小导体体积与导体电阻率无关。

$$Vol=\frac{I_{lim}V_0\Delta t}{C_p\Delta T} \tag{8.2}$$

例如对一个三角形联结，应用在 15kV 线电压的故障限流器参数为：正常电流 1250A/相；在 0.1s 内，故障期间最大温升 100K 下，被限制故障电流为 4000A/相；根据近似体积热容是 2×10^6J/(m^3·K)，因此针对所有情况，每相所需材料为 30000cm^3。对于线圈而言当发生 100K 温升后，需要花费许多分钟把线圈重新冷却回 77K 设定了一个恢复时间的限制。对采用实体棒和缠绕线圈的 R-FCL，下面将讨论影响这些制约因素的影响。

1）实体高温超导棒。由超导棒组成的 R-FCL，在故障期间如果电流大大超过材料的临界电流，超导棒电阻率会迅速达到 100μΩcm 以上。在稳态运行 1250A（有效值）时，高温超导体的最小横截面积 tw(=0.44cm^2) 由式（8.1a）计算（65K 运行温度下，J_c=4kA（DC)/cm^2)。为了防止产生热点，Nexans 使用金属分流器（其横截面等于 HTS 的横截面）。在限流阶段，通过式（8.1b）计算可获得 0.5V/cm 的电压梯度。这些单元把故障电流限制到所需的 4000A（有效值)。所需要的全部材料是 30000cm^3，其中一半是高温超导棒。这个设计过程已经应用到故障限流器的原型设计中，故障限流器采用 BSCCO 2212 超导棒。

2）2G 涂层导体的绕线线圈。2G（YBCO 涂层导体）材料能够压制在一个较厚（例如 100μm）的不锈钢或高电阻率、高强度的稳定层上。这种带材结构具有力学、电学和热学性能好的特点。故障时，故障电流分流到稳定层，于是稳定层会有热量产生。根据之前的方程，所需要的最少导体体积是 30000cm^3，对应 68km 的 2G 带材，带材为 0.5×4mm^{2}稳定层和 50μm 厚的基带。稳定层大部分都采用不锈钢稳定。如果线材价格为 5～10 美元/ m，那么二代线材的成本范围是 340 千美元～680 千美元。但是如前所述，将故障电流从它的当前值减少到稍低值时，故障期间的耐压值被显著减少了，这可减少高温超导线材的用量。

直到不久前，二代高温超导带材的缺乏是 R-FCL 实用化的主要障碍。但是目前，足够长的二代带材已经产业化了。把所需要的稳定层叠压在二代带材上的技术已经有了很大的发展，同时良好的力学特性[17]也已经被验证。

3）2G 涂层导体制成的线状单元。可以采用线性单元[18]构造一个 R-FCL，通过并联必要数量的超导带材实现所需的载流。由常规材料（也由液氮浸泡冷却）构造的电感器与每个单元并联。通常，一旦 R-FCL 开始限流，HTS 单元就会升温并高于临界温度。R-FCL 通常需要与负载隔离直到它被冷却恢复到正常的运行温度。通过选择合适的电感、二代超导带材、液氮浸泡的温度和压力，研究者希望实现故障限流器在带载下的恢复。二代超导材料的需求总量和线圈类型的相似，为 30000cm^3。

8.3.1 实例设计——电阻型故障限流器

使用块材设计一个 R-FCL 并不容易，因为高温超导单元的尺寸需要适应特定的应用。然而在设计一个线型 R-FCL 时，可以分别推导导线和故障限流器的设计公式。原则上，从制造商获得的标准二代带材可以在其原始状态下使用，或者与高电阻率的基带叠压使用。下面介绍的是一个基于线圈类型故障限流器的设计实例。线性单元与此相似，不同之处是把二代带材组装成线性单元（几米长）而不是绕制成线圈。

制造商提供的标准 2G 带材的宽度是 4mm 或 12mm，它们的载流能力是有限的。因此为了实际应用中承载更大的电流，需要并联许多带材，使故障限流器设计变得复杂和庞大。示例设计采用 AMSC 和 SuperPower 公司 2G 带材的连续换位电缆（CTC）（第 7 章介绍）。表 8.1 列出了这些线材的属性。

表 8.1　用于实例设计中的 HTS 2G 涂层导体带材性能

参　数	AMSC	SuperPower
YBCO 带材各层厚度		
YBCO/μm	1	1
镍钨合金/μm	75	无
哈氏合金/μm	无	100
银/μm	2.5	2
临界电流密度/(A/cm)	300	300
用于故障限流的其他材料		
不锈钢/μm	120	127
焊锡/μm	20	无
总厚度/μm	218	230

R-FCL 的设计参数见表 8.2 所示。该故障限流器应用在 13.8kV 配电网，正常运行时载流为 3kA（有效值）。在故障（短路）期间，电网回路中将产生 40kA 的故障电流，因此希望故障电流能在 0.1s 的时间内被限制到 30kA。在图 8.9 所示的故障限流器设计中，高温超导故障限流器与室温电感并联㊀。虽然大多数故障持续时间少于 0.1s，但是长时间持续的故障也发生过。在没有转换开关的情况下，系统必须具备能够处理长时间低幅值故障的能力，称之为“穿越故障”。为了处理时间长于 0.1s 的故障，将一个快速断路器㊁与高温超导故障限流器单元串联，从而在 0.1s 后断开 HTS 故障限流器，冷却它到故障前的正常运行温度，然后再重新接入电路中。在实例设计中假设采用了由 5mm 宽，17 股线（5×17）构成的 CTC 导体。将来也会有其他导体结构。

表 8.2　13.8kV、3kA 故障限流器参数

参　数	数　值
额定容量/MVA	72
线电压/kV	13.8
线电流/kA	3
限制前故障电流/kA	40
限制后故障电流/kA	30
频率/Hz	60
故障持续时间/s	0.1
导体类型	CTC
股线根数	17
股线宽度/mm	5

关键的分析假设总结如下：

1）在很短的故障期间，从导体表面移除热量是不可能的。由于这个限制，分析将基于 CTC 导体绝热温升模型。

2）实际中，故障限流器在触发前，必须能够承受一定的过载电流。可以假定一个过载系数 F_{oc}（=1.6）。

3）故障限流器中的 HTS 单元被设计在 $2\times I_c$ 时完全失超。据此，假设失超系数（F_q）为 2，因此 HTS 单元中故障电流会被限制到 $I_{lim}=F_{oc}\times F_q\times I_o$，其中 I_o 是受保护电路的正常电流。

4）为了避免热应力损害故障限流器线圈，CTC 导体的最大温度应被限制到 300K。为了实现这个目标，CTC 线束中需要附加一些其他额外材料。

㊀ SuperPower 将分流电感器浸泡在液氮中，并宣称根据 AEP 对原型单元的重合闸序列测试，他们的设计能在带载下实现恢复。

㊁ 在故障期间，快速开关可以由分流电感器的交流磁场进行触发，见 8.2.1 节介绍。

下面所描述的设计过程是基于SuperPower超导线的，美国超导公司超导线的设计过程类似。

第一步将是计算图8.9中的电路参数。应用相电压（V_{ph}）和表8.2列出的限流前故障电流（I_{unlim}）计算电网阻抗（X_g）。

$$X_g = \frac{V_{ph}}{I_{umlim}} \tag{8.3}$$

计算出X_g的数值是0.199Ω。

因为高温超导故障限流器支路在限制故障电流后将被断开一段时间，电路中的总电流将会被限制到表8.2所列的穿越-故障值（$I_{tf}=30\ kA$）。因此，在高温超导电路被隔离前，电路总电流是I_{tf}。为了满足这个条件，图8.9电路中有两个未知的变量：HTS故障限流器单元的电阻（R_{fcl}）和分流电抗器的电抗（X_{sh}）。通过解下面两个方程可以获得这些变量值。计算得到的R_{fcl}和X_{sh}分别是0.216Ω和0.073Ω。

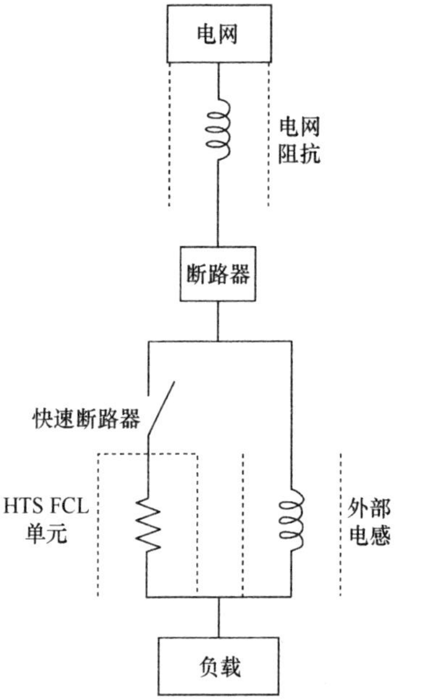

图8.9 有分流电抗器的HTS故障限流器

$$\left|\frac{V_{ph}}{jX_g + \dfrac{R_{fcl}jX_{sh}}{R_{fcl}+jX_{sh}}}\right| = I_{tf}, \quad R_{fcl}I_{lim} = \sqrt{I_{tf}^2 - I_{lim}^2}X_{sh} \tag{8.4}$$

所设计的高温超导故障限流器线圈在故障持续时间（$\Delta T_{hold}=0.1s$）结束后，并且在最大允许温度（$T_{max}=300K$）下产生电阻为R_{fcl}。

为了承载受保护电路的额定电流，所需并联根数由下式给出

$$N_{par} = round\left(\frac{I_{sco}\sqrt{2}}{I(\theta_{op})/F_{oc}}\right) \tag{8.5}$$

式中，I_{sco}为正常电路电流；$I(\theta_{op})$为一根HTS股线的临界电流I_c（对5mm宽股线，为197A）；θ_{op}为正常运行温度（此处为72K）；F_{oc}为过载系数（此处为1.6）。

根据上述方程，计算得到股线根数为34，它们转化成两个CTC，每个电缆包括17根、5mm宽的导线。

每根HTS导线由表8.1所示的许多合金组成。每根导线与127μm厚的不锈钢稳定层并联，稳定后导线的整体有效电阻（ohm/m）见下式。

$$R_{eff}(I,\theta) = \frac{1}{[1/R_m(\theta)] + [1/R_{HTS}(\theta)]} \tag{8.6}$$

式中，R_{eff}为稳定化导线股的有效电阻；R_{HTS}为导线中高温超导层电阻；R_m为非超导单元的电阻；I为导线中的电流；θ为绞股的温度。

一旦温度超过 T_c（高温超导体的临界温度），高温超导单元的电阻（R_{HTS}）将增加到非常高的数值，预测如下，

$$R_{HTS}(I,\theta)=10^{-6}\frac{V}{cm}=\left(\frac{I}{IL(\theta)}\right)^{N}\frac{1}{I} \tag{8.7}$$

$$IL(\theta)=2I_{csf}-\frac{2I_{csf}}{20}(\theta-70) \tag{8.8}$$

式中，N为高温超导导线 V-I 曲线的指数；$IL(\theta)$为温度为θ（<90K）时，HTS 导线的临界电流；I_{csf}为 77K 自场下的临界电流（A/cm）。

对于 90K 以上的温度，$IL(\theta)$定义为 0。

非超导单元的电阻 R_m 由下式获得

$$R_m(\theta)=\frac{1}{[1/R_{ss}(\theta)]+[1/R_{ag}(\theta)]+[1/R_{sol}(\theta)]+[1/R_{hst}(\theta)]} \tag{8.9}$$

式中，$R_m(\theta)$为温度为θ时非超导单元的电阻；$R_{ss}(\theta)$为不锈钢稳定层的电阻；$R_{ag}(\theta)$为银层的电阻；$R_{sol}(\theta)$为焊锡的电阻（对 SuperPower 带材该值定义较大）；$R_{hst}(\theta)$为哈氏或同样合金的电阻。

这些电阻值是根据图 8.10 中各种材料随温度变化的电阻率计算得到的，电阻率是温度的函数。每种元素在温度为θ时的电阻（R）由下式计算。

$$R(\theta)=\frac{\rho(\theta)}{wt} \tag{8.10}$$

式中，ρ为材料的电阻率；w为材料的宽度；t为材料的厚度。

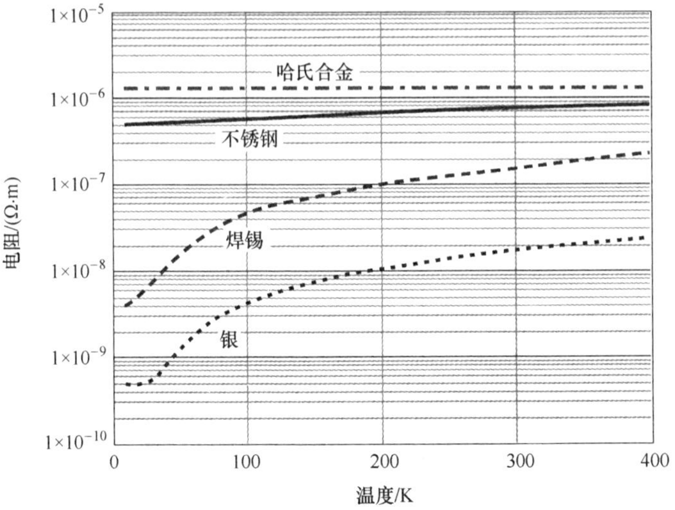

图 8.10 随温度变化的各种金属的电阻率

一旦稳定化的高温超导线的有效电阻已知，用于限制故障电流的每根线总

长度可以由下式计算得到

$$L_{\text{strand}}=\frac{R_{\text{f}}N_{\text{par}}}{R_{\text{eff}}[(F_{\text{oc}}F_{\text{q}}I_{\text{o}}/N_{\text{par}}),T_{\max}]} \tag{8.11}$$

式中，R_{f}为高温超导故障限流器单元所需电阻值；R_{eff}为稳定化股线在故障结束后 HTS 达到最大温度（$T_{\max}$）时的有效电阻（Ω/m）；N_{par}为并联股线总根数。

L_{strand}等于绕制线圈或组装线性单元所需的每根 CTC 导体的长度，每相所需的导体总长度可简单表示为 $N_{\text{par}}\times L_{\text{strand}}$。

由于一个线圈包含各种不同的材料，并且这些材料具有不同电阻率和温度依赖性，因此，最好是逐步计算线圈的温度。在任何时刻，导体中产生的热负荷增量（Q）由下式计算

$$Q(I,\theta)=I_2R(\theta)\delta t \tag{8.12}$$

式中，I 为导体中的电流；R 为每米长导体的电阻；δt 为时间积分步长。

由于 Q 而产生的导体温度增量为

$$\Delta Temp(I,\theta)=\frac{Q(I,\theta)}{V_{\text{hts}}\eta_{\text{ss}}(\theta)+V_{\text{hst}}\eta_{\text{hst}}(\theta)+V_{\text{ss}}\eta_{\text{ss}}(\theta)+V_{\text{ag}}\eta_{\text{ag}}(\theta)+V_{\text{sol}}\eta_{\text{sol}}(\theta)} \tag{8.13}$$

式中，V_{hts}，η_{ss}是每米长导体中 HTS 的体积和热容；V_{hst}，η_{hst}是每米长导体中哈氏合金的体积和热容；V_{ss}，η_{ss}是每米长导体中不锈钢的体积和热容；V_{ag}，η_{ag}是每米长导体中银的体积和热容；V_{sol}，η_{sol}是每米长导体中焊锡的体积和热容。

作为温度函数的不同金属的热容如图 8.11 所示。

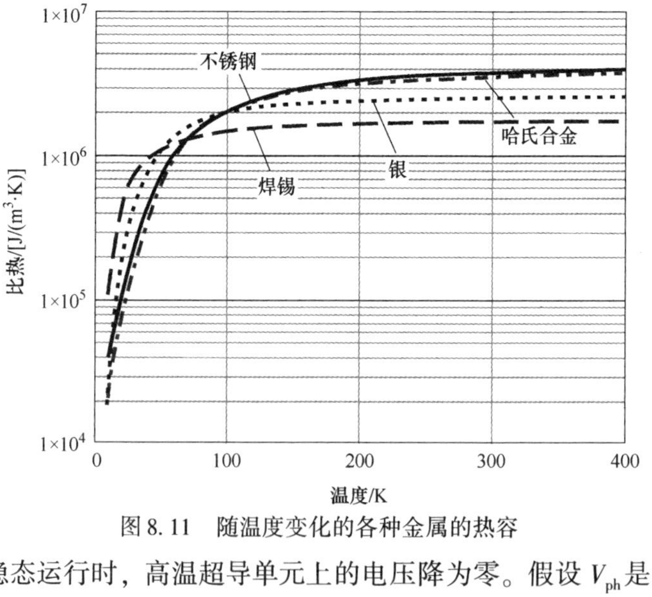

图 8.11　随温度变化的各种金属的热容

在正常稳态运行时，高温超导单元上的电压降为零。假设 V_{ph}是无穷大系统母线电压，在电网电抗（忽略电阻）上的压降是 $X_{\text{g}}I_{\text{o}}$，其中 X_{g}是电网电抗，I_{o}

是相电流，负载上的电压降是 $X_l I_o$，X_l是负载电抗。$X_g I_o$和 $X_l I_o$之和等于 V_{ph}，线电流的瞬时变化率（pI_t）由下式给出

$$pI_t = \frac{1}{L_g + L_l}\left\{V_{lph} + L_{sh}\left[\frac{R_{fcl}}{L_{sh}}(I_t - I_{sh})\right]\right\} \tag{8.14}$$

式中，$pI_t = \delta I_t/\delta t$ 为电流变化率；L_g，L_l分别为电网和负载的电感；V_{lph}为瞬时相电压；L_{sh}为分流电抗器的电感；R_{fcl}为高温超导单元的电阻。

方程式（8.13）和式（8.14）可以使用逐步积分程序集成在一起。在故障时，定义负载电感为零。

首先假定不锈钢稳定层厚度（t_{ss}）初值，进行积分。如果高温超导体的温度高于 T_{max}，这时增加 t_{ss}；如果 HTS 的温度低于 T_{max}，就减少 t_{ss}。通过几次尝试，就能够获得正确的 t_{ss}值。应用 Runge-Kutta 法进行积分，积分的结果（为时间函数）见图 8.12，图中显示了线路总电流、高温超导单元的电流和电感的电流，这些电流都是时变量。在每个图片中，第一个 0.1s 表示稳态正常运行，接下来的 0.1s 表示故障期间（认为负载电抗为零），最后的 0.1 s 期间，高温超导故障限流器处于被隔离状态（例如，从电路中断开）。正如所期望的那样，在正常运行时电流全部通过 HTS 故障限流器单元，在分流电感中的电流为零；在故障运行时，HTS 故障限流器单元流过预设电流（~10 kA），分流电感中流过剩余的电流。同时，HTS 故障限流器的电流也会在故障期间逐渐减少，分流电感的电流因此会逐渐增大。一旦高温超导故障限流器被快速开关或断路器开路隔离，那么所有电流将流过分流电感。根据设计要求，在整个故障期间总电流保持小于 30kA。HTS 故障限流器的电阻和温度见图 8.13 和图 8.14 所示。HTS 故障限流器单元最后达到的温度是 300K，与设计要求一致。

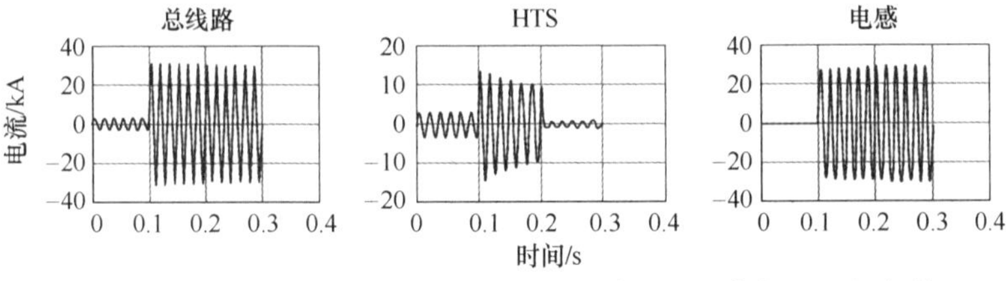

图 8.12　随时间变化的总线路、限流器单元和电感中的电流波形

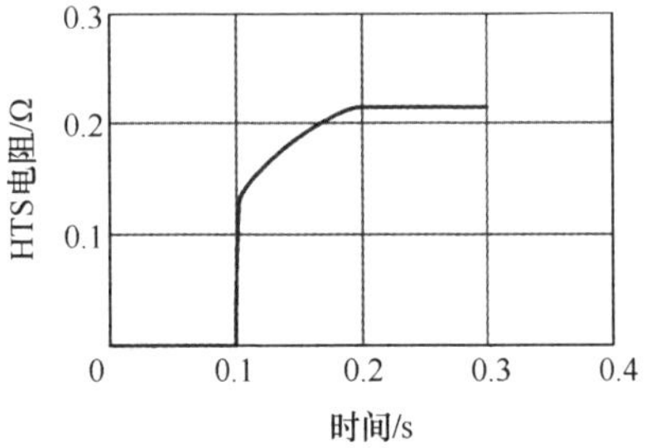

图 8.13　高温超导单元的电阻随时间的变化

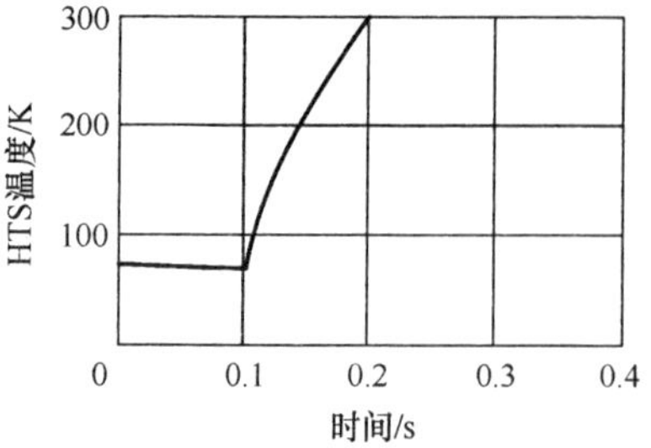

图 8.14　高温超导单元的温度随时间的变化

为了能在故障限流器中使用，SuperPower 公司生产的带材必须附加 127μm 厚的不锈钢加强带。由于 SuperPower 公司掌握没有在带材上叠加厚稳定层的工艺技术，因此，发展替代技术是必要的。表 8.3 总结了使用 SuperPower 公司带材的故障限流器的设计细节。根据表 8.3 中的设计参数，高温超导故障限流器电路在给定 0.1s 故障结束时将产生 0.22Ω 电阻，与 HTS 故障限流器电路并联的电感阻抗是 0.073Ω。假定故障限流器三相为星形联结，2G 带材的临界电流是 300A/cm（自场，77K）。一个 5×17 CTC 导体的宽度是 12mm，考虑匝间绝缘后宽度是 17mm。应用 SuperPower 导线，带稳定层的 CTC 导体厚度是 2.4mm。每匝线圈之间的垫片厚度是 3mm，该垫片是由总厚度为 3mm 的皱纹纸（传统变压器中有使用）构成的。双绕线圈的横截面如图 8.15 所示。在叠放两个线饼时，线圈之间保持 20mm 的距离。在一个线圈中，CTC 导体最小单根长度为 45 m。并且线圈是双绕结构，相邻匝通过的电流方向相反，如图 8.1 所示。如果两根 CTC 导体在线圈中心孔位置连接在一起，那么单根 CTC 导体的最大长度可以减少到 22.5m。所需要的 CTC 导体和超导线总长度分别为 540m 和 93km。

表 8.3　故障限流器的设计详情

FCL，13.8kV，3kA	AMSC	SuperPower
线电压/kV（有效值）	13.8	13.8
正常电流/kA（有效值）	3.0	3.0
基值阻抗/Ω	2.656	2.656
系统阻抗（pu）	0.075	0.075
系统电感阻抗（pu）	0.027	0.027
故障期间 HTS 电路压降（pu）	0.260	0.260
限流前故障电流/kA	40	40
整个电路限流后故障电流/kA	29.3	29.3
HTS 电路限流后故障电流/kA	9.6	9.6
基本绝缘等级（BIL）/kV	95	95
故障后的 FCL 阻抗/Ω	0.22	0.22
故障持续时间/s	0.1	0.1
运行温度/K	72	72
故障后温度/K	304	300
77K 下，带材临界电流（A/cm）/A	150	150
带材的宽度/mm	5	5

（续）

FCL，13.8kV，3kA	AMSC	SuperPower
带材层		
HTS 层厚度/μm	1	1
哈氏合金厚度/μm	75	100
银层厚度/μm	2.5	2
焊锡层厚度/μm	20	0.1
不锈钢稳定层厚度/μm	120	127
故障后期的最大温度限值	300	300
T_{max}时，非 HTS 材料的有效电阻/(Ω/m)	0.074	0.079
CTC 电缆参数		
股线的宽度/mm	5	5
股线根数	17	17
电缆的宽度/mm	12	12
电缆厚度/mm	2.32	2.43
线饼线圈内径/mm	200	200
线饼线圈外径/mm	604	591
匝数/线饼	38	36
单个线饼所用 CTC 的长度/m	48	44.7
绞线长度/相/km	3.3	3
绞线长度/三相/km	9.8	9.1
线饼数/相	4	4
单个线饼线圈的宽度/mm	17	17
线饼线圈之间的间隔/mm	20	20
线饼轴向堆叠长度/相/mm	148	148
单个线饼线圈的电压降/kV	1.04	1.04
串联线饼数/相	2	2
并联线饼数/相	2	2
故障后 FCL 的电阻/Ω	0.217	0.216
分流器电流		
HTS 线圈刚被断路前/kA（有效值）	28	28
HTS 线圈被断路后/kA（有效值）	29	29
释放能量/相/MJ	2.38	2.34
低温恒温器的内径/m	1.32	1.3
线圈堆叠的高度/m	1.04	1.04

某 R-FCL 的装配结构见图 8.16。它仅包含三相 HTS 故障限流器的部件，不包括附加的电感。低温恒温器的直径是 1300mm，高度是 2040mm（包括放置高压套管的空间）。低温恒温器顶部有一个紧密贴合的泡沫塞能够分离低温液氮区域和室温顶部法兰。顶部法兰也放置了 6 个 15kV 的套管，它们都是现有的常规套管。低温液氮区域和顶部法兰之间的距离是 800mm，足以放置一端为液氮温

度、另一端接近室温的电流引线，采用第 3 章讨论的冷却方法将液氮进行过冷冷却。

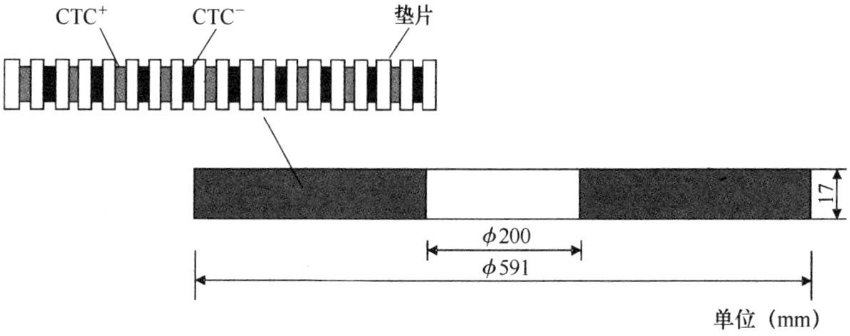

图 8.15　双绕线饼横截面

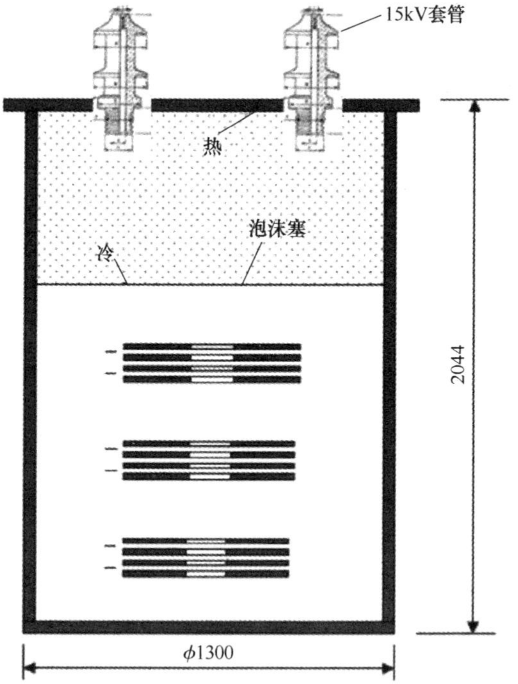

图 8.16　HTS FCL 装配图

每相部件由 4 个双饼线圈构成：两个线圈串联，两个线圈并联。连接情况如图 8.17 所示。最小直径为 31mm 的电晕圈环绕在每个线圈上。电晕圈和低温恒温器内壁之间的距离是 300mm，足以实现耐压 385kV。以上所讨论的线圈设计也可以应用在 15kV 级的设备中。对于更高高电压等级的应用需要更复杂的设计。

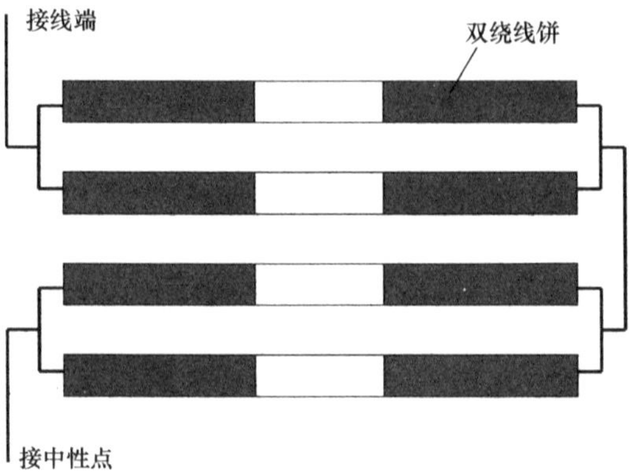

图 8.17　单相 FCL HTS 线圈装配图

上述基于 SuperPower 超导带材的故障限流器设计过程也可以应用在 AMSC 超导带材的设计中。使用 AMSC 带材的故障限流器设计细节已在表 8.3 中列出。

基于二代带材的 CTC 导体是制造故障限流器的很好的选择。它能够减少单个线圈的数量，因此减少了整个设备的尺寸。因为故障限流器需要放置在空间狭小的变电站内，所以故障限流器整体装置的尺寸对其实用性有很大的影响。针对次输电和输电等级（>138kV）线路，基于 CTC 导体的故障限流器是最具吸引力的。然而在这种情况下，套管很大，而且在套管和低温恒温器之间需要较大的间隙，会使整个系统的体积都变大。

特别值得关注的一点是双绕线圈终端之间的耐压能力，尤其是当导线在正常运行时经历故障。雷击会在这些线圈匝间产生一个很大的电压。幸运的是，堆叠的双绕线圈间的电容可以使冲击电压均匀地分布到所有线圈上。即便如此，电压还是很高，需要电压避雷器对系统做进一步的保护。

8.3.2　实例设计——饱和铁心型故障限流器

某个三相饱和铁心型故障限流器的结构如图 8.8 所示。尽管可以采用一个共用的高温超导线圈令三相系统中的 6 个铁心饱和，但也可以研究和初步设计如图 8.18 所示的单相模型。该模型包括两个具有电气连接的铜铁心线圈，并被串联在受保护线路中。共用的超导线圈驱使铁心进入到饱和的状态。两个铜线圈绕制极性相反，从而在任何给定的时刻，一个铁心中的磁通量会发生消磁作用（减小），而另一个铁心中磁通量会增加到饱和（增加）。应用图 8.18 模型计算铜线圈的电感系数，该电感是铁心饱和程度和铜线圈中电流的函数。在电感系数计算中，铁心采用 M-3 材料（Zenergy Power 也使用该材料[19]）。

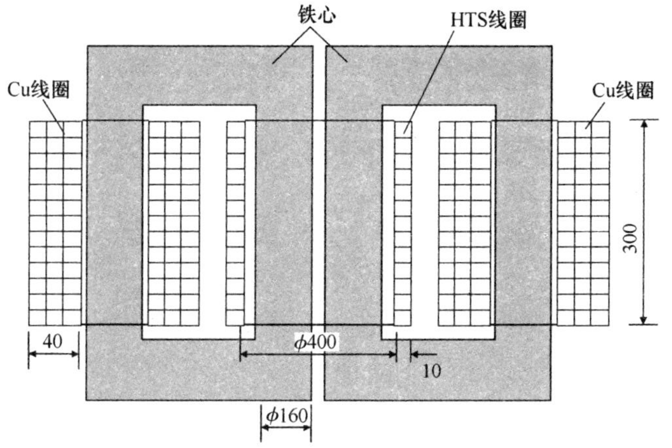

图 8.18　饱和铁心型故障限流器分析模型

故障限流器性能满足表 8.2 中的要求，系统的阻抗（在无穷大电压源和母线之间）是 0.2Ω（或者 0.075pu），该值是应用表 8.2 中所定义的故障电流（40kA）计算获得。当故障限流器把故障电流限制到 30kA（如表中所列）后，在故障点和无穷大电压源（13.84kV）之间的总阻抗是 0.266Ω（或者 0.1pu），故障限流器必须提供额外需要的阻抗 0.067Ω（或者 0.025pu）。在受保护线路上串联连接两个铜线圈，将提供这个阻抗。线路上的净阻抗等于一个令铁心趋于饱和的线圈阻抗和令铁心趋于线性不饱和的第二个线圈阻抗。当流过正常负载电流时，铜线圈感应出的阻抗为常数，其值等于铁心在饱和状态下两个线圈的阻抗之和。一旦其中一个铁心由饱和区域向线性区域转变，那么在故障期间，铜线圈的有效阻抗将增加 23%。以下的分析将估算铜线圈在正常运行和故障期间的阻抗值。

实例设计模型中，每个铁心直径为 160mm，各个铁心上均缠绕着 300mm 高，内外径分别是 180mm 和 260mm 的铜线圈，且每个铁心上有 14 匝。假设超导线圈只有一匝，内外径分别是 400mm 和 420mm，用有限元方法进行分析。表 8.4 列出了主要的假设。在正常运行时，超导线圈产生 800kA 匝的激励源令铁心饱和，铁心中穿过超导线圈的峰值磁场是 10T，在这种饱和程度下，每个铜线圈的电感是 0.054mH（或者 0.0077pu）。但是，如果这个线圈位于空气中，在无铁心且没有背景磁场的状况下，每个线圈的电感将是 0.017mH（或者 0.0245pu）。因此当铁心在 10T 磁场下饱和时，铁心铜线圈的电感将是空气芯线圈电感值的 3 倍。图 8.19 是铁心铜线圈电感随线圈电流的变化曲线。当线圈电流是 100kA，铁心磁感应强度是 21.9T，线圈的电感比例（铁心/空气芯线圈）是 3.24。这个表明铜线圈的电感在铁心高饱和状态下，仍保持很高的值。

表 8.4　饱和型故障限流器分析的主要假设

系统母线线电压/kV	13.8
额定电流/kA	3
基值 pu 阻抗/Ω	2.656
限流前故障电流/kA	40
限流后故障电流/kA	30
系统阻抗/Ω	0.199
无穷大母线电压/kV	13.84
FCL 产生的阻抗/Ω	0.067
系统频率/Hz	60
超导线圈电流/kA	-800
铁心中磁场/T	-10.13
带饱和铁心的超导线圈电感/μH	0.267
铜线圈细节参数	
匝数	14
空气中线圈电感/mH	0.017
空气中线圈电感/pu	0.002

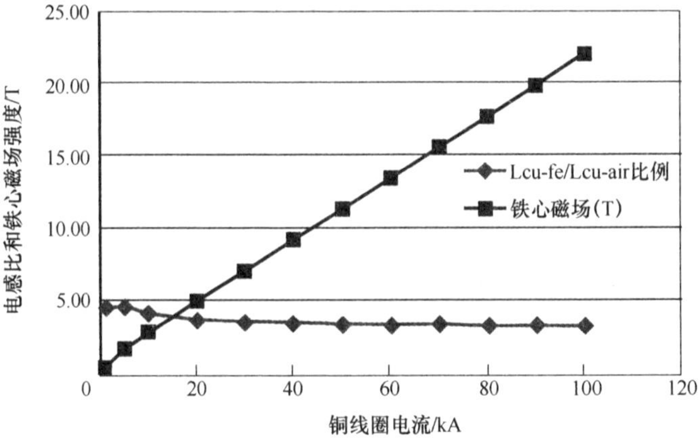

图 8.19　带铁心铜线圈电感随电流变化关系

带铁心铜线圈的电感（由超导线圈的饱和磁通产生）可以用下列步骤计算：

1）根据给定的超导线圈激励值，计算铜线圈中的磁链。

2）在铜线圈中加入一个小电流（产生退磁的磁通），计算铜线圈中的总磁链。

3）铜线圈中的电流引起线圈在步骤 1 和 2 中磁链产生差异，将该磁链差值除以线圈中的电流值就是铜线圈在该电流和铁心饱和程度下的电感值。

应用非常小的电流迭代步伐重复以上的计算步骤，故障电流从最小值变化到 35kA（有效值）故障电流最大值，并在每次迭代中计算铜线圈电感。铜线圈的总电感随线电流变化，如图8.20所示。一旦铁心在DC 45kA（相当于有效值为32kA）故障电流作用下不再饱和，两个铜线圈的组合电感增加到0.133mH（或者0.019pu）。所增加的电感与系统阻抗（0.075pu）把故障电流限制到32kA（有效值）。对32kA（有效值）故障电流等级使用该系统和故障限流器阻抗，故障限流器中的铜线圈的电压降仅为0.2pu[=0.019/(0.019 + 0.075)]。

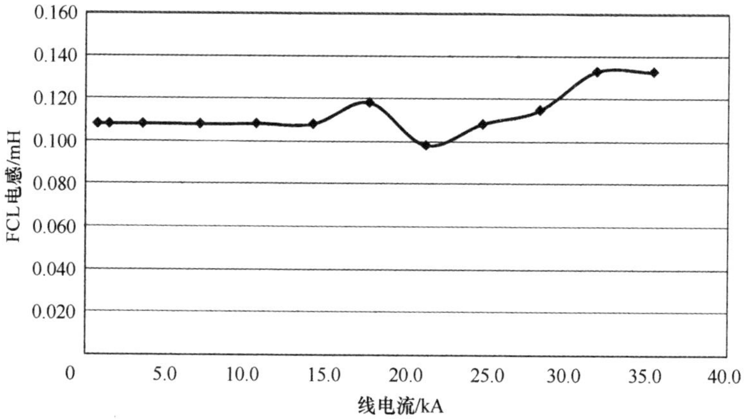

图8.20 嵌入线路的电感随常规AC线圈电流变化的规律

所增加的阻抗与线电流的关系如图8.20。当电流值小于25kA时，插入的阻抗是常数，当电流在25和35kA之间时，阻抗值变大。在铁心完全饱和和处于线性区域的两种情况下，铜线圈和超导线圈的自感和互感均能计算得到，计算值见表8.5。在正常运行期间，即当铁心是完全饱和时，铜线圈和超导线圈之间的耦合十分低（$k=0.276$），但当铁心不饱和时，其值却非常高（$k=0.899$）。

表8.5 铜线圈和超导线圈的电感值

参　　数	铁心饱和	铁心不饱和
铜线圈自感/mH	0.5787	0.0787
超导线圈自感/μH	0.2669	0.3347
线圈的互感/μH	3.427	4.615
线圈的耦合系数（k）	0.276	0.899

由于在两个铜线圈铁心中的磁通穿过了超导线圈，因此超导线圈感应的纹波电流与磁链成正比。超导线圈中感应的交流电流由下式给出

$$I_{sc}=\left(\frac{M_u}{L_{su}}-\frac{M_s}{L_{ss}}\right)I_p \tag{8.15}$$

式中，I_{sc}为超导线圈中感应的纹波交流电流；I_p为铜线圈中的电流；L_{su}，M_u为铁心不饱和时，超导线圈与铜线圈的自感和互感；L_{ss}，M_s为铁心饱和时，超导线

圈与铜线圈的自感和互感。

当铜线圈中通入 3kA（有效值）电流时，L_{su}和 M_u的数值几乎与 L_{ss}和 M_s相等，因此超导线圈中感应的纹波电流接近为零。但是，当铜线圈中流过 30kA（有效值）的故障电流时（单相对地短路故障期间），应用式（8.15）计算超导线圈中感应的交变电流是 28kA，是超导线圈直流电流 800 kA 的 3.5% 的波动。如果三相电流是平衡的，那么纹波电流数值将较小，如果三相电流有 10% 的不平衡，则交变纹波电流大概是 1/10th（0.35%）。然而，交变纹波电流仅仅在故障期间持续，可以设计超导线圈，令其能够抵抗任何由于交变纹波感应电流而产生的热负荷。

上述饱和铁心故障限流器的设计过程仅供参考。对于一个特定的应用而言，还有很大的发挥空间进行优化设计。

8.4　面临的问题

所有的高温超导故障限流器与电网结合时都会面临问题。目前有两种类型的 R-FCL：

1）高温超导线圈串联在被保护的线路中。

2）高温超导线圈与电抗器并联，然后连在被保护的线路中。在预定时间后，高温超导线圈把故障电流转移到电抗器上。

下面来讨论电阻和电感型限流器的问题。

8.4.1　电阻型故障限流器的问题

图 8.9 所示的 R-FCL 中高温超导故障限流器单元并联了一个传统的电抗器。当 HTS 故障限流器没接在电路中时，电抗器可以把电流限制到所要求的水平。在正常运行时，高温超导故障限流器单元的电阻是零，因此电抗器的阻抗为短路。但是，如果 HTS 故障限流器没有被激活时，系统将不得不与线路串联的电抗器中的附加阻抗一起运行，所以在明确该类型故障限流器之前，首先应该研究一下该电抗对系统性能的影响。尤其在选择该种故障限流器之前，需要评估一下附加电感对系统运行性能的影响。在故障瞬时流过允许的高电流时，增加的电感会减少电力传输的容量，从而降低系统性能。通常高电流容量对处理变压器浪涌电流和大功率电动机起动是十分重要的，对于通过高阻抗线路与母线之间的电力传输也是十分重要的。

如果故障持续时间超过 0.1s（或由设计者规定的其他任何时间间隔），高温超导故障限流器回路中的快速断路器（Circuit Breaker，CB）就会打开。然而如果 CB 断开失败，高温超导单元温度会持续升高，可能会永久损坏，因此需要后备的快速断路器以确保高可靠性。但也有可能故障时间短于故障保持时间，但却足以令单元温度升高并大于临界温度。在这种情况下，有必要检测高温超导单元的温度，并隔离使其恢复到正常运行温度。故障限流器起作用的时间比例取决于它在电网中的位置。

在 SuperPower 开发的故障限流器设计中，高温超导单元与一个电抗器（由普通导体制成）是永久短接在一起，所以电抗器产生的任何损耗也必须通过液氮冷却系统移除。这种故障限流器在负载下恢复是非常困难的。任何持续时间短于保持时间的故障都可能触发高温超导单元转换到正常态并向电抗转移电流。在这种情况下高温超导单元和电抗器将产生焦耳热，所以冷却系统必须有充足的容量来移除热负荷。然而，并联在高温超导单元上的铜导体的热物质也会在最初绝热状态下吸收热负荷，如 8.3.1 节“不锈钢带叠压高温超导带材”的实例设计中所讨论的方法。

在所有电阻型限流器中，在故障期间产生的焦耳热会生成大量的气泡，会损坏液氮的介电性能并会在故障限流器部件内部产生一个潜在的绝缘故障。在液氮环境下 R-FCL 部件间的高压绝缘配合是非常重要的，必须小心地设计。许多在高温超导变压器绝缘研发[20]中取得的经验可用于设计 R-FCL。在低温环境中处理高电压所需的空间使得这些系统变大。

8.4.2 电感型故障限流器的问题

在 8.2.2 节和 8.2.3 节中讨论的电感型故障限流器也有自己的问题，如下所述。

1）屏蔽铁心型故障限流器。图 8.7 所示的故障限流器与 8.4.1 节所讨论的 R-FCL 相似。由于外壁不均匀受热，由大量 HTS 构成的故障限流器单元（一个空心圆柱）很容易开裂，因此在电网中的长期可靠性是值得商榷的。这种故障限流器类似于由铁心构成的变压器，并采用传统变压器中的磁通密度进行设计，使得设备又大又重。

2）饱和铁心型故障限流器。图 8.8 所示的这种故障限流器可能更可靠。在正常运行和三相对称故障下，尽管使用超导线圈令铁心饱和，从而不承受串联在线路中的铜线圈产生的交流磁场，它还有其他问题讨论如下。在单相接地故障（和线间故障）期间，超导线圈中会产生一个有限的交流纹波，需要设计超导线圈来处理由于纹波电流而产生的任何消耗。

1）相比其他选择，故障限流器可能具有更大的尺寸和重量。

2）甚至在正常运行期间，被保护线路也被加入了显著的电感和电阻，正如 R-FCL 与一个电抗器并联，由饱和铁心故障限流器增加的电感对系统性能的影响应该仔细研究。所加的电感可能会降低系统性能。在正常运行期间最小化所增加的电感是一个极其重要的问题[21]。

8.5　制造问题

基于二代带材的电阻型高温超导故障限流器需要大量具有稳定性能的带材，并在经济上有吸引力。此外，二代带材必须叠压到一个高电阻率的稳定层上（例如，不锈钢），以便在一个故障下吸收焦耳热。高温超导线的叠压过程必须产生良好的热和机械的结合，并且应该适用于用工厂设备来实现。针对这些需求的研究正在取得快速的进展。

对双绕线圈，所承受的最大线圈电压等于临近电流引线的两个最外层线圈匝之间的电压。这些线圈匝之间的绝缘必须足以承受 BIL 电压。因为很大一部分的 BIL 电压是由最初的几匝或线圈堆中最初的线饼承受，所以在这些线圈匝上必需要使用额外的绝缘。然而，额外的绝缘又会阻碍冷却。因此绝缘方案的选择必须平衡绝缘和冷却两个方面。

对块材类型故障限流器单元，需要提前评估单元失效和对故障限流器的影响。防裂单元的制造也是具有挑战性的。因为与高温超导串联的分流器，在发生断裂时会产生一些损坏的裂痕。这时尽管不产生电弧，但正常运行期间交流损耗会显著地增加。如果需要的话，破碎的单元随后会被替换。第一个商业化装备正是基于这样的单元[11]。

如果故障限流器被应用在偏远地区，那么它们的冷却系统应该有足够的内置冗余度来保持故障限流器在冷却系统故障等待维修人员期间的运行。

8.6　原型样机

在美国能源部的支持下，正在开发两个故障限流器项目（早期由 SuperPower 公司领导的项目已经被取消）。美国超导公司与 Siemens 和 Nexans 合作正在开发电阻型高压故障限流器，Zenergy Power 公司正在研发饱和铁心型故障限流器。以下讨论是基于 US-DOE 的研究[22]，该研究主要是评估不同的故障限流器的测试需求。

8.6.1　美国超导公司（AMSC）的故障限流器

美国超导公司已经率先开发和并网测试了商业上可行的三相输电电压等级的超导故障限流器，该限流器运行在南加州爱迪生电站 115kV 线路上。

图 8.21 显示了双饼线圈的概念性布局。项目一期包括在 2010 年初开发的铁心技术，然后是单相故障限流器的示范；二期包括到 2012 年底完成构造、测试

以及与一个全三相 115kV 故障限流器并网运行。

美国超导公司与合作方西门子公司已经进行了单相设备的测试，其中额定电流 300A（有效值），额定电压的 7.6kV，对应额定视在功率是 2.25MVA，该测试已于 2007 年 1 月在 IPH 柏林测试工厂完成。该模块对应于一个 13kV 等级的三相模块，测试表明，此模块可限制短路电流从 28～3kA。美国超导公司与西门子一起开展故障限流器模块的研发测试，以验证其设计的有效性，并为扩容到更高电压等级提供数据。为了减少线圈的数量和整个系统成本，美国超导公司开发了 12mm 宽的带不锈钢稳定层的带材，西门子公司将这些带材绕制成双绕线圈，并在配电电压等级成功地展示了单相测试。

图 8.21　美国超导公司的故障限流器（AMSC 提供）

对整体故障限流器的实用性测试标准仍在发展中。由于缺少 138kV 变电站，额定电压为 138kV 的设备将运行在 115kV 的南加州爱迪生（SCE）变电站区域。设备的设计标准是将故障电流从 63kA 限制到 40kA。采用模块化设计，从而可以采用串并联结构增加或移除双饼线圈。应用这种方法的话，这个设计可以扩展到几乎任何希望稳定电流或限制电流的场合。此外，通过采用外部的电抗器，可对已安装的系统保留一些灵活性，来应对系统的扩展或变化。应该按照 IEEE 和 IEC 对 138kV 额定电缆附件和变压器的规范对故障限流器进行测试。

8.6.2　SuperPower 公司的故障限流器

SuperPower 公司开发了一个运行在 138kV 的超导故障限流器。该设备采用混合设计法，将二代高温超导单元和传统分流线圈并联在一起，如图 8.22 所示。该计划包括 3 个原型样装配和测试：一个单相概念验证型原型样机，一个单相 α 原型样机和一个三相 β 原型样机。第一个原型样机由宾夕法尼亚州费城的 KEMA 公司电力试验机构进行测试，第二个原型样机计划脱网进行测试，最后一个 β 原型样机被安装和运行在美国电力公司（AEP）电网。SuperPower 公司测试了两个 α 原型单相模块，该模块测试电压为 100～400V，电流 1.2kA（有效值）和抵挡 37kA 故障电流的容量。在 AEP 重合闸过程中，他们成功地验证了负荷下限流器的恢复过程。SuperPower 公司对设计进行了优化，从而令其更加紧凑且仍然具有相同的功能。他们的最终设计旨在减小故障电流从 20% ~50%。然而，该公司已经中止了这个计划，原因不详。

图 8.22　SuperPower 公司的故障限流器（SuperPower 提供）

8.6.3　Zenergy Power 公司的故障限流器

Zenergy Power 公司正在开发饱和铁心型超导故障限流器的设计、建造和测试。它是能应用在常规的 138kV 输电网变电站的原型样机。其中一个设备将运行在配电电压（低于 69kV），另一个将运行在至少 138kV 的传输电压线路上。2007 年 10 月在太平洋天然气和电气公司（加利福尼亚州 San Ramon），Zenergy 的故障限流器原型样机首次完成了 480V 和 460A 的测试。2007 年 12 月在加拿大不列颠哥伦比亚省的 PowerTech 实验室，又测试了在 10kA 和 16kA 故障电流水平下的三相 13.1kV 的限流器，该装置能使 39kA 的峰值电流减少到 23kA。

在 2008 年期间，Zenergy Power 公司建造了第二个全尺度、适用于配电网的故障限流器，最终于 2008 年 10 月在 PowerTech 的实验室进行测试。此设备是与 CEC 合作建造完成的（见图 8.23），额定值为 1200A 稳态和 15kV。与上一年同期相比，该设备包含了一些改进。2008 年 10 月的测试表明故障电流减小了约 30%。完成在 PowerTech 的全部测试后，整个故障限流器被安装在加利福尼亚州圣贝纳迪诺市的南加州爱迪生公司（SCE）Shandin 变电站的 Avanti“未来电路”中。“未来电路”是美国能源部、CEC 和 SCE 公司共同参与的项目，旨在展示智能电网的新技术。Zenergy Power 公司的故障限流器在 2009 年 3 月 6 日应用于

Avanti 地区的配电网，成为第一个在美国电网运行的高温超导故障限流器。

图 8.23　Zenergy 公司的故障限流器（Zenergy 提供）

Zenergy 公司正设计一个中压设备，该设备预计在 2010 年中期完成制造，并由合作电网进行测试。该设备能够降低 50% 的故障电流。最终的 138kV 设备可将 60 ~80kA 的故障电流减少 20% ~40%。

8.6.4　Nexans 公司的故障限流器

该项目是由德国教育和研究部支持。CURL 10 故障限流器设备参数是 10kV、10MVA[23]，持续电流额定值为 600A。Accel 公司使用 Nexans 公司提供的 BSCCO 2212 棒材制造该设备。图 8.24 是第一次测试电阻型高温超导故障限流器的现场照片。该设备于 2004 年安装在德国的 RWE 电网。安装后进行了一系列的测试。在实验室中，这台 HTS 故障限流器能把短路电流从 18kA 降低到 7.2kA。在它并网应用的 9 个月期间，尽管也经历了几个较小的故障，但并没有足够大的故障电流进行设计故障的测试。设计故障是设备能够通过其内部特性工作的最大水平。这个例子表明，即使装置被放置在真实的电网中，故障限流器也可能在测试期间没法经历足够大的故障电流，因此需要更多额外的数据来证实设备的功能。Nexans 提供了一台故障限流器单元（如图 8.25 所示），它被应用在一个正常电流为 100A 的 12kV 电网上。当系统故障电流为 22kA 时，故障限流器[24]能够把第一个峰值电流限制到 6kA 以内。

图 8.24　CURL 10 故障限流器
（Nexans 超导公司提供）

图 8.25　提供给英国应用超导有限责任公司的故障限流器（Nexans 超导提供）

8.7　总结

目前，大部分美国现有的输电和配电基础设施都要更新换代。伴随着不断增长的电力需求和采用新技术的电力生产，故障电流水平远远超出了现有设备的容量。公用基础设施部门总是在寻找现有设备的更多潜能。高温超导故障限流器是发挥现有电力设备潜能的技术。为解决这些新问题，在美国能源部的研发基金支持下，设备制造商、电力公司、私有企业、大学和国家实验室正在通力合作，以促进创新，发展新的技术和产品。由于这些努力，未来电网可能会融入一些不同于传统的技术。超导故障限流器就是这类技术中最有潜力的一个，因为这样的装备已经实现商业化制造了。目前，制造商和客户已经着手进行 IEEE/FCL 标准的开发。

参考文献

1. E. Thuries, V. D. Pham, Y. Laumond, T. Verhaege, A. Fevrier, M. Collet, and M. Bekhaled, "Towards the Superconducting Fault Current limiter," *IEEE Trans. Power Delivery* 6(2): 801–808, 1991.
2. D. Ito, E. S. Yoneda, K. Tsurunaga, T. Tada, T. Hara, T. Ohkuma, and T. Yamamoto, "6.6 kV/1.5 kV-Class Superconducting Fault Current Limiter Development," *IEEE Trans. Magnetics* 28(1): 438–441, 1992.

3. P. Tixador, Y. Brunet, J. Leveque, and V. D. Pham, "Hybrid Superconducting a.c. Fault Current Limiter Principle and Previous Studies," *IEEE Trans. Magnetics* 28(1): 446–449, 1992.
4. S. S. Kalsi, and A. Malozemoff, "HTS Fault Current Limiter Concept," 2004 *IEEE Power Engineering Society General Meeting*, June 6–10, 2004, Vol. 2, 1426–1430, DOI 10.1109/PES.2004.1373103.
5. L. Salasoo, K. G. Herd, E. T. Laskaris, and M. V. K. Chari, "Comparison of Superconducting Fault Current Limiter Concepts in Electric Utility Applications," *IEEE Trans. Appl. Superconductivity* 5(2): 1079–1082, 1995.
6. C. Weber and J. Bock, "Superconducting Fault Current Limiter SPI Project," The Power Delivery Applications of Superconductivity Task Force, *New York*, October 23–24, 2003, EPRI, Palo Alto CA.
7. R. Kreutz, J. Bock, F. Breuer, K.-P. Juengst, M. Kleimaier, H.-U. Klein, D. Krischel, M. Noe, R. Steingass, and K.-H. Weck, "System Technology and Test of CURL 10, a 10kV, 10MVA Resistive High-Tc Superconducting Fault Current Limiter," *IEEE Trans. Appl. Superconductivity* 15(2, Pt. 2): 1961–1964, 2005. DOI 10.1109/TASC.2005.849345.
8. J. Bock, F. Breuer, H. Walter, S. Elschner, M. Kleimaier, R. Kreutz, and M. Noe, "CURL 10: Development and Field-Test of a 10kV/10MVA Resistive Current Limiter Based on Bulk MCP-BSCCO 2212," *IEEE Trans. Appl. Superconductivity* 15(2, Pt. 2): 1955–1960, 2005 DOI 10.1109/TASC.2005.849345.
9. W. Paul, M. Chen, M. Lakner, J. Rhyner, D. Braun, and W. Lanz, "TI-based Patterned Superconducting Structures: Fabrication & Study," *Physica* C354: 27, 2001.
10. Office of Electricity Delivery and Energy Reliability, *Fault Current Limiters Bulletin of US Department of Energy*, March 3, 2009.
11. D. Klaus, A. Wilson, R. Dommerque, J. Bock, A. Creighton, D. Jones, and J. McWilliam, "Fault Limiting Technology Trials In Distribution Networks," Presented at CIRED, Prague, June 8–11, 2009.
12. T. Hori, A. Otani, K. Kaiho, I. Yamaguchi, M. Morita, and S. Yanabu, "Study of Superconducting Fault current Limiter Using Vacuum Interrupter Driven by Electromagnetic Repulsion Force for Commutating Switch," *IEEE Trans. Appl. Superconductivity* 16(4): 1999–2004, 2006. DOI 10.1109/TASC.2006.881809.
13. M. Endo, T. Hori, K. Koyama, K. Kaiho, S. Yanabu, K. Arai, and I. Yamaguchi, "Operating Characteristic of Superconducting Fault Current Limiter Using 24kV Vacuum Interrupter Driven by Electromagnetic Repulsion," *Electric Power Applications, IET* (July): 363–370, 2009.

14. H. Saitoh, H. Ichikawa, A. Nishijima, Y. Matsui, M. Sakaki, M. Honma, and H. Okubo, “Research and Development on 145 kV/40 kA One Break Vacuum Circuit Breaker,” IEEE Transmission and Distribution Conference & Exhibition, Asia Pacific, Vol. 2, October 2002, 1465–1468.

15. T. Tsutsumi, Y. Kanai, N. Okabe, E. Kaneko, T. Kamikawaji, and M. Homma, “Dyncmic Characteristics of High-Speed Opearted, Long Stroke Bellows for Vacuum Interrupters,” *IEEE Trans. Power Delivery* 8(1): 163–167, 1993.

16. S. B. Abbott, D. A. Robinson, S. Perera, F. A. Darmann, C. J. Hawley, and T. P. Beales, “Simulation of HTS Saturable Core-Type FCLs for MV Distribution Systems,” *IEEE Trans. Power Delivery* 21(2): 1013, 2006.

17. D. Verebelyi, J. Scudiere, A. Otto, U. Schoop, C. Thieme, M. Rupich, and A. Malozemoff, “Practical Neutral-Axis Conductor Geometries for Coated Conductor Composite Wire,” *Superconduct. Sci. Technol.* 16: 1158–1161, 2003.

18. C. Weber, J.-C. Llanbes, D. Hazelton, and I. Sauers, “Transmission level HTS FCL,” 2008 US-DOE Peer Review.

19. L. Masur, F. Darmann, and Lombaerde, “Design, Test and Demonstration of Saturable-Core Reactor HTS Fault Current Limiter,” 2008 US-DOE Peer Review.

20. B. Schwenterly and E. Pleva, “HTS Transformer Development,” Presented by Waukesha at the 2008 US-DOE Peer Review.

21. K. Smedley, “Development of Fault Current Controller Technology,” California Energy Commission, Transmission Research Program Colloquium, Sacramento, September 11, 2008.

22. B. Marchionini, N. K. Fall, and M. Steurer, “An Assessment of Fault Current Limiter Testing Requirements,” Prepared by Energetics Inc. for US-DOE, February 2009.

23. M. Noe and M. Steurer, “HTS Fault Current Limiters: Concept, Applications, and Development Status,” *Superconduct. Sci. Technol.* (20): R15–R29, 2007.

24. Nexans’ presentation in Nagoya, May 2009.

第9章　电　　缆

9.1　引言

当今电网的老化和缺失问题是重建美国电力市场最大的障碍。供电企业和用户面临严峻的压力：包括电网静态负载增长过快，电网新设备选址障碍，新能源引进以及用户对提高电能质量和稳定性等方面的要求。电能传输和电力分配的不规范以及数字经济下对高质量电能要求的增长促使供电企业需要对变化的市场条件做出迅速反应以便向用户提出新的解决方案。考虑到这些因素，以及掌握新技术需要的时间和资金投入，表明应该采用新技术来取代现有的电缆或架空线路，以提高电网供电容量和灵活性。高温超导（HTS）电缆作为一项新技术为这些问题提供了很有前途的解决方案。以下是应用高温超导电缆的主要优点：

1）载流能力是常规电缆的3~5倍。

2）热损耗和电磁损耗最小，并且没有对地导热。

3）可以利用现有的管道设施，打破城市电能输送瓶颈。

4）比常规电缆有更小的体积，节省空间满足新能源和负载增长的需要。

5）低电压、大容量可以移除一个或者更多的变压器以及相关辅助设备。

6）提高了对电网电能传输成本的控制能力。

7）由于移除一些负载使得现有设施的使用寿命得以延长。

8）使用液氮冷却非常环保。

9）没有电磁污染。

10）比传统电缆和架空线具有更小的阻抗[1]。

由于高温超导电缆具有比传统电缆和架空线阻抗更小的优点，可以有更大的传输容量。由于可供常规电缆使用的地下空间的迅速减小，以及新建或扩建变电站高昂的房地产成本，高温超导电缆成为一种向纽约这类人口密集城市提供电力的可选方式。通过变电站的互联和减小用地面积来提高电网的稳定性。

经过几十年的发展，在世界范围内已经设计并安装了一些高温超导电缆[2~5]。由液氮冷却的高温超导电缆大致分为以下3类：

1）液氮温区冷绝缘单相电缆；

2）室温绝缘单相电缆；

3）Triax™公司㊀三相同轴高温超导电缆。

每根冷绝缘超导电缆放置在一个低温容器中，或者3根电缆一起放置在同一个低温容器中。以上方法在美国和其他国家都有使用。目前中高电压等级㊁的超导电缆已在美国电网运行。这些电缆分为：

1）高压等级电缆[6]。美国AMSC公司和Nexans公司研制的138kV、2500A超导电缆，目前在纽约长岛运行，有屏蔽层的单相同轴电缆安放在一个低温恒温容器中。

2）中压等级电缆[7]。Superpower和Sumitomo电气公司研制的34.5kV、800A电缆安装在纽约奥尔巴尼市，三相电缆共用一个低温恒温容器。

3）低压等级电缆[8]。美国Southwire和NKT电缆公司研制的13.2KV、3000A电缆安装在俄亥俄州哥伦布市。该三相同轴电缆安放在同一个低温恒温容器中。

在这些高温超导电缆工程应用前，20世纪70年代已经出现了大容量电缆。其中的两个例子为：用液氦冷却的NbTi电缆[9,10]和用液氮冷却的有阻铝电缆（也被称为低温电缆[11,12]）。然而，因为20世纪晚期对电能的需求量已经有所缓解，这些电缆最终没有应用到电网中。

并且，供电公司也不愿意在电网中引进大容量的输电线路，他们担心大容量输电线路存在的不可预测性供电中断会引发连锁停电事故。即使现在，高温超导电缆只有在大电流输电时才具有经济性（即：高容量）。而且，供电公司依旧会担心大容量电缆的故障会造成电网的功率波动。

此外，高温超导电缆在发生大电流（40～80kA）输电故障时，容易失超㊂。一旦由于故障造成电缆温度升高，就需要相当长的时间来使电缆的温度降为未失超前的温度，因此应有充分的应急计划来保证电缆在冷却过程中电网能够稳定运行。较多的高温超导带材可以承受较大的故障电流，但是因为超导带材数量的增大会造成超导电缆的成本增加。尽管已经设想过许多限制故障电流的方法，但是如何让超导电缆在最短的时间内冷却到正常运行温度的问题还没有解决。

低温电缆可以像传统电缆那样承受较大的故障电流，并且在恢复到故障前温度时不需要停工。当体积相同时，超导电缆最大可以提供传统电缆3倍的输电容量，并且运行成本与相同输电等级的普通电缆基本相同。超导电缆在运行

㊀ Triax™（Southwire Company的商标），冷绝缘电缆与热绝缘电缆各相用相同的带材根，因为（对热绝缘电缆）没有屏蔽层的要求。

㊁ 美国常用电压等级：低压≤5kV，中等电压为15～46kV，高压为69～230kV，特高压≥230kV。

㊂ 如第2章所介绍，超导失超变成常规导体，由于电流引起的I^2R损耗使得温度迅速升高。

温度超过额定温度时可以部分带载运行。

以下内容叙述了各类电缆的结构、设计步骤、制造和运行存在的困难。

9.2 结构

包括4种电缆的结构：1种阻性低温电缆和3种高温超导电缆。

9.2.1 阻性低温电缆

阻性低温电缆采用铝导体层并冷却到液氮温度运行。在液氮温度下，铜的电阻率仅比铝小30%，但是铝比铜轻而且便宜很多，所以铝比铜更具优越性。因为低温下电绝缘层的性能很大程度上决定了电缆系统在技术上的可行性，需要对模型电缆绝缘材料在液氮中的电介质特性进行测试[13]。图9.1为安放在同一个低温恒温容器中的三相电缆的模型系统。管状的骨架可以对电缆导体内部进行冷却。每根电缆的中空骨架均可以支撑多股螺旋绕制和换位的铝导体（AL6016-T6），导体层外侧缠绕着由液氮浸透的电绝缘层。导体层和电绝缘层的制作过程与普通电缆相同。应用一个规模庞大的基于涡轮机械的制冷系统，制冷机输入8W功率可以移除1W的电缆损耗。20世纪70年代，已经成功设计出与实际电缆大小相同的模型电缆（500kV，1200A）并经过测试。对高压终端和接头也进行了设计和测试。尽管阻性低温电缆的成本比超导电缆低，但是它有较高的运行成本，因为需要制冷设备移除更多的热损耗。

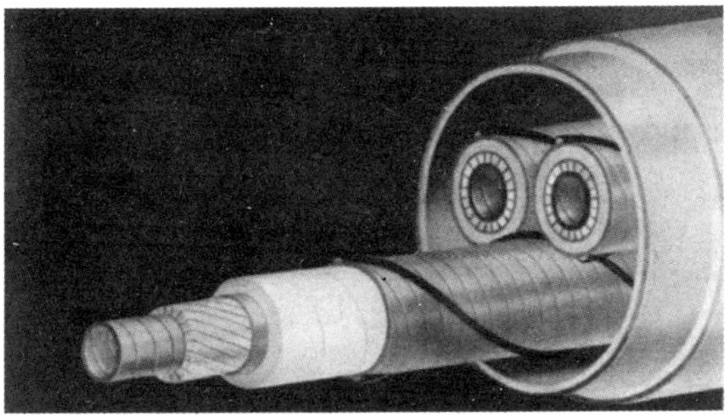

图9.1 阻性低温电缆的配置

在美国能源部的支持下，新泽西州的通用电气（GE）公司以及电力和天然气公共服务机构（PSE&G）对30英里⊖长的低温电缆的应用情况进行了经济可行性的联合评估[12]。研究结论得出：一根低温电缆具有传输和三相油冷常规电

⊖ 1英里（mile）=1609.344m。

缆相同的1000MW电力的能力。如果这三相常规电缆在未来10年内是分时间段投资的，它们的成本和阻性低温电缆是相同的。虽然常规电缆比低温电缆占用更多的体积，但常规电缆具有更高的可靠性，一相常规电缆出现故障可能会导致三分之一的容量损失，而低温电缆则会导致百分之百的容量损失。

即使到现在，供电公司对大容量电缆还是比较谨慎的，因为他们会对电网稳定性造成潜在的危险。然而，无论是低温电缆还是超导电缆，只有在长距离大容量输电时才具有一定的经济效益。供电公司担心电缆的突然断电引起电网稳定性问题阻碍了低温电缆和现代高温超导电缆等新型输电技术的发展。

9.2.2 高温超导电缆

由于高温超导材料和制冷系统成本较高，在尽量减小投资和运行成本的前提下，很多电缆原型已经被开发出来以充分发挥超导体的效率和运行效益。超导电缆的结构变化对输电效率、电磁干扰和无功功率特性具有较大的影响。目前主要有两种类型的高温超导电缆。一种较简单的设计是在柔性骨架上缠绕一层高温超导带材，这种超导电缆的电绝缘层处于室温中，称为“室温绝缘”高温超导电缆（见图9.2）。由缠绕在柔性铜骨架上的超导层构成的电缆组件最先被安放在一个绝热层中（低温恒温器），电绝缘层放在低温恒温器的外侧（室温）。在给定的电压等级下，它能提供较高的能量密度，并使用最少的高温超导带材（像Triax电缆）。相对于其他超导电缆设计而言，这种电缆的缺点是具有较高的电损耗（因此需要更高的制冷功率）和较大的电感，需要分离每相以减小端部涡流生热以及在电缆附近产生的杂散电磁场。

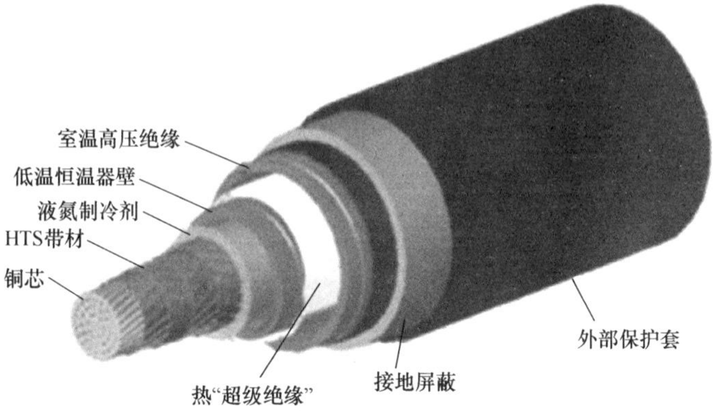

图9.2 单相室温绝缘电缆结构

另一种设计是冷绝缘高温超导电缆，高温超导带材缠绕在电缆的柔性骨架上（见图9.3）。电绝缘层在高温超导层外侧，第2层高温超导层缠绕在电绝缘层外侧，作为单相电缆的冷屏蔽层。液氮流过两个高温超导层，不仅提供冷却环境，也为中心导电层和外部屏蔽层提供绝缘。这种结构通常被称为同轴冷绝缘设计。这种方式使用了相对多的超导带材，但是具有一些非常重要的优点，例如，载流能力高、交流损耗小、电感较小，并能抑制电缆外部的杂散磁场。减小的交流损耗使得制冷系统和辅助电力设备具有更大的安全裕度来保障电缆稳定运行。冷绝缘高温超导电缆的电感比传统电缆小得多，并且电路中传输功率的大小与阻抗成反比，所以高温超导电缆可以承担更大的负荷。

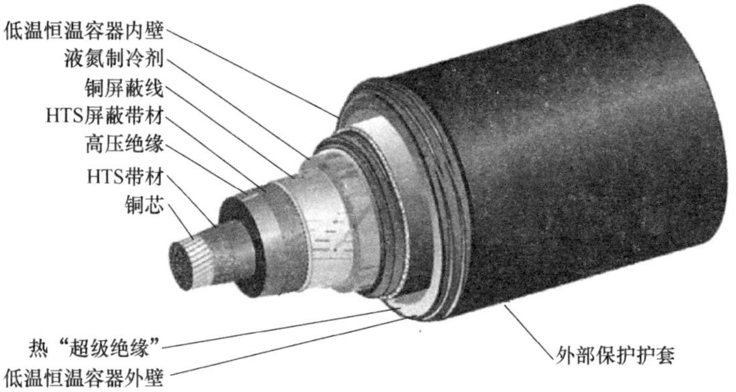

图 9.3 单相冷绝缘电缆结构

另一个重要的结构是“Triax™”超导电缆，所有三相都在一根电缆内，如图 9.4 所示。这种电缆具有较小的阻抗，构造冷绝缘高温超导电缆时使用较少的超导带材。

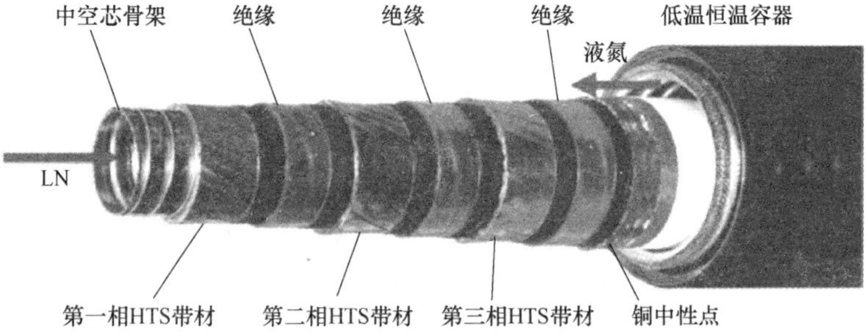

图 9.4 三相“Triax”冷绝缘电缆

三相合一电缆有 3 个电绝缘层，这些绝缘层与高温超导层一起绕制在中空的骨架上，这种设计减小了交流损耗，意味着减轻了制冷负荷，同轴设计也消除了杂散磁场。此外，这种设计所需超导带材用量是同轴冷绝缘电缆的一半。并且，因为一根电缆相当于 3 根独立电缆，同时也节省了空间。采用绝缘和包套将整个电缆保护起来，以免电缆受到热干扰和物理损害。低温液氮在中空的骨架上沿电缆长度流动冷却电缆，所加热的液氮再从绝缘层外侧与低温恒温器内侧的空隙流回。

9.3　设计分析

这部分描述阻性低温电缆和高温超导电缆的初步分析。分析包括导体层、绝缘层和低温恒温容器。读者可以通过参考文献了解详细内容。

9.3.1　低温电缆分析

低温电缆包括铝导体、电绝缘和包含三相电缆的低温恒温容器，如图9.5所示。图9.6为一个单独电缆的示意图。导体层包裹在中空的骨架上，低温电缆的横截面包括铝导体层、导体层外侧的电绝缘层、电绝缘层外侧的接地屏蔽层以及接地屏蔽层外侧的防滑线。在电缆安装时，防滑线用于在管道内拉电缆时减小摩擦力。各部分设计分析在下面讨论，电缆连接和终端设计与常规电缆类似。

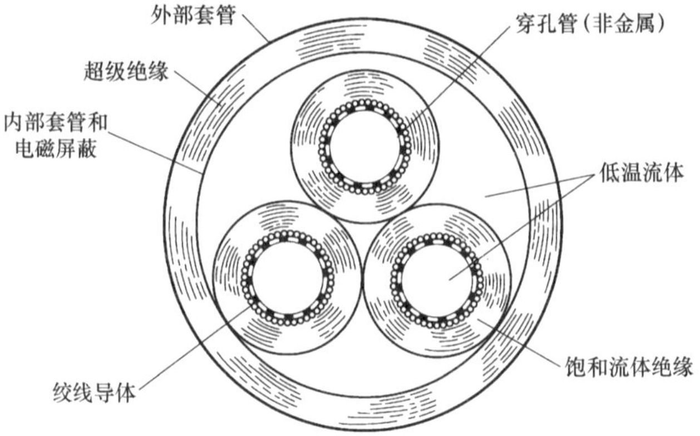

图9.5　液氮冷却的低温电缆系统

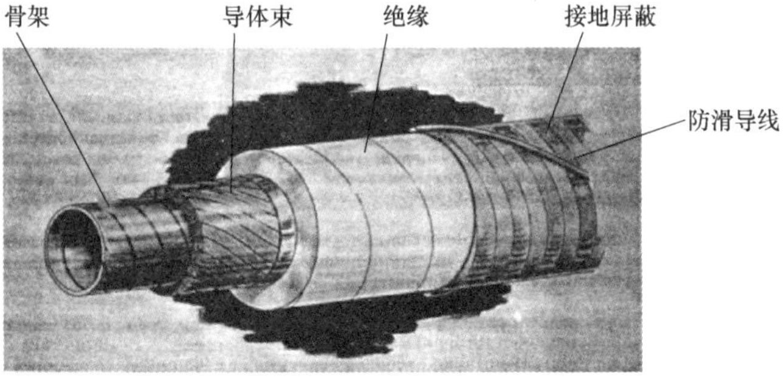

图9.6　液氮冷却的阻性电缆

1）导体层设计。大横截面电缆的导体层通常设计成同轴多芯束状，一般被压缩成梯形或扇形。这些同轴束状导体不具有对称性，因此有一定的自场。虽然由于不完全耦合造成的耦合损耗在室温下数值较小，但在液氮温度下数值很可能较大。图 9.7 为典型导体的横截面。一种计算同心绞合压实线束 AC/DC 比例的方法见本章参考文献［14］。典型的多股压实导体的交流与直流电阻率之比大约为 1.3。

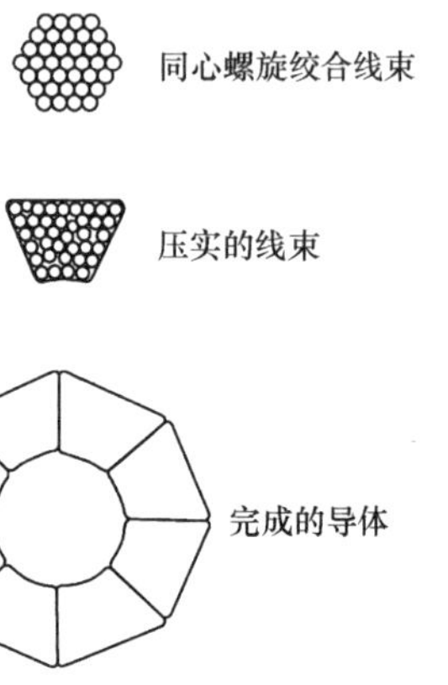

图 9.7　同心螺旋绞合压实电缆导体

2）电绝缘层设计。电缆导线一般被大约 1 英寸⊖宽的绝缘带缠绕，相邻两个绝缘带之间有 0.05 ~ 0.1 英寸的间隙。当电缆被卷起来时，导体层中的绝缘带材发生滑动，为了防止其在电缆弯曲半径内侧起皱。外层绝缘带采用 50/50 的重叠方式填补与内层绝缘带的间隙。绝缘带的典型厚度为 0.004 ~ 0.008 英寸。电缆运行时，绝缘带之间的间隙充满液氮，液氮的介电强度和绝缘材料相当。通常测量一个小样缆，小样缆的绝缘层厚度由多层绝缘带缠绕实现，绕制方式和实际电缆相似。1972 ~ 1974 年间在 US-DOE 项目[15]支持下，许多绝缘材料被测试了，这些材料长为 10 英寸，测试区域为 3 英寸。测试样品承受了最大为 200kV/60Hz 的测试电压和脉冲电压。其中，36 英寸长、0.22 英寸厚的纤维素/聚丙烯复合纸的击穿电压达到了 201kV，其平均和峰值击穿电压分别为 913kV/英寸和 1099kV/英寸。对不同厚度的绝缘层进行了测试，得到缩放比例函数，见式（9.1）。当电缆绝缘厚度为 0.8 英寸（≈20mm）时，这种材料的最大电压强度在 900kV/英寸（36kV/mm）左右。从测量数据来看[15]，式（9.1）中常量 A 和 B 分别预估为 47.8kV/mm 和 0.1。此方程只有在绝缘厚度低于 50mm 时才成立：

$$E_{\mathrm{m}} = At_{\mathrm{ins}}^{-B} \tag{9.1}$$

式中，E_{m} 为电场强度峰值（kV/mm）；t_{ins} 为绝缘层厚度（mm）；A =47.8kV/mm；B = 0.1。

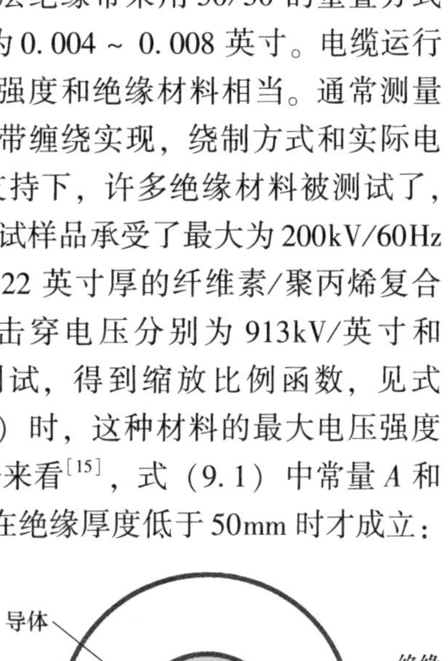

图 9.8　通用电缆截面

图 9.8 为含绝缘层的电缆横截面图。绝缘厚度根据选取的最大工作电压来决定，电场强度峰值（E_{m}）通常位于电缆导电层的表面，计算公式为

⊖ 1 英寸 =0.0254m。

$$E_m = \frac{V}{R_1 \ln(R_2/R_1)} \tag{9.2}$$

式中，E_m 为导体表面的介电应力峰值；R_1 为绝缘层内径（与导体相邻）；R_2 为绝缘层外径；V 为导体电压。

上式可转换为绝缘层厚度计算公式

$$t_{ins} = R_1 [e^{V/(E_m \cdot R_1)} - 1] \tag{9.3}$$

一般，材料最大电压强度（E_m）为击穿强度的 1/3 ~ 1/2，因此 PPLP 的工作电场强度选择 500V/mil（=20kV/mm）是比较合理的。

电缆导体层的最外侧表面是不均匀的，通常需要在它的表面缠绕几层黑炭纸（例如，由嵌入碳离子的纤维素或聚丙烯纸构成的半导体材料）。同样，在绝缘层和铜接地屏蔽层之间也会加碳纸层。

运行在高电压等级下的超导电缆，其绝缘材料会产生较大的热损耗，这部分损耗由制冷系统移除，称为正切损耗。不同绝缘材料在液氮浸泡下的正切损耗已经被测量过了[13]。聚乙烯纸（DuPont“Tyvek”）的正切损耗最小，纤维素纸的正切损耗最大。然而聚乙烯纸的击穿电压比纤维素纸要小。聚丙烯纤维素层压纸在正切损耗和击穿电压之间具有较好的折中效果。因此，从 1970 年开始，油冷的普通电缆和液氮冷却的低温电缆以及高温超导电缆均广泛采用 PPLP 绝缘材料。

3）低温恒温容器设计。三相电缆共用一个低温恒温容器，如图 9.5 所示（单根电缆为一相）。低温恒温容器由内部冷壁和外部室温壁组成，两壁之间填充超级热绝缘材料（MLI）。尽管电缆里的三相平衡电流在距电缆几米远的位置产生的漏磁场几乎为零，但在低温恒温容器内部三相电缆产生的总磁场却不为零。该磁场的频率与线电流的频率一致，会在低温恒温容器壁内产生涡流热损耗。为了减少涡流热损耗，理想的办法是低温恒温容器内管采用铝材料制造。如果采用钢管作为内管的话，需要增加一层铝屏蔽层（大约为 5mm 厚）。而且，低温恒温容器内壁能够承受大约 16bar 的正压力。

下面列出低温电缆热负荷的主要组成部分：

① 电缆导体的阻性损耗（是导体横截面积和电流的函数）。

② 介电绝缘层的 $\tan\delta$ 损耗。

③ 低温恒温容器壁的热传导损耗（从室温到液氮温度）。通常取决于所用 MLI 材料的数量和低温、室温壁之间机械支撑类型；好的设计可以实现 8W/m 的热损耗，其中低温恒温容器内管直径为 18 英寸（450mm）。

④ 铝屏蔽层有涡流损耗（是线电流的函数）。

⑤ 液氮泵损耗。

各种损耗之和等于所需的制冷容量。相邻的制冷站的距离由液氮进口和出口的温度及其流速决定。

也可以使用非金属管输送液氮[12]。这种管道可以用8英寸（200mm）厚的泡沫材料实现绝缘。在这样的系统中，铝的涡流损耗就被消除了，但是通过绝缘泡沫的漏热比通过MLI材料的高。任何通过铝屏蔽层减小的热负荷都被泡沫材料更大的漏热抵消了。最后比较分析了真空绝缘金属管与泡沫绝缘非金属管的成本。

9.3.2 高温超导电缆分析

主要针对基于高温超导带材的高压导体层和屏蔽层结构设计。每根高温超导带材为4mm宽，多层高温超导带材螺旋状地缠绕在中心铜骨架上，并根据设计要求承载额定电流和过载电流。在缺乏良好设计控制的情况下，所有高温超导带材不太可能实现电流的均匀分布，该问题类似于低温电缆中常规股线导体存在的问题（见9.3.1节讨论），只是组装高温超导带材时需要用到不同的方法。在高温超导电缆中，必须精确控制带材的数量和节距以确保电流均匀分布在导体层。下面将分析解决这个问题。

导体设计。通常高温超导电缆的横截面如图9.9所示。它由以下部分组成：

① 骨架外半径为 R_1；

② 第一层的内、外半径分别为 R_1 和 R_2；

③ 第二层的内、外半径分别为 R_2 和 R_3；

④ 第三层的内、外半径分别为 R_3 和 R_4；

⑤ 用于集成的返回导体半径 R_s。

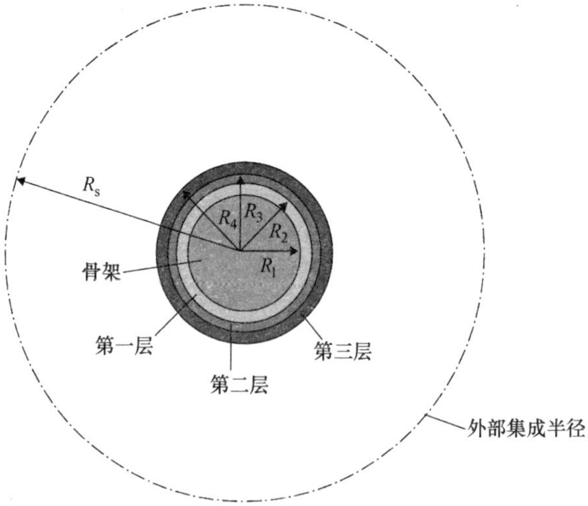

图9.9 HTS电缆横截面

各层由高温超导带材螺旋绕制构成，如图9.10所示。每根带材都有固定的绕向角，相邻两层的绕制方向相反。每层螺旋缠绕的导体层都有自感和与其他同轴层的互感。

图9.10　导体层中HTS带材布置图

Olsen[16]发表的电感（L_s）的计算公式如下：

$$L_s=\frac{\mu_0}{4\pi}\tan(\theta)^2+\frac{\mu_0}{2\pi}\ln\left(\frac{R_s}{R_2}\right)+$$
$$\frac{\mu_0}{2\pi(R_2^2-R_1^2)^2}\left[\frac{R_2^4-R_1^4}{4}+R_1^4\ln\left(\frac{R_2}{R_1}\right)-R_1^2(R_2^2-R_1^2)\right] \tag{9.4}$$

式中，L_s为导体层层自感(H/m)；μ_0为自由空间的磁导率，$\mu_0=4\pi\times10^{-7}$(T·m/A)；R_1，R_2为层内经和外径（m）；R_s为集成用返回导体半径（m）；θ为扭转螺旋角（弧度）。

方程式第一部分表示缠绕在骨架上的带材的电感，它相当于一个圆柱状缠绕线圈。第二部分代表沿着导体层长度方向的线性电流产生的电感。第三部分表示存储在导体层厚度中的磁能量产生的电感，但这项可以忽略（不会产生太大的计算误差），因为导体层厚度相对于电缆半径非常小。在实际电缆中相邻的导体层可能被一个绝缘层隔开，因此每一层都有各自的内径和外径。

同样地，任意两个导体层（1和2）之间的互感M计算如下：

$$M=\frac{\mu_0}{4\pi}\tan(\theta_1)\tan(\theta_2)\frac{\min(R_1,R_2)^2}{R_1R_2}+\frac{\mu_0}{2\pi}\ln\left(\frac{R_s}{\max(R_1,R_2)}\right) \tag{9.5}$$

式中，M为1层和2层之间的互感（H/m）；R_1和R_2为内导体层和外导体层的平均半径；θ_1和θ_2为内导体层和外导体层的绕向角。

上式第一项代表的是沿电缆长度方向的磁通耦合，第二项代表沿电缆圆周方向的磁通耦合。

在实际电缆中，由束状铜导线制成的骨架（见图9.3）为故障电流提供了一条分流途径。在由高温超导带材绕制的屏蔽层外侧还可以绕制一层铜带材，如图9.3所示。超导电缆的分析中也包括了低温恒温容器壁。各层的自感和互感可以使用式（9.4）和式（9.5）进行计算。

由于超导电缆的各个导体层在端部都短路在一起，所以需要知道各层的电阻以获得电流在各层的分布。非高温超导带材的电阻可以根据工作温度下的电阻率进行计算：

$$R_{\text{non-hts}} = \frac{\rho_{\text{cu}}}{\pi(R_{\text{i}}^2 - R_{\text{o}}^2)} \frac{2\pi R_{\text{m}}}{\sin(\alpha)} \tag{9.6}$$

式中，$R_{\text{non-hts}}$为非高温超导带材电阻（Ω/m）；α为带材绕向角；R_{i}，R_{o}为导体层层内、外半径；R_{m}为导体层平均半径；ρ_{cu}为铜电阻率（Ω·m）。

然而，因为高温超导带材的电阻是不同磁场和温度下运行电流和临界电流比率的函数，所以高温超导体的层电阻计算非常复杂，由于各层的电流分布不均匀，有必要估算在磁场、电流和温度影响下的各层的电阻。高温超导带材电阻的计算步骤与第8章故障限流器介绍的计算方法类似。各层电阻的具体计算步骤描述如下：

由于每层均由多根高温超导带材在骨架上缠绕构成，因此，每个导体层承受两个分量的磁场：①沿电缆轴向的磁场分量；②沿电缆环向的磁场分量。径向磁场分量（B_{a}）和环向磁场分量（B_{c}）分别由式（9.7）和式（9.8）计算：

$$B_{\text{a}} = \frac{\mu_0}{2\pi R/\tan(\alpha)} I \tag{9.7}$$

$$B_{\text{c}} = \frac{\mu_0}{2\pi R} I \tag{9.8}$$

式中，I为导电层总电流；R为导电层平均半径。

磁场分量可以通过每一层的电流进行计算。多层磁场分量叠加后可以得到特定层的净磁场。

通过临界电流的定义可以确定高温超导带材的电阻（R_{HTS}），见式（9.9）。（I_{c} = 高温超导带材在电压降为1μV/cm，77K自场下承受的电流）：

$$R_{\text{HTS}} = 10^{-6} \frac{\text{V}}{\text{cm}} \left(\frac{I_0}{I_{\text{c}}(\theta, B)} \right)^N \frac{1}{I_{\text{o}}(A)} \frac{2\pi R}{\sin(\alpha)} \tag{9.9}$$

式中，I_{c}为温度（θ）和磁场（B）下的临界电流；I_{o}为运行电流；N为指数；R为导体层半径；α为高温超导带材的绕向角。

1m长电缆的电阻通过下式计算：

$$R_{\text{hts}} = \frac{1}{N_{\text{c}}[(1/R_{\text{br}}) + (1/R_{\text{ag}}) + (1/R_{\text{sol}}) + (1/R_{\text{NiW}}) + (1/R_{\text{HTS}})]} \tag{9.10}$$

式中，R_{br}为黄铜或铜骨架的电阻；R_{ag}为银导体层电阻；R_{sol}为焊锡电阻（如果有）；

R_{NiW}为镍-钨电阻（或哈氏合金）；R_{HTS}为超导带材的电阻；N_c为各层带材根数。

下面的电路模型包括所有电阻、自感和互感。同轴电缆的阻抗矩阵方程中含有两层高温超导高压导体层和两层高温超导屏蔽层，如式（9.11）。该矩阵还包含了沿电缆轴向（元素1-1）的骨架（导体中心）和2层高温超导屏蔽层外侧的非高温超导体（铜）屏蔽层（元素6-6）。

如果需要的话，还可以添加更多的高温超导和非高温超导层到矩阵里。

$$
\mathbf{Z}=\begin{pmatrix}
R_c+j\omega L_c & j\omega M_{12} & j\omega M_{13} & j\omega M_{14} & j\omega M_{15} & j\omega M_{16}\\
j\omega M_{12} & R_{h1}+j\omega L_{h1} & j\omega M_{23} & j\omega M_{24} & j\omega M_{25} & j\omega M_{26}\\
j\omega M_{13} & j\omega M_{23} & R_{h2}+j\omega L_{h2} & j\omega M_{34} & j\omega M_{35} & j\omega M_{36}\\
j\omega M_{14} & j\omega M_{24} & j\omega M_{34} & R_{s1}+j\omega L_{s1} & j\omega M_{45} & j\omega M_{46}\\
j\omega M_{15} & j\omega M_{25} & j\omega M_{35} & j\omega M_{45} & R_{s2}+j\omega L_{s2} & j\omega M_{56}\\
j\omega M_{16} & j\omega M_{26} & j\omega M_{36} & j\omega M_{46} & j\omega M_{56} & R_S+j\omega L_S
\end{pmatrix} \tag{9.11}
$$

式中，R为指定导电层的电阻；L为导电层的自感；M为与其他导电层的互感；ω为系统频率，$\omega=2\pi f$。

普通的交流电压（V_0）施加在1m长的导体上，如图9.11所示。每一层的电流为

$$
I=Z^{-1}V_0 \tag{9.12}
$$

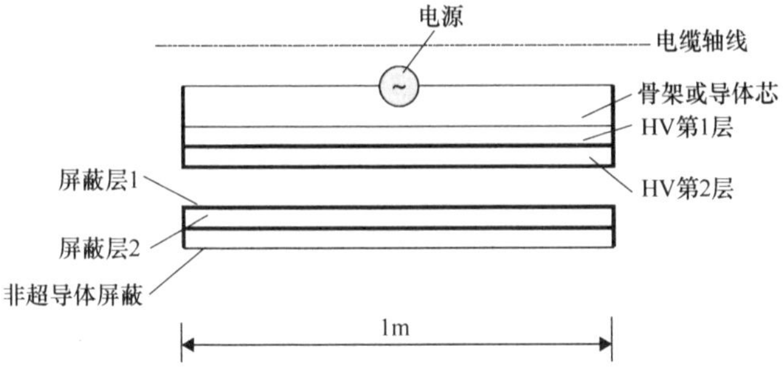

图9.11　计算单层电流的电路图

每个回路的阻性损耗均可以通过各层电流和电阻进行计算。

1）高温超导同轴电缆——高压等级。高压单相同轴电缆如图9.3所示，该电缆采用束状铜绞线作为骨架，由两层高温超导带材组成高压导体，两层高温超导带材组成的屏蔽层，高温超导屏蔽层外侧还有一个铜屏蔽层。不同层的电流分布可以通过9.3.2节中的分析进行计算。该分析方法是通用的，可以通过改变高压导体层和屏蔽层的层数来满足设计的需要。电缆护套外侧的部件（如，低温恒温容器）可以作为电缆的一个独立层。因为式（9.10）中的R_{HTS}是等效

层电阻（即电流、磁场和温度的函数）。以上分析能被用于计算任意传输电流等级下的电流分布情况，包括故障电流。

一个 138kV、2500A 的超导电缆实例设计如表 9.1 所示。黄铜稳定层焊在第二代高温超导带材上。

各个层的电流分布如下所示，第一列表示层数，从电缆轴中心开始算起，各层代号定义如下：

0 为电缆骨架，1 为第 1 层 HV HTS 层，2 为第 2 层 HV HTS 层，3 为第 1 层 HTS 屏蔽层，4 为第 2 层 HTS 屏蔽层，5 为铜屏蔽层，6 为低温容器。

$n=$	层电流（PU） $I_n/I_o=$	电流相角 $\mathrm{ang}(I_n)=$
0	0.072	151.372
1	0.427	-84.211
2	0.61	-88.052
3	0.434	92.331
4	0.573	91.189
5	0.024	-8.491
6	6.237×10^{-3}	-24.277

其中 I_n 是第 n 层的电流。

第二列是每层的归化电流（传输电流的一部分）。第三列是各层电流的相角。两层高压导体层中的电流和屏蔽层中的电流近似相等。改变带材的数目和它们的绕向角会使各层电流分布更加均衡。

表 9.1 同轴高压电缆设计实例

参　数	同轴-高压
线电压/kV（有效值）	138
额定电流/kA（有效值）	2.5
电缆截面细节	
骨架内径/mm	0.025
骨架外径/mm	11.1
HTS 层标称厚度/mm	1
电绝缘厚度/mm	14.7
高压 HTS 层外径/mm	12.1
HTS 屏蔽层内径/mm	26.8
HTS 屏蔽层外径/mm	27.2
铜屏蔽层外径/mm	29.2
屏蔽层和低温恒温容器壁之间液氮间隔/mm	5.1
低温恒温容器内径/mm	34.3
低温恒温容器壁厚度/mm	24.4

（续）

参　数	同轴-高压
各层特性	
带材扭绞节距角	
铜芯/°	2.5
高压 HTS 导体层 1/°	-10
高压 HTS 导体层 2/°	15
HTS 屏蔽层 1/°	-20
HTS 屏蔽层 2/°	18
铜屏蔽/°	-2.5
每层 HTS 带材根数	
高压 HTS 导体层 1	12
高压 HTS 导体层 2	12
HTS 屏蔽层 1	12
HTS 屏蔽层 2	12
HTS 带材特性	
77K 下带材临界电流/(A/cm)	300
线（带材）宽度/mm	5
HTS 层厚度/μm	1
基底层厚度/μm	75
银层厚度/μm	2.5
焊锡层厚度/μm	24.8
铜稳定层厚度/μm	100
运行温度/K	74

2）HTS 同轴电缆——中压等级。一个中压等级，三相在同一低温恒温容器中的超导电缆如图 9.12 所示。该电缆采用铜绞线作为骨架，由两层高温超导带材构成高压导体层，两层高温超导带材构成屏蔽层，在高温超导屏蔽层外还有一层铜屏蔽层。不同层的电流分布情况可以通过上述方法（9.3.2 节中已介绍）计算得到。这条电缆是 Sumitomo Electric 公司使用 SuperPower 公司的带材制造而成，并在 2006 年年投入使用。

一个 34.5kV、800A 超导电缆的实例设计见表 9.2 所示。不同层的电流分布以表格列出，第一列表示层数，从电缆轴中心开始算起，每层代号表示如下：

0 为电缆骨架，1 为第 1 层 HV HTS 层，2 为第 2 层 HV HTS 层，3 为第 3 层 HV HTS 层，4 为第 1 层 HTS 屏蔽层，5 为第 2 层 HTS 屏蔽层，6 为铜屏蔽层。

第二列是各层的归一化电流（传输电流的一部分）。第三列是各层电流的相角。三层高压导体层中的电流之和与屏蔽层中的电流近似相同。通过改变带材数量和它们的绕向角可以获得更均衡的层电流分布。

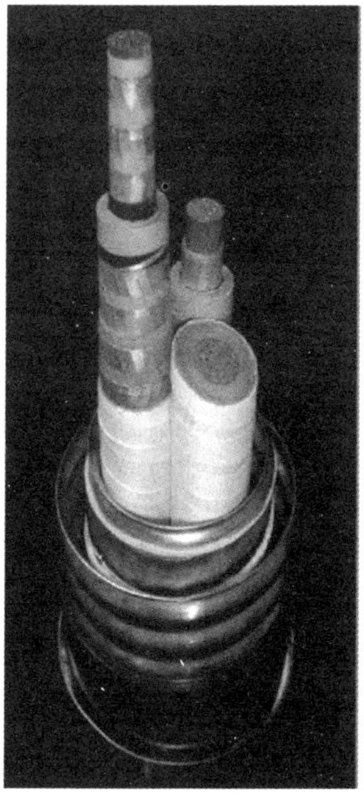

图 9.12 34.5kV、600A HTS 电缆

$n=$	$I_n/I_o=$	$\mathrm{ang}(I_n)=$
0	0.075	154.471
1	0.195	-77.826
2	0.335	-89.834
3	0.506	-86.757
4	0.471	92.485
5	0.566	92.023
6	0.053	-42.775

表 9.2 同轴中压电缆设计实例

参数	同轴-中压
线电压/kV（有效值）	34.5
额定电流/kA（有效值）	0.80
电缆截面细节	
骨架内径/mm	1
骨架外径/mm	8
HTS 层标称厚度/mm	1.5
电绝缘厚度/mm	4.4
高压 HTS 层外径/mm	9.5
HTS 屏蔽层内径/mm	13.9
HTS 屏蔽层外径/mm	15.4
铜屏蔽层外径/mm	17.4

（续）

参　　数	同轴-中压
各层特性	
带材扭绞节距角	
铜芯/°	2
高压 HTS 导体层 1/°	28
高压 HTS 导体层 2/°	10
高压 HTS 导体层 3/°	-24
HTS 屏蔽层 1/°	25
HTS 屏蔽层 2/°	-20
铜屏蔽/°	2
一层的 HTS 带材根数	
高压 HTS 导体层 1	10
高压 HTS 导体层 2	10
高压 HTS 导体层 3	10
HTS 屏蔽层 1	18
HTS 屏蔽层 2	18
HTS 带材特性	
77K 下带材临界电流/(A/cm)	250
线（带材）宽度/mm	5
基底层厚度/μm	75
银层厚度/μm	2.5
运行温度/K	73

3）Triax™高温超导电缆——低压等级。一个低压、三相的 Triax™电缆如图 9.4 所示。自 2007 年以来，这种类型的电缆一直在运行，并且还有几条正在建造。该电缆采用一个空心骨架，由一层高温超导带材构成单相高压导体，高温超导层外侧为铜屏蔽层。使用上述的分析（9.3.2 节中介绍）计算各层的均流情况。参考其他实例使用的公式计算参数（电阻、自感和互感）。为了实现三相系统平衡，三相电压的相位互差 120°。

一条 13.8kV、1250A 的超导电缆的各相（层）的电流分布见表 9.3，第一列表示层数，从电缆轴中心开始算起，每层代号表示如下：

0 为电缆骨架，1 为 A 相 HV HTS 层，2 为 B 相 HV HTS 层，3 为 C 相 HV HTS 层，4 为铜屏蔽层。

第二列是每层的归一化电流（传输电流的一部分）。第三列是各层电流的相角。三相电流是平衡的。改变超导带材的绕向角可以在各层中获得均匀的电流分布。

表 9.3　Triax 三相同轴中压电缆设计实例——单层

参　数	同轴-中压
线电压/kV（有效值）	14
额定电流/kA（有效值）	1.26
电缆截面细节	
骨架内径/mm	10
骨架外径/mm	11
HTS 层标称厚度/mm	1
电绝缘厚度/mm	2.2
高压 HTS 层外径（A 相）/mm	14.2
高压 HTS 层外径（B 相）/mm	17.4
高压 HTS 层外径（C 相）/mm	20.7
铜屏蔽层外径/mm	22.9
屏蔽层和低温恒温容器壁之间液氮间隔/mm	5
低温恒温容器内径/mm	27.9
低温恒温容器壁厚度/mm	25
各层特性	
带材扭绞节距角	
铜芯/°	2
A 相高压 HTS 导体层/°	-5.0
B 相高压 HTS 导体层/°	26.3
C 相高压 HTS 导体层/°	-10.0
铜屏蔽/°	-2.5
一层 HTS 带材根数	
A 相高压 HTS 导体层	16
B 相高压 HTS 导体层	16
C 相高压 HTS 导体层	16
HTS 带材特性	
77K 下带材临界电流/(A/cm)	300
线（带材）宽度/mm	5
基底层厚度/μm	1
银层厚度/μm	75
焊锡层厚度/μm	2.5
铜稳定层厚度/μm	24.8
运行温度/K	100
	72

n =	层电流（PU）I_n/I_o =	电流相角 $\mathrm{ang}(I_n)$ =
0	2.072×10^{-4}	61.931
1	1.002	-88.626
2	1.003	148.279
3	0.994	30.609
4	5.243×10^{-3}	-50.216

通过改变带材数量及其绕向角可以获得更均衡的层电流分布。各相电缆中的带材数越多，所需骨架直径越大，可承载更大的电流。

9.4　面临的问题

自 20 世纪 60 年代以来，世界各国一直都在使用交联聚乙烯绝缘材料（XLPE）制造输电电缆（69kV 及以上）。当前，对于广泛应用的 XLPE 地下输电技术，电压等级已达 400kV，并在哥本哈根、柏林和其他大都市中实现应用，日本的输电电压等级甚至高达 500kV。对那些没有空间建设架空线路的区域，只能建设地下输电线路，因此有必要强化输电系统。地下传输电缆可以穿越城市和水体，运行非常可靠，不容易受到冰或风暴的影响，以及由于过载、树木生长和类似的环境因素引起的线路下垂。美国拥有 345kV XLPE 电力电缆的设计、制造、安装技术。低温电缆和高温超导电缆系统的最大挑战是与这些高度可靠、免维护 XLPE 电缆系统的竞争。

从用户的角度来看，产品选型需要考虑的一些主要因素包括：低成本而不减小可靠性，低投入的解决方案（包括投资和寿命周期成本），让客户感到物超所值，并有及时的投资回报和可靠的低温系统。下面将解决这些挑战与问题。

9.4.1　阻性低温电缆的问题

尽管由传统铝导体制成的低温电缆可以传输电流，但导体中 I^2R 损耗仍然很大。这些损耗必须以 1∶8 的代价用制冷机移除（小的 G-M 制冷机需要花费的代价为 1∶30）。低温电缆制冷系统的总体运行费用相当于一条相同额定等级的传统电缆。例如，一条 500kV、1200A 的电缆能够采用传统电缆技术建造和安装，一台大型的专业液氮制冷机可以冷却 30 英里⊖长的低温电缆。但是，尽管 3 根

⊖ 1 英里 = 1609.344m。

油冷电缆也可以承载同样的负载，但却需要占用大于3倍的空间。低温电缆与3根传统电缆的投资和运行成本几乎一样，但低温电缆唯一的优点是仅需要1/3的建造空间，这一点对在城市中心区域的应用是非常重要的。另一个优点是相对于高温超导电缆很难实现的较大的故障电流载流能力。低温电缆对故障电流的承受能力很难被高温超导电缆所取代。如果相同额定等级的低温电缆和传统电缆的运行成本相当的话，那么低温电缆是一种更可靠的解决方案。低温电缆的制造类似传统电缆（包括导体和绝缘体），并且在液氮温度下运行，它具有比与油冷电缆更长的使用寿命，因此整体系统的寿命成本要远低于传统电缆系统。据作者了解，目前这一概念还没有被任何机构开展研究。

高浓度液氮的关注。氮是一种无色、无味、稳定、不可燃气体，在大气中自然产生。它在地球空气中约占79%，在正常情况下，对健康或安全不构成任何威胁。当冷却后，氮会液化成沸点为－195.8℃（－320.4℉或77K）的液体；它在自然界中大量存在，是液化氧（氧的沸点是90K）过程中的副产品。因为它资源丰富，成本低，无腐蚀性，不易燃，具有较高的电气绝缘性能，所以对低温和高温超导电缆等电力设备而言，液氮是一种理想的低温制冷剂和绝缘介质。

与氮有关的两个主要风险是：缺氧和极度低温。在密闭空间内，释放到环境中的高浓度的氮气会由于氧气浓度降低，而容易导致窒息。氮气浓度的升高可能会导致各种呼吸道症状，甚至在高浓度时，会出现昏迷或死亡。直接与液氮接触会导致冻伤，因此必须注意避免。低温液氮产生的临时雾气也可能会导致温度降低，并在消散前造成视野模糊。如果液氮泄漏发生在非密闭空间，氮会迅速消散到环境中。目前还没有因慢性接触到这种气体对健康造成不良影响的案例。

为了广泛使用低温电缆和高温超导电缆，有一些方法可以减小因意外接触液氮或高浓度氮气带来的风险，它们包括以下内容：

1）高温超导电缆的上部区域需要保护不被挖掘机撞击，这与传统地下电缆和高压的天然气管道需要保护和标记的方法一样。用混凝土、木头或铁栅栏，配以视/听警告系统以避免直接接触，来减小意外挖掘事故。

2）沿充满液氮的超导电缆长度方向布置传感器系统，从而探测低温温度和氧气浓度，或兼而有之。

3）密切监测冷却剂流量、温度和压力，用来确定存在的泄漏或者事故。

传感器系统使用太阳能面板供电，具有低耗能和远程遥控能力，可以沿整个高温超导电缆长度方向监测液氮缓慢泄漏程度，真空压力降低情况或者系统的灾难性故障。一旦系统发生故障，将传送报警信号，并且在必要时截断注入电缆中的液氮。

9.4.2 高温超导电缆的问题

城市中心密集区域是高温超导电缆最具吸引力的应用领域。为得到供电公司广泛应用，它们必须满足以下5个标准：

1）低投入和低运营成本。

2）可靠的制冷和冷却系统。

3）正常和故障期间的性能。

4）实用性。

5）故障电流限流电缆（可选）。

（1）资本和运营成本

高温超导带材、低温恒温容器和制冷机的费用是非常高的。高温超导电缆系统的总成本是同等级常规电缆系统的3～4倍。尽管高温超导电缆结构非常紧凑，但是它的成本仍然是它们在电网中获得应用的主要障碍。制造商在1995年为第二代高温超导带材设定的目标成本是小于10美元/kA·m，但至今仍未达到。为了成功实现商业应用，高温超导带材的价格必须降至5～10美元/kA·m。

对城市密集区域的短距离电缆，电缆低温恒温容器和终端的漏热是最大的热负荷。无论电缆的负载电流是多少，低温制冷机必须运行在其额定容量附近，因此增加了电缆系统的运行成本。

（2）制冷和冷却系统的可靠性

高温超导电缆的冷却系统是非常重要的。一旦冷却系统故障，高温超导电缆只能在额定负载下运行很短的一段时间。因而高温超导电缆的冷却系统在可接受的造价内必须具备较高的可靠性。目前，可用的制冷系统都很昂贵，并且长期运行的稳定性仍比预期要低。对较小的系统，Gifford-McMahon型制冷机可供使用，但是它们的成本（77K下，300W制冷功率需要30000美元）仍然很高。需要联合使用几种制冷方式才能达到需要的制冷功率。制冷系统的可靠性问题可以通过$N-1$冗余设计解决，但在故障时，它必须手动操作。制冷系统是高温超导电缆系统中最关键的组成部分，只有在正常运行温度以下工作，超导电缆才能承载大负荷。

因此，仅为高温超导电缆系统维持一个低温（液氮）的冷却方式是一种故障模式。现实要求为高温超导电缆冷却系统的组件或者系统提供一个更高可靠性的设计。对组件级别而言，达到液氮温度的常规制冷机已被应用几十年，具有较高的可靠性。低温制冷技术遍布许多工业领域，为促进制冷技术的广泛应用，研发更低成本、更高可靠性，具有最少可移动组件的模块化脉冲管制冷系统的工作正在进行中。

（3）正常和故障期间的性能

由于高温超导带材费用很高，在电缆设计中需要用量最少。高温超导带材的数量要保证足够承载客户要求的过负荷电流（最高为额定电流的两倍）。由于电缆系统承载的电流水平为40～80kA，如此之高的故障电流将引起高温超导电缆失超，一旦失超，焦耳热会使温度进一步升高，并迫使电缆系统停运。电网中的电缆可能会经历很多30～40kA的故障电流，我们希望电缆系统在经历这些故障时仍能正常运行。然而，基于两倍过载设计的高温超导电缆很可能会在故障电流（例如，35kA）下发生部分失超。许多这种低故障电流事件是由起动大型负荷电动机（比如城市地铁车辆）和变压器开断操作造成的。另外，由于电缆沿长度方向的失超不均匀⊖，因局部失超产生的热点同样也会导致电缆被烧毁。维持电缆长期运行需要准确地定义电缆设计和运行的规则。

高温超导电缆的另一个缺点是它们在经历大故障电流或电路修复后不能立即恢复运行，因为它们需要达到低温环境以实现超导状态。高电压等级的高温超导电缆更难被冷却，因为在超导体外覆盖着较厚的绝缘材料，这些绝缘材料具有很差的热传导性能。这种情况下，高温超导电缆系统需要突发事故时的替换运行方式，当高温超导电缆不适合负载工作时，在所设计的运行温度恢复之前，高温超导电缆的一旁必须要有其他可供选择的输电通道。

（4）实用性

所有的高温超导电缆都需要花费很长的时间从室温冷却到工作温度。这个冷却时间可能从几天到几个星期。在经历一次大电流故障后，电缆也将被充分加热导致停机数小时到几天。在这一期间，替代线路必须要负担以前由高温超导电缆所承载的负载。对系统运营商来说，在关键时期承载负荷对高温超导电缆的实用性有重要的影响。由于系统运营商不得不提供备用线路传输电力，因此除非实现它们的可靠性，否则高温超导电缆在电网中只能扮演一个辅助的角色。

高温超导电缆曾被提议用于连接风电场，但这不是一个好主意。风电的输出是不可靠的，高温超导电缆的可靠性又因制冷系统和故障电流问题而质疑，这两个不可靠的系统一起运行会对整个系统的稳定性和实用性带来巨大的负面影响。

（5）FCL电缆

一些高温超导电缆的支持者提出在超导电缆中加入故障电流限制功能，这种类型的电缆原型正在设计，并计划应用在纽约的Con Ed电网。但是，这种电缆在故障期间可能会进一步降低其运行可靠性。FCL电缆应用带材的磁通流阻区域，增加带材电阻，并通过增加的电阻限制故障电流。然而，它需要一个最

⊖ 与低温超导体不同，高温超导体不能很好地沿着导体的长度方向进行失超传播。

小长度（一般由故障时的电压和所要求限制的电流决定）以实现期望的故障电流限制动作，同时，也不能保证高温超导带材均匀过渡到所需要的磁通流阻区域，因此，目前尚不清楚此类电缆在电网中的运行情况。此外，电缆内部也可能产生局部热点，这些热点产生的热量是无法控制的，将会变成熔断器。在应用这种系统作为电力传输主要模式之前，需要重点研究它们在电网中的运行性能。

具有超导屏蔽层的同轴高温超导电缆被归为特低阻抗（Very Low Impedance，VLI）电缆[1]。这引发了一个问题：在电网发生大电流故障期间，VLI 超导电缆是否会一直保持低阻抗特性。例如，在出现故障时，电缆承载电流预计达到 60 ~ 80 kA。当电流超过临界电流时，在故障情况下高温超导体将立即转换为正常态，这是高温超导体的一个基本特性。随着电流的增加，这种正常态最初是一个适中的低阻状态，被称为磁通流动状态，一旦电流超过额定电流的数倍，正常态的阻抗会达到 $100\mu\Omega\cdot cm$。在故障状态下，这个转换将在毫秒内完成，正好在一个交流周期内。而后所有电流均被转移到铜骨架（必要时也包括铜屏蔽层）。当发生不会导致高温超导体转换到正常态的低电流故障时，电缆的 VLI 特性可以一直保持。然而，在大电流故障时，高温超导电缆实际上变成包含低温铜导体的常规电缆，并与常规电缆一样具有较高的阻抗。而且如前所述，一旦电缆失超，需要很长的时间才能把它冷却至正常的运行温度，所以它需要采用前面提到的其他方式来传送高温超导电缆所承载的负荷。

9.5 制造问题

目前，已制造出许多高温超导电缆原型样机，而且成功实现了测试。大部分电缆都采用常规电缆生产设备进行制造，只进行了微小的改动。电缆及其低温恒温容器、接头和终端技术都已成功示范。为应用在城市中，甚至还考虑了地面海拔变化的因素。本节主要讨论低温电缆和高温超导电缆的制造问题。

9.5.1 阻性低温电缆的问题

使用铝导体的低温电缆可以采用已有的设备制造，因而是最容易生产的。但它仍然需要一个真空绝缘管道来放置电缆。尽管该管道存在成本问题，但制造方面不存在问题。这种电缆的终端及其连接技术与常规电缆相似，由于涉及液氮冷却将会有略微的改动。低温电缆和高温超导电缆的一个共同的缺点是由于需要一段冷却时间才能达到低温温度，所以它们在经历线路维修后不能马上投入运行。应用大型工业气体制造设备提供的低温冷却剂能够降低电缆冷却周期。

因为高温超导电缆需要部件级和系统级均具有高可靠性的冷却系统，维持冷却温度（液氮温度），也给高温超导电缆带来了一种新的故障形式。对部件级而言，能够实现液氮温度的传统制冷机已经被数以千计的用户使用了几十年，具有很高的可靠性。许多这种制冷机已在无人值守的偏远地区运行，这与典型的公共电网运行条件相似。随着许多工业领域都采用低温制冷技术，超导电缆（比如几千英里的电缆）的广泛使用将导致其用户基础逐步增加。为扩大低温制冷机的应用范围，许多低成本、高可靠性、使用最少可移动组件的模块化脉冲管制冷机系统已在研发。对系统级而言，低温制冷网络可能需要考虑整合冗余，在总体传输系统设计上，体现出相同的 $N-1$ 型方法。针对现有的商业模型，如外包冷却系统，让它们由现有的基础设施提供，并由工业气体供应商管理，能够确保高温超导电缆系统运行可靠和实现最低成本。总之，冷却技术已经得到了充分的发展，并实现了广泛地工业应用，对高可靠的输电电缆来说，它已不再是主要障碍；然而，还需要在整体商业级别上设计和测试合适的制冷系统。

9.5.2 高温超导电缆的问题

高温超导电缆的制造问题涉及高压高温超导体、高温超导接地屏蔽层、缠绕在超导体上的绝缘材料、连续的低温恒温器、接头、终端和制冷系统。考虑在阻性低温电缆的介绍中，已经讨论过制冷系统的问题，下面将讨论其他问题。

1）高温超导导体。所有高温超导体的设计及制造问题已在第 2 章中进行了讨论。BSCCO-2223 和 YBCO 涂层导体均适用于制造电缆。来自不同制造商的高温超导体已被成功用于构造超导电缆模型。

2）绝缘应用。电缆最常用的绝缘材料为 Kapton and Nomex（DuPont 产品），或者类似于聚丙烯-纤维素层压纸（PPPL）材料。使用常规电缆的绕制技术，这些材料可以缠绕在大约 1 英寸宽的超导带材上。

3）连续的低温恒温器。可弯曲的真空绝热低温恒温容器如图 9.13 所示，它由两个同轴可弯曲的、碳含量少的奥氏体不锈钢波纹管组成。内层管子的外部覆盖着多层超级绝热层。具有低漏热损耗的垫片保证内层管子处于外层管子的中间，并阻止两层金属管相互接触。采用分子泵可保障长期的真空状态，聚乙烯套管可保护低温恒温器外部。低温恒温器及其相关的终端、部件在工厂中被组装，并进行检漏测试和评估，以便实现简单和节省成本的现场安装。由于低温恒温器具有弯曲性，因此可以像常规电缆一样进行处理。世界上的许多电缆原型中，

图 9.13 高温超导体的连续热绝缘低温恒温器

已成功建造并安装了可弯曲的低温恒温器。

4）终端。每根电缆有两个终端，用于连接电缆的低温部分和带有室温部件的套管接口。终端内部的电流引线用于连接超导电缆导体至常规导电套管，并向室温传热，因此需要考虑电缆和终端的绝缘要求，以保证电流引线从室温至低温端具有最少的传导热。终端还负责控制液氮在电缆内部的往返流动，这些终端已经被成功建造和安装在一个 138kV 的超导电缆原型上。

5）接头。由于每根电缆的制造长度都是有限的，因而需要进行电缆连接。电缆的接头电阻必须最小，并且还能实现液氮冷却剂的来回流动，并具有能注入和提取液氮冷却剂到中间冷却站的接口。对 Triax 型电缆来说，液氮从电缆中心孔流过，这样的接头制造难度很大。这些接头技术是目前开发项目的一部分。

6）现场维修。电缆可能会因为各种原因而损坏，比如电缆附近的地面开挖或者一些电气原因，所以研究野外修理工作的流程和工具是很有必要的。但迄今为止，对这方面的关注仍未可知。

9.6 原型

世界上已经成功应用了许多高温超导电缆项目。美国的 3 个主要工程包括：俄亥俄州哥伦布市 13kV Triax 电缆，纽约奥尔巴尼市 34.5kV、三相在同一低温恒温器中的超导电缆和纽约长岛 138kV 同轴超导电缆。除此之外，目前还有两个在新奥尔良的 Triax 型电缆项目和一个在纽约市 Con Ed 变电站中具有故障电流限制功能的 Triax 高温超导电缆项目。除了具备电力传输能力外，Con Ed 电缆还应用了具有故障电流限制功能的高温超导电缆技术[17]。高温超导带材采用高电阻稳定层，在正常情况下，电流在超导层中传输，一旦发生故障，高电阻层将起作用，来减少故障电流。当故障结束后，正常的负载电流继续在高温超导层中传输。这种电缆被用来在两个配电站之间进行电力传输。该模型样机的详细描述见下文。

9.6.1 阻性低温电缆

20 世纪 70 年代末，已构建和展示了阻性低温电缆，其额定电压和电流分别是 500kV 和 1200A。GE 公司为其建造的终端如图 9.14 所示。这种电缆使用液氮冷却的铝导体进行输电。单根电缆的传输容量是相同尺寸（外径）常规油冷电缆的 3 倍。随后为了实现电网应用，在新泽西州的 PSE&G 开展了电缆接头的研究，它的技术和经济可行性已经得到确定。当前，3 根常规电缆与 1 根低温电缆的资金成本本质上是相同的。然而，PSE&G 认为把大量的电能分配到一条连接线路是比较冒险的，因为一旦这个线路发生中断，整个电网可能会不稳定，引起连续的停电。这一点无论对低温电缆还是高温超导电缆而言都是同样有效的。

图 9.14　500kV 阻性低温电缆的终端

9.6.2　高温超导电缆——高压等级

美国超导公司和法国耐克森（Nexans）公司在纽约长岛电力局（LIPA）电网中构造和安装了一根 138kV、2500A 的高温超导电缆。该电缆采用同轴单相结构，使用第一代高温超导材料构造。图 9.15 是电缆安装图，项目计划[6]是在长岛电力系统中实现高温超导电缆的示范应用，该电缆长度接近半英里，作为一条永久线路运行在长岛电网中，是世界上第一条安装在实际输电网中的高温超导电缆。这条 138kV 电缆安装在纽约的 Lake Ronkonkoma，可为 300000 用户输送电能，是长岛电网不可缺少的一部分，于 2008 年的 4 月 22 号投入运行。长岛电力局计划保留这条电缆，作为其电网的永久组成部分。

图 9.15　纽约长岛的 AMSC/Nexans 高电压等级电缆

9.6.3　高温超导电缆——中压等级

SuperPower 公司和住友电气工业株式会社（Sumitomo）在纽约奥尔巴尼市电网中建造和安装了一根 34.5kV，800A 高温超导电缆。该电缆主要应用第一代高温超导材料，计划未来接入一段第二代高温超导电缆。图 9.16 是电缆安装图，项目计划[7]是在纽约奥尔巴尼市电网中示范运行高温超导电缆，该电缆首次采用分段连接，并且使用第二代高温超导体制作电缆的一段。

图 9.16　纽约奥尔巴马市中电压等级的 SuperPower/Sumitomo 电缆

该电缆使用“三芯高温超导电缆技术”，意味着在一个低温管道（低温恒温器）中该电缆有 3 个独立的缆芯（铜）。每一个缆芯上均缠绕着高温超导层和绝缘层，并且整体由液氮冷却剂和热绝缘层包围。这个设计也采用了“冷绝缘”概念，即低温液体与热绝缘层包围电缆的电绝缘层。所设计的电缆载流为800A，电压为34.5kV，总长度350m，安装在纽约奥尔巴尼市哈德逊河附近90号州际公路的地下，用于连接两个变电站。这项工程首次展示了超导电缆的连接技术。在项目的第二个阶段，由SuperPower公司应用第二代超导材料制造的电缆来取代一段30 m的电缆，这种新带材在性能和成本上都超过以往的高温超导材料，有望能加速高温超导技术进入电缆市场。同时，制冷系统供应商（Linde）开发了一套制冷系统，可以满足电力行业要求的高可靠性和效率标准。

项目的第一阶段开始于2006年7月20日，作为奥尔巴尼市35kV国家电网必不可少的一部分，超导电缆实现了完美运行，为大约25000个家庭供电。9个月后这段超导电缆从电网中脱离，开始进入项目的第二阶段：用第二代高温超导电缆代替一段30 m电缆。工程的第二阶段自2008年1月8日开始，在成功运行大约2400小时之后脱离电网。这是世界上在电网中首次安装基于第二代超导带材的电力设备的项目。

9.6.4 Triax^{TM}高温超导电缆——低压等级

ULTERA公司（是美国电缆制造商Southwire和丹麦电缆制造商nkt的合作企业）在美国电力公司俄亥俄州哥伦布电网中建造和安装一条13.2kV，3000A电缆。该电缆采用第一代高温超导材料。图9.17是电缆的安装图。项目计划[8]在真实的环境压力和实际电力负荷下，现场测试长距离超导电缆。该电缆系统在俄亥俄州哥伦布市的AEP变电站构成了一段重要的电力线路。超导电缆可以传输是常规电缆3~5倍的电能，通过改造应用场地和消除对新场地的需求，能够满足城市中日益增长的电力需求。

图9.17 在俄亥俄州哥伦布市的低电压等级ULTERA电缆

该电缆将所有三相电力线合并在一根电缆中，降低了冷却系统的负荷，三相同轴的合并也减小了杂散电磁场。由于一根电缆承担了3根独立电缆的工作，因此，这种设计仅需要同轴设计一半的超导带材量，且占用较少的空间。

2006年8月8号，这根200m电缆通电运行，成功为36000个家庭供电。大部分电缆被放置在地下管道内，电缆的接头建造在人防洞中，以展示多段电缆的连接过程。应用基本的真空系统满足了低温系统的要求，一台新型的脉冲管制冷机提供了大约40%的冷却量，为未来的商业应用展示了高可靠和低维护的性能。

ULTERA还在洛杉矶新奥尔良的电网中安装了一个13.8kV、2000A的超导电缆。自2011年通电运行以来，位于新奥尔良市的Triax高温超导电缆为逐渐增大的区域提供所需电力，避免了路易斯安那州电力公司在拥挤的城市重新修建一个高电压等级的降压变电站。高温超导系统具有占用面积小以及环保和高效率的优点。路易斯安那州电力公司将建立1.1英里长的电缆（这是迄今为止世界上最长的高温超导电缆系统），用来连接Labarre变电站和新奥尔良市郊的Metairie变电站，为电力需求日益增长的城市提供电力。

本项目试图证明长度大于1英里的高温超导电缆的安装和运行是可行的。路易斯安那州电力公司将提出一个“虚拟变电站”的概念，以避免建设一个高成本的230kV新变电站。相比于将被取代的常规输电电压等级线路，该项目还展示出了Triax高温超导电缆的高效率和低成本特性。

ULTERA的另一个应用工程在纽约曼哈顿的Con Ed电网，计划安装一条13.8kV、4000A的超导电缆，并在2010年底投入运行，该电缆具有限制故障电流的特性，被称之为Hydra工程。在Con Edison电网中安装的300m、Triax高温超导电缆表明高温超导技术具有在人口稠密的城市地区缓解电力系统拥挤和降低电力传输成本的能力。这项工程具有迄今为止最高的额定电流（4000A），实现“变电站母线纽带”的作用，并充分利用了配电变电站之间的变压器。考虑到设备体积小，不需昂贵的新变压器，所需占地也较少，并对居民区干扰小，所以超导电缆对Con Edison和曼哈顿地区具有较小的影响。高温超导电缆在美国最密集城市地区的实际应用将有助于解决许多城市在不久的将来所面临的迫在眉睫的电力挑战和安全风险问题。

9.7 总结

所有的电缆都使用液氮冷却，包括真空绝缘低温恒温器和高成本的制冷系统。制冷机的运行成本和电路中的电阻损耗是超导电缆系统经济性评估中的重要组成部分。因为组件成本高，电缆只有在传输大电流时才具有经济可行性。

全球各个电力公司遏制应用这项技术的主要原因仍然是担心失去一个大容量的电力连接，而导致整个电网的停电事故。预计高温超导技术将首次应用在空间受限的城市电网中，这种较小的电力连接有助于增强他们的适应性。对低温电缆和高温超导电缆系统而言，最大的挑战是与高可靠性、免维护的 XLPE 电缆系统进行竞争的能力。

参考文献

1. J. Howe, B. Kehrli, F. Schmidt, M. Gouge, S. Isojima, and D. Lindsay, "Very Low Impedance (VLI) Superconductor Cables: Concepts, Operational Implications and Financial Benefits," Whitepaper, November 2003, American Superconductor Corp. www.amsc.com/products/library/vli_cable_white_paper_nov03.pdf.
2. M. Nassi, N. Kelley, P. Ladie, P. Corsato, G. Coletta, and D. von Dollen, "Qualification Results of a 50 m-115 kV Warm Dielectric Cable System," *IEEE Trans. Appl. Superconductivity* 11 (1, Pt. 2): 2355–2358, 2001. DOI 10.1109/77.920334.
3. P. W. Fisher, M. J. Cole, J. A. Demko, C. A. Foster, M. J. Gouge, R. W. Grabovickic, J. W. Lue, J. P. Stovall, D. T. Lindsay, M. L. Roden, and J. C. Tolbert, "Design, Analysis, and Fabrication of a Tri-axial Cable System," *IEEE Trans. Appl. Superconductivity* 13 (2, Pt. 2): 1938–1941, 2003. DOI 10.1109/TASC.2003.812969.
4. S. Honjo, M. Shimodate, Y. Takahashi, T. Masuda, H. Yumura, C. Suzawa, S. Isojima, and H. Suzuki, "Electric Properties of a 66 kV 3-Core Superconducting Power Cable System," *IEEE Trans. Appl. Superconductivity* 13 (2, Pt. 2): 1952–1955, 2003. DOI 10.1109/TASC.2003.812975.
5. S. K. Olsen, O. Tonnesen, and J. Ostergaard, "Power Applications for Superconducting Cables in Denmark," *IEEE Trans. Appl. Superconductivity* 9, (2, Pt. 1): 1285–1288, 1999. DOI 10.1109/77.783536.
6. Long Island HTS Power Cable, Factsheet May 16, 2008. US-DOE Office of Electricity Delivery and Energy Reliability.
7. Albany HTS Power Cable, Factsheet July 24, 2008. US-DOE Office of Electricity Delivery and Energy Reliability.
8. Columbus HTS Power Cable, Factsheet February 20, 2008. US-DOE Office of Electricity Delivery and Energy Reliability.
9. E. B. Forsyth, "Underground Power Transmission by Superconducting Cable," Brookhaven National Laboratory, Upton, NY, BNL 50325, March 1972.

10. E. B. Forsyth and R. A. Thomas, "Performance Summary of the Brookhaven Superconducting Power Transmission System," *Cryogenics* 26(November): 599–614, 1986.
11. S. S. Kalsi, "Cryogenic Cable—Tomorrow's Answer to 'No Room' Upstairs," *GE Forum* 1(1): 1975, pp. 27–30.
12. Resistive Cryogenic Cable Economic Viability Evaluation, Final Report prepared by GE for US-DOE, Report CCS-80–4, March 31, 1980.
13. S. S. Kalsi and M. Hudis, "Cryogenic Insulation Development for High Capacity Underground Cable," *IEEE Power Apparat. Syst.* 93: 1974, pp. 558–566.
14. S. S. Kalsi and S. H. Minnich, "Calculation of Circulating Current Losses in Cable Conductors," *IEEE Power Apparat. Syst.* 99: 558–563, 1980.
15. Resistive Cryogenic Cable, Phase II Final Report prepared by General Electric under contract 14-01-0001-1483 for Edison Electric Institute, US Department of the Interior and Tennessee Valley Authority, April 1974.
16. S. K. Olsen, C. Traeholt, A. Kuhle, O. Tonnesen, M. Daumling, and J. Ostergaard, "Loss and Inductance Investigations in a 4-Layer Superconducting Prototype Cable Conductor," *IEEE Trans. Appl. Superconductivity* 9 (2, Pt. 1), 833–836, 1999. DOI 10.1109/77.783426.
17. G. Wolf, "Technologies Advance Transmission Systems," *Transmission Distrib. World*, Penton Media, Nov. 2007, TD-175-SPH.

第10章　磁悬浮交通

10.1　引言

与当前的轮式交通工具相比，磁悬浮列车具有运行更快、更安静、更平稳的优势。长期以来，这种列车被认为是一种未来旅行的交通工具，但目前看来，它已进入真正实用化的阶段。高昂的成本仍然是建造磁悬浮列车的主要阻力，并且磁悬浮项目还面临着许多其他复杂的问题，如资金（公共或私有）、占地、所有权以及现有的交通模式到未来磁悬浮模式的转变。从马车到铁路的改变或许会简单一些，但是从铁路到磁悬浮的改变却由于铁路系统既得利益部门的阻挠和缺乏公共资金而面临困难。与兴建铁路一样，磁悬浮列车也是资本密集型投资项目。铁路最初是由私人建造的，后来才逐步由政府接管，这是因为公众的出行安全应该高于商业利益，由于相同的原因，现在几乎所有的机场也都是国有资金建造的。在现代社会，商业和能源市场存在不确定性，因此推广磁悬浮技术时需要谨慎地考虑使用公共资源。类似于机场和飞机，国有资金用于建设磁悬浮列车轨道；私人可以拥有和经营磁悬浮车辆。

本章主要介绍应用于磁悬浮系统的磁体技术。磁悬浮列车不是像常规列车那样利用蒸汽、柴油或电机驱动，而是在导轨上利用变化的磁场对列车进行牵引、导向和推进，列车和导轨之间没有直接接触，因此具有创纪录的地面运行速度，可以媲美商业飞机。Lee[1]和Thornton[2]详细介绍了磁悬浮列车的各种概念。本章回顾了磁悬浮的主要概念，分析了高温超导磁悬浮技术的优点和面临的困难，并对当前的原型车和示范项目进行简要介绍。

10.2　结构

磁悬浮有两种基本类型：

1）电动悬浮（EDS）。利用两条轨道和车辆上的磁铁使车辆悬浮在导轨上（令车辆离开轨道）。

2）电磁悬浮（EMS）。有效控制电磁铁使得车辆被吸引到安装在轨道上的磁性导轨上。

当低速运行时，稳定性永磁悬浮（SPM）采用反向永磁阵列使列车悬浮于轨道上，通过调整磁铁来实现稳定运行。EMS 系统可以低速运行，但本书不讨论低速系统。

下面主要介绍两个适用于高速系统的 EDS 和 EMS。

10.2.1 电动悬浮

日本铁路公司（JR）在很长的一段时间内一直在发展电动悬浮，并建成了将近 20km 的试验轨道。使用 EDS 系统的日本磁悬浮列车系统如图 10.1 所示，运动的磁场在导体或线圈中产生感应电流，该电流对磁场产生反作用力，用于支撑起列车。磁悬浮列车上装有超导线圈，导轨上安装有无源的磁悬浮线圈，当列车高速运行时，在导轨上的磁悬浮线圈产生感应电流，该电流对列车上的超导线圈产生反作用力以支撑列车。

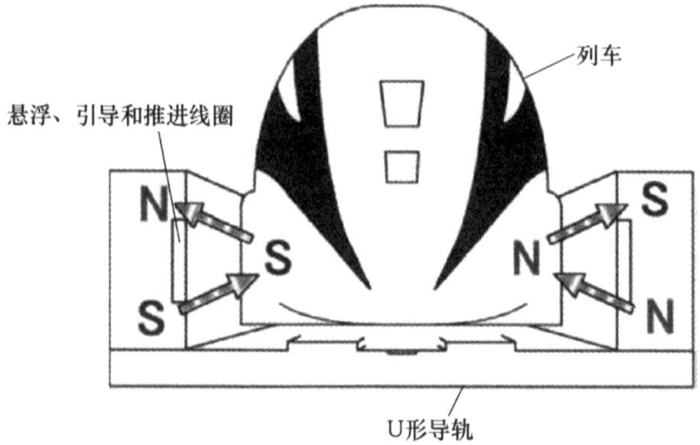

图 10.1 电动悬浮（EDS）列车原理

电动悬浮有空隙大（100mm）的优势，但由于电动悬浮在低速时（对 JR 磁悬浮列车，一般是 150km/h 或更少）不会产生较大的磁悬浮力，因此在低速运行时需要车轮支撑。一旦列车达到一定的速度后，车轮会被收起，列车开始悬浮。列车的悬浮/导向线圈和牵引线圈示意图见图 10.2。

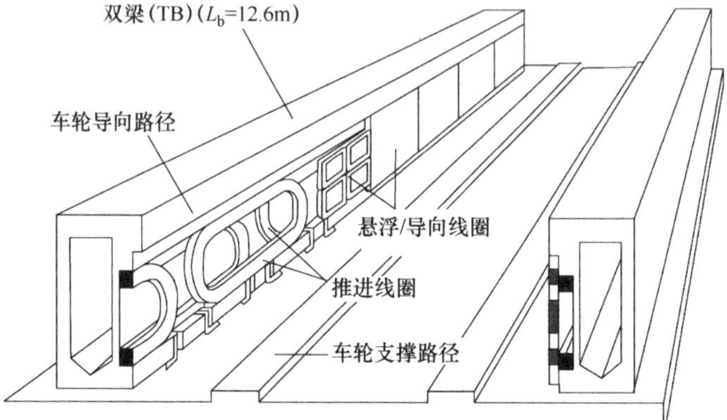

图 10.2 磁悬浮/导向和牵引线圈示意图

1）磁悬浮原理。安装在导轨两边的8字形磁悬浮线圈如图10.3所示。当车载超导磁体在低于这些线圈中心几厘米处高速通过时，悬浮线圈中就产生了感应电流。悬浮线圈和超导磁体之间的相互作用力支撑起列车。在稳定悬浮运行时，8字形线圈中上部线圈向上的拉力和下部线圈向下的拉力（加上重力）是相等的。列车的垂直位置自动与8字形线圈中心平面保持悬浮。

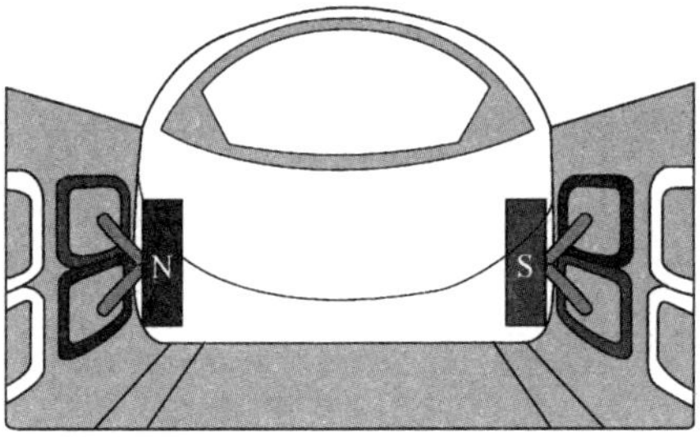

图10.3　U形导轨上的磁悬浮线圈

2）横向引导原理。U形导轨两壁上的悬浮线圈构成一个回路。当列车偏离了中心时（例如偏向右侧），超导磁体在8字形线圈中产生感应电流，这样就能把列车推向左边。然而，相同的运动也将减少左边8字形线圈的感应电流，同样令列车向左移动。这个过程会使列车自动地保持在导轨中心的位置运行。

3）推进原理。应用导轨上的推进线圈和列车上的超导磁体之间产生的斥力和引力来推进列车，如图10.4所示。从变电站流出的三相电流对固定在导轨两侧壁上的推进线圈进行充电，并在导轨上产生一个运动的磁场。这个磁场锁定并且拖动车载超导磁体，从而推动磁悬浮列车。

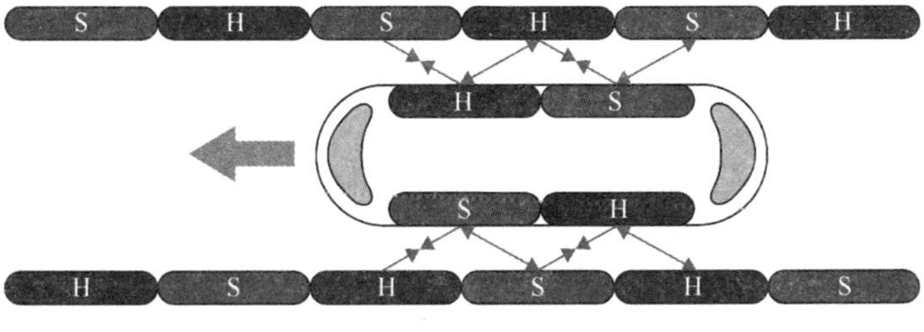

图10.4　EDS磁悬浮推进线圈

4）超导磁体。JR磁悬浮最初采用NbTi超导磁体[3~6]。每个跑道型磁体包含570mm的直线边和直径为500mm的圆弧边，磁体浸泡在4.2K的液氦中进行冷却。最近，应用第一代高温超导线材的磁体已经在列车上进行测试[7]，并开发出一个高温超导磁体系统，该系统由4个持续通电的高温超导线圈构成，高温超导线圈被放置在低温恒温器内，由一个二级GM脉冲制冷机冷却至15K左右。高温超导磁体运行在持续通流模式，额定磁通势为750kA（与NbTi线圈一样)。2005 年 12 月 2 日，该项目在日本山梨县磁悬浮试验线上完成测试，最大运行速度达到 553km/h。测试结果表明，高温超导线圈没有产生过多的振动或热负荷。

10.2.2　电磁悬浮

电磁悬浮（EMS）采用主动控制电磁铁（车载）来吸引固定在 T 形轨道上的磁铁导轨[8a]。列车和导轨之间没有机械接触，可以实现磁悬浮和横向引导。在磁悬浮列车系统中，通过车载电磁铁与图 10.5 所示的导轨上的铁磁钢轨的引力而产生悬浮。悬浮磁铁从下方吸引列车使其悬浮，导引磁铁使列车保持在导轨的中心位置。由电子系统控制电磁铁保证磁铁和轨道之间的距离为 10mm。嵌入轨道的三相同步直线电机为无接触的列车和轨道提供推进动力。没有物理接触的直线发电机把磁悬浮、导向和车厢负载所需的能量从轨道传入列车。

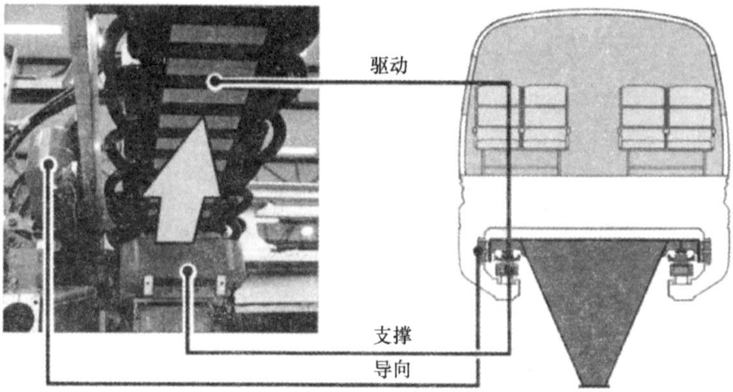

图 10.5　电磁悬浮的磁悬浮列车概念（ThyssenKrupp 提供）

1）磁悬浮原理。利用图 10.6 中 10 个磁极部件实现磁悬浮。这些磁极采用室温铜线圈构成，不同磁极和铁轨的间隙始终保持一致。利用电子系统控制磁极中的直流励磁电流。当间隙变大时，增加电流；间隙变小时，减小电流。这一过程使磁极和铁轨之间一直保持 10mm 的间隙。

图 10.6　磁悬浮列车的悬浮磁极装配图（ThyssenKrupp 提供）

2）导向原理。通过安装在列车上的电磁铁和安装在导轨侧面的磁铁反应板之间的吸引力实现横向引导，如图 10.5 所示。像悬浮磁铁一样，导向磁铁中的电流由磁场和导轨的间隙长度决定，间隙长度由电子装置控制。

3）推进原理。被悬浮磁极吸引的铁轨是由用于电机中的叠压硅钢片制造的。线性三相推进线圈安装在导轨的槽中，如图 10.5 所示。当通有三相电流时，将产生沿着铁轨移动的磁场，悬浮磁极和铁轨上的推进线圈组合成一个直线同步电机。悬浮磁极固定磁场并沿铁轨前行。列车的速度与牵引绕组中的交流频率成正比，改变频率可以使列车达到合适的速度。在轨道槽中利用简单循环一根绞合绝缘电缆线构成交流绕组，如图 10.7 所示。

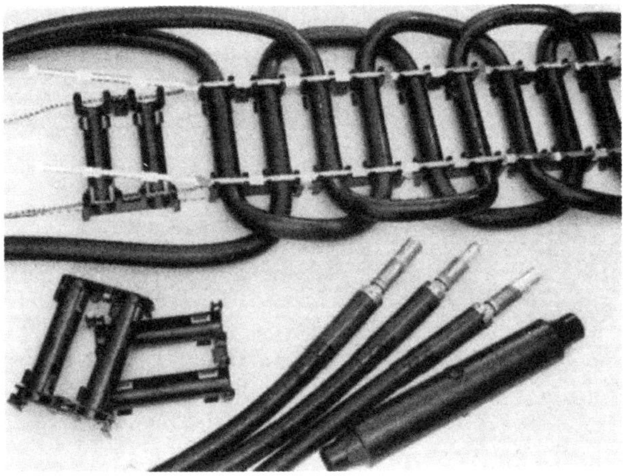

图 10.7　磁悬浮列车牵引绕组结构（ThyssenKrupp 提供）

4）超导磁体的作用。目前在上海和德国埃姆斯兰运行的磁悬浮列车的悬浮线圈由非超导的铜线绕制而成。该系统存在以下问题：

① 当列车高速运行时，磁悬浮列车会产生噪声。这主要是由于车辆与轨道有 8mm 的间隙，会将轨道的不均匀运动传递到列车上。

② 小间隙填满了交流推进绕组产生的谐波磁场，这些磁场和悬浮磁体的磁场相互作用产生谐波力，会导致列车振动。但是，这些谐波磁场耦合到列车线圈后也会给列车系统提供电力。

③ 用一个二级悬挂系统（机械、重型）来消除这些振动是不够的。当磁悬浮列车运行速度为 300km/h，乘客就像在鹅卵石道路上驾驶汽车，高速行驶的车厢内声音嘈杂，让人感觉不舒服。

使用 HTS 技术是解决上述所有的问题的方法之一：

1）用高温超导线圈替换铜线圈使空气间隙扩大到 50mm。

2）降低谐波磁场与悬浮磁场间隙的相互作用，使之达到可以忽略的水平，产生较小的谐波力。

3）在惯性空间改变 HTS 磁体电流为 1kHz 来引导车辆。这样导轨上的振动就不会被转移到列车上。由于导轨的成本是磁悬浮系统成本的主要部分，列车可以在不完全光滑的导轨上平稳运行，能够显著减少导轨的成本。

4）取消或简化列车上的机械悬挂系统。

5）通过去除沉重的铜线圈、电源供应和机械悬挂系统可以显著减小列车重量，以获得更轻的车辆，更少的燃料消耗和更轻、更便宜的导轨。

10.3 设计分析

这部分主要介绍在高速下运行的电动悬浮（EDS）和电磁悬浮（EMS）的基本设计原理。

10.3.1 电动磁悬浮

许多线圈结构可以用于电动悬浮系统［8］，但这里讨论的是在日本悬浮系统中使用的 8 字形线圈。电动悬浮系统采用的是独立的磁悬浮/导向和推进线圈，他们都被安装在导轨上，如图 10.2 所示。超导线圈则安装在列车上。所有的线圈都是空芯式的，这意味着在磁路中没有铁磁材料。为了计算线圈之间的相互作用，首先要计算线圈中的自感和互感。由于线圈布局复杂和缺乏三维有限元软件辅助计算参数，本节只讨论悬浮/导向和推进系统的分析步骤。

悬浮/导向线圈的结构和超导线圈如图 10.8 所示。超导磁体实现列车的悬浮、导向、推进和制动。由车载超导线圈（跑道形设计）和位于 U 形路径两侧的非超导线圈（见图中结构）之间的磁场排斥力实现列车悬浮。8 字形线圈通过平衡向上和向下的运动保证列车稳定运行。平衡时，超导线圈通过 8 字形线圈的中点或者交叉点，这种情况下 8 字形线圈中不会产生回路电流。如果列车在中点以下运行，轨道线圈中将产生感应电流，导致下半部的 8 字环将产生一个排斥力，上半部的 8 字环产生一个吸引力（如果列车上升到平衡点以上，反之亦然）。当沿铁轨移动的超导线圈通过时，轨道线圈中会产生感应电流，当速度达到 100km/h 后，列车就开始悬浮了。在低速时，列车需要车轮运行。排斥列车和轨道线圈的电磁力还被用于实现列车导向。由于轨道线圈安装在轨道的两侧，如果列车运行时太靠近某一侧轨道，侧向运动产生的感应电流会阻止列车偏离。

电路建模是分析 EDS 系统的方法之一。首先需要计算所有线圈的自感和互感，包括纵向、横向和线性（沿导轨）位移。对于各种电感很难得到有效的解析公式。然而，采用三维有限元程序可以计算这些量。例如，超导线圈和“8”

字线圈之间相互作用的磁悬浮力可以创建为关于垂直位移 y、横向间隔（见图 10.8）以及车辆的线性速度的函数表，导向力也可用同样的方式来构建。在对车辆动态分析后，可直接从这些表中读取悬浮力。一旦确定各种线圈的设计，上述表就被创建出来了，其中包括模型线圈的测试数据。

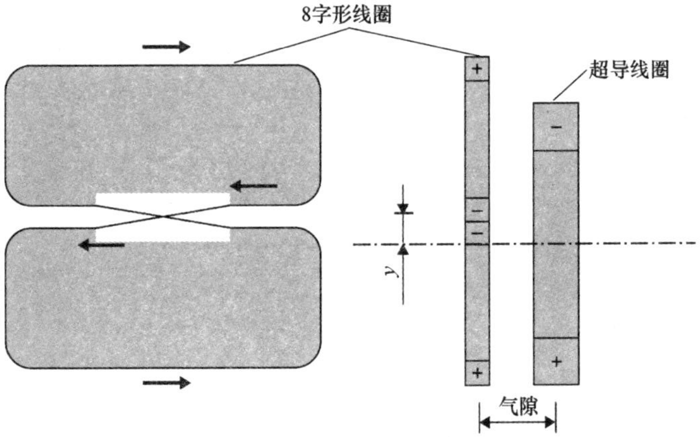

图 10.8 EDS 磁悬浮/导向磁体布局图

早期设计的 JR-磁悬浮采用低温 NbTi 超导磁体，由液氦冷却到 4.2K。这些直流磁体被设计为持续工作模式。但实际运行中，伴随车辆运动在超导线圈中感应出低频交流电，这些交流电流在超导线圈中产生损耗并导致运行电流衰减，某些情况下可能造成磁体失超。

为了解决这个问题，考虑到高温超导线材能承受比 NbTi 更高的局部损耗和温度变化，日本铁路公司决定采用 Bi-2223 高温超导带材。因为高温超导线圈需要在持续模式下运行，所以了解其运行效果很重要。为此，Igarashi 构建了一个测试线圈[3]，在高温超导原型线圈的测试中，观察发现线圈的电流衰减率很低（制冷机冷却到 20K 以下，为 0.44%/天），这是一个非常令人鼓舞的结果。该高温超导线圈由 12 个 4 根平行的 Ag/Bi2223 带材绕成的饼式线圈组成，高温超导线圈连接到由 YBCO 薄膜构成的连续电流开关上，采用 G-M 型二阶脉冲管制冷机冷却。并应用可拆卸式电流引线，以减少制冷机第一阶段的漏热。试验结果证实，高温超导磁体可以在持续模式下运行一天，因此在实际运行过程中，可以在每天结束运行后将这些磁体充电到其额定电流。

跑道型的推进线圈被安装在导轨两侧，如图 10.1 所示。线圈为整节距（λ），两个线圈中点间的距离等于车辆上超导线圈的极距。这些推进线圈被放置在两层，如图 10.9 所示。当推进线圈通过三相电流时，将产生一个沿轨道运动的电磁波。类似于直线同步电动机，由行波和超导线圈之间的联锁动作推动车辆沿导轨运动。推进线圈由沿导轨铺设的变频交流电源供电，车辆的速度与推进线圈电流的频率成正比。为了尽量减少损失，推进线圈充电时间很短，充电时刻车厢正好经过。

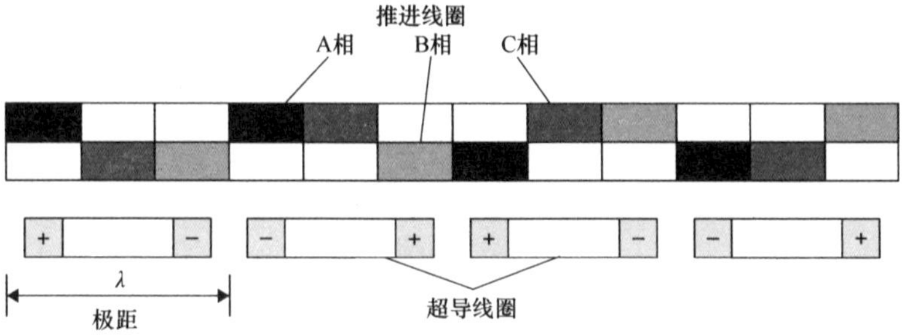

图 10.9 推进和超导线圈布局图

对牵引力的要求以及推进线圈与超导线圈之间的相互作用决定了每个线圈的截面积和总电流。推进线圈使用传统线圈制造技术用铜或铝线绕制，为了尽量减少交流损耗，线圈导体必须选择全绞线，使用气冷方式冷却。

10.3.2 电磁悬浮

本节讨论 EMS 型磁浮系统的磁悬浮列车（见图 10.5）。该系统采用常规铜线圈和铁磁材料绕组，悬浮和推进功能由一组磁铁实现，由单独的励磁系统实现导向。这些磁悬浮车辆的布局和磁体排列如图 10.10 所示。本节将讨论这些磁铁的功能。

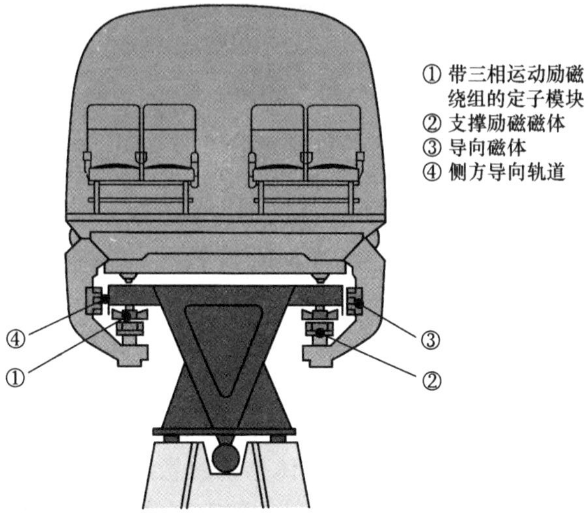

图 10.10 磁悬浮列车磁体系统的布局（ThyssenKrupp 提供）

1）磁悬浮系统。图 10.11 为悬浮磁体和反应轨[8a]的位置关系。磁悬浮列车利用悬浮磁极和反应轨之间的引力克服列车的重力实现悬浮。无论在静止还是运动状态，悬浮磁极和反应轨之间始终保持 8mm 的距离。Earnshaw 定理指出任何数量的静止磁体均不能处于平衡状态，除非通过持续激励磁体实现系统的平衡。气隙间距和悬浮磁体加速信号可以用于控制磁体绕组的电流。磁体和反应轨之间的作用力是气隙磁场 B 的函数，其中 B 如图 10.11 所示。磁悬浮力（F_l）如下所示[9]：

$$F_l = 0.5w\tau\left(\frac{B_m^2}{2\mu_0}\right)N_p \tag{10.1}$$

式中，B_m为正弦气隙磁场的峰值；μ_0为真空磁导率；N_p为极数；w 为反应轨的宽度；τ 为极距。

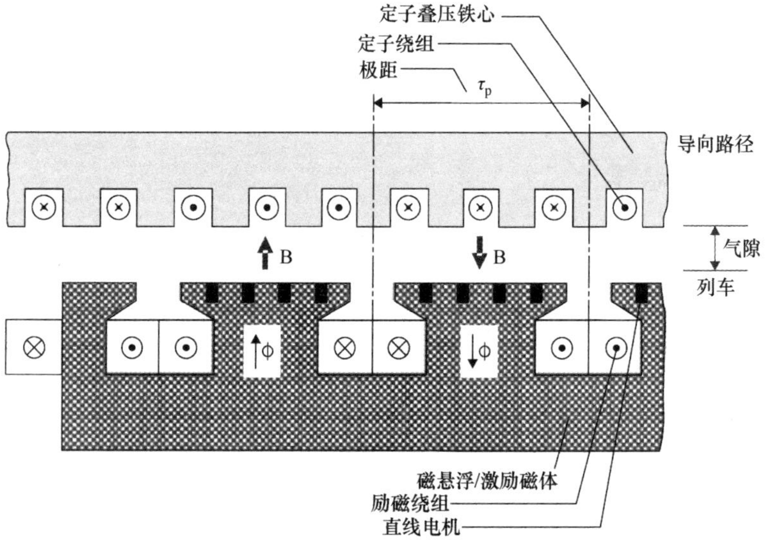

图 10.11　磁悬浮列车悬浮/推进磁体系统（ThyssenKrupp 提供）

由于存在漏磁，磁场不是均匀的，可以用 2D 有限元模型来得到气隙磁场的分布。令式（10.1）在磁极表面（极距 × 每极深度）进行积分可以获得每个磁极上的作用力。

磁悬浮列车使用 10 个磁极组（如图 10.6 所示）实现悬浮和推动。所有磁极运行在相同的电流下，并当作一个磁极组被统一控制。

2）推进系统。EMS 列车一旦悬浮起来，就可以使用线性感应电动机或者同步电动机拖动。然而也可以采用悬浮磁体推动磁悬浮列车。反应轨由层叠的薄钢片构成，反应轨的每个槽安放了单极单相的电枢绕组[10]。悬浮磁体和反应轨上的电枢绕组组成了线性同步电动机，如图 10.11 所示。放置在槽中的绝缘电

缆构成了电枢绕组，如图 10.7 所示。每极的推动力如下所示

$$F_t = 1.5B_m I_m q w \eta k_d N_p \tag{10.2}$$

式中，F_t为推进力；I_m为正弦电流的峰值；q 为推进线圈的极数；k_d为分配系数；η 为推进电机的效率（~98%）。

由式（10.1）和式（10.2）去除 B_m，可以计算出支撑列车所需要的极数，如式（10.3）所示

$$N_p = \frac{F_t^2}{F_l}\frac{\tau}{I_m^2 q^2 9\mu_0 w}\frac{1}{\eta^2 k_d^2} \tag{10.3}$$

通常，气隙间的磁场沿反应轨宽度和长度方向是不均匀的。Nasar 给出了更加详细的推进力的分析计算方法[11]。采用三维有限元法能够更好地计算线性推动力。

电枢绕组沿导轨长度方向被分为多个部分。各部分采用跨越式供电方式来提高效率。也就是说，列车所在的电枢绕组和跟随列车行进方向的电枢绕组被激励。电枢绕组由能够调节电压、电流和频率的地面变流器供电。

3）导向系统。通过电磁铁和导轨两边的磁铁板之间的相互吸引实现列车的侧向导引，如图 10.10 所示，导轨和电磁铁之间的气隙是恒定的。然而这样设计会使导轨的摇晃传递到车厢，影响乘坐的舒适度。

4）次级悬挂系统。由于悬浮与导向气隙的变化造成磁悬浮列车系统产生较大的振动，气隙谐波磁场会影响推进力。列车上的机械式次级悬挂系统会减小这些振动。虽然如此，目前运行的磁悬浮列车在高速时还是有较大噪音，不够舒适。

5）超导悬浮磁体系统。如果列车和导轨间的气隙增加到 40 ~ 50mm，车体的振动会大幅减小。增大气隙能消除导轨起伏造成的影响，还能够降低电枢谐波磁场对推进力的影响。甚至能够取代机械式次级悬挂系统（体积大且沉重）。20 世纪 90 年代，Northrop Grumman 研发出了一个这样的系统[12]。10.6 节会继续讨论这个话题。

10.4　问题（技术/经济）

虽然 EDS 和 EMS 磁悬浮系统的前景很好，而且环保（节约能源），但它们依旧面临着技术和经济方面的问题。比如：高成本，首先是导轨的成本；占地的可能性；与现有的铁路系统不兼容；公众热情不高。

下面将从磁场角度来讨论这些技术问题。

10.4.1　EDS 系统面临的问题

EDS 系统用 U 形导轨来实现悬浮，其导向和推进线圈是铜或铝线圈。因为

要承受车体垂直和水平方向的载荷，所以导轨必须很厚，同时高强度的导轨也增加了钢筋混凝土墙的成本。此外 U 形导轨需要更重和间隔更近的垂直支柱，看上去并不美观。再者，磁悬浮系统最大的优势是具有内在稳定性和固定导轨开关。

就磁体而言，超导磁体被安装在车体上，通常工作在持续模式，这样能够最大限度地减少能耗。因为超导磁体和导轨线圈之间的气隙很大（~100mm），所以需要超导磁体有较大的磁场（比如 2.5T）。为避免影响带有心脏起搏器的乘客或磁性数据存储介质，如硬盘驱动器和信用卡，需要对车体上的强直流磁场进行屏蔽。

日本 JR 磁悬浮列车多年来一直使用冷却在 4.2K 下的 NbTi 磁体，但经常有磁体稳定性和其他操作方面的问题。最近，应用第一代高温超导线材绕制的磁体样机的测试结果表明，新磁体能够解决许多长期困扰 NbTi 磁体的问题。尽管，目前看来高温超导线材非常昂贵，现在还不清楚当带材价格降低至 5~10 美元/(kA·m) 时，高温超导体是否具有经济性优势。但 JR-磁悬浮列车希望其系统的最高时速可以达到 650km/h，并预计到 2025 年，实现在东京和名古屋之间的商业运行。

10.4.2　EMS 系统面临的问题

基于 Transrapid 技术的 EMS 系统已经在中国上海实现商业运行。这条线路采用 T 形导轨，悬浮和导向轨道之间的气隙为 8mm。因为气隙很小，所以需要采用更严格的公差来建造导轨，同时为了保证足够的刚度，也增加了导轨成本。此外，铁心铜线圈磁体和大型机械式次级支撑系统也使列车车身变得很笨重。由于导轨环绕列车车身，只能使用移动式轨道开关（带限速功能，<56m/s），增加了系统的成本。

EMS 系统采用铁心磁体，可以消除或最小化车体内和周围空间的杂散磁场。车体一直保持悬浮态，不需要 EDS 系统中必需的车轮辅助支撑。

Grumman 公司使用高温超导材料开发的 EMS 磁悬浮系统与 Transrapid 系统非常相似，但是它的气隙长度接近 50mm。这样不但可以消除振动，降低导轨制造成本，具有更宽松的公差要求，而且悬浮和导向功能均由同一组高温超导磁体实现。因为高温超导磁体较轻，并且取消或大大减少了次级机械支撑系统，所以列车车体也变得更轻。车体重量的减小也降低了导轨设计的难度。10.6 节会继续讨论这个系统。

10.5　制造问题

在过去的 25 年中 EDS 和 EMS 系统不断发展。大部分与磁体有关的问题都已被很好地解决了。整个系统成本的经济性问题是阻碍其进一步推广的最大障碍。

10.6 原型样机

EDS 和 EMS 系统都在商业运行。在日本的 EDS 系统中，正考虑用高温超导磁体替换 NbTi 低温超导磁体。但是，如何改造低温超导磁体还不清楚。

基于 EMS 系统的 Transrapid 磁悬浮列车还要解决高速下的振动问题。目前，也还没有具体的解决方案。作者所在的研究团队[12]正在致力于开发一套使用高温超导磁体的 EMS 系统。下面介绍这个系统。

10.6.1 诺斯罗普·格鲁门公司的概念

在 20 世纪 90 年代初，Northrop Grumman（NG）公司[12]在美国军方的支持下完成了 EMS 悬浮系统的概念设计。与 Transrapid 系统类似，NG 系统采用有高温超导励磁绕组的铁心悬浮磁体。这个系统的优点包括，车体和周围环境中的杂散磁场小，整个车体长度方向上负荷均匀，极距小可以平滑推进，乘坐更加舒适。该列车在任何速度下都能保持悬浮状态，并环绕式包覆导轨以保证安全运行。

NG 悬浮系统具有前述 EMS 系统的全部优点，还避免（或显著地改善）了一般磁体供电 Transrapid 磁悬浮系统的缺点。改善之处包括具有较大的气隙、较轻的重量（列车和导轨）、较少的伺服控制系统和较高的离线开关速度。并且采用车体倾斜（±9°）设计，具有较高的协调转弯能力和转出速度。

磁悬浮、导向和推进系统设计

图 10.12 是一个载有铁心磁体的列车和安装在轨道上的反应导轨的示意图。层叠式铁心磁体和反应导轨排列成倒“V”形结构，磁体和导轨之间的引力通过车体的重心。通过测量列车左右两边的空气间隙来产生垂直控制力，通过调整控制线圈中的电流保持铁心轨道和磁体表面之间具有相对较大的气隙（40mm）。同时，对列车磁体左右两边的气隙进行差分测量来实现横向控制。且磁体控制线圈采用差分驱动来实现横向引导控制。通过该过程，可以实现列车相对于轨道的垂直、横向、俯仰和偏转方向的控制。最近，Gran[13]介绍了这个控制原理。

图 10.13 是两个磁体组成的磁体模块。每个磁体模块都是一个“C”形，叠压铁心，并且铁心磁体中心缠绕着一个高温超导线圈，其余两边各有一个铜线绕制的控制线圈。将模块中的磁体向左侧偏移 20mm，并且右侧放置一个 200mm 宽的反应轨道实现列车的倾斜控制。通过测量列车相对于轨道的倾斜位置，并且差分驱动偏移控制线圈以校正侧倾偏差实现对列车的倾斜控制。

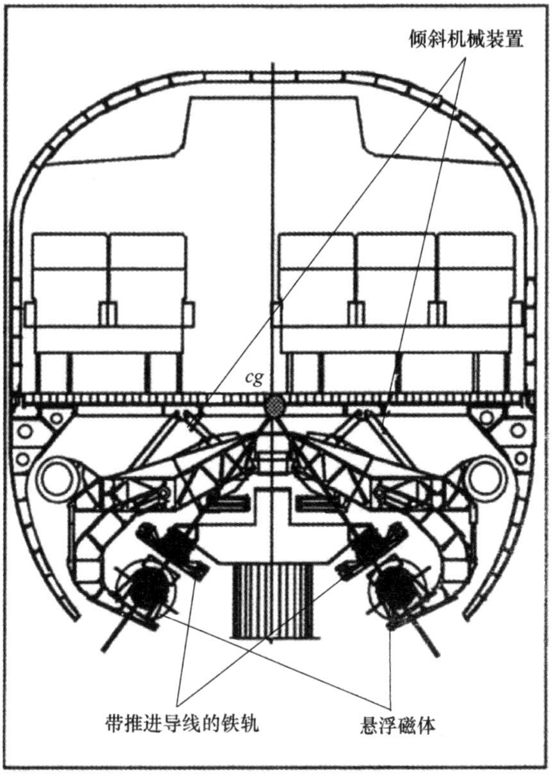

图 10.12　包括悬浮（提升）磁体、铁轨、导向轨道和倾斜机构的列车横截面
（Advanced Energy Systems/Northrop Grumman 提供）

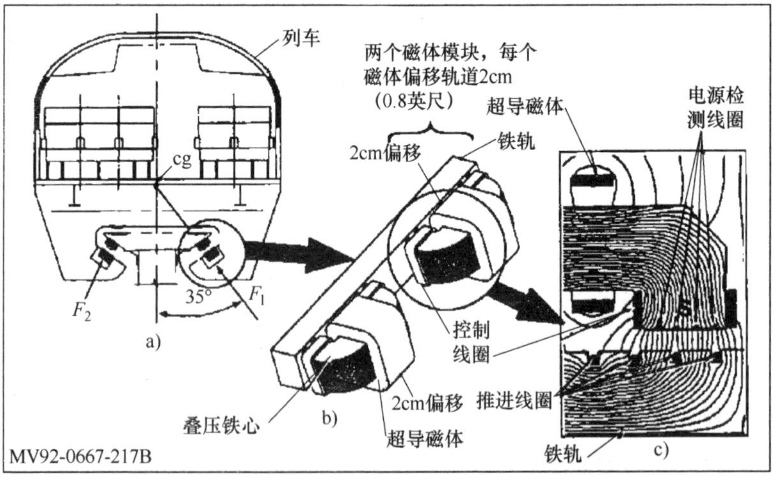

图 10.13　磁体结构以及控制、推进和电源检测线圈
（Advanced Energy Systems/Northrop Grumman 提供）

反应轨道也是分层的，上方开槽用于安放三相交流直线同步电动机的推进线圈，这些线圈由可变频率、可变幅值且与车辆速度同步的电流供电。通过增加和减小交流电流的频率，实现速度的改变。采用了2D和3D的有限元方法实现磁体优化设计，保证能够同时满足所有悬浮、导向和牵引控制的要求。电源拾波线圈（用于HTS线圈和车辆固有负载）安装在磁极表面，可以在各种速度下运行，包括车辆在静止状态下的零速[14]。

乘客车厢和周围环境中的低磁场是Northrop Grumman（NG）磁悬浮系统的重要特点。图10.14指出NG磁悬浮系统的列车（车厢）具有恒定磁通密度，以及站台上的NG磁悬浮基线设计方法。列车中座椅上方的磁通密度小于1T，接近于地球磁场强度0.5T。当车辆到站时，站台上的最高磁场强度为5T，而这正是医院核磁共振设备的磁场强度值，医学上认为这是安全的磁场，是可以接受的。图10.14中的数据是基于3D磁场的计算结果，没有考虑磁屏蔽。如果有必要，可以采用适量的屏蔽进一步降低这些磁场强度。

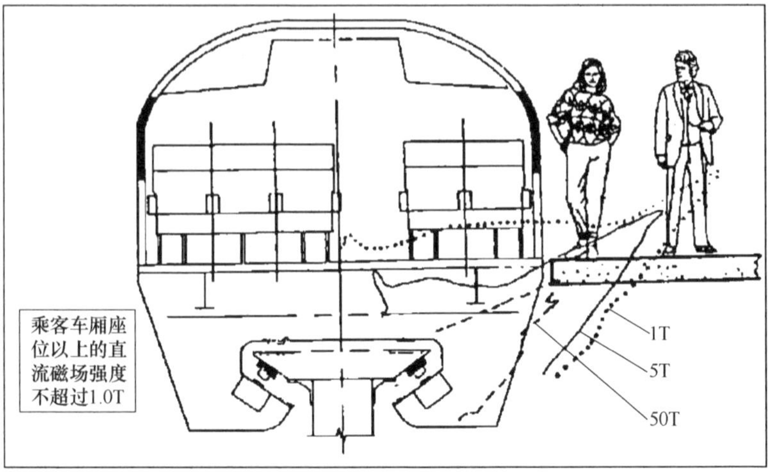

图10.14 车厢内和周边区域的磁场（Advanced Energy Systems/Northrop Grumman公司提供）

采用HTS线圈的铁心磁体可以降低磁场，令HTS带材所在磁场小于0.35T。在合适的电流密度下，2G HTS带材能够在77K下工作。由于漏磁场和线圈电流的相互作用，HTS线圈仅能承受较小的机械载荷。超导线圈是由一个获得专利的直流闭环控制器供电[15]，这样能够减小线圈中电流的快速变化以降低交流损耗。通过使用CTC绕制HTS线圈，有可能取消绕制在铁心磁极上的控制线圈。在将来的设计中会进一步考虑其可能性。

NG公司推荐使用的导轨结构如图10.15所示。这种设计基于最低成本考虑，且不易受跨度影响[16]，这对于安装在美国州际高速公路地区的轨道而言具有重要意义，该地区轨道跨度范围广，且主要取决于当地路况。此外，由于使用单列轨道，减小了占地并更加美观，所以这种系统较容易被接受。

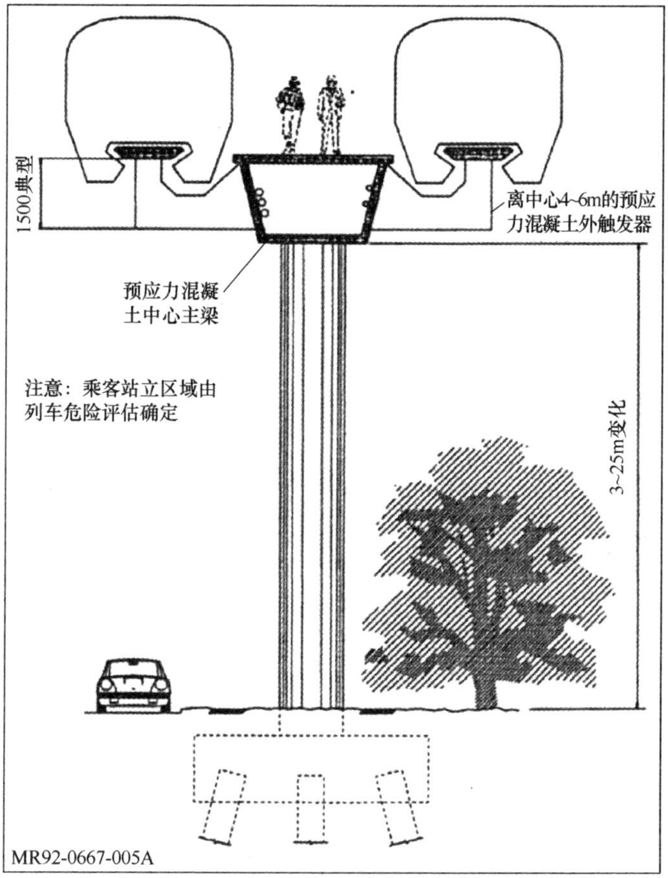

图 10.15 基线中心主梁结构（Advanced EnergySystems/Northrop Grumman 公司提供）

当列车行驶在柔性导轨上时，对其 5 自由度的相互影响情况进行了分析[13,17]，对因步长随机变化，外倾角变化，跨度偏差和铁路粗糙度造成的导轨不规则的情况进行了仿真分析，还研究了线性化车辆磁悬浮和横向控制回路。结果表明，可以保持较好的乘坐舒适度。

诺斯罗普·格鲁门公司于 1995 年建立的测试平台如图 10.16 所示，测试样机的悬浮磁体分别采用低温和高温超导体构成。图 10.17 中的悬浮磁体包含一个“U”形叠压铁心，一个缠绕在中心铁心上的 HTS 线圈和两个绕制在磁极上的铜控制线圈。磁体对面的开槽导轨装有三相绕组，用于测试推进力。由驱动器支撑的导轨能够以从慢到快的频率上下运动来模拟实际运行时导轨发生的振动。磁极和导轨之间的吸引力令磁体组件悬浮起来，磁极表面与导轨之间的间隙设计为 30mm。

图 10.16 用于测试应用高温超导磁体的 EMS 系统的仪器

图 10.17 U 形磁体及其由制冷机冷却的高温超导线圈

图 10.18 的控制系统用于实现混合超导/常规线圈磁体系统的悬浮。超导线圈和常规线圈由不同的电源供电，超导线圈由直流恒流电源供电，无论负载阻抗如何变化，该电源可以自动调节其输出电压而保持负载电流不变，常规线圈由传统稳压电源供电，其电流由气隙传感器控制，从而使气隙达到所需的间距。

常规线圈电路中的电流传感器通过一个低通滤波器与恒流电源相连，该电流传感器通过控制恒流电源的设置量，从而控制超导线圈中的电流。

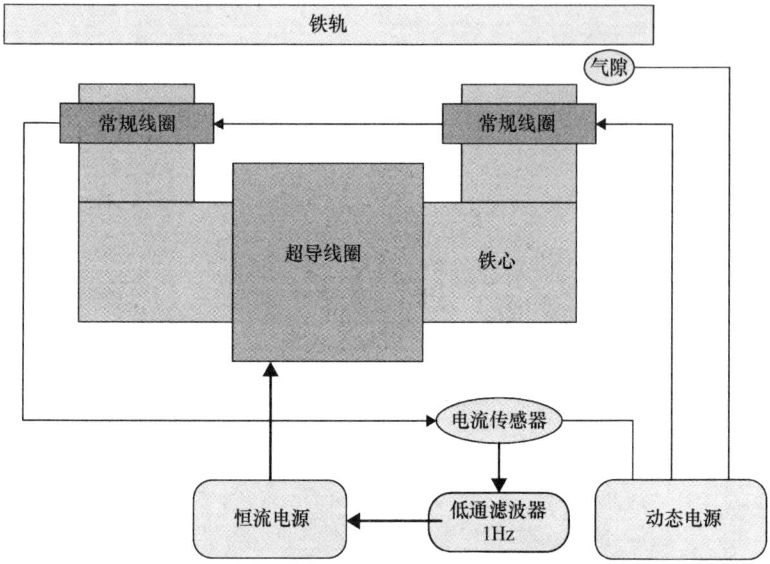

图 10.18　超导和常规线圈动态控制系统

系统运行如下：当系统通电时，两个电源都先设定为零。当气隙传感器检测到气隙大于理想值时，开始向常规线圈中通电。同时，常规线圈中的电流传感器开始检测电流，并触发超导线圈通电。当常规铜线圈和超导线圈产生了足够的磁动势（MMF）后，磁体开始悬浮，气隙传感器开始维持正确的间距。此时超导线圈提供全部的磁动势，常规线圈中没有电流。如果在悬浮磁体上放置一个额外的重量载荷，这种干扰会令间隙打开，气隙传感器将检测到相应的变化，常规线圈中的电流会立即变化产生所需要的悬浮力，电流传感器也会立刻做出反应，增加超导线圈中的电流。所增加的 MMF 开始缩小气隙，同时探测器开始减小常规线圈中的电流直至到达平衡，此时常规线圈中的电流变为零。

这个系统已经成功示范运行。如图 10.16 所示，该悬浮磁体能够承载 2 个人，保持气隙间距为 40mm。轨道以几 Hz ~ 1kHz 的频率移动，磁体在整个过程中都保持悬浮。

U 形磁体组件被用于设计 NG 磁悬浮系统的基准线，但是却存在较大的漏磁场。磁悬浮系统中的多级磁体使用超导线圈可以实现很低的漏抗。在多极磁体中，超导线圈缠绕在每个磁极上，所有超导线圈都放置在同一个低温恒温器中，参见美国专利[18]5，479，145，常规线圈在低温恒温器外面环绕每个磁极放置。由于缺乏来自政府和公司的支持，这个磁悬浮工程没有被进一步的开展。

10.7 总结

EDS 和 EMS 系统已经获得充分发展，经济可行性分析表明他们已经准备好进行商业应用。高温超导技术的进步将有利于这两个系统推广。对于 EDS 系统，它能提供更为可靠的运行，但需要额外的成本。对于 EMS 系统而言，它具有很大的潜力来降低重量，提高效率，并提供更平滑的无振动运行。

参考文献

1. H. W. Lee, K. C. Kim, and J. Lee, "Review of Maglev Train Technologies," *IEEE Trans. Magnetics* 42(7): 1917–1925, 2006.
2. R. Thornton, ed., "Special Issue on Linear Motor Powered Transportation," *Proc. IEEE* 97(11): 2009.
3. M. Igarashi, H. Nakao, M. Terai, T. Kuriyama, S. Hanai, T. Yamashita, and M. Yamaji, "Persistent Current HTS Magnet Cooled by Cryocooler (1)—Project Overview," *IEEE Trans. Appl. Superconductivity* 15(2, Pt. 2): 1469–1472, 2005. DOI 10.1109/TASC.2005.849130.
4. S. Kusada, M. Igarashi, K. Kuwano, K. Nemoto, S. Hirano, T. Okutomi, M. Terai, T. Kuriyama, K. Tasaki, T. Tosaka, K. Marukawa, S. Hanai, T. Yamashita, Y. Yanase, H. Nakao, and M. Yamaji, "Persistent Current HTS Magnet Cooled by Cryocooler (2)—Magnet Configuration and Persistent Current Operation Test," *IEEE Trans. Appl. Superconductivity* 15(2, Pt. 2): 2285–2288, 2005. DOI 10.1109/TASC.2005.849632.
5. K. Tasaki, T. Tosaka, K. Marukawa, T. Kuriyama, S. Hanai, M. Yamaji, K. Kuwano, M. Igarashi, K. Nemoto, S. Hirano, T. Okutomi, H. Nakao, and M. Terai, "Persistent Current HTS Magnet Cooled by Cryocooler (3)—HTS Magnet Characteristics," *IEEE Trans. Appl. Superconductivity* 15(2, Pt. 2): 2289–2292, 2005. DOI 10.1109/TASC.2005.849633.
6. T. Tosaka, K. Tasaki, K. Marukawa, T. Kuriyama, H. Nakao, M. Yamaji, K. Kuwano, M. Igarashi, K. Nemoto, and M. Terai, "Persistent Current HTS Magnet Cooled by Cryocooler (4)—Persistent Current Switch Characteristics," *IEEE Trans. Appl. Superconductivity* 15(2, Pt. 2): 2293–2296, 2005. DOI 10.1109/TASC.2005.849634.
7. K. Kuwano, M. Igarashi, S. Kusada, K. Nemoto, T. Okutomi, S. Hirano, T. Tominaga, M. Terai, T. Kuriyama, K. Tasaki, T. Tosaka, K. Marukawa, S. Hanai, T. Yamashita, Y. Yanase, H. Nakao, and M. Yamaji, "The Running Tests of the Superconducting Maglev Using the HTS Magnet," *IEEE Trans. Appl. Superconductivity* 17(2, Pt. 2): 2125–2128, 2005. DOI 10.1109/

TASC.2007.899003.

8. R. G. Rhodes and B. E. Mulhall, *Magnetic Levitation for Rail Transport*, Clarendon Press, Oxford, 1981.

8a. K. Heinrich, and R. Kretzschmar, "Transrapid Maglev System," Hestra-Verlag Darmstadt 1989, ISBN 3-7771-0209-1.

9. S. S. Kalsi, R. Herbermann, C. Falkowski, M. Hennessy, and A. Bourdillon, "Magnet Design Optimization for Grumman Maglev Concept," 1993 Maglev Conference, Argonne National Laboratory, Paper PS2-7, May 19–21, 1993.

10. C. P. Parsch and H. G. Raschbichler, "The Iron Core Long Stator Synchronous Motor for the Emsland Test Facility," *ZEV-Glas. Annalen* 5(7–8): 225–232, 1981 (in German).

11. S. A. Nasar and I. Boldea, *Linear Electric Motors: Theory, Design and Practical Applications*, Prentice-Hall, Englewood Cliffs, NJ, 1987.

12. M. Proise, L. Deutsch, R. Gran, R. Herbermann, S. S. Kalsi, and P. Shaw, "System Concept Definition of the Grumman Superconducting Electromagnetic Suspension (EMS) Maglev Design," 1993 Maglev Conference, Argonne National Laboratory, Paper OS4-4, May 19–21, 1993.

13. R. Gran, "Optimizing the Controller Design to Guide the Motion of a Maglev Train," Maplesoft Application Demo, Waterloo Maple Inc., 2008.

14. S. S. Kalsi, "On-vehicle Power Generation at all Speeds for EMS Maglev Concept," 1993 Maglev Conference, Argonne National Laboratory, Paper PS5-12, May 19–21, 1993.

15. R. Herbermann, "Self Nulling Maglev Suspension System," 1993 Maglev Conference, Argonne National Laboratory, Paper PS1-7, May 19–21, 1993.

16. B. Bohlke and D. Burg, "Parametric Design and Cost Analysis for EMS Maglev Guideway," 1993 Maglev Conference, Argonne National Laboratory, Paper PS3-2, May 19–21, 1993.

17. R. Gran and M. Proise, "Five Degree of Freedom Analysis of the Grumman Superconducting Electromagnetic Maglev Vehicle Control/Guideway Interaction," 1993 Maglev Conference, Argonne National Laboratory, Paper PS4-6, May 19–21, 1993.

18. S. S. Kalsi, "Superconducting Electromagnet for Levitation and Propulsion of a Maglev Vehicle," US Patent 5,479,145 issued December 26, 1995.

第11章 磁体应用

11.1 引言

目前大型磁体广泛应用于各种工业设备及军事设施中，应用范围从医疗器械到加工制造，从提纯工艺到科学研究。应用高温超导材料制作的磁体引起了众多的研究兴趣。例如，BSCCO-2212、BSCCO-2223 和 YBCO-123 这样的高温超导材料在20K时具有良好的性能，而商业化的 YBCO-123 涂层导体适用于构造工作在高温液氮（77K）下的装置。

以前这些磁体使用铜线或低温超导线绕制，基于高温超导线制作的磁体相比于传统的铜磁体具有很多优势，原因如下：

1）更小和更轻。相比于铜线，应用大电流密度的高温超导线材绕制的磁体、尺寸和重量减小了40%～80%。

2）更高效。因为超导线材几乎没有电阻，所以超导线圈与磁体有更高的效率和更低的损耗。

3）更强磁场。超导线材中的大电流密度使得磁体具有更强的磁场。

4）更好的热稳定性。高温超导线圈与磁体运行在稳定的低温环境下。超导磁体产生的热量非常少，磁体运行时温度变化小。与此相反，因为铜芯发热较大，当对磁体有严格的运行温度要求时，很难维持一个合适的温度。

5）更长的磁体寿命。超导磁体的低温环境可以消除常规磁体的一些故障根源，比如热量。热循环会减少铜线圈和磁体的寿命，但超导磁体没有这个问题。

6）更容易冷却。高温超导材料的产业化有助于设计和制造出更大和更先进的磁体。相对于应用 NbTi 和 Nb_3Sn 低温超导材料制造，且在液氦温度下运行的设备，高温超导磁体的性能更有优势。比如，低温超导磁体在低温下导热系数很小，会造成无法接受的温度梯度，引发磁体失超，所以传导冷却的低温超导磁体很难在交流电下稳定运行。

当前，吉福德－麦克马洪（Gifford-McMahon）制冷机运行在4～5K时只有1W的制冷功率。考虑到由高温超导体构造的设备运行在较高的温度（20K或以上），增加的热导率和比热可以缓解稳定性问题，经济型的一极 GM 制冷机可以提供数十瓦的制冷功率，因此，高温超导磁体能够承受由于交流谐波或电流快速变化而产生的较大的热负荷。此外，高温运行也简化了低温恒温器的设计，降低了设备成本。

目前高温超导磁体已经进入市场。根据早期在军事和科学研究中的使用经验，有望在其他领域推广使用。近年来 YBCO-123 涂层导体获得了持续的发展，并且临界电流密度实现了大幅提高，使得其有更广阔的应用前景。

许多超导磁体采用 BSCCO-2212、BSCCO-2223 和 YBCO-123 绕制[1~11]，而更多磁体正在制造中。高温超导磁体已经在理论上证明了可行性，但是昂贵的超导材料和低温冷却系统，却阻碍了其在商业上的推广使用。接下来的几部分将讨论最新制造的几个磁体。

11.2 空心磁体

美国超导公司[1]、住友电气工业株式会社[3]和一些其他公司已经建造出运行在 20~30K 的传导冷却高温超导磁体，这些磁体具有稳定性高和升流速度快的优点。与工作在 4K 的低温超导材料相比，高温超导材料工作在 20K 时存在价格高、性能低的缺点，限制了其商业推广。高温超导材料的商业化激励研究者设计和构造具有比运行在液氦温度、由 NbTi 和 Nb_3Sn 构造的低温超导设备更大和更好性能的高温超导设备。

接下来的几小节介绍应用高温超导技术建造的 7~8T 传导冷却的磁体。

11.2.1 高场磁体

1）AMSC 高磁场磁体。1998 年，应用 BSCCO-2223 材料为海军研究实验室制作了一个 7.25T 的磁体[1]。该磁体在 21K 满负荷工作时，在 2 英寸的室温孔中产生均匀率为 ±1% 的磁场。这个系统被一对 Leybold 单级制冷机传导冷却，冷却时间小于 36h，并具有额外的快速调节特性，磁体使用高温超导电流引线，工作时所需总制冷功率为 6kW。集成后的整个系统包括磁体、制冷系统、控制及保护系统和电源。图 11.1 是磁体的实物照片。

表 11.1 总结了磁体的主要特征：在 2 英寸的室温孔里产生大于 7T 的磁场，其磁场均匀度在 2 英寸直径的球形区域中为 1%，在 2 英寸直径和 2 英寸高的圆柱形区域中为 2%。磁体中的高温超导绕组使用传导冷却，工作温度大于 25K。磁体采用高温超导电流引线，该电流引线安装在 25K 磁体和 45K 截断温度点之间，该传导冷却电流引线工作温度为 45K 到室温。由同一个压缩机驱动的两个单级 Leybold 制冷机可以提供两个不同的制冷温度。

磁体能够在 200s 内以恒定速率从空载升流到满载，它由一个四象限电源供电，可以无缝运行在 -7.25T~7.25T 之间。一个合适的保护系统能够避免超导体失超和其他异常操作情况。磁体系统的各个部件都能够承受任何方向 6G 的冲击负荷，用于支撑试验装置的低温恒温器质量为 250 磅。

图 11.1 美国超导公司构造的传导冷却 7.25T 磁体（美国超导公司提供）

可见，在 20K 以上温度运行的高场磁体可以用 BSCCO-2223 超导体构造。同时，针对快速升流或需要额外热负荷的磁体而言，这种材料具有显著的性能优势。

表 11.1 美国超导公司传导冷却的 7.25T 磁体特性

参数	单位	数值
孔内磁场峰值	T	>7
磁场强均匀度	%1	
室温下的有效磁场体积		
• 直径	英尺①	2
• 长度	英尺	2
室温孔的直径	英尺	2
运行温度	K	25
冷却方式		传导
升流时间，零到满载	秒	240
测试样品重量	lb②	250
承受冲击负荷的能力	G（重力加速度）	6
电源		4 象限

① 1 英尺（ft）=0.3048m。
② 1lb =0.4536kg。

2）住友电气工业株式会社高场磁体。日本住友电气工业株式会社同样使用

BSCCO-2223线材构造了一个8T传导冷却磁体，如图11.2所示。他们采用特有工艺显著提高了BSCCO-2223的性能，称之为DI-BSCCO（动态优化铋系高温超导线）。由DI-BSCCO建成的强磁场高温超导磁体，能在200mm直径的室温孔中产生8.1T的磁场。计算表明在该区域中还能达到更高的磁场强度（15T）。这种磁体可以应用在生物医学、半导体以及环境工业等场合。表11.2列举了磁体的关键参数。

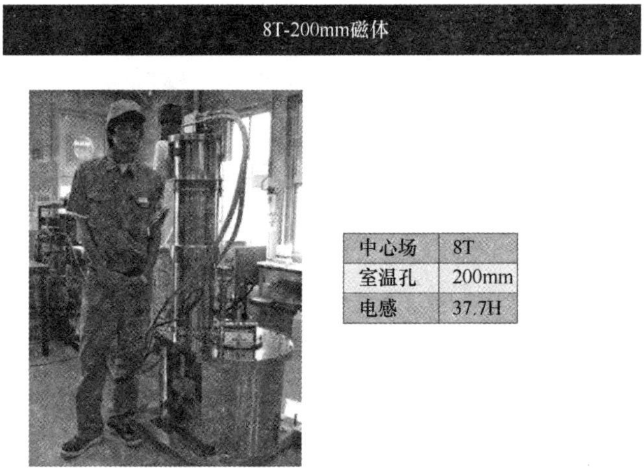

图11.2 住友电气工业株式会社构造的传导冷却8T磁体（Sumitomo提供）

表11.2 住友电气工业株式会社传导冷却8T磁体特性

冷却方式	制冷机传导冷却	制冷机传导冷却
最大磁场强度	8T	15T（示例）
室温孔的直径	200mm	200mm
磁体容器尺寸（宽×深×高）	900mm×600mm×540mm	1000mm×700mm×600mm
重量	300kg	500kg

11.2.2 低场磁体

低场磁体已经有许多应用，例如扫雷、磁储能以及磁分离等。下面介绍几个这方面的例子。

1）扫雷磁体。在美国海军的资助下，美国超导公司对在先进轻型扫描系统（ALISS）的磁体中使用高温超导体进行了可行性研究。研究证明应用高温超导体构造一个具有5MA·m^2电流密度的磁体是可行的，该磁体运行温度在20K左右，采用制冷剂非闭环的制冷机传导冷却。由于高温超导体从超导态到正常态过渡缓慢，因此，高温超导体可以承受线圈局部温度较大的变化，而不会像常规的低温 NbTi 和 Nb_3Sn 线圈发生突然失超。虽然传导冷却的 NbTi 在 5K 温度下运行时能产生所要求的磁偶极矩，但因为温度裕度（指超导体运行温度和临界温度之差）较小，会因机械振动或者环氧树脂的应力减小而导致失超，所以这些磁体也几乎没有电流调节能力。用 Nb_3Sn 制成的磁体能在制冷机冷却下运行，当其运行在 7~10K、且具有中等电流密度时，可提供一个额外的温度裕度。然而，高温超导磁体具有更高的温度裕度（在 20~40K 运行时，是低温超导材料的 2000 多倍），但是其成本昂贵，技术成熟度也不如 NbTi 或者 Nb_3Sn。高温超导磁体的另一个优势是可以在交流磁场下运行，ALISS 磁体系统运行频率在 10Hz 时需要较小的电流调节能力（为额定电流的 10%）。该项目所建造的高温超导磁体可以吸收由于电流波动而产生的损耗，这对于一个在 5K 温度下运行的传导冷却的 NbTi 线圈而言是不可能的。

图 11.3 是美国超导公司在 1999 年 12 月为空降超导反水雷系统示范工程建造的高温超导扫雷磁体[11]。磁体产生了 0.015MA · m^2 的磁极耦合，它的直径为 0.46m，长度为 0.9m，额定运行温度为 35K，磁体放置在直径 560mm，长度为 1.5m 的不锈钢真空容器中。交付美国海军的高温超导磁体为传导冷却，且与制冷机、低温恒温器、电流引线及配套硬件一起集成。在 35K 左右温度时，磁体电流成功上升到 400A，并且在 400A 电流下运行 6h 没有发生任何电压失控，磁体可以成功运行在具有 50% 交流调制率（200~400A）的梯形电流波形下。

图 11.3 ALISS 扫雷磁体（美国超导公司提供）

2）储能。超导储能磁体可以用来改善加工工厂或输电网的电能质量，以防止瞬时电力故障引起的长时间和昂贵的停电事故。电力质量的恶化可能源于电压波动，其他负荷带来的高频振荡或者由于电力故障引起的暂时停电或电压骤降等。

许多研究者应用临界温度为 4.2K 的 NbTi 和 Nb_3Sn 超导体构思了各种尺寸的超导储能系统。20 世纪 90 年代，美国超导公司研发出商业化的 NbTi-SMES 磁体用于提高电力系统稳定性，但是相比于简单的电力电子变换解决方案，超导储能系统不具有经济性优势。具有快速充放电能力是对 SMES 磁体的一个关键要求，但低温超导储能磁体在这方面能力有限。

为了解高温超导储能系统的性能，人们制造了一个5kJ传导冷却[8]的储能磁体并进行测试。磁体系统如图11.4所示，由BSCCO-2223超导体制成的螺线管型线圈构成，线圈经过环氧树脂浸渍，由单级G-M制冷机冷却运行在100A（直流），该电流中包含由电流频率变化（斜坡上升和斜坡下降）而引起的一个较大的交流分量。磁体的主要热负荷是电流快速上升时产生的涡流生热，充电时磁体电流可以在2s内从0升到100A，放电时在2s内从100A降回0。累积循环100次该充放电过程，磁体都没有超过允许的温升。

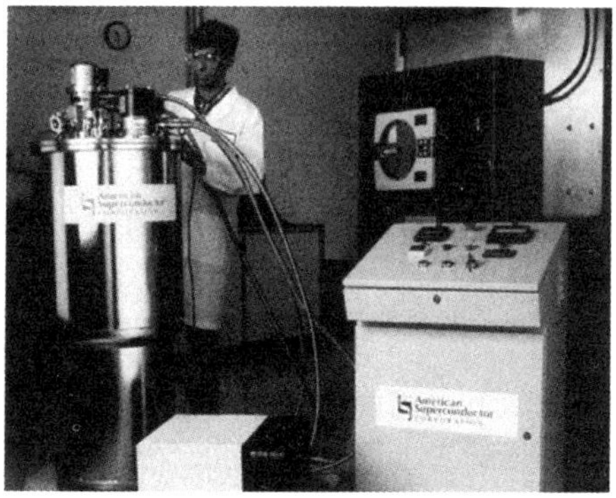

图11.4　HTS SMES磁体（美国超导公司提供）

该磁体的成功运行证明传导冷却高温超导储能系统的可行性，能够承受快速的充放电循环。但是，还没有出现商业化的超导储能系统，主要是因为高温超导体的成本太高以及高温超导磁体内部导通损耗过大，导致电流持续时间太短。

3）磁分离。磁性分离器利用材料磁性的不同，应用电磁力将不同材料区分开。通常首选1～2T的磁场，由于铜线圈的I^2R损耗较大，所以很难产生这样的磁场。高温超导线圈很容易产生强磁场和较大的磁场梯度，能够提高分离器的性能，有助于在短时间内分离更多材料，或者分离更稀疏的材料。高温超导磁分离器在工业上有很多应用，特别是在制药、环保和化学领域。可以进行矿石、固体废物、废气和同位素的分离以及水处理。目前磁分离器可用于提纯高岭土，生产高品质纸张。高温超导磁分离器样机已被用来提纯商业级的高岭土纸浆，和传统的分离器相比具有同样优良的性能，但耗能更少。

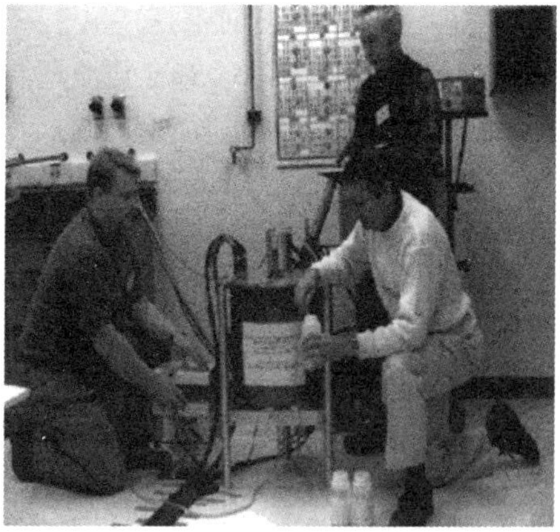

图11.5　用于分离器的高温超导磁体（美国超导公司提供）

美国超导公司为磁分离器样机制造的高温超导磁体如图11.5所示，它由BSCCO-2223绕制，可以产生1T的磁场，外径为180mm，高度为155mm，内径为50mm。由高温超导体制作的电流引线增强了抗冲击能力，高温端温度为75K，低温端为27K。磁体采用二级G-M制冷机冷却。1997年初，在洛斯阿拉莫斯国家实验室（LANL）成功测试了该分离器。

11.3 铁心磁体

物理和医学领域使用不同种类的铁心磁体，所使用的磁场从0.1～16T以上。这部分介绍几个近年来已经或准备应用高温超导线圈的磁体系统。

11.3.1 束流偏转

美国超导公司[2]制造了一个具有室温铁磁路径的H形磁体，该磁体的两个铁心磁极气隙间的均匀磁场强度为0.72T。图11.6是采用BSCCO-2223高温超导线圈的磁体系统，采用单级G-M制冷机冷却。所设计的磁体系统可以保持长期稳定运行。在1996年秋天交付给新西兰用户之前，在工厂进行了测试。目前在新西兰地质与核科学研究所（IGNS）已经成功运行多年，用作3个试验站之间的离子束传送。

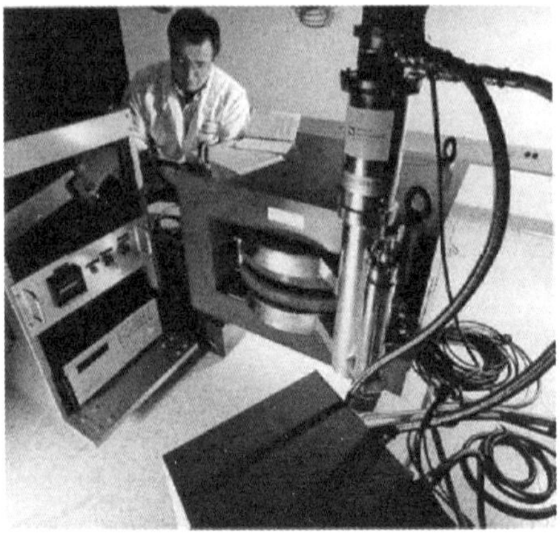

图11.6 磁体主要部件，包括铁心、高温超导线圈低温恒温器、制冷机和电源（美国超导公司提供）

11.3.2 感应加热

20世纪20年代开始，常规的交流感应加热已经应用在工业上。1990年出现使用高场磁体实现直流感应加热的新概念[12]，尽管当时磁体导线和电动机驱动技术已经出现，但是并没有找到该概念经济的实施方案。随着高温超导体的商业化和电动机驱动设备的进步，这个20年前的老概念正在变成一个商业上可行的产品[5]。图 11.7 是通过直流线圈供电的感应加热器的原理图，超导线圈作为直流线圈在感应加热器中为铝或铜的挤压坯料加热。其效率提升的潜力是巨大的，因为额定容量高达 1MW 的常规铜线圈加热器通常仅有 50% ~60% 的整体效率。高温超导感应加热器的效率预计将远大于这个数值。

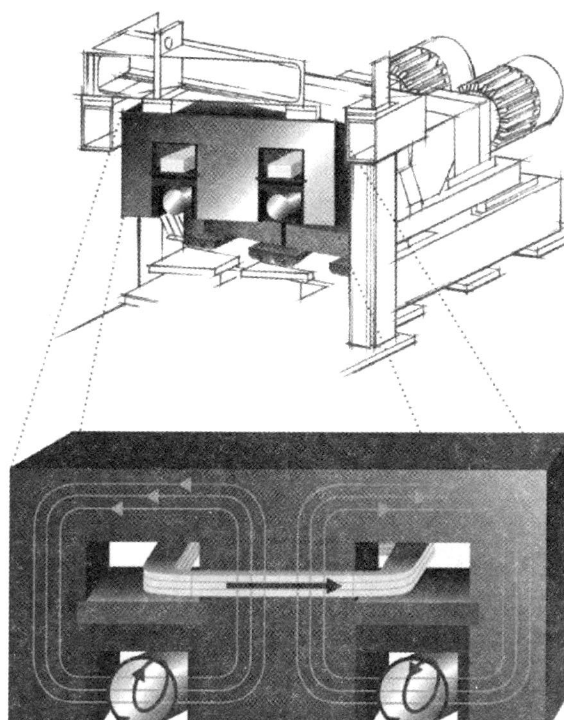

图 11.7　含高温超导励磁线圈的感应加热器原理（Zenergy Power 提供）

Zenergy[5] 制造了一台高温超导感应加热器，他的技术合作伙伴在 2008 年开始运行该加热器，彻底改变了工业铝、黄铜、青铜和铜处理过程的能源利用率和工艺灵活性。在精确加热过程中，高温感应加热器软化有色金属材料坯料，以提高其延展性。高温超导感应加热器的优点包括以下内容：

1）相比于传统系统 40% ~50% 的效率，高温超导感应加热器的效率可以达到 90% 以上。

2）涡流电磁感应加热可以对整个材料提供均匀和精确可控的温度。

3）材料没有局部过热损坏的风险。

4）启动时间非常短，因此提高了生产效率。

5）对高等级、特殊合金材料而言，可实现高度灵活和成本效益的实时生产和制造。

6）经济性能好。运行五年后节省的能源费用足以偿还当初的购置费用。

目前，高温超导感应加热器已经成功商品化。

11.3.3　同步加速器

同步加速器储能环使用由大量铜线绕制的电磁体，每年需要花费数百万美元的电费和大量的冷却用水。应用高温超导磁体具有显著的节能效果，仿真模型表明整个系统的安装规模将减少为 1/20，且能够大大节省冷却用水。与常规铜线相比，高温超导线材的高电流密度令线圈结构更加紧凑，磁体设计更加灵活，能在磁体工作区域提供更多的光纤接入。高温超导磁体的优势不仅体现在新设备，在很多情况下，还可以不改变铁轭，用高温超导线圈改造已有的铜线圈。

2009 年，世界上第一台由高温超导线圈构造的同步加速器磁体（如图 11.8 所示）从新西兰的 HTS-110 运往纽约的布鲁克海文国家实验室。该 HTS 磁体消耗的能量低于用铜线绕制的设备所需能量的一半，大大减小了冷却用水。当前，铜线圈在运行过程中消耗 15kW 的电能和大量的冷却用水，每个同步加速器包括 50 个或更多的磁体，整个铜环所消耗的能量达 1MW。

图 11.8　应用高温超导线圈的同步加速器磁体

（Brookhaven 国家实验室和新西兰 HTS-110 提供）

11.4 总结

高温超导磁体的制造技术已经得到了充分的验证。在很多工业和研究机构中，这些磁体能够非常有效地实现预期功能，但是，昂贵的高温超导材料和冷却系统抬高了它们的初始成本，限制了其广泛应用。一旦成本达到使用者的经济性要求，这些磁体会很快应用在现实生活中。

参考文献

1. G. Snitchler, S. S. Kalsi, M. Manlief, R. E. Schwall, A. Sidi-Yekhief, S. Ige, R. Medeiros, T. L. Francavilla, and D. U. Gubser, "High-Field Warm-Bore HTS Conduction Cooled Magnet," *IEEE Trans. Appl. Superconductivity* 9(2, Pt. 1): 553–558, 1999. DOI 10.1109/77.783356.
2. S. S. Kalsi, A. Szczepanowski, G. Snitchler, H. Picard, A. Sidi-Yekhlef, B. Connor, R. E. Schwall, B. MacKinnon, J. L. Tallon, G. Todd, and R. Neale, "Ion Beam Switching Magnet Employing HTS Coils," *IEEE Trans. Appl. Superconductivity* 8(1): 30–33, 1998. DOI 10.1109/77.662692.
3. K. Ohkura, T. Okazaki, and K. Sato, "Large HTS Magnet Made by Improved DI-BSCCO Tapes," *IEEE Trans. Appl. Superconductivity* 18(2): 556–559, 2008. DOI 10.1109/TASC.2008.920807.
4. Qiuliang Wang, Yingming Dai, Xinning Hu, Shouseng Song, Yuanzhong Lei, Chuan He, and Luguang Yan, "Development of GM Cryocooler-Cooled Bi2223 High Temperature Superconducting Magnetic Separator," *IEEE Trans. Appl. Superconductivity* 17(2, Pt. 2): 2185–2188, DOI 10.1109/TASC.2007.899098.
5. L. Masur, C. Buehrer, H. Hagemann, and W. Witte, "Magnetic Billet Heating," *Light Metal Age* (April): 50–55, 2009.
6. Brookhaven National Lab. light source magnet built by HTS-110 of Lower Hutt, New Zealand.
7. R. Gupta and W. Sampson, "Medium and Low Field HTS Magnets for Particle Accelerators and Beam Lines," *IEEE Trans. Appl. Superconductivity* 19(3), 2009, pp 1095–1099.
8. S. S. Kalsi, D. Aized, B. Conner, G. Snitchier, J. Campbell, R. E. Schwall, J. Kellers, T. Stephanblome, A. Tromm, and P. Winn, "HTS SMES Magnet Design and Test Results," *IEEE Trans. Appl. Superconductivity* 7(2, Pt. 1): 971–976, 1992. DOI 10.1109/77.614667.

9. L. Xiao, Z. Wang, S. Dai, J. Zhang, D. Zhang, Z. Gao, N. Song, F. Zhang, X. Xu and L. Lin, "Fabrication and Tests of a 1 MJ HTS Magnet for SMES," *IEEE Trans. Appl. Superconductivity* 18(2): 770–773, 2008. DOI 10.1109/TASC.2008.922234.
10. O. O. Ige, D. Aized, A. Curda, R. Medeiros, C. Prum, P. Hwang, G. Naumovich and E. M. Golda, "Mine Countermeasures HTS Magnet," *IEEE Trans. Appl. Superconductivity* 13(2, Pt. 2): 1628–1631, 2003. DOI 10.1109/TASC.2003.812811.
11. O. O. Ige, D. Aized, A. Curda, D. Johnson and M. Golda, "Test Results of a Demonstration HTS Magnet for Minesweeping," *IEEE Trans. Appl. Superconductivity* 11(1, Pt. 2): 2527–2530, 2001. DOI 10.1109/77.920380.
12. L. Masur, C. Buehrer, H. Hagemann, B. Ostemeyer, and W. Witte, "Magnetic Billet Heating," *Light Metal Age*, April 2009, pp 50–53.

图书在版编目（CIP）数据

高温超导技术在电力装备中的应用/(美)斯沃恩·辛格·卡尔斯(Swarn Singh Kalsi)著；丘明，诸嘉慧译. —北京：机械工业出版社，2017.7

(国际电气工程先进技术译丛)

书名原文：Applications of high temperature superconductors to electric power equipment

ISBN 978-7-111-56875-9

Ⅰ.①高…　Ⅱ.①斯…②丘…③诸　Ⅲ.①高温超导性—超导电技术—研究　Ⅳ.①TN101

中国版本图书馆 CIP 数据核字（2017）第 111448 号

机械工业出版社（北京市百万庄大街 22 号　邮政编码 100037）

策划编辑：付承桂　责任编辑：朱　林

责任校对：刘秀芝　封面设计：马精明

责任印制：李　昂

三河市宏达印刷有限公司印刷

2017 年 7 月第 1 版第 1 次印刷

169mm×239mm · 14.25 印张 · 272 千字

0001—3000 册

标准书号：ISBN 978-7-111-56875-9

定价：69.00 元

凡购本书，如有缺页、倒页、脱页，由本社发行部调换

电话服务	网络服务
服务咨询热线：010-88361066	机 工 官 网：www.cmpbook.com
读者购书热线：010-68326294	机 工 官 博：weibo.com/cmp1952
010-88379203	金 书 网：www.golden-book.com
封面无防伪标均为盗版	教育服务网：www.cmpedu.com

国家职业资格培训教材
技能型人才培训用书

工程机械装配与调试工
（汽车起重机）

国家职业资格培训教材编审委员会　组编

张明军　主编

机械工业出版社

本教材是依据《国家职业技能标准　工程机械装配与调试工》对初级、中级和高级汽车起重机装配与调试工的理论知识要求和技能要求，按照岗位培训需要的原则编写的。本教材主要内容包括：汽车起重机装配与调试概述，汽车起重机专用底盘装配，汽车起重机专用底盘调试，汽车起重机上车工作装置装配，汽车起重机整车调试，汽车起重机装配与调试工模拟试卷样例及参考答案。每章章前有培训学习目标，章末有复习思考题，以便于企业培训和读者自测。

本教材既可作为各级职业技能鉴定培训机构、企业培训部门的考前培训教材，又可作为读者考前复习用书，还可作为职业技术院校、技工院校的专业实训课教材。

图书在版编目（CIP）数据

工程机械装配与调试工．汽车起重机/张明军主编；《国家职业资格培训教材》编审委员会组编．—北京：机械工业出版社，2016.1

国家职业资格培训教材

ISBN 978-7-111-52845-6

Ⅰ.①工…　Ⅱ.①张…②国…　Ⅲ.①汽车起重机－装配（机械）－技术培训－教材②汽车起重机－调试方法－技术培训－教材　Ⅳ.①TH2②U469.6

中国版本图书馆 CIP 数据核字（2016）第 021368 号

机械工业出版社（北京市百万庄大街 22 号　邮政编码 100037）

策划编辑：赵磊磊　责任编辑：赵磊磊

责任校对：朱丽红　封面设计：路恩中

责任印制：李　洋

北京宝昌彩色印刷有限公司印刷

2016 年 4 月第 1 版第 1 次印刷

169mm×239mm · 17 印张 · 326 千字

0001—3000册

标准书号：ISBN 978-7-111-52845-6

定价：35.00 元

凡购本书，如有缺页、倒页、脱页，由本社发行部调换

电话服务　　网络服务

服务咨询热线：010－88361066　　机 工 官 网：www.cmpbook.com

读者购书热线：010－68326294　　机 工 官 博：weibo.com/cmp1952

010－88379203　　金 书 网：www.golden－book.com

封面无防伪标均为盗版　　教育服务网：www.cmpedu.com

国家职业资格培训教材（第2版）

编 审 委 员 会

第2版序

在“十五”末期，为贯彻落实“全国职业教育工作会议”和“全国再就业会议”精神，加快培养一大批高素质的技能型人才，机械工业出版社精心策划了与原劳动和社会保障部《国家职业标准》配套的《国家职业资格培训教材》。这套教材涵盖41个职业工种，共172种，有十几个省、自治区、直辖市相关行业200多名工程技术人员、教师、技师和高级技师等从事技能培训和鉴定的专家参加编写。教材出版后，以其兼顾岗位培训和鉴定培训需要，理论、技能、题库合一，便于自检自测，受到全国各级培训、鉴定部门和广大技术工人的欢迎，基本满足了培训、鉴定和读者自学的需要，在“十一五”期间为培养技能人才发挥了重要作用，本套教材也因此成为国家职业资格鉴定考证培训及企业员工培训的品牌教材。

2010年，《国家中长期人才发展规划纲要（2010—2020年）》《国家中长期教育改革和发展规划纲要（2010—2020年）》《关于加强职业培训促就业的意见》相继颁布和出台，2012年1月，国务院批转了“七部委”联合制定的《促进就业规划（2011—2015年）》，在这些规划和意见中，都重点阐述了加大职业技能培训力度、加快技能人才培养的重要意义，以及相应的配套政策和措施。为适应这一新形势，同时也鉴于第1版教材所涉及的许多知识、技术、工艺、标准等已发生了变化的实际情况，我们经过深入调研，并在充分听取了广大读者和业界专家意见的基础上，决定对已经出版的《国家职业资格培训教材》进行修订。本次修订，仍以原有的大部分作者为班底，并保持原有的“以技能为主线，理论、技能、题库合一”的编写模式，重点在以下几个方面进行了改进：

1. 新增紧缺职业工种——为满足社会需求，又开发了一批近几年比较紧缺的以及新增的职业工种教材，使本套教材覆盖的职业工种更加广泛。

2. 紧跟国家职业标准——按照最新颁布的《国家职业技能标准》（或《国家职业标准》）规定的工作内容和技能要求重新整合、补充和完善内容，涵盖职业标准中所要求的知识点和技能点。

3. 提炼重点知识技能——在内容的选择上，以“够用”为原则，提炼出应重点掌握的必需的专业知识和技能，删减了不必要的理论知识，使内容更加精炼。

4. 补充更新技术内容——紧密结合最新技术发展，删除了陈旧过时的内容，补充了新的技术内容。

5. 同步最新技术标准——对原教材中按旧的技术标准编写的内容进行更新，所有内容均与最新的技术标准同步。

6. 精选技能鉴定题库——按鉴定要求精选了职业技能鉴定试题，试题贴近教材、贴近国家试题库的考点，更具典型性、代表性、通用性和实用性。

7. 配备免费电子教案——为方便培训教学，我们为本套教材开发配备了配套的电子教案，免费赠送给选用本套教材的机构和教师。

8. 配备操作实景光盘——根据读者需要，部分教材配备了操作实景光盘。

一言概之，经过精心修订，第2版教材在保留了第1版教材精华的同时，内容更加精练、可靠、实用，针对性更强，更能满足社会需求和读者需要。全套教材既可作为各级职业技能鉴定培训机构、企业培训部门的考前培训教材，又可作为读者考前复习和自测使用的复习用书，也可供职业技能鉴定部门在鉴定命题时参考，还可作为职业技术院校、技工院校、各种短训班的专业课教材。

在本套教材的调研、策划、编写过程中，曾经得到许多企业、鉴定培训机构有关领导、专家的大力支持和帮助，在此表示衷心的感谢！

虽然我们已经尽了最大努力，但教材中仍难免存在不足之处，恳请专家和广大读者批评指正。

国家职业资格培训教材第2版编审委员会

第1版序一

当前和今后一个时期，是我国全面建设小康社会、开创中国特色社会主义事业新局面的重要战略机遇期。建设小康社会需要科技创新，离不开技能人才。“全国人才工作会议”、“全国职教工作会议”都强调要把“提高技术工人素质、培养高技能人才”作为重要任务来抓。当今世界，谁掌握了先进的科学技术并拥有大量技术娴熟、手艺高超的技能人才，谁就能生产出高质量的产品，创出自己的名牌；谁就能在激烈的市场竞争中立于不败之地。我国有近一亿技术工人，他们是社会物质财富的直接创造者。技术工人的劳动，是科技成果转化为生产力的关键环节，是经济发展的重要基础。

科学技术是财富，操作技能也是财富，而且是重要的财富。中华全国总工会始终把提高劳动者素质作为一项重要任务，在职工中开展的“当好主力军，建功‘十一五’，和谐奔小康”竞赛中，全国各级工会特别是各级工会职工技协组织注重加强职工技能开发，实施群众性经济技术创新工程，坚持从行业和企业实际出发，广泛开展岗位练兵、技术比赛、技术革新、技术协作等活动，不断提高职工的技术技能和操作水平，涌现出一大批掌握高超技能的能工巧匠。他们以自己的勤劳和智慧，在推动企业技术进步，促进产品更新换代和升级中发挥了积极的作用。

欣闻机械工业出版社配合新的《国家职业标准》为技术工人编写了这套涵盖41个职业的172种“国家职业资格培训教材”。这套教材由全国各地技能培训和考评专家编写，具有权威性和代表性；将理论与技能有机结合，并紧紧围绕《国家职业标准》的知识点和技能鉴定点编写，实用性、针对性强，既有必备的理论和技能知识，又有考核鉴定的理论和技能题库及答案，编排科学，便于培训和检测。

这套教材的出版非常及时，为培养技能型人才做了一件大好事，我相信这套教材一定会为我们培养更多更好的高技能人才做出贡献！

（李永安　中国职工技术协会常务副会长）

第1版序二

为贯彻“全国职业教育工作会议”和“全国再就业会议”精神，全面推进技能振兴计划和高技能人才培养工程，加快培养一大批高素质的技能型人才，我们精心策划了这套与劳动和社会保障部最新颁布的《国家职业标准》配套的《国家职业资格培训教材》。

进入21世纪，我国制造业在世界上所占的比重越来越大，随着我国逐渐成为“世界制造业中心”进程的加快，制造业的主力军——技能人才，尤其是高级技能人才的严重缺乏已成为制约我国制造业快速发展的瓶颈，高级蓝领出现断层的消息屡屡见诸报端。据统计，我国技术工人中高级以上技工只占3.5%，与发达国家40%的比例相去甚远。为此，国务院先后召开了“全国职业教育工作会议”和“全国再就业会议”，提出了“三年50万新技师的培养计划”，强调各地、各行业、各企业、各职业院校等要大力开展职业技术培训，以培训促就业，全面提高技术工人的素质。

技术工人密集的机械行业历来高度重视技术工人的职业技能培训工作，尤其是技术工人培训教材的基础建设工作，并在几十年的实践中积累了丰富的教材建设经验。作为机械行业的专业出版社，机械工业出版社在“七五”、“八五”、“九五”期间，先后组织编写出版了“机械工人技术理论培训教材”149种，“机械工人操作技能培训教材”85种，“机械工人职业技能培训教材”66种，“机械工业技师考评培训教材”22种，以及配套的习题集、试题库和各种辅导性教材约800种，基本满足了机械行业技术工人培训的需要。这些教材以其针对性、实用性强，覆盖面广，层次齐备，成龙配套等特点，受到全国各级培训、鉴定和考工部门和技术工人的欢迎。

2000年以来，我国相继颁布了《中华人民共和国职业分类大典》和新的《国家职业标准》，其中对我国职业技术工人的工种、等级、职业的活动范围、工作内容、技能要求和知识水平等根据实际需要进行了重新界定，将国家职业资格分为5个等级：初级（5级）、中级（4级）、高级（3级）、技师（2级）、高级技师（1级）。为与新的《国家职业标准》配套，更好地满足当前各级职业培训和技术工人考工取证的需要，我们精心策划编写了这套《国家职业资格培训教材》。

这套教材是依据劳动和社会保障部最新颁布的《国家职业标准》编写的，

为满足各级培训考工部门和广大读者的需要，这次共编写了41个职业的172种教材。在职业选择上，除机电行业通用职业外，还选择了建筑、汽车、家电等其他相近行业的热门职业。每个职业按《国家职业标准》规定的工作内容和技能要求编写初级、中级、高级、技师（含高级技师）四本教材，各等级合理衔接、步步提升，为高技能人才培养搭建了科学的阶梯型培训架构。为满足实际培训的需要，对多工种共同需求的基础知识我们还分别编写了《机械制图》、《机械基础》、《电工常识》、《电工基础》、《建筑装饰识图》等近20种公共基础教材。

在编写原则上，依据《国家职业标准》又不拘泥于《国家职业标准》是我们这套教材的创新。为满足沿海制造业发达地区对技能人才细分市场的需要，我们对模具、制冷、电梯等社会需求量大又已单独培训和考核的职业，从相应的职业标准中剥离出来单独编写了针对性较强的培训教材。

为满足培训、鉴定、考工和读者自学的需要，在编写时我们考虑了教材的配套性。教材的章首有培训要点、章末配复习思考题，书末有与之配套的试题库和答案，以及便于自检自测的理论和技能模拟试卷，同时还根据需求为20多种教材配制了VCD光盘。

为扩大教材的覆盖面和体现教材的权威性，我们组织了上海、江苏、广东、广西、北京、山东、吉林、河北、四川、内蒙古等地相关行业从事技能培训和考工的200多名专家、工程技术人员、教师、技师和高级技师参加编写。

这套教材在编写过程中力求突出“新”字，做到“知识新、工艺新、技术新、设备新、标准新”；增强实用性，重在教会读者掌握必需的专业知识和技能，是企业培训部门、各级职业技能鉴定培训机构、再就业和农民工培训机构的理想教材，也可作为技工学校、职业高中、各种短训班的专业课教材。

在这套教材的调研、策划、编写过程中，曾经得到广东省职业技能鉴定中心、上海市职业技能鉴定中心、江苏省机械工业联合会、中国第一汽车集团公司以及北京、上海、广东、广西、江苏、山东、河北、内蒙古等地许多企业和技工学校的有关领导、专家、工程技术人员、教师、技师和高级技师的大力支持和帮助，在此谨向为本套教材的策划、编写和出版付出艰辛劳动的全体人员表示衷心的感谢！

教材中难免存在不足之处，诚恳希望从事职业教育的专家和广大读者不吝赐教，提出批评指正。我们真诚希望与您携手，共同打造职业培训教材的精品。

国家职业资格培训教材编审委员会

前　言

工程机械是广泛用于建筑、水利、电力、道路、矿山、港口和国防等领域的施工机械。工程机械装配与调试是保证工程机械质量的重要环节，其从业人员的技术水平直接影响着工程机械产品的质量和工程机械企业参与国内外市场竞争的能力。

随着自动控制、机电一体化等新技术在工程机械上的应用和机器人、数字检测调试工具在装配生产单元中的使用，对工程机械装配与调试工这一职业的从业人员提出了越来越高的要求。人力资源和社会保障部于 2009 年 11 月 12 日设立了“工程机械装配与调试工”这一新职业，制定了相应的国家职业技能标准。本教材正是依据《国家职业技能标准　工程机械装配与调试工》对初级、中级和高级汽车起重机装配与调试工的理论知识与技能要求，按照岗位培训需要的原则编写的。本教材主要内容包括：汽车起重机装配与调试概述，汽车起重机专用底盘装配，汽车起重机专用底盘调试，汽车起重机上车工作装置装配，汽车起重机整车调试，汽车起重机装配与调试工模拟试卷样例及参考答案。每章章前有培训学习目标，章末有复习思考题，以便于企业培训和读者自测。

本教材既可作为各级职业技能鉴定培训机构、企业培训部门的考前培训教材，又可作为读者考前复习用书，还可作为职业技术院校、技工院校的专业实训课教材。

本教材由张明军任主编，朱长健、朱亚夫、孟献群任副主编，李珍、李颜、陈传辉参加编写。本教材在编写过程中得到了徐工集团汽车起重机事业部装配分厂的大力支持和帮助，在此表示衷心的感谢。

由于编者水平有限，书中错误、疏漏之处在所难免，敬请广大读者批评指正。

编　者

目　录

第1章

汽车起重机装配与调试概述

培训学习目标

1. 掌握汽车起重机的概念。
2. 了解汽车起重机的用途、分类。
3. 了解汽车起重机编号的含义。
4. 了解汽车起重机的主要技术参数。
5. 掌握汽车起重机的结构组成及功用。
6. 了解国内外汽车起重机的发展趋势及主要技术参数的概念和术语。

1.1 国内外汽车起重机发展概况

1.1.1 国外汽车起重机生产公司介绍

1. 利勃海尔集团（德国）

利勃海尔集团由汉斯·利勃海尔在1949年建立。公司的第一台移动式、易装配、价格适中的塔式起重机获得巨大的成功，成为公司蓬勃发展的基础。今天，利勃海尔不仅是世界建筑机械的领先制造商之一，还是其他许多领域技术创新的领先者。多年以来，家族企业已发展成为目前的公司集团，拥有大约26000名员工，在各大洲建立起100余家公司。

2. 马尼托瓦克公司（美国）

马尼托瓦克公司始创于1902年，主要生产桁架臂重型履带吊、轮胎起重机。马尼托瓦克起重机集团在世界拥有13家起重机专业生产厂，其中1家为中国张家港波坦公司，并在北京、上海、西安和广州设有地区性办事处。马尼托瓦克产品特点是技术较先进、性能较高、可靠性能高，其汽车底盘技术和全路面技术领先于欧洲，产品主要销往美洲地区和亚太地区。

3. 格鲁夫公司

格鲁夫公司的强项是越野轮胎起重机和汽车起重机。20世纪80年代，欧洲全地面起重机如火如荼地发展，逐渐把格鲁夫挤出了欧洲市场。此后，格鲁夫公司经过几次收购，才真正成为全路面起重机市场上重要的一家。

4. 日本汽车起重机的发展现状

亚洲汽车起重机以日本为代表，主要生产汽车起重机、履带起重机、越野轮胎起重机和全路面起重机。其中，越野轮胎起重机的产量最大，汽车起重机的产量次之，全路面起重机的产量最少。日本汽车起重机主要代表有多田野、加藤等。

1.1.2 国内汽车起重机生产公司介绍

1. 徐州重型机械有限公司

徐州重型机械有限公司是徐工集团最核心的企业，公司始建于1943年，是中国极具影响力的汽车起重机、全地面起重机、履带式起重机、消防车和工程机械底盘的研发、制造和销售基地，是中国臂架类机械装备制造标志性企业。

（1）产品型谱　该公司目前主要产品有8～30t全液压汽车起重机、25～1600t全路面汽车起重机、25t液压轮胎起重机、35～3600t液压履带起重机、22～100m登高平台消防车、22～32m举高喷射消防车，工程机械专用底盘及其他专用车辆等。

（2）产品市场规模　该公司目前已发展成为我国最大的汽车起重机、工程机械专用底盘和抢险、救灾消防车辆的生产制造厂家，形成年产10000余台汽车起重机、8000余台工程机械专用底盘和100余台消防车辆的生产能力。汽车起重机国内市场占有率超过50%。

2. 长沙中联重工科技发展股份有限公司浦沅分公司

长沙中联重工科技发展股份有限公司浦沅分公司是长沙建设机械研究院、中联重科与湖南省浦沅集团公司及浦沅工程机械有限责任公司实施“强强联合”重组并购后设立的生产经营独立运行的公司，主要从事汽车起重机、履带式起重机、特种车辆等工程机械产品的研发、生产和销售。分公司的前身为湖南省浦沅集团有限公司。

3. 三一汽车起重机械有限公司

三一集团有限公司始创于1989年。三一汽车起重机械有限公司系三一集团的核心企业，主要从事起重机械系列产品以及工程机械零部件的研发、制造和销售业务。

三一汽车起重机有限公司，主要产品有20t、25t、50t、75t、100t、130t汽车起重机产品系列，以及160t、200t、220t全路面汽车起重机产品系列。

4. 北起多田野（北京）起重机有限公司

北起多田野（北京）起重机有限公司是由北京京城重工机械有限责任公司与日本株式会社多田野，于2003年建立的第一家生产制造汽车起重机的中外合资企业，为中国起重机行业的发展树立了新的里程碑。

该公司引进日本多田野具有国际水准的汽车起重机、越野轮胎起重机、高空作业车生产制造技术，采用CAD（计算机辅助设计）、PDM（产品数据管理）、CAPP等先进的研发工具，建立了以销售、用户服务为起点，生产系统充分参与的市场导向型研发流程。目前公司正向市场推出“北起多田野”牌GT－550E、GT－250E等产品。

5. 四川长江工程起重机有限责任公司

四川长江工程起重机有限责任公司具有40多年的汽车起重机和其他工程机械产品的生产制造历史。公司通过技术引进、技术创新和不断的技术改造，其技术开发实力、生产制造能力、产品品种结构和质量控制能力处于同行业领先地位。目前，该公司是四川省科技先导型企业和中国机械工业500强之一。公司产品起吊能力为8～160t级，年产起重机规模达两千台。

1.1.3　国内外汽车起重机的发展趋势

随着现代科学技术的发展，各种新技术、新材料、新结构、新工艺在工程起重机上得到了广泛应用，有力促进了汽车起重机技术性能的全面提升，总体上朝着大型化、液压化、多功能、高效能发展，朝着提高零部件可靠性和使用寿命、改善驾驶员操作条件的方向努力。具体来看，主要体现在以下几个方面。

1. 采用新技术、新材料、新结构、新工艺

以计算机和信息技术为代表，新技术的广泛应用正有力推动着汽车起重机向信息化、自动化、智能化、规模化、模块化、通用化、简易化、多样化及高效和节能方向发展。

微电脑控制的安全装置更为有效。为了防止起重机超载以至倾翻，近年来研制了微电脑控制的电子式起重力矩限制器。这是一种较为完善的安全装置。当载荷接近额定起重量时，自动发出警报信号；当超载时，力矩限制器自动切断起重机工作机构，以保证起重机整机的安全。

随着计算机向汽车起重机领域的纵深渗透，无线遥控技术、远程诊断服务技术、黑匣子自我保护技术，也将成为汽车起重机的重要技术发展方向。

此外，液压技术将同计算机技术相互渗透，共同发展。

2. 重视技术融合，向机电液一体化方向发展

从20世纪后期开始，国际上包括起重机在内的工程机械装备的研发与生产，高度重视机、电、液、信（讯）新技术的融合，努力朝一体化迈进。在此基础上，注重智能化方向的发展。其中，液压技术仍是研发和应用重点。

随着科学技术的不断进步，现代施工项目对汽车起重机的要求也越来越高，高、精、尖液压技术在汽车起重机上的应用也越来越广泛，汽车起重机液压系统展示了强劲的发展态势。

我国主要工程起重机生产厂的产品多是液压起重机。汽车起重机液压系统一般由起升、变幅、伸缩、回转、控制五个主回路组成，并具有各自的发展趋势。

对起重机来说，起升动作是最频繁的动作。目前最常用的起升液压系统为定量泵、定量或变量马达开式液压系统，而现代施工对起升系统提出了新的要求，即节能、高效、可靠以及微动性、平稳性好。为了适应这些新的要求，以前的定量泵将逐步被先进可靠的具有负载反馈和压力切断的恒功率变量泵所取代，先前的定量马达或液压控变量马达也将被电控变量马达所取代。

变幅液压系统的发展趋势也体现为节能高效。目前最先进的为变幅下降时，充分利用吊臂和重物的重力势能，实现重力下放，下放的速度由先导手柄来无级控制，变幅平稳，没有冲击。

对于具有五节以下的伸缩臂的伸缩液压系统，国内一般采用同步或顺序加同步的伸缩方式，当采用两级液压缸时，上下两液压缸实现内部沟通，一般采用插装式平衡阀；对于具有五节臂以上伸缩臂的液压系统，采用单缸插销伸缩机构，这种伸缩机构自重轻，能大幅提高起重机的起重性能，能有效地控制整机的重量。

回转是起重机使用频繁的动作，但相对而言，回转所需功率最少，因而回转系统的最高要求是：回转平稳，起重作业无侧载；回转系统的发展趋势为通过小马达、大传动比来实现操作平稳，通过设立回转缓冲阀和自由滑转机能来实现吊重的自动对中功能，从而有效防止侧载的产生。

随着液压技术的应用，操纵方式也在发生改变。最简单、使用最广泛的操纵方式是机械式操纵，但正逐步被液压先导比例控制所取代。当前，液压先导比例操纵系统已相当成熟并广泛应用，操作性能得到了很大的提高；然而，最有发展前途的还是电比例操纵系统，借助于计算机技术和可编程技术，汽车起重机将向智能化发展。

3. 通用机型以中小型为主，专用机型向大型化发展

当前汽车起重机正朝大型化、微型化、多功能化、专用化等多极发展。为了提高工程建设装卸作业的机械化程度，工程起重机的发展仍以轻便灵活的中小型起重机为主。目前国外普遍使用10～40t级的工程起重机。从数量上看，中小吨级的占多数，因此，国外很重视改进、提高中型（16～40t级）液压起重机的性能。但为了满足大型石油、化工、冶炼设备和高层建筑大型板材、构件的安装，国内外也生产一些100～1000t级的大型、特大型轮胎式起重机。

4. 发展越野及全地面起重机

由于汽车技术的发展，随着全轮驱动技术、转向技术、变矩技术、油气悬挂技术、辅助制动装置性能的改善，使得越野及全地面汽车起重机的发展成为可能。然而，世界起重机市场变化的最大亮点莫过于全地面汽车起重机的崛起，它

集越野起重机与汽车起重机的各种优点于一身，领导了轮式起重机的发展潮流。全路面起重机之所以在 20 世纪八九十年代风靡欧洲市场，并一直保持至今，是由其高技术、高性能、多用途等诸多优势决定的。

20 世纪 80 年代以来电子液压技术的发展，极大地改善了控制性能，又促进了起重机设备上安全装置的应用，如支腿半伸状态的控制、半伸状态下作业能力的控制、回转自动停止装置、高度限制等。这些方面的进步都为越野及全地面汽车起重机的发展提供了技术保障。

进入 21 世纪后，越野及全地面汽车起重机的发展迎来了广阔的发展空间。全路面起重机作为工程起重机系列一个重要产品系列，综合了汽车起重机快速转移和越野轮胎式起重机越野、负载行驶等主要特点，这种合二为一的产品与普通类型的汽车起重机相比具有明显优势。该机型在国际市场上的销量仅次于汽车起重机。但由于全地面起重机价格昂贵，超出同等吨位汽车起重机的 60%，对国内很多用户而言，仍属于“贵族”型产品。

这些年来，利渤海尔公司作为第一家放弃传统汽车起重机生产而全心研制全路面起重机的企业，已经研制出多桥大吨位的全路面起重机，其汽车起重机也主要为全路面产品，如图 1-1 所示为利渤海尔公司生产的 500t 级和 1200t 级全路面起重机。由于日本、北美市场开发起步晚、用户观念等原因，直至目前全路面起重机所占比例仍然很小，但美、日公司对全路面起重机也同样投入了大量人力、物力，不遗余力地全心研制。

a)

b)

图 1-1　利渤海尔全路面起重机

a）利渤海尔 LTM1500 - 8.1 型全路面起重机　b）利渤海尔 LTM11200 - 9.1 型全路面起重机

我国全路面起重机的研发工作起步较晚。直到 2002 年，徐州重型机械有限公司才推出首台 25t 级全路面起重机，改写了中国不能制造全路面起重机的历史。可喜的是我国全路面起重机的研制起步虽晚，但开发的进度很快，虽然到目前为止，国内掌握独立开发、制造全路面起重机技术及自主知识产权的企业仅有徐州重型机械有限公司等少数几家，但攻克并掌握了其区别于汽车起重机的全部60项关键技术，实现了百吨级乃至千吨级的多桥全路面起重机的跨越，截至2012年，徐州重型机械有限公司（简称徐重）已生产出1600t级全路面汽车起重机，并在2012年上海宝马展亮相，如图1-2所示为徐州重型机械有限公司QAY1200全路面汽车起重机。

目前，除了徐重外，还有三一集团、中联重科浦元分公司、四川长江工程起重机有限责任公司等少数几家企业也在从事全路面起重机的研制与生产。

图1-2　徐州重型机械有限公司QAY1200全路面汽车起重机

1.2　汽车起重机概述

1.2.1　汽车起重机的概念、用途、分类及编号原则

1. 汽车起重机的概念

汽车起重机是以通用或专用汽车底盘作为安装基础，然后在其上配套安装起吊装置，并保持汽车原有的行驶性的一种自行式起重机械。

2. 汽车起重机的用途

汽车起重机主要应用于工矿企业、建筑工地、港口码头、油田、铁路、仓库及货场等工况下的起重作业及吊装工作。如大型建筑构件与设备的安装、大量工程材料的垂直运输与装卸等，样样都离不开汽车起重机。此外还广泛应用于公路应急救援。

在军事工程保障领域，汽车起重机也是十分重要的工程保障装备，主要用于吊装战备工事及军用桥梁构件，起吊大型武器装备，辅助完成大型零部件的安装以及装卸工程材料等。

3. 汽车起重机的分类

通常我们所说的汽车起重机包含三大类，即汽车起重机、全路面起重机、随车起重机。

（1）汽车起重机　通常把装在通用或专用载重汽车底盘上的起重机称为汽车起重机，如图1-3所示。汽车起重机的行驶操作在下车驾驶室里，起重操作在上车的操纵室里。汽车起重机由于利用汽车底盘，所以机动灵活，行驶速度高，可快速转移，到作业场地后能迅速投入工作，特别适用于流动性大、不固定的作业场所。汽车起重机由于具有这些特点，其品种和数量在我国得到了很大发展，是目前我国轮式起重机中的主力机型。汽车起重机也有其弱点，总体布置受汽车底盘的限制车身较长，转弯半径大，大多数只能在左右两侧和后方作业。另外对地面的要求较高，越野性能差。

图1-3　汽车起重机

（2）全路面起重机　全地面起重机是集汽车起重机和越野轮胎起重机的优点于一体的高性能起重机，如图1-4所示。全地面起重机底盘为越野型底盘，悬挂方式为油气悬挂，在不同路面行驶时，悬挂系统均可自动调平车架，并可根据需要升高和降低车架高度，以提高行驶性能和通过能力。底盘还采用多桥驱动和全桥转向，转弯半径小，可蟹形行走，能适应不同工作环境的要求。全地面起重机具有越野性能好、行驶速度高、可360°回转作业等优点。但其价位较高，目前还不被国内大多数用户所接受。

（3）随车起重机　随车起重机是将起重作业部分装在载重货车上的一种起重机，如图1-5所示。随车起重机行驶操作在下车的驾驶室里，起重操作则为露天，站在地面上操作。随车起重机的优点是既可起重又可载货，货物可实现自装

图 1-4　全路面起重机

卸。其缺点是起重量小，起升高度低，作业幅度小，不能满足大型的吊重安装作业要求，但因其具有既可起重、又可载货的优点，在起重运输行业也占据了一定的市场。

图 1-5　随车起重机

4. 国内汽车起重机的规格型号及编号

国内汽车起重机的编号是用汉语拼音字母和数字组成部分字符串来表示，字母 Q 表示汽车起重机，字母 Y 表示液压传动，不标字母时表示机械传动，字母后面用数字表示起重机的最大额定起重量。在型号的末尾还用 A、B、C、D、E、K 等字母表示该汽车起重机的设计序号或改进序号。具体举例如下：

QY8B 表示最大额定起重量为 8t 且经过二次改进的液压汽车起重机。

QY25K5－Ⅰ表示最大额定起重量为 25t 且经过改进后的 K 系列 5 节臂液压汽车起重机。

以上是适用于国内所有汽车起重机生产厂家的编号方法，但在汽车起重机的出厂铭牌上会标明最新的且最全面的汽车起重机产品型号，如徐工集团徐州重型机械有限公司生产的汽车起重机型号为 XZJ 5　24　0　J　QZ　16，其具体含义为：

① XZJ：表示徐州重型机械有限公司。

② 5：表示汽车类中的专用汽车。

③ 24：表示整车总质量为24t。

④ 0：表示设计序号。“0”表示没有进行过改进。

⑤ J：表示专用汽车中的举升类汽车。

⑥ QZ：表示为起重机组。

⑦ 16：工厂编号16表示最大额定起重量为16t。

5. 国外汽车起重机编号规则

（1）德国利渤海尔汽车起重机　LT－1200S，L表示利渤海尔起重机，第二位字母T表示汽车式，首位数字1表示该公司的产品序列代号（设计序号），后面数字200表示起重机的额定起重量为200t，最后一位数字表示带超起的附加装置。

（2）日本多田野起重机　TG－752产品，首位字母T代表多田野汽车起重机，第二位字母表示该起重机的起重级别：G表示大型；L表示中型；S表示小型。前两位数字75代表该起重机的最大额定起重量为75t，最后一位数字2代表产品的改进序列代号。

1.2.2　汽车起重机的主要技术参数

1. 尺寸参数

（1）整机全长　全部装备的起重机，在垂直于整机纵向轴线，并分别贴靠在整机前后最外端突出部位的两垂面之间的距离。如图1-6所示尺寸 L_Σ，单位为mm。

（2）整机全宽　全部装备的起重机，在平行于整机纵向轴线，并分别贴靠在整机两侧固定突出部位的两垂面之间的距离。

（3）整机全高　全部装备的起重机，自支承地面到与整机最高突出部位相贴靠的水平面之间的距离。如图1-6所示尺寸 H_Σ，单位为mm。

（4）轴距　分别通过起重机前后轮中心，并垂直于起重机纵向轴线的两平面之间的距离。对于三轴起重机，前轴和中轴的距离称第一轴距；中轴和后轴的距离为第二轴距。

2. 质量参数

处于停驶状态的起重机，除掉乘员以外的起重机重量之和，称为整机自重，即包括随机工具、备件、按规定加注的工作油液等在内的所有重量之和，单位为 kg。

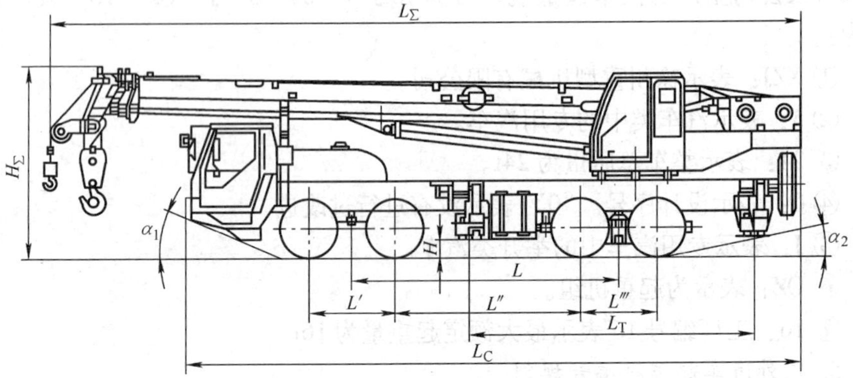

图 1-6　汽车起重机尺寸图

3. 工作速度参数

（1）起重臂变幅时间　起重臂（基本臂）在空载状态以最高速度在最大工作幅度和最小工作幅度内全程起臂（落臂）所用的时间，单位为秒（s）。

（2）起重臂伸缩时间　起重臂在空载状态，仰角为 50°，以最高速度全程伸缩所需要的时间，单位为秒（s）。

（3）最大回转速度　在空载状态下，基本臂在最大仰角位置时，上车所能达到的回转速度，单位为 r/min。

（4）支腿收（放）时间　支腿从全收（全放）状态，运动到支腿全放（全收）状态所用的时间，单位为秒（s）。

（5）额定钢丝绳单绳起升速度　起吊最大额定总重量，卷筒处到最大转速时，第一层钢丝绳的速度，单位为 m/min。

4. 主要性能参数

（1）起重量　起吊物品重量与取物装置重量之和，单位为吨（t）。

（2）额定起重量　起重机在各种工况和规定的使用条件下所允许起吊的最大总起重量，单位为吨（t）。

（3）最大额定起重量　起重机用基本臂作业时处于额定幅度，用支腿进行起吊的额定总起重量，并以此作为起重机的名义起重量，单位为吨（t）。

（4）支腿距离

① 支腿纵向距离。支腿处于全放状态，分别过同侧前、后支腿座中心，并垂直于起重机纵向轴线的两垂面之间的距离，如图 1-6 所示尺寸 L_T，单位为 m。

② 支腿横向距离。起重机停放在水平路面上，支腿处于全放状态，在过前、

后支腿座中心，并垂直于起重机纵向轴线的垂面上，左右两支腿座中心之间的距离，单位为m。

（5）基本臂起升高度 在空载状态，基本臂处于允许的最大仰角时，起重钩升到最高位置，从钩口中心到支承地面的距离，单位为m。

（6）最长主臂（全伸臂）起升高度 在空载状态，最长主臂处于允许的最大仰角时，起重钩升到最高位置，从钩口中心到支承地面的距离，单位为m。

（7）最长主臂（全伸臂）+副臂的起升高度 在空载状态，最长主臂处于允许的最大仰角时，副臂相对主臂以最小角度安装，起重钩升到最高位置，从钩口中心到支承地面的距离，单位为m。

1.2.3 汽车起重机基本构造

汽车起重机主要由底盘和上车起重工作装置两大部分组成，此外还有驾驶室等附属设备。

如图1-7所示，汽车起重机主要由汽车起重机底盘、驾驶室、车架、支腿、回转支承和中心回转体、平衡重、操纵室、变幅液压缸、起重钩（吊钩）、起重臂（吊臂）、副起重臂和臂端滑轮组成。

图1-7 汽车起重机整机结构组成

1. 汽车起重机底盘

汽车起重机通用和专用底盘与普通的汽车底盘相比，结构上并无多少不同，属于二类底盘范畴，只是增加了液压系统而已。

二类底盘由发动机、底盘、驾驶室和电气设备四个基本部分组成。汽车起重机底盘结构组成如图1-8所示。

2. 汽车起重机工作装置

起重工作装置是汽车起重机的工作机构，主要由起升机构、回转机构、变幅机构、伸缩机构、液压操纵机构、电气系统及辅助机件等部分组成。它们安装支承在下车即底盘的回转平台上，能随回转机构自由回转，是上车部分的核心机构，下面我们就逐一介绍。

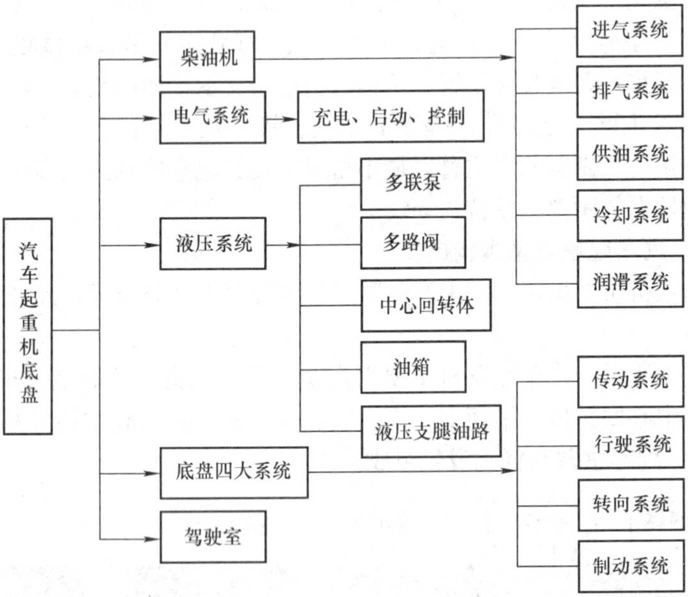

图 1-8　汽车起重机底盘结构组成

（1）起升机构　起升机构由液压马达、双级圆柱齿轮行星减速器、制动器、卷筒、钢丝绳、起重钩（吊钩）等部件组成。其制动器为常闭摩擦片干式制动器，它的控制由制动液压缸实现，并可在起重过程中任何位置实现重物停稳不下滑。在起升机构液压回路中装有平衡阀，用以控制重物下降的速度，起升机构各组成部件如图 1-9 所示。

a)　　b)　　c)

图 1-9　起升机构各组成部件

a）吊钩　b）卷筒及钢丝绳　c）主副卷扬马达及平衡阀

在大中型液压起重机上（一般为16t以上），一般除主起升机构外，为了提高轻载或空钩时的速度，还装设副起升机构。一般情况下，两个机构分别工作，特殊情况下，也可协同工作。副钩起重量一般取主钩起重量的20%～30%。

（2）回转机构　回转机构是汽车起重机上十分重要的机构。其功用就是使上车及其臂架相对下车部分（底盘）在设定的范围内回转。回转是围绕回转支承装置的中心轴线进行，全回转机构可实现360°范围回转，既可顺时针方向运动，也可逆时针方向运动。

回转机构主要由液压马达、回转减速器、回转支承、回转制动器、中心旋转接头、回转平台组成，如图1-10所示。回转支承装置将汽车起重机的回转部分支承在固定的部分上，回转驱动装置则驱动回转部分相对于固定部分回转。回转支承装置简称为回转支承，汽车起重机主要采用转盘式回转支承。

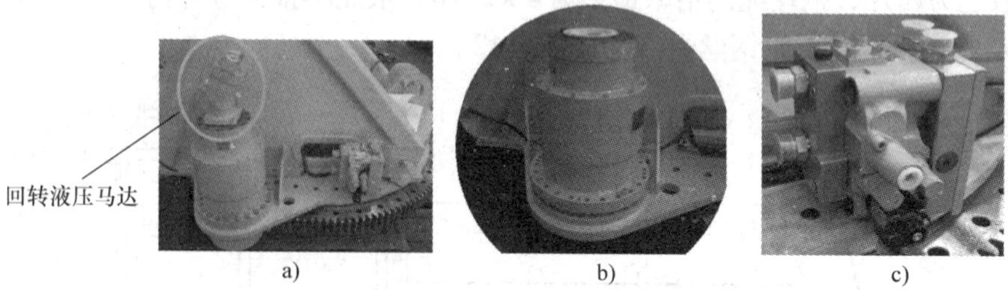

图1-10　回转机构
a）回转系统总成　b）回转减速机　c）回转缓冲阀

（3）伸缩机构

1）主臂机构。汽车起重机的主臂是起重机的核心部件，是汽车起重机吊载作业最重要的承重结构件。主臂机构件的强度、刚度将直接影响汽车起重机的使用性能。主臂结构的质量在一定程度上反映起重机制造厂家的技术水平与管理水平。主臂结构的技术含量是汽车起重机产品水平的重要标志。提高主臂机构的设计、制造、装配质量是各起重机厂家不断追求的目标。

目前汽车起重机的主臂多数是六边形、大圆角截面结构，即主臂机构模式基本相同。所不同的是主臂节数、主臂截面尺寸、主臂长度尺寸、臂间起支承作用的滑块结构形状和主臂伸缩机构形式（绳排式和单缸插销式）等有所差异。如图1-11所示即为某公司25t汽车起重机四节臂主臂结构。

在第四节臂的头部，设置分绳滑轮组和定滑轮组，如图1-12所示。分绳滑轮组在各系列产品中均为两个滑轮，中间一个滑轮用于副卷扬机钢丝绳通过，靠左边滑轮用于主卷扬机钢丝绳通过。定滑轮组的滑轮数量在各系列产品中不相同，有四片、五片和六片之分。定滑轮组滑轮片数的多少，决定该滑轮组在使用中钢丝绳倍率的多少。如四片定滑轮组，与之相配合的动滑轮组（吊钩）滑轮

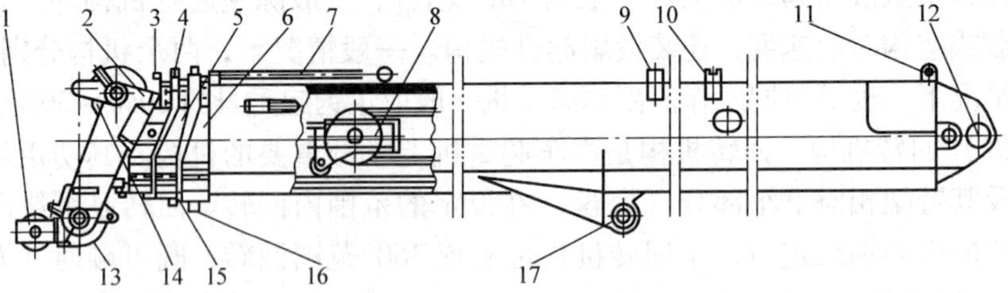

图 1-11　四节臂主臂结构

1—臂尖滑轮　2—四节臂　3—托绳架　4—三节臂　5—二节臂　6—一节臂
7—压绳滚轮　8—伸缩机构　9—滑板支架　10—挡板　11—绳托　12—主臂尾轴　13—定滑轮组
14—分绳轮组　15—调节垫块　16—托棍　17—变幅缸下铰点轴

片数也为四片，钢丝绳的倍率最多为 $4\times2=8$。依此类推，五片滑轮钢丝绳倍率最多为 10；六片滑轮钢丝绳倍率最多为 12。

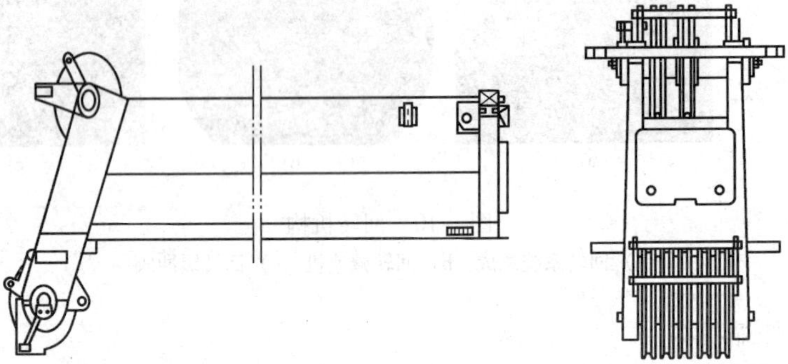

图 1-12　分绳滑轮组和定滑轮组

2）副臂结构。副臂是汽车起重机重要的起重部件，也是关键的钢结构件。目前多数厂家生产的汽车起重机的副臂均采用桁架式结构。副臂的作用是补偿主臂作业高度不足、扩大主臂作业范围。副臂的起重作业必须按副臂起重量性能表中规定的作业工况进行。中小吨位产品副臂的作业功能基本相同。所不同的是副臂的安装位置、尺寸、副臂的截面尺寸、副臂的节数等存在差异。如图 1-13 所示即为某公司生产的 QY25 汽车起重机副臂结构。

（4）变幅机构　在额定起重量下，从汽车起重机吊钩中心到起重机中心回转轴线的水平距离，也就是所吊重物的回转半径或工作半径，称为工作幅度。改变工作幅度的大小，称作变幅。用于完成幅度改变的一整套机构，称为变幅机构。

液压变幅是伸缩臂起重机最有代表性的变幅形式，属于俯仰臂架式变幅机

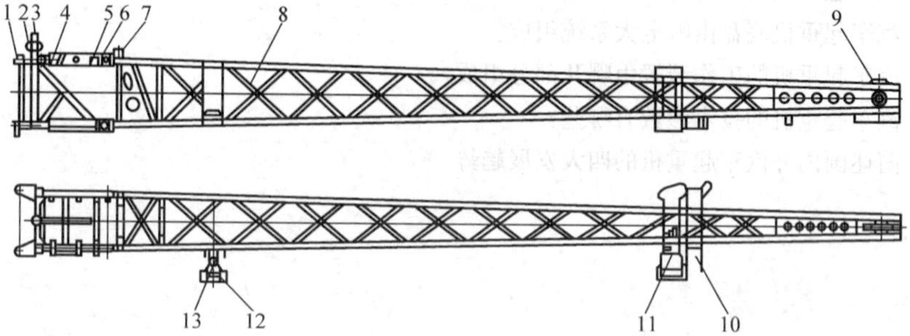

图1-13 QY25汽车起重机副臂结构

1—销轴 2—臂座 3—绳托 4—连接杆 5—销轴 6—连接板 7—绳托 8—臂架 9—滑轮 10—折叠板 11—托架总成 12—支承架 13—销轴

构，如图1-14所示。在该机构中，幅度改变是靠动臂在垂直平面内绕其销轴转动和动臂俯仰来达到的，它被广泛应用于汽车起重机。

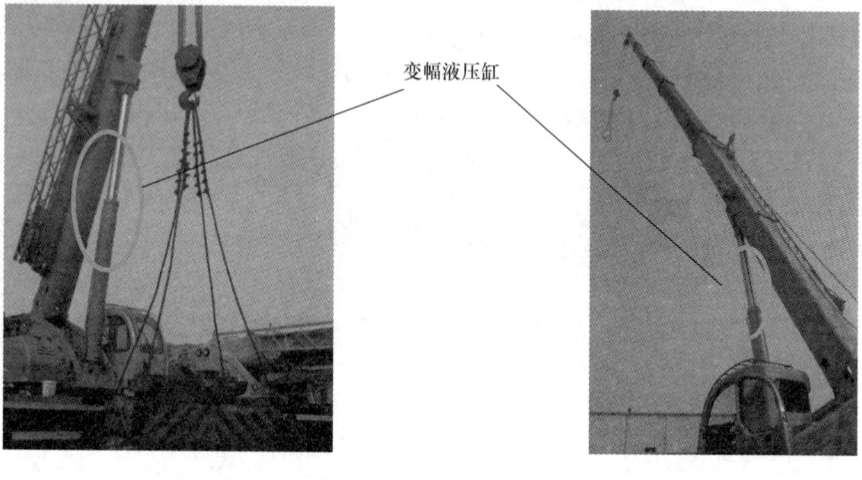

图1-14 液压变幅机构

复习思考题

1. 列举国内外主要汽车起重机生产厂家。
2. 简述汽车起重机的定义。

3. 徐重 QY25K 和 QAY1200 两型号起重机各字母和数字代表的含义各是什么?
4. 汽车起重机主要分为哪几类?
5. 汽车起重机底盘由哪七大系统组成?
6. 汽车起重机的工作装置由哪几部分组成?
7. 汽车起重机的技术参数有哪些?
8. 简述国内外汽车起重机的四大发展趋势。

第2章

汽车起重机专用底盘装配

培训学习目标

1. 能装配进、排气系统及消声器总成。
2. 能装配中冷器进、出气管附件。
3. 能装配油箱及油水分离器。
4. 能在车架上装配发动机组件。
5. 能在车架上装配冷却系统总成并加注冷却液。
6. 能完成空气滤清器及排气制动阀的装配。
7. 能完成离合器的装配。
8. 能连接变速器与发动机。
9. 能安装离合器分泵并进行调节。
10. 能完成发动机与变速器油料的加注。
11. 能装配传动轴、离合器操纵机构和变速操纵机构。
12. 能完成后悬架、平衡梁的装配，连接平衡梁与后悬架。
13. 能完成平衡梁组件在车架上的装配。
14. 能装配前悬架、前桥、中后桥。
15. 能完成轮胎分装及充气。
16. 能装配车轮。
17. 能完成驾驶室装配、齿轮油的加注。
18. 能完成转向操纵机构、转向机、转向加力装置的装配。
19. 能连接转向传动机构。
20. 能加注转向液压油。
21. 能完成气路控制阀、储气筒的装配。
22. 能连接气路系统管路。
23. 能完成下车多路阀及主体管路的装配。
24. 能完成液压支腿、中心回转体、高压齿轮泵、液压油箱的装配。

2.1 动力系统装配

2.1.1 进气系统的功用及空气滤清器

1. 进气系统的功用

发动机燃烧柴油时，需要消耗大量空气中的氧气。空气中的杂质、灰尘会造成发动机严重的早期磨损问题，进而引发发动机的其他质量问题。进气系统的功用是：向发动机提供清洁、干燥、温度适当的空气助燃，以最大限度地降低发动机磨损并保持最佳的发动机性能。

2. 空气滤清器的功用及分类

空气滤清器的功用主要是滤去进入缸内的灰尘，让洁净的空气进入气缸，以减少气缸和活塞的磨损。实践证明，发动机不安装空气滤清器，其寿命将缩短2/3，另外，空气滤清器也有消减进气噪声的作用。

2.1.2 排气系统的功用

把气缸内燃烧废气导出的零部件集合体称为排气系统。发动机燃烧后排出高温、有害气体并产生很大的噪声。发动机排气系统的功用是：

1）将发动机产生的排气噪声降低到满足法规的要求。

2）将燃烧后排出的有害气体（可吸入微粒物、CO、CO_2、NO_x 等）排到远离进气口的地方。

3）使排出废气远离冷却、通风系统，以降低发动机工作温度并保证其性能。

排气系统主要由排气管路及支架、消声器、排气尾管组及蝶阀组成。

2.1.3 冷却系统

1. 冷却系统的功用

在发动机工作期间，最高燃烧温度可能高达2500℃，即使在怠速或中等转速下，燃烧室的平均温度也在1000℃以上。因此，与高温燃气接触的发动机零件受到强烈的加热。在这种情况下，若不进行适当的冷却，发动机将会过热，导致气缸内空气温度过高，易发生早燃或爆燃、润滑条件恶化、功率下降、金属零件机械性能下降、变形甚至开裂。因此，柴油机必须进行冷却。但是冷却过度也是有害的。过度冷却或使发动机长时间在低温下工作，均会使摩擦损失增加，零件磨损加剧，发动机功率下降及耗油量增加。

综上所述，柴油机的温度过高或过低，都会影响发动机的动力性、经济性和使用寿命。实验证明，当冷却系统冷却液温度在80～90℃时，柴油机的工况处在最佳状态。因此，冷却系统的功用就是及时地将零件所吸收的热量散走，以保持它们在80～90℃范围内工作。

2. 柴油机冷却系统组成

柴油机冷却系统主要由膨胀水箱、水泵、散热器、风扇、水温表和放水开关组成。柴油机的冷却方式分为空气冷却和液体冷却两种，一般汽车起重机用柴油机多采用液体冷却。

3. 冷却液

冷却液是由一定比例的水和乙二醇组成的混合溶液，根据环境温度而使用不同的配比。汽车起重机底盘的冷却液是含有50%（质量分数）的水和50%（质量分数）的乙二醇的溶液。冷却液除进行热交换外，还具有防冻和防沸的双重特性，同时还具有防腐蚀等功能。使用这种长效冷却液，可以防止冷却器内腔结垢，减少水箱穴蚀和锈蚀。

对于汽车起重机进行冷却液加注时，装配人员应注意以下三点：

1）乙二醇有毒，切勿用口吸。

2）乙二醇对橡胶有腐蚀作用。

3）易渗漏，要求冷却系统密封性好。

4. 散热器

散热器的作用是将循环水从发动机中吸收的热量散布到空气中，以降低冷却液的温度，以便再次循环对柴油机进行冷却。

散热器由上储水室、下储水室和散热器芯组成。上储水室的上部有加水口并装有水箱盖，后侧有进水管，用橡胶管与发动机上的出水管相连。下储水室的下部有放水开关，后侧有出水管，也用橡胶管与水泵的进水管相连。

5. 膨胀水箱

随着汽车工业的发展，对柴油机冷却系统的散热能力的要求也越来越高，闭式冷却系统已不能满足需要，这是因为闭式冷却系统的水、气不能分离，造成冷却系统中的零部件氧化腐蚀和冷却效果降低。为解决这个问题，在冷却系统中增设了膨胀水箱，汽车起重机专用底盘动力系统当然也不例外。

膨胀水箱一般由三根细管组成，膨胀水箱的上部由两根细管分别与最易产生蒸汽的两个部位相连，一个是气缸的出水管处，另一个是散热器上水箱盖蒸汽阀。膨胀水箱底部用水管与发动机水泵进水口相连。当温度达到一定程度时，两处的空气和蒸汽都将被引至膨胀水箱里，进行水气分离。

对于汽车起重机专用底盘动力系统而言，其膨胀水箱的上部一般会有三条细管，多出来的一条是与发动机的排气口相连的，且膨胀水箱一般安装在吊臂支架上。如图2-1所示即为某公司生产的汽车起重机膨胀水箱水管连接图。

2.1.4　柴油机技术的三次飞跃

在柴油机发展的100多年历史中，有三次重大的技术突破，使柴油机技术达到今天的水平，其中有两次和燃油系统直接相关。

a)

b)

图 2-1　膨胀水箱水管连接图
a）膨胀水箱上部水管连接　b）膨胀水箱底部水管连接

1. 机械式燃油系统

狄塞尔发动机初期采用煤粉作为燃料，采用高压空气喷射。由于空气压缩机无法将少量的燃料准确地供入气缸中，狄塞尔发动机从诞生开始到博世公司推出直列式合成泵为止的 30 多年间，技术上一直在探索徘徊过程之中。开发出来的一些机型只是属于低速、低指标的范畴，不能迅速发展，不能推广应用。

1927 年，德国博世公司研制出了直列式合成泵，开发了机械式泵管嘴型燃油系统，为柴油机的高速化、改善燃烧、提高性能创造了条件。机械式燃油系统为柴油机提供了强有力的“心脏”，为柴油机的技术腾飞创造了条件。

2. 涡轮增压和中冷技术

涡轮增压及中冷技术是柴油机的第二次技术飞跃，为柴油机带来了强大的生命力。

1921 年，瑞士 Alfred Buchi 博士申请了“脉冲系统”的废气涡轮增压技术专利，1927 年成功开发了实用的涡轮增压柴油机。增压技术是提高柴油机燃油经济性的基本手段之一。20 世纪 50 年代中期，以美国为中心，柴油机增压技术迅速发展起来，50 年代以后，涡轮增压柴油机随着涡轮增压器产品的成熟以及涡轮增压技术的发展而得到广泛应用。20 世纪 60 年代，中冷器技术在欧美开发应用，大大推动了涡轮增压技术的发展，使柴油机功率成倍提高的同时，改善了增压柴油机的综合性能，显示出巨大的发展潜力。进入 20 世纪 80 年代以后，增压器技术迅速进步，在增压柴油机设计方面也积累了丰富的经验。此后，生产出了可靠性非常的增压柴油机。1981 年左右，日本开发出了卡车用低油耗、大功率增压柴油机，热功率达 40% 以上。

3. 电控喷油技术

由于社会对柴油车辆提出了越来越严格的燃油经济性、排放污染物和安全驾驶性能等要求，机械式燃油系统已经不能满足要求，亟需开发新的燃油喷射系统（包括喷射泵和喷射嘴），以实现更高的喷射压力、最佳的喷射率、更高精度的喷射正时控制、更高精度的喷射量控制，因为这些直接影响到发动机和车辆的性能。

电控式燃油系统的出现，成功地解决了上述问题。从 20 世纪 80 年代开始，各汽车生产企业先后运用电子控制技术对柴油机的喷油正时和喷油量进行控制。到目前为止已经经历了三代的变化：

第一代：在电子控制式燃油喷射装置中，将机械式调速器和提前器换成电子控制的机构，燃油的压送机构和机械式燃油系统相同，即凸轮压油 + 位置控制。

第二代：电控喷射装置是在第一代位置控制式的基础上进一步发展，采用高速电磁阀对喷油量和喷油时间进行控制，即凸轮压油 + 电磁阀时间控制。由于采用了高速电磁阀，其控制自由度与第一代相比有了阶跃式发展。

第三代：电控燃油系统是在第二代的基础上进一步发展，将喷油量和喷油时间控制融为一体，使燃油的升压机构独立，即燃油的压力和发动机转速、负荷无关，具有独立控制压力的蓄能器——共轨，即燃油蓄压 + 电磁阀时间控制。这样，以前非常困难的燃油喷射压力可以按照人们的意志进行自行控制了。喷射量、喷射时间等参数直接由装在各个气缸上的喷油器控制。

如图 2-2 所示为发动机供油系统工作原理图。

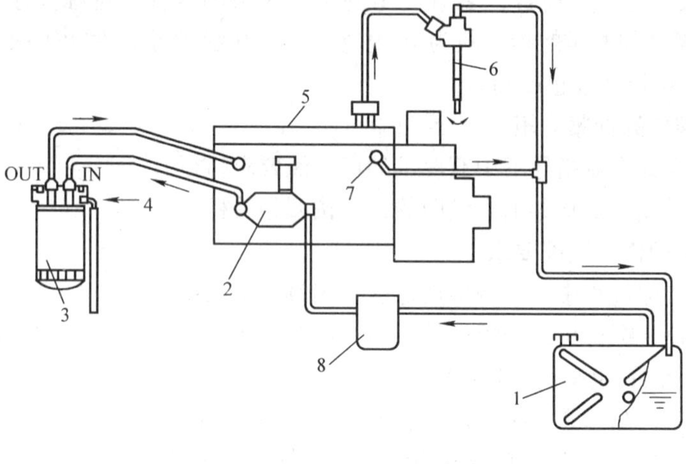

图 2-2　发动机供油系统工作原理

1—燃油箱　2—输油泵　3—燃油滤清器　4—放气螺塞

5—高压油泵　6—喷油器　7—单向阀　8—粗滤器

2.1.5　电控共轨系统的特点

电控共轨系统的特点是：通过各种传感器和开关检测出发动机的实际运行状

态，通过ECU的计算和处理后，对柴油机的喷油量、喷射时间、喷油压力和喷油率等进行最佳控制。

1）共轨系统使用一种称为油轨的蓄压室来存储加压燃油，带电子控制电磁阀的喷油器可将加压燃油喷射到各个气缸中。

2）由于发动机ECU控制喷射系统（包括喷射压力、喷射率和喷射正时），所以喷射系统是相对独立的，只受发动机转速和负荷的影响。

3）由于发动机ECU可以将喷射量和喷射正时控制到很高的精度，甚至可以实现多次喷射（一次喷射行程中有多次燃油喷射）。这样确保喷射压力在任何时候都是稳定的，即使在低发动机的转速范围，通常可以显著减少在起动和加速期间柴油发动机排出的黑烟量。因此，废气更加清洁且废气排放减少，从而实现更高的功率输出。

2.1.6 螺纹止动装置、密封装置的种类及使用方法

1. 螺纹基础知识

（1）螺栓、螺钉及螺柱的性能等级　螺栓、螺钉及螺柱一般有性能等级。性能等级的标识代号由“.”隔开的两个数字组成。例如：某螺栓性能等级为9.8级，9代表该螺栓公称抗拉强度的1/100，即螺栓公称抗拉强度为900MPa；8代表螺栓公称屈服强度与公称抗拉强度比值的10倍，由此可算出螺栓公称屈服强度为720MPa。

对于汽车起重机而言，多数使用的是8.8级的螺栓，特殊要求的可用9.8级、10.9级（如配重螺栓一般为10.9级）、12.9级螺栓；性能等级越高，螺栓强度越高，抗拉强度也越高。

（2）螺栓的拧紧力矩

1）图样或作业指导书中有要求的可按照要求执行。

2）图样或作业指导书未注明的，可按照相关标准执行。

（3）紧固件的装配要求

1）在装配过程中，不得碰伤螺栓、螺钉的螺纹部分。

2）螺栓、螺钉头部与螺母的端面，应与被紧固的零件表面均匀接触，不应倾斜，也不允许用锤敲击使两平面接触。

3）螺钉、螺母紧固时，严禁使用不合适的扳手，必须对称、交叉、轮番、逐次拧紧，如有定位销，应从靠近定位销的螺钉或螺栓开始拧紧。

4）各种止动垫圈在螺母拧紧后，应随即弯转舌耳，螺栓头部防松保险铁丝应按螺纹旋向穿装缠牢。用双螺母且不使用粘结剂防松时，应先装薄螺母，后装厚螺母。

2. 紧固件的防松形式及特点

目前紧固件的防松方法有多种，按其防松原理可大体归纳为以下4种。

（1）摩擦防松　摩擦防松是应用最广的一种防松方式。这种方式在螺纹副之间产生一个不随外力变化的正压力，以产生一个可以阻止螺纹副相对转动的摩擦力。这种正压力可通过轴向或同时两向压紧螺纹副来实现，如采用弹性垫圈（见图2-3a）、双螺母、自锁螺母和尼龙嵌件锁紧螺母（见图2-3b）等。

a)　b)　c)　d)

图2-3　螺纹防松形式

a）弹性垫圈　b）尼龙嵌件锁紧螺母　c）开口销防松　d）冲点防松

这种防松方式对于螺母的拆卸比较方便，但在冲击、振动和变载荷的情况下，一开始螺栓会因松弛导致预紧力下降，随着振动次数的增加，损失的预紧力缓慢地增多，最终将会导致螺母松脱，螺纹联接失效。

（2）机械防松　机械防松是用止动件直接限制螺纹副的相对转动，如采用开口销（见图2-3c）、串联钢丝和止动垫圈等。这种方式造成拆卸不方便。

（3）破坏性防松　铆冲防松是在拧紧后采用冲点（见图2-3d）、焊接、粘接等方法，使螺纹副失去运动副特性而成为不可拆连接。这种方式的缺点是螺栓杆只能使用1次，且拆卸十分困难，必须破坏螺栓副方可拆卸。

（4）涂胶粘剂　在旋合螺纹间涂以液体胶粘剂，拧紧螺母后，胶粘剂硬化、固着，防止螺纹副的相对运动。

螺纹紧固件的防松方法虽然很多，但常用的方法并不多，主要有对顶螺母（双螺母）、尼龙嵌套、开槽螺母加开口销、弹簧垫圈等。

3. 螺纹密封胶的使用方法

1）作业前，检查密封胶保质期，以确保密封胶在有效使用期之内。

2）除去涂胶部位油污，保证连接件的正确性与清洁度。

3）左手拿起合格密封胶，右手轻轻旋下胶盖，将胶盖放进工具盒内。

4）左手拿着密封胶，右手逆时针旋开胶头。

5）左手扶着连接件，右手拿起密封胶，将胶头指向螺纹2～3圈处。

6）右手轻轻挤压胶瓶，左手慢慢旋转连接件，将适量的胶液均匀涂抹在清洁干燥的连接件表面。

7）用常规方法装配连接件，留有足够的胶水固化时间。

8）顺时针拧紧胶头。

9）盖上胶盖放回阴凉处。

技能训练 1　动力系统装配

动力系统装配所用相关设备、工具和辅具见表 2-1。

表 2-1　动力系统装配所用相关设备、工具和辅具

装配内容	序号	零部件名称	数量	设备、工具、辅具（料）
装发动机上下水管	1	上水管	1	气动扳手
	2	下水管	1	气动扳手
	3	抱箍	2	
装发动机进气系统组件	4	T 形抱箍	2	气动扳手、套筒
	5	进气胶管	1	
	6	塑料袋、皮筋		
	7	空滤器及支架	1	
	8	空滤器腰带	2	
	9	螺栓螺母垫圈	4	气动扳手、套筒
装发动机排气系统组件	10	石棉垫	1	
	11	排气管	1	
	12	螺栓螺母		气动扳手、套筒
	13	消声器及支架	1	
	14	腰带	2	
	15	卡箍	1	气动扳手、套筒
	16	排气尾管	1	
装排气管罩与消声器罩	17	排气管罩	1	
	18	消声器罩	1	
	19	螺栓、螺母		气动扳手、套筒
装中冷器进出气管	20	T 形抱箍	2	气动扳手、套筒
	21	中冷器出气管	1	
	22	中冷器进气管	1	
装发动机前后悬挂、支架、软垫	23	发动机组件		半门式起重机、专用钢丝绳
	24	前后悬挂支架	4	
	25	软垫	4	
	26	螺钉	8	气动扳手、套筒

（续）

装配内容	序号	零部件名称	数量	设备、工具、辅具（料）
在车架上安装发动机组件	27	发动机组件	1	半门式起重机、专用钢丝绳
	28	螺栓		
	29	螺母		气动扳手、套筒
	30	垫圈		
散热器组件装配	31	散热器组件	1	半门式起重机、吊装带
	32	螺栓	4	
	33	螺母	4	气动扳手、套筒
	34	开口销	4	虎口钳
	35	抱箍	4	气动扳手、套筒
膨胀水箱装配	36	膨胀水箱	1	
	37	软管	4	
	38	喉箍	4	气动扳手、套筒
	39	波纹管	4	
	40	线束		剪刀
安装燃油箱、燃油滤清器及燃油管	41	油箱、紧固带	2	半门式起重机、吊装带
	42	开口销	2	虎口钳
	43	衬垫	2	润滑脂
	44	螺栓垫圈	4	
	45	进回油管	2	
	46	空心螺栓	4	呆扳手
取力传动轴装配	47	取力传动轴	1	半门式起重机、吊装带
	48	螺栓	6	动扳手、套筒
安装发动机罩	49	发动机罩	1	半门式起重机、吊装带
	50	螺钉		气动扳手、套筒
油料及冷却液加注	51	轻柴油		柴油加注机
	52	冷却液		冷却液加注机

动力系统装配步骤及注意事项见表2-2。

表 2-2　动力系统装配步骤及注意事项

序号	操作步骤	工艺规范及操作过程	质量控制要点	安全注意事项
一	装发动机上、下水管	1. 装发动机上水管 用T形抱箍将上水管紧固在发动机上水口上，另一端用塑料袋皮筋包扎封口 2. 装发动机下水管 1）用T形抱箍将下水管紧固在发动机上，下水管另一端用塑料袋皮筋包扎封口 2）用螺栓、垫圈、螺母将弯板及管夹安装在下水管上	1. 抱箍紧固牢固可靠，达到力矩要求 2. 上下水管无扭曲、划伤、破裂和凹陷 3. 塑料袋包扎牢靠无遗漏	1. 使用气动扳手时，注意不要损坏抱箍和上下水管 2. 紧固抱箍时，防止挤伤手部
		上水管  上水管装配 下水管  下水管装配		
二	装发动机进气系统组件	1. 用两件T形抱箍，将进气管与发动机增压器接口连接紧固，进气管另一端套装进气胶管，用T形抱箍紧固，用塑料袋皮筋包扎封口 2. 将空滤器支架及空滤器紧固带一端安装到走台板上，拧上螺母 3. 将紧固带环绕空滤器穿入走台板安装孔，加装平垫圈、弹簧垫圈，拧上螺母 4. 将胶管一端与空滤器连接，另一端与发动机进气口连接，并用T形抱箍紧固 5. 调整空滤器并将紧固带下的四个螺母紧固	1. 抱箍紧固牢固可靠，达到力矩要求；塑料袋包扎牢靠无遗漏 2. 确保空滤器位置端正 3. 垫圈、螺母无漏装且拧紧达到力矩要求 4. 空滤器无倾斜	1. 紧固抱箍时，不要挤伤手部 2. 在车架上部作业时，当心坠落摔伤 3. 预紧紧固带时，避免紧固带松脱弹伤 4. 装配流水线运行时，不得进行作业或跨越装配线

（续）

序号	操作步骤	工艺规范及操作过程	质量控制要点	安全注意事项
二	装发动机进气系统组件	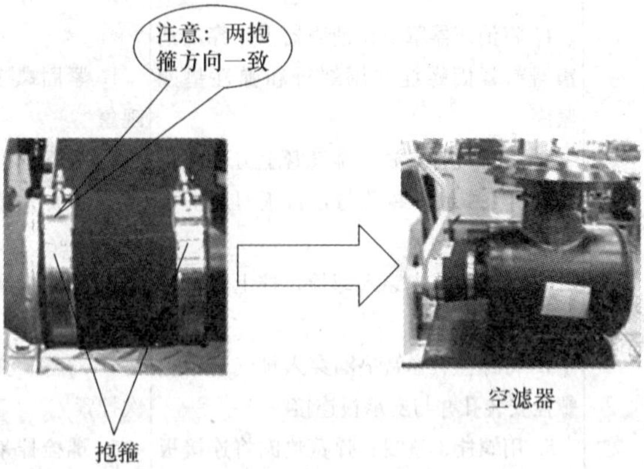		
三	装发动机排气系统组件	1. 发动机排气管装配 1）拆下发动机排气口上的紧固螺母，取下发动机排气口保护盖 2）在发动机与排气筒连接处装上发动机排气筒石棉垫 3）将蝶阀气缸垂直朝下，将排气筒上的螺栓孔与发动机排气口的螺栓对准，拧上螺母并紧固 4）装配蝶阀控制气管，用呆扳手紧固 2. 消声器装配 1）将消声器支架与走台板上的腰带安装孔分别对正，安装消声器支架 2）将两根紧固带一端插入支架内侧孔中，并从下方拧上螺母和弹簧垫圈 3）将消声器放到支架上，出气口竖直向上 4）将卡箍套在消声器进气管口上，将排气管插入消声器的进气口 5）把紧固带插入支架外侧孔中，拧上螺母和弹簧垫圈 6）紧固卡箍和紧固带螺母 7）在消声器排气口上套上卡箍，装上消声器尾管并紧固卡箍	1. 管路装配做到随拆随装 2. 石棉垫无漏装 3. 蝶阀气缸垂直朝下 4. 腰带安装孔与支架孔对正无错位 5. 紧固带垫圈无漏装 6. 消声器出气口朝上 7. 卡箍与紧固带螺母无漏紧；卡箍和消声器之间无缝隙；尾管安装与走台板垂直，不歪斜	1. 装配线运行时，车架上不得作业；上、下攀爬车架时注意安全，以防磕碰摔伤 2. 攀爬车架防止滑落摔伤；装配线运行时，车架上不得作业；在车架上部作业时，当心坠落摔伤 3. 防止被紧固带弹起打伤 4. 紧固卡箍时，防止挤伤手部 5. 防止被消排气管罩或消声器罩的棱角划伤

（续）

<table>
<tr><th>序号</th><th>操作步骤</th><th>工艺规范及操作过程</th><th>质量控制要点</th><th>安全注意事项</th></tr>
<tr><td>四</td><td>发动机排气管罩及消声器罩装配</td><td>1. 将消声器罩卡在消声器上，穿上消声器罩紧固螺栓并用螺母和弹性垫圈紧固
2. 将排气管罩放到排气管上方并将排气管罩上螺纹安装孔与走台板对应安装孔重合
3. 在安装孔中穿入螺栓，拧上螺母和弹簧垫圈并预紧
4. 将螺栓、弹簧垫圈穿入排气管罩上螺栓安装孔并与支承板连接
5. 用螺栓、垫圈、弹簧垫圈将连接板和消声器罩连接并预紧
6. 逐次拧紧紧固螺栓</td><td>1. 紧固螺栓无漏紧现象
2. 排气管罩安装孔与走台板上安装孔重合无错位
3. 弹性垫圈、螺栓无漏装
4. 对称、交叉、逐次拧紧
5. 螺栓拧紧后用水笔做记号</td><td>1. 上、下攀爬车架时及作业过程中，注意安全，以防磕碰摔伤
2. 安装排气管罩时，当心被排气管罩棱角刮伤
3. 紧固时站立稳固，防止掉落摔伤</td></tr>
<tr><td rowspan="2">五</td><td rowspan="2">装中冷器进气管、出气管</td><td>1. 中冷器出气管：用T形抱箍及接头软管将中冷器出气管一端与发动机连接紧固
2. 中冷器进气管：中冷器进气管1小端与发动机增压器接口用T形抱箍紧固，中冷器进气管1另一端与中冷器进气管2连接紧固
3. 中冷器进气管、出气管的另一端套装接头软管，并用T形抱箍紧固，待连接端用塑料袋皮筋封口包扎</td><td>1. 抱箍紧固牢固可靠，达到力矩要求
2. 塑料袋包扎牢靠无遗漏</td><td>1. 紧固抱箍时，不要挤伤手部
2. 在装配区域，注意不要被发动机的突出物刮伤
3. 注意桥式起重机（俗称行车），以防碰伤</td></tr>
<tr><td colspan="3">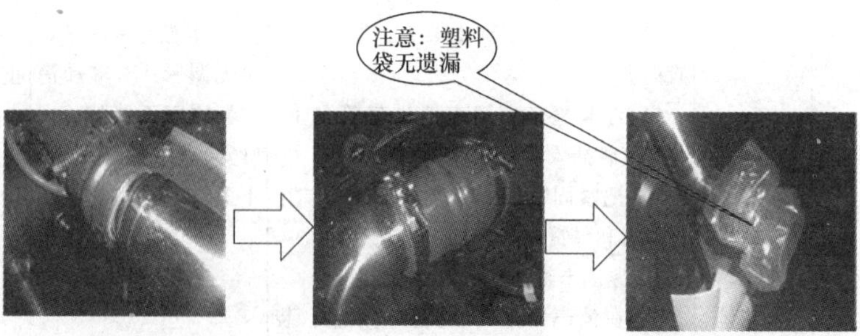

进气管　出气管　套塑料袋</td></tr>
</table>

（续）

序号	操作步骤	工艺规范及操作过程	质量控制要点	安全注意事项
六	装发动机前后悬挂支架、软垫	1. 选取固定吊装点，用钢丝绳将发动机吊起 2. 用螺栓加垫圈将前后悬挂支架固定，用气扳手紧固 3. 用螺母加弹性垫圈将软垫安装于发动机前后悬挂支架上，并用气动扳手紧固	1. 吊装点选取准确、吊挂正确规范 2. 连接螺栓紧固可靠 3. 垫圈无漏装	1. 作业人员严禁在被吊起的起重机正下方作业 2. 当心被发动机的风扇碰伤
七	在车架上安装发动机组件	1. 将被吊起的发动机组件吊至车架上安装位置正上方 2. 微微移动半门式起重机，调节发动机位置，将前悬挂对正安装孔，用螺栓加弹簧垫圈、平垫预紧固 3. 用气动扳手依次紧固前后悬挂所有螺栓 4. 确认发动机各螺栓紧固可靠，各安装件无干涉、应力集中现象，用记号笔做记号以提示所有螺栓已紧固	1. 半门式起重机操作平稳 2. 发动机组件缓慢落放至安装位置 3. 螺栓拧紧时要对称，逐渐拧紧 4. 记号无遗漏	1. 不得在装配线运行时进行装配 2. 发动机组件下落对正安装孔时，当心挤伤手指 3. 发动机组件不得从人的正上方经过
八	散热器组件装配	1. 用半门式起重机和吊装带吊起散热器并落至车架安装位置 2. 依次将四个紧固点的紧固螺栓从下方穿入，拧上螺母并预紧 3. 调整导风罩与风扇之间的位置间隙，使之均匀后紧固螺栓 4. 穿入开口销，开口销尾部开口大于 90° 5. 将中冷器进出气管加装抱箍连接在中冷器进气口；将发动机上下水管加装抱箍连接在散热器进水口；用气动扳手依次紧固各抱箍	1. 风扇与导风罩之间间隙应均匀，不得靠偏 2. 开口销尾部开口大于 90° 3. 保证开口销与螺母开槽的距离在 1 ~ 2mm 之内	1. 车上装配时，当心跌落车架摔伤 2. 当心车架、散热器等突出及锋利物件划伤 3. 在车下工作时，不得脱下安全帽，以防碰伤头部
		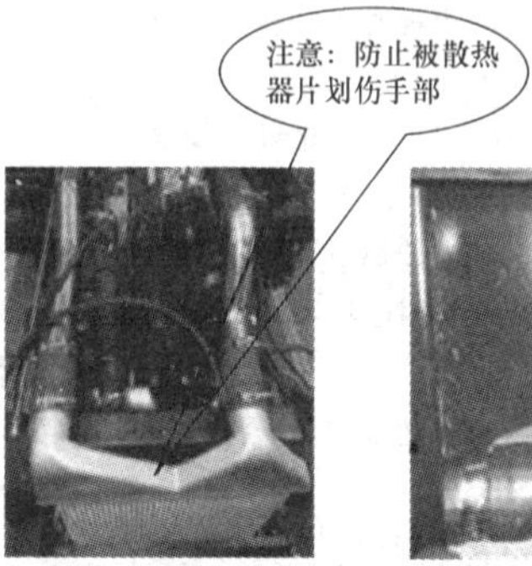 中冷器进出气管	 上下水管	

（续）

序号	操作步骤	工艺规范及操作过程	质量控制要点	安全注意事项
九	膨胀水箱的装配	1. 用螺栓将膨胀水箱装配在吊臂支架上或按要求装配的位置上 2. 拆掉包扎软管头部的塑料膜 3. 分别将相应软管套上喉箍安装在膨胀水箱上 4. 用气动扳手和套筒头将喉箍紧固至标准力矩要求 5. 整理膨胀水箱软管，使其不与运动件干涉 6. 套上波纹管并用线束扎紧	1. 膨胀水箱软管无破损 2. 软管走向自然平滑、不弯折、不扭曲 3. 软管不与运动件干涉 4. 冷却液加注到膨胀水箱加水口下沿	1. 攀爬车架时，防止坠落摔伤 2. 使用刀片时，防止划伤手指 3. 紧固喉箍时，防止手指被喉箍挤伤 4. 打开膨胀水箱盖时，小心把手划伤
十	安装燃油箱、燃油滤清器及燃油管	1. 用销轴联接燃油箱紧固带，将开口销穿入销轴，使其开口角度大于90° 2. 在燃油箱支架上涂抹润滑脂或其他粘结剂后安装衬垫装置 3. 用半门式起重机将燃油箱吊放在支架上，用紧固带勒紧后，用螺母及垫圈紧固 4. 用螺栓和垫圈将燃油滤清器固定在车架上 5. 用空心螺栓和组合垫圈连接进油管与发动机进油口（有的油管会有黑色与白色区分） 6. 用空心螺栓和组合垫圈将回油管与发动机回油口连接，另一端接燃油箱回油口并紧固 7. 用空心螺栓、组合垫圈将燃油管与滤清器进油口相连，另一端与燃油箱出油口连接 8. 将燃油管用线束捆扎在线撑上，油管在车架过孔或棱角处要用波纹管包扎	1. 紧固带与箱体接合平齐，螺母紧固均匀，力矩符合要求 2. 燃油箱处在两支架中间位置 3. 油箱无变形或损伤 4. 燃油管需捆扎在线撑上，不得悬空放置 5. 线束捆扎间距合理，剪断后，露出部分符合要求 6. 波纹管包扎无遗漏	1. 吊装燃油箱时，防止燃油箱坠落伤人，严禁从人的正上方经过 2. 调整燃油箱时，防止挤伤手指 3. 紧固带弹性较大，装配时一定要握紧，防止突然弹起伤人 4. 注意防护用品穿戴，特别在装配燃油滤清器出油管与发动机进油口时，不能摘掉安全帽
十一	取力传动轴装配	1. 拆下取力器上的自带螺母、弹簧垫圈 2. 将取力传动轴上的螺纹孔与取力器上的螺栓对正穿入并用已拆下的螺母和弹簧垫圈紧固 3. 用螺栓将取力传动轴与高压齿轮泵连接 4. 确认各螺栓紧固到位，达到力矩要求，并用记号笔依次做记号，防止漏紧	1. 螺栓紧固达到规定力矩要求 2. 弹性垫圈装配无遗漏 3. 记号清晰无遗漏	1. 当心被发动机上的突出部件碰伤 2. 注意防护用品穿戴，车下装配时，不允许摘下安全帽，以防车架碰伤头部

（续）

序号	操作步骤	工艺规范及操作过程	质量控制要点	安全注意事项
十二	取力传动轴装配			
十三	发动机罩的安装	1. 将橡胶垫孔与走台板孔对齐后铺上橡胶垫 2. 用专用吊具将发动机罩平稳地吊起 3. 将发动机罩平稳地落到橡胶垫片上方并把机罩孔与橡胶垫孔对齐 4. 将螺栓和平垫穿入机罩和橡胶垫相通的孔中 5. 把垫片和螺母从车架下拧到螺栓上，用套筒配合气扳手紧固	1. 发动机罩不与排气管、进气管干涉 2. 发动机罩与走台板连接自然，无应力集中现象 3. 螺栓无漏装、漏紧、野蛮装配	1. 避免半门式起重机吊装运行时，攀爬车架 2. 在车架上走动或作业时，避免从车架上滑落 3. 装配线运行时，不得在车架上工作
十四	油料及冷却液加注	1. 根据发动机型号及排放标准确定柴油及冷却液加注型号及相应容量 2. 打开发动机油箱盖 3. 在加油机控制板上输入油量，将油枪插入油箱口，开始加油 4. 加油量达到设定数值后，将油枪缓慢抬起并上下抖动，待余油滴完后将加油枪放到油枪支架上，盖上油箱盖 5. 工作完毕后，按开关关闭加油机，切断电源 6. 冷却液的加注同柴油加注，冷却液加注至油箱盖下方的油位口	1. 柴油加注后抽出油尺，检查发动机柴油机油液面应在刻度线内 2/3 位置或静满位置状态 2. 冷却液加注至油箱盖下方的油位口 3. 地面无柴油和冷却液	1. 打开油箱盖时，注意不要被锋利部位伤到手部 2. 电源务必切断，以防止触电 3. 生产流水线移位不得作业，且防止被车架突出物刮伤

2.2 传动系统装配

2.2.1 传动系统的功用及组成

1. 传动系统的功用

（1）减速增矩　因发动机输出的动力具有转速高、转矩小的特点，无法满足汽车行驶的基本需要，通过传动系统中桥的主减速器，可以达到减速增矩的目的，即传给驱动轮的动力比发动机输出的动力转速低，转矩大。

（2）变速变矩　发动机的最佳工作转速范围很小，但汽车行驶的速度和需要克服的阻力却在很大范围内变化，通过传动系统的变速器，可以在发动机工作范围变化不大的情况下，满足汽车行驶速度变化大和克服各种行驶阻力的需要。

（3）实现倒车　发动机不能反转，但汽车除了前进外，还要倒车，在变速器中设置倒档，汽车就可以实现倒车。

（4）必要时中断传动系统的动力传递　起动发动机、换档过程中、行驶途中短时间停车（如等候交通信号灯）、汽车低速滑行等情况下，都需要中断传动系统的动力传递，利用变速器的空档可以中断动力传递。

（5）差速功能　在汽车转向等情况下，需要两驱动轮能以不同转速转动，通过驱动桥中的差速器可以实现差速功能。

2. 传动系统的组成

机械式传动系统主要由离合器、变速器、万向传动装置和驱动桥组成。其中万向传动装置由万向节和传动轴组成，驱动桥由主减速器、轮边减速器和差速器组成。不同的功能部件分别满足传动系统不同的功能需求。

3. 传动系统的布置

（1）汽车起重机传动系统的传动关系　发动机→离合器→变速器→万向节传动装置→主减速器→差速器→半轴→轮边减速器→车轮。普通汽车传动系统一般组成及布置形式如图 2-4 所示。

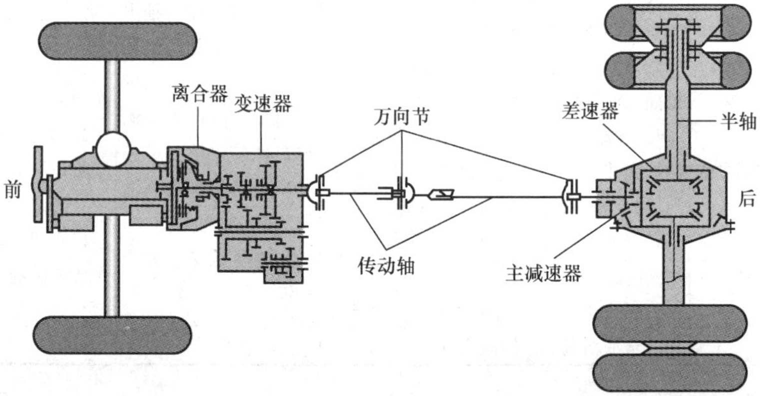

图 2-4　普通汽车传动系统一般组成及布置形式

（2）汽车的驱动形式　通常用汽车车轮总数×驱动车轮数（车轮数是指轮毂数）来表示。根据车轮总数不同，常见的驱动形式有 4×2、4×4、6×4、8×4、6×6。

徐州重型机械有限公司 25T、30T 汽车起重机采用 6×4、50T 底盘，采用 8×4驱动形式。三一集团生产的 17T、26T 汽车起重机采用 6×4、52T 底盘，采用8×4驱动形式。

2.2.2　离合器及离合器操纵

1. 离合器

离合器位于发动机之后、传动系统的始端，是汽车传动系统中直接与发动机相联系的部件。

（1）离合器的功用

1）保证汽车平稳起步。

2）保证传动系统换档时工作平顺。

在汽车行驶过程中，为了适应不断变化的行驶条件，传动系统经常要换用不同档位工作。实现齿轮式变速器的换档，一般是拨动齿轮或其他挂档机构，使原用档位的某一齿轮副退出传动，再使另一档位的齿轮副进入工作。在换档前，必须踩下离合器踏板，中断动力传递，便于使原用档位的啮合副脱开，同时有可能使新档位啮合副的啮合部位的速度逐渐趋向相等（同步），这样，进入啮合时的冲击可以大为减轻。

3）防止传动系统过载。离合器的主动件与从动件之间不可采用刚性连接，而是借二者接触面之间的摩擦作用来传递转矩（摩擦离合器），或是利用液体作为传动的介质（液力耦合器），或是利用磁力传动（电磁离合器）。目前，汽车上采用比较广泛的是用弹簧压紧的摩擦离合器（通常简称为摩擦离合器）。

（2）摩擦式离合器的类型　对于汽车起重机专用底盘而言，所使用的摩擦离合器有螺旋弹簧离合器和膜片弹簧离合器两种，螺旋弹簧离合器按弹簧在压盘上的布置又分为周布弹簧离合器和中央弹簧离合器，一般周布弹簧离合器应用较多。采用膜片弹簧作为压紧弹簧的称为膜片弹簧离合器。

1）膜片弹簧离合器由飞轮、离合器、压盘及盖总成等组成，如图2-5所示。

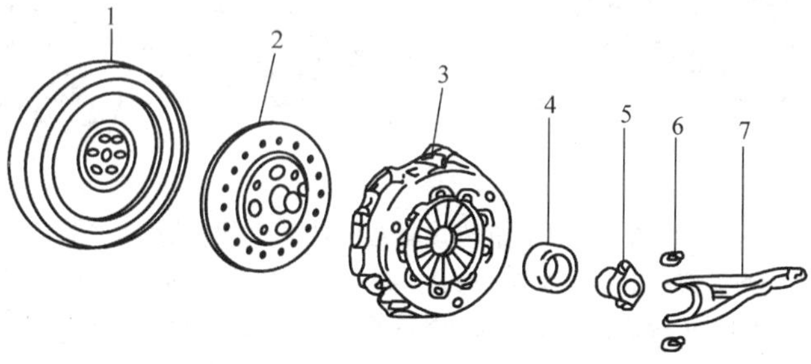

图2-5　膜片弹簧离合器的构造

1—飞轮　2—离合器　3—离合器压盘及盖总成　4—分离轴承　5—轴承套　6—轴承套夹　7—分离叉

2）压紧装置与分离机构。压紧装置与分离机构由膜片弹簧、枢轴环、压力板、金属带及收缩弹簧等组成，如图2-6所示。膜片弹簧的形状像一个碟子，它是在一个具有锥形面的钢制圆盘上，开有许多径向切口，形成一排有弹性的杠杆。在切口的根部都钻有孔，以防止应力集中。

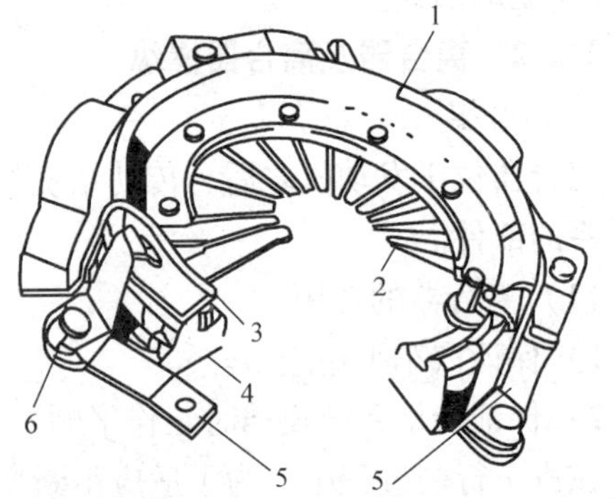

图2-6　膜片弹簧离合器压紧装置与分离机构

1—离合器外壳　2—膜片弹簧　3—枢轴环

4—压力板　5—金属带　6—收缩弹簧

枢轴环装在膜片弹簧外侧，当膜片弹簧工作时，它作为枢轴而工作。收缩弹簧连接膜片弹簧和压力板，将膜片弹簧的运动传给压力板。

3）从动部分（摩擦片、离合器片）。离合器从动部分的主要部件是从动盘。从动盘分为不带扭转减震器和带扭转减震器两种类型。在汽车起重机上主要采用带扭转减震器的从动盘，所以主要介绍带扭转减震器的从动盘。带扭转减震器的从动盘的构造如图2-7所示。

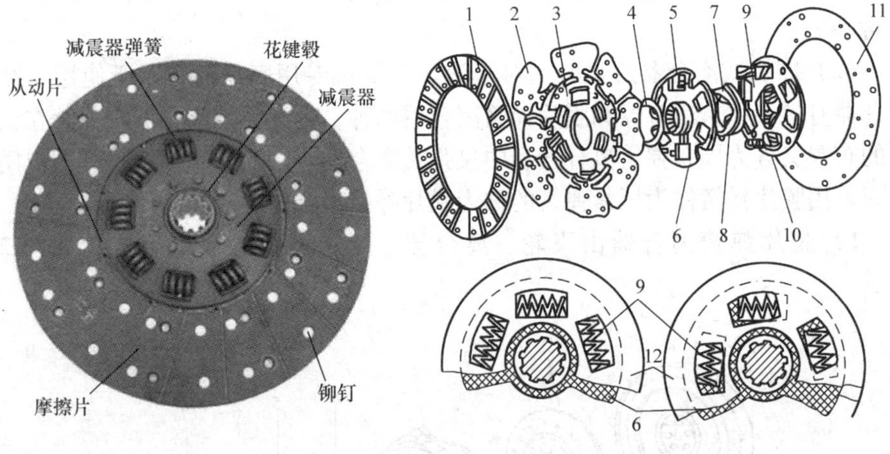

图2-7　带扭转减震器的从动盘的构造

1—摩擦衬片　2—波浪形弹簧钢片　3—从动盘钢片　4—摩擦片　5—特种铆钉　6—从动盘毂　7—摩擦片

8—调整垫片　9—减震器弹簧　10—减震器盘　11—摩擦衬片　12—从动盘本体

由于发动机传到汽车起重机底盘传动系统的转速和转矩是周期性地不断变化的，这就使传动系统产生扭转振动；另一方面由于汽车底盘行驶在不平的道路上，使汽车底盘传动系统出现角速度的突然变化，也会引起上述扭转振动。这些都会对传动系统零件造成冲击载荷，使其寿命缩短，甚至会损坏零件。为了消除扭转振动和避免共振，防止传动系统过载，多数离合器从动盘安装有扭转减震器。从动盘和从动盘毂通过弹簧弹性地连接在一起，构成减震器的缓冲机构。

当从动盘受转矩作用时，由摩擦衬片和传来的转矩，首先传到钢片，再经弹簧传给毂，这时弹簧被进一步压缩，因此，由发动机曲轴传来的扭转振动所产生的冲击即被弹簧所缓和以及摩擦片所吸收，而不会传到变速器以后的总成部件上；同样，汽车底盘行驶于不平路面上所引起传动系统角速度的变化也不会影响发动机。

离合器摩擦片所用的材料，有石棉基摩擦材料、粉末冶金摩擦材料和金属陶瓷摩擦材料。离合器从动盘在安装时，应具有方向性，以避免产生连接长度不足、摩擦片悬空、顶分离轴承等现象。

4）周布弹簧离合器压盘总成。周布弹簧离合器压盘总成除了压紧弹簧外，还有离合器盖、压盘、传动片、分离杠杆装置及支承环等，如图2-8所示。对于汽车起重机装配企业而言，离合器压盘是生产厂家直接提供，只需完成装配即可，在出厂前，压盘总成进行了静平衡；同时对压盘安装紧固后，压盘的预紧力按使用要求调整好，能满足离合器摩擦片的力矩传递需要。

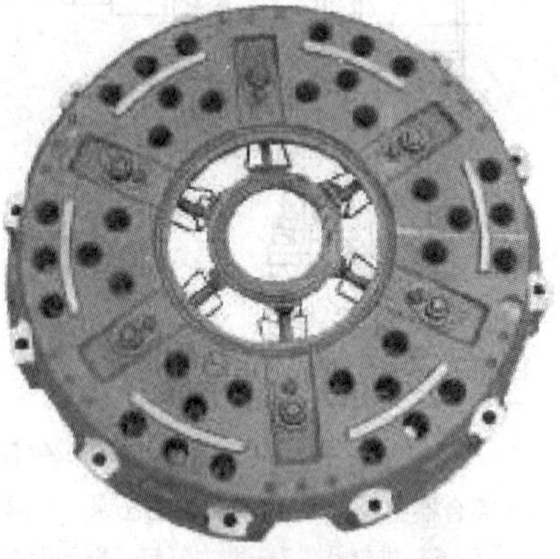

图2-8　周布弹簧离合器压盘总成

2. 离合器操纵机构

目前，汽车离合器广泛采用机械式或液压式操纵机构，多数汽车起重机专用底盘均采用气压助力式液压操纵机构。

如图2-9所示，气压助力式液压操纵机构利用了汽车上的压缩空气装置。它由踏板、离合器总泵、离合器分泵、贮气筒和管路等所组成。

（1）离合器总泵的组成和工作原理　如图2-10所示为离合器总泵的实物图及内部结构图，缸体3中部有与储油壶（一般在驾驶室左后侧）相通的制动液输入接口4，活塞2中部切有通槽，限位螺钉5穿过通槽拧装在缸体3上。活塞2前部设置了进油阀6，进油阀的阀杆后端穿在活塞2的中心孔中，无配合关系；在阀杆的前端装有橡胶密封圈的阀门，阀门前端装有锥形复位弹簧；进油阀6的复位弹簧座紧套在活塞的前端并被轴向定位，复位弹簧座上具有轴向中心孔和径向的槽。

离合器总泵不工作时，空心的进油阀6以其尾端靠在限位螺钉5上，使阀保

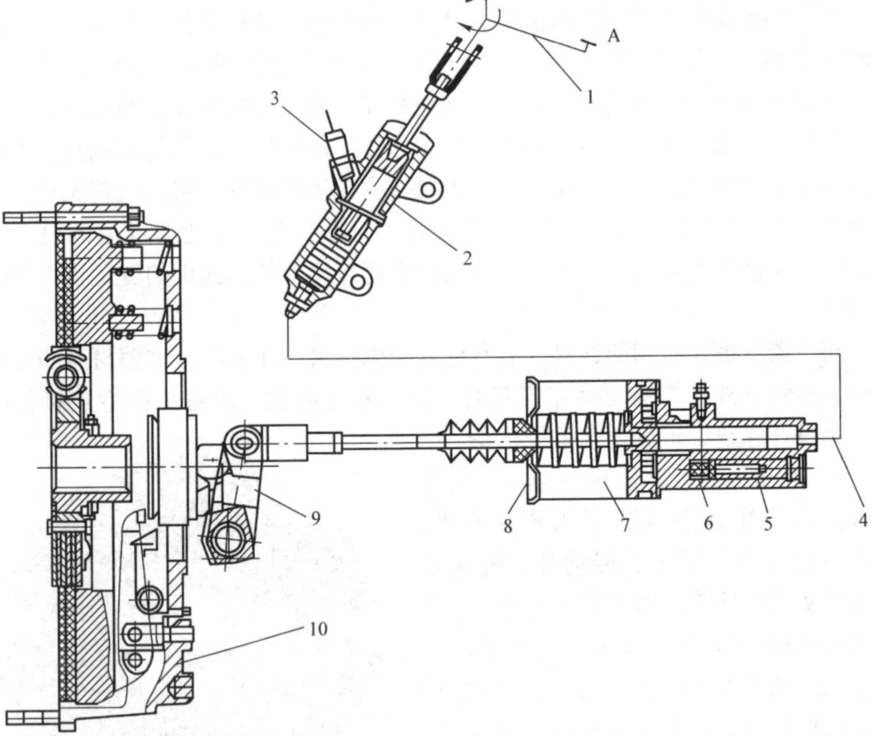

图 2-9　气压助力式液压操纵机构

1—离合器踏板机构　2—离合器总泵　3—离合器液压油壶　4—离合器控制系统管路　5—双向阀　6—进气孔　7—助力气缸　8—离合器分泵　9—离合器分离机构　10—离合器总成

持开启，工作油液可从储油壶经进油孔、活塞切槽、阀杆中的通道和复位弹簧座上的槽孔流入并充满离合器总泵压力腔 8。踩下离合器踏板时，推杆 1 推动活塞 2 左移，在压缩活塞复位弹簧 7 的同时，锥形复位弹簧使杆端阀门压紧在活塞的前端，密封了主缸与储油罐之间的通孔；继续踩下离合器踏板，则缸内油液就在活塞及皮圈的作用下，压力上升，并通过管路流向离合器分泵。

当抬起离合器踏板时，活塞复位弹簧 7 使主泵活塞后移，活塞后移到位时，通过限位螺钉 5 推动阀杆及杆端密封圈阀门，压缩锥形复位弹簧，使整个油路与离合器分泵相通，整个系统无压力。

（2）离合器分泵的组成和工作原理　如图 2-11 所示为离合器分泵结构，气压助力液压离合器分泵是一个将液压工作缸、助力气缸和气压控制阀三者组合在一起的部件，其中的控制阀本身又受控于液压主缸的压力。

在离合器接合状态时，在平衡弹簧 3 的作用下进气阀 4 将进气阀座 5 上的进

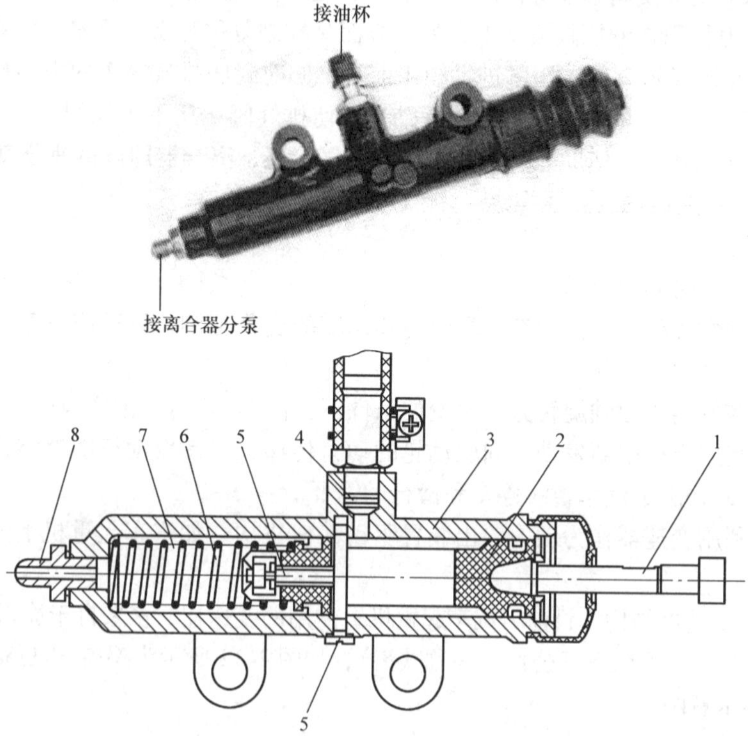

图2-10　离合器总泵的实物图及内部结构图

1—推杆　2—活塞　3—缸体　4—制动液输入接口　5—限位螺钉

6—进油阀　7—活塞复位弹簧　8—压力腔

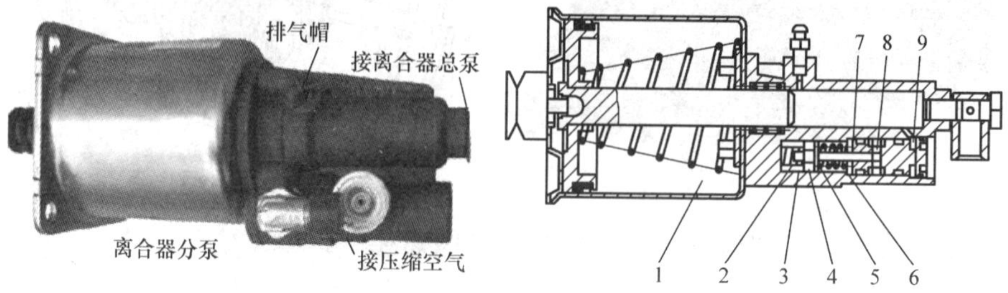

图2-11　离合器分泵结构

1—助力气室　2—进气口　3—平衡弹簧　4—进气阀　5—进气阀座　6—复位弹簧

7—排气阀　8—压力腔　9—液压工作腔

气孔关闭，切断了压缩空气从进气口2通向助力气室的气路。而排气阀7前端并未压紧进气阀4前端，因此，分泵助力气室经排气阀的中心孔与大气接通。

当踩下踏板使离合器分离时，主缸来的液压油进入液压工作腔 9，一方面作为工作压力作用在液压缸活塞上，另一方面又控制复位弹簧 6 压缩，推动排气阀 7 左移，使排气阀 7 前端压紧进气阀 4 前端，同时封闭排气阀 7 的中心孔，切断助力气室 1 与大气的通路。继续踩下踏板，使排气阀 7 压下进气阀 4，进气阀座 5 上的进气孔开启，使助力气室 1 与压缩空气接通，离合器即被迅速分离。

2.2.3 变速器及变速操纵

1. 变速器

(1) 变速器的功用

1) 改变传动比，扩大汽车牵引力和速度的变化范围，以适应汽车不同条件的需要。

2) 在发动机曲轴旋转方向不变的条件下，使汽车能够倒向行驶。

3) 利用空档中断发动机向驱动轮的动力传递，以使发动机能够空载起动和怠速运转，并满足汽车暂时停车和滑行的需要。

4) 利用变速器作为动力输出装置驱动其他机构，如汽车起重机上的液压泵驱动。

(2) 变速器结构　目前，汽车起重机上使用的变速器，多来自于徐州齿轮厂、陕西法士特齿轮有限责任公司（简称陕齿），如图 2-12 所示为陕齿 RT11509C 型变速器结构示意图。

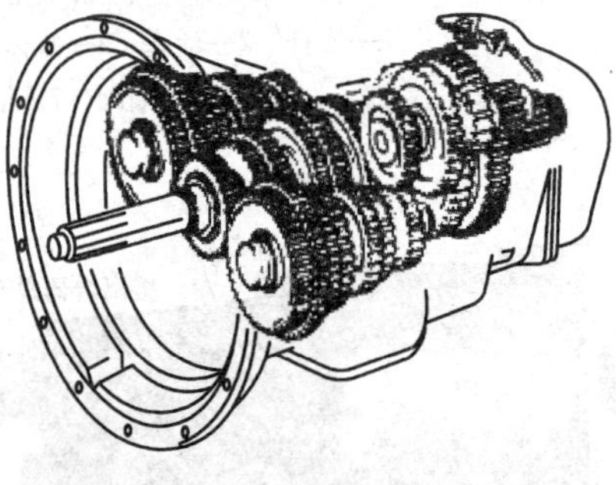

图 2-12　陕齿 RT11509C 型变速器结构示意图

2. 变速器的操纵机构

(1) 功用　变速器操纵机构的功用是保证驾驶员根据使用条件，将变速器换入某个实际需要档位。

(2) 类型　汽车的变速操纵机构主要有直接操纵式和远距离操纵式两种类型，前者主要应用于轿车和长头货车，汽车起重机变速器操纵机构主要采用后者，且均使用远距离软轴操纵机构，如图 2-13 所示为远距离软轴操纵机构组成图。

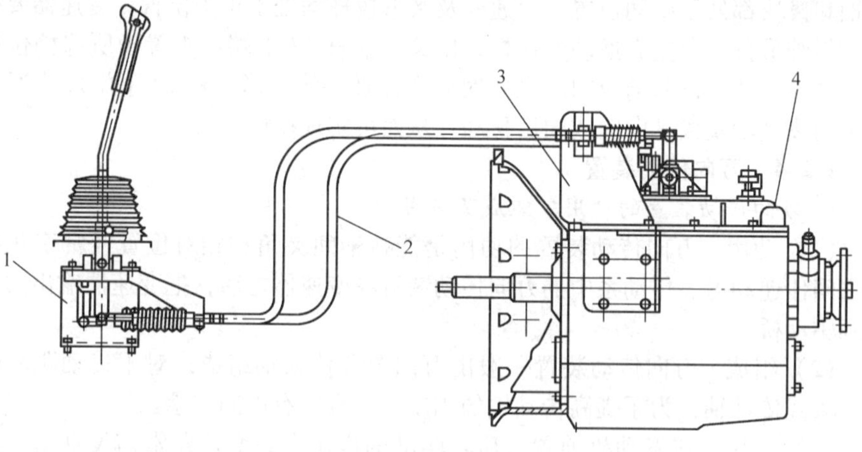

图2-13　远距离软轴操纵机构组成图

1—操纵杆固定架　2—推拉软轴　3—固定架　4—变速器

（3）变速器换档装置（换档拨叉机构）　如图2-14所示为六档变速器换档装置。变速杆1的上部与软轴操纵机构直接相连，伸到驾驶室内，变速杆通过球节支承在变速器盖顶部的球座内，且能够以球节为支点前后左右摆动。变速杆的下端球头插在叉形拨杆17的球座内。杆17由换档轴2支承在变速器盖顶部支承座内，可随轴2轴向前后滑动或绕轴线转动，其下端的球头则插到拨块9、10、16的顶部凹槽中。拨块9、10、16分别与相应的拨叉轴固定在一起，四根拨叉轴3、4、5、6的两端支承在变速器盖上相应的孔中，可以轴向滑动；四个拨叉7、8、11、12的上端通过螺钉固定在拨叉轴上，各拨叉下端的拨叉口则分别卡在相应的档位的接合套（包括同步器的接合套，或滑动齿轮的环槽）内。图示位置变速器处于空档，各个拨

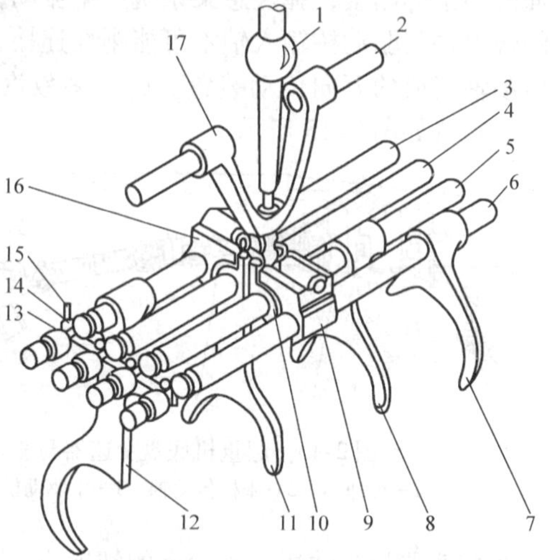

图2-14　六档变速器换档装置

1—变速杆　2—换档轴　3—五、六档拨叉轴　4—三、四档拨叉轴　5—一、二档拨叉轴　6—倒档拨叉轴　7—倒档拨叉　8—一、二档拨叉　9—倒档拨块　10—一、二档拨块　11—三、四档拨叉　12—五、六档拨叉　13—互锁销　14—自锁钢球　15—自锁弹簧　16—五、六档拨块　17—叉形拨杆

叉轴和拨块都处于中间位置，变速杆及叉形拨杆均处于正中位置。变速器要换档时，驾驶员首先向左右摆动变速杆，使叉形拨杆 17 下端球头置于所选档位拨块的凹槽内，然后再向前或向后纵向摆动变速杆，使叉形拨杆 17 下端球头通过拨块带动拨叉轴及拨叉向前或向后移动，从而可实现换档。

2.2.4 万向传动装置

1. 万向传动装置的功用、组成及应用

(1) 功用　万向传动装置的功用是能在轴间夹角和相对位置经常变化的转轴之间传递动力。传动系中的万向传动装置在变速器之后，把变速器输出力矩传递到驱动桥。

(2) 组成　万向传动装置一般由万向节和传动轴组成；对于传动距离较远的分段式传动轴，为了提高传动轴的刚度，还设置有中间支承。

(3) 应用　在发动机前置、后轮驱动的汽车上，变速器常与发动机、离合器连成一体支承在车架上，而驱动桥则通过弹性悬架与车架连接。变速器输出轴轴线与驱动桥的输入轴轴线难以布置得重合，并且在汽车行驶过程中，由于不平路面的冲击等因素，弹性悬架系统产生振动，使二轴相对位置经常变化。故变速器的输出轴与驱动桥输入轴不可能刚性连接，而必须采用一般由两个万向节和一根传动轴组成的万向传动装置。国内多数汽车起重机底盘即是采用此种布置形式，其布置如图 2-15 所示。

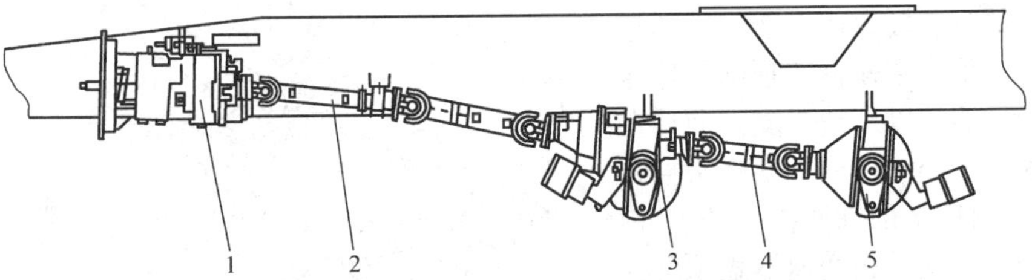

图 2-15　起重机底盘变速器与驱动桥之间的万向传动装置

1—变速器　2—中桥传动轴　3—中驱动桥　4—后桥传动轴　5—后驱动桥

在变速器与驱动桥距离较远的情况下，应将传动轴分成两段，即主传动轴、中间传动轴和后传动轴，且在中间传动轴后端设置了中间支承。

2. 传动轴

传动轴是万向传动装置中的主要传力部件。其结构有实心轴和空心轴之分，大多数情况下，传动轴多为空心轴，一般用厚度为 1.5 ~3mm 且厚薄均匀的钢板卷焊而成，超重型货车则直接采用无缝钢管。

如图 2-16 所示为传动轴结构。传动轴总成两端连接万向节，中间的滑动叉 7 套装在花键轴 6 上，可轴向滑动，适应变速器和驱动桥相对位置的变化；滑动部位用润滑脂润滑，并用防尘护套 5 防漏、防水、防尘，保证花键部位伸缩自如。

传动轴两端的连接件装好后，应进行动平衡试验。在质量轻的一侧补焊平衡

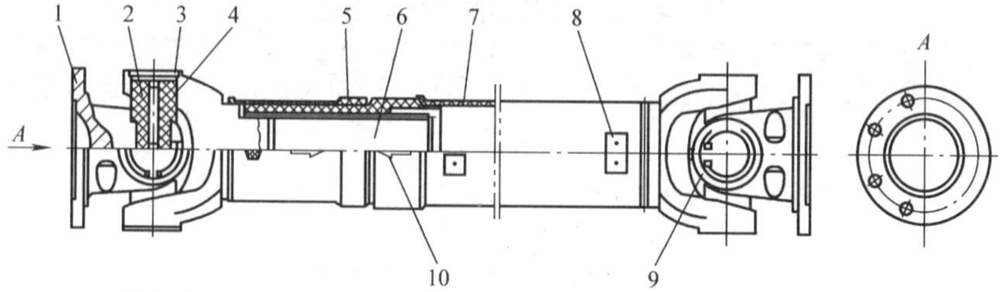

图 2-16　传动轴结构

1—凸缘叉　2—万向节十字轴　3—万向节轴承座　4—万向节轴承　5—防尘护套　6—花键轴　7—滑动叉　8—平衡片　9—挡圈　10—装配位置标记

片，使其不平衡量不超过规定值。为防止装错位置和破坏平衡，防尘护套 5、滑动叉 7 上都应刻有带箭头的记号 10。为保持平衡，万向节的螺钉、垫片等零件不应随意改换规格。为加注润滑脂方便，万向传动装置的滑脂嘴应在一条直线上，且万向节上的滑脂嘴应朝向传动轴。

技能训练 2　传动系统装配

传动系统装配所用相关设备、工具和辅具见表 2-3。

表 2-3　传动系统装配所用相关设备、工具和辅具

装配内容	序号	零部件名称	数量	设备、工具、辅具（料）
离合器及离合器操纵机构装配	1	螺柱		螺纹密封胶
	2	从动盘	1	
	3	离合器压盘	1	桥式起重机、吊装带
	4	螺母、垫圈		气动扳手、套筒
	5	离合器分泵	1	气动扳手、塑料袋、皮筋
	6	铜管	1	
静压油加注	7	静压油		手压泵、呆扳手
变速器与变速操纵装配	8	分离套筒轴承	1	
	9	拨叉	1	
	10	螺栓、垫圈		气动扳手
	11	变速器组件	1	半门式起重机、吊装带
	12	分离轴承卡环	1	
	13	变速器油		齿轮油加注机
	14	变速器支架	2	
	15	大螺母、垫圈		气动扳手、套筒
	16	变速操纵总成	1	线束
	17	变速器盖板	1	气动扳手、半门式起重机、吊装带
	18	螺栓螺母		气动扳手、套筒
传动轴装配	19	前段传动轴	1	半门式起重机、气动扳手、套筒
	20	后段传动轴	1	
	21	中段传动轴	1	
	22	细牙螺栓		

传动系统装配步骤及注意事项见表 2-4。

表 2-4　传动系统装配步骤及注意事项

序号	操作步骤	工艺规范及操作过程	质量控制要点	安全注意事项
一	离合器及离合器操纵机构装配	1. 用汽油将发动机飞轮内表面的油污清洗干净，并擦拭晾干 2. 在连接螺柱上涂抹密封胶后拧入飞轮壳周边螺纹孔内，并用气动扳手和特制套筒拧紧 3. 将工艺花键心轴装入从动盘（摩擦片）内花键，并将从动盘装在工艺花键轴上 4. 将离合器压盘总成上的锁紧弹簧卡对着变速器上的观察孔，然后将压盘总成经螺柱与发动机飞轮止口结合后，用螺母和垫圈紧固；紧固螺母时，先把螺母预拧紧至力矩的七成左右，然后再进行第二遍紧固；离合器压盘装配后，检查离合器压盖总成外圆与飞轮止口周边接合是否平齐，不得有间隙存在 5. 将工艺芯轴取出 6. 松开离合器压盘总成上的分离套筒轴承锁紧弹簧卡扣 7. 将离合器分泵推杆球头端与拨叉球头座吻合后，用螺栓和垫圈将离合器分泵紧固在变速器上；将接头体用垫圈紧固在分泵液压油路控制口上；将螺栓和垫圈将接头体紧固在分泵气路接口上；用塑料袋皮筋将接头体封口包扎 8. 等驾驶室和发动机变速器组件在车架上装配完毕后，将离合器总泵与分泵用铜管连接	1. 发动机飞轮内表面清洁无油污 2. 螺母拧紧采取对称、交叉、轮番、逐次顺序拧紧，且进行两遍拧紧 3. 离合器压盖总成外圆与飞轮止口周边接合平齐，无间隙存在 4. 离合器分泵各接头体包扎完好 5. 铜管走向美观大方，无破裂、挤扁、干涉现象 6. 压盘螺母拧紧力矩为：55～60N·m 7. 工艺花键轴装配与取出顺序正确	1. 防止离合器从动盘掉落砸伤 2. 装配离全器压盘时，防止离合器压盘挤伤手部 3. 防止工艺心轴掉落伤人 4. 在驾驶室下连接铜管时，防止碰伤头部；在车架上连接离合器分泵铜管作业时，防止从车架上跌落受伤 5. 离合器分泵装配用手拖住，防止掉落砸伤脚部 6. 弹簧卡扣装配和取出时，防止弹出崩到眼睛或身体其他部位

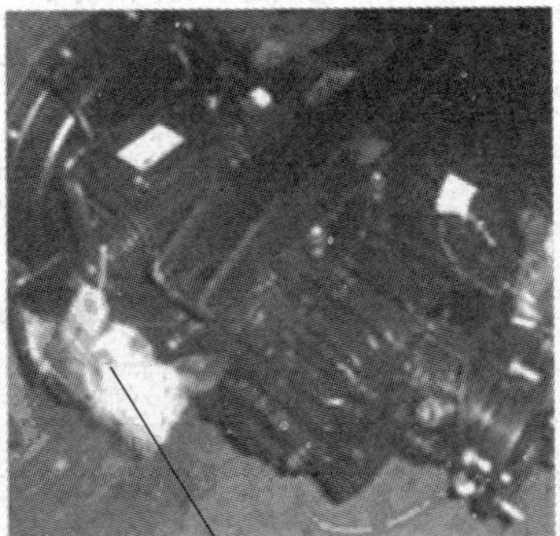

离合器分泵

总泵与分泵连接铜管

（续）

序号	操作步骤	工艺规范及操作过程	质量控制要点	安全注意事项
二	静压油加注	1. 用呆扳手放松离合器分泵上的放气螺塞 2. 将手压泵上的软管从走台板与车架之间穿过后，套在放气螺栓用手压住，以确保连接的紧密性 3. 操作手压泵将静压油压入离合器分泵至规定油量（观察驾驶室后的静压油杯约为 2/3 ~ 4/5 位置） 4. 拔掉软管收回，紧固放气螺塞，打火起动发动机试验离合器的操纵性能	1. 静压油加注后，车架表面无油污 2. 油量加注符合要求，不过多或过少 3. 放气螺塞不漏紧 4. 离合器操纵轻便可靠	1. 在车架上部作业时，当心坠落摔伤 2. 加注静压油时，应压住软管，防止压力高时喷洒到操作者或工友身上
		注意：也可采用先在油杯内加油后踩踏离合器排气的方法加油 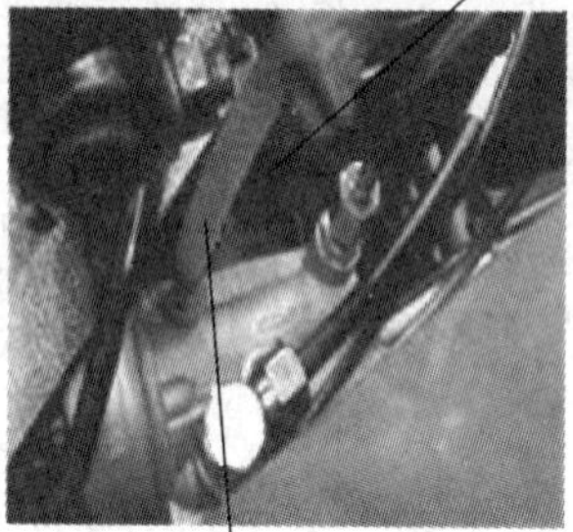 加油口  手压泵		

（续）

序号	操作步骤	工艺规范及操作过程	质量控制要点	安全注意事项
三	变速器及变速操纵装配	1. 安装变速器 1）将润滑脂均匀地涂在变速器输入轴套筒安装位置上，将分离套筒轴承总成装入变速器输入轴，确保在输入轴运动位置上往返滑动自如 2）将拨叉组件经变速器下方装入，并与分离套筒的两侧面接触完好，然后用螺栓、垫圈连接紧固 3）用半门式起重机将变速器组件吊起，上下左右微调变速器位置，使变速器输入轴与发动机飞轮中心对正，将发动机输入轴穿入发动机飞轮中心孔，变速器壳周边各连接孔穿入发动机飞轮壳上的螺柱后与发动机壳上止口吻合，然后，拧上垫圈和螺母并预拧紧至力矩的七成左右；目测离合器壳上止口与飞轮壳止口间隙均匀后，将螺母拧紧 2. 装分离轴承卡环 1）一人用绳或类似工具将拨叉套住后，往后拉到底，另一人将手伸入变速器的观察孔，把分离轴承卡环锁扣到位 2）分离轴承卡环锁紧后，用手推动拨叉臂检查分离轴承是否真正被锁住，此时拨叉臂没有行程或仅有较小间隙。锁紧弹簧左右晃动时，也没有明显摆动，方为合格 3. 变速器油加注 拆下变速器油堵，用加油枪加注齿轮油至油堵螺纹孔渗油，然后装上油堵并拧紧 4. 变速器在车架上的固定 1）待发动机组件落好后，将左右两个支架放好，用螺钉加垫圈紧固 2）将变速器悬挂与支架上的螺纹孔对齐后用螺栓加垫圈从下方穿入，依次套入大平垫、减震块、大平垫，用双螺母紧固 3）确认紧固后用记号笔做记号 5. 变速操纵机构装配 1）将换档操纵总成在驾驶室下车架上固定，将换档软轴沿车架线撑上，用线束捆扎至变速器上 2）将软轴固定在变速器上的相应位置后，将操纵软轴与换档摇臂连接并紧固 3）推动变速操纵杆，确保灵活自如，无干涉 6. 变速器上方盖板 对一些需调试后方能安装的盖板、封板、防护栏、工具箱门等，安装后要牢靠不倾斜。与被安装主体要对称，间隙均匀	1. 润滑脂涂抹均匀，地面无滴落 2. 变速器吊起后，将输入轴穿入飞轮中心轴承孔的次数不得高于3次 3. 变速器装配后，变速器壳与发动机壳止口相吻合 4. 螺母的拧紧按照对称、交叉、轮番、逐次的顺序进行，且力矩符合要求 5. 分离轴承卡环锁紧后，拨叉臂没有行程或仅有较小间隙。锁紧弹簧左右晃动时，也没有明显摆动 6. 变速器油加注至侧面螺塞有油溢出 7. 变速器固定可靠，无应力集中 8. 空档状态，变速杆处于竖直状态，且左右摆动自如，且不与其他任何部件干涉 9. 变速器上的换档摇臂位于中间状态 10. 软轴装配完成后，应推拉顺畅，无卡滞现象或推拉费力现象 11. 捆扎软轴的扎带布局合理、间隔均匀	1. 防止分离套筒轴承总成在输入轴上滑动时掉落砸伤脚部 2. 被半门式起重机吊起的变速器下严禁站人 3. 变速器穿入飞轮外过螺柱时，防止挤伤手部 4. 当心变速器支架与车架连接时，挤伤手指 5. 车架上方作业时，当心滑落跌伤 6. 使用呆扳手紧固时，当心打滑碰伤 7. 装配线过位时，不得装配操纵杆总成 8. 未取得特种作业证之前，不得操作半门式起重机 9. 变速器在吊装过程中吊绳捆挂牢靠，严禁在人的正上方经过 10. 紧固螺栓使用气动扳手防止套筒头崩落伤人 11. 协同合作装配，听从一人指挥，杜绝多人指挥或指挥信号不明

（续）

序号	操作步骤	工艺规范及操作过程	质量控制要点	安全注意事项
三	变速器及变速操纵装配	 变速器加油 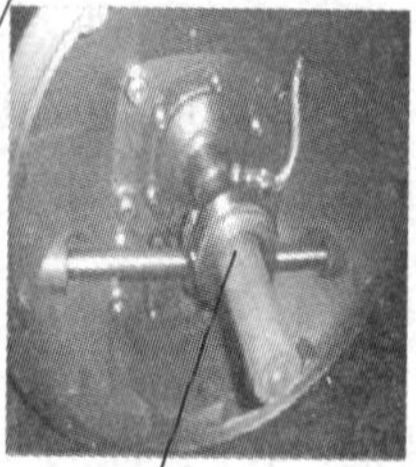 分离轴承安装位置  变速器固定  变速操纵装配		
四	传动轴的装配	1. 将与发动机相连的前段传动轴与中间传动轴对正啮合，穿入细牙螺栓，拧上自锁螺母后用气动扳手加套筒头紧固 2. 用半门式起重机将传动轴吊起落入装配位置 3. 将传动轴前段装入传动轴中间支承后用螺栓和垫圈连接，并进行紧固 4. 使用吊绳将前传动轴前端吊起与发动机法兰盘端面齿对正吻合，穿入细牙螺栓后用自锁螺母紧固，并用记号笔做紧固标识 5. 用吊绳将中间传动轴后端吊起，与中桥（贯通桥）轴间法兰盘端面齿对正吻合后，用细牙螺栓加自锁螺母紧固，并用记号笔做紧固标识 6. 装后传动轴：用吊绳将后传动轴两端吊起，分别与中桥（贯通桥）轴间法兰盘端面齿和后桥轴间法兰盘端面齿对正吻合后，用细牙螺栓加自锁螺母紧固，并用记号笔做紧固标识	1. 紧固螺栓无漏紧、紧固力矩符合技术要求 2. 螺栓拧紧要依次、交叉、对称、逐渐拧紧 3. 传动轴节叉方向一致，即传动轴两头箭头在一条直线 4. 传动轴与车架连接自然、无应力集中 5. 端面齿连接吻合后进行紧固，端面齿无损坏	1. 班后应将半门式起重机吊钩升至一定高度，切断电源 2. 吊运传动轴时，应捆缚牢靠，当心滑落砸伤脚部 3. 紧固中间支承或端连接齿面时，若使用加长杆，防止崩落伤人伤己 4. 当心车架锋利处划伤手部 5. 低头作业时，不得摘下安全帽，以防突出物碰伤头部
		 前轴中轴的连接  传动轴吊装  前轴装配  后轴装配		

2.3 行驶系统装配

2.3.1 行驶系统的功用及组成

1. 功用

1）接受发动机经传动系统传来的力矩，并通过驱动轮与路面间的附着作用，产生路面对汽车的牵引力，保证整车正常行驶。

2）传递并支承路面作用于车轮上的各种反力及其所形成的力矩。

3）尽可能缓和不平路面对车身造成的冲击和振动，以保证汽车操纵稳定性，使汽车获得高速行驶的能力。

2. 组成

汽车起重机行驶系统由车架、悬架、转向桥、驱动桥、车轮及驾驶室组成。

2.3.2 车架

1. 功用

车架是汽车起重机专用底盘的基体部件，也是汽车起重机三大结构件中的一个重要部件，如图2-17所示。其功用是支承、连接、固定汽车的各功能部件总成，使各功能部件总成保持相对正确的位置，它不仅承受着起重机的自身载荷，还传递着路面的支承力和冲击力，使用工况极为复杂。特别是对于汽车起重机专用底盘车架而言，除含通用汽车车架的各项功能外，还应满足起重机各项作业功能的承载，需根据起重吨位的大小来专门设计。

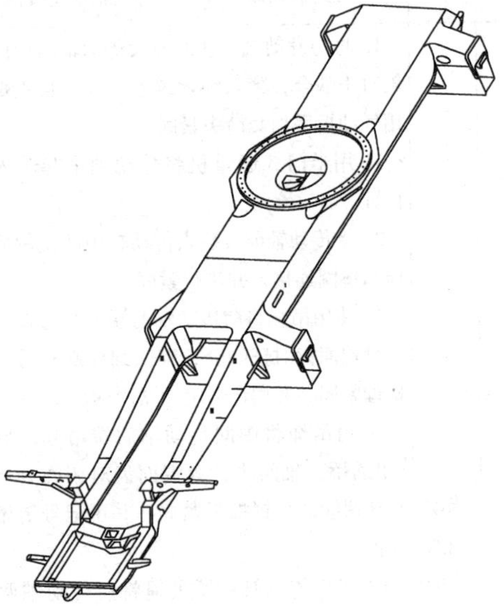

图2-17　汽车起重机专用底盘车架结构图

2. 组成

汽车起重机车架由车架前段、车架后段、前固定支腿箱总成、后固定支腿箱总成等拼焊而成。

2.3.3 悬架装置

1. 悬架的组成

悬架是车架与车桥之间一切传力连接装置的统称。其基本组成有弹性元件、导向装置和减震器三部分。

2. 悬架的作用

1）把路面作用于车轮上的垂直反力、纵向反力和侧向反力以及这些反力所造成的力矩传递到车架上，保证汽车的正常行驶，即传力作用。

2）利用弹性元件和减震器，起到缓冲减振的作用。

3）利用悬架的传力构件，使车轮按一定轨迹相对于车架或车身跳动，即起导向作用。

3. 悬架的类型

悬架主要有独立悬架和非独立悬架两种，汽车起重机多采用非独立悬架，因为非独立悬架具有结构简单和工作可靠的优点。而非独立悬架又有钢板弹簧式悬架和钢板弹簧加纵置平衡梁半刚性悬架两种。如图 2-18 所示即为汽车起重机常用的两种悬架结构图。

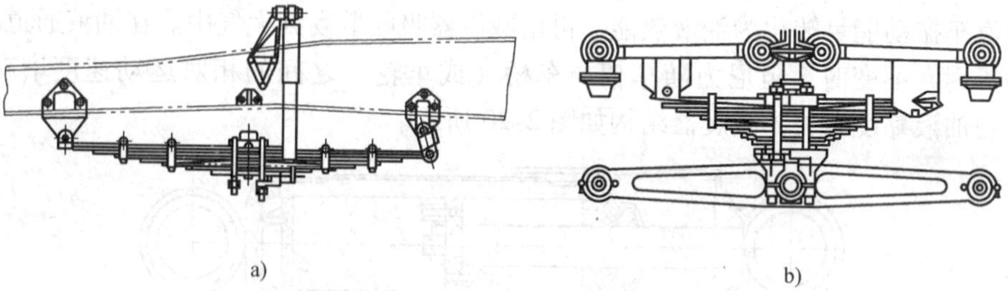

图 2-18　悬架结构图

a）钢板弹簧式悬架　b）钢板弹簧加纵置平衡梁半刚性悬架

4. 钢板弹簧

钢板弹簧被用作非独立悬架的弹性元件，是由于它兼起导向机构的作用，使得悬架系统大为简化，其构造如图 2-19 所示。这种悬架广泛用于汽车起重机的前、后悬架中。它的中部一般用 U 形螺栓将钢板弹簧固定在车桥上。它由钢板

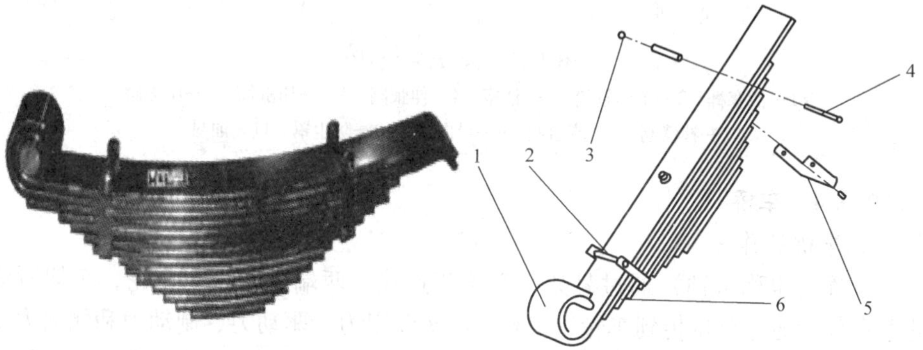

图 2-19　钢板弹簧构造图

1—圈耳　2—套管　3—紧固螺栓螺母　4—紧固螺栓　5—弹簧夹　6—钢板弹簧

弹簧销钉将钢板弹簧前端卷耳部与钢板弹簧前支架连接在一起，前端卷耳孔中为减少磨损装有青铜或塑料、橡胶、粉末冶金制成的衬套。另一端成自由状，以便钢板弹簧在重冲击力时可伸缩。当车架受到冲击弹簧变形时，其钢板弹簧长度的距离将发生循环变化。

5. 减震器

悬架系统中由于弹性元件受冲击产生振动，为改善汽车起重机行驶的平顺性，在悬架中与弹性元件并联安装减震器。汽车悬架系统中采用的减震器多是液力减震器，其工作原理是当车架和车桥间受振动出现相对运动时，减震器内的活塞上下往复移动，减震器腔内的油液便反复地从一个腔经过不同的孔隙流入另一个腔内。此时，孔壁与油液间的摩擦和油液分子间的内摩擦对振动形成阻尼力，使汽车振动能量转化为油液热能，再由减震器吸收散发到大气中。在油液通道截面等因素不变时，阻尼力随车架与车桥（或车轮）之间的相对运动速度增减，并与油液黏度有关，减震器结构如图 2-20 所示。

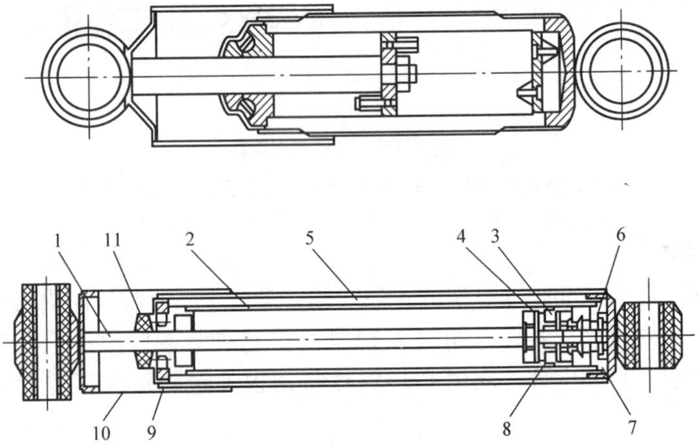

图 2-20　减震器结构图

1—活塞杆　2—工作缸筒　3—活塞　4—伸张阀　5—液压缸筒　6—压缩阀　7—补偿阀　8—流通阀　9—导向座　10—防尘罩　11—油封

2.3.4　车桥

1. 车桥的作用

车桥（也称车轴）通过悬架与车架相连接，两端安装汽车车轮，车架所受的垂直载荷通过车桥传到车轮；车轮上的滚动阻力、驱动力、制动力和侧向力及其弯矩、转矩又通过车桥传递给悬架和车架，故车桥的作用是传递车架与车轮之间的各个方向作用力及其所产生的弯矩和转矩。

车桥可分为转向桥、驱动桥、转向驱动桥和支持桥四种类型。其中转向桥和支持桥属于从动桥。一般汽车的前桥多为转向桥，后桥或中后桥多为驱动桥和支持桥。转向桥和驱动桥如图2-21所示。越野汽车和一些轿车的前桥既是转向桥又是驱动桥，故称为转向驱动桥。

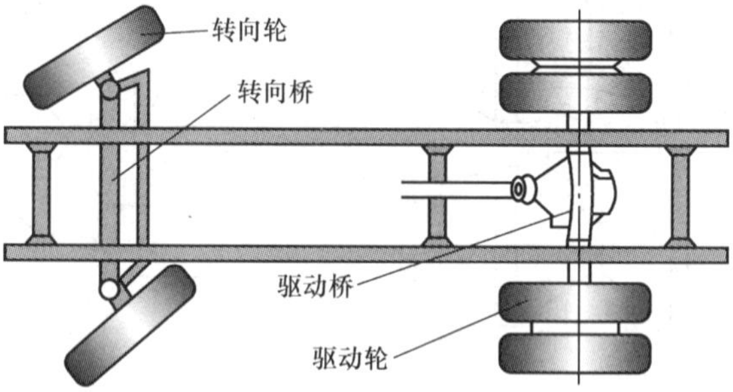

图2-21　转向桥和驱动桥

2. 驱动桥功用及结构组成

（1）驱动桥的功用

1）将万向传动装置传来的发动机动力（转矩）通过主减速器、差速器、半轴等传递到驱动车轮，实现减速增矩的功用。

2）通过主减速器锥齿轮副改变转矩的传递方向。

3）通过差速器实现两侧车轮的差速作用，保证内、外侧车轮以不同转速转向。

4）驱动桥具有一定的承载能力。

（2）驱动桥类型、组成及工作原理　驱动桥的类型有断开式驱动桥和非断开式驱动桥两种。汽车起重机专用底盘采用的是非断开式驱动桥，驱动桥由主减速器、差速器、半轴和驱动桥壳等部分组成，其工作原理如图2-22所示。

动力从变速器→传动轴→主减速器（降速、增矩）→差速器→左、右半轴（外端凸缘盘法兰）→轮毂（轮毂在半轴套管上转动）→轮胎轮辋（钢圈）。驱动桥通过悬架系统与车架连接，由于半轴与桥壳是刚性连成一体的，因此半轴和驱动轮不能在横向平面运动。故称这种驱动桥为非断开式驱动桥，也称为整体式驱动桥。

（3）差速器　差速器的功用是当汽车转弯行驶或在不平路面上行驶时，使左右驱动车轮以不同的转速滚动，即保证两侧驱动车轮作纯滚动运动。根据差速器安装的位置不同可以将差速器分为轮间差速和轴间差速两种。装在同一驱动桥两侧驱动轮之间的差速器称为轮间差速器；对于多轴驱动的汽车起重机而言，装在各驱动桥之间的差速器称为轴间差速器。如图2-23所示即为齿轮式差速器构造图。

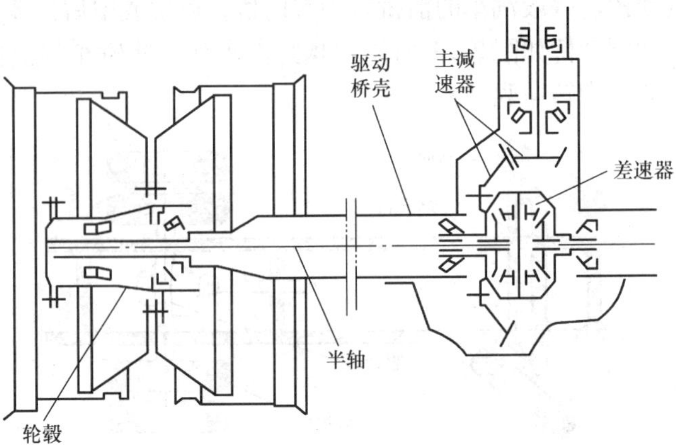

图 2-22　非断开式驱动桥工作原理

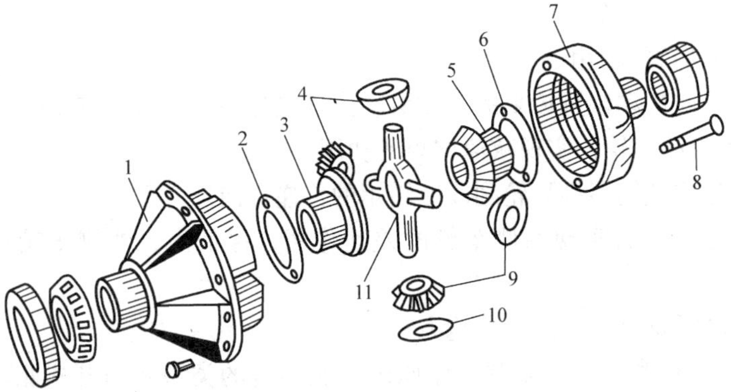

图 2-23　齿轮式差速器构造图

1—差速器壳　2—半轴齿轮推力垫片　3—半轴齿轮　4—行星齿轮　5—半轴齿轮　6—半轴齿轮推力垫片　7—差速器壳　8—螺栓　9—行星齿轮　10—行星齿轮球面垫片　11—行星齿轮十字轴

当汽车起重机左右车轮受力相等时，差速器不起差速作用，行星齿轮只公转不自转，左右车轮转速相同；当汽车起重机转弯行驶或在不平坦的路面上行驶时，左右两车轮受力不等，差速器起差速作用，即行星齿轮既公转又自转，左右车轮转速不等。

2.3.5　车轮

1. 功用

轮胎是执行汽车的行驶、转弯及停止这些基本运动性能的重要部件，共有以下三个方面的作用。

1）支持车重。

2）保证与路面有良好的附着力，传递驱动力矩和制动力矩。

3）确定汽车行驶方向，与悬架共同缓和汽车在行驶时由于不平路面所受到的冲击，并衰减由此而产生的振动。

2. 组成

车轮由轮辋和轮胎组成，如图2-24所示。

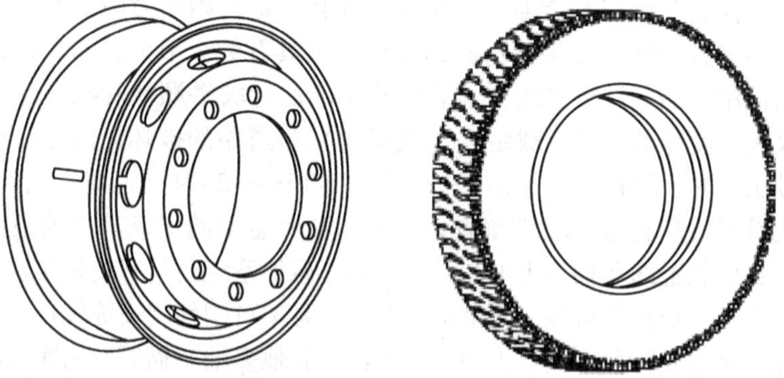

图2-24　轮辋与轮胎

3. 轮胎类型及编号含义

1）汽车上普遍使用的轮胎主要有普通斜交轮胎和子午线轮胎。目前国内生产的汽车起重机主要使用普通断面斜交胎，只有在客户特殊要求的情况下选用子午线轮胎。

2）汽车起重机普通断面斜交轮胎型号为11.00－20，其中11.00表示轮胎名义断面宽度 B；20表示轮辋名义直径 d；汽车起重机普通断面子午线轮胎型号为11.00R20，其中R表示子午线结构代号（Radial），其余表示相同。

2.3.6　油气悬挂系统

油气悬架技术是一种新型的底盘悬架技术，是空气悬架的一种特例，具有普通钢板弹簧悬架不可比拟的优点，是发展特种车辆、大型工程车辆及其他多轴车辆必不可少的关键技术。下面以六轴全地面起重机专用底盘的油气悬架系统为例来对其结构与液压原理作简单的介绍。

传统的车辆悬架系统是用钢板弹簧和筒式减振器连接车架与车轴，其悬架变形与承载质量之间呈线性关系，即当承载质量增大时，悬架垂直变形（挠度）增大，固有振动频率降低；当承载质量减小时，挠度减小，固有振动频率增大。簧载质量变化范围越大，则固有振动频率变化范围越大，这一变化显著时，将导致车辆行驶平顺性和乘坐舒适性变差，而且采用该类悬架的车身高度不可调。油气悬架是一种新型的底盘悬架技术，是空气悬架的一种特例，始于20世纪60年代后期Karnopp发明的油气减振器，最先应用在德国的重型车辆上，以后逐步推广到军用车辆及其他工程机械车辆上，目前，国内除在轮式装甲车、轮式输送车、轮式坦克、两栖坦克及导弹发射车等军用产品上有较广泛的应用外，在矿山自卸车、轮式挖掘机、铲运机械、大型平板车，特别是全地面起重机等民用产品上的应用也得到了长足的发展。油气悬架系统采用悬架液压缸与导向推力杆连接车架与车轴，悬架液压缸将垂直轴荷转换为液压缸内油液的压力，压力通过管路传递至液压控制单元与蓄能器，蓄能器内以有一定初始压力的惰性气体（通常为氮气）为弹性介质，悬架液压缸内部油路上具有数个节流孔与单向阀，能起到减振的作用。油气悬架系统在显著改善车辆的行驶平顺性和乘坐舒适性的同时，能极大程度地减少对运载装置（或货物）与道路的破坏，因此在国家制订相关标准法规时，能得到政策的保护，如 GB 1589—2004《道路车辆外廓尺寸、轴荷及质量限值》标准中就明确提出，装备油气悬架的车辆其单轴最大轴荷限值可比不装该装置的车辆多出 1.5t，另外油气悬架系统还具有较易实现多轴车辆的轴荷平衡、车身高度可在一定范围内调整、悬架可刚性闭锁等优点。因此，油气悬架技术是发展特种车辆、大型工程车辆及其他多轴车辆等专用底盘的必不可少的关键技术，油气悬架系统主要由油气悬架机构与油气悬架液压系统组成，下面就对油气悬挂系统的结构、组成及特点作以简单的介绍。

1. 油气悬架机构组成与连接

油气悬架机构主要由两个悬架液压缸与四根导向推力杆组成。悬架液压缸左右对称，并与铅垂面成 α 角倾斜布置在车轮与车架大梁之间，其上下两端采用铰接方式分别连接在车架大梁与车轴（转向桥为车轴主销）上，只能承受轴向力，主要起承受垂直载荷与侧倾稳定作用。四根导向推力杆分上下两层错开布置，一般上层两根推力杆与车辆纵向中心存在一个水平夹角 β，下层两根推力杆与车辆纵向中心平行，四根推力杆两端也采用铰接方式进行连接，主要起承受车辆牵引力与制动力及车轮定位的作用。

2. 油气悬架系统的主要功能

包括刚性闭锁、弹性承载、升降功能、车轴提升。

3. 油气悬架系统的优缺点

（1）油气悬架的优点　具有变刚度特性，可使车身的自然振动频率降低，保证汽车具有良好的行驶平顺性，可显著地缓和冲击，减少颠簸，从而改善驾驶员的劳动条件和提高平均车速；体积小，重量轻，用于重型车辆上可比钢板弹簧轻 50% 以上；悬架液压缸用于转向轴时固定在车轴主销上，可使转向轮转角增大，可大大减小汽车的转弯半径；使用油气分离式悬架系统的车辆，通过悬架液压缸的进油和排油可方便地实现车身高度的调整，从而极大地提高车辆的通过性能。改变悬架液压缸工作腔的油量和充气压力，可得到不同的变刚度特性，从而使悬架缸的主要部件在不同吨位的车辆上通用。

（2）油气悬架的缺点　高压气体和工作液的密封要求高；滑动表面（如缸

筒与活塞之间的表面）的耐磨性要求高，表面粗糙度值要小；使用中高压气体往往会缓慢泄漏，需要特殊设备定期充气，悬架液压缸的加工复杂，装配精度要求高，维修较麻烦。

油气悬架技术是一种新型的底盘悬架技术，是空气悬架的一种特例，具有普通钢板弹簧悬架不可比拟的优点，是发展特种车辆、大型工程车辆及其他多轴车辆必不可少的关键技术，随着现代加工工艺能力的不断提高，油气悬架关键元件悬架液压缸的制造已经取得了突破，因此油气悬架技术将具有更加广阔的发展空间。

2.3.7　车轮定位

1. 车轮定位的概念及作用

（1）车轮定位的概念　汽车的多个车轮看似笔直，实际上要想在行驶中保证安全和舒适，还需要很多因素。正因为考虑了这些因素，才能轻松地操纵方向盘，使汽车高速直线行驶，或转动方向盘使汽车转弯，转弯后自然恢复直线行驶状态。为解决这个问题，同时也为防止车胎过早磨损，车轮根据一定要求，按一定的角度安装在车身（或底盘）上，称为“车轮定位”。

（2）车轮定位的作用　使汽车保持稳定的直线行驶和转向轻便，并减少汽车在行驶中轮胎和转向机件的磨损。

2. 车轮定位的要素

车轮定位的要素主要包括车轮外倾角、主销后倾角、转向轴线内倾角（转向主销内倾角）、车轮摆动角（前束和后束）、转弯半径（前轮转向角、最大转向角）以及包容角、摩擦半径、推进角及车轴偏角等。上述要素的角度和尺寸取决于车辆所采用的悬架系统、车轮驱动系统（前置发动机前轮驱动、前置发动机后轮驱动、两轮驱动还是四轮驱动）以及转向系统（机械转向还是动力转向）。调整这些要素，可使驾驶性能和转向稳定性达到最佳状态，并可延长零部件的使用寿命。

对于整机而言，驱动桥主要作为承载的刚性桥，在车轮定位中也较为简单，一般只进行驱动桥轴线与车架纵轴线垂直度、对称度的校验。而转向轮通常不与地面垂直，而是略向外倾，其前端略向内收拢；转向节主销也不是垂直安装在前轴上，而是其上端略向内和向后倾斜。由以上状态产生了前轮外倾、前轮前束、主销内倾、主销后倾，所有这些参数统称为转向轮定位。下面将分别简单介绍车轮定位的几个主要要素的作用及原理。

（1）车轮外倾角　一般转向轮安装在车桥上时，其旋转平面向外倾斜。车轮旋转平面与纵向垂直平面之间的夹角 α 叫做车轮外倾角，如图 2-25a 所示。车轮顶部朝外倾斜，称为正外倾角；反之，朝内倾斜则称为负外倾角。车轮外倾角的作用是提高车轮工作的安全性和转向操纵的轻便性。在现代汽车中，由于悬架和车桥比过去的坚固，加之路面平坦，采用正外倾角的必要性小了。在车轮调整过程中，现代汽车倾向与采用接近零度的外倾角（有些车辆采用零外倾角），现在公司大吨位多采用零外倾角。

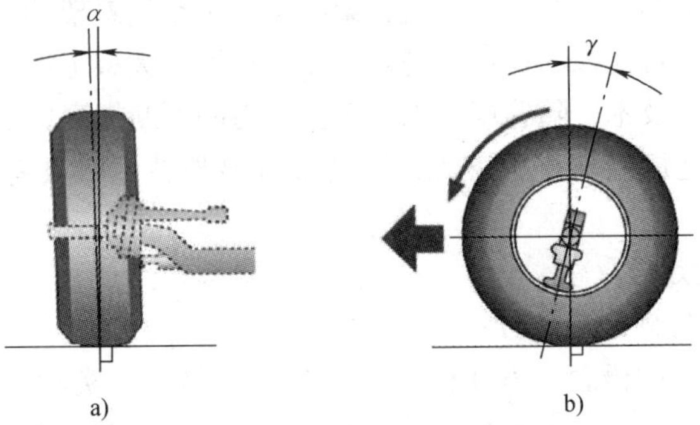

图 2-25　车轮外倾角及主销后倾角

a）车轮外倾角　b）主销后倾角

（2）主销后倾角　主销装在转向轴上，其上端向后倾斜，这种现象叫主销后倾。在纵向垂直平面内，垂线与主销轴线之间的夹角 γ 叫主销后倾角。从垂直向后倾斜，成为正主销后倾角；向前侧倾斜则称为负主销后倾角。转向轴线的中心线与地面有一个交点，轮胎与路面接触面有一个中心点，这两个点之间的距离称为主销后倾移距。主销后倾的作用主要是为了保持汽车直线行驶的稳定性，并使汽车转向后，转向轮有自动回正的功能，现代汽车主销后倾角一般不超过 3°，如图 2-25b 所示。

（3）主销内倾角　从车子的前方看，转向轴线与地面铅垂线所形成的角度称为主销内倾角。车轮左右转动时会绕一条轴线转动，该轴线称为转向轴线。从车子的前方看，该轴线向内倾斜，所以称为转向轴线内倾角或转向节主销角。主销内倾角的作用：①减少转向操纵力。②减少回跳和跑偏现象。③改善车辆直线行驶的稳定性。

（4）车轮前束（见图 2-26）　车轮前束是从车辆前方看，在两轮轴高度相同的条件下，左右轮胎中心的前端与后端距离之差值，也称为总前束。零前束：左右轮胎的中心线，其前端与后端距离相等；正前束：左右轮胎的中心线，其前端小于后端距离；负前束：左右轮胎的中心线，其前端大于后端距离。前束的作用主要是消除由于外倾角所产生的轮胎侧滑。采用正外倾角的前轮使车轮顶部朝外倾斜，当车辆向前行驶时，车轮要朝外侧滚动，从而产生侧滑，会造成轮胎磨损。所以，前束作用是消除由于外倾角所产生的轮胎侧滑，并且轮胎类型与悬架的刚性也会影响前束值。

（5）转向角　车辆在转弯时，转向轮的相对位置称为转向角（转弯半径相

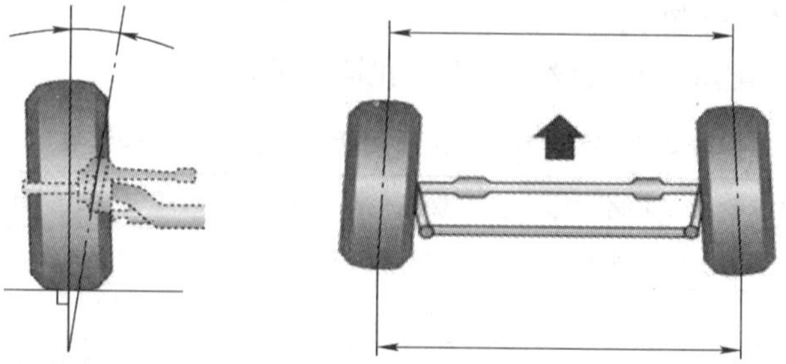

图 2-26　车轮前束

同时，各转向轮的转向角不相同），如图 2-27 所示。当车辆直线行驶时，各轮胎应保持相互平行，否则会产生轮胎磨损、行驶阻力过大等问题。当车辆进入弯道时，如果左右轮的转动量相同（即左、右转向角相同，其转弯半径完全相同），但两前车轮的转动中心不在一个交点上，这时会造成轮胎磨损以及车辆转弯时不平衡。经杆系专门设计的车辆，当进入弯道行驶时，各车轮绕同一转动中心转动，使车辆转弯平稳，车轮不会出现侧滑磨损。

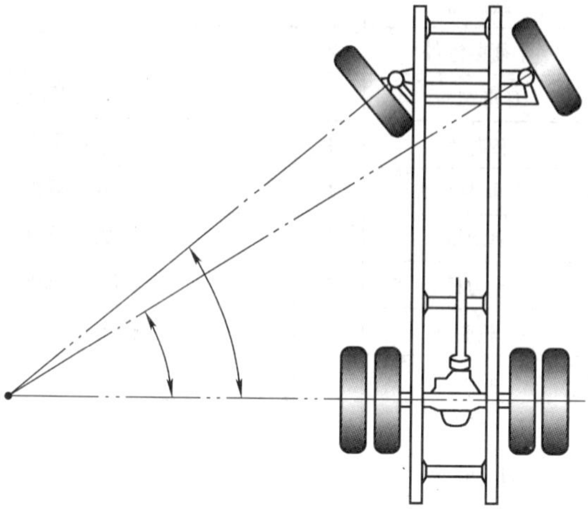

图 2-27　转向角

（6）推进角　驱动轮总前束的平分线称为推进线。推进线的方向是汽车实际的行驶方向。车身几何中心线与推进线之间形成的夹角，称为推进角。当汽车直线行驶时，推进线才是汽车真正行进的方向，假如推进线无法与汽车几何中心线重合，驾驶员必须操纵转向盘使汽车直线行驶，于是转向盘呈偏斜的状态。因驱动轮定位失准，而必须转动转向盘才能让汽车直线前进（因后轮循迹与前轮循迹不同），这种情况通常称为“横跑”。

技能训练3　行驶系统装配

行驶系统装配所用相关设备、工具和辅具见表2-5。

表2-5　行驶系统装配所用相关设备、工具和辅具

装配内容	序号	零部件名称	数量	设备、工具、辅具（料）
车架吊装	1	车架	1	桥式起重机、吊装带
悬架与平衡梁组装分装	2	平衡梁	1	
	3	复合轴承	2	液氮、改制弹簧钳、铜棒、铁丝
	4	油杯	3	套筒
	5	密封圈	4	
	6	钢板簧	1	
	7	板簧底座	1	
	8	盖板	1	
	9	U形螺栓	1	压力机、四轴螺栓拧紧机
悬架组件在车架上的装配	10	钢板簧	2	半门式起重机
	11	耐磨块	2	
	12	减震器	2	
	13	平衡梁组件	2	半门式起重机
桥的装配	14	U形螺栓	4	螺栓拧紧机
	15	转向桥	1	半门式起重机、气动扳手
	16	中桥	1	半门式起重机、气动扳手
	17	驱动桥	1	半门式起重机、气动扳手
	18	推力杆	2	半门式起重机、气动扳手
轮胎的装配	19	轮胎		半门式起重机、吊装绳
	20	轮辋		
	21	锁圈		撬棍
	22	自锁螺栓		螺栓拧紧机、气动扳手
驾驶室	23	驾驶室总成	1	桥式起重机、吊装带
	24	螺栓	4	气动扳手、呆扳手

传动系统装配步骤及注意事项见表2-6。

表 2-6　传动系统装配步骤及注意事项

序号	操作步骤	工艺规范及操作过程	质量控制要点	安全注意事项
一	车架吊装至装配流水线	1. 根据车架型号选取适当的吊装位置，将两根吊装带箍在选定的吊装点 2. 将两根吊装带的四个挂套扣在桥式起重机吊钩上，确定被绳挡卡在吊钩内 3. 确保吊挂牢靠后，对桥式起重机操作人员给出起吊信号，时刻关注车架起吊状态，确保车架重心平稳，保持水平 4. 待车架被吊至装配生产线正上方时，将装配线上的移动小车移至合适位置后，用专用工具钩住车架，使其保持平稳并适时调整前后左右位置，示意桥式起重机落钩至小车上 5. 确认车架摆放位置正确平稳后，取下吊装带，示意桥式起重机起钩，作业完毕	1. 车架吊装位置选取正确并有试吊过程 2. 吊装带在吊钩上吊挂牢靠并用绳挡卡住 3. 指挥人员应取得桥式起重机操作证或起重机指挥、司索作业证，且指挥信号明确无误 4. 装配线小车移动位置合理	1. 吊运车架时，车架下方严禁站人，以免砸伤 2. 若车架需要旋转，严格确定旋转安全半径，鸣铃或话语提示，以防碰伤周围作业人员 3. 吊放车架时，应轻落轻放，防止车架放置歪斜
二	悬架与平衡梁组件的分装与组装	1. 复合轴承装配 1）将平衡梁平放在工作台面上，将其中一面朝上并清理复合轴承孔油污及异物 2）用铁丝挂住复合轴承放在液氩或液氮容器内，盖上筒盖，当溢出的气体几乎消失后，将复合轴承取出放在平衡梁复合轴承安装孔内，然后用专用孔用弹簧钳夹住轴承内径左右转动轴承，下压至轴承安装孔止口平齐位置；将油封安装在复合轴承孔上；将密封圈安装在平衡梁的球形轴套内 3）将平衡梁翻转 180°，使另一侧复合轴承安装孔竖直向上，依照步骤 2）的顺序装配该侧复合轴承和密封圈 4）将平衡轴从带油杯一侧的复合轴承安装孔处穿入并在两侧加垫片若干来调整平衡梁孔两端平齐 5）将润滑脂加注到油杯，套上油杯帽后紧固在平衡梁两端和中间的相应位置上，在油杯内加注锂基润滑脂，待有少量润滑脂溢出后套上油杯帽	1. 复合轴承安装孔内无异物 2. 复合轴承在液氩或液氮中的冷却时间符合要求，即待生物容器中几乎无气体溢出时取出 3. 用专用弹簧钳下压复合轴承的速度要快且目测复合轴承与止口平齐 4. 若在短时间内未完全压入，可用冲击锤轻轻冲击，但要注意不要损坏复合轴承 5. 油杯帽的安装方向要正确 6. 油杯加注锂基润滑脂且加注量适中	1. 清理复合轴承孔时，防止手部划伤 2. 复合轴承冷却过程中严禁将手伸入液氩或液氮生物容器内，且严禁用手直接从容器中取出复合轴承 3. 用弹簧钳下压复合轴承时，防止打滑伤害手部 4. 使用冲击锤时，防止打滑受伤 5. 平衡梁翻转时，小心砸到脚部 6. 因平衡梁尺寸较大，尽量使工作台高度降低，在保证清洁度情况下，也可放在地面上进行

（续）

序号	操作步骤	工艺规范及操作过程	质量控制要点	安全注意事项
二	悬架与平衡梁组件的分装与组装	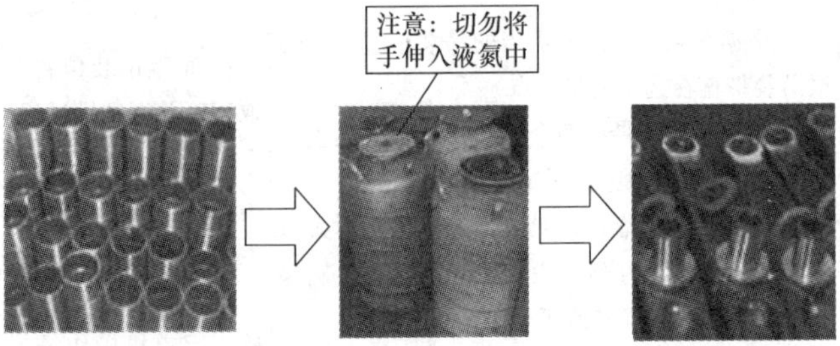 复合轴承摆放　复合轴承冷却　复合轴承装配		
		2. 钢板簧与板簧支座的装配 1）装U形螺栓：将板簧支座卧放在装配工装器具上，将U形螺栓经支座凸台位置螺纹孔穿出后转动螺杆，使螺栓尾部铣平部分与支座凸台加强部接触，直至螺栓不能再转动为止 2）装后板簧：将支座放正，安装平衡轴的半圆孔朝下，用半门式起重机吊装后板簧放在板簧支座上，板簧中心螺栓需嵌入板簧支座上的工艺孔内。盖上板簧压板，套上U形螺栓螺母，并拧紧侧面调整螺钉；将板簧支座组件反置180°，用压力机和螺栓拧紧机对U形螺栓进行拧紧	1. U形螺栓与支座凸台接触后不转动，若转动需进行补焊后重新装配 2. 板簧中心螺栓需嵌入板簧支座上的工艺孔内 3. 压力机操作正确规范 4. 螺栓拧紧力矩，符合规定要求	1. 后板簧吊装时，严禁从工作人员头上经过且吊装要牢靠，以防坠落砸伤 2. 拧紧U形螺栓时，严禁将手伸入压力机压装部位
		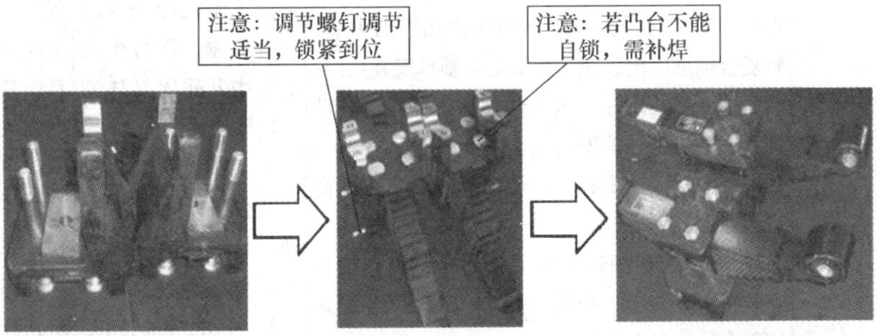 U形螺栓装配　钢板簧装配　U形螺栓坚固		
		3. 平衡梁总成与板簧支座组件的装配 1）将平衡梁组件中间带油杯的一端放置在板簧支座带调整螺栓一侧的空档内，平衡轴上垫片分别与支座内端面和平衡梁外端面贴合，平衡轴大端与板簧带调整螺栓端的平面贴合 2）用气动扳手和特制套筒头将双头螺柱安装在板簧支座上，装上支座下盖，并用气动扳手或螺栓拧紧机拧紧	1. 平衡轴上垫片无漏装，分别与支座内端面和平衡梁外端面贴合 2. 平衡轴大端与板簧带调整螺栓端的平面贴合 3. 螺栓拧紧力矩，符合规定要求	1. 后板簧吊装时，严禁从工作人员头上经过且吊装要牢靠，以防坠落砸伤 2. 使用气动扳手时，用力握住，防止打飞套筒

（续）

序号	操作步骤	工艺规范及操作过程	质量控制要点	安全注意事项
三	悬架组件在车架上的装配	1. 前悬架的装配 1）装耐磨块：将耐磨块放在前悬架后支座上，与螺纹孔对正后穿入螺栓，用气动扳手紧固 2）装前悬架板簧：用吊装带吊起钢板弹簧，并将板簧带卷耳一端落于后支架上，用弹簧销穿过钢板弹簧前部卷耳及支架孔，并用标准件固定；安装油杯及油杯帽，并向油杯中加注锂基润滑脂；落下钢板弹簧尾部后，用螺栓、螺母、垫圈及套管固定 3）装减震器：将减震器放在专用工装（一般为液压伸缩机）上拉伸后用螺母、垫圈、螺栓固定在车架减震器支架上，另一端用螺栓、螺母、垫圈固定在板簧支架上	1. 确认螺栓无漏紧现象，润滑脂无漏加 2. 弹簧销的油杯口朝外安装，以便加注润滑脂 3. 螺栓紧固牢靠，弹簧垫圈压平 4. 专用工装操作规范准确 5. 减震器固定螺栓方向一致，美观大方 6. 减震器长短应适时进行调整，且无野蛮操作	1. 正确穿戴劳动防护用品 2. 装配线运行时，不得作业或横跨装配线 3. 吊运板簧时，当心板簧脱落砸伤脚部 4. 在取得桥式起重机作业证之前，严禁使用桥式起重机 5. 调整减震器长度时，应根据实际情况确定操作角度，防止操作时碰伤
		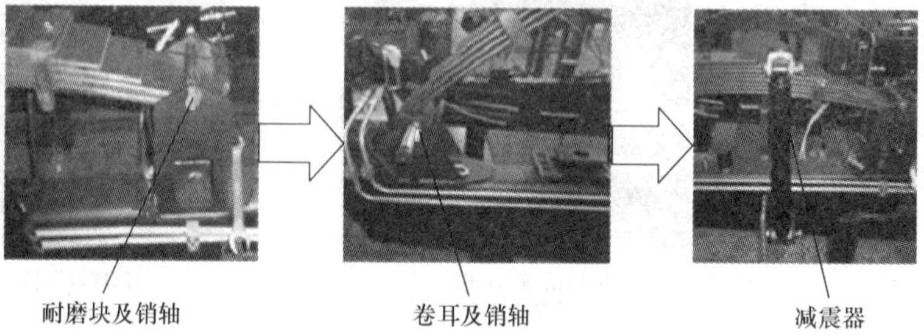		
		2. 平衡梁组件装配（后悬架） 1）用吊装带吊起平衡梁总成落在车架相应位置的支承架上，用弹簧销固定平衡梁带卷耳一端并用螺栓加垫圈、螺母后紧固 2）落下平衡梁另一端后用螺栓加装套管、垫圈、螺母紧固 3）将油杯帽套装在油杯上拧入弹簧销油杯安装孔并向油杯中加注通用锂基润滑脂并盖上油杯帽	1. 确认螺栓无漏紧现象，润滑脂无漏加 2. 弹簧销的油杯口朝外安装，以便加注润滑脂 3. 螺栓紧固牢靠，弹簧垫圈压平	1. 正确穿戴劳动防护用品 2. 装配线运行时，不得作业或横跨装配线 3. 在取得桥式起重机作业证之前，严禁使用桥式起重机 4. 平衡梁吊装落放时，防止挤伤手部

（续）

<table>
<tr><th>序号</th><th>操作步骤</th><th>工艺规范及操作过程</th><th>质量控制要点</th><th>安全注意事项</th></tr>
<tr><td rowspan="3">四</td><td rowspan="3">桥的装配</td><td>1. 前桥装配
1）用半门式起重机吊起前桥并调整好方向落至钢板簧上，使定位处吻合
2）将U形螺栓加装板簧压板及缓冲垫自下向上穿入前桥螺栓孔，并用螺母预紧
3）起动四轴螺栓自动拧紧机将一侧四个螺母拧紧至规定力矩后将另一侧四个螺母拧紧
4）在U形螺栓上拧上第二个螺母（双螺母）并预紧，用步骤3）中同样的方法紧固螺母</td><td>1. U形螺栓的拧紧力矩为575～675N·m
2. 螺栓无漏紧
3. 前桥装配方向正确
4. 板簧压板选取正确
5. 螺纹涂抹螺纹锁固密封胶
6. 螺纹紧固后做紧固标记</td><td>1. 前桥吊挂点附着牢靠，防止吊运过程中脱落
2. 防止U形螺栓、压板及垫块掉落砸伤脚部
3. 装配线运行时，严禁作业
4. 在取得桥式起重机特种作业证前，禁止使用半门式起重机作业</td></tr>
<tr><td colspan="3">
前桥落放与U形螺栓预紧

U形螺栓紧固</td></tr>
<tr><td>2. 装后桥
1）用半门式起重机将后桥吊起，平稳地落放到车架上，将后桥上的两销轴孔分别与平衡梁的后销轴孔对正
2）分别在两销轴孔穿上销轴后加上垫片并拧上螺母，紧固后穿上开口销
3）装中桥（贯通桥）
按照装配后桥步骤2）的方法完成中桥的装配
4）中后桥V形推力杆装配
用螺栓加自锁螺母和密封胶将V形推力杆车架和中后桥连接紧固并做紧固标记</td><td>1. 螺栓无漏紧
2. 吊装后桥时钢丝绳吊挂位置正确
3. 中、后桥装配后开口销开口要大于90°
4. 涂抹螺纹密封胶</td><td>1. 桥吊挂点附着牢靠，防止吊运过程中脱落
2. 防止U形螺栓、压板及垫块掉落砸伤脚部
3. 装配线运行时，严禁作业并远离车架</td></tr>
</table>

（续）

序号	操作步骤	工艺规范及操作过程	质量控制要点	安全注意事项
五	轮胎的装配	1. 轮胎分装 1）将轮辋卧放，轮辐朝上 2）将轮胎放至钢圈体的外径上，调整轮胎，使内胎气门在轮辋气门嘴开口处的中心位置 3）装锁圈：将锁圈平放到轮胎上，用撬棍将锁圈扣压在轮辋钢圈体即轮胎上平面上，保证锁圈开口位置与气门嘴成180°，且锁圈开口尺寸不得大于15mm 4）充气 ① 将气门芯拧松接入专用充气阀杆后接上充气软管，预充气至0.3～0.4MPa，检查锁圈与轮胎接触位置有无异常，不允许有任何漏气点 ② 确认无异常后，在轮辋两孔中穿入一钢板压住锁圈，将轮胎充气至规定压力，关闭专用充气阀杆阀门 ③ 将气门芯放入专用充气阀门上孔后打开阀门，用专用旋具将气门芯用力顶入气门嘴拧紧 ④ 取下专用充气阀杆后用压力表测量压力，确认压力在规定范围内后将轮胎扶起靠墙摆放，必须将有锁圈的一侧对着墙面	1. 在转运轮胎过程中，不得用吊钩或钢丝绳直接吊挂轮胎，而是使用吊带或吊装绳 2. 锁圈周围压实，锁圈开口尺寸不得大于15mm 3. 充气前须进行预充气，且不允许有任何漏气点 4. 充气后，锁圈与轮胎接触部分无任何异常 5. 压力表测得的充气气压符合规定，且无任何漏气点	1. 包装好的一组轮胎在搬运时，不得拆除钢带 2. 卧放轮辋时防止砸伤脚部 3. 装配锁圈时，小心锁圈弹起伤到周围工作人员 4. 预充气后进行正式充气前，务必用钢板挡住锁圈，防止高压弹出 5. 在从充气专用阀杆上腔压入气门芯时，脸部严禁正对着气孔，以免打伤脸部 6. 充好气的轮胎靠墙存放时，锁圈一侧务必对着墙面，防止弹出伤人
		2. 装轮胎 1）取掉车桥螺栓上的螺纹保护罩 2）使气门嘴一侧朝外，用半门式起重机和吊装绳吊起轮胎，吊装至车桥位置与之对正，用力将轮胎推向车桥，左右晃动使车桥螺栓穿入轮辋螺栓孔 3）拧上自锁螺母，旋进3～5r 4）使用螺栓拧紧机或气动扳手将所有螺栓紧固，紧固时按照对称、交叉、轮番、逐次拧紧，并做好紧固标记	1. 同一侧两轮胎轮辋孔要对齐，同一侧两轮胎充气嘴开口要对齐 2. 里侧轮胎气门嘴朝向外侧 3. 拧上自锁螺母后旋进3～5r 4. 螺栓拧紧后有紧固标记	1. 轮胎转运过程中吊挂牢靠，防止掉落伤人 2. 劳保用品穿戴整齐，半门式起重机作业人员必须取得桥式起重机特种作业证 3. 推轮胎装入桥上螺栓时，防止手挤伤

轮胎装配前

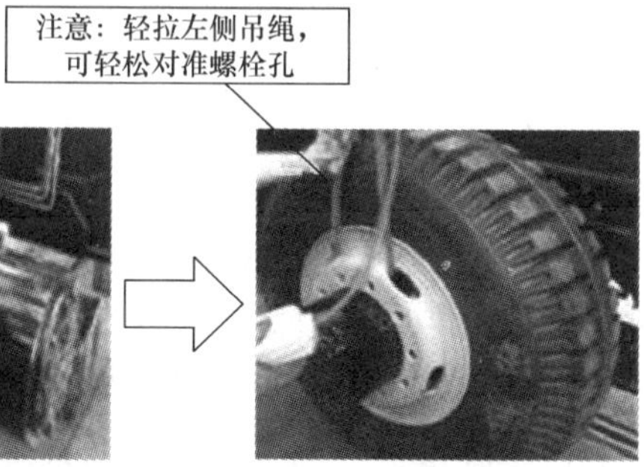

轮胎装配后

（续）

序号	操作步骤	工艺规范及操作过程	质量控制要点	安全注意事项
五	轮胎的装配	3. 装备胎 1）装备胎支架：将备胎支架用一只手托起，将其四个螺栓孔与车架安装位置上的螺纹孔对齐，用螺栓加弹簧垫圈及平垫圈预紧3～5r，调整备胎支架平齐后，用气动扳手紧固 2）装备胎：用半门式起重机将备胎吊至备胎支架处平放，将螺纹孔穿入定位销后将轮胎中心与紧固螺纹孔对齐，放上压板，拧入把柄螺栓总成并紧固。在支架底部穿入夹簧的直头	1. 备胎支架安装平齐，弹簧垫圈被压平，无断裂现象 2. 把柄螺栓拧紧参考力矩为300N · m 3. 夹簧无漏装	1. 用手拖住备胎支架时，防止掉落砸伤脚部 2. 轮胎落放时，防止压伤脚部 3. 夹簧装配防止碰伤手部

备胎支架

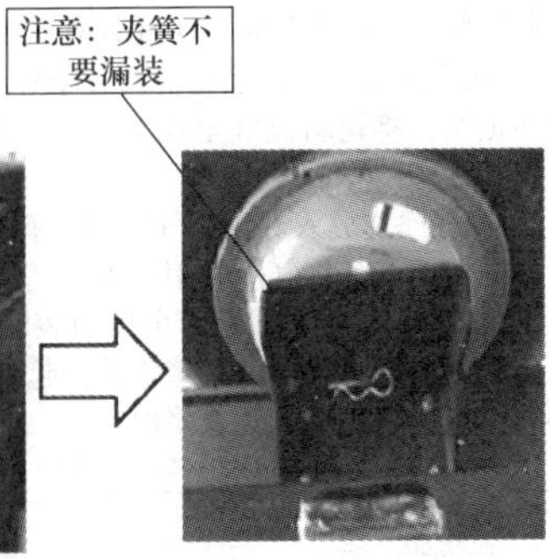

备胎装配

2.4 转向系统装配

2.4.1 转向系统的功用及组成

1. 转向系统的含义

转向系统是一套用来改变或恢复汽车行驶方向的专设机构，在汽车转向行驶时，可保证各转向轮之间有协调的转角关系。

2. 转向系统的功用

汽车转向系统的功用是保证汽车能按驾驶员的意志进行转向行驶。

3. 转向系统的分类

汽车转向系统根据其转向能源的不同，可以分为机械转向系统和动力转向系统。根据助力能源形式的不同又可以分为液压助力、气压助力和电动机助力三种类型。其中液压助力转向系统应用较为普遍，以下重点介绍其类型及典型零部件。国内多数汽车起重机专用底盘的转向系统主要采用机械液压助力动力转向系统。

2.4.2 动力转向系统的组成

动力转向系统一般由四个部分组成（见图2-28）：转向操纵机构，包含转向盘、转向管柱总成，即转向机以上部分；转向器，循环球式加液压内助力转向器；转向传动机构，包含转向垂臂、转向拉杆、转向摇臂、梯形臂等；转向加力（液压助力）装置，包含转向液压泵、油罐、助力缸、油管等。

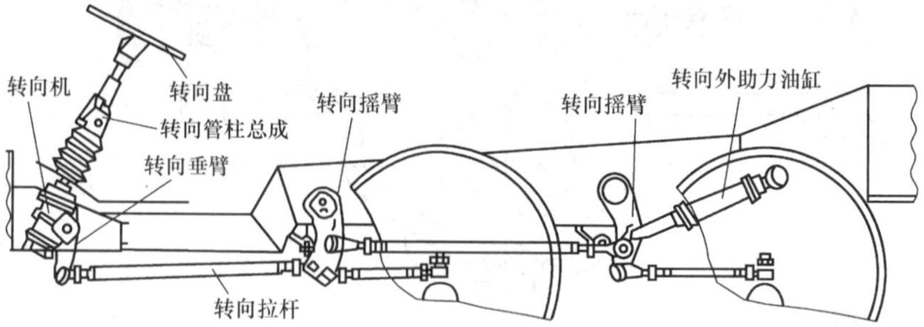

图2-28 动力转向系统的组成

1. 转向操纵机构

转向盘到转向器之间的所有零部件总称为转向操纵机构。

（1）转向盘 转向盘由轮缘、轮辐和轮毂组成。转向盘轮毂的细牙内花键与转向轴连接，转向盘上都装有扬声器按钮。

（2）转向轴、转向柱管、万向传动轴的构成 转向轴是连接转向盘和万向传动轴再连接转向器的传动件，转向柱管固定在车身上，转向轴从转向柱管中穿过，支承在柱管内的轴承和衬套上。万向传动轴可进行长度调节，有利于装配，还起到汽车受冲撞时对转向盘的缓冲保护。

2. 转向器

通用汽车起重机底盘使用的循环球式整体式液压助力转向器（机械式转向器、转向动力缸和转向控制阀三者设计为一体），其功用是将转向盘的旋转运动转换成车轮转动所需的线性运动。

如图2-29所示为转向器基本结构图，转向机是通过蜗轮、蜗杆传动副带动扇形齿摆动实现线性运动，液压助力通过转向控制阀，分配液压油至上下腔实现液压助力。通过上下腔可外接助力缸。

3. 转向传动机构

从转向器到转向轮之间的所有传动杆件总称为转向传动机构。转向传动机构的功用是将转向器输出的力和运动传到转向桥两侧的转向节，使转向轮偏转，并使两转向轮偏转角按一定关系变化，以保证汽车转向时车轮与地面的相对滑动尽可能小。

（1）转向摇臂 转向器通过转向摇臂与转向直拉杆相连。转向摇臂的大端

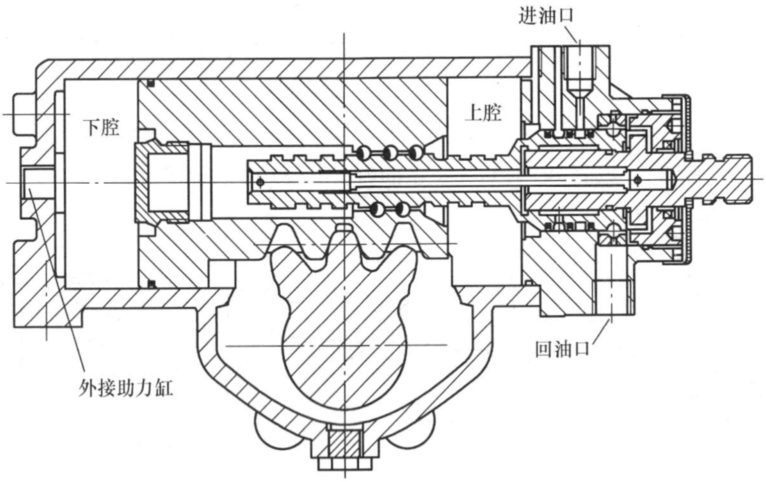

图 2-29　动力转向器

用锥形三角细花键与转向器中摇臂轴的外端连接，小端通过球头销与转向直拉杆作空间铰链连接，如图 2-30 所示。

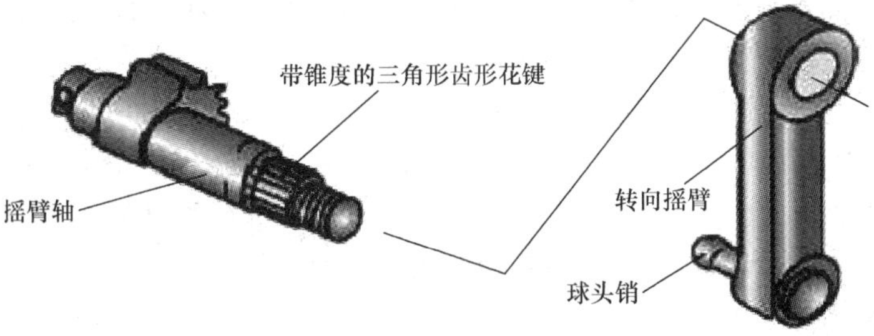

图 2-30　转向摇臂

（2）转向直拉杆　是转向摇臂与转向节臂之间的传动杆件，具有传力和缓冲作用。在转向轮偏转且因悬架弹性变形而相对于车架跳动时，转向直拉杆与转向摇臂及转向节臂的相对运动都是空间运动，为了不发生运动干涉，三者之间的连接件都是球形铰链，如图 2-31 所示。

（3）转向臂　是由于转向桥距转向机较远，或因车架等部件限制而设计的中间过渡支承，它可增强转向杆系的强度，同时根据转向拉杆安装位置变化满足车轮的不同转向角度，如图 2-32 所示。

（4）转向横拉杆　是转向梯形机构的底边，由横拉杆体和旋装在两端的横拉杆接头组成。其特点是长度可调，通过调整横拉杆的长度，可以调整前轮前束，如图 2-33 所示。

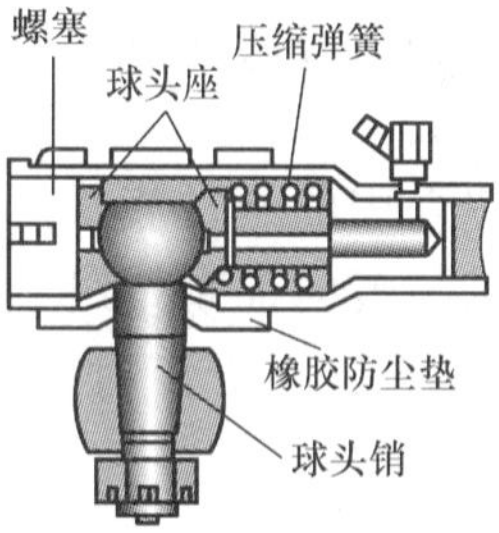

图2-31　转向直拉杆

2.4.3　转向液压系统

1. 转向液压系统工作原理图（见图2-34）

1）直线行驶：转向盘7不动，换向阀5在中位，泵卸荷；液压缸6油路闭锁，处于平衡状态，不起助力作用。

2）左转向：转向盘7左转，换向阀5在左位，泵工作，液压缸6活塞右移，车轮左转，实现助力转向。

3）右转向：转向盘7左转，换向阀5在右位，车轮右转，实现助力转向。

4）放松转向盘：换向阀5恢复中间位置，助力作用消失。

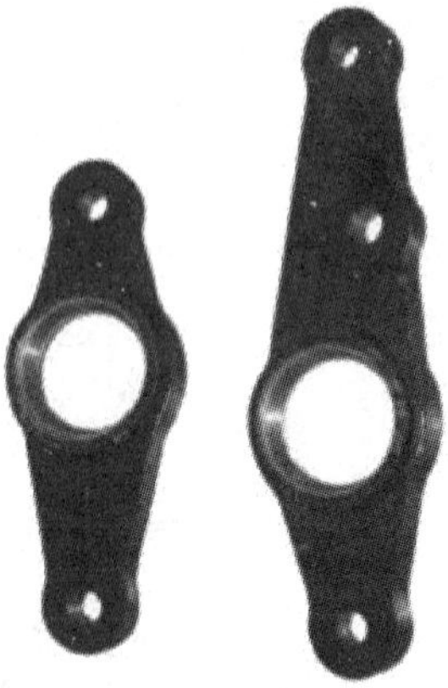

图2-32　转向臂

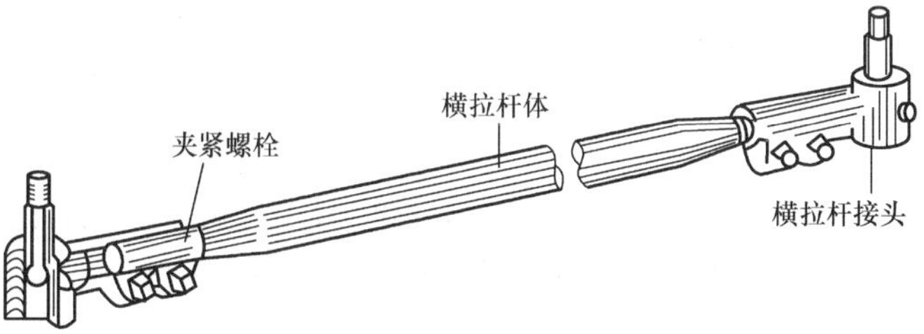

图2-33　转向横拉杆

2. 转向加力（液压助力）装置

转向加力装置是将发动机输出的部分机械能转化为压力能（或电能），并在驾驶员控制下，对转向传动机构或转向器中某一传动件施加辅助作用力，使转向轮偏摆，以实现汽车转向的一系列装置。采用动力转向系统可以减轻驾驶员的转向操纵力。

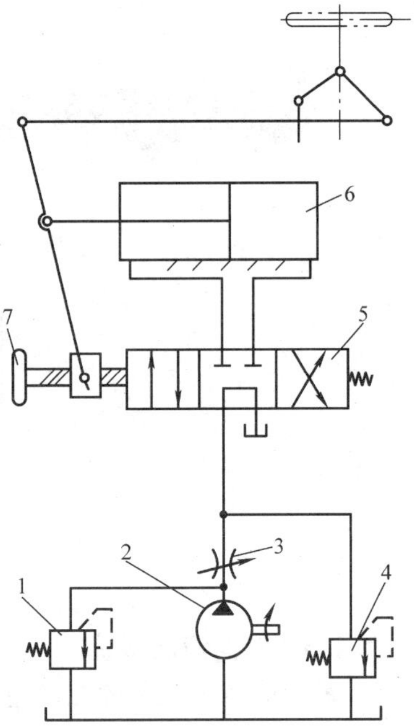

图 2-34　转向液压系统工作原理
1、4—溢流阀　2—泵　3—单向阀
5—换向阀　6—液压缸　7—转向盘

汽车起重机专用底盘中采用的是常流式液压助力转向系统，其特点是转向油泵始终处于工作状态，但液压助力系统不工作时，基本处于空转状态。

3. 转向泵

中小吨位产品底盘转向泵通常由叶片泵和溢流阀组合在一起，如图 2-35 所示，转向泵有一个吸油口、一个压力油口、一个泄油口。泵的设计按发动机怠速时，满足转向用流量设计，当发动机加速运转时，该泵提供的液体会远远超过实际的需要，加装溢流阀就是满足发动机高速运转时的需要。

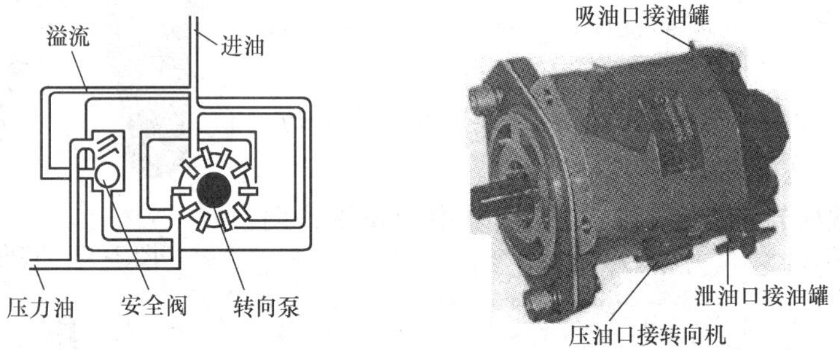

图 2-35　转向油泵

大吨位汽车起重机采用多桥转向，转向助力缸较多，标准的转向泵排量不能满足要求时，常采用大排量齿轮泵和限流阀配套使用，大吨位汽车起重机多采用此配置方法。

4. 转向油罐

它是用来存储转向液压系统用油，下部设有吸油口、回油口各一个，内有滤网，上部设有油标尺、透气盖。如图 2-36 所示。

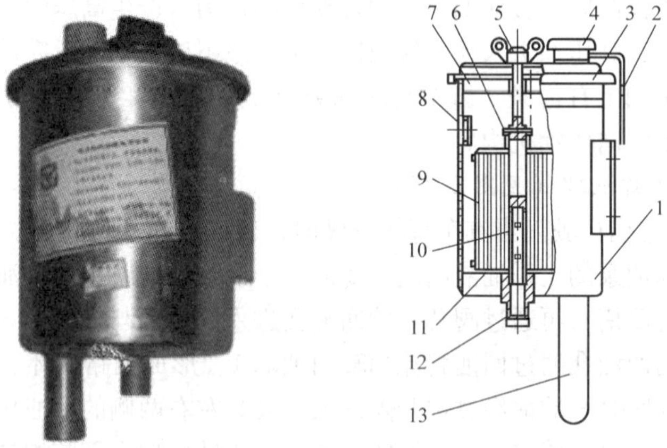

图 2-36　转向油罐装置

1—罐体　2—排气管　3—罐盖　4—加油口盖　5—蝶形螺母　6—弹簧
7—加油滤　8—视镜　9—滤芯　10—中心杆　11—网孔板　12—进油接头　13—出油管

2.4.4　液压常流转阀式转向系统基本工作原理

如图 2-37 所示为汽车起重机底盘采用的液压常流转阀式动力转向系统工作原理图。

1. 常流转阀式转向系统基本组成

系统主要由转向油泵 4、动力转向器 7、转向油罐 1、回油管 3 等组成。转阀 5 集成在动力转向器内（如图 2-37 中箭头所示）。动力转向油泵内集成了流量

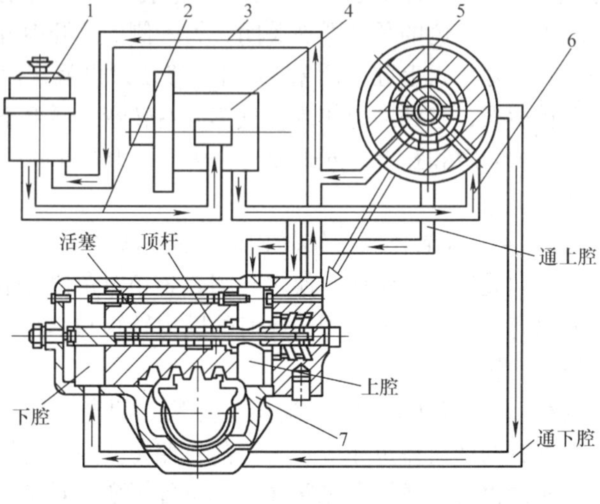

图 2-37　液压常流转阀式动力转向系统工作原理图

1—转向油罐　2—转向泵进油管　3—回油管
4—转向油泵　5—转阀　6—转向泵出油管　7—动力转向器

控制阀及压力控制阀。转向油泵借助发动机的动力，产生高压油，转动方向盘可带动转阀动作，高压油进入动力转向器的上腔或下腔，推动活塞向上腔或向下腔运动，活塞上加工有齿条，齿条与转向臂轴上的齿扇相配合，带动转向臂轴旋转，将力传给转向传动机构。

2. 转阀工作原理（见图 2-38）

1）汽车直线行驶。当汽车直线行驶时，转阀处于中间位置，如图 2-38b 所示，来自转向油泵的工作油液向阀套 8 的 2 个进油口同时进油，油液通过预开隙进入阀芯 9 的凹槽，再通过阀芯 9 的回油孔进入阀芯 9 与扭力杆 6 间空腔 A，再经过阀套 8 的回油孔通过回油管流回转向油罐 1，形成油路循环。另一回路是转向油泵 4 压入阀套 8 的油经过预开隙进入阀套 8 左右两侧的出油孔，其中一路进入转向器上腔，另一路进入转向器的下腔。由于转向器上下腔均进油，且油压相等，更由于油路连通回油管道而建立不起高压，因此动力转向器不起助力作用。

2）汽车左转弯。如图 2-38a 所示，当汽车左转弯时，转向盘带动转向轴转动并带动扭力杆 6，扭力杆 6 端头与阀芯 9 用销 7 连接，因而带动阀芯 9 转动一个角度，这时阀套 8 的进油口一侧的预开隙被关闭，另一侧的预开隙开度打开，液压油经扭力杆 6 与螺杆轴 10 的间隙，通过孔 B 和螺杆轴 10 与活塞 11 的间隙通到转向器下腔，活塞向上移动，也就是说转向臂轴顺时针旋转，带动转向垂臂前摆，起到助力作用，汽车向左转弯。活塞上腔的油液被压出，通过阀套与阀芯间的间隙流回转向油罐。

3）汽车右转弯。如图 2-38c 所示，当汽车右转弯时，转向盘带动转向轴转动并带动扭力杆 6，扭力杆 6 端头与阀芯 9 用销 7 联接，因而带动阀芯转动一个角度，这时阀套的进油口一侧的预开隙被关闭，另一侧的预开隙开度打开，液压油通过阀套与阀芯间间隙压入上腔，活塞 11 向下移动，也就是说转向臂轴逆时针转，带动转向垂臂后摆，起到助力作用，汽车向右转弯。活塞下腔的油液通过螺杆轴 10 与活塞 11 的间隙和孔 B，再通过阀芯 9 与扭力杆 6 间的空腔 A 进入回油孔，流回转向油罐 1。

4）当转向盘停在某一位置不再继续转向时，阀芯 9 在液力和扭力杆的作用下，沿转向盘转动方向旋转某个角度，使之与阀套 8 相对角位移量减小，上、下腔油压差减小，但仍有一定的助力作用。此时的助力转矩与车轮的回正力矩相平衡，使车轮维持在某一转向位置上。

5）在转向过程中，如果转向盘转动速度也加快，阀套 8 与阀芯 9 的相对角位移量也大，上、下腔的油压差也相应加大，前轮偏转的速度也加快，如转向盘转动的慢，前轮偏转的也慢，或转向盘转在某一位置不变，对应着前轮也在某一位置上不变，此即称“渐进随动作用”。

6）如果驾驶员放松转向盘，阀芯回到中间位置，失去了助力作用，转向轮

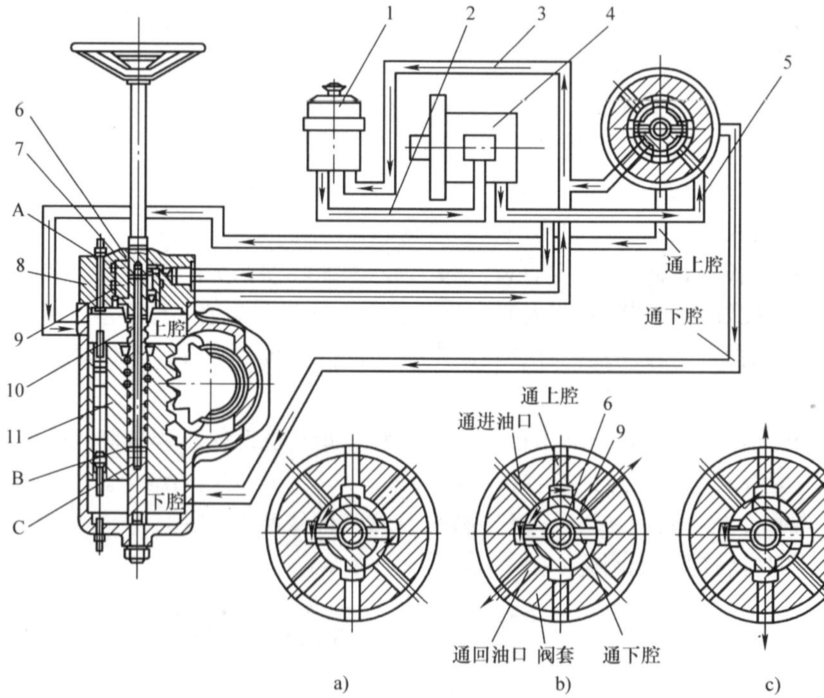

图2-38　转阀工作原理

a）左转向　b）不转向　c）右转向

1—转向油罐　2—转向油泵进油管　3—回油管　4—转向油泵　5—转向油泵出油管　6—扭力杆　7—销　8—阀套　9—阀芯　10—螺杆轴　11—活塞

在回正力矩的作用下自动回位。

7）一旦液压助力装置失效，该动力转向器即变为机械转向器。此时转向盘转动，带动阀芯转动，阀芯下端边缘有缺口，转过一定角度后，带动螺杆轴10转动，而活塞11上加工有螺纹槽，通过钢球与螺杆轴形成运动副，实现纯机械转向操作。

2.4.5　转向及车轮定位调整

转向系统与车轮定位调整是一个系统性的调整，调整的好坏直接影响驾驶员对车辆操纵的安全性、舒适性。

1. 转向系统调整的要求

1）转向盘转动应灵活，操纵轻便，无阻滞现象。车轮转到极限位置时，不得与其他部件有干涉现象。

2）转向轮转向后应有自动回正能力，以保持稳定地直线行驶。

3）转向盘的最大自由转动量从中间位置向左、右各不得超过15°。

4）在平坦、硬实、干燥和清洁的道路上行驶，其转向盘不得有摆动或其他异常现象。

5）转向节、转向节臂、转向横、直拉杆及球销应无裂纹和损伤，并且球销不得松旷，横、直拉杆不得拼焊。

6）当转向助力器失效后，应有转向盘控制底盘转向的能力。

7）最小转弯直径（前轮轨迹中心）小于24m。

2. 调整前的一般检查

1）支起液压支腿，轮胎离地，怠速状态下。

2）左右转动转向盘，转向盘转动灵活，操纵轻便，无阻滞现象。转至极限位置时转向摇臂不得与转向器支架，第一横梁，软管及其他部件干涉。

3）转向摇臂，转向横拉杆，转向直拉杆，桥上拉力杆等球头销联接处，不得松旷，球头销螺母应锁固完好。

4）转向液压系统转向助力正常、无渗漏。如发现有松旷现象和不合格的装配部位，应及时整改，达到符合技术要求后，进入下一工步的调整。

3. 转向系统调整（在JOSAM车桥定位检测仪辅助下调整）

双转向桥转向系统调整如图2-39所示。

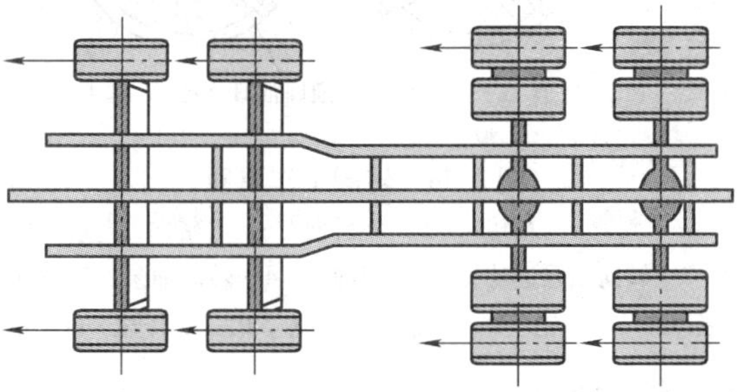

图2-39　双转向桥转向系统调整

1）前束调整：根据定位检测仪显示数据，按前束值4~6（在ϕ590mm处测量）标准判定，如超出范围，可调整横拉杆长度，逐一进行调整、修正。其他参数调整在车辆落下工况进行。以一桥为基准调整每个车轮，即一桥调整完成后，一桥在中位定位工况下，调整其他各转向桥。

2）一桥转向角调整：一桥左右轮胎在直行状态下，向左转转向盘至极限位置，一桥左侧轮胎转角不小于42°±1°，再向右转转向盘至极限位置，一桥右侧轮胎转角不小于42°±1°，如两边转角不均，可通过调整转向器与一桥连接拉杆长短进行修正，使得两侧轮胎转角接近相等。

3）其他转向桥转向角调整：一桥调整完毕后，转动转向盘，将一桥定位在直行方向锁定状态下，通过调整各转向拉杆，依次调整其他转向桥至直行方向。

4）转向盘辐条调整：转向轮在直行方向上，调整转向盘辐条应左右对称，不遮挡各仪表视线。调整可通过取下转向盘，再将转向盘按需要角度重新安装；

或通过转向器上部联接花键传动轴取下，转动转向盘至需要角度，再将联接花键传动轴重新连接安装。转向及车轮定位调整无论采用何种操作手段，都应达到各车桥轴线与车架纵轴线垂直（推进角为0°），同时在车辆直行状态，同一车轴上左右轮胎角度状态应对称。

4. 转向系统检查

调整完成后，应对所有车桥推力杆、转向拉杆上抱箍检查、紧固，保证系统行驶安全、可靠。所有推力杆、转向拉杆检查完毕后，对已调整的各转向角度进行复验合格后结束工作。

技能训练4　转向系统装配

转向系统装配所用相关设备、工具和辅具见表2-7。

表2-7　转向系统装配所用相关设备、工具和辅具

装配内容	序号	零部件名称	数量	设备、工具、辅具（料）
转向器装配	1	转向器	1	半门式起重机、吊装带
	2	定位螺钉	1	
	3	紧固螺钉	4	呆扳手、专用工具
装转向油泵	4	转向油泵	1	呆扳手
	5	接头体	3	气动扳手
	6	高压软管	3	呆扳手
装转向直拉杆	7	开槽螺母	2	气动扳手、套筒头、管钳
	8	开口销	2	虎口钳
	9	转向拉杆	1	
转向油路连接	10	弯通接头	2	气动扳手、套筒头
	11	硬管	2	呆扳手
	12	软管	2	记号笔

传动系统装配步骤及注意事项见表2-8。

表2-8　传动系统装配步骤及注意事项

序号	操作步骤	工艺规范及操作过程	质量控制要点	安全注意事项
一	转向器装配	1. 用半门式起重机吊装转向器至车架前部安装孔位置 2. 拧下开槽螺母后将摇臂取下 3. 将转向器沿安装孔穿入 4. 拧上四个坚固螺钉和一个定螺钉 5. 用专用工具将转向器向左打死，再向右打死，最后回转至总圈数的一半 6. 装上摇臂，拧上开槽螺母 7. 插入开口销，使开口度大于90°	1. 先拧紧定位螺母，再拧紧紧固螺栓 2. 开口销开口度大于90° 3. 转动转向器从一个方向死点到另一方向死点后回至总圈数一半，装转向垂臂	1. 使用半门式起重机，须取得特种作业证 2. 在转向机转运过程中，严禁从人的上方经过，防止掉落 3. 使用扳手紧固时，防止打滑碰伤

（续）

序号	操作步骤	工艺规范及操作过程	质量控制要点	安全注意事项
一	转向器装配	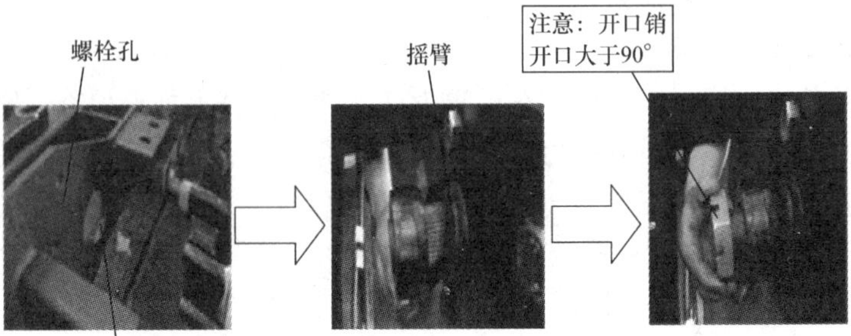 转向机安装位置　转向机装配　装遥臂及开槽螺母		
二	装转向油泵	1. 分别将接头体紧固在转向油泵吸油口上，将接头体紧固在转向油泵出油口上，将接头体紧固在转向油泵回油孔上 2. 将发动机上转向油泵安装口处挡板拆下，然后将分装好的转向油泵安装在发动机上，用螺栓紧固 3. 分别将胶管总成紧固在吸油口、出油口及油泵回油口的接头体上	1. 接头体紧固到位，无漏油现象 2. 齿轮泵主动轴外花键与发动机内花键装配自如 3. 泵上接头体无松动和转动现象	1. 拖住油泵装配螺栓过程中，防止掉落砸脚 2. 穿戴好劳保用品，防止被突出物刮伤 3. 紧固油管时，防止扳手打滑碰伤手部
		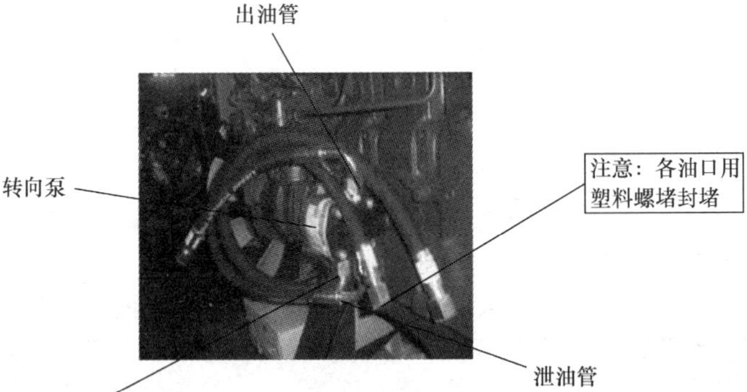 转向油泵装配		
三	装转向拉杆	1. 将转向拉杆总成后端的开槽螺母拧下（有弧度的一端放在车尾方向） 2. 将拉杆后端套在前桥转向拐臂上，将槽螺母拧上，紧固，插上开口销，用专用工具或虎口钳将开口销的开度掰至大于90° 3. 用开槽螺母将垂臂与直拉杆总成紧固，插上开口销，同样使开口销开口度大于90°	1. 开槽螺母上开口销开口角大于90° 2. 转向拉杆装配方向正确无误 3. 转向拉杆球头锁紧螺母拧紧力矩为300～360N·m	1. 搬运转向拉杆时，当心滑落砸伤 2. 使用管钳时，小心打滑碰伤 3. 使用气动扳手时，防止套筒头崩出伤人

（续）

序号	操作步骤	工艺规范及操作过程	质量控制要点	安全注意事项
三	装转向拉杆	 转向拉杆装配		
四	装转向油罐并连接油管	1. 一手拖住转向油罐，一手用螺栓将其预紧固在吊臂支架上，用气动扳手紧固 2. 将一直通接头和一三通接头安装在转向油罐下端接口上并紧固 3. 直通接头接转向油泵的进口胶管 4. 三通垂直接头接转向油泵的回油胶管，水平接头接转向油泵的泄油胶管 5. 用呆扳手将各胶管接头紧固至符合力矩要求，并做标记	1. 转向油罐外表无损伤 2. 转向油管连接紧固牢靠，无漏油现象 3. 油管无扭曲、应力集中，不与其他运动件干涉，远离热源	1. 装配转向油罐时，防止掉落摔坏 2. 在车架上作业时，防止踩空掉落摔伤 3. 紧固油管接头时，防止呆扳手打滑碰伤
		 转向油罐装配		

（续）

序号	操作步骤	工艺规范及操作过程	质量控制要点	安全注意事项
五	装转向液压油路	1. 将两个接头体分别安装在转向机的吸油口和回油口上 2. 将两根硬管分别与接头体连接后，用管夹固定在车架上 3. 将两根硬管分别与两根软管相连，进口接液压油泵，出口接转向油罐 4. 将液压油泵的泄油管接入转向油罐 5. 用记号笔在紧固好的螺纹上做记号	1. 转向器上进出油口勿接反 2. 液压接头紧固牢靠 3. 紧固后的螺纹要有紧固标记 4. 连接后的液压管路不可与其他运动部件干涉	1. 在装配线运行时，严禁作业 2. 装配过程中，防止被车架突出物刮伤 3. 使用呆扳手要稳固，防止打滑受伤
六	转向油的加注	1. 用手提油桶装入转向油后放在车架上，逆时针旋转打开转向油罐的盖子，拧上螺母或收放在固定位置 2. 将手提油桶对准转向油罐向里加油，当液面高于油罐4/5时起动发动机 3. 起动后将转向盘缓慢反复转到极限位置，液面下降时及时补油 4. 油罐里有气泡冒出及时补油，直至油罐里油面保持平静无气泡冒出 5. 再将转向油加至油罐4/5处，将油盖盖上顺时针拧紧	1. 转向油液面静止时，位于转向油罐约4/5处 2. 转向盘打至左右极限位置应轻松、回位自如，无卡滞 3. 加注抗氧防锈汽轮机油时，油料加注正确	1. 攀爬车架和在车架上加注油料时，防止坠落摔伤 2. 加油时，戴好防护手套，防止被油腐蚀 3. 加转向油时，防止被排气筒烫伤
		 转向系统加油		

2.5　制动系统装配

2.5.1　制动系统的概念、功用及组成

1. 制动系统的概念

驾驶员能根据道路和交通情况，利用装在汽车上的一系列专门装置，迫使路面在汽车车轮上施加一定的与汽车行驶方向相反的外力，对汽车进行一定程度的强制制动。这种可控制的对汽车进行制动的外力称为制动力，用于产生制动力的一系列专门装置称为制动系统。

2. 制动系统的功能

1）汽车高速或转向行驶的制动安全措施。

2）强制行驶中的汽车减速或停车。

3）使下坡行驶的汽车车速保持稳定。

4）使已停驶的汽车在原地（包括在斜坡上）驻留不动。

3. 制动系统的分类

按照制动能量的传输方式，制动系统可分为机械式、液压式、气压式和电磁式等。同时采用两种传能方式的制动系统可称为组合式制动系统，如气顶液制动系统。国内大部分的汽车起重机生产公司生产的起重机专用底盘制动系统主要由行车制动（脚制动）、驻车制动（手制动）和辅助制动组成。

1）行车制动由压缩空气驱动，作用于所有轴的车轮上。制动供气管路为双回路，两回路各自独立，分别作用于不同的车轴。

2）驻车制动为放气弹簧制动，作用于部分或全部轴的车轮上，与行车制动共用制动器。驻车制动还可在行车时兼起应急制动作用。

3）辅助制动有发动机排气制动、发动机缓速制动，变速器缓速制动、电涡流缓速制动几种形式。

4. 鼓式制动器

鼓式制动器结构类型较多，如图2-40所示为国内中小吨位汽车起重机产品常用的鼓式制动器凸轮制动形式结构类型，凸轮式制动器是用凸轮对两制动蹄起促动作用，通常利用气压使凸轮转动。

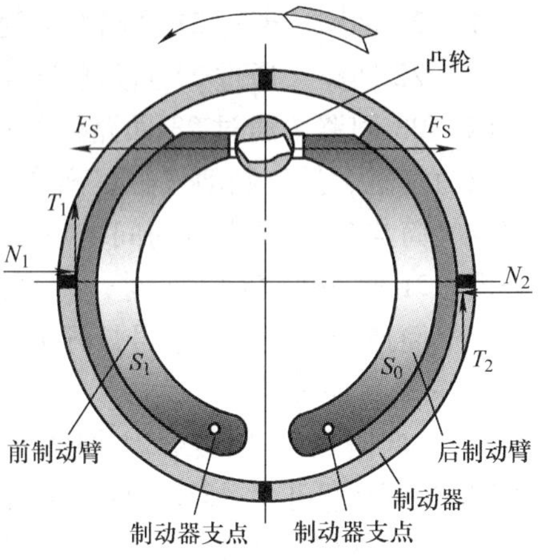

图2-40　鼓式制动器凸轮制动形式结构

2.5.2 气路系统的工作原理图

1. 底盘气路系统的功能布置（见图2-41）

（1）气源　由压缩机提供的压缩空气通过空气干燥器进行系统压力设定脱水处理后，进入四回路保护阀，通过四回路保护阀将气源分三个出气口，分别输入到21回路贮气筒、22回路贮气筒、23回路贮气筒。

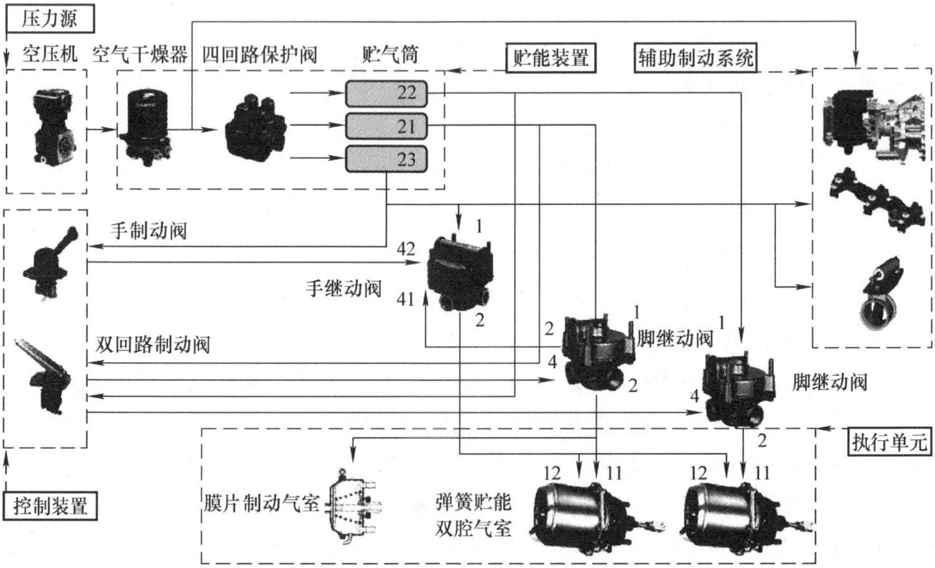

图2-41　底盘气路控制示意图

（2）21回路　通过21回路贮气筒供气，完成前桥行车制动功能。

（3）22回路　通过22回路贮气筒供气，完成中、后桥行车制动功能。

（4）23回路　通过23回路贮气筒供气，完成驻车制动的释放及其差速气缸、取力气缸、排气制动气缸、离合器分泵助力等多项辅助功能的用气。在23回路贮气筒与21回路贮气筒间增加一个单向阀连接，目的是，当行车中刹车应用频繁，21回路供气量不足时，23回路贮气筒可单向向21回路贮气筒补气。23回路贮气筒还安装有气压信号灯开关。

2. 装配注意事项

1）单向阀是23回路给21回路供气，安装时，注意箭头方向，禁止接反。

2）当气压低于0.45MPa时，低气压报警开关报警。

3）四回路保护阀中，21、22口接行车回路，23口接驻车制动，24口接辅助用气。

2.5.3　气路元件介绍

1. 气路阀接口和原理图中的数字代码

1）第1位“1”代表进气口。

2）第1位“2”代表出气口。

3）第1位“3”代表排气口。

4）第1位“4”代表控制口。

5）第2位“1、2、3、4”分别代表相同功能、不同用途的接口；相同数字的代表相通接口。

2. 空气压缩机

（1）用途　产生压缩空气，为制动系统及其他用气系统提供能量（如座椅，离合器助力气缸，取力气缸，废气制动气缸等）。

（2）进气　自然吸气，增压吸气。

3. 空气干燥器

（1）空气干燥器的功用　空气干燥器能自动控制制动系统的工作压力，并且通过干燥桶内的干燥剂对压缩空气中的水分进行干燥，延长制动系统的使用寿命。

（2）空气干燥器的压力调整　国内某公司生产的汽车起重机底盘产品中使用的空气干燥器如图2-42a所示。根据不同的产品使用要求，空气干燥器调定的压力也有所不同，正常压力调定在（0.81±0.02）MPa，个别配ZF变速器产品调定在（0.9±0.02）MPa。

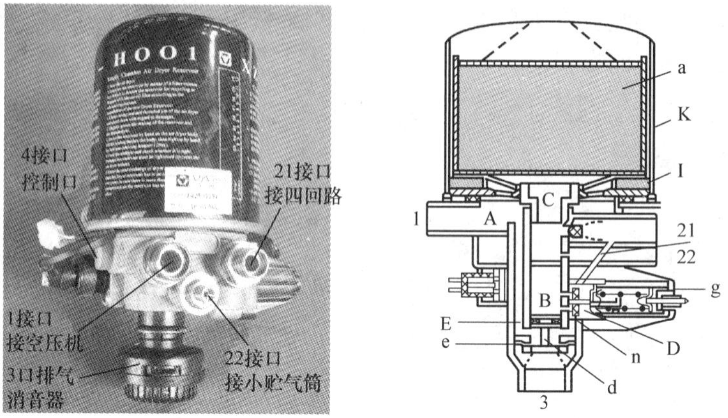

a)　　b)

图2-42　空气干燥器

a）空气干燥器外形图　b）空气干燥器工作原理图

4. 空气干燥器工作原理

空气干燥器工作原理图如图 2-42b 所示。

1）压缩空气经 1 口进入 A 腔，通过干燥滤网 I、环形通路 K 到达干燥器的上部，气流经干燥剂 a 时，水分被干燥剂 a 吸附并滞留其表面上，干燥气流经过通道 C 后、一部分经 22 口流到再生贮气筒。一部分经单向阀流到 21 口，同时部分压缩空气从斜孔 1 进入 D 腔，作用在膜片总成 g 上，当系统气压超过弹簧预紧压力时，g 带动阀门 n 向右移动，打开阀门 n，压缩空气进入 B 腔，推动活塞 d 往下移动，打开排气阀门 e，空压机卸荷。

2）在空压机卸荷的同时，再生贮气筒内的压缩空气经过通道 C、干燥剂 a、环形通路 K、干燥滤网 I、通路 E、排气阀门 e 从排气口排出，从而将干燥剂 a 吸附的水分通过反吹气流排出。

3）当 21 口的压力下降了 60 ~ 130kPa 时，由于 D 腔压力下降，膜片总成 g 左移，阀门 n 关闭，B 腔压缩空气从小孔排出，在弹簧的作用下，活塞 d 上移将排气阀门 e 关闭，空压机恢复向系统供气，整个干燥过程重新开始。

4）加热器 m 可防止阀门 e 等元件被冻住，从而能避免工作故障发生。

5. 四回路保护阀

四回路保护阀外形图与工作原理图如图 2-43 所示。四回路保护阀用于将空压机出来的压缩空气分向四条彼此独立的管路，且当其中一条或几条管路失效时，使其余管路仍能维持制动时所需的最低工作压力。其供气顺序：21→22→23→24。

国内多数中小吨位汽车起重机专用底盘产品采用三回路气路布置，较大吨位产品采用四回路气路布置。

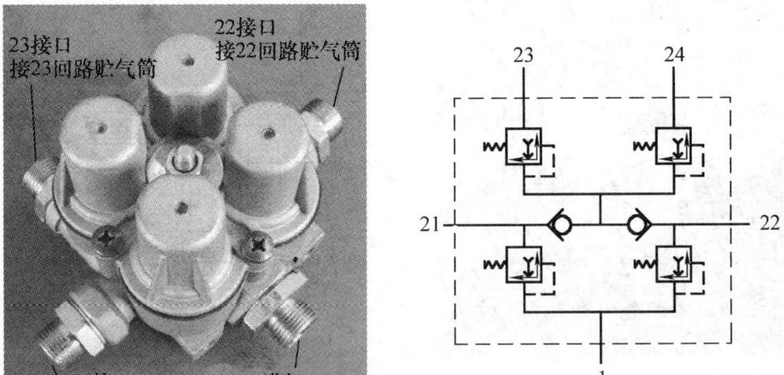

a) b)

图 2-43 四回路保护阀

a）四回路保护阀外形图 b）四回路保护阀工作原理图

6. 气制动总阀（脚制动阀）

气制动总阀外形图与工作原理图如图2-44所示。气制动总阀是一种串联式双腔气制动阀，用于控制前、后桥两条相互独立的行车制动管路。在采用生产流水线的汽车起重机现场装配中，气制动总阀是由驾驶室制造单位装配好并将气路接口连接延伸到驾驶室地板外侧，工作人员只要把气路连接上即可。

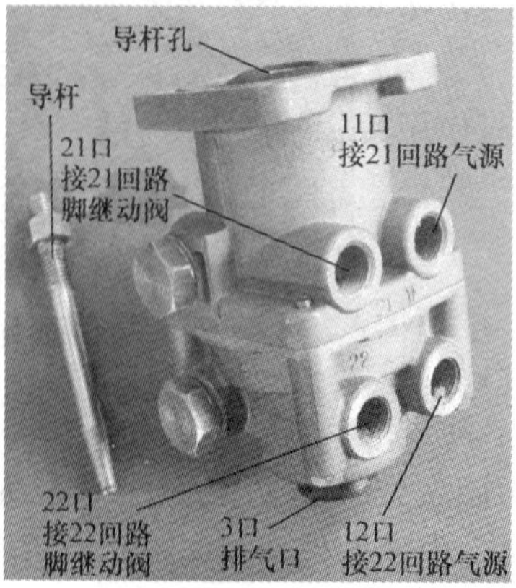

a)

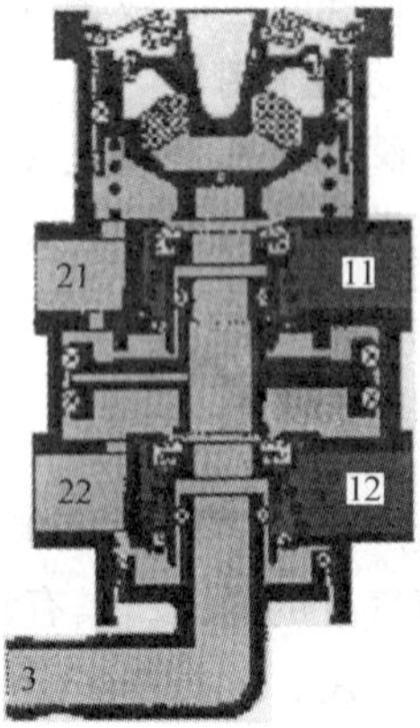

b)

图2-44　气制动总阀

a）气制动总阀外形图　b）气制动总阀工作原理图

气制动总阀主要由上腔活塞，下腔活塞，推杆，滚轮，平衡弹簧，回位弹簧（上下腔），上腔阀门，下腔阀门，进气口，出气口，排气口，通气孔组成。

7. 脚继动阀（见图2-45）

脚继动阀用于缩短制动系统的制动反应时间和解除制动时间，起弹簧制动气室加速阀和快放阀的作用。

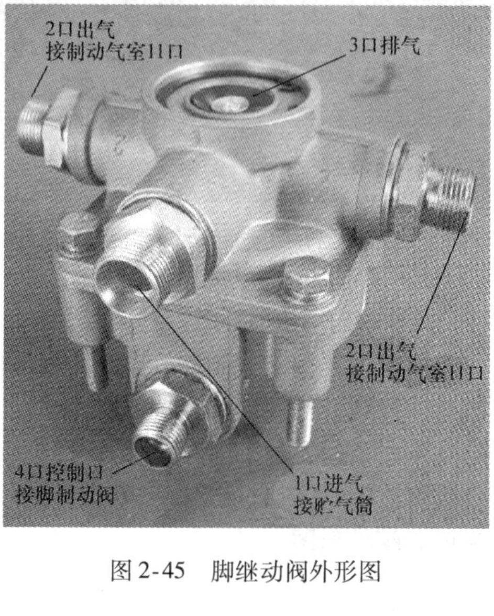

图2-45　脚继动阀外形图

一般情况下，一个脚继动阀控制2~4个制动气室，控制制动气室过多，易产生制动反应时间加长和解除制动缓慢，最常见的解除制动缓慢现象是轮毂发热。

8. 手制动阀（见图2-46）

手制动阀主要用于控制汽车后桥上的弹簧制动室而实施驻车制动。

在现场装配中，手制动阀是由

驾驶室制造单位装配好，气路接口延伸到驾驶室地板外侧，我们只要把气路连接上即可。

9. *差动继动阀（手继动阀）*

差动继动阀用于防止行车制动和驻车制动，同时操纵气室产生额外推力，以保证制动器不至于过载，同时也起弹簧制动气室的快速制动和解除制动的作用。

差动继动阀在汽车底盘上多使用在双作用气室的刹车气路中，在驻车制动时使用，其外形图如图 2-47 所示。

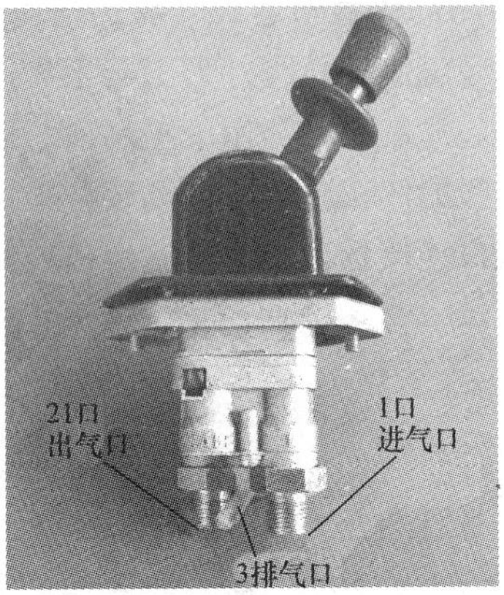

图 2-46　手制动阀外形图

10. *电磁阀*

两位三通电磁阀，在国内中小吨位汽车起重机专用底盘产品中多用于控制桥差速、排气制动、取力等气缸的通断，具有常开和常闭之分，是常见的电控气路元件。电磁阀可多个并联使用，能控制多个动作部件，电磁阀外形图如图 2-48 所示。

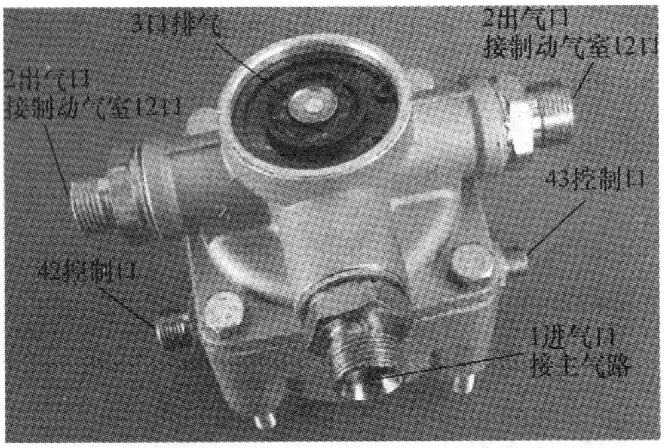

图 2-47　差动继动阀外形图

图 2-48　电磁阀外形图

11. *单向阀*

单向阀主要用于气制动管路阻止气体倒流，从而防止出气口管路内的压缩空气被意外排放。产品上多用于 21 回路与 23 回路之间连接的单项隔断。当 21 回路储气量不足时，23 回路贮气筒通过单项阀可向 21 回路供气；反之当 23 回路出现泄露故障时，保证 21 回路有足够的储气量，用于刹车制动，如图 2-49 所示即为单向阀外形图。

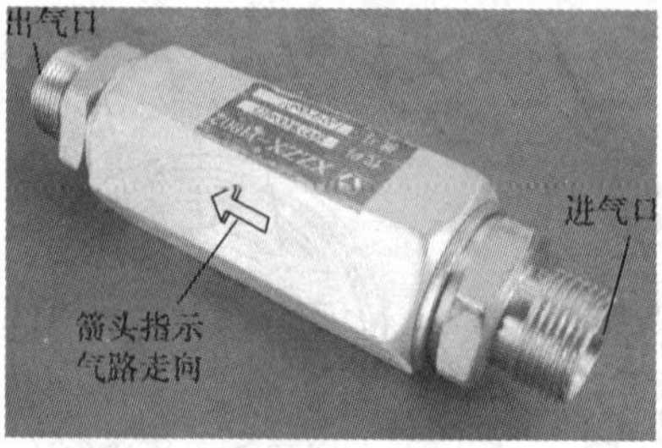

图2-49 单向阀外形图

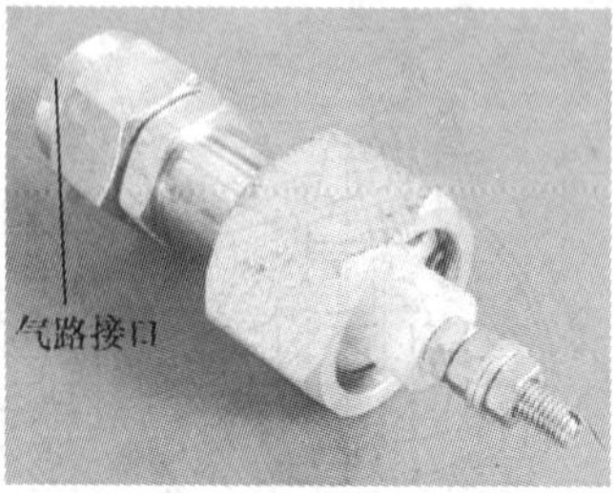

图2-50 气压信号灯开关外形图

12. 气压信号灯开关

气压信号灯开关用来连接驾驶室里的警示灯或蜂鸣器，向驾驶员指示制动系统中某一部位气压偏低的情况，其外形图如图2-50所示。

13. 压力继电器

用于汽车制动时，将气压力转变成电信号，控制接通制动灯，其外形图如图2-51所示。

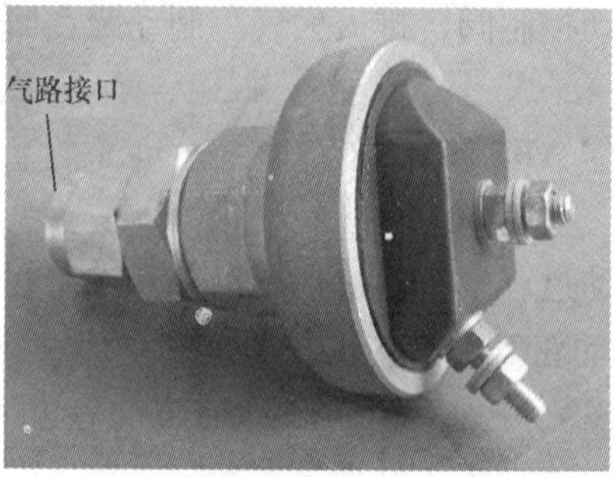

图2-51 压力继电器外形图

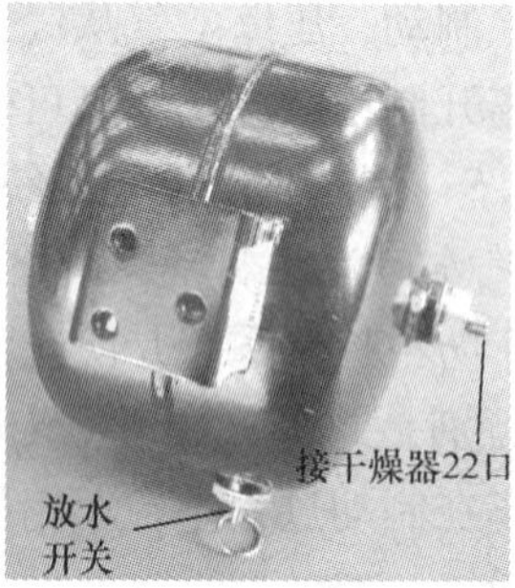

图2-52 小贮气筒外形图

14. 小贮气筒（再生贮气筒，见图2-52）

此贮气筒连接在空气干燥器上，当空气干燥器排气时，同时经过干燥筒排除贮气筒内的压缩空气，用来吹掉干燥桶内干燥颗粒所吸附的水分，起到干燥颗粒再生的作用。

2.5.4 鼓轮式制动器介绍

1. 制动器分类

制动器是制动系统中产生阻止车辆运动或运动趋势的力的机构，以摩擦产生制动力矩的制动器为摩擦制动器。摩擦制动器有鼓式和盘式两大类。鼓式制动器有内张型和外束型两种。盘式制动器有钳盘式和全盘式两种。专用起重机系列底盘通常安装的制动器为凸轮式鼓式制动器，其结构如图2-53所示。

2. 凸轮式制动器的工作原理

凸轮式制动器制动时，制动调整臂在制动气室推杆推动下，使凸轮轴转动，

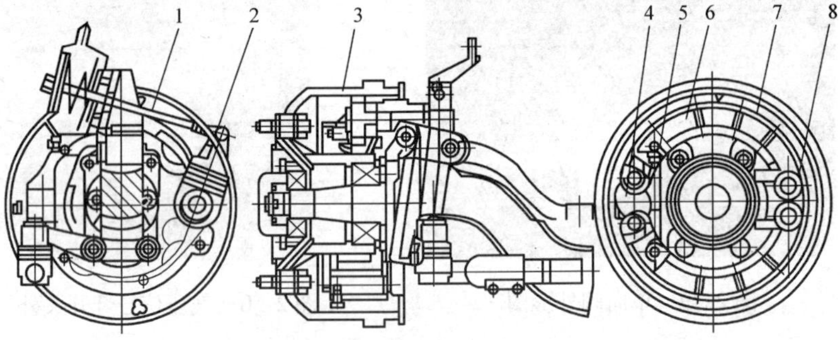

图 2-53　凸轮式鼓式制动器结构

1—膜片式制动气室　2—制动调整臂　3—制动鼓　4—制动凸轮
5—回位拉簧　6—制动蹄　7—摩擦片　8—定位销

凸轮推动两制动蹄张开，压紧在制动鼓上，制动鼓与摩擦片之间产生制动力，使汽车减速。

解除制动，压缩空气从气管回到制动控制阀，排入大气。制动蹄在回位弹簧拉动下离开制动鼓，车轮又可转动。

2.5.5　汽车防滑控制系统——ESP、ABS 和 ASR

1. 汽车防滑控制系统的含义

汽车防滑控制系统是防止汽车在制动过程中车轮被抱死滑移和汽车在驱动过程中（特别是起步、加速、转弯等）驱动轮发生滑转现象的控制系统。

汽车在制动过程中，车轮的运动可以划分为三个阶段：纯滚动、边滚边滑、完全拖滑。

防滑控制系统就是在汽车驱动状态下，将驱动轮滑转率控制在 5% ~15% 的最佳范围内。制动防抱死系统是在汽车制动状态下，将车轮滑动率控制在 8% ~35% 的最佳范围内。在上述最佳范围内，不仅车轮和地面之间的纵向附着系数较大，而且侧向附着系数的值也较大，保证了汽车的方向稳定性。

2. ABS 组成（见图 2-54）

ABS 主要原件包括：轮速传感器 1，它记录车轮的速度；压力调节器 4，在 ABS 起作用时，它调节车轮制动气室的压力，又称电磁阀；电子控制器（ECU）3，它是 ABS 的核心组件，由高性能的单片机（烧录有 ABS 的控制程序）及集成电路组成，它根据对轮速传感器的信号处理来控制压力调节器，进而控制车轮的制动力矩。

3. ABS 电磁阀（调节器）

ABS 电磁阀是防抱制动系统中的执行原件，通过电子控制单元 ECU 不断给予的电控信号调节制动系统压力，使车轮一直处于最佳制动状态，并有效地利用

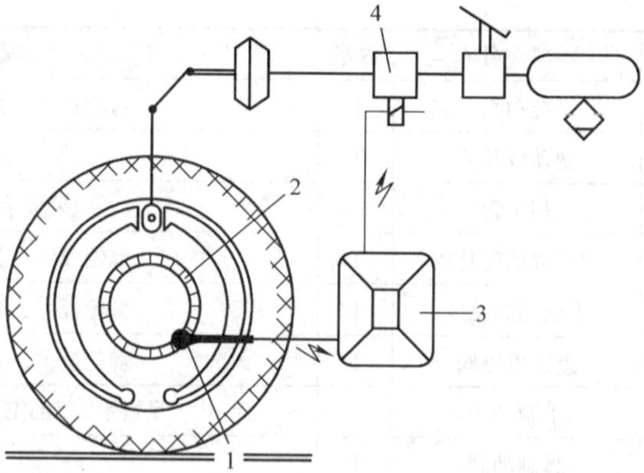

图 2-54　ABS 系统组成示意图

1—轮速传感器　2—齿圈　3—电子控制器　4—压力调节器

地面附着力，ABS 防抱死系统能避免在紧急刹车时方向失控及车轮侧滑，使车轮在刹车时不被锁死，不让轮胎在一个点上与地面摩擦，从而加大摩擦力，使刹车效率达到 90% 以上，同时还能减少刹车消耗，延长刹车轮鼓、碟片和轮胎两倍的使用寿命。装有 ABS 的车辆在干柏油路、雨天、雪天等路面的防滑性能分别达到 80% ~ 90%、10% ~ 30%、15% ~ 20%，如图 2-55 所示即为 ABS 电磁阀外形图。

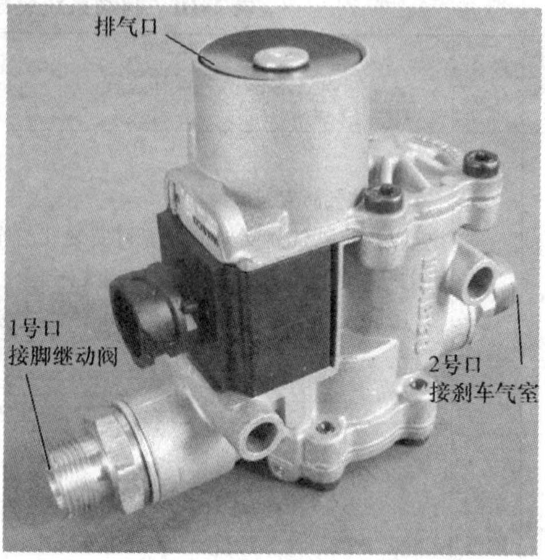

图 2-55　ABS 电磁阀外形图

技能训练 5　制动系统装配

制动系统装配所用相关设备、工具和辅具见表 2-9。

表 2-9　制动系统装配所用相关设备、工具和辅具

装配内容	序号	零部件名称	数量	设备、工具、辅具（料）
装贮气筒组件	1	贮气筒支架	1	
	2	支架安装螺栓	4	气动扳手、加长杆、套筒头
	3	紧固螺钉	4	呆扳手、专用工具、记号笔
	4	贮气筒	4	
	5	弯通及硬管		呆扳手、螺纹锁固密封胶
	6	制动灯开关	1	气动扳手

（续）

装配内容	序号	零部件名称	数量	设备、工具、辅具（料）
装配继动阀并连接管路	7	后脚继动阀总成	1	棘轮扳手、套筒头
	8	制动灯开关	1	
	9	刹车管		呆扳手
	10	前脚继动阀总成	1	棘轮扳手、套筒头
	11	手继动阀总成	1	棘轮扳手、套筒头
	12	差速电磁阀	1	棘轮扳手、套筒头
连接手制动和脚制动阀	13	手制动阀	1	呆扳手、螺纹锁固密封胶
	14	脚制动阀	1	
	15	供气管	3	
	16	控制管	3	呆扳手、螺纹锁固密封胶

制动系统装配步骤及注意事项见表2-10。

表2-10　制动系统装配步骤及注意事项

<table>
<tr><th>序号</th><th>操作步骤</th><th>工艺规范及操作过程</th><th>质量控制要点</th><th>安全注意事项</th></tr>
<tr><td rowspan="2">一</td><td rowspan="2">装配贮气筒组件</td><td>1. 装贮气筒支架
（1）将贮气筒支架上的螺钉安装孔与车架上的孔对齐，装上弹簧垫圈并拧上螺栓
（2）用气动扳手、加长杆和套筒头紧固螺栓</td><td>1. 支架安装牢靠
2. 螺栓无漏装漏紧现象</td><td>1. 防止支架在搬运和装配过程中掉落砸脚
2. 防止被车架突出物刮伤</td></tr>
<tr><td colspan="3">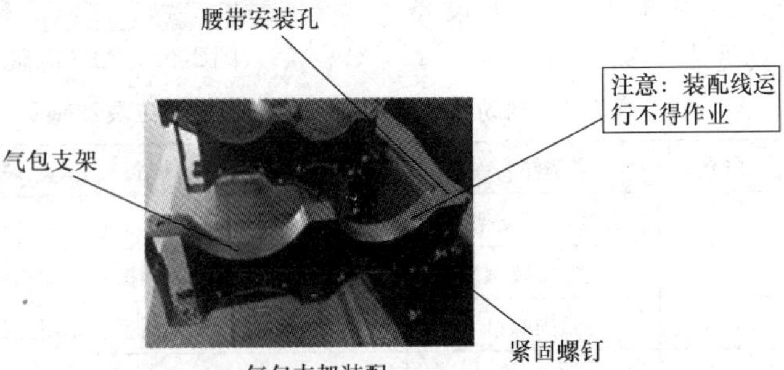

气包支架装配</td></tr>
</table>

（续）

序号	操作步骤	工艺规范及操作过程	质量控制要点	安全注意事项
一	装配贮气筒组件	2. 装贮气筒 1）将贮气筒支架两腰带穿入支架孔中，在螺纹上装上弹性垫圈并拧上螺母紧固 2）将四个贮气筒分别放入支架，并在管接头处涂抹密封胶 3）将贮气筒上方两腰带穿入支架孔并拧上螺母和弹簧垫圈 4）在四个贮气筒接头处共拧上6个弯通 5）安装四回路保护阀和放水开关 6）在车架上安装制动灯开关 7）连接所有硬管及单向阀，使单向阀箭头向下	1. 单向阀箭头指向贮气筒21方向（朝下） 2. 管路连接美观整齐、牢靠 3. 接头体内孔与卡套结合面处涂抹螺纹锁固密封剂 4. 接头无漏紧现象 5. 各接头处有紧固标记	1. 搬运贮气筒时，当心贮气筒滑落砸伤 2. 使用呆扳手紧固时，当心打滑碰伤 3. 在总装输送线运行时，不得作业
		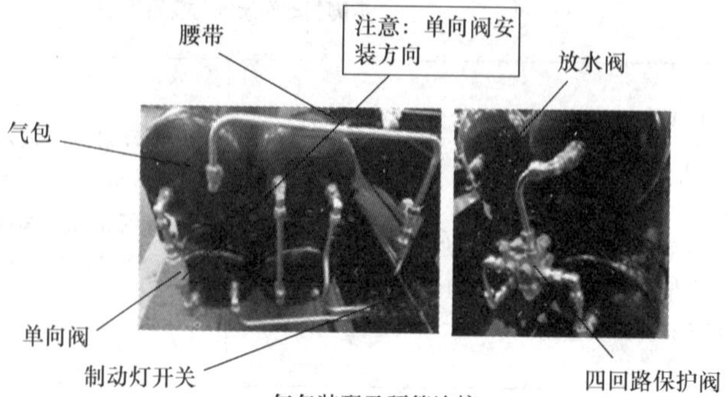 气包装配及硬管连接		
二	安装后脚继动阀并连接管路	1. 装后脚继动阀 1）将后脚继动阀在上线之前合成为组件等待装配 2）车架上线后将脚继动阀外侧两个螺栓穿入车架上的支架孔中，拧上螺母和垫圈，并用棘轮和套筒头紧固 3）拧下刹车管内的塑料保护垫，将刹车管装在出气口弯通上，并紧固	1. 制动灯开关放水口朝上安装 2. 各气路元件紧固牢靠，管路连接正确无误 3. 各接头体紧固要牢靠	1. 使用呆扳手紧固时，当心打滑碰伤 2. 在车架上作业时，当心被车架突出物碰伤腿部 3. 防止棘轮扳手挤伤手部
		2. 连接后脚继动阀管路 1）将气路主体管路从前往后铺在车架上，穿过车架后端孔到脚继动阀处 2）在脚继动阀出气口三通一端拧上手制动和脚制动互锁控制管，并紧固 3）在脚继动阀控制口处拧上来自于脚控制阀的控制管，并紧固 4）在脚继动阀进气口处拧上来自于贮气筒的供气管，并紧固 5）在脚继动阀出气口三通另一端拧上中桥控制管，并紧固	1. 气路软管连接正确无误 2. 管接头连接要紧固牢靠，无漏紧现象 3. 各管路须用线束扎捆，且分布均匀	1. 使用开口扳手紧固时，当心打滑碰伤 2. 装配线运行时，不得作业 3. 在车架上低头作业时，防止被车架上的突出物刮伤

（续）

序号	操作步骤	工艺规范及操作过程	质量控制要点	安全注意事项
二	安装后脚继动阀并连接管路	 后脚制动阀装配与管路连接		
三	装前脚继动阀并连接管路	1. 装前脚继动阀 1）将前脚继动阀在上线之前合成为组件待装 2）车架上线前将脚继动阀外侧两个螺栓穿入车架上的支架孔中，拧上螺母和垫圈，并用棘轮和套筒头紧固	1. 制动灯开关放水口朝上安装 2. 各气路元件紧固牢靠，管路连接正确无误	1. 使用开口扳手紧固时，当心打滑碰伤 2. 使用棘轮扳手时，防止挤伤手部
		2. 连接前脚继动阀管路 1）在脚继动阀两出气口分别拧上连接左右制动气室的供气管，并紧固 2）在进气口处拧上来自于气筒的进气管，另端接车架上的三通，并紧固 3）在控制口处连接控制气管待装	1. 气路软管连接正确无误 2. 管接头连接要紧固牢靠，无漏紧现象	1. 使用呆扳手紧固时，当心打滑碰伤 2. 在车架上作业时，当心被车架突出物碰伤腿部
		 前脚继动阀装配与管路连接		

（续）

序号	操作步骤	工艺规范及操作过程	质量控制要点	安全注意事项
四	装手继动阀并连接管路	1. 装手继动阀 1）将手继动阀在上线之前合成为组件等待装配 2）车架上线前将手继动阀外侧两个螺栓穿入车架上的支架孔中，拧上螺母和垫圈，并用棘轮和套筒头紧固	1. 制动灯开关放水口朝上安装 2. 各气路元件紧固牢靠，管路连接正确无误	1. 使用呆扳手紧固时，当心打滑碰伤 2. 使用棘轮扳手时，防止挤伤手部
		2. 连接手继动阀管路 1）将电磁阀上端接口处拧上差速控制阀控制气管 2）将电磁阀下端接口处拧上差速控制供气管，另一端接手继动阀进气口 3）将手继动阀互锁控制口与后脚继动阀的互锁控制口用气管连接 4）将手继动阀控制口4与手制动阀控制口2用气管连接 5）在手继动阀出气口处装上通往刹车气室的供气管 6）用气管将手继动阀进气口与贮气筒连接 7）将各气管用扎带捆扎在车架线撑上	1. 气路软管连接正确无误 2. 管接头连接要紧固牢靠，无漏紧现象 3. 紧固后的接头有紧固标记 4. 电磁阀安装时，打铁线无漏装 5. 扎带捆扎均匀且无遗漏	1. 使用呆扳手紧固时，当心打滑碰伤 2. 装配线运行时，不得作业 3. 在使用棘轮气动扳时，注意受力方向，防止挤伤手部 4. 低头作业时，防止被突出物碰伤头部
		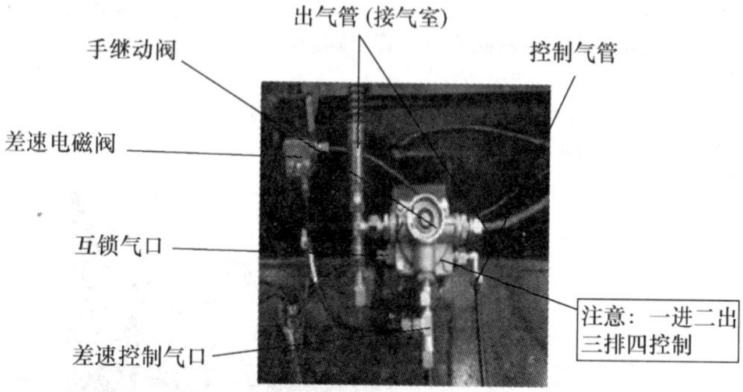 手继动阀装配及管路连接		

（续）

序号	操作步骤	工艺规范及操作过程	质量控制要点	安全注意事项
五	连接手制动和脚制动阀出气口至气室各管路	1. 将左右两侧的手制动和脚制动气室控制管固定在车架上，并将进气口分别与手制动和脚制动的出气管连接 2. 将车架两侧的四根控制管分别与中桥上的两个气室上的四个口连接紧固 3. 用步骤2的方法安装后桥气路各管 4. 在车架一侧安装差速电磁阀并将其进气口与来自手继动阀的出气口相连，将其出气口与桥上差速口连接紧固 5. 各气管用线束捆扎在线撑上	1. 气路软管连接正确无误 2. 管接头连接要紧固牢靠，无漏紧现象 3. 电磁阀安装时，打铁线无漏装 4. 各气管在车架上的线撑上捆扎牢靠	1. 使用呆扳手紧固时，当心打滑碰伤 2. 装配线运行时，不得作业 3. 在使用棘轮气动扳时，注意受力方向，防止挤伤手部
		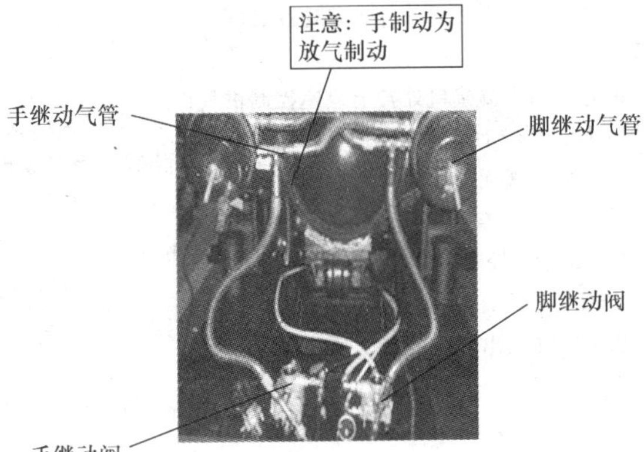 气室管路连接		
六	脚制动和手制动总阀相关气路的连接（驾驶室气路连接）	1. 将连接前桥脚继动阀1口气管与脚制动阀12口连接 2. 将连接后桥脚继动阀1口气管与脚制动阀11口连接 3. 将连接后桥脚继动阀4口气管与脚制动阀21口连接 4. 将连接前桥脚继动阀4口处三通气管与脚制动阀22口连接	1. 气路软管连接正确无误 2. 管接头连接要紧固牢靠，无漏紧现象 3. 各气管在车架上的线撑上捆扎牢靠	1. 使用呆扳手紧固时，当心打滑碰伤 2. 装配线运行时，不得作业 3. 在车下作业严禁摘掉安全帽，防止被驾驶室下突出物碰伤头部
		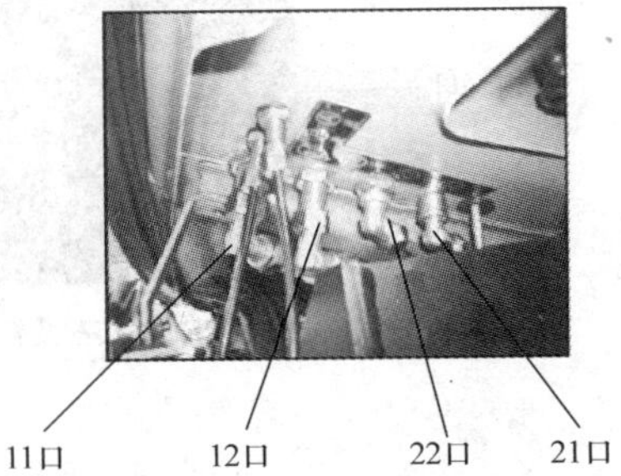		

2.6 底盘液压系统装配

2.6.1 汽车起重机底盘液压系统元件介绍

起重机底盘配置的液压系统是起重机液压系统的一部分，主要功能是满足起重作业部分的活动支腿伸缩，同时为上车其他功能执行机构提供驱动液压能。

底盘液压系统主要部件包括：高压齿轮泵、液压油箱、支腿操纵阀、液压双向锁、四个水平液压缸、四个垂直液压缸和中心回转体，液压油箱安装了吸油滤油器、回油滤油器、油标温度计和空滤器。通过相应的钢管、高压胶管、各种接头将以上部件按要求连接起来，即构成了起重机专用底盘液压回路。

1. 高压齿轮泵

高压齿轮泵的作用是将发动机的机械能转变成液体压力能，为液压系统提供动力。

国内汽车起重机使用的液压泵一般是多联齿轮泵，如图2-56所示。高压油泵从变速器取力器取力，通过传动轴连接实现动力输入，高压油泵从油箱吸进低压油，输出高压油，其中一联齿轮泵供下车多路阀控制支腿操纵和上车回转，其他齿轮泵同时通过中心回转体，把高压油输送至上车，供上车变幅、伸缩、起升和先导控制，实现上车四大功能。

2. 液压油箱

图2-56 多联齿轮泵

液压油箱的作用是用来储存工作介质；散发系统工作中产生的热量；分离液压油中混入的空气；沉淀污染物及杂质。汽车起重机使用的液压油箱能满足本产品液压系统停止工作时容纳系统的液压油，而在工作时又能保持一定的液位，满足液压油散热，液压油箱还设置了吸油滤油器、回油滤油器和空气滤清器，如图2-57所示。

1）如图2-58所示的吸油滤油器安装在油泵吸油口处，用以保护油泵及其他液压元件，以避免吸入污染杂质，有效地控制系统污染，保证液压系统清洁。

2）如图2-59所示为回油滤油器，滤除液压系统中元件磨损产生的金属颗粒以及密封件的橡胶杂质等污染物，使流回油箱的油液保持清洁。

3）如图2-60所示为空气滤清器，它在系统中是一件非常重要的附件，直接影响液压油的使用周期。

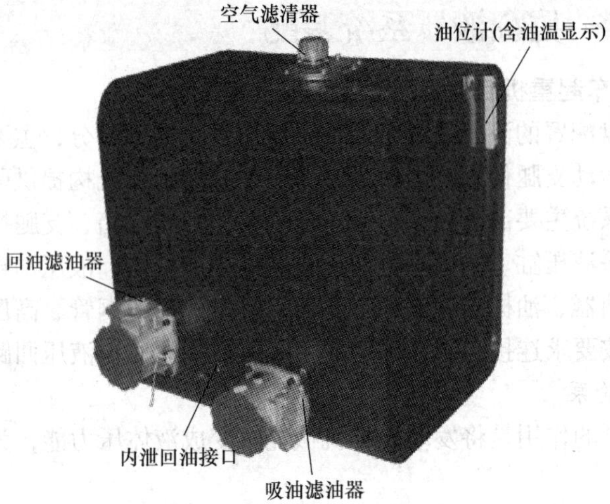

图 2-57　液压油箱

图 2-58　吸油滤油器

图 2-59　回油滤油器

4）油位计可显示液压油的实际温度和油面高度。

多数产品液压油箱配置的进、回油滤油器设有自封阀，当更换、清洗滤芯或维修系统时，只要旋开过滤器端盖，自封阀就会自动关闭来隔绝油路，使油箱内的油液不向外流，使清洗、更换滤芯或维修系统变得非常方便。

3. 支腿操纵阀总成

图2-60 空气滤清器

如图2-61所示为支腿操纵阀总成，它是下车液压回路的控制部件，作用是通过支腿换向阀的操作，来完成水平液压缸、垂直液压缸的伸出和缩回动作。从而达到将活动支腿伸出或缩回；将整车支起或落下。国内多数汽车起重机采用的支腿换向阀多为五联换向阀，带第五支腿的采用六联换向阀。

支腿操纵阀总成内设有支腿油路系统调压阀（溢流阀）、水平液压缸伸出压力调压阀（溢流阀），可实现各活动支腿同时或单独伸缩。在下车液压系统不工作时，液压油通过阀内通道供上车回转机构工作。

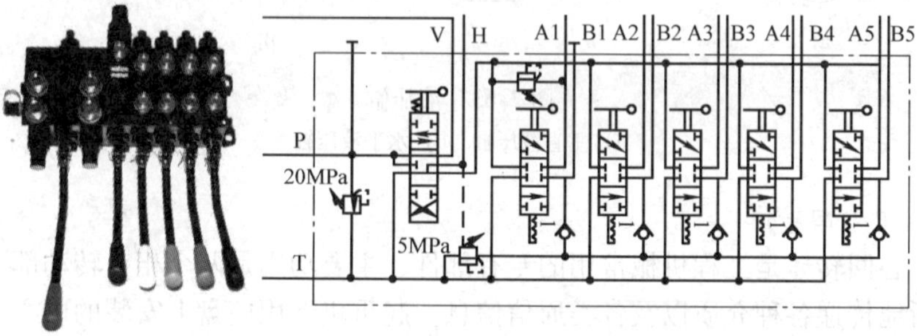

图2-61 支腿操纵阀总成

4. 液压双向锁

如图2-62所示为双向液压锁，它用于液压汽车起重机和液压高空作业车液压系统中。当支腿放下后，液压锁能防止因油液渗漏而造成支腿自行收缩；在油管发生破裂意外情况下，可防止支腿失去作用而造成事故；在液压汽车起重机或高空作业车行驶或停止时，可防止支腿受自重的影响而下落。

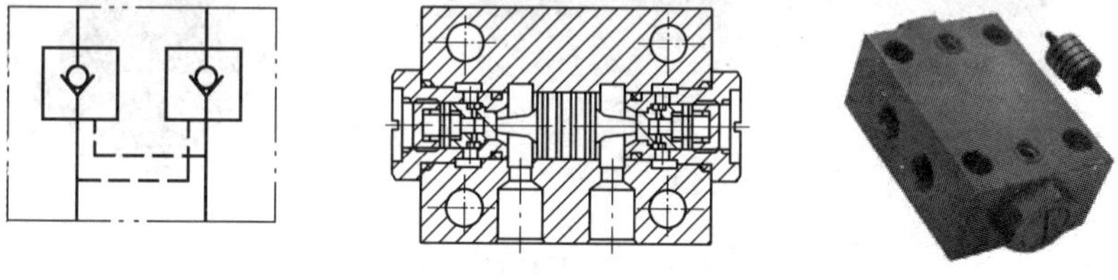

a)　　b)　　c)

图2-62 双向液压锁

a）职能符号 b）内部结构图 c）外形图

5. 液压缸

液压缸的作用是将液体的压力能转换为机械能，驱动负载做直线往复运动。起重机专用底盘在活动支腿的伸缩和底盘的垂直升降采用了两种液压缸，如图 2-63 所示。

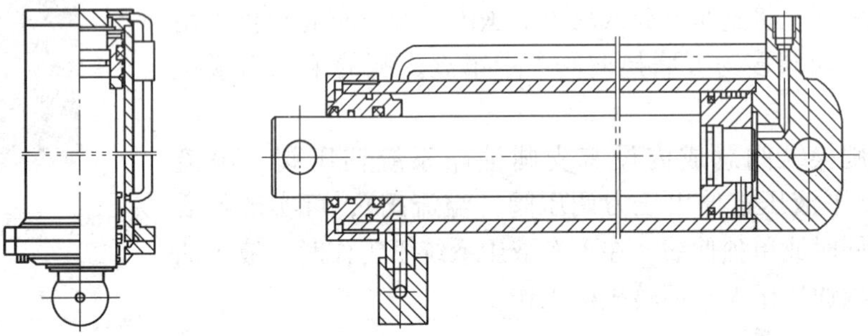

a)　　b)

图 2-63　液压缸

a）垂直液压缸　b）水平液压缸

6. 中心回转体

中心回转体是工程机械常用的专有部件，主要功用是两个相对转动部件之间不间断地传递各种介质以及各类通信信息。起重机专用底盘上安装的中心回转体主要将下车油液的压力能、电源传递到上车，供起重作业各部件使用，同时可在上下车之间传递各类电信号，如图 2-64 所示。

a)　　b)　　c)

图 2-64　中心回转体

a）外形图　b）套筒　c）固定体

7. 无缝钢管

如图 2-65 所示为无缝钢管，它普遍用于液压系统连接中较为固定的区段，成本相对低于高压胶管。

8. 高压胶管

如图2-66所示为高压胶管，它是由钢丝（或尼龙）编织与橡胶合成制作的胶管，根据编织层数不同，分为高、中、低压，根据使用要求选用。

图2-65　无缝钢管

图2-66　高压胶管

9. 各类接头

焊接式接头已淘汰，很少采用。现阶段主要采用卡套式接头，使用方便，可预装。

2.6.2　底盘支腿机构液压回路工作原理

对轮胎式工程机械来说，为了扩大作业面积和增加整体稳定性，需要在车架上，向轮胎外侧伸出支腿，将整体支撑起来，使重心可以在轮胎覆盖范围以外。支腿种类有蛙式、H式、X式和辐射式等。对于国内多数的中小吨位汽车起重机而言，多数使用的是H式液压支腿。因此，这里仅以H式支腿的一种液压回路为例，说明回路的一些特点。H式支腿由四组液压液压缸组成，每组包括一个水平缸和一个垂直缸。水平液压缸将支腿推出轮胎覆盖范围，用垂直液压缸将车架顶起，使轮胎从地面抬起不再支撑车架，这样整体就在支腿机构的支承下进行作业。

1. 下车多路阀工作原理（见图2-67a）

1）经P3泵出油口的液压油经多路阀油口P进入多路阀，当换向阀杆位于中位时，多路阀将流进的全部液压油经油口V流向中心回转接头，以供回转机构用油。

2）当把换向阀杆移至“伸出”或”缩回”位置时，液压油通过内部油道到达各选择阀进油口或经油口H进入各支腿液压缸的有杆腔油口。

3）选择阀油口A1到A4以及B1到B4分别与垂直支腿液压缸和水平液压缸的无杆腔油口相连。

4）选择阀阀杆与油口B1到B4之间在阀体内各装有单向阀1，并在内部与水平液压缸伸出溢流阀7连接，以限制水平液压缸伸出的最高压力。

5）收放支腿时的液压缸回油经 A1－A4、B1－B4 或 H 油口进入多路阀后，通过“O”口流回油箱。

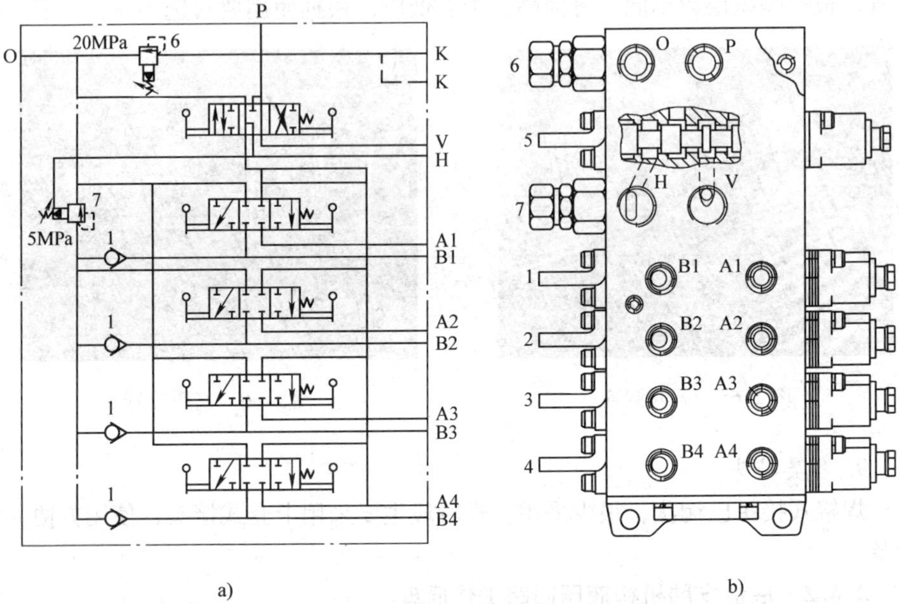

图 2-67　多路阀

a）多路阀工作原理图　b）多路阀外形图

2. 溢流阀工作原理

1）如图 2-68a 所示为溢流阀结构图，从 P 口来的液压油经溢流阀主阀芯 1 上的节流孔 e 进入弹簧腔 2，并经孔 a 到达锥阀芯 3，当进油口 P 的压力低于先导阀调定值时，锥阀芯 3 不能打开，各腔各孔中充满了油，但不流动。主阀芯 1 两端面积相等，作用两端的压力相等。主阀芯上还作用有主弹簧 5 的压紧力，主阀芯不开启，无溢流口形成，主溢流阀不溢流。

2）当油压 P 超过开启压力时，锥阀芯 3 开启，2 腔油液经过锥阀芯 3 和阀座 7 形成的缝隙成为低压，经油道 h 与低压腔 d 相通，经出油口排出。

3）调节螺杆 4 可改变调压弹簧 6 的预压紧力，从而可以调节开启压力的大小。

4）当锥阀芯开启后形成通路，2 腔的油流出后，由于流经节流孔 e 的液压油不能及时补充 2 腔，使 P 腔与 2 腔形成压力差，P 腔的液压油克服弹簧 5 的压力，推动主阀芯向右移动，打开主阀芯流口，液压油通过 d 口流回油箱。

5）溢流阀内部有主阀芯、锥阀芯（先导阀芯）、弹簧和节流孔等部件。

6）溢流阀的职能符号如图 2-68b 所示。

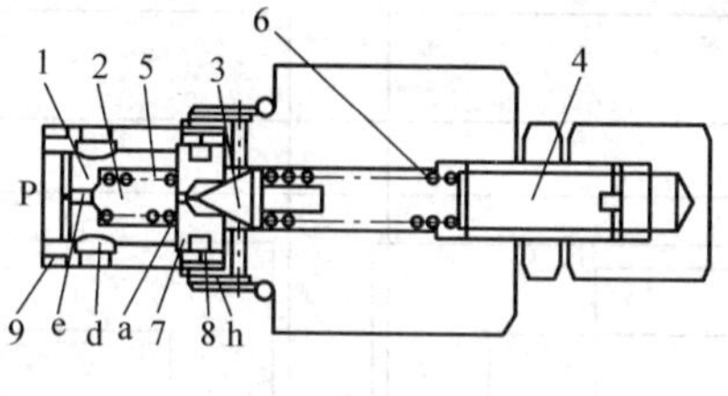

a)

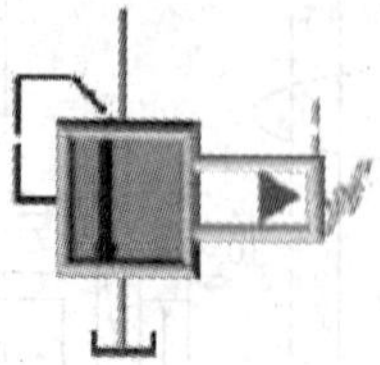

b)

图 2-68 溢流阀

a）溢流阀结构图 b）溢流阀职能符号

1—主阀芯 2—弹簧腔 3—锥阀芯 4—调节螺杆 5—弹簧

6—调压弹簧 7—主阀芯 8—阀体 9—密封

如图 2-69 所示是某汽车起重机产品 H 型支腿机构的液压回路图。该机构用四个三位四通手动换向阀实现水平支腿与垂直支腿的伸出选择，用一个三位六通的手动换向阀实现水平和垂直支腿的伸出和收回，由于水平伸出时，压力较小，故在伸出时采用了二次溢流阀进行安全保护，以防损坏液压缸。除此之外，该回路中还增加了（如图 2-69 所示 A5、B5）第五支腿，以实现汽车起重机的 360°作业。下车多路阀为六联多路阀组，其中第 1 片（从左到右）为总控制阀。2 ~ 6 为选择阀。分别选择水平或垂直位置（操作杆上抬为水平，下压为垂直）。

当选择阀处于水平（垂直）位置，操作第一片阀，可以实现水平（垂直）液压缸的伸出与缩回（上抬为缩回、下压为伸出）。支腿操作可以联动，也可以单独操作，实现动作的微调。多路阀中设有安全阀 RB1、RB2 及 RB3。RB1 的设定压力为 20MPa，其作用是限制供油泵的最高压力，对系统起保护作用；RB2 的作用是限制水平液压缸伸出的最高压力，以防损坏液压缸；RB3 的作用是限制第五支腿伸出的最高压力，保护底盘大梁，防止其受力过大而变形损坏。

在 K 口装有测压接头，可以快速将测压工具装上，检测系统压力。

当操作阀在中位时，32 泵通过 V 口向回转机构供油。

在垂直液压缸上装有双向液压锁，作用是防止行驶时由于重力作用活塞杆伸出，以及在作业时液压缸回缩。

2.6.3 液压系统装配要求

1）遵守“一般钳工”安全规程，正确穿戴安全防护用品。

2）安装前，液压元件、油管应检查、确认，元件未被污染。

3）清洁度对液压系统的正常工作和液压元件的使用寿命非常重要，在液压系统装配过程中，必须严格保证液压元件的清洁。外露接口若不立即安装，应用专用塞封口或用塑料布包好，严禁用棉纱布、纸屑等物堵塞，防止液压元件再次污染。液压元件和液压附件在装入系统时，接口处必须保持清洁。

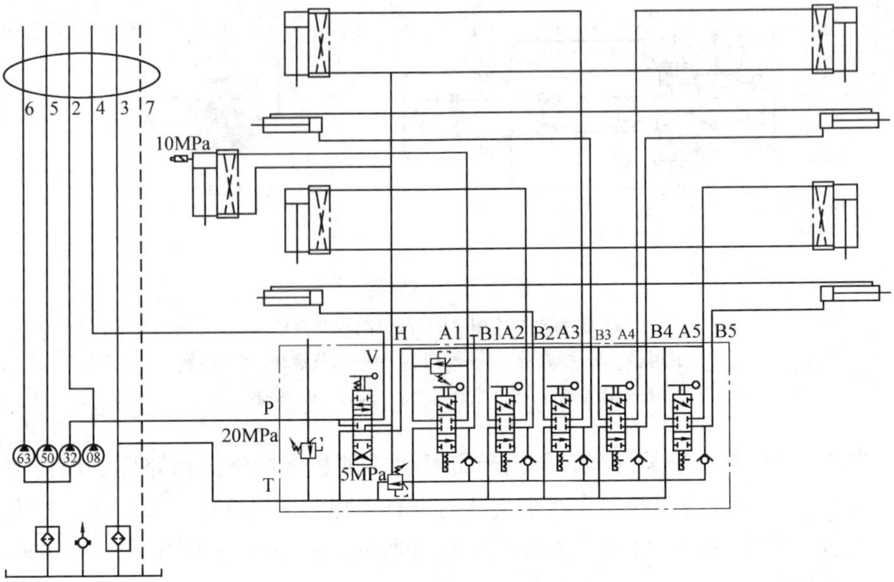

图 2-69　H 型支腿机构的液压回路图

4）在液压系统的装配过程中，严禁用毛巾、棉纱擦拭液压元件，如需要擦拭液压元件，应使用绸布、涤纶布或乙烯树脂海绵擦拭。

5）液压元件各接口的塞堵或包扎塑料布应该做到随装随拆。

6）法兰装配前，要认真检查密封与其沟槽是否匹配，在装配过程中，要使安装法兰的螺栓受力大小基本一致。

7）装配前，应对密封件进行严格检查，严禁使用已老化变质失去弹性或损伤、损坏的密封件进行装配。

8）液压系统装配维修过程中，不允许戴手套操作，更不允许戴手套接触密封件和管接头，防止元件的二次污染。在装配过程中做到随装随拆，随拆随包的良好习惯。不可以用棉纱布、纸屑等物堵塞元件，防止液压元件污染。

9）液压系统管路装配以图样和相应的软硬管表为依据进行管路装配连接，装配过程中要适当地进行管路调整，保证管路布置整齐、美观，软管弧度过渡要自然，不扭曲，不与运动件干涉摩擦，用扎带捆扎牢固。

10）在装配维修过程中，如发现液压元件已经被污染，应使用煤油或汽油洗涤晾干，也可以用绸布、涤纶布或乙烯树脂海绵擦拭干净。

11）使用电动工具、风动工具时，应遵守相关操作规程。

2.6.4　液压系统密封知识

液压密封件是解决液压系统泄漏问题最重要、最有效的元件。系统如果密封不良，可能出现不允许的泄漏，泄漏的油液将会污染环境，还可能使空气和灰尘进入系统，影响系统的工作性能和执行元件运动的平稳性（如爬行）。泄漏严重时，系统容积效率过低，甚至工作压力达不到要求值。若密封过度，虽可防止泄漏，但会造成密封部分的剧烈磨损，缩短密封件的使用寿命，增大液压元件内的运动摩擦阻力，降低系统的机械效率。因此，合理地选用和设计密封装置在液压系统设计中十分重要。

1. 液压密封件对密封装置的要求

1）在工作压力和一定的温度范围内，应具有良好的密封性能，并随着压力的增加能自动提高密封性能。

2）密封装置和运动件之间的摩擦力要小，摩擦系数要稳定。

3）抗腐蚀能力强，不易老化，工作寿命长，耐磨性好，磨损后在一定程度上能自动补偿。

4）结构简单，使用、维护方便，价格低廉。

2. 液压密封件密封装置的类型和特点

液压密封件按其工作原理来分，可分为非接触式密封和接触式密封。前者主要指间隙密封，后者指密封件密封。

（1）间隙密封　间隙密封是靠相对运动件配合面之间的微小间隙来进行密封的，常用于柱塞、活塞或阀的圆柱配合副中，一般在阀芯的外表面开有几条等距离的均压槽，它的主要作用是使径向压力分布均匀，减少液压卡紧力，同时使阀芯在孔中对中性好，以减小间隙的方法来减少泄漏。这种密封的优点是摩擦力小，缺点是磨损后不能自动补偿，主要用于直径较小的圆柱面之间，如液压泵内的柱塞与缸体之间，滑阀的阀芯与阀孔之间的配合。

（2）O形密封圈　O形密封圈一般用耐油橡胶制成，其横截面呈圆形，它具有良好的密封性能，内外侧和端面都能起密封作用，结构紧凑，运动件的摩擦阻力小，制造容易，装拆方便，成本低，且高低压均可以用，所以在液压系统中得到广泛的应用。O形密封圈的安装沟槽，除矩形外，也有V形、燕尾形、半圆形、三角形等，实际应用中可查阅有关手册及国家标准。

（3）唇形密封圈　唇形密封圈根据截面的形状可分为Y形、V形、U形、L形等。液压力将密封圈的两唇边压向形成间隙的两个零件的表面。这种密封作用的特点是能随着工作压力的变化自动调整密封性能，压力越高，则唇边被压得越紧，密封性越好；当压力降低时，唇边压紧程度也随之降低，从而减少了摩擦阻力和功率消耗，除此之外，还能自动补偿唇边的磨损，保持密封性能不降低。唇形密封圈安装时，应使其唇边开口面对液压油，使两唇张开，分别贴紧在机件的表面上。

（4）组合式密封装置　随着液压技术应用的日益广泛，系统对密封的要求也越来越高，单独使用普通的密封圈已不能很好地满足密封性能，特别是使用寿命和可靠性方面的要求，因此，研究和开发了由包括密封圈在内的两个以上元件组成的组合式密封装置。组合式密封装置由于充分发挥了橡胶密封圈和滑环（支持环）的长处，因此不仅工作可靠，摩擦力低而稳定，而且使用寿命比普通橡胶密封提高近百倍，在工程上的应用日益广泛。

（5）回转轴的密封装置　回转轴的密封装置形式很多，这种密封圈主要用作液压泵、液压马达和回转式液压缸的伸出轴的密封，以防止油液漏到壳体外部。

（6）胶密封和带密封　胶密封是将密封胶涂敷在结合面上，由它产生的胶合力将两结合面胶合在一起。带密封是将密封带缠绕在所需密封的螺纹上，从而在螺纹副间填满密封材料，形成泄漏阻力。

2.6.5　二级支腿伸缩机构结构形式与功能

二级伸缩机构活动支腿结构主要分为：Ⅰ级活动支腿、Ⅱ级活动支腿、支腿垂直液压缸、支腿水平液压缸、支脚盘、支腿定位销、绳排七部分，如图2-70所示。H形活动支腿在起重机吊重作业时外伸，承受整车重量和吊重物重量，保证吊重时整车稳定性。H形活动支腿一般分为全伸和半伸两种状态。

绳排和水平液压缸的作用是保证Ⅰ级和Ⅱ级活动支腿的水平伸缩。垂直液压缸和支脚盘在吊重状态下具有支撑作用，Ⅰ级和Ⅱ级活动支腿在吊重状态下具有很好的抗弯抗扭能力。支腿定位销分别固定Ⅰ级和Ⅱ级活动支腿、Ⅱ级活动支腿和固定支腿，防止它们之间的相对滑动。

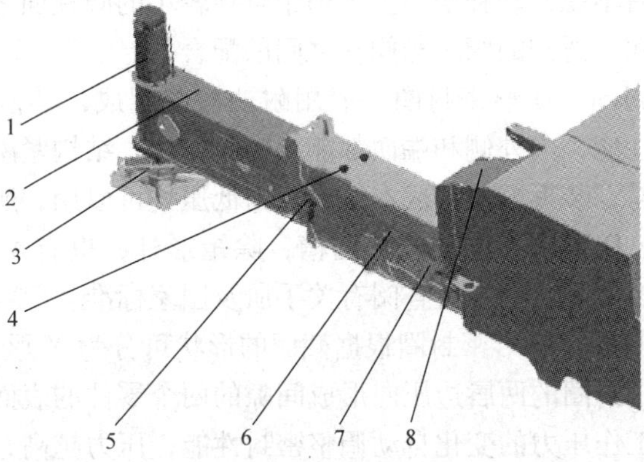

图2-70　二级伸缩机构活动支腿结构图

1—垂直液压缸　2—Ⅰ级支腿　3—支脚盘　4—Ⅱ级支腿　5—支腿定位销　6—水平液压缸　7—绳排　8—固定支腿

技能训练6　液压系统装配

液压系统装配所用相关设备、工具和辅具见表2-11。

表2-11 液压系统装配所用相关设备、工具和辅具

装配内容	序号	零部件名称	数量	设备、工具、辅具（料）
装液压支腿	1	水平液压缸	1	专用工具、呆扳手
	2	垂直液压缸	1	桥式起重机、吊装带、气动扳手
	3	销轴	1	
	4	弹簧卡	1	
	5	紧固螺钉	4	气动扳手、螺纹锁固密封胶
	6	双向液压锁	1	气动扳手
	7	高压胶管	2	呆扳手
	8	直通接头	3	气动扳手、塑料袋、皮筋
装中心回转体	9	套筒	1	清洗机
	10	固定体	1	清洗机、压力机
	11	O形密封圈		螺钉旋具
	12	旋转密封		螺钉旋具、电磁炉、橡皮锤
	13	法兰接头	3或4	螺纹锁固密封胶、气动扳手
	14	螺塞		螺纹锁固密封胶、气动扳手
	15	压板	1	气动扳手
	16	电刷	1	
装液压泵	17	高压齿轮泵	1	半门式起重机
	18	连接板	1	
	19	紧固螺栓	4	气动扳手
	20	高压胶管	3或4	吊扳手
装多路阀及布管	21	多路阀	1	半门式起重机
	22	不锈钢硬管		加长呆扳手
	23	螺栓	3	棘轮扳手
装液压油箱及管路连接	24	液压油箱	1	半门式起重机
	25	腰带	2	
	26	胶垫	2	润滑脂
	27	进油管	1	气动扳手
	28	回油管	1	气动扳手
	29	泄油管	1	呆扳手

液压系统装配步骤及注意事项见表2-12。

表 2-12　液压系统装配步骤及注意事项

序号	操作步骤	工艺规范及操作过程	质量控制要点	安全注意事项
一	液压支腿分装	1. 装配前，工作场地环境清洁，待装零件码放整齐，各分装零件分类摆放 2. 检查水平液压缸和垂直液压缸油漆面均匀、平整、无流痕、磕碰、划伤；各油口密封包装完好 3. 水平液压缸软管装配 1）拆除水平液压缸前端油口封堵和水平软管一端封堵，检查密封面应完好，油道清洁 2）将软管连接到水平液压缸前端油口上 4. 水平液压缸装配 1）将活动支腿底平面向上，放置到装配架上 2）将水平液压缸装入到活动支腿内，将活动支腿软管末端从活动支腿后端垂直液压缸安装孔穿出，然后用销轴将软管紧贴下平面压住，用开口销固定 3）用销轴将水平液压缸固定，用轴用弹簧钳将挡圈与销轴固定，并涂抹钙基润滑脂 5. 垂直支腿装配 1）将垂直液压缸装入活动支腿，用螺栓、垫圈固定 2）将垂直液压缸双向锁平面盖板拆掉，并检查平面无损伤，清理干净，将双向锁加 O 形圈安装到垂直液压缸上，用螺钉垫圈紧固 3）用接头将水平液压缸引来的两根硬管连接紧固，然后分别用空心螺栓、垫圈将硬管组件与双向液压锁紧固 6. 接头装配 1）将装配好的活动支腿翻转 2）安装进回油管接头，用橡皮筋、塑料袋包扎	1. 工作场地环境清洁，待装零件码放整齐，各分装零件分类摆放 2. 水平液压缸和垂直液压缸油漆面均匀、平整、无流痕、磕碰、划伤，各油口密封包装完好 3. 水平液压缸封堵做到随拆随装，密封面应完好，油道清洁 4. 销轴及开口销无漏装，开口销开口应大于 90°；水平液压缸固定销轴挡圈无漏装，钙基润滑脂无漏涂 5. 垂直支腿固定时弹簧垫圈无漏装，双向锁接口盖板做到随拆随装 6. 进回油管接头装配完毕后，用专用堵堵好或塑料袋包扎好，以防二次污染 7. 各紧固螺栓无漏装漏紧，且有紧固标记	1. 装配前，确保工作场地内无突出物，以免被刮伤 2. 连接水平液压缸软管时，防止呆扳手打滑伤手 3. 水平液压缸推入活动支腿过程中，防止挤伤手部，用手抬起水平液压缸安装销轴，防止掉落压伤，使用弹簧钳安装挡圈，注意防止挡圈弹起或崩出，伤害自己或工友，也要防止夹偏，碰到手腕或夹伤手指 4. 装配垂直支腿时，未取得特种作业资格证不得操作半门式起重机；落放垂直支腿时防止挤伤手部或损坏水平油管，在支腿下方作业，严禁摘下安全帽，防止碰伤头部
		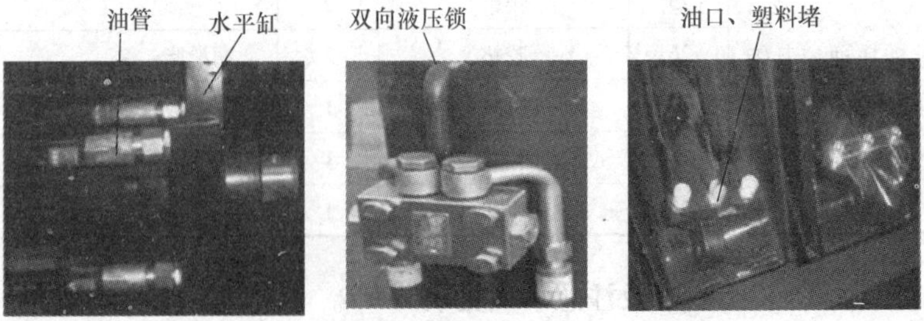 液压支腿分装		

（续）

序号	操作步骤	工艺规范及操作过程	质量控制要点	安全注意事项
二	液压支腿装配	1. 用桥式起重机和吊装绳在水平支腿上的平衡点位置吊起，调整支腿方向对准方箱推入 2. 将吊装绳调整到支腿后端，稍稍吊起，将支腿推进方箱之中，将吊装绳取下 3. 用专用工具将水平液压缸拉出，使其后端销轴孔与方箱销轴孔靠近 4. 用小撬棍将水平缸后端撬起，把水平液压缸与方箱用销轴连接 5. 把开口销穿进销轴之中，调整开口销开口大于90° 6. 其他三个支腿按照以上步骤安装 7. 将各支腿管路重新调整，使其相互平行，无应力集中 8. 将水平液压缸的油管接头包扎的塑料袋拆掉 9. 先将支腿油管与水平液压缸接头体拧上，用呆扳手紧固 10. 按照步骤4依次将其他两根支腿油管拧上并紧固 11. 支腿销轴的安装：活动支腿缩到死点后调整连接板，用标准件与固定腿上方盖板紧固，其销轴应插取自如，无干涉卡滞现象。链环封口要可靠 12. 支脚盘的安装：垂直缸伸出与支脚盘球面接触后，用螺栓、垫圈将卡板与垂直缸球头、支脚盘紧固。紧固后支脚盘应能自由摆动，支脚盘油杯加注钙基润滑脂	1. 吊装带捆挂在水平支腿的平衡点，不得倾斜 2. 支腿进入方箱平稳无刮擦碰撞 3. 拉出液压缸使用专用工具，液压缸拉出平稳，无油液漏出 4. 销轴开口销无漏装，且开口大于90° 5. 各油管连接牢靠，无漏紧现象，且各油管相互平行，无应力集中 6. 水平油管接头者或塑料袋放入专用垃圾盒，无乱丢乱放现象 7. 水平和垂直液压缸油管连接紧固牢靠无漏紧现象 8. 支脚盘紧固螺栓紧固符合力矩要求，且摆动自如无卡滞	1. 未取得特种作业资格证之前，不得指挥桥式起重机操作人员进行支腿安装 2. 支腿吊放防止歪斜或掉落砸伤脚部 3. 将支腿装入方箱时，防止挤伤手部 4. 用撬棍安装水平支腿时，防止撬滑而砸伤手部 5. 开口销装配时，使用轴用弹簧钳防止夹滑崩出或打伤手部 6. 车辆在下线前或下线后未停稳之前不得进行装配，装配过程中，防止被桥式起重机碰伤 7. 使用呆扳手时，防止打滑受伤

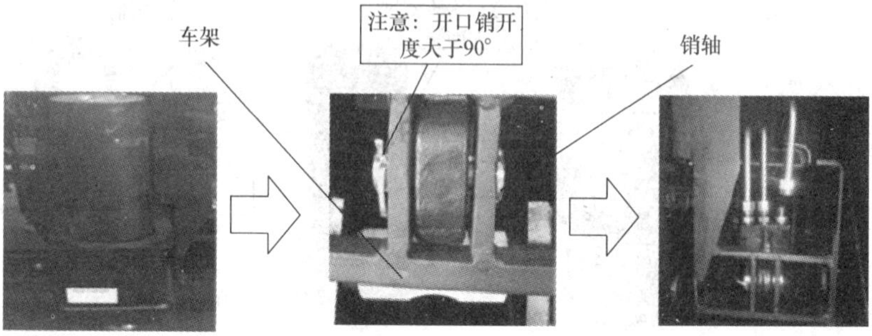

装活动支腿　　销轴装配　　油管连接

（续）

序号	操作步骤	工艺规范及操作过程	质量控制要点	安全注意事项
三	中心回转体分装	1. 将固定体或套筒置放在清洗机工作台上，起动清洗机，清洗机的喷嘴分别对着孔道、油槽、接合面（包括表面）进行冲洗。冲洗时用软钢丝刷、毛刷对各孔径通道进行反复刷洗 2. 中心回转体清洗完毕、晾干后，依次安装O形圈于密封槽内 3. 对旋转密封进行油浸泡预热后，依次装入固定体各密封槽内，并用橡皮锤进行周向敲击 4. 在固定外径和套筒内孔涂上适量的润滑脂 5. 将套筒置于固定体上端，对正放置于压装机中心位置后，起动压力机缓缓将套筒压入固定体上 6. 在固定体下端安装螺塞与法兰接头 7. 用螺栓和垫圈将拨叉固定在套筒上 8. 使用打压机对中心回转体各油口进行打压试验，保压5min 9. 将电刷线束穿过中心回转体线孔，安装线束插接头并将电刷下端线束圆弧缠绕扎放在支座内 10. 用塑料工艺堵将套筒上的各油口密封。并在相应位置上打制序号	1. 配合面、摩擦面不允许有锈蚀、划痕和碰伤现象存在 2. O形圈无漏装 3. 旋转密封浸泡油液的油温控制在70℃左右恒温；旋转密封与中心回转体安装后，不得有扭曲、伤损、变形现象 4. 润滑脂涂抹均匀且覆盖全面 5. 套筒在压入过程中，不要损伤密封，缓慢压装到位 6. 电刷线束圆弧缠绕可靠 7. 工艺堵无遗漏，序号无错误	1. 在清洗机上落放固定体或套筒装置应平衡，不要倾翻伤人伤己 2. 使用一字螺钉旋具安装O形圈时，防止挤伤手部 3. 旋转密封浸泡后取出时，注意防止烫伤 4. 在压力机上压入套筒组件时，不得将手伸入压力机 5. 防止法兰接头掉落砸伤脚部 6. 使用打压机时要遵守安全操作规程 7. 使用锤子打码时，防止砸伤手部
		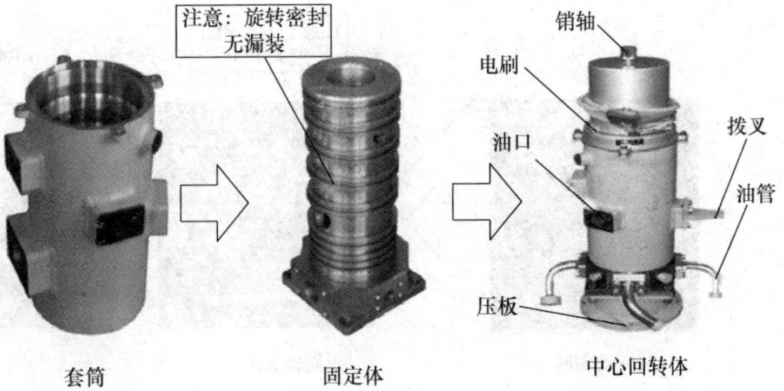 套筒　固定体　中心回转体		

（续）

序号	操作步骤	工艺规范及操作过程	质量控制要点	安全注意事项
四	中心回转体装配	1. 将中心回转体吊至车架回转支承中心处 2. 将电刷线路从回转体支座中心孔中穿到车架下面 3. 将连接泄油口和回油口的胶管通过孔传到车架下 4. 用螺栓将中心回转体底座固定在车架上 5. 将胶管与回转体接口处连接并紧固，擦拭回转体表面 6. 连接电刷线路	1. 吊装过程平稳无磕碰，油口表面无损伤 2. 电刷无挤压损伤折断 3. 油管无挤压和折损 4. 接口连接紧固，表面无油污 5. 电路连接紧固牢靠，无漏装	1. 中心回转体吊运过程中，严禁经过人的正上方；在车架上行走时，防止滑落摔伤 2. 车架下方作业时，防止碰头和挤伤手部 3. 使用扳手时，防止打滑受伤
		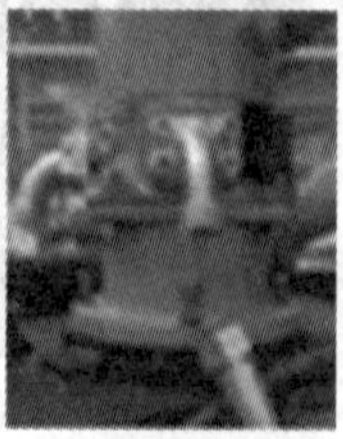 中心回转体落放  油口连接		
五	液压泵装配	1. 用单臂吊将齿轮泵吊起，将高压油管与相对应的工作泵连接 2. 将齿轮泵与主副泵架连接后，用气动扳手紧固 3. 将液压泵与取力传动轴连接，并用加长杆紧固 4. 用自制加长扳手分别紧固高压油管	1. 油管连接无错误 2. 螺栓无漏紧 3. 胶管连接过渡自然，无扭曲现象	1. 在吊装高压齿轮泵时，小心支架碰伤腿 2. 防止加长扳手打滑，碰伤手部
		 进油管和回油管连接  泄油管连接		

（续）

序号	操作步骤	工艺规范及操作过程	质量控制要点	安全注意事项
六	多路阀装配及管路连接	1. 多路阀装配 1）将多路阀吊装至多路阀支架上并放正 2）用螺栓、螺母和弹簧垫圈将多路阀固定在安装孔内 3）用气动扳手依次紧固螺栓 2. 多路阀油管连接，将多路阀各油口塑料堵拆除，依据布管图将硬管和胶管连接并紧固	1. 多路阀无歪斜 2. 防止螺栓紧固过度，垫圈变形或断裂 3. 连接位置无错误，紧固力矩符合要求，不漏油	1. 吊装多路阀的过程中，防止掉落砸伤脚部 2. 使用棘轮扳手防止挤伤手部 3. 使用呆扳手时，防止打滑伤手
		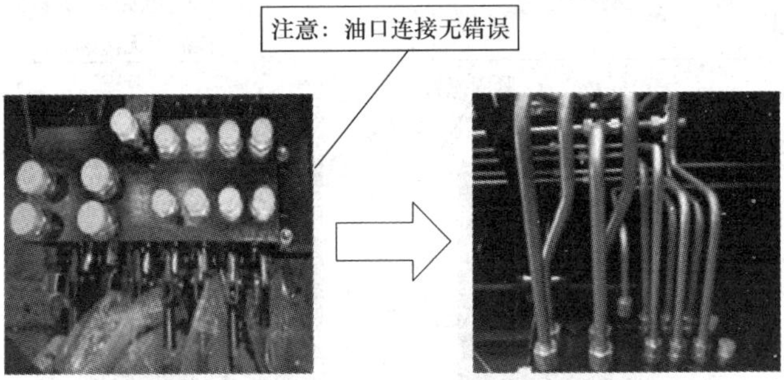 多路阀装配　　硬管连接		
七	液压油箱装配	1. 用销轴、垫圈和开口销将液压油箱腰带固定在车架上 2. 将两根橡胶带涂抹润滑脂，平放在液压油箱支架上 3. 将液压油箱吊至车架上的油箱支架上，将两根腰带螺栓端插入支架孔中，拧上螺母 4. 调整腰带使其两根平行，用双螺母紧固	1. 开口销开口角度大于90° 2. 橡胶带润滑脂无漏涂且涂抹均匀，布设平齐 3. 螺母无漏装或漏紧 4. 双螺母无漏装且闭死，两腰带平行	1. 防止液压油箱腰带弹起伤人 2. 液压油箱吊装时，防止掉落砸伤脚部 3. 防止车架突出物划伤
八	液压油箱管路连接	1. 在进油管和回油管的密封口处安装密封圈并涂抹黄油 2. 用螺栓将进油管固定在进油滤油器上，并用卡箍紧固 3. 用螺栓将回油管固定在回油滤油器上，并用卡箍紧固 4. 将泄油管连接在液压油箱上的泄漏油口上	1. 进回油管密封圈黄油无漏涂 2. 不能戴手套操作，软管走向应该自然，过渡平滑，管路无扭曲 3. 卡箍紧固牢靠，螺栓无漏紧	1. 车架下方作业时，应正确戴安全帽 2. 装配线运行时，严禁作业 3. 使用呆扳手时，当心打滑碰伤

（续）

序号	操作步骤	工艺规范及操作过程	质量控制要点	安全注意事项
八	液压油箱管路连接	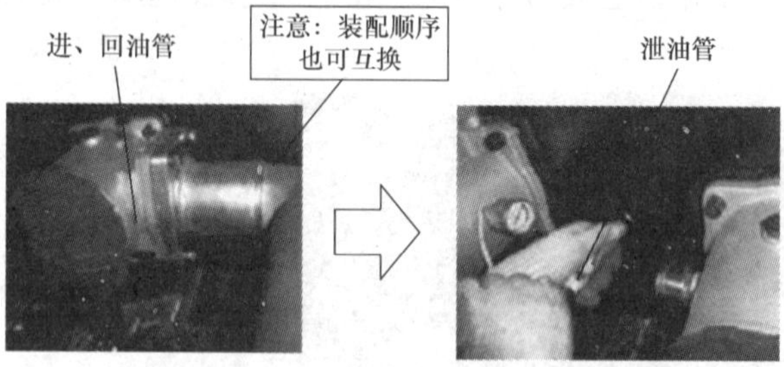 进油管和回油管连接　　泄油管连接		

2.7　底盘电气系统装配

2.7.1　QY 汽车起重机底盘电气系统的组成及元件认知

1. 组成

底盘电气系统主要包括底盘车架大梁线束、后尾灯电气线路、发动机电气系统、中心回转体电气系统、蓄电池及电源继电器、驾驶室电气系统、侧灯及通风罩电气线路。

（1）大梁线束　它是整个下车电气系统的枢纽，负责将所有的下车电气系统和电气元件连接在一起。

（2）后尾灯电气线路　主要负责后尾灯的安装及连接。

（3）发动机电气系统　主要包括转速传感器、水温传感器、油压传感器、发动机线束等。

（4）中心回转体电气系统　它是上、下车电气系统连接的纽带。

（5）蓄电池及电源继电器　它们属于起动电路。

（6）驾驶室电气系统　主要包括各种仪表（如转速表、里程表、水温表、燃油表等）、各种控制按钮、熔断器、驾驶室照明灯等电气元件。

（7）侧灯及通风罩电气线路　主要包括侧灯的安装、前照灯的安装、双音喇叭的安装等。

2. 常用电器元件

（1）预热起动开关（见图 2-71）

1）作用：接通、断开控制电源；起动、熄火发动机；接通、断开预热继电器。

2）型号：JK406C。

B_1、B_2 用铜片连接在一起，接总电源。A_{CC}为电源输出端，当开关旋到电源位置时，B_1 与 A_{CC} 导通。R_1 为熄火端，熄火时，B_1 与 R_1 导通。R_2 为起动端，起动时 B_1 与 R_2 导通。起动开关损坏时，R_2 端一直与 B_1 导通，R_2 端一直有电，起动马达一直工作，造成马达损坏。JK406C 预热起动开关通断见表 2-13。

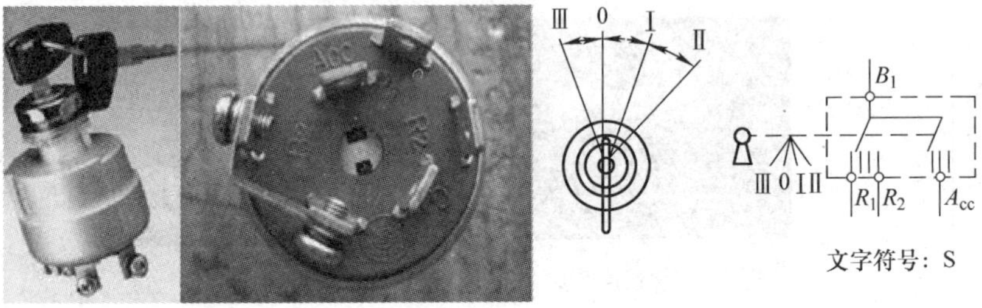

a)　　b)　　c)　　d)

图 2-71　预热起动开关

a）外观图　b）底面接线端子　c）档位示意　d）图形符号及文字符号

表 2-13　JK406C 预热起动开关通断表

JK406C 预热起动开关通断表							
接线柱 / 档位	B_1	B_2	A_{cc}	R_1	R_2	C	备注
预热或熄火Ⅲ	●	●		●			短时工作具有自动复位
空档 0	●	●					钥匙可自由插进拔出
接通电源 Ⅰ	●	●	●				
起动Ⅱ	●	●	●		●	○	短时工作具有自动复位 再次起动时必须回到0位

（2）直流接触器（见图 2-72）

1）作用：利用通过线圈的小电流（0.4A），去控制其触点带动的较大负载电流（400A）。如在 QY 起重机上，利用直流接触器去控制起动电机。

2）型号：MZJ—400A/006X。

3）相关参数：

① 线圈额定电压：DC 24V。

② 20℃时额定电压下最大电流：瞬间起动电流 7.3A，保持电流 0.46A。

③ 触点电路额定电压：DC 48V。

④ 触点电路额定电流：400A。

⑤（20±5）℃时冷态动作电压：吸合时为 $12V_{max}$；释放时为 $2.7V_{min}$。

⑥ 工作规范：连续。

a)

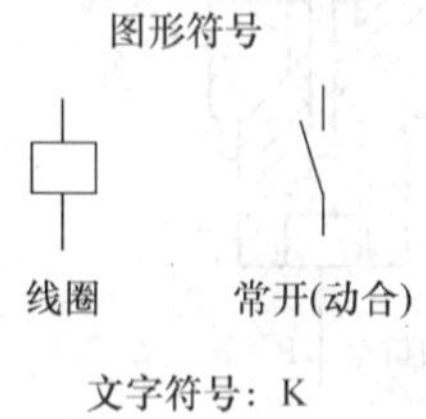

b)

图2-72　直流接触器外形及符号

a）外形图　b）图形符号及文字符号

（3）压力继电器　压力继电器是利用油液的压力来启闭电气触点的液压电气转换元件。压力继电器在压力达到调定值时，发出电信号，控制电气元件动作。压力继电器有柱塞式、膜片式、弹簧管式和波纹管式四种结构形式。柱塞式压力继电器外形、结构原理及符号如图2-73所示，当进油口P处油液压力达到压力继电器的调定压力时，作用在柱塞1上的液压力通过顶杆2的推动，合上微动电器开关4，发出电信号。图2-73中，L为泄油口。改变弹簧的压缩量，可以调节继电器的动作压力。

a)

图2-73　压力继电器外形、结构原理及符号

a）外形图

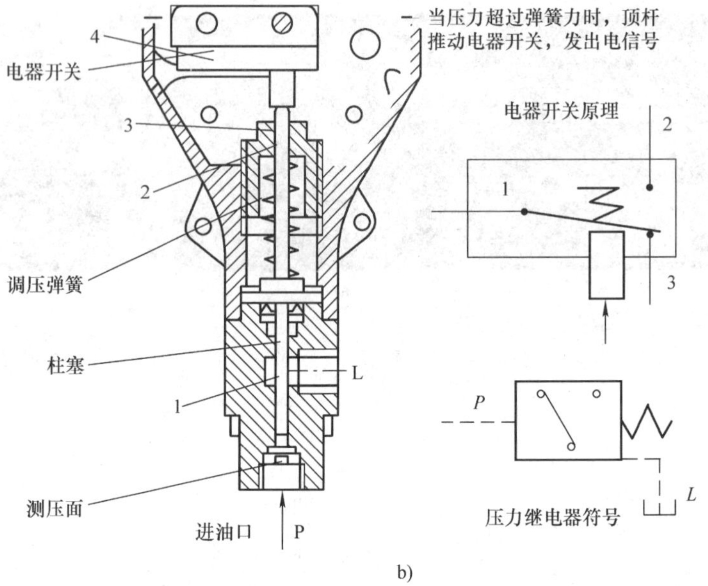

图 2-73　压力继电器外形、结构原理及符号（续）

b）结构原理及符号

1—柱塞　2—顶杆　3—调压螺钉　4—微动电器开关

（4）转速传感器（见图 2-74）　转速传感器用于柴油机上，目的是检测发动机的转速。

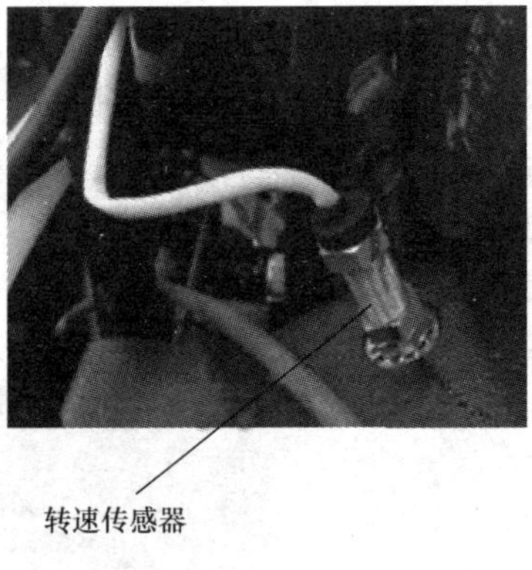

图 2-74　转速传感器

（5）倒车传感器和空档操作传感器（见图 2-75）

（6）里程传感器（见图 2-76）

（7）水温传感器　温度过低时，接通预热继电器电源，温度升高后断开。汽车起重机底盘发动机上所用水温传感器的外形如图 2-77a 所示。

这种传感器所用检测元件是热敏电阻，其结构如图 2-77b 所示。热敏电阻用于发送信号部件上，它与接收部件的加热线圈串联，当水温较低时，因为热敏电阻的阻值较高，所以电路中的电流比较小，加热线圈的发热量较小，双金属片只弯曲一点点，指针指示于低温侧。当水温升高时，热敏电阻的阻值减小，回路中的电流增大，加热线圈的加热温度升高，双金属片弯曲度较大，指针指向高温侧。水温

图2-75　倒车传感器和空挡操作传感器

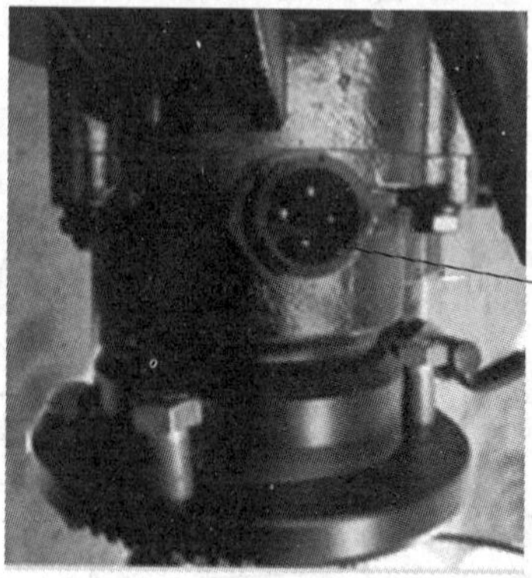

图2-76　里程传感器

表用水温传感器的特性如图2-77c所示。

a)

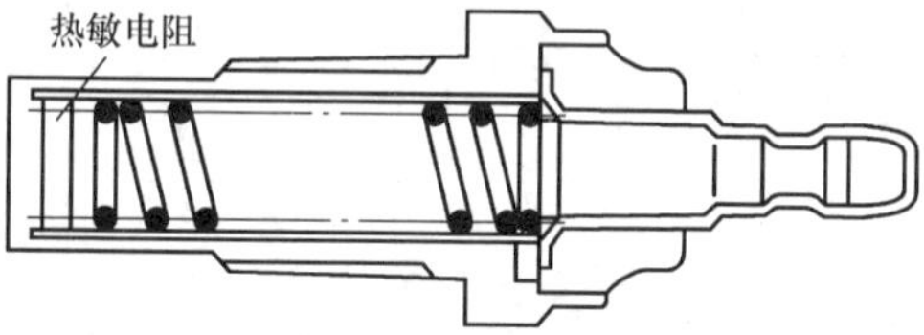

b)

图2-77　水温传感器

a）外形图　b）结构图

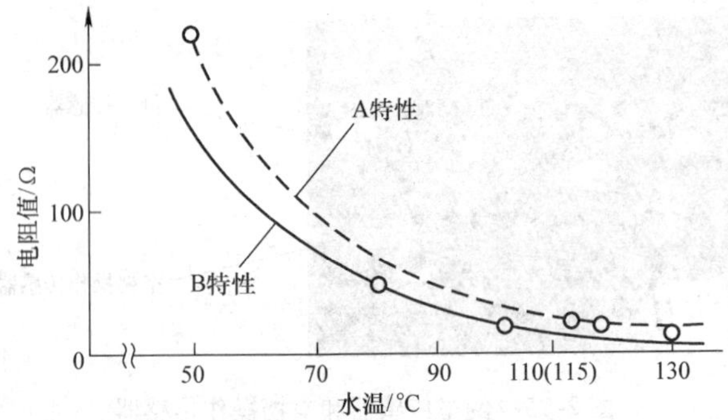

c)

图 2-77　水温传感器（续）

c）特性图

（8）机油压力传感器　用于检测压力值并随压力变化按一定规律换成电信号。汽车起重机底盘发动机上所用机油压力传感器的外形如图 2-78a 所示。

a)

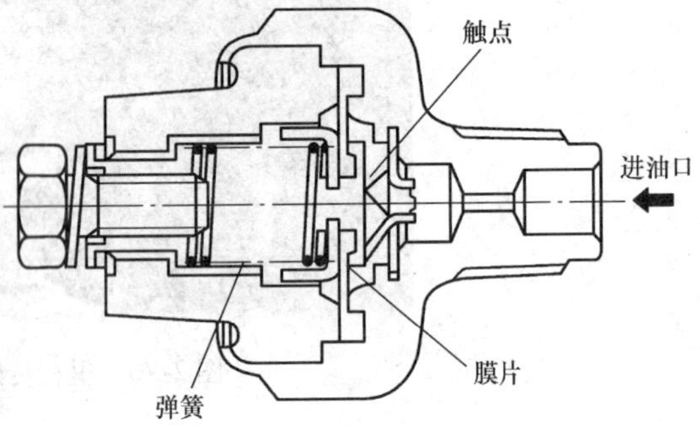

b)

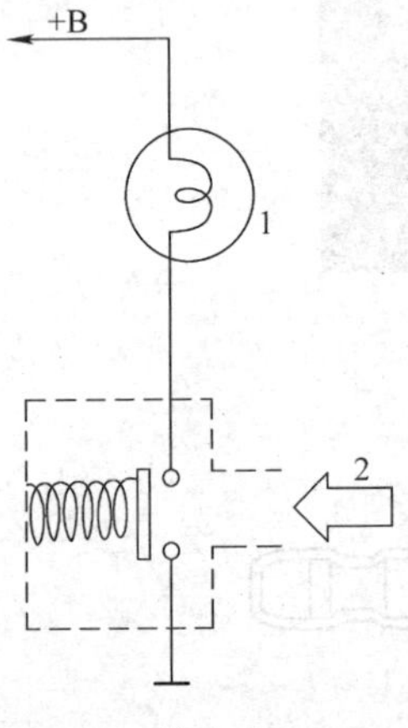

c)

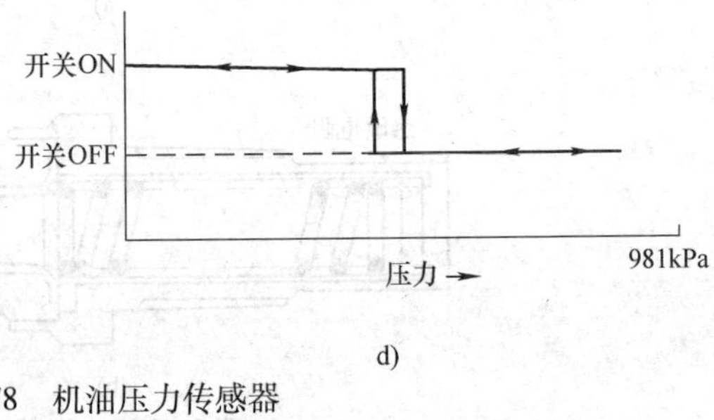

d)

图 2-78　机油压力传感器

a）外形图　b）结构图　c）原理图　d）油压开关特性图

这种传感器用于检测发动机有无油压，以及用于油压指示器上等，其结构如图2-78b所示。它是由膜片、弹簧及触点构成的。当膜片上没有压力作用时，在弹簧弹力的作用下，触点闭合，当压力作用到膜片上时，压缩弹簧使触点断开。油压指示器的原理如图2-78c所示，当油压开关的触点闭合时，指示灯亮。因此，在起动发动机之前闭合点火开关时，油压指示灯亮；当起动发动机之后，油压上升时，油压指示灯灭。油压开关的特性如图2-78d所示。

（9）电磁阀　用于实现轴间与轮间差速；控制发动机排气制动的打开与关闭。汽车起重机底盘上所用电磁阀的外形如图2-79所示。

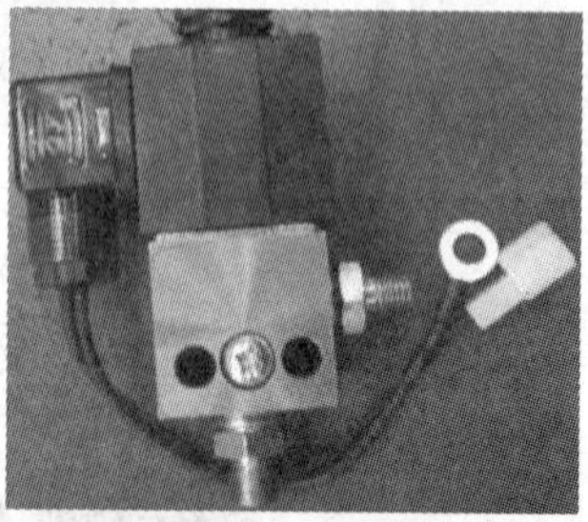

图2-79　电磁阀外形图

电磁阀的工作原理：当有电流通过线圈时，固定铁心吸合动铁心，改变滑阀芯的位置，发生励磁作用，动铁心带动滑阀芯并压缩弹簧，从而改变流体的方向。当线圈失电时，依靠弹簧的弹力推动滑阀心，顶回动铁心，使流体按原来的方向流动。

（10）蓄电池（见图2-80）　蓄电池是整车的电源设备，为整车起动提供强大的电流；为静态、车身用电不平衡等情况提供电源；吸收电路浪涌，为车身电源系统平衡提供保证；还可以作为车辆的应急电源。

a）

b）

图2-80　蓄电池

a）蓄电池外形图　b）蓄电池箱接线图及图形符号

（11）双音喇叭（见图2-81）　高音与低音一起发出。

（12）尾灯（见图2-82）

（13）侧灯（见图2-83）

（14）中心回转体电刷（见图2-84）　电刷是上、下车联系的通道，并具有前、后方工作区域检测功能。

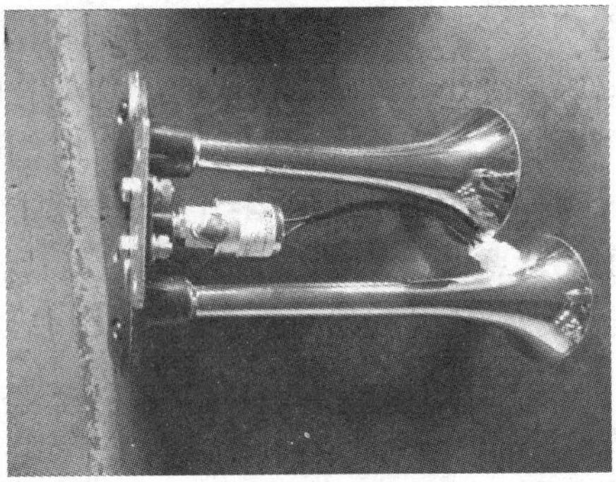

图 2-81　双音喇叭

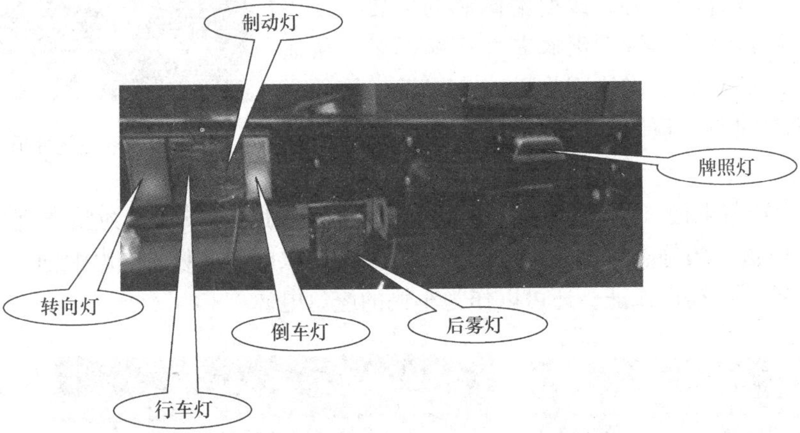

图 2-82　尾灯

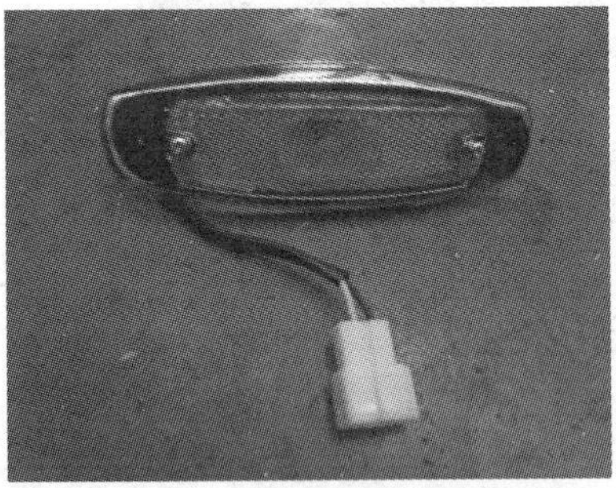

图 2-83　侧灯

图 2-84　中心回转体电刷

表2-14　电刷说明

电刷通道	功能	电刷通道	功能
1	蓄电池电源	8	前方区域
2	下车电源继电器	9	空
3	起动	10	油门地线
4	行车灯	11	油门信号
5	机油压力报警	12	油门电源（5V）
6	水温报警	13	上车用电信号
7	第五支腿过载	14	熄火

（15）电子油门（见图2-85）

电子油门通过位置传感器，传送加速踏板踩踏深浅与快慢的信号，这个信号会被ECU接收和解读，然后再发出控制指令，要油门依指令快速或缓和开启应当张开的角度。这个过程精准而快速。

图2-85　电子油门

与传统油门比较，电子油门明显的一点是可以用线束（导线）来代替拉索或者拉杆，在油门侧装一只微型电动机，用电动机来驱动油门开度。即所谓的“导线驾驶”，用导线代替了原来的机械传动机构。

电子油门控制系统主要由加速踏板、踏板位移传感器、ECU、数据总线、伺服电动机和节气门执行机构组成。位移传感器安装在加速踏板内部，随时监测加速踏板的位置。当监测到加速踏板高度位置有变化时，会瞬间将此信息送往ECU，ECU对该信息和其他系统传来的数据信息进行运算处理，计算出一个控制信号，通过线路送到伺服电动机继电器，伺服电动机驱动节气门执行机构，数据总线则是负责系统ECU与其他ECU之间的通信。由于电子油门系统是通过ECU来调整节气门的，因此，电子油门系统可以设置各种功能来改善驾驶的安全性和舒适性，其中最常见的就是牵引力控制系统和巡航控制。

2.7.2 汽车起重机电气装配工艺文件的识读

1. 产品中常用的电气符号、标志框

产品中常用的电气符号如图 2-86 所示，常用标志框如图 2-87 所示。

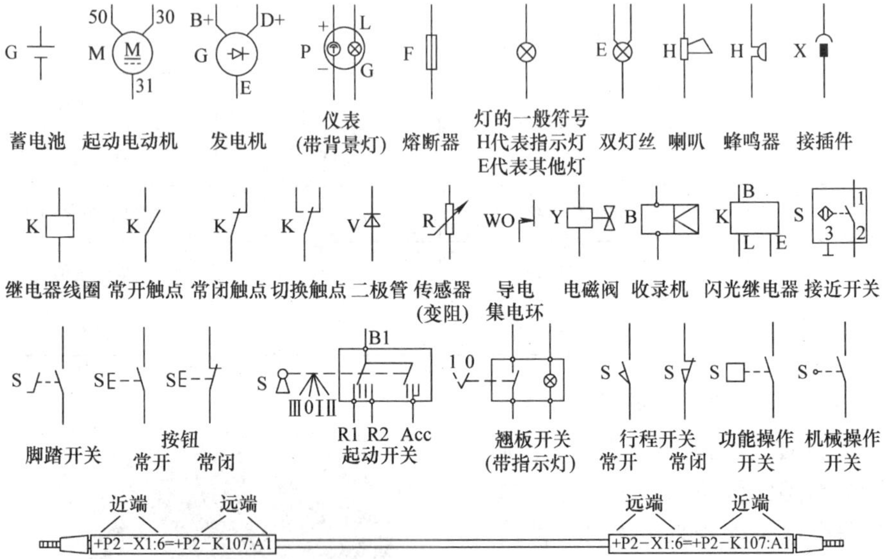

图 2-86 QY 型起重机常用电气符号

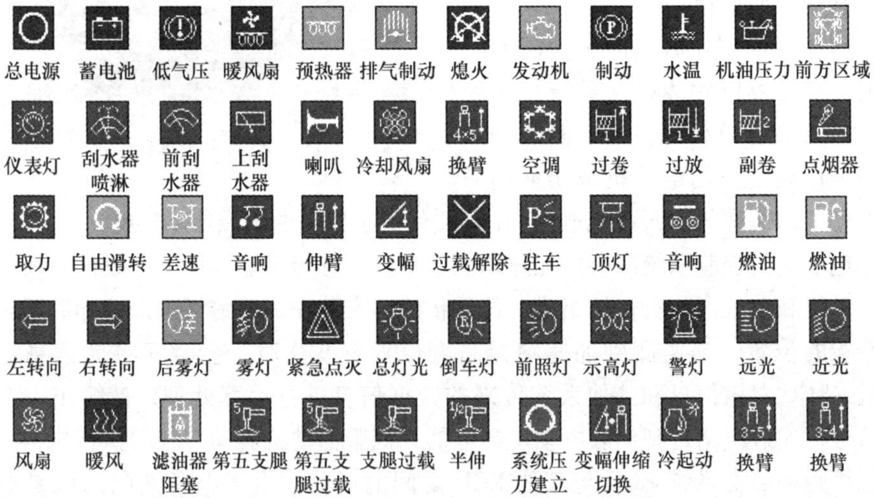

图 2-87 常用标志框

2. 图幅分区（见图 2-88）

图幅分区的方法如下：在图的边框处，竖边方向用大写英文字母。横边方向用阿拉伯数字；编号的顺序从标题栏相对的左上角开始；分区数为偶数。

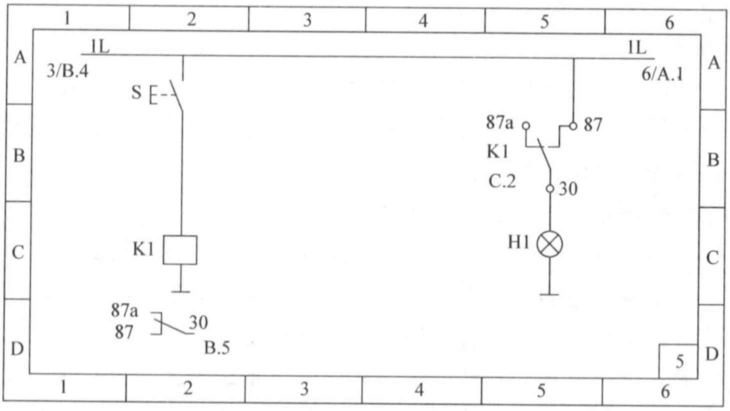

图幅分区 示例

图 2-88　图幅分区

图幅分区示例如下：

1）行的代号（英文字母）：分为 4 行，A ~ D。

2）列的代号（阿拉伯数字）：分为 6 列，1 ~ 6。

3）用区的代号表示。区的代号为字母和数字的组合，字母在左，数字在右。

图 2-88 中继电器 K1 线圈的位置为 C 行 2 列，区号为 C2；K1 触点的位置为 B 行 5 列，区号为 B5。

电源 1 L（3/B. 4）来自第 3 页的 B 行 4 列，1L（6/A. 1）的去向为第 6 页的 A 行 1 列。

3. 产品电气装置常用符号（见表 2-15）

表 2-15　产品电气装置常用符号

名称	符号	名称	符号	名称	符号
控制柜、仪表箱，放大器	A	发动机、蓄电池	G	电动机	M
扬声器、送话器	B	电铃、喇叭、指示灯、蜂鸣器	H	电压表、电流表、温度计	P
电容器	C	继电器	K	电阻、电位器	R
发热器件、空调	E	交、直流电源线	L	控制开关、按钮、行程开关、接近开关、传感器	S
二极管、发光二极管、晶体管	V	端子、插头、插座、连接片	X	电磁阀、电动阀、电磁铁、电磁离合器	Y

4. 项目代号

在图上通常用一个图形符号表示的基本件、部件、组件、功能单元、设备、系统等称为项目。项目的大小可能相差很大，电容器、端子板、发电机、电源装置、电力系统等都可以称为项目。

一个完整的项目代号含有四个代号段，分别是：

高层代号段，其前缀符号为“ = ”；位置代号段，其前缀符号为“ + ”；种类代号段，其前缀符号为“ - ”；端子代号段，其前缀符号为“ : ”；

高层代号：系统或设备中任何较高层次项目的代号称为高层代号。例如：某电气系统中的一个控制箱项目代号中，其中电气系统的代号可称为高层代号；如此控制箱中的一个开关的项目代号，其中控制箱的代号可称为高层代号。所以高层代号具有该项目“总代号”的含义。

位置代号：项目在组件、设备、系统中的实际位置的代号，称为位置代号。

种类代号：用以识别项目种类的代号，称为种类代号。

端子代号：项目具有端子标记时，表示端子标记的代号。

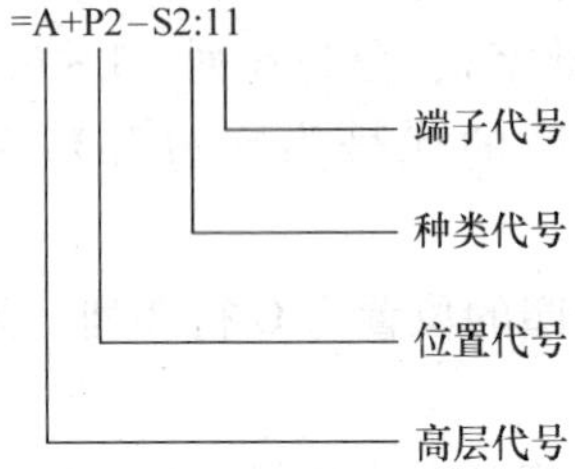

5. 部分底盘电路原理

其起动及充电电路如图 2-89 所示。

充电指示灯通路：接通电源开关 K1，蓄电池正极经 K1、电流表 P1、熔断器 F3、充电指示灯 H1、发电机 D + 磁场绕组、发电机 E 搭铁端形成通路，充电指示灯亮起。

当发动机发动后，发电机的电压达到或高于蓄电池电压时，充电指示灯两端电压相等，充电指示灯灭，提示发电机已正常发电。

2.7.3 线束、控制箱的制作

1. 基本知识

(1) 线束常用的导线　线束常用的导线通常使用多股绞合铜导线，绝缘皮为 PVC 绝缘材料。导线应具有耐温、耐油、耐磨、防水、防腐蚀、抗氧化、阻燃等特性。

线束常用的导线种类有国标（QVR）、日标（AVSS 等）、德标（FLRY）等几大系列。国标 QVR 的特点是绝缘皮厚，比较柔软，延展性好；日标 AVSS（AVS）导线的特点是薄皮绝缘，柔韧性较好；德标（FLRY）导线绝缘皮更薄，

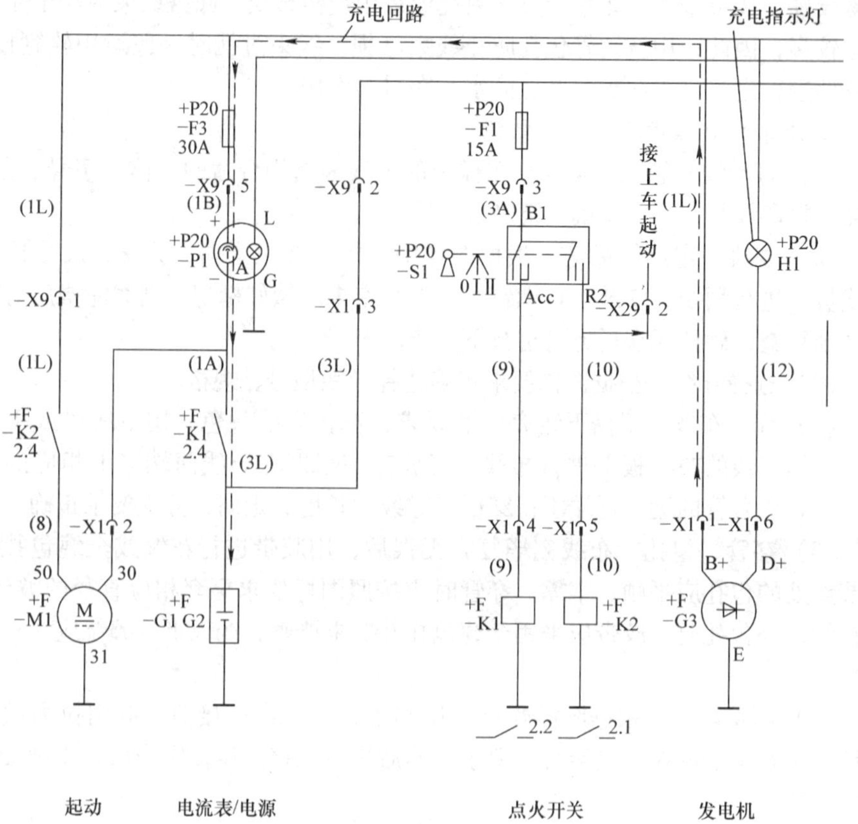

图2-89　起动及充电电路

柔韧性好。

长时间工作的电气设备一般选择实际载流量为60%的导线；短时间工作的用电设备一般选用实际载流量为60%～100%的导线。

（2）包扎用材料

1）波纹管。波纹管在线束包扎中一般占到60%左右，甚至更多。主要的特点是耐磨性较好，在高温区耐高温性、阻燃性、耐热性都很好。

2）胶带。胶带在线束中起到捆扎、耐磨、绝缘、阻燃、做标记等作用。线束常用胶带一般为PVC胶带，其耐磨性、阻燃性较好。

3）线束外包扎的作用：耐磨、阻燃、防腐蚀、防止干扰、降低噪声、美化外观。

4）不同环境下的线束外包扎。发动机线束工作环境恶劣，因此全用高阻燃性、防水、机械强度高的波纹管包扎；转台、伸臂工作环境也相对较差，大部分枝干也用阻燃性好的波纹管包扎，部分分支用胶带包扎或穿塑料软管；控制箱内环境较好，线束采用尼龙束带分段束扎或采用线槽布线；底盘线束因与车体接触部位较多，因此，用波纹管包扎防止线束磨损。线束过孔时一般运用软管接头、橡胶件进行过渡，以起到耐磨、防水、密封等作用。

2. 线束的制作步骤和注意要领

（1）打印线号管　根据线束图样中的下线表选用合适的字体、字号、段长、重复值打印线号，要求正确、清晰。

（2）划线、定点做标记　根据图样中要求的线束走向、分支、尺寸长度在布线板上进行划线、安装定点螺钉，并在线束末端做好标记，划线完毕后对照图样仔细复查，确认无误后方可进行下一步。

（3）选择导线　根据图样要求正确选择导线型号、规格。

（4）配色布线　根据下线表中的要求，选择导线颜色，用下线机或手工下线，在划好线的布线板上进行布线，每放完一根即在导线两端穿上相应的线号管，注意线号管的远、近端不得穿反，导线的长度、走向、分支要求正确。

（5）穿管、包扎　布线完毕复查无误后，用胶带进行花缠或全缠包扎，分支节点处的包扎应平顺、牢靠。穿管时应按照图样要求穿套相应直径的波纹管、塑料管，外包扎时，胶带应采用全缠包扎并要求严密，线束末端缠绕应注意收口密封。

（6）压接端子　根据图样要求选用端子，在线束压接前，应用拉力试验机验证压接好端子的拉力是否合乎要求，然后进行压接。压接完毕后，正确套上相应的护套。

（7）检测　对制作好的线束进行外观检查，如有漏缠绕处应补缠绕，利用检测器或万用表进行检测无误后，用塑料袋将线束末端的元器件、号码管包好以防损毁。

3. 控制器、箱的制作

1）根据器件安装板图样，将相应的元器件牢固安装到安装板上。

2）用打号机将元器件代号印制在标签纸上，将标签纸粘贴在相应的元器件旁或元器件上。

3）将制作好的线束布置在控制器中，连接线束端子或接插件与元器件相应的接线端子或接插件上，要求接触良好、牢固。

4）清理控制器内的杂物，利用检测器或万用表对制作好的控制器进行检测无误后，进行箱内美观整理。

技能训练7　电气系统装配

电气系统装配所用相关设备、工具和辅具（料）见表2-16。

表2-16 电气系统装配所用相关设备、工具和辅具

装配内容	序号	零部件名称	数量	设备、工具、辅具（料）
大梁线束	1	大梁线束	1	斜口钳、尼龙扎带
	2	制动灯开关	1	
	3	低压报警开关	1	棘轮、呆扳手（22、24）、套筒头（13）
	4	电磁阀	1	棘轮、呆扳手（22、24）、套筒头（13）
后尾灯电路	5	后尾灯支架	1	气动扳手、套筒头（16）、尼龙扎带、斜口钳
	6	弯板	2	
	7	螺栓 M10×90mm	4	
	8	螺栓 M10×25mm	4	
发动机电路	9	预热继电器支架	1	气动扳手、套筒头（12）
	10	预热继电器	1	呆扳手（8、10）、气动扳手、套筒头（12）
	11	水温传感器	1	气动扳手、套筒头（19）
	12	机油压力传感器	1	呆扳手（17、19）
	13	压力继电器	1	内六方、呆扳手（6、8）
中心回转体电刷电路	14	中心回转体	1	斜口钳
蓄电池及电源继电器	15	蓄电池	2	单梁吊、呆扳手（8、10）
	16	蓄电池箱	1	气动扳手、套筒头（8）、套筒头（6）
	17	电缆线（1000mm）	1	
	18	电缆线（700mm）	1	
	19	电缆线（300mm）	1	
	20	继电器	1	气动扳手、套筒头（6）、套筒头（8）、十字槽螺钉旋具
驾驶室电气	21	双音喇叭	1	
	22	油门踏板	1	
侧灯及通风罩电路	23	侧灯	8	套筒头（8）、斜口钳
	24	通风罩	1	十字槽螺钉旋具、斜口钳

电气系统装配步骤及注意事项见表2-17。

表 2-17 电气系统装配步骤及注意事项

<table>
<tr><th>序号</th><th>操作步骤</th><th>工艺规范及操作过程</th><th>质量控制要点</th><th>安全注意事项</th></tr>
<tr><td rowspan="3">一</td><td>布大梁线束</td><td>1. 将大梁线束整理好，将线束头部穿到车架左前方的孔中
2. 将细的一边穿入车架左侧，粗的一边穿入车架右侧
3. 沿着车架边缘分别将左右大梁线穿到车架后端
4. 将搭铁线穿入螺栓后，拧在车架上的螺纹孔中
5. 将蓄电池线穿入车架孔内
6. 将布好的大梁线用线束捆绑在车架的线撑上</td><td>1. 大梁线束布设整齐，线束扎捆结实
2. 容易产生摩擦的点要有保护套
3. 扎带捆束后，不得有坠下垂落和窜动现象
4. 待连接的线束翻转前后不准落地</td><td>1. 正确穿戴劳动防护用品
2. 布设大梁线束时，当心被车架突出物碰伤腿部</td></tr>
<tr><td rowspan="2">安装低气压报警开关和电磁阀</td><td>1. 在出气口三通处两侧各安装刹车管和低气压报警开关，并紧固
2. 将两个螺栓穿过电磁阀中，并将搭铁线穿入螺栓中一起穿入支架中</td><td>1. 手继动阀与支架连接紧固牢靠
2. 各接头体连接正确，紧固要牢靠
3. 电磁阀搭铁穿入螺栓中紧固</td><td>1. 用呆扳手紧固接头体时，当心打滑碰伤手部
2. 遇见安全紧急情况，应立即按下急停按钮</td></tr>
<tr><td colspan="3">
布大梁线束
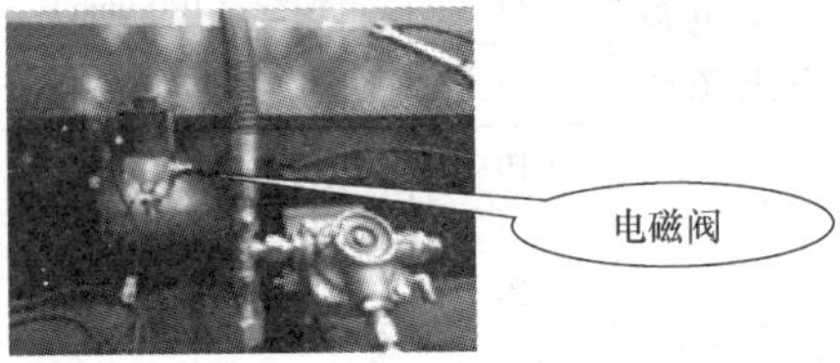
安装电磁阀</td></tr>
<tr><td>二</td><td>装配后尾灯电路</td><td>1. 后尾灯支架的装配
1）将弯板上的孔与车架上的孔对正
2）将 M10×25 螺栓穿过对正的孔中，拧上螺母 M10、弹簧垫圈 10 和垫圈 10
3）将 M10×90 螺栓穿过弯板与后尾灯支架孔中，拧上螺母 M10、弹簧垫圈 10 和垫圈 10
4）将所有的连接螺栓紧固</td><td>1. 后尾灯支架和车架紧固牢靠，安装后相对车架尾部端正平齐
2. 后尾灯、牌照灯安装牢靠</td><td>1. 搬运后尾灯支架时，当心滑落砸伤
2. 安装后尾灯支架时，小心支架毛刺刮伤手部</td></tr>
</table>

（续）

序号	操作步骤	工艺规范及操作过程	质量控制要点	安全注意事项
二	装配后尾灯电路	2. 连接后尾灯电路 1）将大梁线束①、②、③穿入后尾灯支架左侧，将④、⑤穿入后尾灯支架右侧 2）将后雾灯电气插头①与大梁线束①连接 3）将讯响器电气插头②与大梁线束②连接 4）将左后组合灯电气插头③与大梁线束③连接 5）将牌照灯电气插头④与大梁线束④连接 6）将右后组合灯电气插头⑤与大梁线束⑤连接 7）将所有电线拉到后尾灯支架内，用尼龙束带将电线捆扎在一起	1. 后尾灯、牌照灯、讯响器、后雾灯线路连接正确，外观连线整齐 2. 插接件无破损现象	1. 总装输送线步移或连续运行时，不得作业 2. 连接插头时，小心刮伤手部
		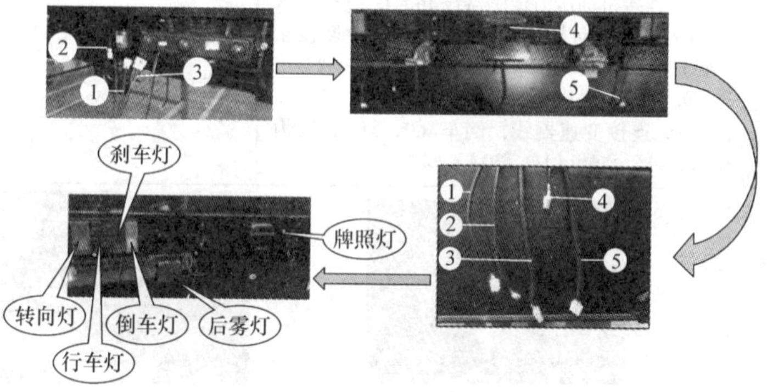		
三	装配发动机电路	1. 用M12×25螺栓加装ϕ10弹簧垫圈将预热继电器支架固定，紧固螺栓 2. 用M6×20螺栓由下方穿入，加装ϕ6弹簧垫圈、ϕ6螺母固定预热继电器 3. 紧固螺母，完成装配 4. 拆掉清洁防护，涂抹密封胶 5. 将水温传感器旋入连接口，用气动扳手紧固 6. 将机油压力传感器拆掉清洁防护，涂抹密封胶 7. 旋入连接口，使用呆扳手紧固	1. 做好清洁度防护 2. 清洁防护随拆随装、随装随包 3. 螺栓紧固到位，弹簧垫圈压平不歪斜	1. 小心发动机支座，碰伤腿部 2. 使用呆扳手紧固时，当心打滑碰伤 3. 小心蹲下装配时，发动机支座碰伤身体

（续）

序号	操作步骤	工艺规范及操作过程	质量控制要点	安全注意事项
三	装配发动机电路	1. 检查确认压力继电器的型号正确，清洁度防护完好 2. 拆下清洁度防护 3. 确认密封圈存在，且完好无损坏 4. 使用内六方紧固，紧固到弹簧垫圈压平无变形 5. 插接插头（0，25）号线。做好插接标识	压力继电器固定牢靠，无应力集中，无漏油渗油现象	当心小车压伤脚趾
		1. 连接预热继电器线 2. 连接起动保护器线 8 3. 连接起动马达线 1A 和蓄电池线（蓄电池线加装防护套） 4. 连接交流发电机线，从上到下依次是 1L = B +，12 = D +，18 = W，0 5. 连接预热线（1、3） 6. 连接水温传感器线 15 7. 连接机油压力传感器线 14 = G，19 = WK 8. 将接头对插（听到插接响声为连接正确） 9. 连接电磁阀线 50 10. 连接变速器线，倒车（0、5L），取力（0、24）空档（1Q、30A）	1. 线束沿管路、线撑捆扎牢靠、自然、美观，远离发热件与旋转件 2. 插头对接，插接到位 3. 螺栓连接，以压平弹簧垫圈为标准	1. 总装输送线步移或连续运行时，不得作业 2. 连接插头时，小心刮伤手部

预热继电器的安装

水温传感器的安装

机油压力传感器的安装

第五支腿压力传感器的安装

（续）

序号	操作步骤	工艺规范及操作过程	质量控制要点	安全注意事项
四	装配中心回转体电刷电路	1. 将电刷线路从回转体支座中心孔中传到车架下面大梁线接头处 2. 将电刷线按大梁线线路用尼龙束带捆绑在支承上 3. 将电刷线接头与大梁线 X29 对接，并锁上 4. 将大梁线和电刷线用线束捆绑在支承上	电刷线走向美观自然，连接牢靠，不与运动件干涉	1. 将电刷线束穿入车架时，当心被棱角刮伤手臂 2. 车架下方作业时，应正确佩戴安全帽以免碰伤头部 3. 总装输送线步移或连续运行时，不得作业
		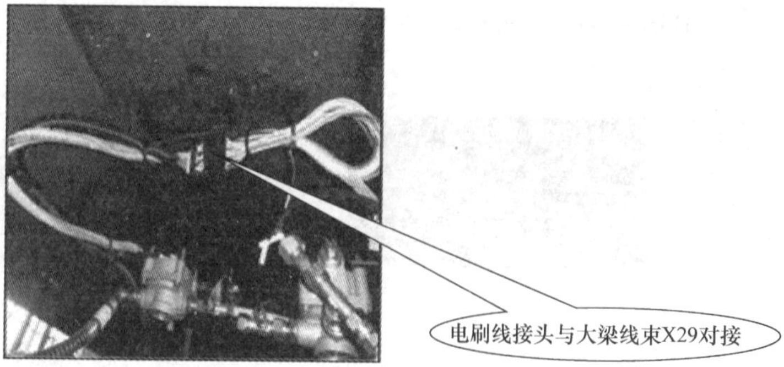		
五	装配蓄电池及电源继电器	1. 蓄电池的装配 1）将搭铁线接到车架，并穿过蓄电池箱孔 2）用单梁吊将蓄电池吊装至蓄电池箱上（四个接线柱靠近车架方向） 3）调整蓄电池处于蓄电池箱中间位置，套上方形框架 4）将两块蓄电池串联，将搭铁线与串联蓄电池正极连接 5）用螺栓 M8×20、弹性垫圈、螺母紧固之后用绝缘套将接线柱套死 6）将固定支架依次穿入蓄电池箱、方框加装蝶型螺母 M8、垫圈 8、弹性垫圈 8 紧固 7）将盖放置到蓄电池箱上并将两边螺栓卡住，用蝶形螺母、垫圈拧紧	1. 蓄电池无磕碰刮伤，接线柱端正无破损，蓄电池电量充足 2. 电缆接线正确，压接牢靠，以免搭铁或虚接 3. 蓄电池箱无挤压变形，固定牢靠平稳不蹿动，上下壳体结合紧密。蓄电池线走向应合理，避免安装蓄电池箱上盖时被压伤 4. 为防止蓄电池线磨损，把蓄电池线捆扎成束 5. 蓄电池线走向应合理，避免安装蓄电池箱上盖时被压伤	1. 装配时，需最后连接搭铁线，防止搭铁挤伤手指 2. 进行吊装前，严格检查吊装设备 3. 安装蓄电池箱盖时，小心轻放，防止手被砸伤

（续）

序号	操作步骤	工艺规范及操作过程	质量控制要点	安全注意事项
五	装配蓄电池及电源继电器	2. 电源继电器的装配 1）将电源继电器的螺母拆掉 2）将0号线和9号线接到电源继电器控制电路接线端 3）将蓄电池线和3L线接到继电器87端，电源线（接起动马达）接继电器30端拧上螺母 M10 4）把另一根0号线接到继电器与蓄电池箱之间用螺栓 M8×25 螺栓、螺母8、垫圈8紧固	1. 电源继电器安装后，紧固牢靠 2. 安装继电器线路时，应避免发热件相触碰	1. 安装继电器时，当心手臂被车架碰伤 2. 安装继电器时，防止继电器坠落砸伤脚部
		 连接蓄电池线  安装蓄电池箱盖 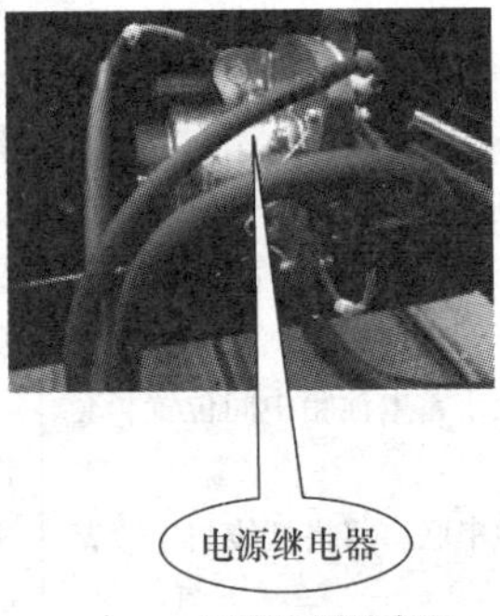 安装电源继电器		
六	装配驾驶室电气	1. 喇叭的装配 将喇叭线插头与（0、35）线插头连接、捆扎	1. 线路捆扎牢靠、走向自然美观 2. 线路远离发热件、旋转件	1. 正确穿戴安全防护用品 2. 装配时，小心驾驶室、底盘碰头 3. 输送线运行、步移时，不得作业
		2. 电子油门的装配 将油门线穿入驾驶室前盖里，将发动机油门线接头和踏板接头两两相接	油门踏板接头牢靠，线路走向自然美观	连接油门线时，防止被前面板刮伤手臂

（续）

序号	操作步骤	工艺规范及操作过程	质量控制要点	安全注意事项
七	装配侧灯及通风罩电路	1. 将侧灯从包装中取出，将其自带的螺栓、垫片、垫圈拆卸下来 2. 将侧灯上的螺栓和侧灯支架上的螺栓孔对齐穿入 3. 把拆下的垫片、垫圈穿上再拧上螺母 4. 调整侧灯位置使其与围沿平行，紧固螺母 5. 将侧灯的插接键按照接头花型插接上	1. 侧灯无磕碰刮伤 2. 侧灯水平轴线要与走台板围沿平行 3. 螺栓紧固牢靠，侧灯紧固后无破损 4. 侧灯工作正常、光色正确	1. 手臂伸入走台板下方时，防止被刮伤 2. 线体运动或步移时，不得作业 3. 连接插头时，小心刮伤手部
		1. 将驾驶室两侧线路梳理整齐 2. 按照插接接头的形状插接 3. 插接时当听到“啪”的一声时，表示插接件插接完成 4. 把连接好的线路梳理整齐并用尼龙束带捆绑牢靠	1. 接头插接可靠，线束扎捆结实、不垂落、不窜动 2. 线束露出部分扎接整齐、美观	1. 在车架下方工作时，防止车架突出物碰伤头部 2. 线体运动或步移时，不得作业 3. 用斜口钳剪尼龙束带时尾端为平口，防止刮伤手臂
		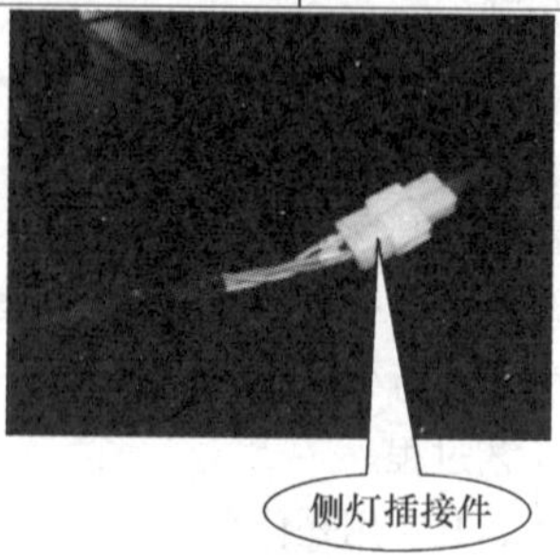 侧灯插接件的连接		

复习思考题

1. 螺纹紧固件上的8.8表示什么含义？
2. 螺纹防松有哪些方法？
3. 简述空气滤清器的功用及分类？
4. 简述柴油机冷却系统的组成。
5. 汽车起重机膨胀水箱上的三根细管分别与发动机装置的什么位置连接？

6. 动力系统装配包含哪些内容？
7. 发动机组件安装的步骤是什么？
8. 简述柴油箱装配时的安全注意事项。
9. 简述散热器装配时的质量技术要求。
10. 简述发动机罩装配时的安全注意事项。
11. 简述取力传动轴的装配步骤。
12. 简述膨胀水箱的装配质量技术要求。
13. 汽车起重机上经常使用的离合器有___________和_________ 两种。
14. 汽车起重机根据车轮总数不同，常见的驱动形式有______ 、4×4、6×4、______ 、______ 。
15. 将变速器与发动机飞轮连接装配时，螺母的拧紧依照______ 、______ 、______ 的顺序进行。
16. 万向传动装置一般由______ 、______ 、______ 三部分组成。
17. 为了消除扭转振动和避免共振，多数离合器从动盘安装有_________。
18. 简述离合器功用。
19. 简述离合器装配时的质量控制要点。
20. 简述变速器的作用。
21. 简述静压油的加注方法与步骤。
22. 简述传动轴装配的安全注意事项。
23. 简述悬架系统的组成及作用。
24. 简述减振器的工作原理。
25. 车桥有哪四种类型，分别应用在什么领域？
26. 车轮的主要作用是什么，主要组成是什么？
27. 汽车起重机轮胎的型号及其含义是什么？
28. 简述平衡梁上复合轴承的装配过程及质量控制要点。
29. 车桥装配过程中的安全注意事项有哪些？
30. 简述转向桥的装配工艺过程。
31. 什么是转向桥的前束，其作用是什么？
32. 简述差速器总成的组成。
33. 简述转向系统的含义、功用及分类。
34. 简述动力转向系统的组成。
35. 简述转向液压系统工作原理。
36. 转向传动机构由哪四部分组成？
37. 简述转向器装配的质量控制要点。
38. 简述转向油罐装配及油管连接的安全注意事项。
39. 简述转向液压油路装配的工艺步骤。
40. 简述转向系统调整的要求。
41. 汽车底盘制动系统主要包含的气路元件有哪些？

42. 制动系统的含义是什么？
43. 简述空气干燥器的原理及作用。
44. 简述四回路保护阀的作用。
45. 汽车底盘中的电磁阀主要应用于哪些方面的控制？
46. 摩擦制动器主要有哪两类？
47. 脚继动阀安装的质量控制要点是什么？
48. 手继动阀在安装时的安全注意事项有哪些？
49. 各控制气管在车架上布置时，需要注意哪些事项？
50. 脚继动阀和手继动阀之间互相连接的一根管的作用是什么？
51. 汽车起重机专用底底盘液压系统由哪些元件组成？
52. 简述液压油箱的作用。
53. 双向液压锁的图形符号是什么？
54. 简述液压系统装配的一般原则。
55. 液压油管接头有哪些形式？
56. 液压支腿水平液压缸装配工艺步骤是什么？
57. 简述中心回转体装配的质量控制要点。
58. 简述液压油箱装配的安全注意事项。
59. 密封有哪些类型？
60. 液压系统的五大组成是什么？
61. QY 汽车起重机底盘电气系统常用哪些电气元件，各有什么作用？
62. 如何识读电气原理图？
63. 底盘电气系统的装配由哪几部分组成？
64. 大梁线束的装配需要满足哪些工艺要求？
65. 发动机电路的装配需要满足哪些要求？
66. 中心回转体电刷电路的装配要求是什么？
67. 蓄电池及电源继电器装配的步骤是什么？
68. 简述直流接触器的工作原理。
69. 简述压力继电器的工作原理。

第3章

汽车起重机专用底盘调试

培训学习目标

1. 了解汽车起重机底盘作业部分各组成元件。
2. 掌握外观质量及功能部件的检查及液压油的加注方法。
3. 能完成中心回转体各油口的连接。
4. 能完成伸缩软管的检查与调整。
5. 能完成下车支腿压力的检查。
6. 能完成支腿伸缩系统性能试验。
7. 能完成油门操纵系统调试。
8. 能完成离合器操纵系统调试。
9. 能完成变速操纵系统调试。
10. 能完成制动系统调试。
11. 能完成转向系统调试。
12. 能完成液压系统调试
13. 能完成照明系统及信号装置的调试。
14. 能完成底盘行驶试验。

3.1 汽车起重机专用底盘调试相关知识

3.1.1 油料的相关知识

工程机械常用的油料按其作用不同，可分为燃料油、润滑油、液压与液力传动油三大类。

1. 燃料油

燃料油简称燃油，是发动机的燃烧用油，分为汽油和柴油两种。工程起重机多以柴油机为主。

(1) 汽油　国产汽油按辛烷值划分型号，分为66、70、75、80、85、90、

92、95 等牌号。

（2）柴油　分为轻柴油、船用柴油、直馏柴油及重柴油四种。工程起重机一般都是高速柴油机，均使用轻柴油。国产轻柴油主要分为 0、－10、－20、－35四个牌号。其牌号的划分是按轻柴油的凝固点区分的，即 0 号油的凝固点为 0℃；－20 号油的凝固点为零下 20℃。

2. 润滑油

润滑油是按其油温在 100℃时的运动粘度划分的。常用的润滑油分为：汽油机润滑油、柴油机润滑油、齿轮油及润滑脂。

3. 液压与液力传动油

工程液压油、液力传动油、刹车液统称为液压传动油。此三种传动油作用不一样，规格、品种也不同。

（1）工程液压油　包括普通液压油、抗磨液压油、低凝液压油。

（2）液力传动油　具有良好的抗磨性，保证各种不同材质的液力传动部件在操作条件下不易被磨损。

（3）刹车液　我国目前有三种类型产品，即醇型刹车液、合成型刹车液、矿物油型刹车液。

3.1.2　液压支腿调试的注意事项

1）调试前先将支腿上的锁止销轴拔出。

2）先伸水平支腿再伸垂直支腿。在操纵水平支腿伸缩的过程中，同一支腿上的垂直液压缸不允许有下降情况。如果存在下降情况，表明该联的选择阀活塞杆密封不好，需更换多路阀总成。

3）结束支腿操纵后，将选择阀上的操纵杆置于中位，并将支腿定位销插装可靠。

4）换向阀操纵杆使用过程中，不得与其他件有摩擦或卡滞现象，应回位自如。

3.1.3　气路系统常见故障

1. 手继动阀常见故障及排除

1）使用手制动阀时，解除手制动速度太慢。

原因： 控制口压力或贮气筒压力低，进气阀卡住或手继动阀进气口不畅。

解决办法： 检查该段管路是否有漏气或堵塞，尼龙 PA11 管是否有皱折、挤压破裂，制动阀进气口管接头的孔是否被密封胶封塞，排除后再试。

2）解除手制动和停车过程中，不断有气流从放气口溢出。

原因： 手继动阀内的放气阀或排气阀密封不严。

解决办法： 须拆开检查或更换继动阀。

2. 脚继动阀常见故障与排除

1）不制动时，仍有气源从排气孔排出。

原因：进气阀密封不良，进气阀回位弹簧压力小或断裂及气室内窜。

解决办法：直接更换脚继动阀总成。气室内窜的要更换密封件或直接更换气室。

2）点刹制动强度过大。

原因：阀内通气孔堵塞。

解决办法：拆开检查和清除气孔污物后再试。

3）制动踏板踏下后，工作正常，但效果不明显。

原因：阀的控制管路不畅或活塞总成被卡，导致活塞回位不灵。

解决办法：检查干燥器至总泵的进气管路，及总泵至脚继动阀间的控制管路有无破损皱折及压扁现象。或检查清洗阀内活塞密封环有无受损，重装后再试或更换元件。

3.1.4 电控底盘操作系统的调试

大吨位电控支腿的操纵均通过支腿操纵控制箱内的按钮进行。将驾驶室内仪表盘上的取力开关按钮按下后，取力指示灯亮，取力器动作后方可进行操纵。

1）支腿伸出前先将定位销拔出，支腿回收时，将支腿定位销固定在固定支腿和活动支腿上。

2）收放水平支腿：可单独或同时按下四个支腿水平液压缸操纵开关，控制四个水平支腿的伸缩。

3）收放垂直支腿：可单独或同时按下四个支腿垂直液压缸操纵开关，控制四个垂直支腿的伸缩。

3.1.5 液压系统常见故障与排除

1）底盘支起后，垂直缸有回缩现象。

原因：双向锁密封性能不好或缸体内的密封损伤引起内窜。

解决办法：检查或更换双向锁，确认存在油内窜现象的，必须更换液压缸。

2）操纵垂直支腿，某一支腿垂直缸不伸或不缩，光伸不缩或无动作及动作很慢。

原因：双向锁有一腔打不开，或胶管内部受阻，或选择阀有堵塞现象而影响流量。

解决办法：检修或更换双向锁、多路阀，检查软管内部通道，确认后再试。

3）工作时压力表不指示或不回位。

原因：阻尼塞接头堵塞或压力表已经损坏。

解决办法：需检查清洗接头或更换压力表。

4）油箱发热。

原因： 环境温度过高，油箱内油量不足或工作压力过高，溢流阀经常处于溢流状态或内部泄漏过大，系统工作时间过长。

解决办法： 停机冷却，检查油面补加液压油，减少工作负荷或检修元件。

3.1.6　转向操纵稳定性试验

1）底盘在行驶中应具有良好的行驶稳定性能、转向操纵安全可靠。即在平坦硬实、清洁的路面上行驶时，不得有路感不平、跑偏，抖动，转向盘摆动等异常现象，如发生转向盘抖动现象，应按以下方法对应检查和排除。

① 转向机支架松动或前桥 U 形螺栓松动，要重新紧固支架螺栓和 U 形螺栓。

② 转身系统内有空气或前桥轮胎松动，要重新排气和紧固轮胎螺母。

③ 转向传动装置球销间隙大，要重新调整间隙。

2）如在行驶中发现跑偏现象，可按以下各条对应检查并排除。

① 左、右前轮轮胎气压不等或一侧前轮制动器未彻底解除制动。重新测量轮胎气压并充气至（0.8 ±0.05）MPa，检查和调整左右前轮制动器情况。

② 左右前轮轮毂轴承预紧力不够，前轮定位不符合要求或某一前轮轴承卡住。要重新调整轴承间隙，调整前桥定位销或更换轴承。

3）快速转向时，如发生转向沉重应按以下方法对应检查并排除。

① 转向油泵泄漏大，造成供油不足，检查确认后更换油泵。

② 转向液压系统缺油或有空气。造成转向助力不足，应检查油罐内油面及时补油至油罐 4/5 高度，并按步骤重新排气。

3.2　汽车起重机专用底盘调试技能训练

1）打开膨胀水箱的加水口盖，检查冷却液面，水加至膨胀水箱加水口下端。

2）在燃油箱内加入符合规定标准的柴油，保证有 1/3 的油量；液压油加到油标上刻线。

3）检查制动液液面，在油罐或油杯容积的 4/5 或上下刻线之间。

4）检查油杯内应加注润滑脂，摩擦处涂适量润滑脂。

5）检查发动机机油油面，在发动机停车 15min 后进行。使机油有充分的时间流回油底壳。当油面低于油尺上的低油面刻度记号或高于刻度记号时，绝不允许起动发动机，应及时补油或放油至刻度线范围内。

6）检查各运动铰点，各高压胶管，低压胶管，尼龙 PA11 管，线束，软轴等，不得与车架随动件、运动件有干涉、摩擦、破损、压扁等非正常现象。

7）检查各重要部位的开口销，尾部张开角要大于 90°，如转向拉杆，转向垂臂，推力杆，平衡梁与桥连接的销轴等关键部位。

8）检查底盘外围，电气线束及气路各管无悬挂、悬空、坠落现象。检查各外露薄板件无凸凹变形等不良现象。

9）检查轮胎外胎无缺陷。

10）检查灯光、照明及信号装置，检查组合仪表，工作正常、灵敏、正确。

汽车起重机专用底盘调试步骤及注意事项见表3-1。

表3-1　汽车起重机专用底盘调试步骤及注意事项

序号	调试项目	调试内容	质量控制要点	安全注意事项
一	发动机调试	1. 将变速杆置于空档位置，起动发动机。起动后，松开手，钥匙应能自动复位至通电位置，如不能自动复位，应检查或更换 2. 起动电动机的啮合时间每次不得超过15s。连续两次起动，其间隔时间约为2min，如连续三次不能起动，要停止起动并查找原因 3. 发动机的油压表应在起动15s内显示读数，否则应停车检查 4. 发动机起动后进行检查，发动机性能良好、运动平稳，不得有敲缸、飞车等异常现象 5. 检查发动机上的进、回油管，不得有渗油、松动、干涉、摩擦、打绞现象 6. 发动机灭火装置调试：非电控发动机灭火装置应工作可靠且回位自如。电控发动机需熄火时，将起动锁钥匙旋至断电位置，发动机即可熄火 7. 发动机停车后检查水箱，水管，水泵，缸体缸盖等部位，不允许有漏水渗油现象	1. 起动发动机前，变速杆置于空档位置 2. 15s内无读数，停止检查 3. 无敲缸、飞车等异常现象 4. 无渗油、松动、干涉、摩擦、打绞、受损现象 5. 灭火装置不阻滞，回位自如 6. 水箱，水管，水泵，缸体缸盖等部位无漏水渗油	1. 起动发动机前，应将变速杆置于空档位置，防止带档起动，发生危险事故 2. 未取得B2驾驶证之前，不得驾驶操作汽车起重机专用底盘 3. 在车下作业时，防止碰伤头部 4. 调试期间，禁止离开所调试设备，离开时应熄火
		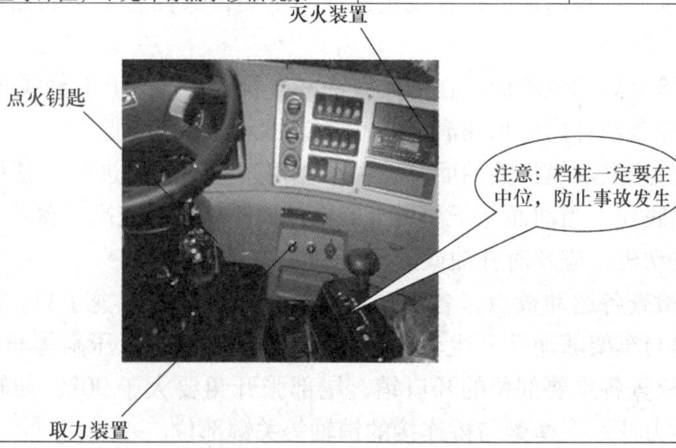		

（续）

序号	调试项目	调试内容	质量控制要点	安全注意事项
二	离合操纵系统调试	在离合器踏板踏到底的情况下，分泵推杆的行程应≥35mm，如不符合要求，要复查和调整总泵推杆或分泵推杆与泵球面的间隙，其间隙在1～1.5mm范围内，即推杆球头与分泵球面接触后，回旋3/4～1圈。系统内有残余空气也会影响分泵的行程。因此，必要时要重新对分泵进行排气。具体排气步骤如下： 1. 用手压泵排气。拧松分泵放气螺栓，将手压泵软管一端套装在放气螺栓上，手压操纵杆进行加油排气反复数次 2. 用传统方式排气。首先将刹车油注入静压油杯，当油杯内的液面高度为油杯容积的4/5且不再下降时，按下述步骤进行操作： 1）反复踏下离合器踏板直至感觉踏板有反弹力 2）将离合器踏板踏到底 3）拧松分泵放气螺栓，然后再迅速拧紧放气螺栓 4）松开离合器踏板。反复进行上述操作过程，直到放气螺栓通气孔中流出无气泡的制动液为止。排气期间应注意油杯中液面的高度，并按要求及时补油至4/5位置	1. 离合器踏板的自由行程应在20～30mm范围内；离合器踏板操纵力应小于300N 2. 在离合器踏板踏到底的情况下，分泵推杆的行程应≥35mm 3. 推杆与活塞的间隙约为1mm 4. 当气压上升到0.45MPa以上时，离合器踏板不沉重	1. 在车下作业时，不得摘掉安全帽，以防碰伤脸部或头部 2. 车下作业时，务必将发动机熄火，以防发生伤害事故 3. 使用呆扳手时，防止打滑伤手 4. 在气压上升到0.45MPa之前，不得开动底盘进行离合器测试

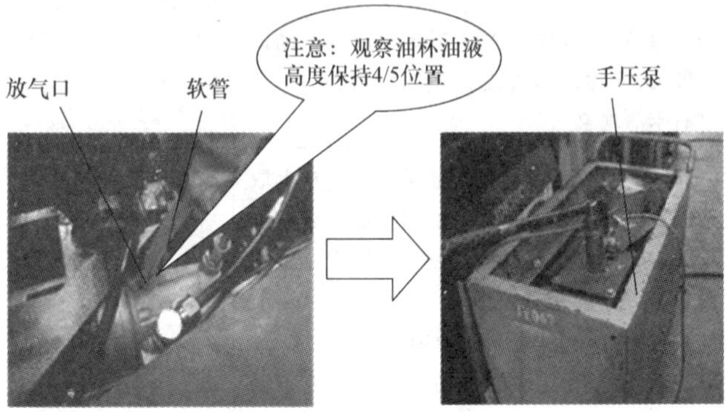

用手压泵排气

（续）

序号	调试项目	调试内容	质量控制要点	安全注意事项
三	变速操纵系统调试	1. 要求换档轻便、灵活、准确、可靠，档位清楚，不得有乱档，自行跳档现象。换档时变速杆不得与驾驶室内壁、人体腿部及方向盘干涉 2. 空档时，变速杆的位置应处于垂直状态，不得有倾斜现象 3. 检查和调整变速杆上的手柄，使其上数字与车的行进方向一致。如有倾斜，需调整定位拉杆	1. 操纵机构换档轻便、灵活、准确、可靠，无乱档，自行跳档现象 2. 空档时变速杆的位置应处于垂直状态，不倾斜	1. 在车下作业时，不得摘掉安全帽，以防碰伤脸部或头部 2. 车下作业务必将发动机熄火，以防发生事故
四	转向系统调试	1. 检查转向盘及圈数 1）起动发动机将底盘支起，使前桥轮胎离地，将转向盘往一个方向旋转到底开始计，然后反方向旋转到底，所转动圈数即为总圈数，等于5~6圈 2）转向盘转动灵活，操纵轻便，无阻滞现象。转至极限位置时转向摇臂不得与转向器支架、第一横梁、软管及其他部件干涉 3）检查转向桥上的限位螺钉，转向盘转至左右方向极限位置时，其限位螺钉与桥上限位块要有间隙 2. 转向盘自由转动量的调整与检查 将底盘支起使轮胎离地，检查方向盘的最大自由转动量。转向盘以中间位置为基准向左右转动，其自由转动量各不大于15° 3. 转向轻便性调试 底盘转向应轻便灵活，转向后应有自动回正能力，以保持车辆稳定的直线行驶。不允许有卡滞现象	1. 转动灵活，操纵轻便，无阻滞现象，方向盘总圈数为5~6圈 2. 方向盘以中间位置为基准向左右转动，其自由转动量各不大于15° 3. 底盘在平坦硬实干燥清洁的路面上行驶，转向应轻便灵活，转向后应有自动回正能力	1. 在车下作业时，防碰伤脸部或头部 2. 车下作业时，务必将发动机熄火，以防发生伤害事故 3. 挂取力装置一定要确保气压在0.45MPa以上，挂上取力后，勿缓慢松开离合器，防止未挂上取力，汽车底盘冲出而发生事故
五	前桥前束调整	1. 将车辆前轮置于行驶正前方向，挂上取力后，操纵下车多路阀将底盘支起。以前桥轮胎中间分型面（一般都是在轮胎中心位置测量）确定前束值，即B（后端）$-A$（前端）$=8\sim12$mm，然后拧紧锁紧螺母 2. 利用车轮定位仪设备对四桥以上车辆（允许满载）进行检测。对误差不能满足要求的按车桥定位测量系统提示的数值进行调整	车轮前束值B（后端）$-A$（前端）$=8\sim12$mm	1. 在车下作业时，不得摘掉安全帽，以防碰伤脸部或头部 2. 车下作业时，务必支起支腿，以防发生伤害事故

（续）

序号	调试项目	调试内容	质量控制要点	安全注意事项
五	前桥前束调整			
六	制动系统调试	1. 压力达到标定0.8MPa后，发动机熄火后连续五次全制动后，气压表指示值不低于0.45MPa 2. 制动系统密封性试验 1）当气压升至0.6MPa时，在不使用制动的情况下，关闭发动机，气压降低值应符合以下要求 ① 5min后，气压降低值不大于0.01MPa ② 1h后，气压降低值小于0.05MPa ③ 发动机熄火8h后，气压表指示气压不低于0.45MPa 2）在气压为0.6MPa的情况下，将制动踏板踏到底，待气压稳定后观察3min，气压降低值不大于0.02MPa 3. 制动距离、跑偏量、点制动试验 在平坦硬实、干燥和较清洁的路面上进行制动试验，其制动距离、跑偏量及点制动应符合下列要求 1）当行驶速度为20km/h时，制动距离符合设计标准（如徐重25t产品制动距离≤4.4m） 2）当行驶速度为20km/h时，紧急制动的跑偏量≤80mm 3）脚制动踏板的自由行程为15～20mm，踏板力应小于600～700N	1. 压力达到标定0.8MPa后，发动机熄火后连续五次全制动后，气压表指示值不低于0.45MPa 2. 停车后，手制动可使车辆制动后原地不动 3. 当行驶速度为20km/h时制动距离符合设计标准 4. 当行驶速度为20km/h时，紧急制动的跑偏量≤80mm 5. 脚制动踏板的自由行程为15～20mm，踏板力应小于600～700N	1. 车下作业时，务必将发动机熄火或将支腿支起，以防发生伤害事故 2. 如果任意一路压力即气压表指针降低至0.45MPa以下或低压警报灯亮，此时，车辆不得强行起步和进行取力工作 3. 挂上取力后，勿缓慢松开离合器 4. 进行制动试验时，应检查好气压并系好安全带

（续）

序号	调试项目	调试内容	质量控制要点	安全注意事项
七	液压系统调试	1. 用胶管及专用接头将回转体套筒上的各进油口与回油口连接 2. 按照规定的牌号、数量，往液压油箱内加注液压油 3. 当气压≥0.45MPa，即低气压报警灯熄灭后，挂上取力装置，将选择阀上的操纵杆全部抬起，操纵换向阀，先将水平支腿伸出，选择阀全部按下后将操纵杆按下去，再将垂直液压缸伸出，然后缩回垂直液压缸，再缩水平支腿。按此循环20次进行试验 4. 检查和调整车架内外侧液压系统各管路，管夹紧固牢靠，无渗漏、无打绞、无干涉、无松动，远离传动系和推力杆。软管随动部分应用扎带捆束在就近固定点上，并远离摩擦点 5. 调整液压系统管路外观整齐，对上道工序遗留或有缺陷的油管，要及时给予更换。液压系统工作时，油的最高温度不得大于80°，否则要停机冷却	1. 中心回转接头上的各油口均用胶管连接 2. 液压管路连接无松动、渗漏，支腿软管无打绞，管夹无漏装 3. 低气压报警灯工作正常，支腿伸缩达20次 4. 液压系统各管路无渗漏、无打绞、无干涉、无松动	1. 进出车下作业时，防止被车架上突出物刮伤 2. 用专用胶管连接汽车中心回转接头时，悬挂“正在调试中”标示牌 3. 挂取力装置前，检查确保气压≥0.45MPa 4. 伸出支腿前，确保周围无安全隐患
		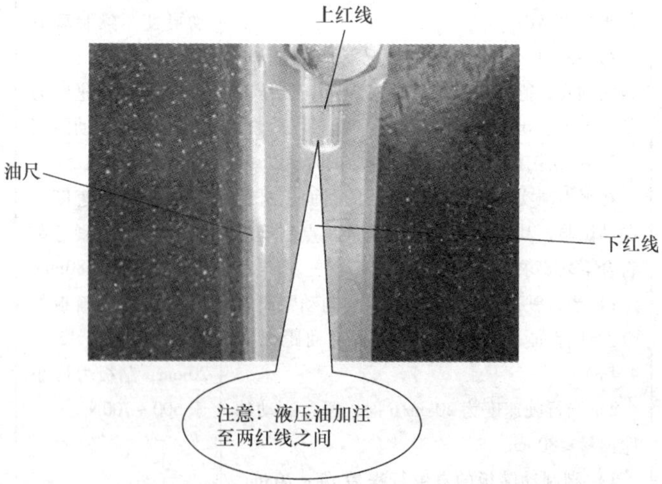		

（续）

序号	调试项目	调 试 内 容	质量控制要点	安全注意事项
八	灯光及其他电气系统调试	1. 灯光调试。检查各种灯光照明部分的电气连接插头，要压接可靠无松动现象，转向灯，倒车灯，倒车讯响器，雾灯，制动灯，牌照灯，行车灯，前照灯，紧急信号灯，仪表盘上各指示灯，顶灯，侧灯等所有照明系统及电器仪表指示，保持灵敏有效，工作正常，安全可靠 2. 检查差速、排气制动、手制动、取力、灭火、脚制动等开关正常，工作可靠，各指示灯与使用的开关相对应。其中低气压报警指示灯在四回路保护阀气源压力低于0.45MPa时，必须为常亮状态 3. 其他电气系统 1）发动机转速大于600r/min时，发电机开始充电，电流表指示针应位于充电“+”区域 2）仪表上各按扭，保持灵敏有效，复位自如	1. 所有照明系统及电器仪表指示，保持灵敏有效，工作正常安全可靠 2. 差速、排气制动、手制动、取力、灭火、脚制动等开关正常。气源压力低于0.45MPa时为常亮状态 3. 电流表指示针工作正常 4. 仪表上各按扭灵敏有效，复位自如	1. 低气压报警指示灯在四回路保险阀气源压力低于0.45MPa时，车辆不得移动行走和进行取力工作 2. 喇叭调试时，观察车下是否有人，防止高声伤害听觉器官 3. 在车下进行线束检查时，禁止摘下安全帽，防止碰伤头部或脸部
		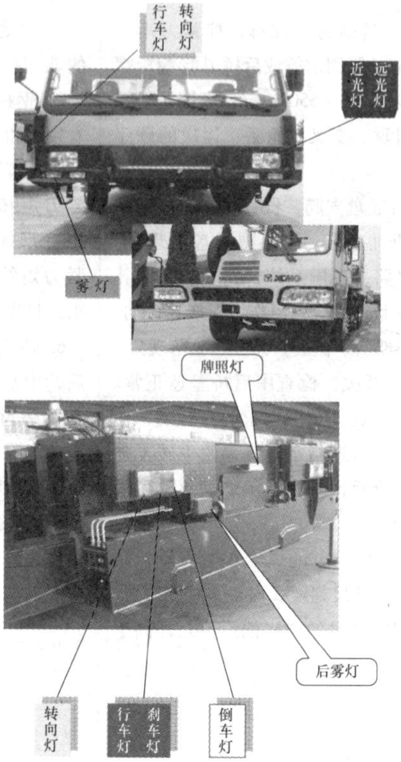		

（续）

序号	调试项目	调试内容	质量控制要点	安全注意事项
九	底盘行驶试验	1. 底盘在装配调试合格后方能进行路试，路试行驶里程不少于50km 2. 路试过程其变速操纵系统，离合器操纵系统，转向操纵系统，油门操纵系统，制动系统等五大操纵系统都要符合前述各项指标要求 3. 路试中驾驶室仪表盘显示的数值正确，电流表、机油压力表、燃油表、水温表及制动、转向、倒车、低气压报警等重要指示，反应正确，整个电气系统工作正常 4. 路驶后，检查制动鼓及轮毂的温度，不得超过80°，检查钢板弹簧不得有裂纹和断片现象 5. 路试后，紧固轮辋螺母，拧紧力矩为600～660N·m。紧固前桥或后桥U形螺栓螺母。拧紧力矩为500～550N·m。紧固轮辋螺母时应按照对称、交叉、轮番、逐次的顺序进行 6. 路试后将底盘支起，检查桥、箱固定结合面，发动机油底壳，均不得有渗油现象。检查电路、气路、液压系统管路及管夹，扎带，线束，轮胎，不得有损伤、干涉、松动、摩擦、压扁、皱折、破裂、悬挂、垂落现象 7. 操纵差速开关，检查中后桥差速正常。检查时将底盘支起，车辆处于静止状态，使用差速开关后，差速指示灯亮，用手转不动轮胎，解除差速后，差速指示灯熄灭，用手能够转动轮胎 8. 发动机熄火约15min后，检查发动机柴机油液面，应在油尺刻度线内4/5高度位置，否则要补加规定型号的柴机油。不允许高于或低于刻度线	1. 路试行驶里程不少于50km，最高和最低车速符合要求 2. 五大操纵系统都要符合各项指标要求 3. 仪表等电气系统工作正常，反应正确 4. 制动鼓及轮毂的温度不得超过80°，钢板弹簧不得有裂纹和断片 5. 轮辋螺母，拧紧力矩和前桥或后桥U形螺栓螺母拧紧力矩符合力矩要求，且操作规范 6. 使用差速开关后，中后桥差速正常，解除差速后，差速解除 7. 柴机油液面在油尺刻度线内4/5高度位置	1. 未取得B2驾驶证前，不得驾驶车辆 2. 在车下进行检查时，须戴好安全帽，防止碰伤头部 3. 车辆通过路口严格执行“一停、二看、三通过” 4. 使用力矩扳手进行轮胎紧固时，防止力矩扳手掉落砸脚或打滑受伤，条件允许的情况下两人协助完成力矩检测和紧固 5. 检查制动鼓温度时，严禁用手直接触摸 6. 车辆差速检测和调速时，务必将车架支起，防止意外事故发生

（续）

序号	调试项目	调 试 内 容	质量控制要点	安全注意事项
九	底盘行驶试验	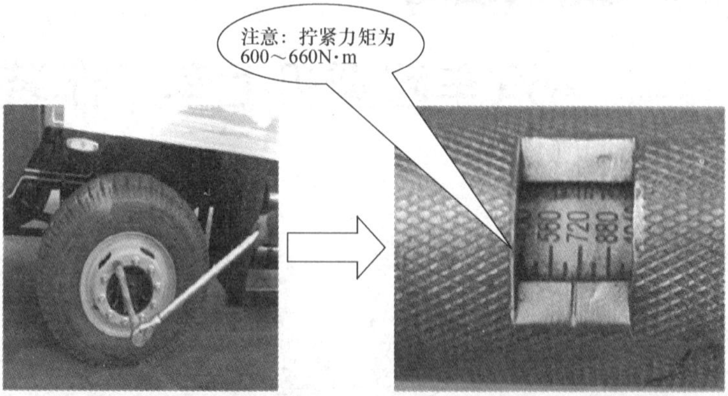 轮胎力矩检测　　轮胎力矩检测值		

复习思考题

1. 液压支腿调试注意事项有哪些？
2. 工程机械常用油料分别有哪些？
3. 柴油有哪四类？工程机械一般使用哪种柴油？
4. 简述手继动阀常见故障，并分析原因和解决措施。
5. 发动机灭火装置的调试内容是什么？
6. 齿轮泵的排气方法是什么？
7. 底盘行驶试验的安全注意事项有哪些？

第4章

汽车起重机上车工作装置装配

培训学习目标

1. 能描述主臂结构件及作用。
2. 能描述副臂结构件及作用。
3. 能描述定滑轮和动滑轮的工作特性。
4. 能描述五节臂吊臂系统的伸缩工作原理。
5. 能完成五节臂分装及四节臂、五节臂组装。
6. 能完成下缸分装、四五节臂组件与下缸组件装配。
7. 能完成上缸分装、四五节臂和下缸组件与三节臂组装、上缸组件与三节臂组件装配。
8. 能完成三节臂组件与二节臂装配。
9. 能完成二节臂组件与基本臂组装。
10. 能完成副臂分装、副臂与主臂装配。
11. 能描述液压系统基本回路的含义及分类。
12. 能描述汽车起重机三大机构（不含变幅机构）液压系统工作原理。
13. 能完成回转支承与回转机构的装配。
14. 能完成起升机构、伸缩与变幅机构装配。
15. 能完成操纵室、风冷器的装配。
16. 能完成先导操纵手柄装配，并连接操纵手柄油路。
17. 能描述平衡回路的工作原理及汽车起重机变幅控制系统的工作原理。
18. 能说出上车操纵机构的种类及先导操纵手柄各方向的操纵机能。
19. 能操作汽车起重机并取得特种设备作业人员证。
20. 能完成中心回转体法兰装配。
21. 能完成吊钩固定装置装配及副吊钩装配。
22. 能完成转台组件装配。

23. 能完成变幅缸、变幅平衡阀的装配及液压回路连接。

24. 能完成上下车液压管路连接。

25. 能完成吊臂组件装配及液压管路连接。

26. 能说出汽车起重机上车电气系统常用的电气元件的结构、工作原理及作用。

27. 能说出汽车起重机上车电气系统的组成。

28. 能分析汽车起重机上车电气原理。

29. 能完成汽车起重机上车电气系统的装配。

4.1　吊臂系统装配

相关知识

4.1.1　主臂结构介绍

汽车起重机的主臂是起重机的核心部件，是汽车起重机吊载作业最重要的承重结构件。主臂机构的强度、刚度将直接影响汽车起重机的使用性能和安全性能。主臂结构的质量在一定程度上反映起重机制造厂家的技术水平。

目前，汽车起重机的主臂多数是六边形、大圆角截面结构，即主臂结构模式基本相同。所不同的是主臂节数、主臂截面尺寸、主臂长度尺寸、臂间起支承作用的滑块结构形状和主臂伸缩机构形式（绳排式和单缸插销式）等。下面以某公司生产的25t汽车起重机主臂结构为例进行说明。

1）主臂结构如图4-1所示。该主臂由一节臂、二节臂、三节臂、四节臂、五节臂套装而成，在各节主臂中间采用尼龙滑块支承，在水平或垂直方向上，滑

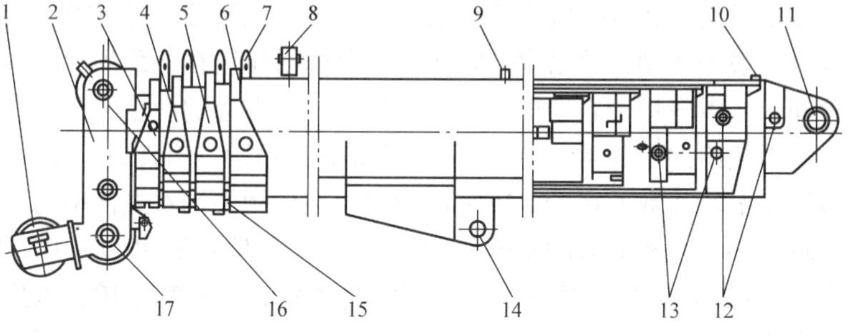

图4-1　主臂结构

1—臂尖滑轮　2—五节臂　3—四节臂　4—三节臂　5—二节臂　6—一节臂　7—拖绳架　8—压绳滚轮　9—挡板　10—绳托　11—主臂尾轴　12—一级伸缩液压缸铰点轴　13—二级伸缩液压缸铰点轴　14—变幅缸下铰点轴　15—调节垫块　16—分绳轮组　17—定滑轮组

块与臂筒间的双边间隙之和一般为 4 ~5mm。组装后的主臂滑块间隙越大，则主臂使用的强度与刚度越低。如果主臂滑块间隙偏小，则因臂体制造误差偏大，易产生干涉，发生伸缩臂抖动或产生异响。

2）在一节臂尾和中间下方部位，分别有两个铰接轴孔。一个为主臂与转台连接的尾铰点轴孔，另一个为变幅缸上铰点轴孔。在尾铰点轴套前侧有一级伸臂液压缸安装轴套，在二节臂尾前侧有二级伸臂液压缸安装轴套和四节臂伸臂绳固定点。二节臂的尾部有连接一级伸臂缸的缸套；三节臂的尾部有连接二级伸臂缸的缸套、五节臂伸臂绳固定点、四节臂缩臂滑轮，口部、尾部上下两侧设在尼龙滑块及其调整机构。四节臂的尾部设有五节臂缩臂滑轮，口部设有五节臂伸臂滑轮，口部、尾部上下两侧设在尼龙滑块（见图 4-2）及其调整机构。

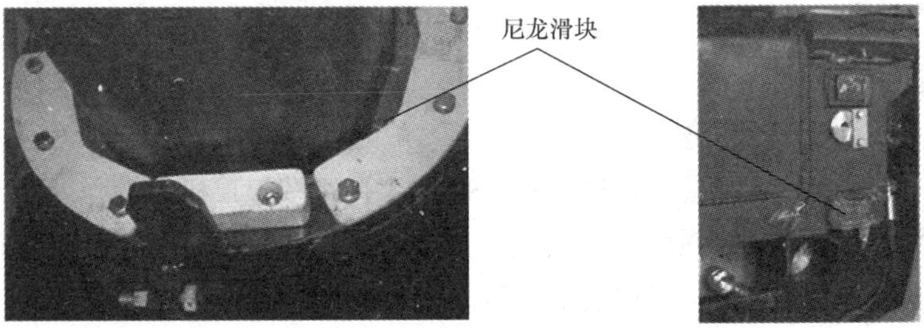

图 4-2　尼龙滑块

五节臂的头部设置分绳滑轮组和定滑轮组（见图 4-3），尾部上侧设伸臂绳固定点，上下侧均设尼龙滑块，在二节臂、三节臂、四节臂头部的上部分别设有托绳架；在一节臂头部的上方设有压绳滚轮；在一节臂尾部的上方设有绳托（托绳滚轮）等结构部件。设置这些构件的目的是保证主臂在任一种工况作业时，托起主、副卷扬机钢丝绳，防止钢丝绳外跳，以免造成升降作业时，磨损钢丝绳或卡住钢丝绳。在五节臂头部的前方，设置臂尖滑轮。臂尖滑轮是单滑轮的起升机构。一般采用副钩单倍率升降作业。分绳滑轮组在各系列产品中均为两个滑轮，中间一个滑轮用于副卷扬机钢丝绳通过，靠左边的滑轮用于主卷扬机钢丝绳通过。定滑轮组的滑轮数量在各系列产品中不相同，有四片、五片和六片之分。定滑轮组滑轮片数的多少，决定该滑轮组在使用中钢丝绳倍率的多少。例如四片定滑轮组，与之相配合的动滑轮组（吊钩）滑轮片数也为四片，钢丝绳的倍率最多为 $4 \times 2 = 8$。依此类推，五片滑轮钢丝绳倍率最多为 10，六片滑轮钢丝绳倍率最多为 12。

3）中小吨位五节臂产品的主臂伸缩机构由两级伸缩液压缸和二组伸缩臂绳相连接，实现主臂二节臂、三节臂、四节臂、五节臂同步伸缩。伸缩液压缸为倒

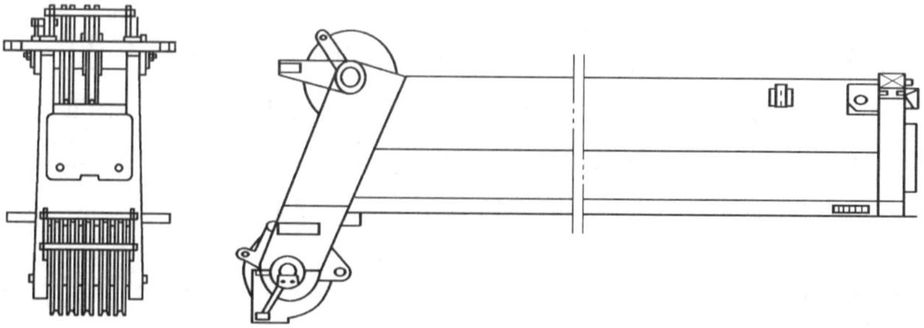

图4-3　五节臂头部结构

置液压缸，水平安装在四节臂的臂筒之中。活塞杆上的铰点孔安装在一节臂的尾端和二节臂的尾端，液压缸筒上的铰点轴安装在二节臂上和三节臂上。在伸缩液压缸的伸缩过程中，伸缩液压缸头部的连接架将退出或进入五节臂的尾部。为此，伸缩液压缸头部的连接架和五节臂的尾部均应设置导向装置，防止由于伸缩液压缸安装偏斜而发生相撞事故。

4.1.2　副臂结构

副臂是汽车起重机重要的起重部件，也是关键的钢结构件。目前，多数厂家生产的汽车起重机的副臂均采用桁架式结构。副臂的作用是补偿主臂作业高度不足、扩大主臂作业范围。下面以QY25副臂为例介绍副臂结构，如图4-4所示。

副臂的组成部分主要有：臂座、臂架、连接杆系统、臂头、支承架、托架总成等。臂座是副臂的基础结构件，与主臂（四节臂）臂头相连接。

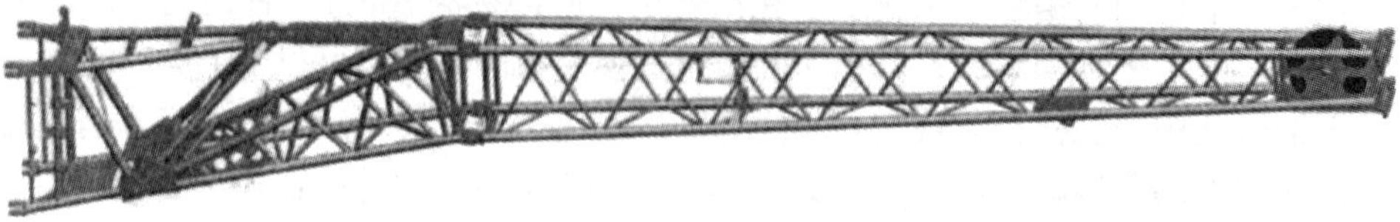

图4-4　副臂结构

臂架是副臂的结构主体，其作用是连接臂头和臂座，使副臂成为结构的整体。臂头是副臂直接吊重部件，副卷扬机钢丝绳悬挂在臂头滑轮上。连接杆系统是实现副臂变角度安装的重要调节部件。副臂有三种安装角度，即0°、15°、30°。

4.1.3　定滑轮及动滑轮的含义及工作特性

1. 定滑轮

1）定滑轮实质是等臂杠杆，不省力也不费力，但可以改变作用力方向。

2）定滑轮的特点。通过定滑轮来拉重物并不省力。通过或不通过定滑轮，测力机构（弹簧秤）的读数是一样的。可见，使用定滑轮不省力，但能改变力的方向。在不少情况下，改变力的方向会给工作带来方便。

2. 动滑轮

动滑轮实质是动力臂为阻力臂二倍的杠杆。使用动滑轮能省一半力，但多费1倍距离。

4.1.4　五节臂吊臂系统伸缩机构工作原理

1. 五节臂吊臂系统伸缩机构伸出工作原理（见图4-5）

1）伸缩缸一伸出带动二节臂运动。

2）伸缩缸二伸出带动三节臂运动，同时在伸缩缸二和粗拉索的作用下，带动四节臂伸出。

3）在四节臂伸出时，在粗拉索的作用下，带动五节臂伸出。

2. 五节臂吊臂系统伸缩机构回缩工作原理（见图4-6）

1）伸缩缸一回缩时，带动二节臂回缩。

2）伸缩缸二回缩时，带动三节臂回缩，同时在细拉索作用下带动四节臂回缩。

3）在四节臂回缩时，在细拉索作用下带动五节臂回缩。

4.1.5　单缸插销伸缩机构的布置

在每节伸缩臂尾端的上方有一个能够把该节臂与其外面的臂节锁定在一起并可以上、下运动的销轴（由于安装在吊臂上，所以称为臂销），臂销的作用是实现臂节之间的锁定和解锁，臂销初始位置在弹簧力的作用下可以向上运动到另一节臂的臂孔中，这样臂与臂之间不能相互运动以达到刚性锁定目的，当臂销受伸缩液压缸上的臂销缸作用时，臂销可向下移动并从另一节臂的臂孔中缩回，臂与臂之间处于解锁状态就可以相互运动，达到解锁的目的，臂销的上端有受力后锁定结构，防止臂销受力时脱落。

单缸插销式伸缩机构（见图4-7）的主要特点是采用单个液压缸来推动各节臂的伸缩，每节臂在0%、46%、92%、100%的长度处分别有一个臂销孔，尾部两侧则各有一个缸销孔，臂销位于每节臂的尾部，用于臂与臂之间的锁定，缸销位于伸缩液压缸缸筒的缸帽部位，用于推动每节臂的伸缩。起重臂伸时按照从前到后的顺序，缩时按照从后到前的顺序进行控制。采用机电液相结合的综合控制技术来实现单个伸缩液压缸自动进行多节起重臂伸缩的控制，机构的控制对象是可以运动的销轴（包括缸销和臂销），设计的实现思想是各个销轴能够按照设定

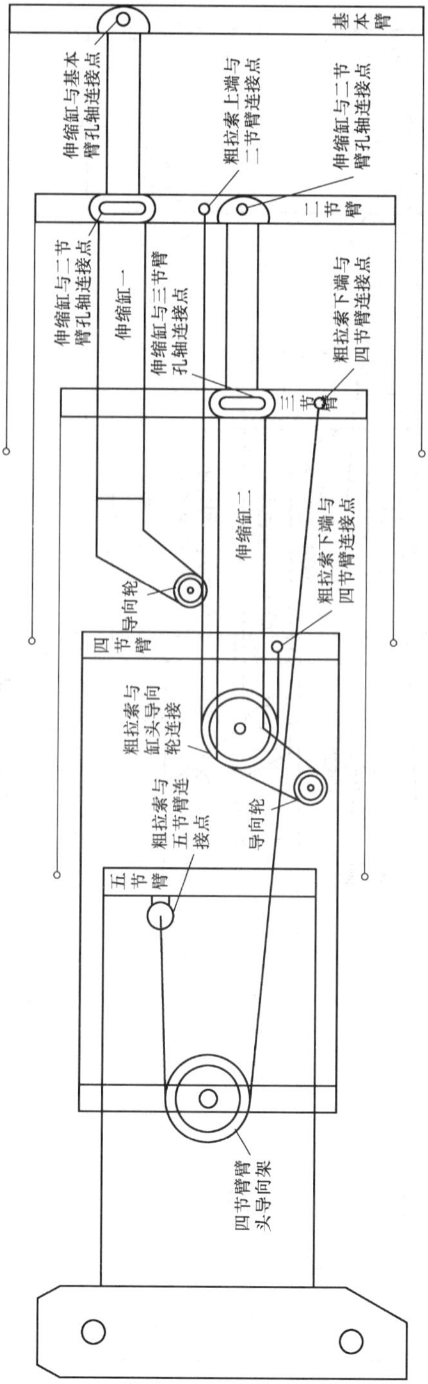

图4-5 五节臂吊臂系统伸缩机构伸出工作原理图

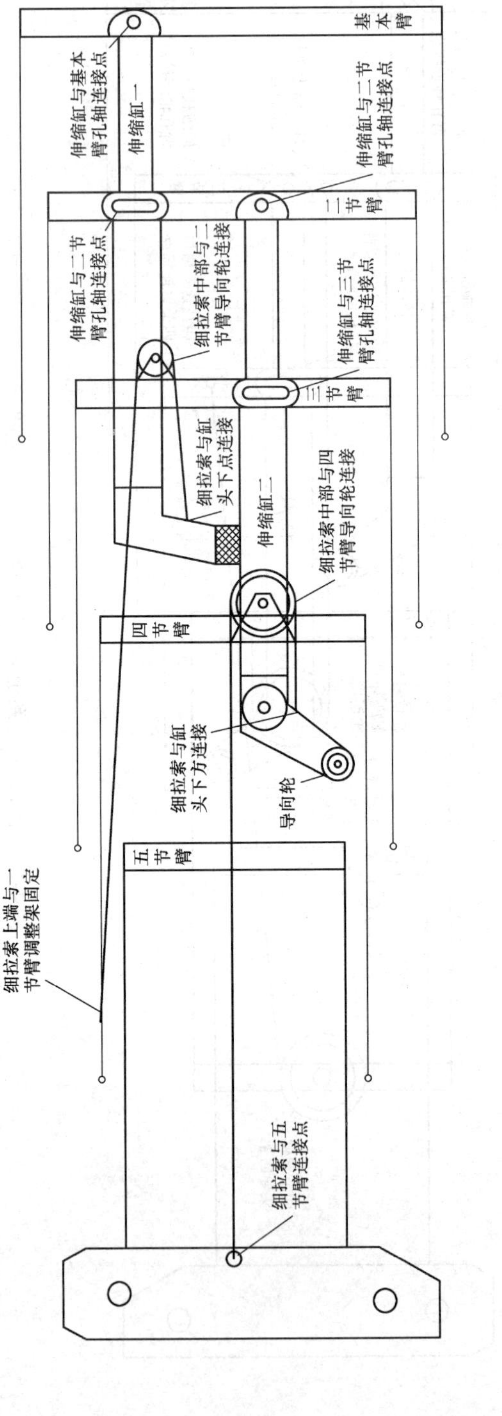

图 4-6　五节臂吊臂系统伸缩机构回缩工作原理图

的逻辑顺序接受控制，进行锁定或解锁，并在每一个锁定或解锁动作完成指令后，进行检测并反馈完成信号给处理器，处理器可以进行下一步的运动操作。操作者根据工况进行起重臂伸缩长度设定后，控制系统通过对液压缸尾部缸销和各节臂上臂销位置的检测及对液压缸伸缩长度的精确测量，将检测的开关量和模拟量信号传送给控制器，控制器根据反馈的信号，按照设定的伸缩目标和控制逻辑，自动进行起重臂的伸缩控制。

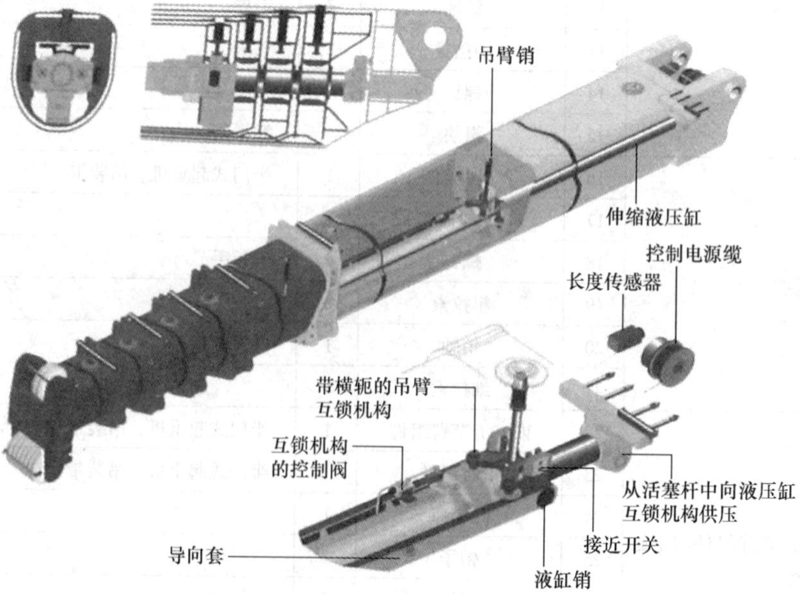

图4-7　单缸插销式伸缩机构

技能训练1　吊臂系统装配

吊臂系统装配内容及相关设备、工具和辅具见表4-1。

表4-1　吊臂系统装配内容及相关设备、工具和辅具

装配内容	序号	零部件名称	数量	设备、工具、辅具（料）
主副滑轮装配	1	主滑轮	5	
	2	副滑轮	2	
	3	销轴	2+1	铜棒
	4	隔套	2+4	
	5	轴挡板	4	气扳手
	6	螺钉	8	
	7	五节臂	1	桥式起重机、吊装带

（续）

装配内容	序号	零部件名称	数量	设备、工具、辅具（料）
四节臂与五节臂组装	8	四节臂	1	润滑脂、桥式起重机、卷扬机
	9	五节臂	1	
	10	粗拉索	2	
	11	滑轮	2	
	12	销轴	2	铜棒
	13	轴挡板	2	气扳手
	14	螺钉	4	
	15	滑块		润滑脂
下缸分装	16	伸缩缸	1	半门式起重机、吊装带
	17	导向支架	1	
	18	螺钉	4	气扳手
	19	粗拉索	2	
	20	销轴	1	夹簧、铜棒
	21	细拉索	1	
四、五节臂组件与下缸组件装配	22	四、五节臂组件	1	半门式起重机、吊装带
	23	下缸组件	1	半门式起重机、吊装带
	24	拉销座	1	
	25	销子	2	
	26	夹簧	2	
	27	螺钉	4	气扳手
	28	滑块		润滑脂
上缸分装	29	伸缩缸	1	半门式起重机、吊装带
	30	导向架	1	
	31	支承滑块	1	
	32	细拉索	1	
	33	绳挡 + 螺钉	1 + 2	气扳手
四、五节臂组件与三节臂组装	34	三节臂组件	1	
	35	二节臂	1	半门式起重机、吊装带
	36	滑块		润滑脂
	37	铰点轴	2	铜棒
	38	轴挡板 + 螺钉	2 + 4	气扳手
	39	销子	2	铜棒
	40	夹簧	2	

（续）

装配内容	序号	零部件名称	数量	设备、工具、辅具（料）
上缸组件与三节臂组件装配	41	上缸组件	1	半门式起重机、吊装带
	42	三节臂组件	1	
	43	滑块		
	44	厚、薄螺母	4	专用工具
	45	大垫片	2	
	46	滑轮＋滑轮罩	2＋2	
	47	绳挡	2	气扳手
	48	螺钉	8	
三节臂组件与二节臂装配	49	三节臂组件	1	半门式起重机、吊装带
	50	二节臂	1	半门式起重机、吊装带
	51	滑块		
	52	销轴	4	铜棒
	53	轴挡板＋螺钉	4＋8	
	54	硬管	3	油盆
	55	软管	2	油盆
二节臂组件与基本臂组装	56	二节臂组件	1	半门式起重机、吊装带
	57	一节臂、滑块	2	半门式起重机、吊装带
	58	铰点轴＋隔套	2＋2	液氮
	59	轴挡板＋螺钉	2＋4	气扳手
副臂与主臂连接	60	前支架	1	
	61	后支架	1	
	62	螺钉＋垫圈	8＋8	气扳手
	63	副臂组件	1	半门式起重机、吊装带
	64	主臂组件	1	半门式起重机、吊装带
	65	长销轴	1	铜棒
	66	前销轴	4	铜棒
	67	短销轴	2	

注：因五节臂的装配工艺包含了四节臂和三节臂的装配工艺，故下面仅以五节臂为例介绍其装配工艺过程。吊臂系统装配步骤及注意事项见表4-2。

表 4-2　吊臂系统装配步骤及注意事项

<table>
<tr><th>序号</th><th>操作步骤</th><th>工艺规范及操作过程</th><th>质量控制要点</th><th>安全注意事项</th></tr>
<tr><td rowspan="2">一</td><td rowspan="2">五节臂分装</td><td>1. 将主副滑轮组件、隔套按顺序装配在臂头主副滑轮轴孔中，装配时，用铜棒轻轻地将销轴敲入孔中
2. 将轴挡板用螺母、垫圈紧固在销轴两侧
3. 在油杯孔中装入油杯和油杯帽，注意油杯帽安装方向，无应力集中，并及时加注润滑脂</td><td>1. 主副滑轮装配后转动自如，无卡滞现象
2. 油杯装入后，需及时加注足量的润滑脂</td><td>1. 在装配主副滑轮组件时，要拖住，拖稳，防止掉落砸伤脚部
2. 防止被臂头突出物划伤、碰伤</td></tr>
<tr><td colspan="3">注意：隔套应无漏装，
且装配顺序正确

主滑轮装配

副滑轮装配</td></tr>
<tr><td>二</td><td>四节臂与五节臂组装</td><td>1. 将两根粗拉索分别从四节臂尾部两侧孔中穿入，从四节臂头部穿出，分别挂在五节臂后尾两侧的轮子支架上，将轮子、销轴装配在支架上，在臂尾内侧用轴挡板及螺栓紧固
2. 用专用工具在四节臂内滑道上均匀涂抹润滑脂，用滚筒在五节臂外滑道均匀涂抹锂基润滑脂
3. 用半门式起重机和吊装带在平衡点位置将五节臂吊起，对准四节臂头部穿入
4. 将四节臂头部滑轮装在四节臂两侧，将粗拉索放在滑轮绳槽内，用卷扬机将五节臂缓慢送入四节臂筒内，剩 1 ~ 2m 左右时停下，装配四节头部上下各滑块</td><td>1. 粗拉索Ⅱ一定要绷直理顺，以防缠绕或挤压五节臂
2. 锂基润滑脂涂抹均匀
3. 五节臂吊起无倾斜
4. 滑块上的润滑脂均匀涂抹，滑块之间间隙符合要求</td><td>1. 防止被粗拉索头部、滑轮或销轴砸伤
2. 防止因地面溅落的润滑脂滑倒、摔伤
3. 未取得特种作业证前，不得操作半门式起重机
4. 卷扬机未停止之前，不得装配滑块或靠近臂筒</td></tr>
</table>

（续）

<table>
<tr><th>序号</th><th>操作步骤</th><th>工艺规范及操作过程</th><th>质量控制要点</th><th>安全注意事项</th></tr>
<tr><td>二</td><td>四节臂与五节臂组装</td><td colspan="3">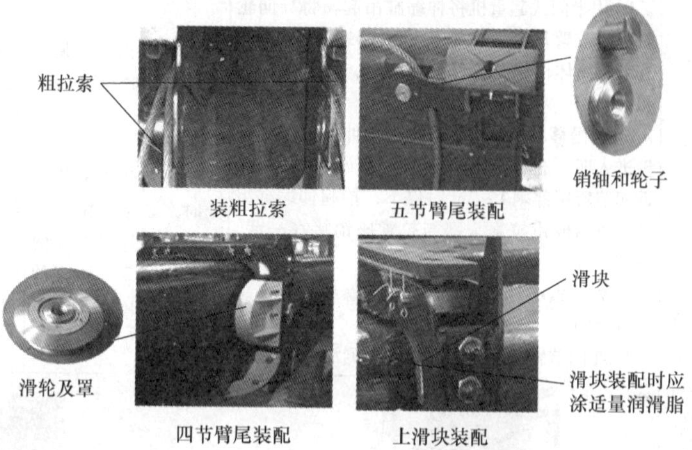
</td></tr>
<tr><td rowspan="2">三</td><td rowspan="2">下缸分装</td><td>1. 两人托住伸缩缸导向支架，使其安装孔对准伸缩缸头部穿入后用螺钉紧固
2. 将两根粗拉索穿入伸缩缸导向支架，粗拉索上安装滑轮组，用铜棒轻轻地将销轴敲入后，用弹簧固定
3. 将一根细拉索对折，中间位置装在伸缩缸导向支架的安装槽内，经滑轮缠绕后，经伸缩缸导向支架的位置穿出</td><td>1. 螺栓拧紧力矩符合技术要求
2. 伸缩缸滑轮装配后，应转动自如
3. 粗细拉索沿伸缩缸方向理顺，不得打绞</td><td>1. 防止伸缩缸导向支架滑落砸伤脚部
2. 在导向支架上安装粗拉索时，防止挤伤手部</td></tr>
<tr><td colspan="3">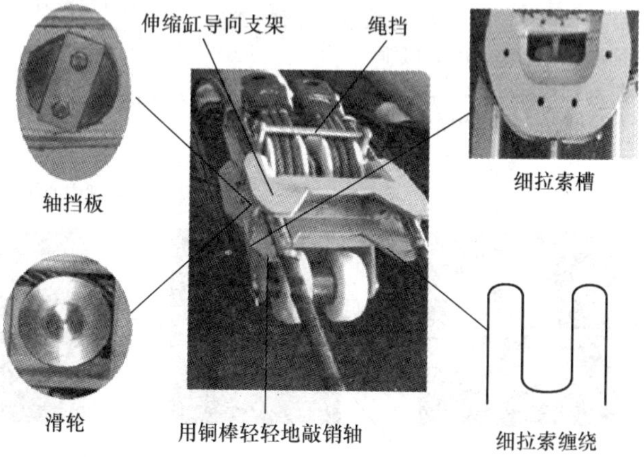
</td></tr>
</table>

（续）

序号	操作步骤	工艺规范及操作过程	质量控制要点	安全注意事项
四	四、五节臂组件与下缸组件装配	1. 用半门式起重机将伸缩缸吊起，将导向轮对着四节臂尾部，将细拉索两端螺杆穿过四、五节臂筒体，从五节臂头部穿出，拧上双螺母和大垫圈 2. 缓慢移动半门式起重机带动伸缩缸组件缓慢进入四、五节臂筒体内，当粗拉索的接头接近四节臂尾部剩 1～2m 时停下，抬起伸缩缸组件，将两根粗拉索头部与拉索座销接在一起，安装夹簧 3. 将拉索座对准四节臂尾部的螺纹安装孔用螺钉紧固 4. 在四节臂尾部安装上滑块和侧滑块	1. 回收滑轮罩弧形应与滑轮吻合完好、间隙均匀 2. 四节臂尾部两侧上滑块及侧面滑块装配时，必须装配适量的调整垫片以保证两节臂之间 2～3mm 的间隙要求	1. 未取得特种作业证之前，不得操作半门式起重机 2. 伸缩缸进入四、五节臂组件时，严禁将手放进臂筒内 3. 在拉索座与四节臂用螺栓预紧前、不得松开拉索座

五	上缸分装	1. 将支承滑块固定在导向架上 2. 两人协作，用手拖住导向架，对准伸缩缸头部进行装配后，用螺钉紧固 3. 将细拉索对折后，取中间位置放在导向架安装绳槽内，用绳挡固定	1. 螺钉拧紧力矩符合技术要求 2. 导向架装配后，不得歪斜	1. 防止导向架掉落砸伤 2. 对折细拉索时，防止弹起伤人伤己
		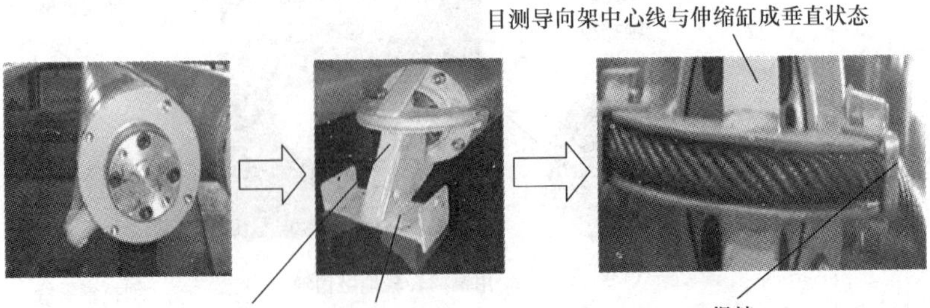		

（续）

序号	操作步骤	工艺规范及操作过程	质量控制要点	安全注意事项
六	四、五节臂组件与三节臂组装	1. 用专用工具在三节臂内滑道均匀涂抹锂基润滑脂，在四节臂外滑道上用滚筒均匀涂抹润滑脂 2. 用桥式起重机或半门式起重机将四、五节臂组件吊起，送入三节臂头部，将卷扬机钢丝绳挂在四节臂头部，起动卷扬机将四、五节臂组件缓慢地送入三节臂内，剩1～2m左右时停下，抬起四、五节臂组件，装三节臂头部上、下滑块等各件 3. 装三节臂尾部滑块 4. 用销轴将下缸缸筒上的铰点孔与三节臂固定在一起 5. 将五节臂伸出用的粗拉索的拉索座固定在三节臂尾部，用夹簧（卡子）固定	1. 滑道上应均匀涂抹润滑脂 2. 五节臂粗拉索的拉索座与三节臂尾连接正确，拉索不得打绞，卡子不得漏装 3. 三节臂尾部滑块装配时，装配适量的调整垫片以保证两节臂之间2～3mm的间隙	1. 俯身进行四节臂下方润滑脂涂抹时，防止碰伤头部 2. 四、五节臂进入三节臂期间，不得提前进行滑块装配，防止挤伤手部 3. 装夹簧时，防止打滑碰伤手部
七	上缸组件与三节臂组件装配	1. 用半门式起重机将上缸组件吊起，将细拉索两端螺杆分别从三节臂尾部的工艺孔中穿入，从四节臂臂筒前部无缝管穿出，拧上双螺母和大垫片 2. 将三节臂尾部回收滑轮装配在滑轮架上，将细拉索放在滑轮绳槽内。用半门式起重机将上缸组件平稳吊起缓慢送入臂筒内，上缸组件剩余1～2m时停止，装滑轮罩及绳挡，用螺钉紧固	1. 三节臂尾部滑轮罩与滑轮间隙均匀 2. 三节臂尾部回收滑轮转动自如 3. 细拉索无打铰或损伤	1. 未取得特种作业证之前，不得操作行车或半门式起重机 2. 防止上缸倾斜砸伤脚部 3. 防止滑轮罩掉落砸伤脚部
八	三节臂组件与二节臂装配	1. 在三节臂组件外滑道与二节臂内滑道上均匀涂抹润滑脂 2. 用半门式起重机将三节臂组件吊起，将其尾部对准二节臂头部，将卷扬机钢丝绳挂在三节臂头部。起动卷扬机，将三节臂组件平稳地送入二节臂内，剩1～2m左右停下，将三节臂组件轻轻抬起，组装二节臂头部上下滑块 3. 装尾部上滑块、两侧滑块 4. 伸缩缸下缸后铰点与二节臂尾铰点孔用销轴连接，用轴挡板螺钉紧固；伸缩缸上缸前铰点与二节臂尾用销轴固定，用轴挡板加螺钉紧固 5. 伸缩液压管路装配：将油盒放在臂尾下部，开启上下缸各油口，用软管连接上下缸对应油口，将接头体装配在上缸油口上	1. 二节臂臂筒内与三节臂外滑道应均匀涂抹润滑脂 2. 滑块装配后保证两节臂之间2～3mm的间隙要求 3. 液压油无洒落，工作现场清洁无污染 4. 伸缩油管装配牢靠，密封圈无漏装，螺栓无漏紧 5. 液压管油管接头包扎好	1. 将三节臂组件装入二节臂时，要运行平稳，不得有冲击或严重前推现象 2. 未取得特种作业证之前，不得操作桥式起重机或半门式起重机 3. 使用扳手紧固液压油管时禁止使用加长杆，且防止扳手打滑受伤

（续）

序号	操作步骤	工艺规范及操作过程	质量控制要点	安全注意事项
八	三节臂组件与二节臂装配	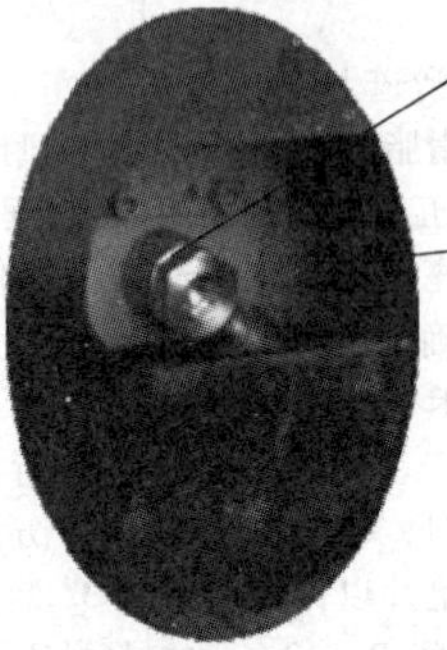 O形圈 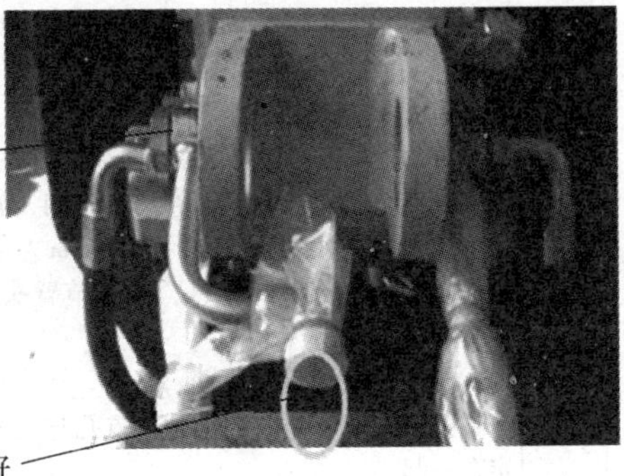 接头包扎好 管接头与下缸连接处		
九	二节臂组件与基本臂组装	1. 在基本臂内滑道和四节臂外滑道均匀涂抹锂基润滑脂 2. 用半门式起重机将二节臂组件吊起，将其尾部对准基本臂头部，将卷扬机钢丝绳挂在四节臂头部，起动卷扬机，将二节臂组件平稳地送入基本臂内，剩1～2m左右停下，将二节臂组件轻轻抬起，组装基本臂头部上、下滑块，装配完毕后，起动卷扬机将二节臂组件装配到位 3. 用铰点轴将伸缩上缸后铰点与基本臂连接，并用轴挡板固定 4. 在五节臂头部位置用专用扳手对称预紧两细拉索头部螺母，使细拉锁处于张紧状态	1. 滑道上均匀涂抹润滑脂 2. 紧固螺钉应低于滑块表面1～2mm 3. 滑块装配时，应涂适量润滑脂 4. 上缸与基本臂连接螺栓拧紧力矩符合技术要求 5. 细拉索处于张紧状态	1. 俯身进行二节臂下方润滑脂涂抹时，防止碰伤头部 2. 未取得特种作业证之前，不得操作行车或半门式起重机 3. 卷扬机起动过程中，防止挤伤手部 4. 紧拉索时，防止打滑受伤
		 隔套 销轴用铜棒轻轻地敲  销轴、挡板		

（续）

序号	操作步骤	工艺规范及操作过程	质量控制要点	安全注意事项
十	副臂与主臂连接	1. 用螺栓加垫圈将副臂前支架和后支架的支承架安装在主臂上，并将支承板用销轴固定在支承架上 2. 用半门式起重机将副臂组件吊装至主臂上的前支架和后支架上平稳落下 3. 将副臂推入前支架安装槽内，用长销轴插入销孔后晃动副臂组件，使销轴顺利插入 4. 将副臂后端微微向里推，使臂座上的销轴孔与主臂铰接轴配合后插入固定销，在固定销上安装夹簧 5. 在后支架托板上安装固定销	1. 前后支架安装平齐无倾斜 2. 副臂连接销轴装配后应拆装自如 3. 前后支架螺栓扭紧力矩符合设计要求 4. 夹簧无漏装现象	1. 副臂组件落放平稳，防止挤伤 2. 两人合作进行副臂吊装务必统一指挥 3. 副臂销轴插入前，不得放松吊装绳，防止掉落伤人 4. 推副臂时，防止挤伤手部
		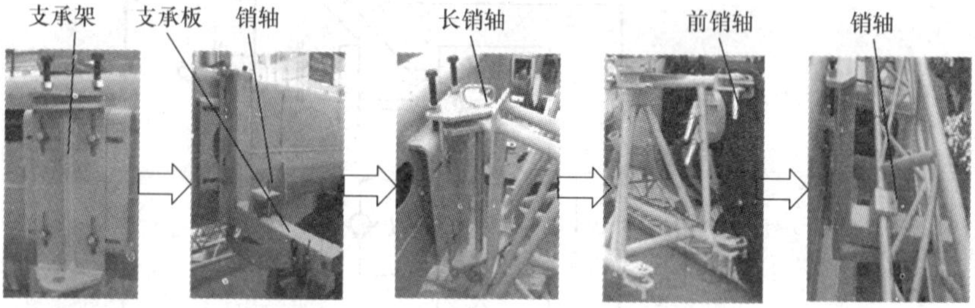安装前支架　安装后支架　安装长销轴　安装前销轴　安装后固定销		

4.2　转台系统装配

4.2.1　液压基本回路的含义及分类

1. 液压基本回路的含义

由一些液压元件组成的，用来完成特定功能的典型回路称为液压基本回路。

2. 常见液压回路的分类

（1）方向控制回路　它在液压系统中的作用是控制执行元件的起动、停止或运动方向。

（2）压力控制回路　它的作用是利用压力控制阀来实现系统的压力控制，用来实现稳压、减压、增压和多级调压等控制，以满足执行元件在力或转矩及各种动作方面对系统压力的要求。

（3）速度控制回路　它是液压系统的重要组成部分，用来控制执行元件的运动速度。

4.2.2 汽车起重机三大机构（不含变幅回路）液压基本回路分析

汽车起重机除发动机、底盘传动系统外，其工作装置主要是指起升机构、回转机构、变幅机构和伸缩机构，即汽车起重机的“四大机构”。

1. 起升机构液压回路

汽车起重机需要用起升机构（即卷扬机构）实现垂直起升和放下重物。起升机构采用液压马达通过行星减速器驱动卷筒，起升机构液压回路如图 4-8 所示。当换向阀 3 处于左位时，通过液压马达 2、减速器 6 和卷筒 7 提升重物 G，实现吊重上升。而换向阀 3 处于右位时，下放重物 G，实现负重下降，这时平衡阀 4 起平稳作用。当换向阀处于中位时，回路实现承重静止。由于液压马达内部泄漏比较大，即使平衡阀的闭锁性能很好，卷筒和吊索机构仍难以支承重物 G。如要实现承重静止，可以设置常闭式制动器，依靠制动液压缸 8 来实现。

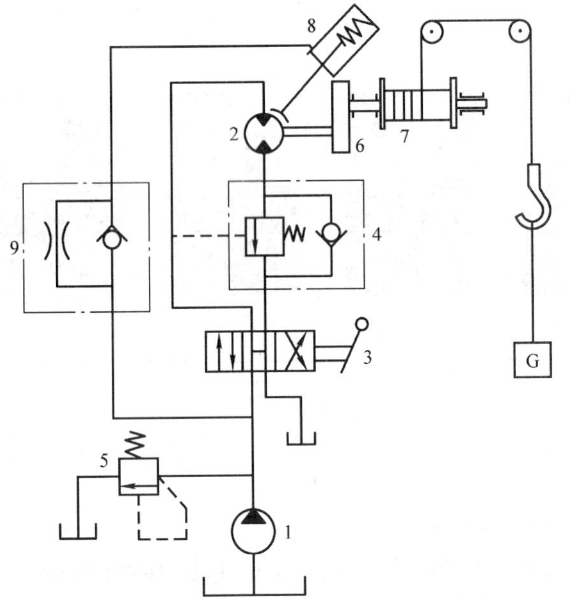

图 4-8 起升机构液压回路

1—液压泵 2—液压马达 3—换向阀 4—平衡阀 5—溢流阀 6—减速器 7—卷筒 8—制动液压缸 9—单向节流阀

在换向阀左位（吊重上升）和右位（吊重下降）时，液压泵 1 提供的液压油同时作用在制动缸下腔，将活塞顶起，压缩上腔弹簧，使制动器闸瓦拉开，这样液压马达不受制动。换向阀处于中位时，泵在 H 形中位机能下实现卸荷，出油口接近零压，制动缸活塞被弹簧压下，闸瓦制动液压马达使其停转，重物 G 静止于空中。对于大多数汽车起重机而言，均有主起升机构和副起升机构，其工作原理相同。

2. 伸缩机构液压回路

伸缩机构是一种多级式伸缩起重臂伸出与缩回的机构。如图4-9所示为伸缩臂机构液压回路。臂架有三节，Ⅰ是第1节臂，或称基本臂；Ⅱ是第2节臂；Ⅲ是第3节臂；后一节臂可依靠液压缸相对前一节臂伸出或缩进。3节臂只要两只液压缸：液压缸6的活塞与基臂Ⅰ铰接，而其缸体铰接于第2节臂Ⅱ，缸体运动Ⅱ相对Ⅰ伸缩；液压缸7的缸体与第2节臂Ⅱ铰接，而其活塞铰接于第3节臂Ⅲ，活塞运动使Ⅲ相对于Ⅱ伸缩。第2节臂和第3节臂是顺序动作的，对回路的控制可依次进行：

1）手动换向阀2在左位，电磁阀3也在左位，使液压缸6上腔压入液体，缸体运动将第2节臂相对于基本臂Ⅰ伸出，第3节臂Ⅲ则顺势被臂Ⅱ托起，但对Ⅱ无相对运动，此时实现举重上升。

2）手动换向阀仍在左位，但电磁换向阀换至右位，液压缸6因无液体压入而停止运动，臂Ⅱ对臂Ⅰ也停止伸出，而液压缸7下腔压入液体，活塞运动将臂Ⅲ相对于Ⅱ伸出，继续举重上升。连同上一步序，可将第3节臂总长增至最大，将重物举升至最高位。

3）手动换向阀换为右位，电磁换向阀仍为右位，液压缸7上腔压入液体，活塞运动臂相对于臂Ⅱ缩回，负重下降，此时需平衡阀5起作用。

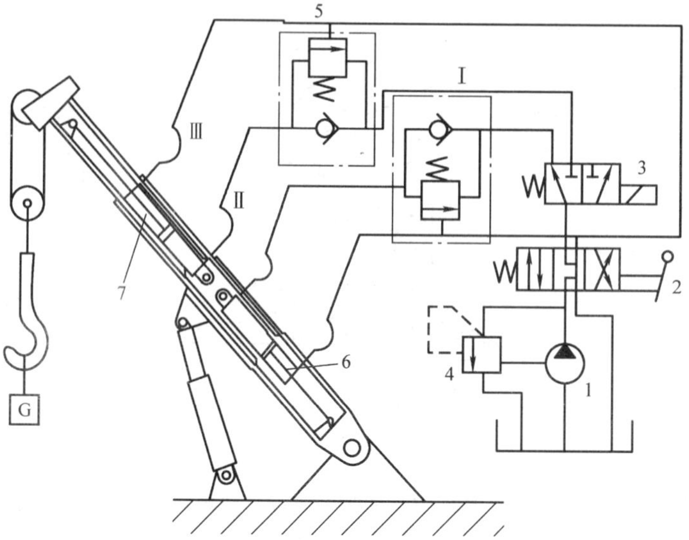

图4-9　伸缩臂机构液压回路

1—液压泵　2—换向阀　3—电磁阀　4—溢流阀　5—平衡阀　6、7—液压缸

4）手动换向阀仍为右位，电磁换向阀换到左位，液压缸 6 下腔压入液体，缸体运动将臂Ⅱ相对于臂Ⅰ缩回，负重下降，需平衡阀 4 起作用。

3. 回转机构液压回路

为了使工程机械的工作机构能够灵活机动地在更大范围进行作业，就需要整个工作装置做旋转运动。回转机构能实现这个目的。回转机构的液压回路如图 4-10 所示。液压马达 5 通过小齿轮与大齿轮的啮合，驱动作业架回转。整个作业架的转动惯量特别大，当换向阀 2 由上或下位转换为中位时，A、B 口关闭，马达停止转动。但液压马达承受的巨大惯性力矩使转动部分继续前冲一定角度，压缩排出管道的液体，使管道压力迅速升高。同时，压入管道已封闭，但液压马达前冲使管道中的液体膨胀，引起压力迅速降低，在进油路上也会产生真空，这两种压力变化如果很激烈，将造成管道或液压马达损坏。因此，必须设置一对缓冲阀 3、4。当换向阀的 B 口连接管道为排出管道时，阀 4 如同安全阀那样，在压力突升到一定值时放出管道中的液体，又进入与 A 口连接的压入管道，补充被液压马达吸入的液体，使压力停止下降，或减缓下降速度。所以对回转机构液压回路来说，缓冲补油是非常重要的。

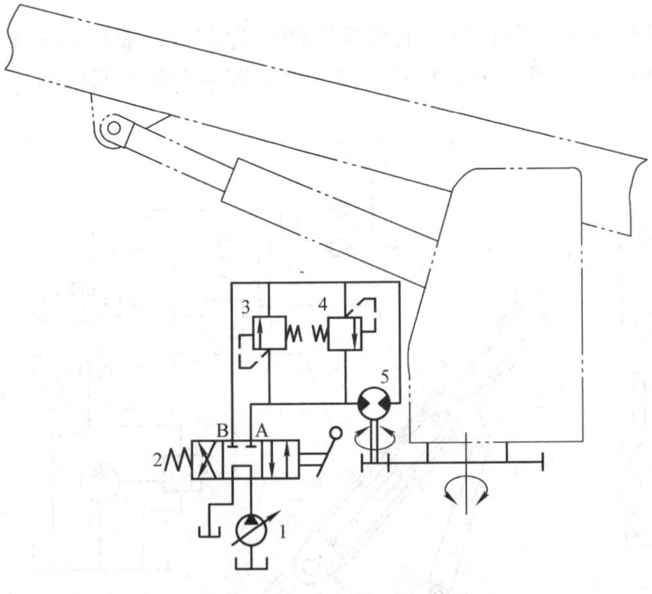

图 4-10 回转机构液压回路

1—液压泵 2—换向阀 3、4—缓冲阀 5—液压马达

4.2.3 25t 先导式汽车起重机液压系统原理图

现以某公司生产的 25t 汽车起重机为例进行整机液压系统原理图的介绍。该

液压系统采用开式定量泵变量马达系统，动力元件为四联齿轮泵、卷扬马达为斜轴式柱塞马达，整机分为上车液压系统和下车液压系统两部分。

1. 下车液压系统

在底盘液压系统装配中已经介绍过，在此不再重复。

2. 上车液压系统

在液控先导式操纵的多路换向阀控制系统中，主操纵阀为阀前补偿的负荷敏感式比例多路换向阀，先导阀采用比例式减压阀，先导阀手柄移动的角度与输出压力成正比，主操纵阀的阀芯位移与先导阀输出压力成正比，所以整机具有良好的微动性，同时负载敏感阀使执行元件的运动速度与负载无关，降低了操作者的操作难度，减轻了操作者的劳动强度。卷扬机机构采用变量马达，使整机具有轻载高速、重载低速的特点。

（1）起升油路　泵的最大排量为63mL/r，变量马达的排量为55mL/r，起升油路卷扬机制动器为常闭式，当控制主起升的先导操纵阀操纵时，从先导操纵阀输出的控制油通过梭阀使液控换向阀换向，使来自于多路阀且经过减压的液压油，通过液控换向阀和单向节流阀开启卷扬机制动器，从而进行正常的起升或下降动作。

当先导操纵阀回中位时，控制油路中的液压油从先导操纵阀回油箱，制动器在弹簧的作用下复位制动。

（2）回转油路　泵的最大排量为32mL/r，定量柱塞马达的排量为28mL/r。回转制动器的开启由电磁阀控制，电磁阀无电，制动器闭死（回转制动）；电磁阀有电，制动器在液压油的作用下开启（回转制动解除）。所以在做回转运动时，操作者必须按住控制回转运动的先导操纵阀手柄上的按钮（或直接打开操纵面板上的回转制动开关）。回转主油路具有自由滑转功能，当吊臂在起重作业受到侧拉时按下自由滑转开关（在左操纵手柄的外侧、右操纵手柄的内侧），转台能够自动找正，使吊臂中心线所在平面转至重物重心上方，防止吊臂受到侧向力而导致弯曲、折断或倾翻。

（3）变幅油路　泵的最大排量为50mL/r，变幅下降时的系统最高压力调定为8MPa。为了使变幅下降时平稳或可靠停住，在油路中设有外控式内泄式平衡阀，为了给力矩限制器（简称力限器）提供稳定的压力信号，在平衡阀的进油腔和回油腔均设置了压力传感器以实现过载卸荷。

（4）伸缩油路　泵的最大排量为50mL/r，该起重机共有五节主臂，一级液压缸带动二节臂组件伸出，二级液压缸带动三、四、五节臂同步伸缩。为了使吊臂伸出时不会因为压力过高而使活塞杆弯曲，限压阀压力调定为14MPa，为了使吊臂回缩时平稳或可靠停住，在油路中设有平衡阀。

（5）控制油路　先导控制油路的压力由排量为8mL/r的齿轮泵单独提供，

控制油路溢流阀压力设定为3MPa。在先导控制油路中设有先导油源控制电磁阀，此电磁阀有电，上车各执行机构才能动作，否则，所有动作皆无，在先导控制油路中设有安全卸荷电磁阀，此电磁阀受力矩限制器控制，当负载力矩达到或超过设计值时，电磁阀有电，所有使力矩增大的动作均不能工作。

如图4-11所示为QY25汽车起重机上车液压系统原理图。

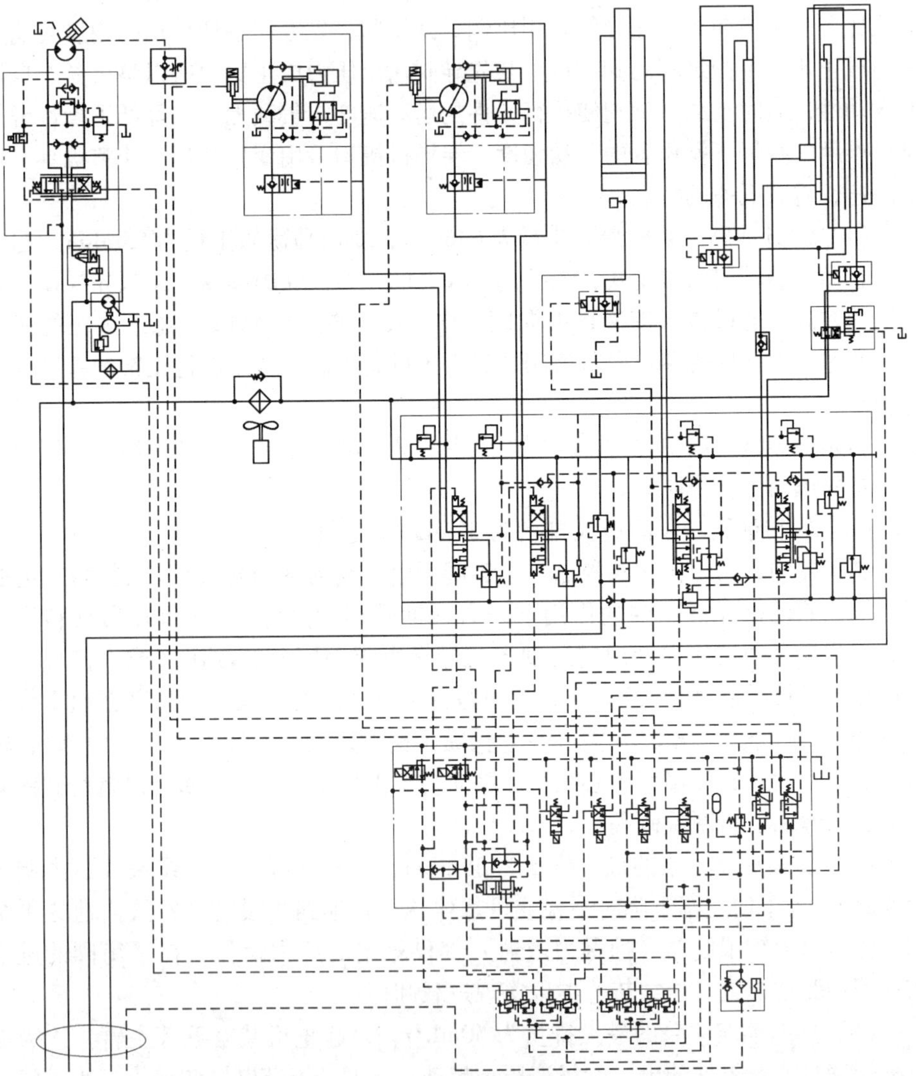

图4-11　QY25汽车起重机上车液压系统原理图

4.2.4　液压管路装配前的自检内容及装配注意事项

1. 管线装配前的自检

1）各待装液压管件在未进入系统装配前，应放在专用的工位器具上。

2）待装液压管件必须无损伤，油口封堵完好；各接头体螺纹应无损伤，接口内不得有毛刺、铁屑或其他杂物。

3）在系统安装前，应确保各元件不得被污染。

4）在装配前，应认真检查胶管的外观质量、接头形式与规格是否符合技术文件的要求。

2. 胶管装配注意事项

1）应保证工作现场整洁，严格按照液压元件装配要求，防止装配过程被污染。

2）拆除包装后的各管接头，必须放置在干净的工作台上，各密封堵随装随拆。

3）在液压系统管路装配过程中，不得将液压管路落地，严禁用毛巾、棉纱擦拭管路接头，如需擦拭液压管接头，应使用绸布、涤纶布或乙烯树脂海绵擦拭。

4）在液压管接头连接紧固时，只能用手动扳手按规定的拧紧力矩进行连接紧固，严禁使用气动扳手紧固。

5）胶管接头与其连接的接头进行紧固装配时，不允许胶管接头绕其轴线转动而使胶管产生扭曲现象。

6）胶管接头与其连接的接头进行装配时，必须使用两个扳手，其中一个周向固定接头体，用另一个转动胶管接头上的螺母进行紧固，严禁固定胶管接头上的螺母而转动接头体进行装配。

7）在胶管装配过程中严格避免不带外套的胶管接头与带尖角或棱边的零件接触，防止胶管接头的损伤。

8）对接的管接头拧紧后，从力矩激增点再拧紧1/6－1/4r。油管连接无应力集中。

9）装配完成后进行自检，管路应布置整齐、美观，管件无干涉与扭曲现象。

3. 硬管装配注意事项

1）卡套式螺母装配时，应检查卡套、螺母是否符合预装要求，如不符合预装要求，则不准进行系统装配。

2）扩口式硬管在装配时，应检查衬套、螺母及扩口密封表面是否符合预装要求，如不符合预装要求，则不准进行系统装配。

3）在装配硬管时，其两端同时与接头体进行装配，两端同时拧紧。

4）在液压管接头连接紧固时，只能用手动扳手按规定的拧紧力矩进行连接紧固，严禁使用气动扳手紧固。

5）硬管与硬管、硬管与软管通过接头体进行连接安装时，必须使油管之间完全或基本在同一中心轴线位置，严禁在偏离中心轴线较大的状态下强行装配。

6）在安装固定平行管路时要考虑到管路的整体美观性，各平行管路之间应保持匀称。

4.2.5 液压元件摆放标准

1. 回转机构及回转马达的摆放（见图4-12）

1）回转机构和回转马达标识明确，摆放整齐有序，避免磕碰、划伤。

2）回转机构安装前，应用专用加油机按技术要求加入极压齿轮油，回转机构加油后，应及时将油口封堵。加油时不要滴洒，如有滴洒，应及时擦拭干净。

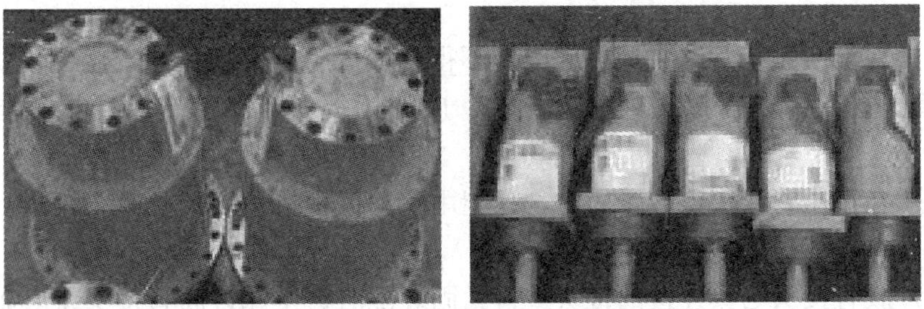

图4-12 回转机构及回转马达的摆放

2. 起升机构及起升马达的摆放（见图4-13）

1）起升机构放在专用工位器具上，摆放整齐有序，装配前检查钢丝绳不得有乱绳、挤压及断裂现象。

2）起升马达应放置在专用平台上，马达应放置有序，间隙均匀，不得磕碰。

3）起升马达各油口封堵应保持完好。

图4-13 起升机构及起升马达的摆放

3. 多路阀及起升平衡阀的摆放（见图4-14）

1）多路阀及起升平衡阀应整齐有序地摆放在专用平台上，间隙均匀。装配时平稳吊装，不得磕碰。

2）阀上各油口封堵应保持完好。装配时做到先装先拆，后装后拆，不装不拆。

图4-14 多路阀及起升平衡阀的摆放

4. 先导控制阀的摆放（见图4-15a）

1）控制阀应整齐有序地摆放在专用平台上，间隙均匀，不得磕碰、损伤控制阀上的电磁阀。

2）阀上各油口封堵应保持完好。装配时做到先装先拆，后装后拆，不装不拆。

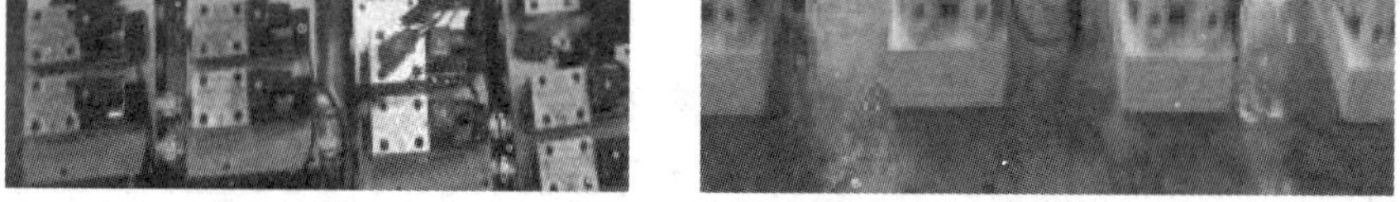

a)　　　　b)

图4-15 先导控制阀与回转缓冲阀的摆放

a）先导控制阀 b）回转缓冲阀

5. 回转缓冲阀的摆放（见图4-15b）

1）回转缓冲阀应整齐有序地摆放在工作平台上，间隙均匀，防止磕碰。

2）阀上各油口装配时，应做到先装先拆，后装后拆，不装不拆。

6. 各种硬管的摆放（见图4-16a）

1）硬管的封堵和包扎物要完好，整齐排列在专用工位器具上。

2）检查硬管应无锈蚀、凹瘪现象，管内无异物及污物，封堵和包扎完好。

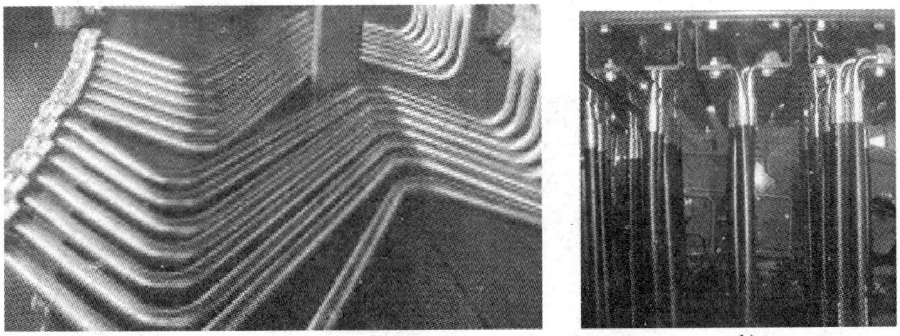

a)　　b)

图4-16　各种硬管与软管的摆放

a）硬管　b）软管

7. 各种软管的摆放（见图4-16b）

1）软管的封堵和包扎物应完好无损、标识明确，分类整齐排列在软管放置架上。

2）检查胶管的外部质量，不得有扭曲、划伤现象。

4.2.6　机械式操纵液压系统原理（以16t为例）

如图4-17所示为QY16型汽车起重机液压系统。该起重机最大起升高度为19m，起重量为16t。液压系统属开式、多泵定量系统。液压系统由支腿、回转、伸缩、变幅及起升液压回路组成。支腿换向阀3、4、5、6为并联油路，但与换向阀2组成串并联油路。变幅换向阀15与伸缩换向阀14为并联油路。三联泵中，泵Ⅰ主要给支腿回路和回转回路供油；泵Ⅱ主要给伸缩及变幅回路供油；泵Ⅲ主要给起升回路供油。

1. 支腿液压回路

由泵Ⅰ来油后，若阀2处于中位，液压油可供回转回路。回转回路不工作时，液压油直接返回油箱。阀3、4、5、6不工作，仅阀2处于左、右位时，各支腿液压缸（42、43）也不能动作。只有当阀2处于左、右位及阀3、阀4、阀5、阀6也同时或单独动作时，支腿水平液压缸和垂直液压缸才能单独伸出或缩回。

2. 回转液压回路

阀2处于中位，操纵换向阀13，泵Ⅰ来油即可使回转马达37运转。在进液压油的同时，配合脚踏缸22的动作，通过梭阀32、二位三通制动阀34可实现液压马达制动闸33（常闭式）的及时松闸。

3. 伸缩液压回路

由泵Ⅱ供油，液压油经三位六通手动换向阀14右或左位、平衡阀27即可使伸缩液压缸38伸出或缩回。伸缩缸液压油压力由远控溢流阀20、二位三通电磁阀19控制。当油路压力超过调定值时，安装在进油路上的压力继电器会使电磁阀19通电，从而实现液压油卸荷的目的。

4. 变幅液压回路

变幅液压回路由泵Ⅱ、换向阀15、远控溢流阀20、过载阀23、平衡阀28及变幅液压缸39等组成。此回路尚设置有应急手动液压泵46，当泵Ⅱ因故不能供油时，利用应急泵及快速接头47的设置可以保证动臂实现应急下降。

5. 起升液压回路

起升液压回路由泵Ⅲ、泵Ⅱ、五位六通手动换向阀17（有二位属过渡位）、远控溢流阀21、过载过载阀24、选择阀25、液控换向阀26、单向节流阀31、平衡阀29和30、马达制动阀35和36及液压马达40和41等组成。操纵阀17不同位工作，可使起升液压马达处于正、反转（起升、下降）。

阀25的不同位，是用于选择主、副起升机构。阀24在下降工况时，过速下降将起进油路的补油之用。

阀21与阀组19组成远控溢流卸荷之用。溢流阀16远控口，向阀26、31提供液控操作用油及向制动缸提供操作用油。

阀18为五位五通转阀，操作在不同位，就能观察不同回路进油路的液压油的压力值。泵Ⅱ、泵Ⅲ在变幅缸不工作时，通过阀15中位及单向阀可合流供油。

4.2.7　机械拉杆的装配

1. 安装操纵杆总成

（1）装配步骤　将分装好的拉杆总成平放在操纵室底板安装位置，用一只手扶住拉杆总成，另一只手拧上四个角及中间的紧固螺钉，用气动扳手紧固即可。

（2）质量控制要点　螺钉紧固无遗漏，拉杆总成无倾斜。

（3）安全注意事项　防止拉杆总成歪倒碰伤，在操纵室作业时，防止碰伤头部。

2. 安装拉杆总成

（1）装配步骤　在操纵室底部用操纵拉杆将操纵杆总成与主阀各阀芯连接起来，在阀芯连接处装上开口销，注意开口销的开口度大于90°。

（2）质量控制要点　拉杆行程符合要求；拉杆固定开口销无遗漏且开口度

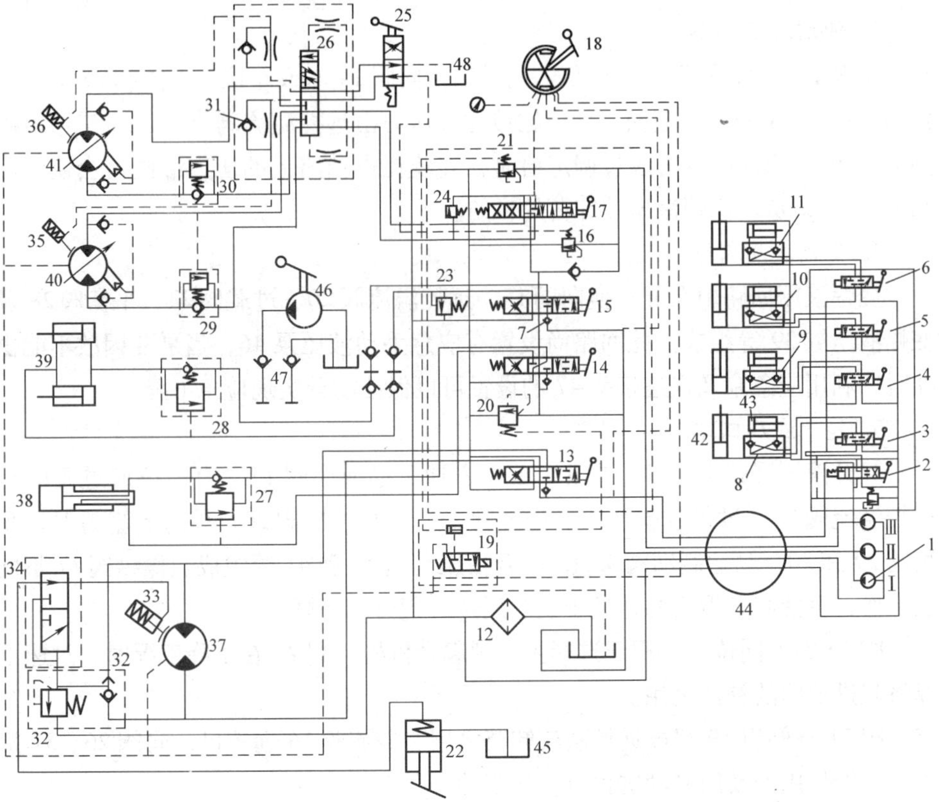

图 4-17　QY16 型汽车起重机液压系统图

1—液压泵　2—支腿换向阀　3、4、5、6—支腿选择阀　7—油管　8、9、10、11—双向液压锁　12—滤油器　13—回转换向阀　14—伸缩换向阀　15—变幅换向阀　16—过载溢流阀　17—卷扬机换向阀　18—五位五通转阀　19—电磁换向阀　20、21—溢流阀　22—脚踏缸　23、24—过载阀　25—主副卷扬机选择阀　26—液控换向阀　27、28、29、30—平衡阀　31—单向节流阀　32—梭阀　33、35、36—马达制动闸　34—二位三通制动阀　37—回转马达　38—伸缩液压缸　39—变幅液压缸　40—副卷扬马达　41—主卷扬马达　42—水平支腿液压缸　43—垂直支腿液压缸　44—中心回转体　45—油箱　46—手动液压泵　47—快速接头　48—压力表

大于 90°。

（3）安全注意事项　防止拉杆歪倒碰伤，在操纵室下方作业时，防止碰伤头部。

技能训练 2　转台系统装配

转台系统装配内容及相关设备、工具和辅具见表 4-3。

表4-3 转台系统装配内容及相关设备、工具和辅具

装配内容	序号	零部件名称	数量	设备、工具、辅具（料）
上车四大公共液压系统装配	1	转台	1	桥式起重机、吊装链
	2	先导控制阀	1	半门式起重机、吊装带
	3	组合阀	1	半门式起重机、吊装带
	4	螺钉		气动扳手
	5	油管		呆扳手、气动扳手
	6	泄油集流管	1	气动扳手
	7	风冷器	1	半门式起重机、吊装带
	8	先导操纵手柄	2	呆扳手、电动扳手
回转机构装配	9	回转支承	1	桥式起重机、吊装链
	10	螺栓		气动扳手
	11	回转减速机	1	半门式起重机、吊装带
	12	回转马达	1	半门式起重机、吊装带
	13	回转缓冲阀	1	半门式起重机、吊装带
	14	油管	1	呆扳手
伸缩液压系统装配	15	伸缩控制阀	1	
	16	螺栓	4	气动扳手
	17	油管		呆扳手
变幅液压系统装配	18	油管	2	呆扳手
	19	管卡		电动扳手
起升机构装配	20	销轴	4	虎口钳
	21	卷扬减速机	2	半门式起重机、吊装带
	22	螺栓		气动扳手
	23	卷扬马达	2	半门式起重机、吊装带
	24	油管		呆扳手
	25	管夹		电动扳手

转台系统装配步骤及注意事项见表4-4。

表4-4 转台系统装配步骤及注意事项

序号	操作步骤	工艺规范及操作过程	质量控制要点	安全注意事项
一	上车四大系统公共液压元件装配	1. 转台吊装至装配线：将分装好的转台结构吊起，移动桥式起重机，将转台结构平稳地落放在装配线上 2. 控制阀装配：用软绳将控制阀吊起，缓慢移动至转台车架，将螺纹孔对准转台结构支架上的孔，拧上固定螺栓并用气动扳手紧固 3. 组合阀装配：用软绳将组合阀吊起，缓慢移动至转台组合阀支架上，用螺栓预紧并用气动扳手紧固 4. 组合阀与控制阀之间的管路连接：用8根软管将组合阀上的8个液控口与控制阀上相对应的口连接起来，用呆扳手紧固；用一根软管将组合阀上的油口与控制阀上的卷扬机制动控制口相连，并用呆扳手紧固 5. 泄油集流管装配：将先导阀泄油管、起升、回转马达泄油管、起升平衡阀泄油管、伸变切换电液阀泄油管分别连接在集流阀相应的油口上，用呆扳手紧固 6. 风冷器的装配：用半门式起重机将风冷器吊装至转台安装位置，用螺栓紧固；将上车液压回路总回油管与风冷器的进出油口连接，用两个抱箍紧固 7. 先导操纵手柄的装配：将左右先导操纵阀上的进油口P、回油口T和其余四个出油口用软管与控制阀和回转缓冲阀连接，并用吊扳手紧固；将先导操纵手柄固定在操纵室上 8. 操纵室装配：用半门式起重机将操纵室吊起，缓慢移动至转台，并缓慢落放在安装位置，确保无任何挤压干涉的情况下用螺栓加软垫和大垫圈紧固	1. 各油口先装先拆，后装后拆。接头体紧固后，用专用塑料布密封 2. 先导阀装配过程中，应保证电磁阀完好无损 3. 各硬管不得有揉折、压扁或破裂等缺陷 4. 严禁不清洁物件与液压管路接触 5. 软管在装配过程中，严格避免与带尖角或棱边零件的接触，防止胶管接头损伤 6. 管接头拧紧螺母后，从力矩激增点起拧紧1/6～1/4r 7. 管路布置美观整齐，硬管装配处于自然状态，不得别劲；软管不得有扭曲现象	1. 桥式起重机及半门式起重机使用前，务必检查钢丝绳是否有缺陷或损坏，避免吊装事故发生 2. 未取得特种作业证前，不得操作桥式起重机或半门式起重机 3. 各元件吊装过程中，缓慢移动，防止元件掉落或摆动幅度过大而伤人伤己 4. 使用扳手时，防止打滑伤手 5. 在转台上进行集流阀装配时，防止碰伤头部 6. 防止转台突出物刮伤 7. 操纵室装配过程中，防止挤伤手部 8. 转台下安装操纵室紧固螺栓时，防止碰伤头部
		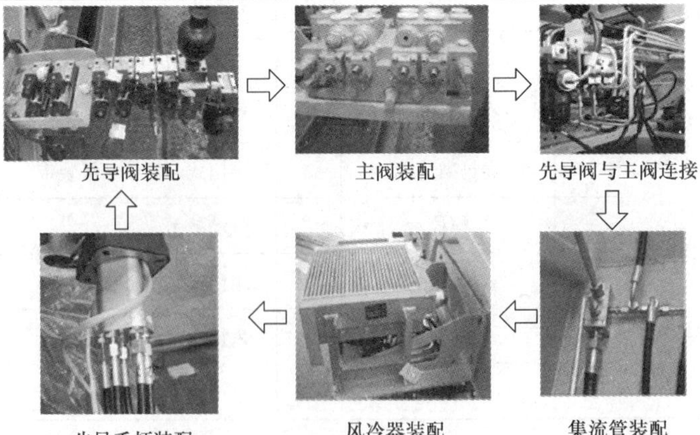		

（续）

序号	操作步骤	工艺规范及操作过程	质量控制要点	安全注意事项
二	回转机构装配	（一）回转支承装配 1. 用气动扳手和丝锥清理转台上的螺纹底孔 2. 装配回转支承内齿圈螺栓，并在回转支承侧面的油杯内加注锂基润滑脂 3. 将回转支承吊装至转台安装位置，对准各螺栓孔后，穿上紧固螺栓 4. 回转支承螺栓的紧固：安装回转支承时，外齿圈的软带区（堵塞孔）应放在起重机的前进方向上，内齿圈的软带区（“S”标记）应放在起重机的侧面方向上。拧紧力矩应在技术要求范围内，紧固时必须对称、交叉、轮番、逐次拧紧	1. 转台结构上回转支承安装螺纹孔清理要全面 2. 回转支承外齿圈的软带区位于起重机前进方向。内圈的软带区位于起重机侧方 3. 油杯加注足量的锂基润滑脂	1. 站在转台上进行螺纹孔清理时，防止滑落摔伤 2. 防止回转支承紧固大螺栓掉落而砸伤脚部 3. 调整回转支承上的软带区时，防止被回转支承划伤
		 螺纹孔清理  回转支承吊运  回转支承落放至转台  连接螺钉紧固  油杯安装  加注润滑脂		
		（二）回转机构装配 1. 回转减速机吊放：将回转机构用专用工具吊起放在转台结构上 2. 调整回转机构位置，保证回转支承与小齿轮的啮合间隙在技术要求范围内，然后紧固螺栓。螺栓紧固时应对称、交叉、轮番、逐次拧紧 3. 将马达吊起，缓慢落至回转减速机上部，使马达轴与回转机构结合。注意：此时马达不紧固，因为转台组件在车架上装配时，需做回转 4. 用半门式起重机和吊装绳将回转缓冲阀吊放至转台安装位置，穿上4个紧固螺栓，并用气动扳手紧固 5. 连接回转缓冲阀与回转机构的进回油管路，回转马达与回转缓冲阀的泄油管路，回转缓冲阀换向阀与先导操纵手柄的控制管路	1. 保证回转机构小齿轮与回转支承的间隙符合技术要求 2. 回转机构螺栓拧紧力矩符合图样要求 3. 利用回转机构的偏心距调整回转机构小齿轮与回转支承啮合间隙，用塞尺测量啮合间隙，保证在0.6～1.0mm范围内，然后紧固螺栓	1. 回转减速机吊运过程中，防止摆动幅度过大伤人伤己 2. 在落放回转马达时，防止挤伤手部 3. 使用呆扳手紧固各油管时，防止打滑伤手 4. 未取得半门式起重机特种作业证之前，不得操作 5. 防止被车架突出物刮伤

（续）

序号	操作步骤	工艺规范及操作过程	质量控制要点	安全注意事项
二	回转机构装配	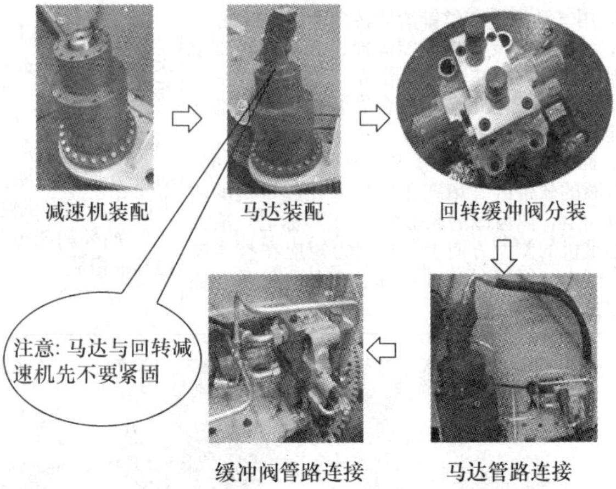		
三	伸缩液压系统装配	1. 用手或吊装工具将伸缩控制阀托住放置在转台中间位置的安装架上，用4个螺栓连接并紧固 2. 将伸缩控制油管与主阀连接在一起，用扳手紧固 3. 分别连接伸缩控制阀的控制进油口、溢流口和泄油口至主阀、泄油集流管和中心回转体的回油管	1. 螺栓紧固符合拧紧力矩要求 2. 各油管连接无错误或漏装漏紧现象	1. 若用手拖住伸缩控制阀进行装配，防止挤伤手部或掉落砸伤 2. 使用呆扳手时，防止打滑伤手
		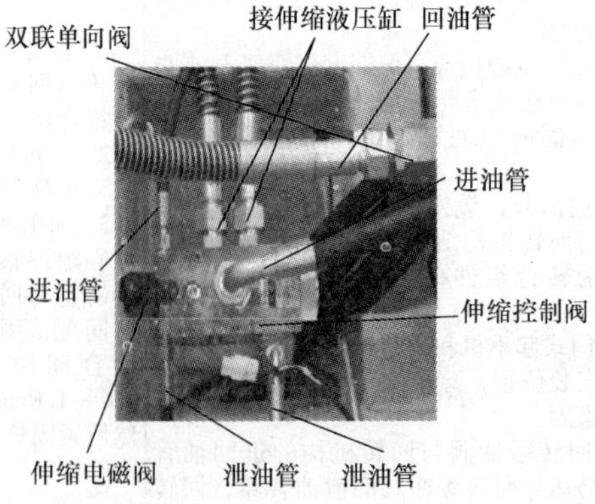		

（续）

序号	操作步骤	工艺规范及操作过程	质量控制要点	安全注意事项
四	变幅液压系统装配	1. 先将两根软硬变幅油管在转台内侧布好后，从安装孔伸出待装 2. 将两根硬管与主阀的变幅油管连接后用呆扳手紧固 3. 用管卡将两根硬管固定在转台上	1. 管接头紧固到位，符合力矩要求 2. 管卡无漏装	1. 在转台上穿两根硬管时，防止挤伤手部 2. 防止呆扳手打滑伤手
五	起升系统装配	（一）起升机构各组成元件装配 1. 销轴的装配：将四根主副卷扬机绳挡用销轴安装在转台安装孔中，装上挡片和开口销，使开口销的开度大于90° 2. 卷扬机减速机装配 1）用半门式起重机和吊装带将主副卷扬机减速机吊至转台后端安装位置平稳落下，且勿碰伤已安装的销轴 2）缓慢起动半门式起重机，调整主、副卷扬机安装孔位置，安装螺钉并预紧 3）用螺栓拧紧机或气动扳手将主、副卷扬机紧固螺钉紧固至规定力矩。螺钉紧固时应对称交叉、轮番、逐次拧紧 3. 用半门式起重机吊起主副卷扬机马达和平衡阀组件至主副卷扬机一侧的安装位置拧上紧固螺钉，最后用气动扳手紧固	1. 螺钉的拧紧力矩应在技术要求的螺栓拧紧力矩范围内 2. 螺栓紧固之前，吊挂卷扬机的半门式起重机不得转移，以保证卷扬机在无应力状态装配 3. 吊放过程确保各装配件表面无操作，液压元件各油口密封无破坏	1. 安装开口销时，防止打滑伤手 2. 落放卷扬机减速机时，禁止用手调整位置，防止挤伤 3. 安装主、副卷扬机马达时，未紧固前严禁放松吊装带，防止掉落砸伤 4. 未取得特种作业证之前，严禁操作半门式起重机

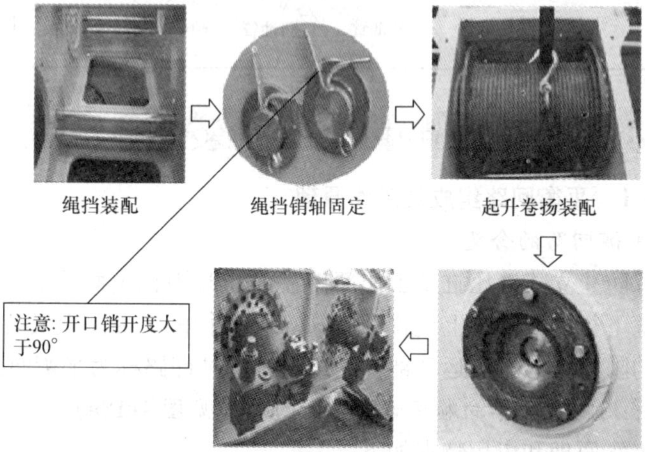

绳挡装配　绳挡销轴固定　起升卷扬装配　卷扬固定　起升马达组件装配

（续）

序号	操作步骤	工艺规范及操作过程	质量控制要点	安全注意事项
五	起升系统装配	（二）主、副起升机构液压管路装配 1. 在主、副卷扬机马达一侧进行进油管、回油管、补油管、平衡阀控制管、泄油管、卷扬机制动器控制管的装配，并将各硬管平齐地布置在转台下侧 2. 在主阀和控制阀一侧安装主阀上的主、副卷扬马达油管和先导控制阀上的卷扬机制动口油管，最后连接补油管和泄油管 3. 在转台下侧将已连接好的各管的卡套接头连接，并用管夹固定在转台上的固定槽内	1. 管路连接时，不能有应力集中，管卡紧固牢靠，管路排列整齐有序 2. 对接的管接头，从力矩激增点再拧1/6~1/4r。各接头及管路拧紧后，用记号笔做好标识，防止漏紧	1. 在转台下方进行硬管连接时，防止碰伤头部 2. 使用开口扳手时，防止打滑伤手 3. 装配线运行时严禁作业，防止刮伤、压伤伤害事故发生
		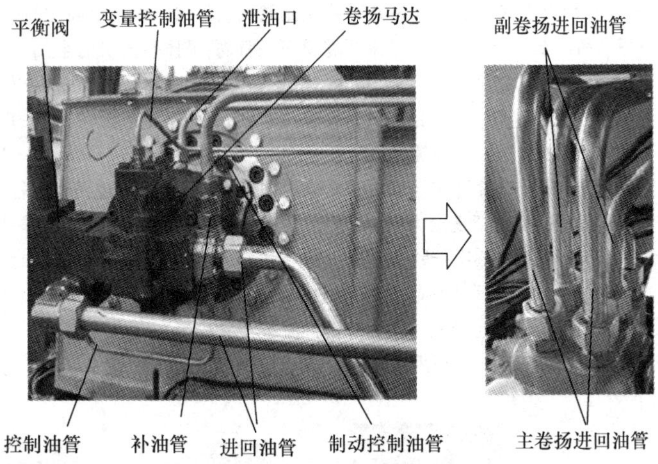		

4.3 汽车起重机上车总装装配

4.3.1 平衡回路组成及工作原理

1. 平衡回路的含义

为了防止立式液压缸及工作部件在停止时因自重而下滑，或在下行时超速，可在活塞下行的回油路上设置顺序阀（在上行的进油路上安装单向阀），使其产生适当的阻力，以平衡运动部件的重量，这种回路称为平衡回路。

2. 采用内控式单向顺序阀的平衡回路（见图4-18a）

其工作原理和应用特点如下。

1）由于顺序阀的调定压力稍大于工作部件的自重在液压缸下腔形成的压

力。当换向阀在中位工作时，液压缸下腔油压低于顺序阀调定压力，顺序阀关闭，工作部件不会自行下滑。

2）当换向阀在左位工作时，液压缸上腔通液压油，下腔的背压大于顺序阀的调定压力时，顺序阀打开，运动部件下行。由于自重得到平衡，故不会产生超速现象。

3）此回路中采用M型机能换向阀，可使液压缸运动部件停止时，缸上、下腔油液被封闭，有助于锁住运动部件，同时，可使泵卸荷，减少能耗。

4）应用特点：这种回路由于下行时回油腔背压力大，必须提高进油腔工作压力，故功率损失较大，主要用于工作部件重量不变且重量较小的系统。

3. 采用外控式顺序阀的平衡回路（见图4-18b）

其工作原理与应用特点如下。

1）工作原理：换向阀在右位工作时，液压油经单向阀进入缸下腔，上腔回油，使活塞上升吊起重物。换向阀处于中位（H型机能）时，缸上腔卸压，液控顺序阀关闭，缸下腔油被封闭，活塞及工作部件停止运动，并被锁住。

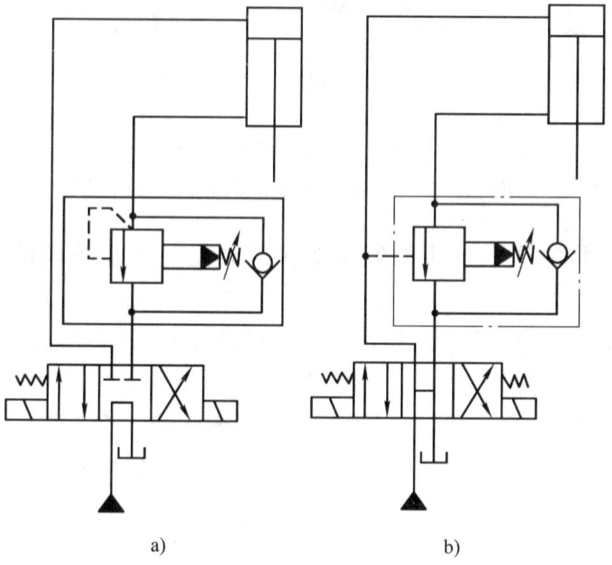

图4-18　内控式顺序阀的平衡回路和外控式顺序阀的平衡回路

a）内控式　b）外控式

2）换向阀在左位工作时，液压油进入上腔，同时进入液控顺序阀的外控口，打开顺序阀，缸下腔回油，于是活塞下行，放下重物。若下行时速度过快，必然使缸上腔油压降低，液控顺序阀阀口也关小，使缸下腔背压增加，阻止活塞迅速下降。

3）应用特点：这种回路适用于负载重量变化的场合，较安全可靠；但由于工作部件下行时液控顺序阀处于不稳定状态，其开口量有变化，故运动的平稳性较差。

4.3.2 汽车起重机变幅机构液压系统简介

变幅系统由变幅液压缸和平衡阀等部件组成。如图 4-19 所示为双作用液压变幅回路。

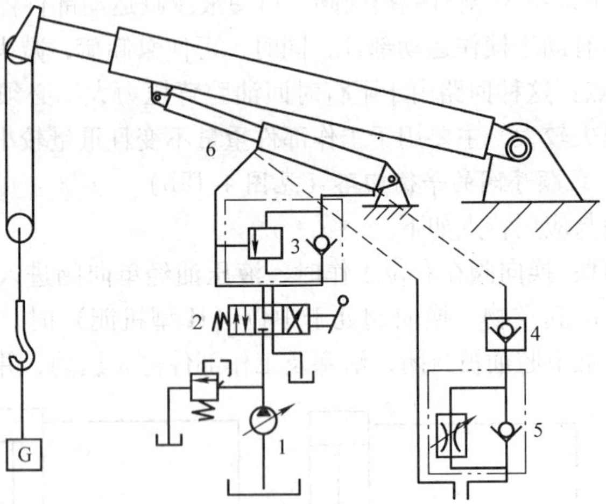

图 4-19 双作用液压变幅回路

1—液压泵 2—手动换向阀 3—平衡阀 4—液控单向阀 5—单向节流阀 6—液压缸

变幅液压缸将液压泵产生的液压能转换成往复运动的机械能，用于吊臂变幅。

平衡阀用于防止降臂时液压缸活塞杆在载荷的作用下以超过液压油供应流量的速度缩回（吊臂下降）。此外，若此阀与多路阀之间的管路破裂时，它还有防止液压缸突然缩回的功能。如图 4-20 所示为平衡阀外形图及结构原理图。

从多路阀变幅联油口流出的液压油通过平衡阀后进入变幅液压缸的无杆腔，推动液压缸活塞杆向外伸出，使吊臂仰起。

降臂时依靠多路阀变幅联另一油口进入变幅液压缸的有杆腔并推动平衡阀内的控制活塞，打开油道，使无杆腔回油，液压缸活塞杆在液压油压力的作用下回缩，吊臂下降。

对于部分中小吨位的汽车起重机和大多数大吨位的汽车起重机而言，吊臂下降是依靠先导油路的控制油推动平衡阀控制活塞，打开油道，无杆腔回油，吊臂在重力的作用下下降。

4.3.3 汽车起重机上车操纵机构简介

上车操纵机构是汽车起重机进行起重作业的控制中心。汽车起重机的上车操

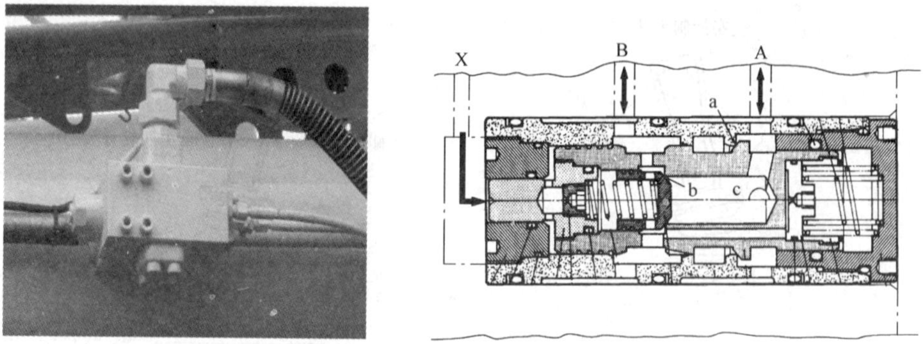

a) b)

图4-20 平衡阀外形图及结构原理图
a）外形 b）结构原理

纵机构因控制方式不同主要分为两种，一种是采用先导控制阀来操纵上车各种机构运动，简称先导式；另一种是采用手动拉杆控制方式，简称拉杆式。除控制方式有区别外，电控装置、上车油门控制装置等基本相同。下面将主要介绍先导控制的上车操纵机构。

先导控制的核心是采用液压先导控制手柄实现不同机构操作。先导控制手柄实质是一个比例减压阀。它通过控制上车主阀控制油路的供油方向，来改变各片阀芯的不同换向位置，实现各种机构的不同动作方向。采用先导控制方式的手柄位置、控制受控机构的运动方向等。如图4-21所示为先导控制手柄图。左控制手柄负责控制主臂伸缩、副钩升降、转台左右回转机构操作；右控制手柄负责控制主钩、升降主臂、起落变幅机构操作；也有的控制方式是将伸臂伸缩放在右手柄上，操作时需对伸缩和变幅进行切换。左、右控制手柄坐落在左、右扶手箱上。扶手箱固定在坐椅两侧的操纵室地板上，与控制手柄相连接的油管从扶手箱的下部空间通向位于上车操纵室后方的上车液压先导阀。通过控制上车先导阀，实现左、右控制手柄的操纵机能。

4.3.4 汽车起重机总装线零部件摆放

1）回转支承整齐摆放在专用工位器具上，标识清晰（见图4-22a）。

2）副吊钩摆放整齐，标识清晰（见图4-22b）。

3）变幅缸摆放整齐，表面干净，无磕碰、划伤，标识清晰；回转马达和回转减速机摆放整齐，回转缓冲阀电气件不得磕碰（见图4-23）。

4）平衡重摆放整齐，表面干净，无磕碰、划痕，标识清晰；保证分装电气件完好无损；机棚整齐摆放在专用工位器具上，不得磕碰、划伤，标识清晰（见图4-24）。

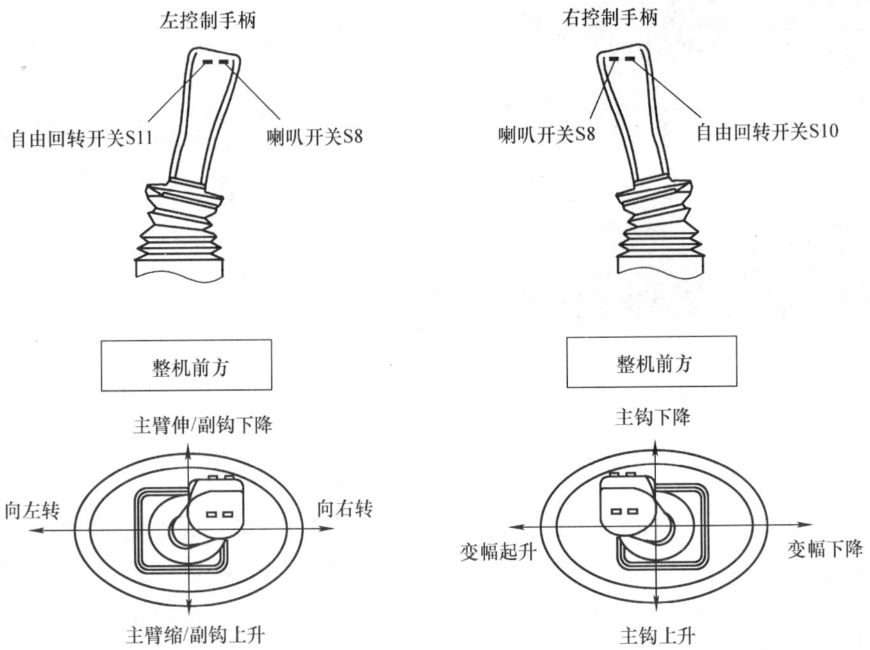

图 4-21　先导控制手柄图

a)　　　　b)

图 4-22　回转支承与副吊钩的摆放

a）回转支承　b）副吊钩

4.3.5　销联接及装配

销可以分为圆柱销、圆锥销和异形销等。

圆柱销依靠少量过盈固定在孔中，对销孔的尺寸、形状、表面粗糙度等要求较高，销孔在装配前需铰削。通常被连接件的两孔应同时钻铰，孔壁的表面粗糙

图 4-23　回转组件与变幅液压缸的摆放

图 4-24　平衡重与机棚的摆放

度值不大于 $Ra0.6\mu m$。装配时，在销上涂上润滑油，用铜棒将销打入孔中。

圆锥销装配时，被连接件的两孔也应同时钻铰，钻孔时按圆锥销小头直径选用钻头，用锥度为 1∶50 的铰刀铰孔。铰孔时用试装法控制孔径，以圆锥销自由插入全长的 80% ~85%。然后用软锤敲入。敲入后，销的大头可与连接件表面平齐，或露出不超过倒棱角。

拆卸带内螺纹的圆柱销和圆锥时，可用拔销器拔出，有螺纹的圆锥销可用螺母旋出，通孔中的圆锥可以从小头向外敲出。

4.3.6　内置式回转机构装配（在回转支承内安装）

（1）焊接式（见图 4-25a）　用撬棍将回转机构小齿轮与回转支承的内齿靠紧，先点焊啮合点对面，再分布 120°点焊另外两处，用对称跳焊的方法，分两遍将回转机构座圈与转台焊接，第一遍焊后清渣、除瘤，再焊第二遍，焊后清渣、除瘤、补漆。

（2）装配式（见图 4-25b）　将回转机构用半门式起重机吊起，放在转台结构的回转座圈上，用回转螺栓紧固。

a)

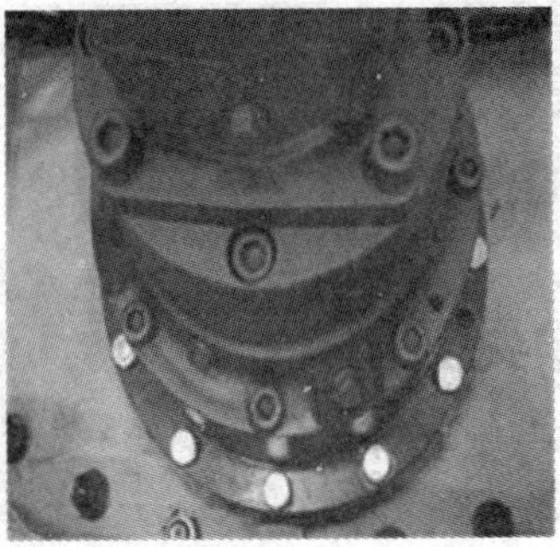

b)

图 4-25　内置回转减速机的装配
a）焊接式　b）装配式

4.3.7　底盘灯光检测

1. 操作步骤

按下自动检测按钮，仪器将会沿着轨道自动检测，同时在电脑显示屏上的调灯界面上显示检测结果。如果符合上述数据标准，仪器将自动进行下一项检测，如不符合则显示屏上将显示被检测灯光的位置与黄色灯光框的位置和角度上的偏差，然后调节车灯上的调节螺钉，将灯光聚焦点调整到黄色框内，单击 OK 存储键，再进行下一项检测。

2. 灯光检测合格判定标准

1）左右灯水平偏差均为左偏≤170mm/10m，右偏≤350mm/10m，竖直偏差为（0.60～0.80）mm/10m。

2）远光灯发光强度≥18000cd。

3）对于能够单独调整远光光速的前照灯，水平偏差为左灯左偏≤170mm/10m，右偏≤350mm/10m，右灯左偏和右偏均≤350mm/10m，竖直偏差均为（0.80～0.95）mm/10m。

4）对于不能单独调整远光光速的前照灯，只以近光灯合格标准为判定依据。

注意：

1）将车前端行至检测仪前方黄线位置区域内，被检车辆纵向中心线应尽可能与检测装置的移动导轨垂直（见图 4-26a）。

2）在调整灯光的时候，人员不得站在仪器的导轨上，不得有任何物体遮挡灯的光线。

4.3.8　VIN 码的相关知识

VIN 是 Vehicle　Identification　Number 的缩写，译为车辆识别代码。VIN 码

a) b) c)

图4-26 灯光检测

a）车辆行驶到检测区域 b）灯光调节 c）观察屏幕显示

是表明车辆身份的代码。VIN码由17位字符（包括英文字母和数字）组成，俗称十七位码，是制造厂为了识别而给一辆车指定的一组代码。该号码的生成有着特定的规律，一一对应于每一辆车，并能保证五十年内在全世界范围内不重复出现。因此又有人将其称为“汽车身份证”。车辆识别代号中含有车辆的制造厂家、生产年代、车型、车身形式、发动机以及其他装备的信息。VIN代码的含义如下：

（1）第1~3位 表示制造厂、品牌和类型，用来标识车辆制造厂的唯一性。

第1位：表示地理区域，如非洲、亚洲、欧洲、大洋洲、北美洲和南美洲。

第2位：字符表示一个特定地区内的一个国家，美国汽车工程师协会（SAE）负责分配国家代码。

第3位：字符表示某个特定的制造厂，由各国的授权机构负责分配。如果某制造厂的年产量少于500辆，其识别代码的第三个字码就是9。

（2）第4~9位 说明车辆的一般特性，制造厂不用其中的一位或几位字符，就在该位置填入选定的字母或数字占位，其代号顺序由制造厂确定。

（3）第10~17位 制造厂为了区别不同车辆而指定的一级字符，其最后四位应是数字。

第10位：车型年份，即厂家规定的型年（Model Year），不一定是实际生产的年份，但一般与实际生产的年份之差不超过1年。

第11位：装配。

12~17位：顺序号，一般情况下，汽车召回都是针对某一顺序号范围内的车辆，即某一批次的车辆。

技能训练3 汽车起重机上车总装装配

汽车起重机上车总装装配内容及相关设备、工具和辅具见表4-5。

表 4-5　汽车起重机上车总装装配内容及相关设备、工具和辅具

装配内容	序号	零部件名称	数量	设备、工具、辅具（料）
副吊钩及吊钩固定装置装配	1	弯板	2	
	2	吊钩固定装置	1	
	3	螺栓	10	呆扳手、气动扳手
转台组件装配	4	法兰接头		
	5	转台组件	1	桥式起重机、吊索、黄油、黄油加注机、力矩扳手、气动扳手
	6	底盘	1	铰刀
变幅机构装配	7	变幅液压缸	1	桥式起重机、吊装带
	8	销轴	1	
	9	轴挡板	1	
	10	螺栓	2	气动扳手
	11	变幅平衡阀	1	记号笔
配重和机棚装配	12	配重	1	桥式起重机、专用吊索
	13	机棚	1	
	14	螺栓		气动扳手、呆扳手
吊臂组件装配	15	吊臂组件	1	桥式起重机、吊装带、呆扳手
	16	销轴	2	
	17	轴挡板	2	
	18	螺栓	4	气动扳手

汽车起重机上车总装装配步骤及注意事项见表 4-6。

表 4-6　汽车起重机上车总装装配步骤及注意事项

序号	操作步骤	工艺规范及操作过程	质量控制要点	安全注意事项
一	副吊钩及吊钩固定装置装配	1. 将两个弯板与一个吊钩固定装置用螺钉固定在车架上方，吊钩固定装置安装在车架方向的前方 2. 用一只手在下方扶住螺母，另外一只手用呆扳手先将盖板拆开，用半门式起重机和吊带将副吊钩落放到安装支架中，盖上盖板后，拧上螺母和垫片，用气动扳手紧固	1. 弹性垫圈要压平，螺栓头部与被紧固件平面均匀接触 2. 副吊钩安装时，上下方向装配正确	1. 在车架上作业时，防止摔伤 2. 落放副吊钩时，防止碰伤腿部，进入安装架时，切勿用手去扶
		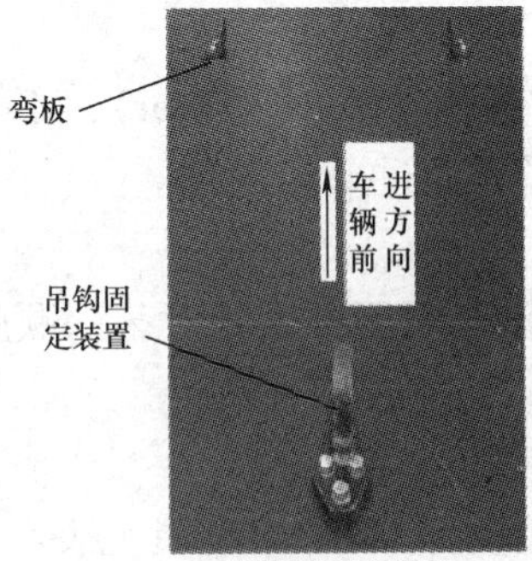吊钩固定装置装配　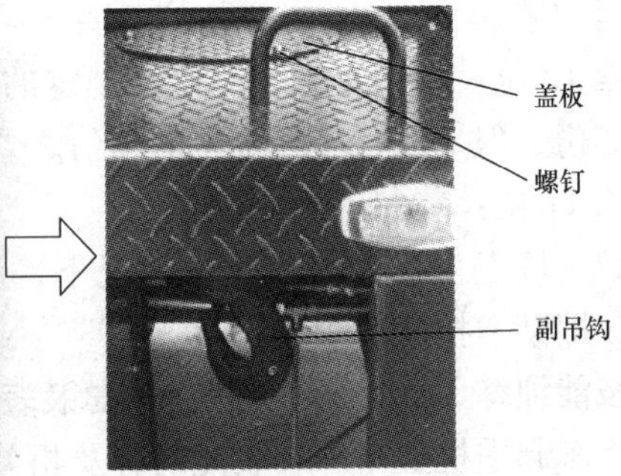副吊钩装配 注意吊钩固定装置的安装方向		

（续）

序号	操作步骤	工艺规范及操作过程	质量控制要点	安全注意事项
二	转台组件装配	1. 用铰刀（丝锥）对车架座圈上的螺纹孔进行清理 2. 在中心回转体的各油口上，安装法兰接头，在每个法兰接头的连接孔上套上塑料堵，防止液压系统被污染 3. 在转台装配区域的下线区，用桥式起重机和专用吊装工具（三个吊钩，其中一个吊钩吊挂在变幅液压缸铰接点上）将转台组件吊起，吊至底盘上方缓慢落下，注意防止磕碰或挤伤，待各安装孔对正后，先安装几个螺母预紧后，进行其余螺纹孔的对准，套上其余螺母并紧固 4. 用黄油加注机在油杯处加注锂基润滑脂 5. 将回转马达与回转减速机连接的紧固螺栓紧固 6. 螺栓拧紧力矩抽检：从紧固后的螺栓中选4件，将力矩扳手数值调至拧紧力矩的下限700N·m，扳手套筒与螺栓头部结合时，顺时针方向施力，扳手发响，再将扳手数值调至扭力范围的上限900N·m，施力后螺栓头部转动而扳手不发响，合格	1. 转台平稳缓慢下落，保护转台管路、接头不损坏 2. 在安装各法兰接头的过程中，必须仔细检查密封圈是否脱落或损坏，如有发现应及时更换 3. 转台吊起后，要保证其底面水平，以保证回转支承底平面与车架座圈平面均匀接触 4. 螺栓拧紧力矩为700~900N·m	1. 吊装前，检查吊具是否完好无损 2. 吊装过程中，转台组件下方严禁站人 3. 转台吊装起吊前确保各吊挂位置安全可靠，且要先进行试吊 4. 落放转台时，严禁用手去扶，防止挤伤手部 5. 使用力矩扳手进行力矩抽检时，防止从车架上滑落摔伤或力矩扳手打滑受伤

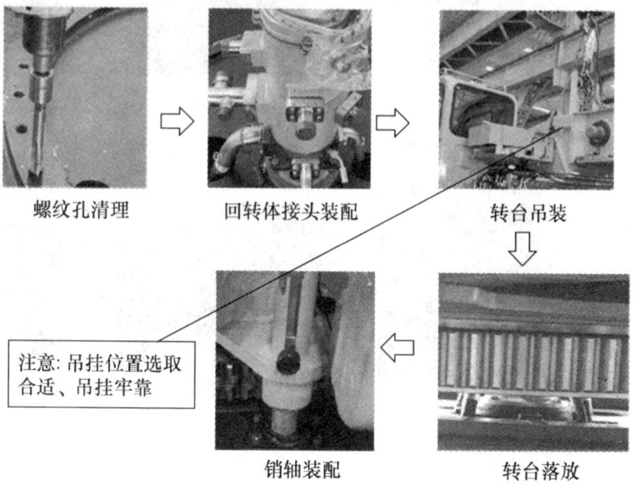

（续）

序号	操作步骤	工艺规范及操作过程	质量控制要点	安全注意事项
三	变幅机构装配	1. 用桥式起重机通过吊挂上铰点把变幅缸吊起，使下铰点对准转台上的变幅铰点后待装 2. 用销轴把变幅缸下铰点与转台下铰点连接，安装轴挡板并用螺钉紧固 3. 变幅平衡阀装配及管路连接 1）先用螺钉将平衡阀装配在变幅缸上。将从组合阀引来的变幅管路与平衡阀上的相应油口连接 2）变幅平衡阀上的进回油管分别与固定转台上的进回油管（有编号的按编号进行）无缝连接 3）接头体紧固后，用水笔做标记，代表已自检，已经完成紧固	1. 变幅平衡阀及各接头体应清洁干净，各油口塑料堵应先装先拆，后装后拆 2. 销轴装配无严重卡滞和野蛮装配现象 3. 轴挡板紧固螺栓扭紧力矩符合设计要求	1. 在车架上方作业时，防止滑落摔伤 2. 变幅缸吊起移动的过程中，禁止站在在变幅缸的正下方 3. 变幅缸下铰点装配时，严禁用手接触铰点孔
		 油缸吊装  油缸与转台铰接  加注润滑脂  装平衡阀  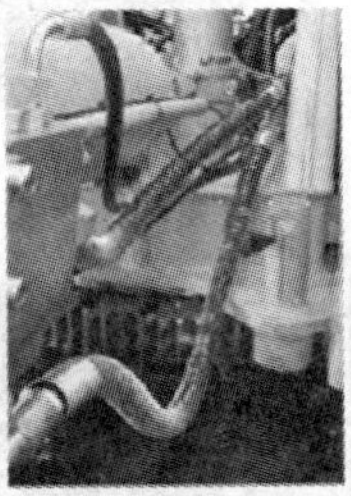 连接平衡回路各油管		

（续）

序号	操作步骤	工艺规范及操作过程	质量控制要点	安全注意事项
四	中心回转体液压管路连接	1. 将伸缩控制阀的泄油口与溢流口分别与回油管和回油集流管相连，将集流管管路的总回油管与中心回转体的上车泄油口连接并用呆扳手紧固 2. 连接相应的回油油路、泄漏油路、回转油路、伸缩油路、起升油路及变幅油路。硬管须在无应力状态下装配 3. 拧紧后，用水笔标记代表已自检	1. 各油口连接正确，无漏装或错装 2. 装配后的管路无交叉，无应力集中，走向美观整齐	1. 在转台内作业，因作业范围小，防止碰伤头部 2. 使用呆扳手时，防止打滑伤手

五	配重和机棚装配	1. 配重装配 1）先将备胎拆下，推到底盘的右后方，待装配完配重再安装上 2）用桥式起重机和配重专用吊具把配重吊起，缓慢移动至转台配重装配区域下方，微微上升配重对准螺栓安装孔，用配重螺栓紧固 2. 机棚装配 用桥式起重机和吊装带将机棚吊装至先导阀和主阀装配位置，将机棚上的螺纹孔与转台对齐，用螺栓紧固	1. 配重装配后紧固螺栓无应力集中，双螺母无漏装 2. 机棚装配后，牢固、可靠，与操纵室间缝隙均匀，不得倾斜	1. 拆备胎时，防止备胎从车架滑落伤人 2. 配重在上升未停止之前，严禁装螺栓 3. 机棚装配时，防止挤伤手部
		 拆备胎夹簧  拆备胎把柄  配重吊挂点  配重吊运定位 注意：配重螺栓拧紧时应对称交叉拧紧 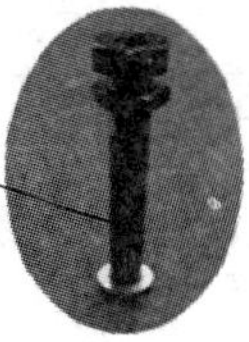 装配重螺栓		

（续）

序号	操作步骤	工艺规范及操作过程	质量控制要点	安全注意事项
六	吊臂组件装配	1. 在吊臂的头部将吊装带穿过基本臂头部，挂在吊臂的尾部适当位置，平稳缓慢起吊，起吊时，两台桥式起重机要协同合作，听从统一指挥，保持臂头、臂尾平齐 2. 两台桥式起重机配合将吊臂吊装至汽车起重机底盘上方，将臂尾的销轴安装铰点孔与转台销轴安装铰点孔对齐，指挥桥式起重机操作员上下点动调正后穿入销轴 3. 将轴挡板穿入销轴一侧的安装槽后，用螺栓紧固 4. 用桥式起重机（两台桥式起重机配合，其中一台桥式起重机吊住臂头不动，另一台桥式起重机下落吊绳放入变幅缸下方，缓慢抬起与吊臂桥式起重机配合）将伸臂前端和变幅缸前端抬起，对正铰点孔，穿入销轴 5. 吊臂液压管路连接：连接伸臂后尾液压管路，将从组合阀引出的伸缩进回油胶管分别与从伸缩液压缸引出的无缝管连接	1. 吊臂各铰点螺栓拧紧力矩符合技术要求 2. 各铰点加足量的锂基润滑脂 3. 吊臂尾部管路连接时，软管不得扭曲，不得有渗漏油现象 4. 加注极压锂基润滑脂后加盖防尘帽，注意销轴铣边方向与压板安装孔位置一致	1. 吊装过程注意安全，吊带完好无损，吊挂可靠，移动平稳 2. 吊臂组件下方严禁站人 3. 两台桥式起重机吊装应平正，防止倾斜发生砸伤事故 4. 取得桥门式起重机特种作业证前，禁止动车 5. 车架上方作业时，防止滑落摔伤

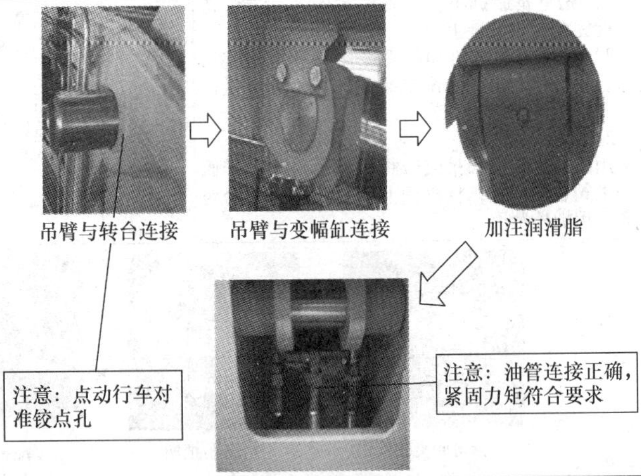

4.4 上车电气系统装配

4.4.1 QY 汽车起重机上车电气系统的组成及常用元件

1. 组成

电气系统分常规电气系统和力矩限制器系统，用于整车照明、仪表显示、安全装置的控制等。在装配操作时，主要包括以下几个部分：操纵室电气、转台电气、主臂电气、配重电气、副臂电气、总装电气。

2. 常用电气元件

（1）先导控制阀（见图4-27） 先导压力阀Y0一般由先导开关或手柄开关通过继电器K3来控制。

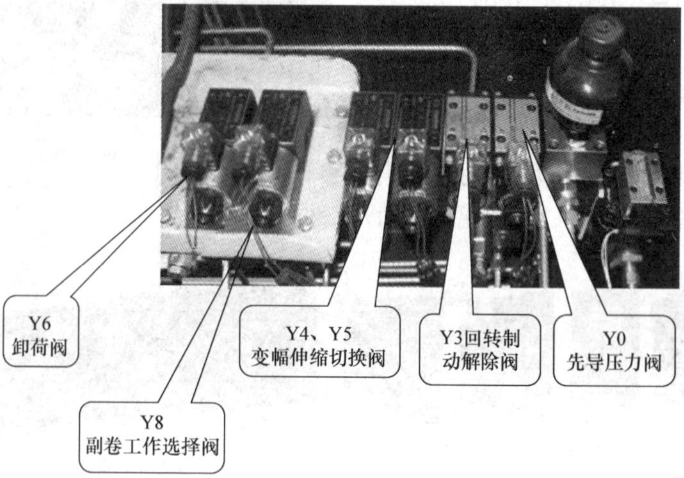

图4-27 先导控制阀

回转制动解除阀Y3由翘板开关或手柄开关通过继电器K2来控制。另外，当进行自由滑转操作时，通过继电器K1，Y3也会工作。只有在Y3得电的情况下，回转才能实现。

变幅伸缩切换阀Y4、Y5由翘板开关直接控制，或手柄开关通过继电器K4控制。

当卷扬机过放时，Y7得电，使卷扬机下落受到限制，卷扬机起升不受限制。当按下卷扬机过放强制时，使Y7断电，卷扬机下落可以继续。

卸荷阀Y6由力限器和强制开关通过继电器K5来控制。当Y6有电时，往危险方向动作处于卸荷状态。正常状态下，力限器输出端一直有电。和机械操纵有所区别的是液控没有安全检测开关，通过液压系统实现向安全方向能够继续动作。

副卷工作选择阀Y8由脚踏开关通过继电器K12控制。只有在Y8动作时，副卷才能动作。

（2）换臂电磁阀（见图4-28） 换臂电磁阀没电情况下，控制二节臂伸缩，当开关按下后，直接控制电磁阀Y1得电，控制三、四、五节臂伸缩。

（3）面板安装式翘板开关（见图4-29）

作用：实现对各种汽车电器的功能控制，如各种车灯、仪表、电磁阀及传感器的通断等。

常用型号：JK931、JK932。

按档位分有二档位、三档位两种；按是否带指示灯分为带指示灯和不带指示灯两种；按操作方式分为揿动、揿动带自动复位、揿动带锁扣（须先拨开锁扣后才能揿动，可防止误揿动）三种。

图4-28　换臂电磁阀

a)

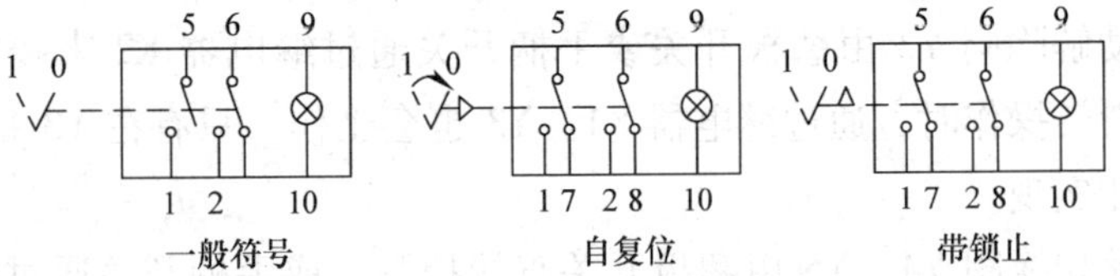

b)

图4-29　面板安装式翘板开关

a）外形图　b）图形符号及文字符号

标称电压及额定电流：DC 12V（16A）、DC 24V（8A）

（4）熔断器　熔断器是一种安装在电路中，保证电路安全运行的电气元件。其作用是当电路及电器发生故障或异常时，随着电流的升高有可能烧毁线路及电器，电路中的熔断器就会在电流异常升高到一定程度时，自身熔断切断电流，从而保护电路及电器。如图4-30所示为起重机常用熔断器。

分断旋臂式熔断器端子如图4-31所示。型号为：UK5—HESI－－－600V

BX2011
一路熔断器 50A

BX500 五挡保险盒

a)

图形符号

文字符号：F

b)

图 4-30　起重机常用熔断器

a）外形图　b）图形符号及文字符号

6.3A LED。

特点如下：分断旋臂可向上并固定在终止位置上，分断旋臂内可装入规格为$\Phi5\mathrm{mm}\times20\mathrm{mm}$熔断器。这种端子有带发光显示。会在熔断器熔断时发出显示信号。额定工作电压/额定工作电流为 600V/6.3A。缺点是电流较小。

图 4-31　分断旋臂式熔断器端子

常用插片式熔断器的颜色与电流对照见表 4-7。

表 4-7　常用插片式熔断器的颜色与电流对照

型号：BX2011C 电压：32V		型号：BX2011C 电压：32V	
颜色	电流	浅蓝	15A
橙红	5A	黄	20A
褐	7.5A	本色	25A
红	10A	绿	30A

注意事项：更换熔断器时一定要关闭点火开关，与原配熔断器规格一致，不能任意加大熔断器的电流等级，更不能用其他导电物代替。如果换上去的熔断器马上又烧断了，说明电路已发生故障，要排除故障后再装上熔断器，千万不能用加大熔断器规格来处理，否则可能扩大故障范围及引起火灾。

（5）电磁继电器（见图 4-32）

1）作用。

① 扩大控制范围。例如，多触点继电器控制信号达到某一定值时，可以按触点组的不同形式，同时换接、开断、接通多路电路。

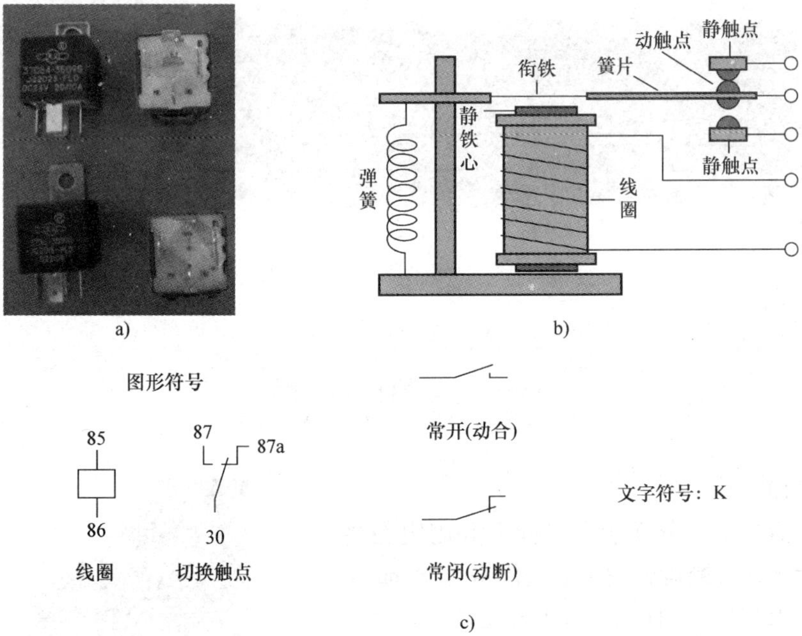

图 4-32 电磁继电器

a）外形图 b）结构图 c）图形符号及文字符号

② 放大。例如，用一个很微小的控制量，可以控制很大功率的电路。

常用型号：JQ202S—FLO 电压：24V 电流：20/10A

JQ201S—PLO 电压：24V 电流：30A

汽车中使用的该类继电器切换负载功率大，抗冲、抗振性高。

2）电磁继电器的工作原理。电磁式继电器一般由铁心、线圈、衔铁、触点簧片等组成。只要在线圈两端加上一定的电压，线圈中就会流过一定的电流，从而产生电磁效应，衔铁就会在电磁力吸引的作用下克服返回弹簧的拉力吸向铁心，从而带动衔铁的动触点与静触点（常开触点）吸合。当线圈断电后，电磁的吸力也随之消失，衔铁就会受到弹簧的反作用力，返回原来的位置，使动触点与原来的静触点（常闭触点）吸合。这样吸合、释放，从而达到了在电路中的导通、切断的目的。对于继电器的“常开、常闭”触点，可以这样来区分：继电器线圈未通电时处于断开状态的动、静触点，称为“常开触点”；处于接通状态的动、静触点称为“常闭触点”。

（6）闪光继电器（见图 4-33）

1）作用：以一定的频率（85 次/分钟）接通与断开电路，控制转向灯的明暗。

2）型号：SG 系列；电压：24V；功率：60W/130W；频闪次数为 85 次/

分钟。

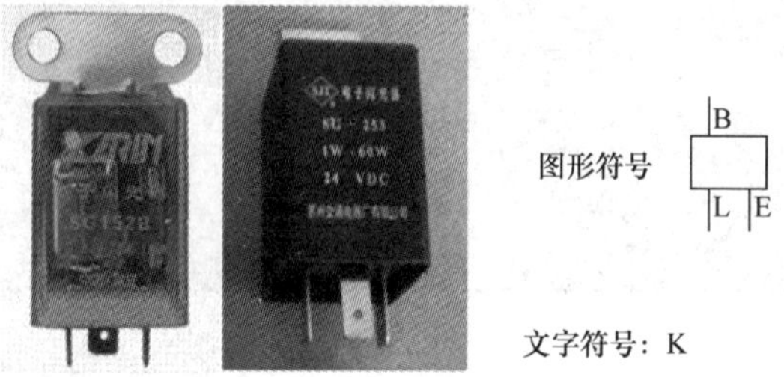

a)　　b)

图4-33　闪光继电器

a）外形图　b）图形符号及文字符号

（7）三圈保护器（见图4-34）

1）作用：用于起重机卷扬机构中，是防止钢丝绳过放的一种安全装置，与卷扬机构中的卷筒相连接，当卷筒上的钢丝绳接近放完时，通过行程开关切断卷扬机构的动作并报警，以防止安全事故的发生。

2）型号：GF185；传动比 $i=185$；输出触点：常开/常闭。

3）调整：使钢丝绳放至卷筒剩 3 ~ 5 圈时，使行程开关切断卷扬机构动作并报警。

（8）过卷限位开关（见图4-35）　又称为高度限位开关。

作用：当吊钩接近起重臂的臂头滑轮时（约780mm），此开关动作，通过力限器控制停止吊钩起升和起重臂伸出，同时声光报警。

（9）力矩限制器系统（见图4-36）

1）组成：由主机（见图4-37）、显示器（见图4-38）、长度/角度传感器（见图4-39）、压力传感器（见图4-40）、高度限位开关（见图4-41）及连接电缆组成。

2）作用：系统按实际力矩与额定力矩比较的原则进行控制。根据力传感器测量得出的实际值在微处理器中与存储在中心控制器存储器中的额定值进行比较，达到极限时，在显示器上发出过载报警信号，同时，主机输出控制信号，结合起重机的外围控制元件，起重机的危险动作自动停止。起重机的性能结构参数存储于中心处理器中，用这些参数来计算操作状况的数据。吊臂长度角度由安装于吊臂上的卷线盒测量，测长线同时用于高度限位器信号的传输。起重机实际载荷的大小由装于变幅液压缸有杆腔、无杆腔上的压力传感器测量之后经换算存入微处理器，结合起重机结构参数由微处理器经复杂计算得出。

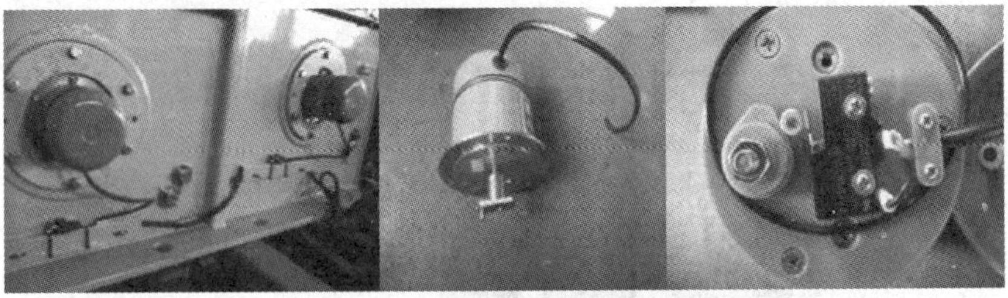

a)

图形符号

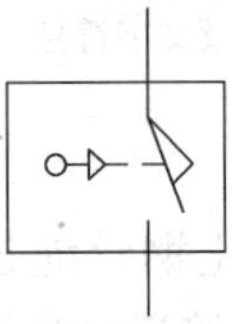

文字符号：S

b)

图 4-34　三圈保护器

a）外形图　b）图形符号及文字符号

a)

图形符号

文字符号：S

b)

图 4-35　过卷限位开关

a）外形结构图　b）图形符号及文字符号

a)　b)　c)　d)　e)

图 4-36　力矩限制器系统的组成

a）主机　b）显示器　c）长度/角度传感器　d）压力传感器　e）高度限位开关

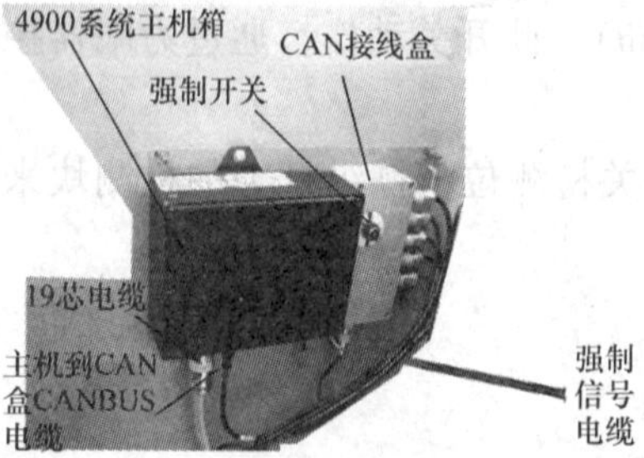

图4-37 主机

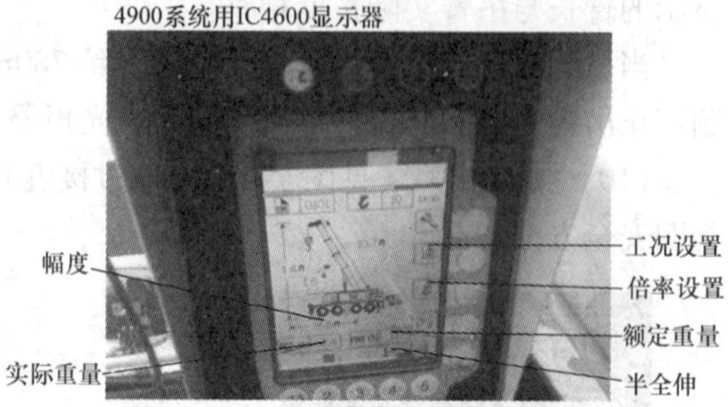

图4-38 显示器

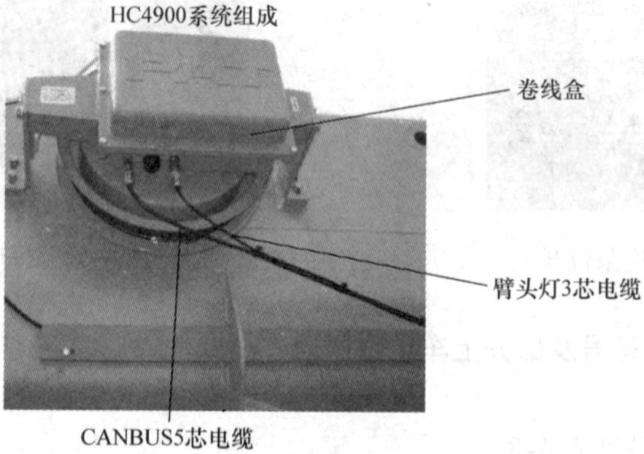

图4-39 长度/角度传感器

图4-40 压力传感器

当显示吊臂长度不准（超出规定误差范围）时，解决办法如下：吊臂缩回至基本臂，检查电缆卷筒的预紧力（电缆必须拉紧），再打开长度角度传感器（或称为卷线盒）外盖，用平口螺钉旋具缓慢转动长度电位器中轴，直至显示器显示的臂长与吊臂实际长度相符。

当吊钩接近起重臂的臂头滑轮时（约780mm），此开关动作，通过力限器控制停止吊钩起升和起重臂伸出，同时声光报警。

（10）接近开关（见图4-42） 通过接近开关检测位于操纵杆上的检测块来判明安全方向。

图4-41 高度限位开关

图4-42 接近开关

4.4.2 电路符号及部分上车电路原理

1. 电路符号

常见电路符号见表4-8。

表4-8 常用电路符号

符号	意义	图形示例
F	熔断器	
X	插接件	
K	继电器	
S	开关	
H/E	指示灯/工作灯	
H	喇叭	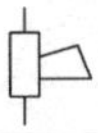
K	闪光继电器	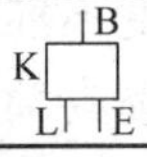

2. 部分上车电路原理图

（1）系统压力建立　如图4-43所示，将翘板开关S14置于1位置，则S14常开触点接通，继电器K3、K11线圈通电，K3常开触点闭合，单向电磁阀Y0线圈得电，同时指示灯H5点亮，系统压力电路接通；将翘板开关S14置于0位置，S14常开触点断开，继电器K3、K11线圈断电，K3常开触点断开，单向电磁阀Y0线圈失电，同时指示灯H5熄灭，系统压力电路断开。S14实现连续控制，S15、S16实现点动控制。

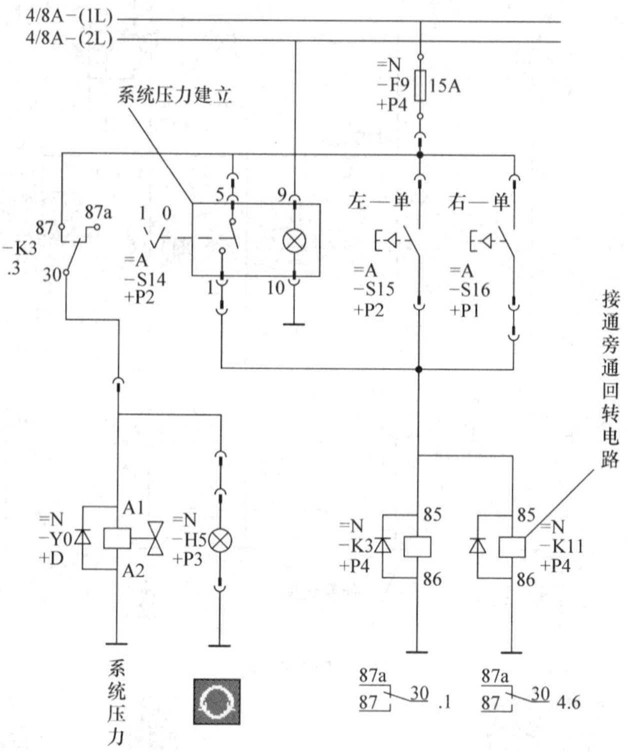

图4-43　系统压力电路图

（2）伸缩/变幅切换电路　如图4-44所示，按钮S18松开，并且翘板开关S19位于0位置时，变幅指示灯H9点亮，此时汽车起重机为变幅控制。按下按钮S18，或将翘板开关S19旋置于1位置时，单向电磁阀Y4、Y5线圈得电，伸缩指示灯H8点亮，此时汽车起重机为伸缩控制。

（3）自由回转电路　如图4-45所示，系统压力未建立时，回转电路处于断开状态，无法实现自由回转。系统压力建立后，继电器K11线圈得电，K11常

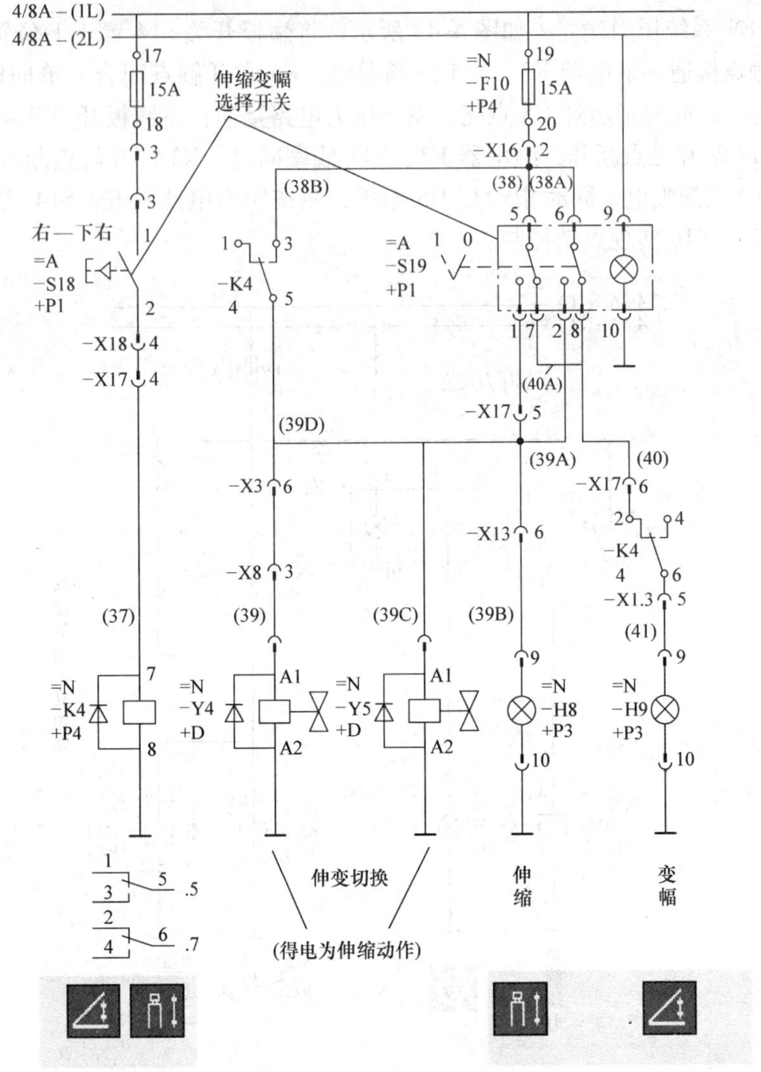

图 4-44　伸缩/变幅切换电路图

开触点闭合，将翘板开关 S12 置于 1 位置，或按下按钮 S13，继电器 K2 线圈得电，K2 常开触点闭合，单向电磁阀 Y3 得电，同时指示灯 H14 点亮，接触回转制动，此时按 S17 或 S11，继电器 K1 线圈得电，K1 常开触点闭合，单向电磁阀 Y2 得电，指示灯 H7 点亮，此时可自由回转。S12 为连续控制，S11、S13、S17 为点动控制。

（4）换臂与副卷工作选择电路　如图 4-46 所示，翘板开关 S10 处于 0 位置

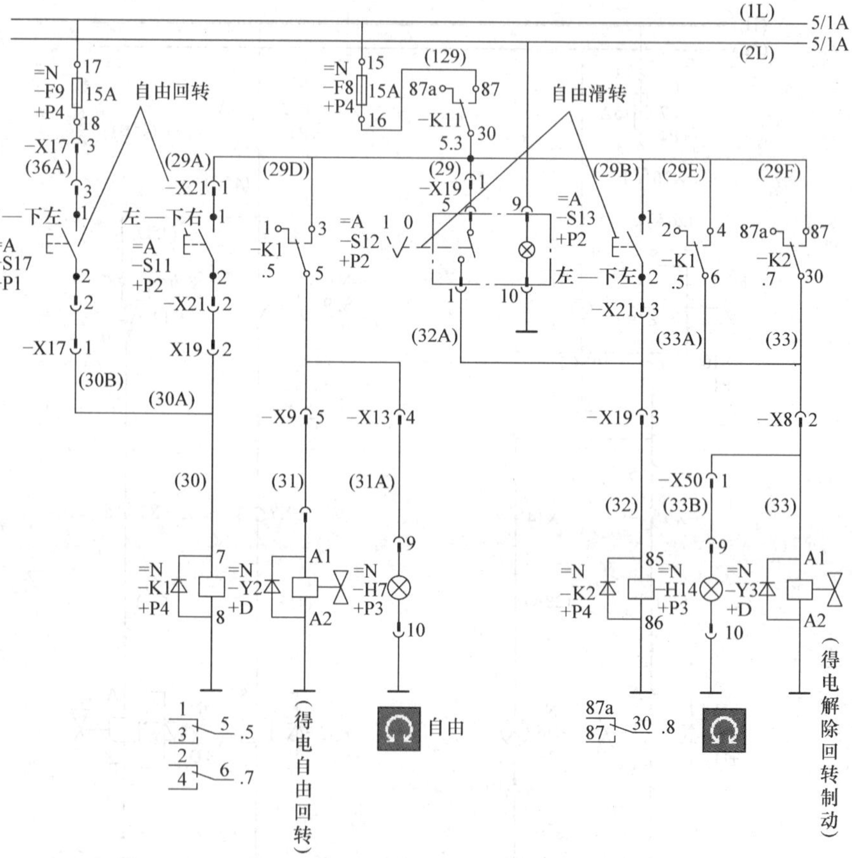

图4-45　自由回转电路图

时，电磁阀Y1处于失电状态，此时二、三、四、五节臂可工作；S10置于1位置时，电磁阀Y1处于得电状态，换臂指示灯H6点亮，此时三、四、五节臂可不工作。脚踏开关S29未被踩下时，其常开触点处于断开状态，继电器K12失电，K12常开触点断开，电磁阀Y8失电，此时为主卷工作；脚踏开关S29踩下时，其常开触点处于闭合状态，继电器K12得电，K12常开触点闭合，电磁阀Y8得电，副卷工作选择。

（5）过卷、过放、过载电路　如图4-47所示，过卷时，限位开关S23或S24常开触点闭合，闪光继电器K6得电，输出脉冲信号，过卷报警灯H10闪亮，同时报警蜂鸣器B2响。

过放时，A2或A3常开触点闭合，电磁阀Y7得电，停止卷扬机降落，同时闪光继电器K7得电，输出脉冲信号，过放报警指示灯H11闪亮，同时报警蜂鸣器B2响；将S21旋转至1位置，可解除此报警信号。

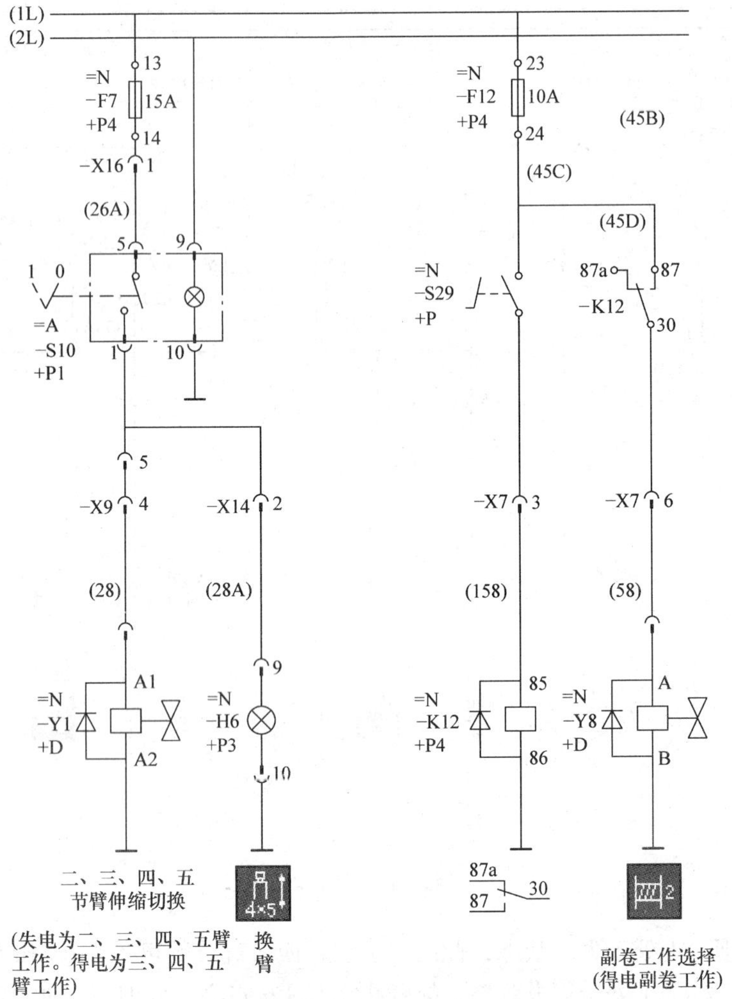

图 4-46　换臂与副卷工作选择电路图

过载时，电磁阀 Y6 得电卸荷。继电器 K5 得电，K5 常闭触点断开，切断卸荷电路。

4.4.3　力矩限制器的调整

（1）力矩限制器系统在调试前下车必须调至水平状态　支腿处于作业位置，用水平尺校正转台回转支承平面，使水平尺中的气泡居中，然后以回转支承平面为基准，调平水平仪（使水平尺中的气泡居中）并紧固锁定。

（2）调整力矩限制器工况及倍率选择键　使之与实际相符。

（3）调整吊臂长度

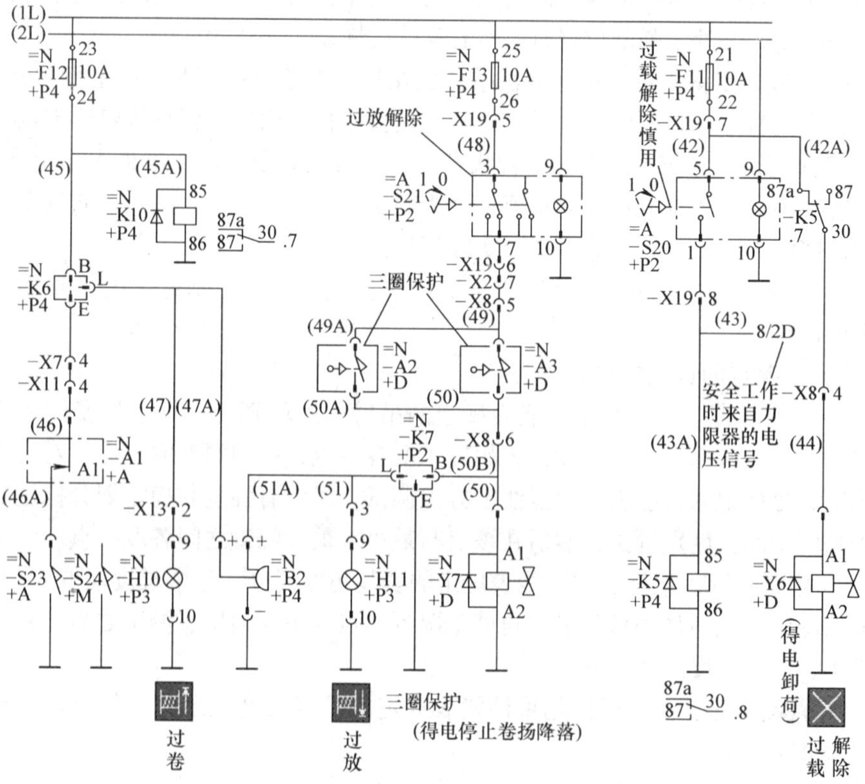

图4-47 过卷、过放、过载电路图

1）调整长度传感器电位计，使吊臂处于基本臂和全伸臂两种状态下的力矩限制器显示值与实际相符，允许误差为±（0.2－0.3）m。

2）当显示吊臂长度超出规定误差范围时，解决方法如下：吊臂缩回至基本臂，检查电缆卷筒的预应力（电缆必须拉紧），再打开长度/角度传感器外壳，仔细地用平口螺钉旋具缓慢转动长度电位器中轴，直至显示器值显示的臂长在误差范围内。

（4）调整吊臂角度　吊臂角度的调整通过数字式角度仪进行调整校正。在基本臂状态下，将角度仪吸放在吊臂平面上，变幅调至最小角度，然后将吊臂变幅调到最大角度，查看实际的角度值与显示的角度值是否在误差范围内，允许误差范围在±1°之间。如有差异可按如下方法调整：松开三个安装螺栓，角度传感器整体作微量转动直至显示器指示的角度值与实际相符，再将三个安装螺栓紧固。

（5）检查高度限位开关　缓慢起升吊钩并将高度限位开关重锤托起，此时显示器应出现声光报警信号，向危险方向的动作自动停止，并允许向安全方向动作；当强制开关处于强制位置时，所有动作应恢复。

（6）调整重量零点　将起重机吊臂放在吊臂支架上后，保持向下变幅动作，同时将发动机熄火，稍停片刻后，松开变幅操作杆，用软件调整传感器零点。

（7）调整放大倍数　在基本臂状态下，根据性能表要求起吊最大额定配重，待重物平稳后，查看显示的净重值是否为额定配重重量，如有差异，通过专用调试软件修改放大倍数，使显示值与实际值相同。

（8）载荷试验工况　载荷试验工况应包括主臂工况、副臂工况、臂端滑轮工况的调试。

1）工况点的选取方法。

① 主臂工况。根据起重性能表规定的吊臂长度段划分，每个长度段取 5 个工况点调试。包括最小幅度和最大幅度工况各一点，中间幅度取三点，对有强度和稳定划分标记的性能表，取黑线上方点调试，对没有强度和稳定划分标记的性能表，取中间幅度点调试，然后在该点与最小、最大幅度之间各取一点。

② 副臂工况。根据起重性能表规定的安装角度划分，每个长度段取 4 ~5 个工况点调试。包括最小角和最大角度工况各一点，中间角度点调试之后，在该点与最小、最大角度之间各取一点。

③ 臂端滑轮工况。根据起重性能表规定的吊臂长度段划分，每个长度段取 2 ~3 工况点调试。

2）工况点的调试方法。

① 根据性能表要求起吊额定砝码。首先变幅至较小幅度，然后平稳起吊，再变幅至规定幅度，实际测量工作幅度，并查看重量显示、幅度显示是否在误差范围内。否则通过专用软件修正吊臂变形系数，使之符合要求。

② 最大幅度报警点的测试。根据性能表要求起吊额定砝码，首先变幅至较小幅度，然后平稳起吊，再缓慢向下变幅至自动卸荷，实际测量工作幅度与性能表规定值比较，看是否在误差范围内。若超出最大幅度 5% 仍未自动卸荷，应立即停止向下变幅操作，测量并修正幅度值。

（9）工况点的检验依据　力矩限制器显示仪表的显示精度为 ±5%，当显示值≤0.1 满标值时，显示精度为 ±10%，当显示值≤0.05 满标值时，显示精度为 ±15%。因此，重量、幅度、长度的显示值应符合以上要求。

技能训练 4　上车电气系统装配

上车电气系统装配内容及相关设备、工具和辅具见表 4-9。

表4-9 上车电气系统装配内容及相关设备、工具和辅具

装配内容	序号	零部件名称	数量	设备、工具、辅具（料）
主臂电气的装配	1	警示灯	1	斜口钳、十字槽螺钉旋具、棘轮扳手19、电动扳手
	2	高度限位开关	1	
	3	长度角度传感器	1	
	4	拉线支架	1	
	5	绳架	1	
	6	卸扣	1	
	7	压线轮	4	
副臂电气的装配	8	警示灯	1	斜口钳、十字槽螺钉旋具、棘轮扳手19、电动扳手
	9	高度限位开关	1	
操纵室电气的装配	10	控制板	1	尖嘴钳、电动扳手、呆扳手、十字槽螺钉旋具
	11	显示器	1	
	12	指示器	1	
	13	左控制器	1	
	14	右控制器	1	
	15	力限器主机	1	
	16	脚踏开关	1	
	17	按钮	1	
转台电气的装配	18	喇叭	1	尖嘴钳、电动扳手、呆扳手、棘轮扳手、十字槽螺钉旋具
	19	接近开关	1	
	20	限位开关	1	
上车电气的总装	21	工作大灯	1	斜口钳、十字槽螺钉旋具、棘轮扳手19、电动扳手
	22	大灯支架	1	
	23	ZD200×4 扎带	若干	
	24	GB/T 97.1—2002 垫圈6	4	
	25	GB/T 6170—2000 螺母M6	2	
	26	GB/T 5783—2000 螺栓M6×16	2	
	27	螺钉M6×30	若干	
	28	螺钉M6×15	若干	

（续）

装配内容	序号	零部件名称	数量	设备、工具、辅具（料）
上车电气的总装	29	示廓灯支架	1	斜口钳、十字槽螺钉旋具、棘轮扳手 19、电动扳手
	30	线卡	若干	
	31	变幅传感器	2	
	32	示廓灯	2	
上车电气的初调试	—	—	—	锤子

汽车起重机上车电气系统装配步骤及注意事项见表 4-10。

表 4-10　汽车起重机上车电气系统装配步骤及注意事项

序号	操作步骤	工艺规范及操作过程	质量控制要点	安全注意事项
一	主臂电气的装配	1. 用螺栓、垫圈将长度角度传感器、各压线轮安装在吊臂上，适当调整各压线轮上下距离使其中心线在一条水平线，将长度角度传感器的测长线适当拉紧后用卸扣、套环、绳夹将其固定在臂头的拉线支架上 2. 将测长线接入臂头接线盒，与高度限位开关和臂头警示灯的接线相连 3. 安装各灯支架，用线卡将线束和电缆固定，组装其余各零件	1. 各电气元件、力限器等，安装牢固，接头连接可靠，线路不得有下坠现象 2. 保证压线轮的装配质量，4 个压线轮在同一条直线上	1. 安装长度角度传感器时，放置好固定牢固，以防跌落砸伤脚 2. 安装卸扣、套环、绳夹时，小心挤压伤手
		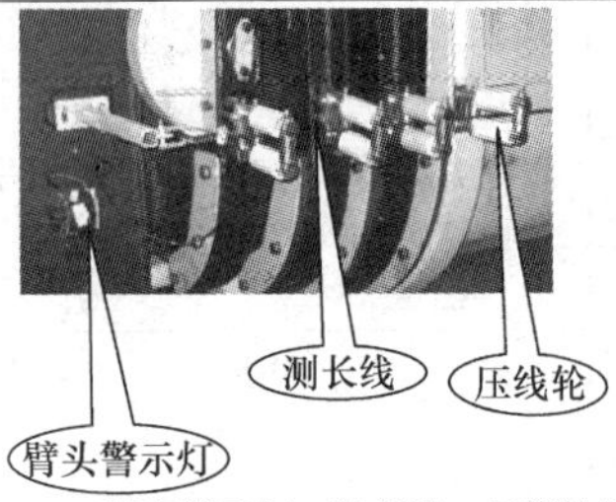 臂头警示灯、测长线、压线轮的安装 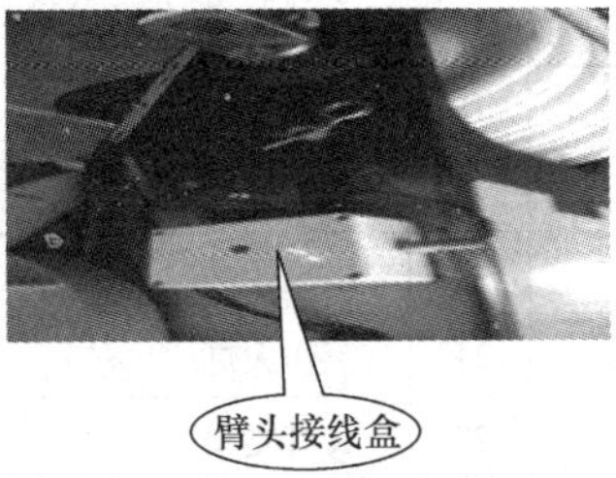 臂头接线盒的安装		
		HC4900系统组成 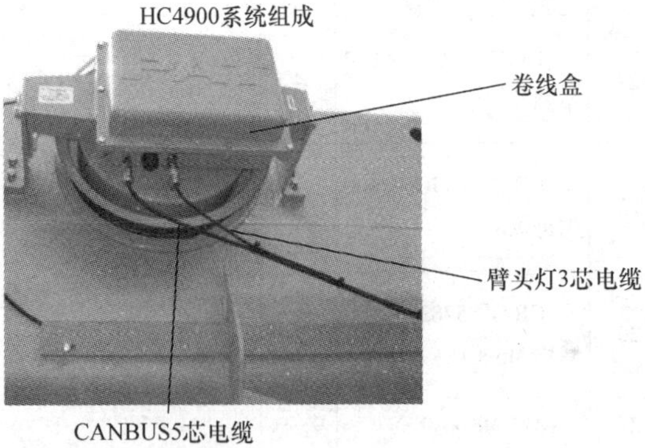 测长测角传感器的安装		

（续）

序号	操作步骤	工艺规范及操作过程	质量控制要点	安全注意事项
二	副臂电气的装配	1. 装臂头警示灯及高度限位开关 2. 设副臂线束，并将线束与高度限位开关、警示灯的接线相连	各电气元件安装牢固，接头连接可靠，线路不得有下坠现象	在安装作业时，注意避开吊装吊臂的桥式起重机
		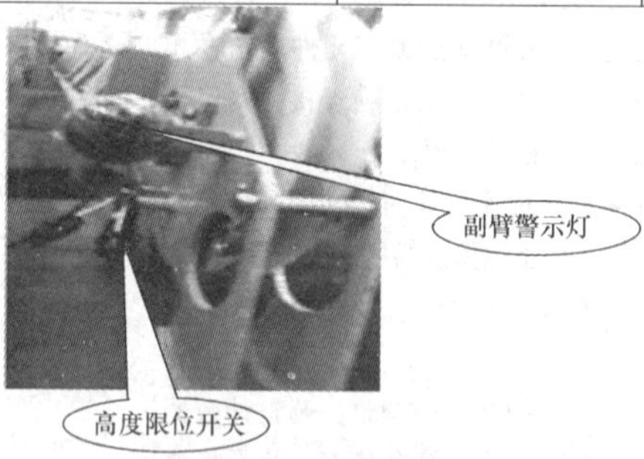 臂头警示灯和高度限位开关的安装		
三	操纵室电气的装配	1. 将显示器、指示器的线束连好后，用螺钉、垫圈固定 2. 将左右控制器、控制板总成用螺钉、垫圈固定 3. 将力限器主机用螺母、垫圈固定在操纵室后侧面的螺栓上 4. 安装脚踏开关、操纵杆上的按钮，并正确接线 5. 正确连接前窗、顶窗雨刮线束，接好顶灯 6. 将各部分线束正确连接，并与转台线束相连	1. 各电气元件安装牢固，插接可靠，无虚接现象 2. 线束走向正确，扎带扎接牢固、扎带间隙均匀	在作业时，防止划伤手部
		 左控制器的安装  右控制器的安装 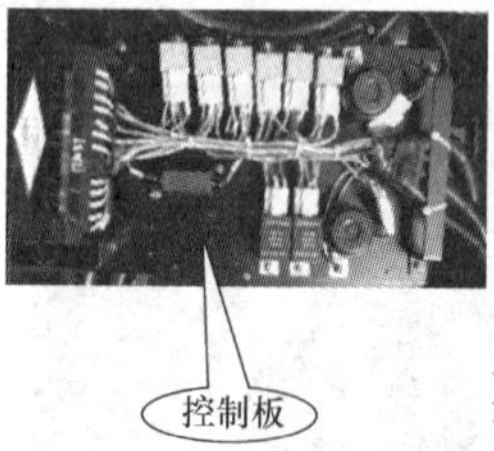 控制板的安装 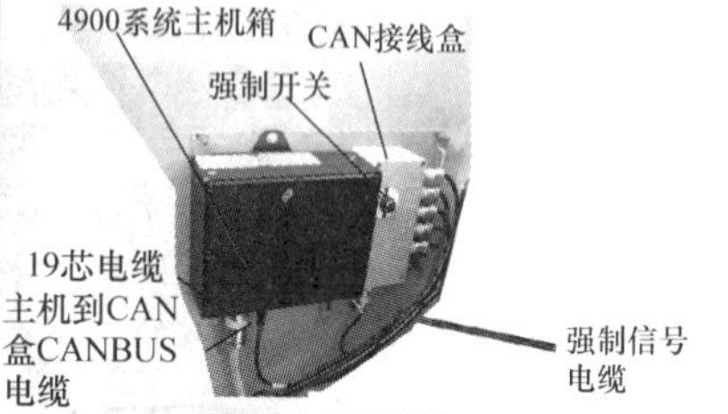 力线器主机的安装 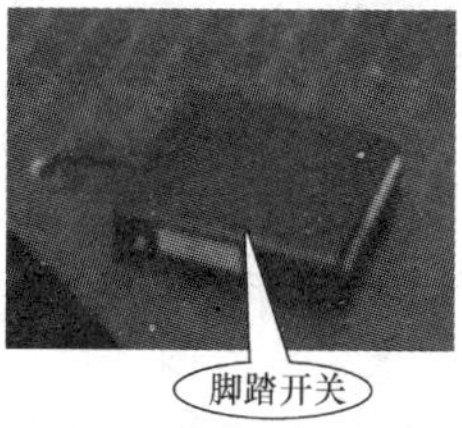 脚踏开关的安装		

（续）

序号	操作步骤	工艺规范及操作过程	质量控制要点	安全注意事项
四	转台电气的装配	1. 将转台线束固定在转台焊好的支架上 2. 将喇叭、安全方向检测开关、换臂电磁阀、先导控制阀、三圈保护器等元件固定在相应的支架上，并与转台线束正确连接，确保接触可靠，无虚接、松动现象 3. 用扎带将插接件连接处固定、用胶带将线端裸露处包扎，防止短路或搭铁 4. 检查整理整个转台电气，确保布线美观，无漏接现象 5. 卷扬机三圈保护开关的调整：调整计数器内检测开关与检测凸轮的接合状态，使卷扬机钢丝绳在剩余 3 ~5 圈时，起重机能自动停止落钩动作	1. 转台线束固定应牢固可靠，线端裸露处用热缩套管套装，单线用塑料管套装防护 2. 各电气元件，插接可靠，无虚接现象 3. 线束走向正确，扎带扎接牢固、扎带间隙均匀 4. 卷扬机装配时，应保证过放保护开关出线孔位于开关正下方	1. 操作人员在操纵室下接线时，严禁线体起动，须有专人看护 2. 安装插接头时，防止挤伤手部 3. 安装换臂电磁阀、先导控制阀时，防止跌落砸伤脚

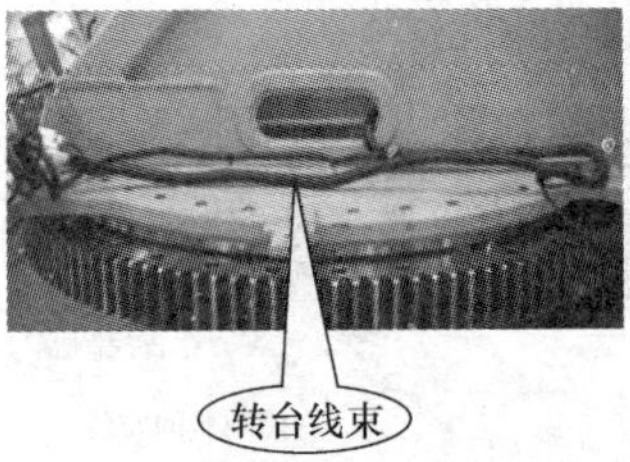

转台线束的安装

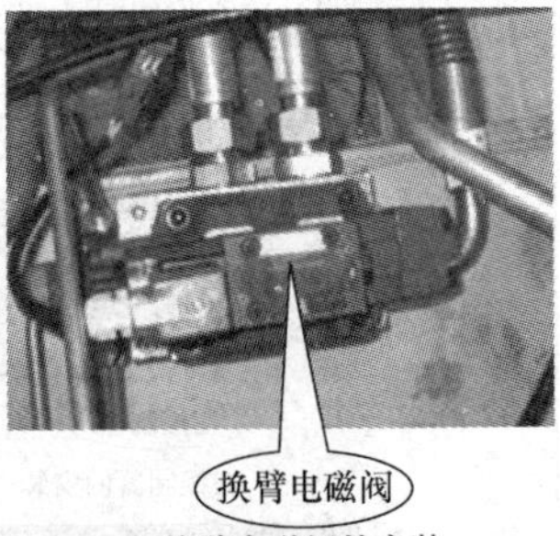

换臂电磁阀的安装

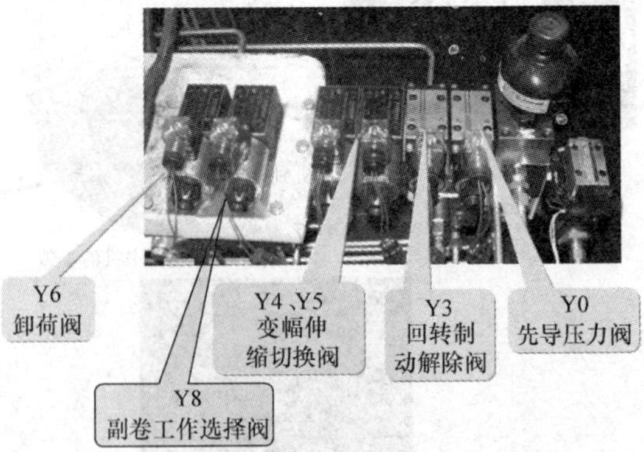

多路阀的安装

（续）

<table>
<tr><th>序号</th><th>操作步骤</th><th>工艺规范及操作过程</th><th>质量控制要点</th><th>安全注意事项</th></tr>
<tr><td rowspan="3">五</td><td rowspan="3">上车电气的总装</td><td>1. 将转台大灯、操纵室大灯和伸臂大灯安装在大灯支架上，并用扎带将大灯电缆固定在支架上
2. 连接长度角度传感器电缆，用盖板将连接线与伸臂大灯线用螺栓固定在基本臂下方
3. 安装变幅传感器
4. 连接变幅传感器和转台电气线。将连接好的转台线束和中心回转体线束，放到防水支架中，用扎带将线束紧固在扎线支架上
5. 安装配重示廓灯，连接配重线束，并将线卡固定在配重上
6. 将操纵室电气、转台电气、主臂电气、配重电气相应的接线相连组装成整机</td><td>1. 根据原理图和线束图接线端子接线号正确连接，各连接线插接件应牢固可靠
2. 线束连接后，应整齐、美观、不得有虚接现象
3. 线卡保持在一条直线上，线卡与线卡之间的间隙均匀适中
4. 变幅传感器电缆沿液压管路布置。线束布置应牢固、整齐、美观，无松动、虚接现象</td><td>1. 自动线运行时，在车上作业防止跌落
2. 车上装配时，要站稳防滑</td></tr>
<tr><td colspan="3">

转台大灯和操纵室大灯的安装

伸臂大灯和长度角度传感器信号线的安装</td></tr>
<tr><td colspan="3">

变幅传感器的安装
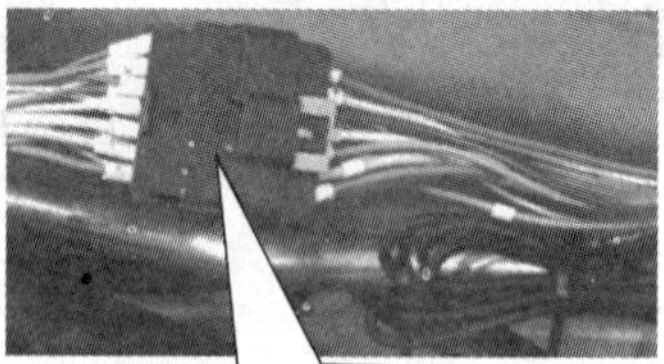

中心回转体电刷线束与转台线束的对接

中心回转体电刷线束的捆扎
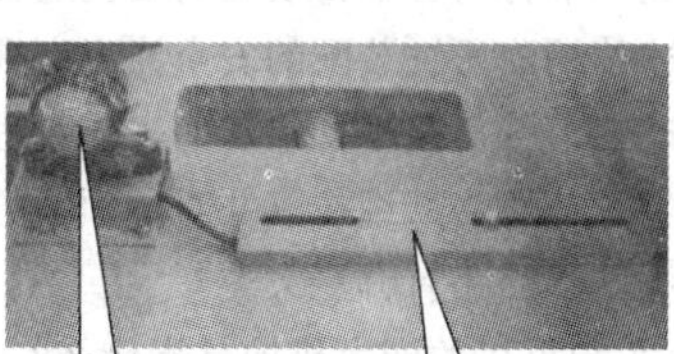

配重示廓灯的安装及其线束的固定</td></tr>
</table>

（续）

序号	操作步骤	工艺规范及操作过程	质量控制要点	安全注意事项
六	上车电气的初调试	1. 首先将起动钥匙插入起动锁，顺时针转动至Ⅰ档，上车控制电源接通，检测上车电源。继续转动钥匙至Ⅱ档，发动机起动，为保护发动机，每次起动时间不超过5s，两次起动间隔时间不得小于15s，延时1～2s发动机即熄火，松手后开关复位至断电档 2. 调试操纵室前雨刷和顶雨刷 3. 调试上车灯光及喇叭 4. 调试强制开关	1. 操作时，应连续缓慢拉动手柄，禁止急剧换向 2. 各系统需运行正常、可靠、平稳，无异常	回转动作前，应先放下转台回转止动销
		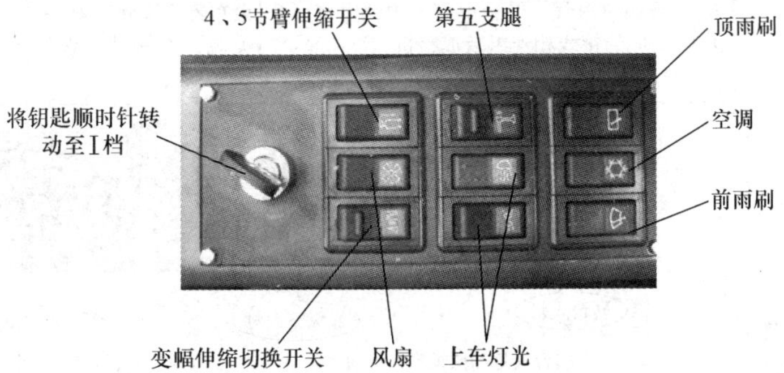 上车电气初调试对应的开关示意图		

复习思考题

1. 简述主臂结构的组成。
2. 简述副臂结构的三种安装角度。
3. 简述定滑轮和动滑轮的工作特性。
4. 简述五节臂分装的质量控制要点。
5. 简述四节臂与五节臂装配的工艺过程。
6. 简述伸缩液压缸装配的安全注意事项。
7. 简述二节臂与基本臂组装的工艺过程。
8. 简述五节臂头部细拉索Ⅱ对称预紧的质量控制要求。
9. 液压基本回路有哪三大类？
10. 汽车起重机的四大机构是指什么？
11. 描述汽车起重机起升油路工作原理。
12. 胶管装配注意事项是什么？

13. 简述回转支承装配的质量控制要点。
14. 简述回转机构的装配步骤。
15. 简述起升机构装配的安全注意事项。
16. 平衡回路的含义是什么？
17. 采用内控式平衡阀的平衡回路的特点是什么？
18. 采用外控式平衡阀的平衡回路的特点是什么？
19. 汽车起重机上车操纵机构的主要类型有哪些？
20. VIN 码中第 1 ~3 位分别代表什么含义？
21. 描述上车控制手柄的左右前后操纵机能。
22. 汽车起重机总装装配线上零部件摆放的标准是什么？
23. QY 汽车起重机上车常用电气主要包括哪些？
24. 为确保上车电气系统装配质量必须做到哪些？
25. 汽车起重机力矩限制器系统由哪些部分组成？
26. 长度角度传感器的三个作用是什么？
27. 上车电气系统装配包括哪些部分？
28. 简述高度限位器的工作原理。
29. 简述先导控制阀的作用。
30. 简述电磁继电器的工作原理。
31. 更换熔断器时有哪些注意事项？

第5章

汽车起重机整车调试

培训学习目标

1. 能描述钢丝绳、油料的种类、规格及应用。
2. 能描述汽车起重机的操作注意事项。
3. 能说出整机调试内容和步骤。
4. 能完成整车检查。
5. 能完成吊臂拉索的调整。
6. 能完成卷扬机钢丝绳的装配。
7. 能完成空载、额定载荷、动载荷、静载荷试验。
8. 能完成副臂载荷试验。
9. 能完成密封性试验。
10. 能完成驻坡试验。

5.1 汽车起重机整车调试相关知识

5.1.1 钢丝绳的种类及应用

1. 钢丝绳的优点

钢丝绳是广泛应用于起重机中的挠性构件。它具有承载能力大、卷绕性好，运动平稳无噪声、极少突然断裂、工作可靠等优点。

2. 钢丝绳的种类和应用

1）按钢丝绳股内相邻层钢丝的接触状态，分点接触、线接触和面接触，如图 5-1 所示。

① 点接触（D 型）钢丝绳（见图 5-1a）：股内各层钢丝互相交叉，呈点接触。由于钢丝间接触应力大，磨损严重，现已逐渐被线接触钢丝绳取代。

② 线接触（X 型）钢丝绳：股内各层钢丝在全长上平行捻制，呈线接触，在起重机中广泛应用。线接触钢丝绳承载能力大，耐磨性好，使用寿命长，在相

同使用条件下，比点接触（D型）钢丝绳寿命高50%～100%。在起重机中，凡是绕过滑轮和绕入卷筒的钢丝绳，都应选用线接触钢丝绳。

③ 面接触钢丝绳：股内钢丝形状特殊，呈面接触。

2）按钢丝绳捻绕次数，有单绕和双绕之分。由若干根圆形钢丝按螺旋状捻绕而成的单绕钢丝绳，刚性大，表面不光滑，在起重机上仅用作固定张紧绳。用异形截面钢丝可以捻制成封闭绳，绳的表面光滑，能承受横向载荷，常用作缆式起重机和架空索道的承载绳。

双绕钢丝绳是先由钢丝绕成股，再由股绕成绳，如图5-2所示。由于强度高，挠性好，在起重机上得到了广泛使用。

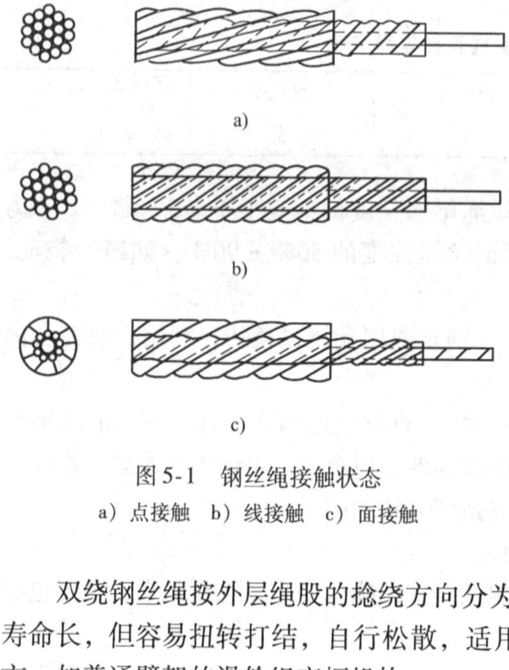

图5-1　钢丝绳接触状态

a）点接触　b）线接触　c）面接触

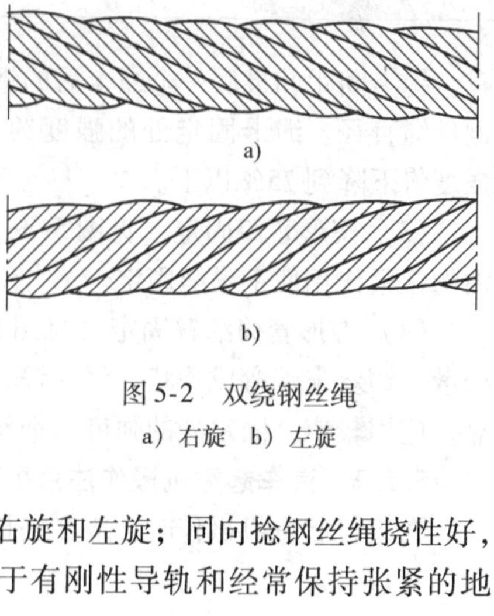

图5-2　双绕钢丝绳

a）右旋　b）左旋

双绕钢丝绳按外层绳股的捻绕方向分为右旋和左旋；同向捻钢丝绳挠性好，寿命长，但容易扭转打结，自行松散，适用于有刚性导轨和经常保持张紧的地方，如普通臂架的滑轮组变幅机构。

3. 钢丝绳端的固定和连接

钢丝绳端常用的固定方法有以下几种，如图5-3所示。

（1）编结法（见图5-3a）　长度为（20～25）d（d为钢丝绳直径）的钢丝绳尾端绕过套环后，每个绳股依次穿插在绳的主体中，与主体绳编结在一起，并用细钢丝扎紧。

（2）绳卡固定法（见图5-3b）　此法简单可靠，拆装方便，获得广泛应用。绳卡数目根据钢丝绳直径而定，但不应少于3个（见表5-1）。绳卡底板应与钢丝绳的主支接触，U形螺栓扣在钢丝绳的尾支上。一般认为，当绳卡中的钢丝绳直径减小1mm，表明螺母的拧紧度合适。

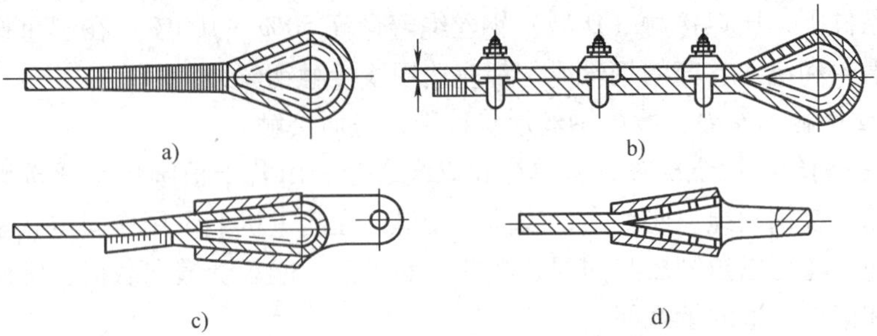

图 5-3　钢丝绳端部固定方法

a）编结法　b）绳卡固定法　c）楔形套筒固定　d）锥形套筒灌锌固定

表 5-1　钢丝绳直径与绳卡数

钢丝绳直径/mm	7 ~ 16	17 ~ 27	28 ~ 37	38 ~ 45
绳卡数	3	4	5	6

绳卡间距和最后一个绳卡后的钢丝绳尾端长度都不应小于（5 ~ 6）d，d 为钢丝绳直径。绳卡固定处的强度约为钢丝绳强度的 80% ~ 90%。如绳卡装反，强度将下降到 75% 以下。

（3）楔形套筒固定（见图 5-3c）　钢丝绳尾端绕过楔块，利用楔块在套筒内的锁紧作用使钢丝绳固定。

（4）锥形套筒灌锌固定（见图 5-3d）　钢丝绳尾端穿入锥形套筒后将钢丝松散，钢丝末端弯成钩状，浇入锌、铅或其他易熔金属。由于工艺简单，连接可靠，应用较广。固定处的强度与钢丝绳强度大致相同。

5.1.2　汽车起重机操作注意事项

在进行起重机操作时，应严格按规章操作，确保安全，总结起来，主要包括以下几点：

1）起重机进行起重作业前，要使水平支腿和垂直支腿伸到位，并利用水平仪调平，使轮胎离开地面处于悬空状态。

2）检查液压油箱中的液压油达到规定值。

3）确认起重机无异常，严禁带病作业。

4）在起重机工作时，不得进行检查和维修操作。

5）发动机起动后，要进行慢速空转，使发动机充分升温（特别是在严冬季节）。

6）机器起动前要严格确认各操纵杆及开关处于“中位”或“断开”位置上。

7）起重作业前检查和验证力矩限制器和其他安全装置正常工作。

8）当风力超过6级或风速超过10m/s时，不得进行起重作业。

9）起重机作业时，严禁一切非安全行为发生。

10）标准螺栓应符合拧紧力矩要求。

11）起重机各产品液压系统（溢流）压力应符合产品标准要求。

12）严格执行“十不吊”安全操作规程。

5.1.3 油箱清理的方法及步骤

1）拆下液压油箱上面的盖，用滤油车把油箱内的液压油抽空。

2）拆下油箱下面的螺塞，把油箱内余油放净。

3）用汽油、绸丝布清理，保证油箱内无锈蚀、杂物，静置5～10min，将油箱晾干。

4）装上油箱下面的螺堵并拧紧。用滤油车向油箱内加注液压油（应无杂质、合格）至油标两个红色刻度线之间。

5）液压油不允许使用混合油，液压油固体颗粒污染等级为：出厂时不超过19/16。

6）油箱清理时，严禁戴手套操作，保证其清洁，无灰尘。

5.2 汽车起重机整车调试技能训练

1. 整机检查

1）所有应装配的零部件齐全、完整、合格。

2）检查全车各轮胎表面不得有伤痕，轮胎气压应满足要求。

3）整机外观不得有磕碰、变形、划伤、锈蚀等明显影响整机外观质量的缺陷。

4）按照装配提供的合格单，确认关键部位的紧固件预紧力矩，如U形螺栓、轮胎螺栓、回转支承螺栓、回转机构座圈螺栓等不得有松动现象，弹簧垫圈应压平。

5）各开口销的开口应大于90°。

6）各滑轮转动自如。

7）各操纵机构操纵轻便、复位自如。

8）液压系统各元件定位可靠，符合设计要求。

9）油管排列整齐，无干涉现象。整机油路、气路、水路不得有渗漏现象。

10）整车各仪表、灯光及电气元件工作可靠，反应灵敏。

11）下车行驶正常、转向自如，无异常现象。

2. 加油加水

1）水箱加满水。

2）燃油箱、液压油箱，按定额加入柴油、液压油。

3）所有油杯注满润滑脂，各摩擦处应涂润滑脂。

3. 挂取力机构，伸出支腿

1）将档杆置于取力档位空档，点火，气压大于0.45MPa，踏下离合器踏板，挂入取力档位，拔出取力开关，缓慢抬起离合踏板，待听到挂上取力的声音时，完全放松离合器踏板。

2）检查起重机周转地面情况无异常后，操纵支腿操纵阀，先伸水平支腿，再伸垂直支腿，有第五支腿的最后伸出第五支腿。

3）检查整机各液压系统油路，消除漏油现象。

4. 调整油门（电控油门除外）

1）调整油门时，要理顺管路，拧紧各连接处。

2）拧松放气堵，用油盆接住漏油，向油杯内加注刹车油。

3）快速反复上下踩动油门踏板排空分泵余气，并及时向油杯内补充刹车油。

4）调整好后，拧紧放气堵，再补充刹车油至规定位置并拧紧油杯盖。

汽车起重机整车调试步骤及注意事项见表5-2。

表5-2　汽车起重机整车调试步骤及注意事项

<table>
<tr><th>序号</th><th>调试项目</th><th>调试内容</th><th>质量控制要点</th><th>安全注意事项</th></tr>
<tr><td rowspan="2">一</td><td rowspan="2">吊臂拉索调整</td><td>1. 将吊臂仰角调至60°，使各节臂全部伸出，然后缩到底，反复几次
2. 将吊臂回缩到位落至－1°～－2°，将三、四、五节臂伸出一段距离，再把吊臂落下
3. 分别调整五节臂细拉索Ⅰ上的螺母及四节臂细拉索上的螺母，直至三、四、五节臂伸缩同步并没有抖动现象
4. 等所有调试项目结束后，再按照以上方法调整一次，锁紧细拉索上的双螺母</td><td>1. 调整两侧拉索螺母时，要同步张紧
2. 调整时，如吊臂抖动，两吊臂间滑块接触面应涂抹润滑脂
3. 二次拉索紧固无遗漏</td><td>1. 涂抹时，五节臂吊臂不得全伸落下，防止倾翻
2. 使用棘轮扳手时，防止打滑伤手
3. 防止从小车上滑落摔伤</td></tr>
<tr><td colspan="3">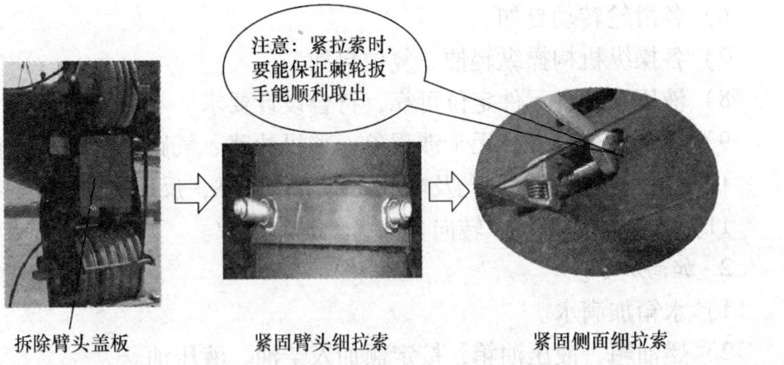
拆除臂头盖板　　紧固臂头细拉索　　紧固侧面细拉索</td></tr>
</table>

（续）

序号	调试项目	调试内容	质量控制要点	安全注意事项
二	卷扬机钢丝绳装配	1. 将主副卷扬钢丝绳从吊臂前端滑轮、导向轮穿过，再从副卷筒外侧的楔形孔穿过，绕过楔子再穿回楔形孔并拉紧，注意绳头不得外露 2. 三人协作完成钢线绳装配，一人在车下续绳，一人操作起重机，一个在转台卷扬机位置缠绳，三人均听从缠绳人员的统一指挥 3. 在缠绕中，如果出现爬绳、乱绳等现象，观察者（缠绳者）应立即示意（呼喊）停止，停止操作后，再进行调整。调整时，不准用手或戴手套直接接触钢丝绳，可采用间接方法进行，比如用子等，在调整时，人与旋转卷扬机应保持一定的安全距离 4. 钢丝绳与主吊钩装配时，钢丝绳依次从主吊钩及臂头上的滑轮组绕过，使钢丝绳倍率达到调试要求（单倍率或满倍率） 5. 将主钢丝绳绳头穿过楔套，绕过楔子，再穿回楔套中并拉紧，用绳夹锁紧。再用销轴、垫圈和卡子将楔套固定在末节臂头部安装孔中	1. 主、副卷扬机钢丝绳均匀缠绕在卷筒上 2. 紧固在卷扬机上的钢丝绳头不得外露 3. 钢丝绳在吊钩和臂头滑轮中的缠绕无脱槽现象 4. 绳夹安装方向正确，否则将严重降低锁固强度，臂头销轴卡子无漏装	1. 牵引钢丝绳在吊臂上方行走，务必配戴安全带，防止掉落摔伤 2. 三人协同作业，必须听从一人指挥 3. 卷扬机缠绕过程中，作业人员应与其保持一定的安全距离 4. 防止被钢丝绳弹起打伤

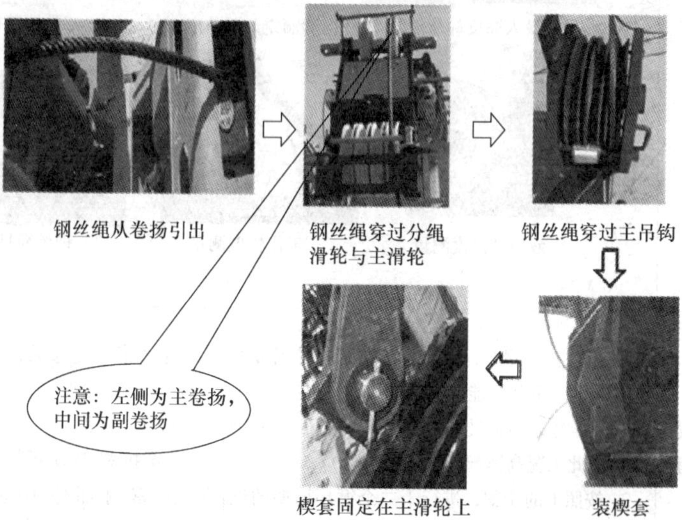

（续）

序号	调试项目	调试内容	质量控制要点	安全注意事项
三	空载试验	1. 将整机置于行驶状态，分别在高速和怠速状态下，做水平及垂直支腿动作各三次 2. 将整机置于工作状态，在基本臂状态下起吊臂至幅度 3m，转至正侧方，不吊重物，伸缩、变幅、起升、回转动作分别在高速和怠速状态下循环，各动作做三次	1. 无漏油异常动作 2. 仪表及安全报警装置工作正常、可靠	调试支腿前，务必检查周转地面情况并确定无人员靠近
四	额定载荷试验	1. 吊臂在正侧方，将重物从地面起升到最大起升高度（中间制动一次），下降到能够回转的高度（在工作区域内）全程左右回转，重物下降到地面（中间制动一次）为一个循环（最高、最低稳定速度分别进行循环） 2. 按照1的步骤，进行四个循环周期的试验	1. 操作时，应缓推、慢拉手柄 2. 各机构运行正常，安全装置及制动器工作可靠，密封部件不漏油	1. 出现异常情况或听到异常声音，应立即停止操作 2. 防止配重碰到车架
		 吊至最大高度卸荷报警 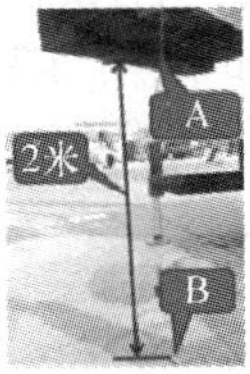 测额定起升速度  三圈卸荷报警试验  钢丝绳打搅调整  工作幅度测量  液压油温度测量		
五	动载荷实验	1. 吊臂在正侧方，将重物从地面起升到最大起升高度，下降到能够回转的高度（在工作区域内）全程左右回转，重物下降到地面为一个循环（此工况高速起升、低速下降） 2. 按照1的步骤，进行十二个循环周期的试验，操作时，应缓推、慢拉手柄	1. 各结构件连接处没有出现塑性变形，运行可靠、平稳 2. 卷扬机制动可靠，各密封部件不漏油	1. 左右回转时，注意周围有无危险源 2. 听到异常声音应立即停止

（续）

序号	调试项目	调试内容	质量控制要点	安全注意事项
六	静载荷试验	1. 吊臂在正侧方、正后方及后支腿上方，将重物缓慢起升到一定高度（100～200mm），停留。此种工况，允许有一个支腿抬起，但固定支腿边缘的抬起量不大于50mm 2. 在每个位置上方停留10min后落地 3. 试验时允许调整溢流阀的压力，但试验后必须调回 4. 操作时应缓推、慢拉手柄	1. 未产生裂纹、塑性变形、油漆剥落现象 2. 连接件无松动，制动器工作正常	1. 吊臂高度一定要在规定范围内 2. 若一个支腿抬起量超出规定范围，应立即停止作业
七	密封性试验	吊起重物，位于后支腿上方，重物在空中停稳后（也可采取相关措施使之停稳）。发动机熄火，持续15min后测量变幅液压缸回缩量、支腿液压缸回缩量和重物下沉量，操作时应缓推、慢拉手柄	1. 变幅液压缸回缩量≤2mm 2. 支腿液压缸回缩量≤2mm 3. 重物下沉量≤15mm	采取强行措施使重物停稳时，防止其摆动幅度过大，被其碰伤
		 用百分表测量变幅油缸回缩量  三圈卸荷报警试验  测量重物下沉量		
八	副臂载荷试验	（一）副臂安装 1. 主臂全缩到位，在整车侧后方放下，先拔出后支架、中支架与副臂连接的销轴，然后将一节副臂绕前支架长轴往外旋转 2. 调整前支架上的调整螺栓，使主臂两铰点孔与副臂铰点孔重合，用销轴固定 3. 取下卡子后，拔出前支架长轴销，将副臂继续往外旋转 4. 当副臂转到主臂正前方时，两人合作使主臂与副臂另外两铰点孔对齐，将连接销轴插上并装弹簧卡	1. 安装副臂时，用铜棒或其他不损坏装配件表面的物体，轻轻敲，不得野蛮装配 2. 副臂上各销轴及卡子不得漏装 3. 所有调整螺栓、螺母均匀拧紧	1. 工作状态下，支腿要完全伸出 2. 旋转范围内禁止站人 3. 需要在高处作业时，应使用脚手架 4. 禁止未固定好副臂前，操作起重机 5. 向前摆出副臂的动作应缓慢

（续）

序号	调试项目	调试内容	质量控制要点	安全注意事项
八	副臂载荷试验	（二）副臂载荷试验 1. 吊臂在正侧方，将重物从地面起升到最大起升高度，下降到地面（上升、下降中各制动一次）为一循环 2. 按步骤1，该工况进行两个循环试验 3. 操作时应缓推、慢拉手柄	1. 副臂机构或结构件无损坏，机构运行正常可靠 2. 各安全装置及制动器工作灵敏、可靠	1. 需要在较高位置作业时，必须使用脚手架 2. 调试作业时，严禁歪拉斜拽
		（三）副臂回收 1. 各工况副臂试验完毕后，按副臂安装步骤的相反程序进行操作，在回收过程中，严禁野蛮操作，必须对各支承架进行调整，使副臂能够顺利回收，并将副臂固定在主臂右侧的支承架上 2. 拧紧调整螺栓、螺母，确保销轴和弹簧卡装配无误	1. 安装副臂时，可以使用辅助吊装设备进行安装，如用叉车等 2. 销轴和弹簧卡装配无误	1. 副臂旋转范围内禁止站人 2. 向后折回副臂的动作应慢而平稳
九	制动性能及驻坡试验	1. 底盘驻车制动（或紧急制动）为放气制动。停车后，将手制动手柄置于停车状态，可使车辆制动后原地不动 2. 将底盘停在20%的坡道上，轮胎全部置于坡面上，把手制动阀把手置于制动位置，使底盘处于驻车制动状况。5min后车辆应保持固定不动。正反方向各做一次试验，不允许有移动现象，如有移动现象，应检查手继动阀、手制动阀及该管路情况，排除后再试	1. 驻车制动后，车辆原地不动 2. 保证在20%的坡道上 3. 底盘驻车制动保持5min 4. 正反各一次，无移动现象	1. 作业区域内无危险源 2. 进入驻坡制动坡道观察有无其他车辆正在测试或有其他车辆准备测试 3. 做好制动失灵的安全防范
		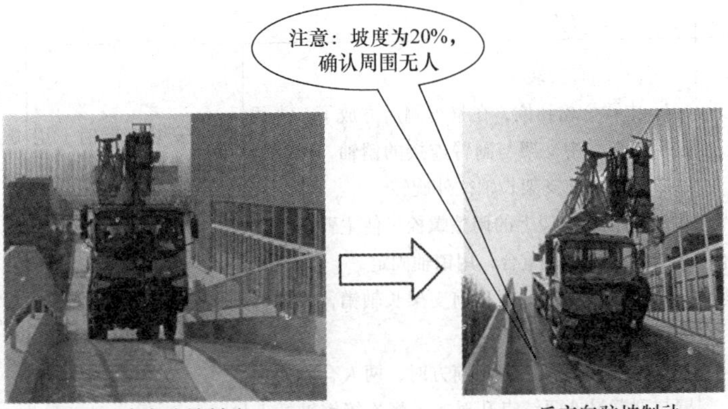 正方向驻坡制动　　反方向驻坡制动		

复习思考题

1. 钢丝绳的种类有哪些？
2. 钢丝绳的紧固方法有哪几种？
3. 国产轻柴油有哪几种牌号？其划分的依据是什么？
4. 简述汽车起重机的操作注意事项。
5. 简述油门调整的方法。
6. 简述吊臂调整的内容及质量控制要点。
7. 简述卷扬机钢丝绳装配的安全注意事项。
8. 简述额定载荷试验的内容。
9. 简述密封性试验的内容及质量控制要点。

第6章

汽车起重机装配与调试工模拟试卷样例

◈◈◈ 6.1 汽车起重机装配与调试工（初级）模拟试卷样例

6.1.1 理论知识模拟试卷样例（初级工）

一、判断题（每题1分，共40分）

1. 对弯曲、扭曲等变形零件，不可用校正法修复。（ ）

2. 在液压系统中，液压泵的作用是使液体在管道中循环流动，是液压系统中的执行元件。（ ）

3. 四冲程内燃机只有混合气燃烧膨胀冲程产生动力，其他三个冲程都要消耗动力。（ ）

4. 钢制件的发蓝处理，是为了改善钢的强度。（ ）

5. 当齿轮的模数一定时，齿数越多，齿轮的几何尺寸越小。（ ）

6. 在摩擦磨损中，摩擦表面的表面粗糙度值越大，磨损越大，但过于光洁的表面耐磨性也会降低，对应于最小磨损量有一最佳粗糙度。（ ）

7. 由于机械设备磨损情况互不相同，所以用大修来代替中修是切实可行的一种修理方法。（ ）

8. 汽车后桥的轮边减速器属于行星齿轮传动。（ ）

9. 轮胎式起重机变幅机构应装有限速和防止超载的安全装置。（ ）

10. 加工表面出现的凸起的高峰和凹陷的谷底所形成的零件加工表面宏观不平的程度，叫作表面粗糙度。（ ）

11. 低碳钢零件的可焊性比铸铁零件的可焊性差。（ ）

12. 发动机的排量越小，其输出的功率也越小。（ ）

13. V形和Y形密封圈，油压越大，密封性能越差。（ ）

14. 变速器不仅能够改变传递力的大小，还能够改变力的传递方向。（ ）

15. 燃油中有水，发动机排气管排气会冒白烟。（ ）

16. 在液压系统中，控制阀的作用是控制液体的压力、流量和流动方向。（ ）

17. 发动机的废气涡轮增压器的涡轮是用发动机排出的废气来驱动旋转的。（　）

18. 为保证万向轴的输入和输出轴同步转动，中间轴两端的叉口应互相垂直。（　）

19. 空气进入液压系统，不仅会造成运动部件的爬升，而且会引起冲击现象。（　）

20. 塑性材料疲劳断裂前会有急剧的塑性变形。（　）

21. 润滑的作用是增大摩擦系数，减小摩擦阻力。（　）

22. 金属零件的热处理可以改善金属的力学性能。（　）

23. 钢件的渗碳处理主要用于中碳钢和高碳钢。（　）

24. 加速时，摩擦片打滑不会影响车辆在爬坡时的性能。（　）

25. 液压系统中某处油液的压力的大小决定于负载，并随负载变化而变化。（　）

26. 液压泵吸油腔压力远远低于压油腔压力。（　）

27. 机械配件按照使用性质，可分为大修件、易损件、基础件、通用件等。（　）

28. 变速操纵定位锁止装置有防止自动挂档及自动脱档的自锁装置和保证不同时挂入两个档位的互锁装置。（　）

29. 齿轮传动安装时，齿侧间隙越小，传动精度越高。所以齿侧间隙越小越好。（　）

30. 溢流阀是液压控制系统中压力控制阀的一种，是一种过载保护装置。（　）

31. 金属镀铬层具有硬度高、耐磨性好的特点。（　）

32. 差速器只是安装在驱动轴上。（　）

33. 在外力作用下，利用零件材料的塑性变形，恢复零件因磨损或变形而改变的尺寸和几何形状的一种工艺方法叫塑性变形法。（　）

34. 多个镀铬层可以改善镀铬层的贮油能力和耐磨性。（　）

35. 双头螺柱紧固端应采用过盈配合，过盈后中径有一定过盈量。（　）

36. 液压传动中，作用在液压缸活塞上的推力越大，活塞的运动速度就越大。（　）

37. 若发动机空气滤清器堵塞，排气管排气冒黑烟。（　）

38. 发动机连杆螺栓伸长后，只要螺纹扣不损坏就可继续使用。（　）

39. 液压缸活塞克服负载的推力不仅与面积和输入的油液压力有关，而且与流量大小有关。（　）

40. 为确保液压系统有较高效率和较长的使用寿命，一般要求系统在额定工

作压力工作。（　）

二、单项选择题（每题1分，共40分）

1. 安全检查是推动企业________工作的重要方法。

A. 安全管理　B. 劳动保护　C. 文明生产　D. 安全生产

2. 钢件中的有害的杂质元素为________，应控制它的含量。

A. 硅 Si　B. 磷 P　C. 锰 Mn　D. 铬 Cr

3. 起重工起吊重物时，应先起吊________ mm，检查无异常时再起吊。

A. 100　B. 200　C. 500　D. 1000

4. 在机械工程中________是要求自锁的。

A. 螺纹千斤顶　B. 变速器中的圆柱主动齿轮

C. 凸轮机械的从动杆　D. 带轮传动

5. 钢丝绳在卷筒上不能全部放出，应留有不少于________的余量。

A. 一圈　B. 三圈　C. 五圈　D. 七圈

6. 最大静摩擦力总是________动摩擦力。

A. 略大于　B. 等于　C. 小于　D. 不定

7. 图样中的轴线和对称中心线用________表示。

A. 虚线　B. 粗点画线　C. 细实线　D. 细点画线

8. 装配图中所有零件，应按顺序编排并标有序号，每一种零件________序号。

A. 编两个　B. 只编一个　C. 有一个编一个　D. 可以任意编

9. 相同载荷下同一滑动轴承________时产生的摩擦力最小。

A. 干摩擦　B. 液体摩擦　C. 半干摩擦　D. 半液体摩擦

10. 力的三要素是指力的________。

A. 大小、作用点、方向　B. 大小、方向、速度

C. 大小、作用点、速度　D. 方向、速度、作用点

11. 在发动机每个工作循环的四个行程中，气体压力________。

A. 在做功、压缩时存在着　B. 在做功、压缩、排气时存在着

C. 始终存在着　D. 在进气、排气时不存在

12. 对液体可燃物体场所，不能选用________。

A. 合成泡沫灭火器　B. 二氧化碳灭火器

C. 干粉灭火器　D. 清水灭火器

13. 一般来说，柴油机采用的过量空气系数比汽油机________。

A. 小　B. 相等　C. 大

14. 四行程发动机循环过程为________。

A. 进气→排气→压缩→燃烧　B. 进气→压缩→排气→燃烧

C. 进气→燃烧→压缩→排气　　D. 进气→压缩→燃烧→排气

15. 发动机冷却系统中，锈蚀物和水垢积存的后果是________。

A. 发动机温升慢　　B. 热容量减少

C. 发动机过热　　D. 发动机怠速不稳

16. 在外形尺寸和精度相同时，滚子轴承一般比球轴承承载的能力________。

A. 大　　B. 小　　C. 相等

17. 滑动轴承刮削所使用的刮刀为________。

A. 直头刮刀　　B. 弯头刮刀　　C. 三角刮刀　　D. 曲面刮刀

18. 发动机发出的功率主要取决于________。

A. 单位时间充气量　　B. 单位时间排气量

C. 循环充气量　　D. 循环水量

19. 柴油发动机喷油泵每次泵出的油量取决于柱塞有效行程的长短，而改变有效行程可通过改变________。

A. 喷油泵凸轮轴和柴油机曲轴的相对位移

B. 滚轮的高度

C. 柱塞斜槽与柱塞套筒油孔的相对角位移

D. 使用齿圈和套筒的相对角位移

20. 油在流动时对其内部的摩擦力叫________。

A. 油性　　B. 稳定性　　C. 耐磨性　　D. 黏性

21. 为了保证液压系统的压力稳定，应采用________对压力进行控制。

A. 溢流阀　　B. 减压阀　　C. 顺序阀　　D. 定压阀

22. 由于________，造成汽车制动跑偏。

A. 贮气筒内气压太低　　B. 左、右车轮摩擦片材质不相同

C. 气压高速阀损坏　　D. 贮气筒内气压太高

23. ________属于力偶的作用。

A. 扳手拧紧螺母　　B. 羊角锤起钉子

C. 丝杠攻螺纹　　D. 夯打地基

24. 车辆气制动系统，反映制动距离增长的原因可能是________。

A. 贮气筒内无气压　　B. 制动蹄片与制动毂接合面过小

C. 气压制动管路堵塞　　D. 制动分泵膜片破损漏气

25. 轴承D204，其轴承内径为________mm。

A. 20　　B. 24　　C. 40　　D. 204

26. 在外形尺寸和精度相同时，球轴承的极限转速比滚子轴承________。

A. 低　　B. 相同　　C. 高

27. 起重机支腿液压缸应装有________。

A. 液压锁　　B. 溢流阀　　C. 控制阀　　D. 限压阀

28. 为了使零件便于安装和定位，转轴大多制造成________。

A. 圆柱形　　B. 圆锥形　　C. 阶梯形　　D. 椭圆形

29. 起重机静载试验的起重量应为额定起重量的________。

A. 100%　　B. 110%　　C. 120%　　D. 125%

30. 为确保液压系统有较高效率和较长的使用寿命，一般要求系统在________下工作。

A. 大气压力　　B. 最大工作压力　　C. 泵的出口压力　　D. 额定工作压力

31. 在发动机曲轴后端部装一个飞轮可________。

A. 提高曲轴运转平稳性　　B. 提高发动机功率

C. 提高发动机转速　　D. 减少发动机的耗油率

32. 液压系统的动力元件是________。

A. 电动机　　B. 发动机　　C. 液压缸　　D. 液压泵

33. 套螺纹前的圆杆直径要比螺纹大径________。

A. 稍小　　B. 相等　　C. 稍大

34. 发动机机油黏度通常用运动黏度来表示，运动黏度号数越大，则表示黏度________。

A. 不变　　B. 越小　　C. 越大　　D. 不一定

35. 鼓式制动器制动效果的好坏，主要取决于制动鼓与制动蹄的________。

A. 贴合面积　　B. 几何形状　　C. 回位弹簧　　D. 散热情况

36. 齿轮啮合的理想印痕长度不小于齿长的________。

A. 90%　　B. 80%　　C. 70%　　D. 60%

37. 直接指导制造和检验零件的图样是________。

A. 装配图　　B. 主视图　　C. 俯视图　　D. 零件图

38. 使钢件获得很高的韧性和足够的强度，使之具有良好的综合力学性能的热处理方法是________。

A. 调质　　B. 淬火　　C. 回火　　D. 退火

39. 发动机转速提高时，吸气压力损失________。

A. 减少　　B. 增加　　C. 不变　　D. 不一定

40. 对油液污染较敏感，有明显影响的是________。

A. 齿轮泵　　B. 叶片泵　　C. 轴向柱塞泵　　D. 径向柱塞泵

三、多项选择题（每题1分，共20分）

1. 零件的形状公差有________。

A. 圆柱度　　B. 同轴度　　C. 平面度　　D. 对称度

2. 汽车前轮定位中，主要包括________。
A. 主销后倾　B. 主销内倾　C. 前轮外倾　D. 前轮前束
3. 在测功机上测量发动机功率，能直接测量到的是________。
A. 功率　B. 转速　C. 转矩　D. 负荷
4. 机械零件的失效形式有 ________。
A. 磨损　B. 变形　C. 断裂　D. 腐蚀
5. 柴油机的主要运动件由________组成。
A. 活塞　B. 连杆　C. 机体　D. 曲轴
6. 影响车辆制动性能的主要因素有________。
A. 轴荷分配　B. 制动力控制　C. 制动器结构　D. 发动机动力
7. 柴油机起动困难的原因有________。
A. 供油系统产生的故障　B. 起动机及其电路的故障
C. 机体安装不正确　D. 进排气系统
8. 散热系统________故障会引起柴油机过热。
A. 喷油器雾化不好，燃烧不良　B. 冷却通道及散热器内水垢堵塞
C. 冷却液循环不良　D. 节温器失灵
9. 装配图表达的主要内容有________。
A. 视图　B. 结构原理　C. 尺寸　D. 技术要求
10. 机械设备事故，一般分为________。
A. 一般事故　B. 小事故　C. 大事故　D. 重大事故
11. 引起柴油机冒黑烟故障的原因有________。
A. 空气滤清器堵塞　B. 发动机转速低
C. 机油窜入气缸　D. 增压管路漏气
12. 引起离合器分离不彻底的原因有________。
A. 分离轴承与分离杠杆间无间隙　B. 离合器踏板行程小
C. 压盘弹簧断裂　D. 从动盘扭曲
13. 轮胎的一边磨损量过大的原因有________。
A. 外倾角过大　B. 前束小　C. 桥壳弯曲　D. 轮胎动平衡差
14. 润滑油的作用包括________。
A. 减磨抗磨　B. 冷却　C. 防锈　D. 洗涤
15. 润滑脂使用时的注意事项有________。
A. 防止混用　B. 加注周期　C. 木盒包装　D. 添加适量
16. 影响车辆油耗的因素有________。
A. 载荷　B. 速度　C. 进气量　D. 轮胎气压
17. 轮胎的规格型号主要包含________。

A. 轮胎外径　　B. 轮辋直径　　C. 轮胎宽度　　D. 轮胎类型

18. 能进行远距离传动的机构是________。

A. 带传动　　B. 螺旋传动　　C. 齿轮传动　　D. 链传动

19. 引起车辆行驶跑偏的原因有________。

A. 转向轮定位不正确　　B. 转向拉杆变形

C. 一侧制动拖滞　　D. 车轮动平衡差

20. 轴与齿轮之间的连接包括________。

A. 花键　　B. 焊接　　C. 键　　D. 螺栓

6.1.2 技能要求试题（初级工）

1. 装配内容及材料和工具准备（见表 6-1）

表 6-1 装配内容及材料和工具准备

装配内容	序号	零部件名称	数量	设备、工具、辅具（料）
装发动机上、下水管	1	上水管	1	气动扳手
	2	下水管	1	气动扳手
	3	抱箍	2	
装发动机进气系统组件	4	T 形抱箍	2	气动扳手、套筒
	5	进气胶管	1	
	6	塑料袋、皮筋		
	7	空滤器及支架	1	
	8	空滤器腰带	2	
	9	螺栓螺母垫圈	4	气动扳手、套筒
装发动机排气系统组件	10	石棉垫	1	
	11	排气管	1	
	12	螺栓螺母		气动扳手、套筒
	13	消声器及支架	1	
	14	腰带	2	
	15	卡箍	1	气动扳手、套筒
	16	排气尾管	1	
装排气管罩与消声器罩	17	排气管罩	1	
	18	消声器罩	1	
	19	螺栓、螺母		气动扳手、套筒
装中冷器进气管和出气管	20	T 形抱箍	2	气动扳手、套筒
	21	中冷器出气管	1	
	22	中冷器进气管	1	

（续）

装配内容	序号	零部件名称	数量	设备、工具、辅具（料）
装发动机前后悬挂、支架、软垫	23	发动机组件		半门式起重机、专用钢丝绳
	24	前后悬挂支架	4	
	25	软垫	4	
	26	螺钉	8	气动扳手、套筒
在车架上安装发动机组件	27	发动机组件	1	半门式起重机、专用钢丝绳
	28	螺栓		
	29	螺母		气动扳手、套筒
	30	垫圈		
散热器组件装配	31	散热器组件	1	半门式起重机、吊装带
	32	螺栓	4	
	33	螺母	4	气动扳手、套筒
	34	开口销	4	虎口钳
	35	抱箍	4	气动扳手、套筒
膨胀水箱装配	36	膨胀水箱	1	
	37	软管	4	
	38	喉箍	4	气动扳手、套筒
	39	波纹管	4	
	40	线束		剪刀
安装燃油箱、燃油滤清器及燃油管	41	油箱、紧固带	2	半门式起重机、吊装带
	42	开口销	2	虎口钳
	43	衬垫	2	润滑脂
	44	螺栓垫圈	4	
	45	进回油管	2	
	46	空心螺栓	4	呆扳手
取力传动轴装配	47	取力传动轴	1	半门式起重机、吊装带
	48	螺栓	6	活扳手、套筒
发动机罩安装	49	发动机罩	1	半门式起重机、吊装带
	50	螺钉		气动扳手、套筒
油料及冷却液加注	51	轻柴油		柴油加注机
	52	冷却液		冷却液加注机

2. 考核规定说明

1）如违章操作，该项目终止考试。

2）考核采用百分制，60分为及格。

3）考核方式说明：该项目为实际操作，以操作过程和评分标准进行评分。

4）技能考试说明：该项目主要测试考生动力系统装配的操作规范性和熟练程度。

3. 考核时限

1）准备时间：30min。

2）操作时间：90min。

3）从正式操作开始计时。

4）考试时，提前完成操作不加分，超时10min取消考试资格。

4. 评分记录表（见表6-2）

表6-2 评分记录表

序号	考核项目	考核内容及要求	配分	评分标准	检测结果	扣分	得分	备注
1	准备工作	1. 穿戴劳动保护用品 2. 正确选择工具	8	1. 未穿戴整齐，扣5分 2. 选错漏选一件，扣3分				
2	装发动机上、下水管	抱箍紧固牢固可靠	6	不牢靠不得分				
3	装发动机进气系统组件	1. 垫圈、螺母无漏装且拧紧，达到力矩要求 2. 空滤器无倾斜	6	1. 垫圈、螺母无漏装或拧紧未达到力矩要求扣3分 2. 空滤器倾斜扣3分				
4	装发动机排气系统组件	1. 管路装配做到随拆随装 2. 石棉垫无漏装 3. 蝶阀气缸垂直朝下	9	1. 管路装配不随拆随装扣3分 2. 石棉垫漏装扣3分 3. 蝶阀气缸未垂直朝下扣3分				
5	发动机排气管罩及消声器罩装配	1. 弹性垫圈、螺栓无漏装 2. 螺栓对称、交叉、逐次拧紧 3. 螺栓拧紧后用水笔做记号	9	1. 弹性垫圈、螺栓漏装扣3分 2. 螺栓未对称、交叉、逐次拧紧扣3分 3. 螺栓拧紧后未用水笔做记号扣3分				

（续）

序号	考核项目	考核内容及要求	配分	评分标准	检测结果	扣分	得分	备注
6	装中冷器进气管、出气管	塑料袋包扎牢靠无遗漏	4	塑料袋包扎不牢靠或遗漏不得分				
7	装发动机前后悬挂、支架、软垫	吊装点选取准确、吊挂正确规范	4	吊装点选取不准确、吊挂不正确或不规范不得分				
8	在车架上安装发动机组件	1. 半门式起重机操作平稳 2. 发动机组件缓慢落放至安装位置	6	1. 半门式起重机操作不平稳扣3分 2. 发动机组件落放不平稳扣3分				
9	散热器组件装配	风扇与导风罩之间的间隙应均匀	4	风扇与导风罩之间的间隙不均匀不得分				
10	膨胀水箱的装配	1. 软管走向自然平滑、不弯折、不扭曲 2. 软管不与运动件干涉 3. 冷却液加注到膨胀水箱加水口下沿	9	1. 软管走向自然不平滑、弯折、扭曲扣3分 2. 软管与运动件干涉一处扣1分，扣完为止 3. 冷却液加注不规范扣3分				
11	安装燃油箱、燃油滤清器及燃油管	1. 燃油箱处在两支架中间位置 2. 油箱无变形或损伤 3. 燃油管需捆扎在线撑上，不得悬空放置	9	1. 燃油箱位置不正确扣3分 2. 油箱变形或损伤扣3分 3. 燃油管未捆扎或悬空放置扣3分				
12	取力传动轴装配	螺栓紧固，达到规定力矩要求	4	螺栓紧固未达到规定力矩要求不得分				
13	发动机罩的安装	1. 发动机罩不与排气管、进气管干涉 2. 发动机罩与走台板连接自然，无应力集中现象	6	1. 发动机罩与排气管、进气管干涉扣3分 2. 发动机罩与走台板连接有应力集中现象扣3分				

（续）

序号	考核项目	考核内容及要求	配分	评分标准	检测结果	扣分	得分	备注
14	油料及冷却液加注	1. 冷却液加注至油箱盖下方的油位口 2. 地面无柴油和冷却液	6	1. 冷却液未加注至油箱盖下方的油位口扣3分 2. 地面有柴油和冷却液扣3分				
15	安全文明生产	安全操作文明生产	10	每违反一项扣5分，扣完为止				
合计			100					

考评员：　　　　　　　　　　　　　　　　　　　　　　　　　　　年　月　日

6.2 汽车起重机装配与调试工（中级）模拟试卷样例

6.2.1 理论知识模拟试卷样例（中级工）

一、判断题（每题1分，共40分）

1. 工程机械应用多联齿轮泵，齿轮泵的联数用吸油口数目来判断。（　）

2. 圆柱滑阀的阀芯凸肩上常常设置三角槽、锥形斜边等，主要用来减缓和消除液压阀换向时的压力冲击。（　）

3. 熔断器的作用是当电路过载或发生短路时，它能自动地切断电路，从而保护线路和设备的安全。（　）

4. 车辆离合器分离轴承与分离杠杆间隙过大会引起离合器打滑。（　）

5. 加注车辆转向助力油时，必须加注规定牌号的液压油。（　）

6. 液压油的密度随液压油的温度和压力的变化而变化，温度越高，压力越大，液压油的密度越大。（　）

7. 在滑溜路面上，车辆驱动轮套上的防滑链条可以提高其通过性。（　）

8. 断路器断开后不会自动复位，需人工按下复位按钮才能复位。（　）

9. 悬架的作用是弹性地连接车轴和车架，用来缓和行驶中车辆由于受到路面的冲击力。（　）

10. 液压油的有效体积模量随空气含量的增加、压力的增加而降低。（　）

11. 行程开关又称限位开关，可根据运动部件的位置要求来切换电路。在工程机械上，常用来控制部件的运动方向、行程的长短及位置保护。（　）

12. 橡胶件应用肥皂水或汽油、柴油清洗。（　）

13. 零件修复的目的就是恢复它们的配合特性和工作能力。（　）

14. 液压油的黏性是指其运动时所产生的内摩擦力，因此，静止液压油的黏

度为零。 ( )

15. 总成装配以基础零件为基础，按一定顺序在它上面装入其他零件、部件及辅助总成。 ( )

16. 接近开关为有触点的电子开关。 ( )

17. 车辆四轮定位检测可在静态情况下进行。 ( )

18. 子午线轮胎的规格可用“断面宽 R 轮辋直径”来表示的。 ( )

19. 液压油的污染度常用几级来度量，NAS 7 级的液压油比 NAS 8 级的液压油要好。 ( )

20. 连接线圈的电源断路或者线圈部分损坏，会造成继电器衔铁吸合不上。 ( )

21. 常用的电子油门踏板主要有电位计形式和霍尔形式两类。 ( )

22. 蓄电池按照结构的不同可分为碱性蓄电池和酸性蓄电池两大类。 ( )

23. 液压油箱的通气孔安装滤清器主要为了防止灰尘、磨料进入液压系统，提高液压系统清洁度。 ( )

24. 酸性蓄电池不能长时间大电流放电。 ( )

25. 单向节流阀可使油液回油产生压力损失，因而可作为背压阀使用，提高执行液压元件的平稳性。 ( )

26. 电液换向阀的滑阀两控制端增加阻尼调节器，为了提高换向的平稳性、减少压力冲击，同时会使换向时间、复位时间增长。 ( )

27. 滑阀式换向阀没有被操纵而处于原始位置时，阀体各油口的连通方式，称为滑阀的中位机能。 ( )

28. 液控单向阀因属于单向阀，因此只允许单方向流动，反向流动时截止。 ( )

29. 液压油流经阀芯造成的损失与流量成一次线性关系。 ( )

30. 湿式电磁铁的换向频率一般比干式电磁铁要高，且使用寿命要长。 ( )

31. 在液压马达的一侧增加调速阀，可保证双向运动都与工作负载无关。 ( )

32. 万向传动装置是实现车辆上任何一对轴线相交且相对位置经常变化的转轴之间的动力传递。 ( )

33. 汽车起重机力矩限制器显示的起重量一定是非常准确的。 ( )

34. 汽车起重机力矩限制器在从零到满载的情况下都非常精确。 ( )

35. 对于皮囊式蓄能器的设备，需将蓄能器的充气放净，提高蓄能器的安全性。 ( )

36. 安装发动机气缸垫时，应将光滑的一面朝向气缸体。 ( )

37. 钢丝绳安装绳夹时，绳夹间距一般为10倍的钢丝绳直径。（ ）

38. 起重机吊钩挂绳处断面磨损超过20%时应报废。（ ）

39. 起重机吊钩用高度限位器的调整必须在空载下进行。（ ）

40. 起重机制动器的制动作用是依靠摩擦力来实现的，变更摩擦力的大小就可以得到所需的制动效果。（ ）

二、单项选择题（每题1分，共40分）

1. 液压缸的输入是液体的流量，输出的是力和________。

A. 转速　B. 直线速度　C. 容积　D. 精度

2. ________回路的作用是控制液压系统的最高工作压力，使系统压力不超过压力控制阀的调定值。

A. 调压　B. 减压　C. 增压　D. 换向

3. 正火的主要应用范围不包括________。

A. 低碳钢　B. 中碳钢　C. 高碳钢　D. 铸铁

4. 电路中任意两点的________，称为这两点之间的电压。

A. 电流差　B. 电位差　C. 电能差　D. 电阻差

5. 液压系统中，实现执行元件的起动和停止的回路，属于________。

A. 压力控制回路　B. 速度控制回路

C. 方向控制回路　D. 其他控制回路

6. 油液流入阀腔和通过阀的控制窗口时，由于流动方向和流速的变化造成液体动量的改变，使阀芯受到附加的作用力叫做________。

A. 液压力　B. 液动力　C. 液压卡紧力　D. 弹簧力

7. 当给PN结加正向电压，即P区接外加电源的正极，N区接负极，这时PN结为________状态。

A. 导通　B. 截止　C. 半导通　D. 半截止

8. 车辆在良好、平直的路面上低速行驶所受的阻力主要是________。

A. 空气阻力　B. 坡度阻力　C. 滚动阻力　D. 加速阻力

9. 车辆制动，地面制动力________时，车轮将抱死不动而拖滑。

A. 达最大值，即等于附着力　B. 达最大值，即大于附着力

C. 达最大值，即小于附着力　D. 大于附着力

10. 当车辆左转向时，由于差速器的作用，左右两侧驱动轮转速不同，那么力矩的分配是________。

A. 左轮大于右轮　B. 右轮大于左轮

C. 均分给左、右轮　D. 大小不定

11. 工业上一般采用充氮车获取需要的高压氮气，充氮车采用的回路属于________。

A. 减压回路　　B. 增压回路　　C. 调速回路　　D. 锁紧回路

12. 若测量二极管电阻为0，说明二极管________。

A. 被击穿　　B. 被烧坏　　C. 正常　　D. 无法判断好坏

13. 根据液压控制阀分类，工程机械应用的平衡阀、球阀分别属于________。

A. 压力控制阀、压力调节阀　　B. 压力控制阀、方向控制阀

C. 流量控制阀、方向控制阀　　D. 流量控制阀、压力控制阀

14. 当定量泵系统中执行元件的负载变化很大时，为提高液压系统效率，应采用________。

A. 多级压力控制回路　　B. 串联回路

C. 并联回路　　D. 增压回路

15. 工程机械同步系统中广泛采用分流阀，按照液压控制阀功能分类，属于________。

A. 压力控制阀　　B. 流量控制阀　　C. 方向控制阀　　D. 以上都不是

16. 断路器断开后________。

A. 不会自动复位　　B. 会自动复位

C. 有的会自动复位，有的不会　　D. 不可能手动复位

17. 对执行元件间歇工作的液压系统，应考虑采用________。

A. 卸荷回路　　B. 换向回路　　C. 调速回路　　D. 锁紧回路

18. 一种安装在板式换向阀和底板之间，阀体上下两面均为安装面，且开有各种油口的阀属于________。

A. 管式阀　　B. 插装阀　　C. 叠加阀　　D. 压力阀

19. 分流阀一般应用在________回路。

A. 速度控制　　B. 压力控制　　C. 同步　　D. 方向控制

20. 车辆零件分类的主要依据是________。

A. 尺寸、形位误差　　B. 尺寸、形状

C. 表面质量　　D. 硬度、位置误差

21. 酸性蓄电池最为常用，也称为________蓄电池。

A. 硫酸　　B. 铅酸　　C. 锂酸　　D. 硼酸

22. 齿轮泵和溢流阀并联的压力源回路，当应用在进油节流调速回路、回油节流调速回路、旁通节流调速回路中时，溢流阀的作用分别是________。

A. 安全阀、安全阀、安全阀　　B. 定压阀、安全阀、定压阀

C. 定压阀、定压阀、安全阀　　D. 安全阀、定压阀、安全阀

23. 蓄电池按照________的不同可分为碱性蓄电池和酸性蓄电池两大类。

A. 结构　　B. 极板　　C. 电解液　　D. 使用环境

24. 多个执行元件以相同速度运动的回路，属于________回路。

A. 锁紧　　B. 同步　　C. 增压　　D. 换向

25. 冬季使用蓄电池，应注意使其________，以免因电解液密度过低而招致结冰，造成极板损坏、壳体破裂，但应在不致结冰的前提下，尽量采用较低密度的电解液；应注意冬季蓄电池的保温。

A. 完全放电后再充电　　B. 经常处于放电状态

C. 经常处于充电状态　　D. 完全放电

26. 行车时轮胎的维护、检查不包括________。

A. 气压　　B. 花纹　　C. 夹杂物　　D. 车轮直径

27. 以下不可实现保压回路的措施有________。

A. 采用中位机能为 O 形的滑阀　　B. 采用平衡阀

C. 采用蓄能器　　D. 采用液控单向阀

28. 现代计算机的运算器与控制器由________来完成。

A. CPU　　B. GPU　　C. RAM　　D. SDRAM

29. 调速阀可以实现________。

A. 执行元件速度的调节　　B. 执行元件的运动速度不随负载变化

C. 节流口两端压差保持恒定　　D. 以上都正确

30. 车辆道路试验中，________是必须进行的项目。

A. 制动液检查　　B. 动力性能检查

C. 离合器踏板自由行程检查　　D. 方向盘自由行程检查

31. 起重机卷扬系统将重物吊到半空进行长时间安装作业时，其锁紧依靠________来保证。

A. 起升平衡阀　　B. 液压马达　　C. 主油路换向阀　　D. 制动器

32. 工程机械上使用的通信网络一般属于________。

A. 广域网　　B. 局域网　　C. 城域网　　D. 省域网

33. 在紧急制动时，________最危险。

A. 前轮先于后轮抱死　　B. 后轮先于前轮抱死

C. 前后轮滑移率很小时　　D. 车轮将要抱死时

34. 依照________的方式，分为并行传输方式、串行传输方式。

A. 通信方向　　B. 数据传输的方式

C. 网络拓扑　　D. 所处的网络层次

35. 在两个调整压力分别是 10MPa 和 15MPa 的溢流阀并联在液压泵的出口，则液压泵的出口保护压力为________。

A. 10MPa　　B. 15MPa　　C. 25MPa　　D. 5MPa

36. 在两个调整压力分别是 10MPa 和 15MPa 的溢流阀串联在液压泵的出口，

则液压泵的出口保护压力为________。

A. 10MPa　　B. 15MPa　　C. 25MPa　　D. 5MPa

37. 对于压力设定值为 8MPa 的定值减压阀，若减压阀入口压力分别 5MPa、10MPa、15MPa 三种情况下，减压阀的出口压力值为________。

A. 5MPa、10MPa、15MPa　　B. 8MPa、10MPa、15MPa

C. 8MPa、8MPa、8MPa　　D. 5MPa、8MPa、8MPa

38. 电液换向阀的液动换向阀若采用液压对中型，为保证主阀芯可靠复位，电磁换向阀的中位机能可采用________。

A. H 形　　B. M 形　　C. Y 形　　D. P 形

39. 关于柱塞泵的使用，说法错误的是 ________。

A. 轴向柱塞泵一般有两个泄油口，安装时一般将低处的泄漏油口接到油箱的泄漏口，以提高泄漏效果。将高处的泄漏油口堵死

B. 柱塞泵一般分为斜盘式柱塞泵和斜轴式柱塞泵，斜盘式的动态响应一般要优于斜轴式

C. 斜盘式柱塞泵中三对典型的摩擦副为：柱塞头部与斜盘、柱塞与缸体孔、配流盘与缸体端面，这三种摩擦副对泵的性能起关键作用

D. 柱塞泵也会产生困油现象，因此在柱塞泵的配流盘上开有卸荷减振槽，也称三角眉毛槽

40. 为保证运动速度与负载无关，往往将节流阀与________串联组成调速阀。

A. 减压阀　　B. 定差减压阀　　C. 溢流阀　　D. 差压式溢流阀

三、多项选择题（每题 1 分，共 20 分）

1. 气动工具（风枪）的选择，应考虑的技术参数有________。

A. 力矩范围　　B. 转数

C. 重量　　D. 噪声和连接尺寸

2. 用力矩扳手拧紧螺母时，下面的方法中，正确的是________。

A. 若力矩扳手不转动或转动不足半圈就发出“咔嗒”声，则必须将螺母退松一圈以上，同时对螺母重新施加扭力

B. 施力方向应与力矩扳手指示方向一致

C. 施加力矩时，应平缓施力，不能使用冲击力

D. 施力时，手应放在手柄的有效线上。

3. 在装配图中，________ 属于“技术要求”表达的内容。

A. 密封、润滑要求　　B. 零件尺寸公差的要求

C. 调试、维护要求　　D. 试验或检验方法的要求

4. 变速器常见的故障有________。

A. 异响　　B. 乱档　　C. 发热　　D. 漏油

5. 压力控制阀回路是液压基本回路之一，它包括________。

A. 调压回路　B. 减压回路　C. 增压回路　D. 保压回路

E. 卸压回路　F. 平衡回路

6. 液压系统方向控制回路包括________。

A. 换向回路　B. 顺序回路

C. 锁紧回路　D. 缓冲制动和补油回路

7. 导体电阻的大小与________有关。

A. 导体的长度　B. 横截面积　C. 选用材料　D. 电压

E. 电流

8. 工程机械的车架作用有________。

A. 固定零部件　B. 承受传递力与力矩

C. 保证整机正常工作　D. 保证车辆平顺性

9. 工艺过程卡编写包含________内容。

A. 工序　B. 设备　C．工艺装备　D. 工时

10. 常用二极管类型有________。

A. 普通二极管　B. 整流二极管　C. 光敏二极管　D. 稳压器

11. 主销内倾角的作用有________。

A. 车轮自动回正　B. 消除“滚锥效应”

C. 转向轻便　D. 提高轮毂行车安全性

12. 车辆在良好、平直的路面上匀速行驶所受的阻力主要是________。

A. 空气阻力　B. 坡度阻力　C. 滚动阻力　D. 加速阻力

13. 以下属于压力控制回路的是________。

A. 卸荷回路　B. 缓冲回路　C. 锁紧回路　D. 浮动回路

14. 电路的基本定律包括________。

A. 摩尔定律　B. 基尔霍夫定律　C. 焦耳－楞次定律　D. 欧姆定律

15. 关于先导式溢流阀的特点，说法正确的有________。

A. 先导式溢流阀适合在大流量、高压的液压系统中使用

B. 先导式溢流阀的压力调整比直动式要省力，需要的力矩更小

C. 先导式溢流阀的先导阀弹簧比主阀芯的弹簧要硬

D. 先导式溢流阀更容易作为卸荷溢流阀使用

16. 熔断器的作用是：当电路________时，它能自动地切断电路，从而保护线路和设备的安全。

A. 过载　B. 断路　C. 短路　D. 开路

17. 工程机械应用的熔断器主要有________。

A. 闸刀式　B. 玻璃管式　C. 插片式　D. 螺旋式

18. 动力性能检测主要包括________。

A. 加速性能试验　　B. 最高车速试验

C. 爬坡性能试验　　D. 底盘牵引力测定

19. 熔断器应根据________要求选用。

A. 额定电压　　B. 电流

C. 线路的使用要求　　D. 安装条件

20. 液压系统中，可用作背压阀的阀有________。

A. 溢流阀　　B. 单向阀　　C. 节流阀　　D. 减压阀

6.2.2　技能要求试题（中级工）

1. 装配内容及材料和工具准备（见表6-3）

表6-3　装配内容及材料和工具准备

装配内容	序号	零部件名称	数量	设备、工具、辅具（料）
上车四大公共液压系统装配	1	转台	1	桥式起重机、吊装链
	2	先导控制阀	1	半门式起重机、吊装带
	3	组合阀	1	半门式起重机、吊装带
	4	螺钉		气动扳手
	5	油管		呆扳手、气动扳手
	6	泄油集流管	1	气动扳手
	7	风冷器	1	半门式起重机、吊装带
	8	先导操纵手柄	2	呆扳手、电动扳手
回转机构装配	9	回转支承	1	桥式起重机、吊装链
	10	螺栓		气动扳手
	11	回转减速机	1	半门式起重机、吊装带
	12	回转马达	1	半门式起重机、吊装带
	13	回转缓冲阀	1	半门式起重机、吊装带
	14	油管	1	呆扳手
伸缩液压系统装配	15	伸缩控制阀	1	
	16	螺栓	4	气动扳手
	17	油管		呆扳手
变幅液压系统装配	18	油管	2	呆扳手
	19	管卡		电动扳手
起升机构装配	20	销轴	4	虎口钳
	21	卷扬减速机	2	半门式起重机、吊装带
	22	螺栓		气动扳手
	23	卷扬马达	2	半门式起重机、吊装带
	24	油管		呆扳手
	25	管夹		电动扳手

2. 考核规定说明

1）如违章操作，该项目终止考试。

2）考核采用百分制，60分为及格。

3）考核方式说明：该项目为实际操作，以操作过程和评分标准进行评分。

4）技能考试说明：该项目主要测试考生转台系统装配的操作规范性和熟练程度。

3. 考核时限

1）准备时间：30min。

2）操作时间：180min。

3）从正式操作开始计时。

4）考试时，提前完成操作不加分，超时10min取消考试资格。

4. 评分记录表（见表6-4）

表6-4 评分记录表

序号	考核项目	考核内容及要求	配分	评分标准	检测结果	扣分	得分	备注
1	准备工作	1. 穿戴劳动保护用品 2. 正确选择工具	10	1. 未穿戴整齐，扣5分 2. 选错漏选一件，扣5分				
2	上车四大系统公共液压元件装配	1. 各油口先装先拆，后装后拆。接头体紧固后，用专用塑料布密封 2. 先导阀装配过程中，应保证电磁阀完好无损 3. 各硬管不得有揉折、压扁或破裂等缺陷 4. 严禁不清洁物件与液压管路接触 5. 软管在装配过程中，严格避免带尖角或棱边零件的接触，防止胶管接头损伤 6. 管接头拧紧螺母后，从力矩激增点起拧紧1/6～1/4r	30	1. 各油口未先装先拆，后装后拆扣3分。接头体紧固后，未用专用塑料布密封扣2分 2. 先导阀装配过程中，电磁阀损坏扣5分 3. 各硬管有揉折、压扁或破裂等缺陷扣5分 4. 出现不清洁物件与液压管路接触扣5分 5. 软管在装配过程中，出现与带尖角或棱边零件的接触或胶管接头损伤扣5分 6. 管接头拧紧螺母后，从力矩激增点起未拧紧1/6～1/4r扣5分				

（续）

序号	考核项目	考核内容及要求	配分	评分标准	检测结果	扣分	得分	备注
3	回转机构装配	1. 转台结构上的回转支承安装螺纹孔清理要全面 2. 回转支承外齿圈的软带区位于起重机前进方向。内圈的软带区位于起重机侧方 3. 油杯加注足量的锂基润滑脂	15	1. 转台结构上回转支承安装螺纹孔清理不全面扣5分 2. 回转支承外齿圈的软带区未位于起重机前进方向扣3分。内圈的软带区未位于起重机侧方扣2分 3. 油杯加注锂基润滑脂不足量的扣5分				
4	伸缩液压系统装配	1. 螺栓紧固符合拧紧力矩要求 2. 各油管连接无错误或漏装漏紧现象	10	1. 螺栓紧固不符合拧紧力矩要求扣5分 2. 各油管连接错误或漏装漏紧扣，出现一处扣2分，扣完为止				
5	变幅液压系统装配	1. 管接头紧固到位，符合力矩要求 2. 管卡无漏装	10	1. 管接头紧固不到位或不符合力矩要求扣5分 2. 管卡漏装扣5分				
6	起升系统装配	1. 螺钉的拧紧力矩应在技术要求的螺栓拧紧力矩范围内 2. 螺栓紧固之前，吊挂卷扬机的半门吊不得转移，以保证卷扬机在无应力状态装配 3. 吊放过程中，确保各装配件表面无操作，液压元件各油口密封无破坏	15	1. 螺钉的拧紧力矩与技术要求的螺栓拧紧力矩范围不符扣5分 2. 螺栓紧固之前，吊挂卷扬机的半门吊转移，致使卷扬机在应力状态装配扣5分 3. 吊放过程各装配件表面有损伤，液压元件各油口密封有破坏的出现一处扣3分，扣完为止				
7	安全文明生产	安全操作文明生产	10	每违反一项扣5分，扣完为止				
合计			100					

考评员：　　　　　　　　　　　　　　　　　　　　　　　　　　　　　年　月　日

6.3 汽车起重机装配与调试工（高级）模拟试卷样例

6.3.1 理论知识模拟试卷样例（高级工）

一、单项选择题（每题1分，共30分）

1. 排气污染物是指发动机排至大气中的________。

A. 一氧化碳　　B. 各种有害物质的统称

C. 氮氧化合物　　D. 硫化物

2. 属于发动机经济性评价指标的是 ________。

A. 燃油消耗率　　B. 加速性能　　C. 发动机功率　　D. 爬坡度

3. 关于ABS系统，技师甲说：齿圈安装于车轮或驱动轴差速器输入端，并跟随车轮或驱动轴一起转动。技师乙说：传感器固定于制动底板或转向节支架上，以间隙方式对准齿圈。你认为________。

A. 仅甲正确　　B. 仅乙正确

C. 甲和乙都正确　　D. 甲和乙都不正确

4. 当车辆左转向时，由于差速器的作用，左、右两侧驱动轮转速不同，那么力矩的分配是________。

A. 左轮大于右轮　　B. 右轮大于左轮

C. 均分给左、右轮　　D. 大小不定

5. ________是车辆动力性的总指标。

A. 最高车速　　B. 加速性能　　C. 平均速度　　D. 加速时间

6. 在紧急制动时，________最危险。

A. 前轮先于后轮抱死　　B. 后轮先于前轮抱死

C. 前后轮滑移率很小时　　D. 车轮将要抱死时

7. 变速器挂入传动比小于1的档位时，变速器实现________。

A. 减速增扭　　B. 增扭增速　　C. 增速减扭　　D. 减速减扭

8. 装有电子控制ABS的车辆在紧急制动时，________。

A. 制动距离长，但稳定性好　　B. 制动距离短，但容易跑偏

C. 制动距离短，不易侧滑　　D. 在光滑路面上易侧滑

9. 在两个调整压力分别是10MPa和15MPa的溢流阀并联在液压泵的出口，则液压泵的出口保护压力为 ________。

A. 10MPa　　B. 15MPa　　C. 25MPa　　D. 5MPa

10. 对于压力设定值为8MPa的定值减压阀，若减压阀入口压力分别5MPa、10MPa、15MPa三种情况下，减压阀的出口压力值为________。

A. 5MPa，10MPa，15MPa　　B. 8MPa，10MPa，15MPa

C. 8MPa，8MPa，8MPa　　D. 5MPa，8MPa，8MPa

11. 液压系统中，实现执行元件的起动和停止的回路，属于________。

A. 压力控制回路 B. 速度控制回路 C. 方向控制回路 D. 其他控制回路

12. 工程机械同步系统中广泛采用的分流阀，按照液压控制阀功能分类，属于________。

A. 压力控制阀 B. 流量控制阀 C. 方向控制阀 D. 以上都不是

13. 根据液压控制阀分类，工程机械应用的平衡阀、球阀分别属于________。

A. 压力控制阀、压力调节阀 B. 压力控制阀、方向控制阀

C. 流量控制阀、方向控制阀 D. 流量控制阀、压力控制阀

14. 关于齿轮泵的说法，错误的有________。

A. 齿轮泵的容积效率会随工作压力、油温的变化而明显变化，一般只适用在低压、小流量系统中

B. 齿轮泵的排量是固定的，若想提高液压系统的流量，不能依靠提高齿轮泵的转速。齿轮泵的转速选择太高，会使泵的吸油过程出现吸空现象，造成供油不足，反而降低了流量。同时还会造成噪声、振动和加剧泵的磨损

C. 齿轮泵是依靠啮合的一对齿轮来工作的，因而齿轮泵的旋向一般不太重要，发现旋向与发动机旋向不一致，这样将进、出油口对调过来即可

D. 齿轮泵的吸油高度一般不宜太高，一般不宜超过0.5m，否则将引起吸空现象

15. 开式变量泵、闭式变量泵均带压力切断溢流阀，该溢流阀的作用分别是________。

A. 定压阀、定压阀 B. 定压阀、安全阀

C. 安全阀、安全阀 D. 安全阀、定压阀

16. 充气式蓄能器充入的气体可以是________。

A. 氮气 B. 氧气

C. 氢气 D. 以上气体都可以

17. 由于继电器触头熔焊，可导致继电器________。

A. 继电器衔铁吸合不上 B. 断电后触点仍然吸合

C. 线圈被烧坏 D. 以上故障均有可能

18. 若测量二极管电阻为0，说明二极管________。

A. 被击穿 B. 被烧坏 C. 正常 D. 无法判断好坏

19. 电路中任意两点的________，称为这两点之间的电压。

A. 电流差 B. 电位差 C. 电能差 D. 电阻差

20. ________是一种开放式的协议，只定义了如何实现，而没有定义实现

什么。

A. CAN OPEN　　B. CAN 1939　　C. PROFI – BUS　　D. INTERBUS

21. ________是用于车辆 ABS 的传感器。

A. 车速传感器　　B. 轮速传感器　　C. 转速传感器　　D. 高度传感器

22. 冬季使用蓄电池，应注意使其________，以免因电解液密度过低而招致结冰，造成极板损坏、壳体破裂，但应在不致结冰的前提下，尽量采用较低密度的电解液；应注意冬季蓄电池的保温。

A. 完全放电后再充电　　B. 经常处于放电状态

C. 经常处于充电状态　　D. 完全放电

23. 进行起重作业时，下列操作中错误的是________。

A. 吊钩下落时，必须在卷筒上至少保留 4 圈以上的钢丝绳

B. 起臂时工作半径减小，允许起重物体的重量则可以增加

C. 接通取力装置前，确认上下车各操纵手柄均处于中位

D. 在支腿结束操作之后，应迅速将选择操作杆扳回中位

24. 起重机的主要受力结构件断面腐蚀达原厚度的________%时，应修理或报废。

A. 5　　B. 10　　C. 15　　D. 20

25. 起重机的动载试验负荷应为额定起重量的________%。

A. 100　　B. 110　　C. 120　　D. 125

26. 起重机卷扬系统将重物吊到半空进行长时间安装作业时，其锁紧依靠________来保证。

A. 起升平衡阀　　B. 液压马达　　C. 主油路换向阀　　D. 制动器

27. 起重钩表面出现裂纹时，应________。

A. 焊接修补　　B. 继续使用　　C. 报废更新　　D. 检测后确定

28. 卷筒绳槽磨损后允许车削修复，但加工后的筒壁厚度不得低于标准厚度的________%。

A. 60　　B. 70　　C. 80　　D. 90

29. 起重机工作环境温度在________，在此环境温度外会影响起重机寿命及作业安全。

A. –15 ~ 40℃　　B. –25 ~ 35℃　　C. –15 ~ 35℃　　D. –25 ~ 40℃

30. 在________状态，用全自动力限器的主臂长度显示值，确认主臂长度确实在规定范围内。

A. 吊臂全伸，带载　　B. 吊臂全缩，空载

C. 吊臂全缩，带载　　D. 吊臂在任意长度，空载

二、多项选择题（每题1分，共20分）

1. 车辆维修技术档案中有________。

A. 检验单　　B. 车辆改装情况记录

C. 车辆基本状况记录　　D. 检验结论

2. 检测诊断工程车辆的主要技术性能一般包括________。

A. 安全性　　B. 可靠性　　C. 经济性　　D. 乘坐舒适性

3. 关于转向系统，说法正确的是________。

A. 在车辆上用来改变或恢复其行驶方向的专门机构

B. 由转向操纵机构、转向器、转向传动机构和转向助力系统组成

C. 转向传动机构由方向盘、转向管柱、转向纵拉杆、转向摇臂、梯形臂、转向横拉杆等组成

D. 转向器是放大及改变驾驶员的转向操舵力和操纵动作方向的装置

4. 发动机气缸盖变形的主要原因有________。

A. 气缸螺栓拧紧力矩不均　　B. 未按规定顺序拧紧气缸螺栓

C. 高温时拆卸气缸盖　　D. 发动机全负荷工作时间过长

5. 主销内倾角的作用有________。

A. 车轮自动回正　　B. 消除“滚锥效应”

C. 转向轻便　　D. 提高轮毂行车安全性

6. 与斜交轮胎比，子午线轮胎有________的优点。

A. 节省油耗　　B. 提高寿命　　C. 容易发热　　D. 附着力强

7. 造成发动机过热的原因有________。

A. 冷却液不足　　B. 散热器通过风量不足

C. 发动机高速和车辆低档运行　　D. 发动机润滑油不足

8. 差速器的工作原理有________。

A. 当任何一半轴的转速为零时，差速器壳体的转速为另一侧半轴转速的两倍

B. 当差速器壳体的转速为零时，若一侧车轮转动时，则另一侧车轮以相同的速度反转

C. 行星齿轮差速器都能够等量分配力矩

D. 在泥泞的路面行车，带有行星齿轮差速器的车辆容易打滑

9. 变速器的功用有________。

A. 扩大动力和速度变化范围　　B. 改变输出旋向

C. 保持动力传递　　D. 为专用装置提供动力

10. 驱动轴的功用有________。

A. 降速增扭　　B. 改变动力传递方向

C. 将动力分配到左右车轮

D. 保证左右车轮以相同转速驱动车辆

11. 下列因素中，造成车辆行驶跑偏的原因有________。

A. 左、右车轮制动力不等　　B. 车架变形

C. 主减速器啮合间隙过小　　D. 前束不符合要求

E. 轴管中心不垂直于车辆中心线

12. 下列因素中，造成车辆转向沉重的原因有________。

A. 齿扇与齿条啮合间隙过大　　B. 齿扇与齿条啮合间隙过小

C. 转向输出轴轴承间隙过大　　D. 转向传动机构过紧

13. 选配活塞应注意________。

A. 修理尺寸级别相同、生产厂家和分组相同

B. 重量基本相同，差值不超过8%

C. 裙部的圆度和圆柱度误差符合要求

D. 头部与裙部的直径差符合要求

14. 关于液压传动的应用特点，以下正确的是________。

A. 传动平稳　　B. 定比传动精度高

C. 过载保护　　D. 能量利用率高

15. 在齿轮泵出油口并联溢流阀的某一液压系统，现出现因压力过高导致齿轮泵损坏的现象，其原因可能有________。

A. 溢流阀的调压弹簧压力调整过高

B. 齿轮泵至溢流阀之间的液压管路不畅或堵塞

C. 溢流阀的回油管路不畅或堵塞

D. 溢流阀的弹簧断裂

16. 关于卸荷回路的特点，说法正确的是________。

A. 卸荷回路减少动力消耗，降低液压系统发热

B. 卸荷回路工作时，泵处于低压状态下运行

C. 可采用合适的中位机能控制阀来实现

D. 可采用先导式溢流阀的控制口与油箱接通实现

17. 液压系统产生“爬行现象”的原因可能有________。

A. 液压油的有效体积弹性模量（即所谓刚度）变大

B. 液压液压缸缸筒内圆被拉毛拉伤，导致摩擦力变化

C. 液压液压缸因重力作用导致活塞杆的挠性变形

D. 液压马达的最低稳定转速过低

18. 滑阀容易实现多种滑阀机能，不同滑阀机能的区别一般是________。

A. 阀体油道尺寸　　B. 阀芯台肩结构

C. 阀芯径向尺寸　　　　　　　　　　D. 阀芯径向通孔个数

19. 关于液压油的性能，说法正确的有________。

A. 液压油的闪点越高、高温环境下的安全性越高

B. 液压油的倾点越高、低温下越不容易凝固

C. 液压油的黏度随温度的增高而降低

D. 液压油的相容性指对密封材料的影响，减少密封材料的软化和硬化

20 关于变量马达的排量，以下说法正确的是________。

A. 马达排量变大，则负载速度增大

B. 马达排量变大，则马达工作压力提高

C. 马达排量变大，则负载速度降低

D. 马达排量变大，则马达工作压力降低

三、判断题（每题1分，共30分）

1. 职业道德是指从事一定职业劳动的人们在长期的职业活动中形成的行为规范。（　）

2. 零件的互换性包括几何参数、力学性能和理化性能等方面的互换。（　）

3. 企业生产经营活动中，要求员工遵纪守法是约束人的体现。（　）

4. 将金属工件加热到某一适当温度并保持一段时间，随即浸入淬冷介质中快速冷却的金属热处理工艺叫回火。（　）

5. 滚动摩擦表面比滑动摩擦表面要求表面粗糙度数值要小。（　）

6. 为防止变形和开裂，铸件都必须经去应力退火处理。（　）

7. 一个或一组工人，在一个工作地（机械设备）上对同一个或同时对几个工件所连续完成的那一部分工艺过程，称为工序。（　）

8. 子午线轮胎的规格可用“断面宽 R 轮辋直径”来表示的。（　）

9. 车辆半轴齿轮与行星齿轮工作面斑点面积不得超过齿面的25%。（　）

10. 制动主缸的作用是将由制动踏板输入的机械推力转变成制动力。（　）

11. 安装发动机气缸垫时，应将光滑的一面朝向气缸体。（　）

12. 带有制动防抱死系统的车辆能适应各种路面对制动力的要求，不会产生制动跑偏。（　）

13. 主销内倾角的作用是保持车辆直线行驶的稳定性，并使转向轻便。（　）

14. 变速器的作用是使发动机与传动系平稳结合或彻底分离，便于起步和换档，并防止传动系超过承载能力。（　）

15. 车辆左、右车轮制动力不一致会造成行驶跑偏。（　）

16. 变量泵的压力切断功能是当泵工作压力达到最高压力时，泵的排量摆到

最小排量，该功能属于流量控制回路。（ ）

17. 滑阀阀芯的环形槽降低阀芯的“卡死现象”，但同时会造成增大滑阀的内泄漏量。（ ）

18. 任何有电流通过的闭合电路里，都要发生能量的转换。把电能转换为其他形式的能，叫作电流做功，简称电功，也称为电能。（ ）

19. 闭式系统采用变量双泵直接控制执行元件的运动方向，没有换向控制阀，因而不属于换向回路。（ ）

20. 液压油的黏性是指其运动时所产生的内摩擦力，因此，静止液压油的黏度为零。（ ）

21. 液压系统中进入液压缸的油液压力越大，运动速度越高。（ ）

22. 电流的实际方向习惯上指电子运动的方向。（ ）

23. 铅蓄电池的单格负极板比正极板多一片。（ ）

24. 断路器断开后不会自动复位，需人工按下复位按钮才能复位。（ ）

25. 选用断路器时，其额定电流值应等于或稍大于该电路中所用电器的总功率除以电源的电压。（ ）

26. 继电器是当激励量输入量的变化达到规定要求时，在电气输出电路中，使被控制发生预定的阶跃变化的开关电器。（ ）

27. CAN 是控制局域网络的简称。（ ）

28. 总成装配以基础零件为基础，按一定顺序在它上面装入其他零件、部件及辅助总成。（ ）

29. 工程机械使用中疲劳断裂是零件失效的主要原因。（ ）

30. 如果发动机在 12s 内未能起动，应将钥匙拧回到接通电源位置，检查系统无故障后，过 2min 后再进行第 2 次起动。（ ）

四、简答题（每题 10 分，共 20 分）

1. 简述汽车起重机操作注意事项。

2. 在汽车起重机调试前需要对整车哪些内容进行检查？

6.3.2　技能要求试题（高级工）

1. 考核规定说明：

1）如违章操作，该项目终止考试。

2）考核采用百分制，60 分为及格。

3）考核方式说明：该项目为实际操作，以操作过程和评分标准进行评分。

4）技能考试说明：该项目主要测试考生汽车起重机整车调试的操作规范性和熟练程度。

2. 考核时限

1）准备时间：30min。

2）操作时间：240min。

3）从正式操作开始计时。

4）考试时，提前完成操作不加分，超时10min取消考试资格。

3. 评分记录表（见表6-5）

表6-5　评分记录表

序号	考核项目	考核内容及要求	配分	评分标准	检测结果	扣分	得分	备注
1	准备工作	1. 穿戴劳动保护用品 2. 正确选择工具	8	1. 未穿戴整齐，扣5分 2. 选错漏选一件，扣3分				
2	吊臂拉索调整	1. 调整两侧拉索螺母时，要同步张紧 2. 调整时，如吊臂抖动，两吊臂间滑块接触面应涂抹润滑脂 3. 二次拉索紧固无遗漏	12	1. 调整两侧拉索螺母时，未同步张紧扣4分 2. 如吊臂抖动，两吊臂间滑块接触面未涂抹润滑脂扣4分 3. 二次拉索紧固遗漏扣4分				
3	卷扬机钢丝绳装配	1. 主、副卷扬机钢丝绳均匀缠绕在卷筒上 2. 紧固在卷扬机上的钢丝绳头不得外露 3. 钢丝绳在吊钩和臂头滑轮中的缠绕无脱槽现象 4. 绳夹安装方向正确，否则将严重降低锁固强度，臂头销轴卡子无漏装	16	1. 主副卷扬机钢丝绳未均匀缠绕在卷筒上扣4分 2. 紧固在卷扬机上的钢丝绳头外露扣4分 3. 钢丝绳在吊钩和臂头滑轮中的缠绕有脱槽现象扣4分 4. 绳夹安装方向不正确或臂头销轴卡子漏装均扣4分				
4	空载试验	1. 无漏油异常动作 2. 仪表及安全报警装置工作正常、可靠	6	1. 存在漏油扣3分 2. 仪表及安全报警装置工作不正常扣3分				
5	额定载荷试验	1. 操作时应缓推、慢拉手柄 2. 各机构运行正常、安全装置及制动器工作可靠、密封部件不漏油	6	1. 操作时未缓推、慢拉手柄扣3分 2. 密封部件漏油扣3分				

（续）

序号	考核项目	考核内容及要求	配分	评分标准	检测结果	扣分	得分	备注
6	动载荷实验	1. 各结构件连接处没有出现塑性变形，运行可靠、平稳 2. 卷扬机制动可靠，各密封部件不漏油	6	1. 各结构件连接处出现塑性变形未处理扣3分 2. 卷扬机制动异常，各密封部件漏油，出现一处扣1分，扣完3分为止				
7	静载荷试验	1. 未产生裂纹、塑性变形、油漆剥落现象 2. 连接件无松动、制动器工作正常	4	连接件松动、制动器工作异常扣4分				
8	密封性试验	1. 变幅液压缸回缩量≤2mm 2. 支腿液压缸回缩量≤2mm 3. 重物下沉量≤15mm	12	变幅液压缸回缩量、支腿液压缸回缩量、重物下沉量不符合规定值，出现一处扣4分，扣完为止				
9	副臂安装	1. 安装副臂时，用铜棒或其他不损坏装配件表面的物体，轻轻敲，不得野蛮装配 2. 副臂上各销轴及卡子不得漏装	6	1. 安装副臂时，用铜棒或其他不损坏装配件表面的物体，出现野蛮装配扣3分 2. 副臂上各销轴及卡子漏装扣3分				
10	副臂载荷试验	1. 副臂机构或结构件无损坏，机构运行正常可靠 2. 各安全装置及制动器工作灵敏可靠	6	1. 副臂机构或结构件有损坏或机构运行异常扣3分 2. 各安全装置及制动器工作失灵扣3分				
11	制动性能及驻坡试验	1. 驻车制动后，车辆原地不动 2. 保证在20%的坡道上 3. 底盘驻车制动保持5min 4. 正反各一次，无移动现象	8	1. 驻车制动后，出现溜车扣4分 2. 底盘驻车制动保持时间不足扣4分				
12	安全文明生产	安全操作文明生产	10	每违反一项扣5分，扣完为止				
	合计		100					

考评员：　　　　　　　　　　　　　　　　　　　　年　月　日

参考答案

理论知识模拟试卷样例（初级工）参考答案

一、判断题（每题1分，共40分）

1. × 2. × 3. √ 4. × 5. × 6. √ 7. √ 8. √ 9. √ 10. × 11. ×
12. √ 13. × 14. × 15. √ 16. √ 17. √ 18. × 19. √ 20. ×
21. × 22. √ 23. × 24. × 25. √ 26. √ 27. √ 28. √ 29. ×
30. √ 31. √ 32. × 33. √ 34. √ 35. √ 36. × 37. √ 38. ×
39. × 40. √

二、单项选择题（每题1分，共40分）

1. B 2. C 3. B 4. A 5. B 6. A 7. D 8. B 9. B 10. A 11. C 12. D
13. C 14. D 15. C 16. A 17. D 18. A 19. C 20. D 21. A 22. B
23. C 24. C 25. A 26. C 27. A 28. C 29. D 30. D 31. A 32. D
33. A 34. C 35. A 36. C 37. D 38. A 39. A 40. B

三、多项选择题（每题1分，共20分）

1. AC 2. ABCD 3. BC 4. ABCD 5. ABD 6. ABC 7. ABD 8. BCD
9. ACD 10. ACD 11. ABCD 12. ABD 13. AC 14. ABCD 15. ABD
16. ABD 17. BCD 18. AD 19. ABC 20. AC

理论知识模拟试卷样例（中级工）参考答案

一、判断题（每题1分，共40分）

1. × 2. √ 3. √ 4. × 5. √ 6. × 7. √ 8. √ 9. × 10. × 11. √
12. × 13. × 14. × 15. √ 16. × 17. √ 18. √ 19. √ 20. √
21. √ 22. × 23. √ 24. √ 25. √ 26. √ 27. √ 28. × 29. ×
30. √ 31. × 32. √ 33. × 34. × 35. × 36. √ 37. × 38. ×
39. √ 40. √

二、单项选择题（每题1分，共40分）

1. B 2. A 3. C 4. B 5. C 6. B 7. A 8. C 9. A 10. C 11. B 12. A
13. C 14. A 15. B 16. A 17. A 18. C 19. A 20. A 21. B 22. C
23. C 24. B 25. C 26. D 27. A 28. A 29. D 30. B 31. D 32. B
33. B 34. B 35. A 36. C 37. D 38. D 39. A 40. B

三、多项选择题（每题1分，共20分）

1. ABCD 2. ABCD 3. ACD 4. ABCD 5. ABCDEF 6. ABCD 7. ABC

8. ABC 9. ABCD 10. ABCD 11. AC 12. AC 13. AB 14. BCD 15. ABCD
16. AC 17. BCD 18. ABC 19. ABCD 20. ABC

理论知识模拟试卷样例（高级工）参考答案

一、单项选择题（每题1分，共30分）

1. B 2. A 3. C 4. C 5. C 6. B 7. C 8. C 9. A 10. D 11. C 12. B
13. B 14. C 15. C 16. A 17. B 18. A 19. B 20. A 21. B 22. C
23. A 24. B 25. B 26. D 27. C 28. C 29. D 30. B

二、多项选择题（每题1分，共20分）

1. BC 2. ABC 3. ABD 4. ABC 5. AC 6. ABD 7. ABD 8. BCD 9. ABD
10. ABC 11. BDE 12. BD 13. ACD 14. AC 15. ABC 16. ACD 17. BC
18. BD 19. ACD 20. CD

三、判断题（每题1分，共30分）

1. √ 2. √ 3. × 4. × 5. √ 6. × 7. √ 8. √ 9. √ 10. × 11. √
12. × 13. √ 14. × 15. × 16. × 17. × 18. √ 19. × 20. ×
21. × 22. × 23. √ 24. √ 25. √ 26. √ 27. √ 28. √ 29. √
30. √

四、简答题（每题10分，共20分）

1. 简述汽车起重机操作注意事项。

答：在进行起重机操作时应严格按规章操作，确保安全，总结起来，主要包括以下几点：

1）起重机进行起重作业前要使水平支腿和垂直支腿伸到位，并利用水平仪调平，使轮胎离开地面处于悬空状态。

2）检查液压油箱中的液压油达到规定值。

3）确认起重机无异常，严禁带病作业。

4）在起重机工作时，不得进行检查和维修操作。

5）发动机起动后，要进行慢速空转，使发动机充分升温（特别是在严冬季节）。

6）机器起动前要严格确认各操纵杆及开关处于“中位”或“断开”位置上。

7）起重作业前检查和验证力矩限制器和其他安全装置正常工作。

8）当风力超过6级或风速超过10m/s时，不得进行起重作业。

9）起重机作业时，严禁一切非安全行为发生。

10）标准螺栓应符合拧紧力矩要求。

11）起重机各产品液压系统（溢流）压力应符合产品标准要求。

12）严格执行“十不吊”安全操作规程。

2. 在汽车起重机调试前需要对整车哪些内容进行检查？

答：需对以下内容进行检查：

1）所有应装配的零部件齐全、完整、合格。

2）检查全车各轮胎表面不得有伤痕，轮胎气压应满足要求。

3）整机外观不得有磕碰、变形、划伤、锈蚀等明显影响整机外观质量的缺陷。

4）按照装配提供的合格单，确认关键部位的紧固件预紧力矩，如 U 形螺栓、轮胎螺栓、回转支承螺栓、回转机构座圈螺栓等不得有松动现象，弹簧垫圈应压平。

5）各开口销的开口应大于 90°。

6）各滑轮转动自如。

7）各操纵机构，操纵轻便、复位自如。

8）液压系统各元件定位可靠，符合设计要求。

9）油管排列整齐，无干涉现象。整机油路、气路、水路不得有渗漏现象。

10）整车各仪表、灯光及电气元件工作可靠，反应灵敏。

11）下车行驶正常、转向自如、无异常现象。

参 考 文 献

[1] 徐美刚，李雪平．工程机械液压传动［M］．北京：中国劳动社会保障出版社，2008.

国家职业资格培训教材

丛书介绍： 深受读者喜爱的经典培训教材，依据最新国家职业标准，按初级、中级、高级、技师（含高级技师）分册编写，以技能培训为主线，理论与技能有机结合，书末有配套的试题库和答案。所有教材均免费提供PPT电子教案，部分教材配有VCD实景操作光盘（注：标注★的图书配有VCD实景操作光盘）。

读者对象： 本套教材是各级职业技能鉴定培训机构、企业培训部门、再就业和农民工培训机构的理想教材，也可作为技工学校、职业高中、各种短训班的专业课教材。

- ◆ 机械识图
- ◆ 机械制图
- ◆ 金属材料及热处理知识
- ◆ 公差配合与测量
- ◆ 机械基础（初级、中级、高级）
- ◆ 液气压传动
- ◆ 数控技术与AutoCAD应用
- ◆ 机床夹具设计与制造
- ◆ 测量与机械零件测绘
- ◆ 管理与论文写作
- ◆ 钳工常识
- ◆ 电工常识
- ◆ 电工识图
- ◆ 电工基础
- ◆ 电子技术基础
- ◆ 建筑识图
- ◆ 建筑装饰材料
- ◆ 车工（初级★、中级、高级、技师和高级技师）
- ◆ 铣工（初级★、中级、高级、技师和高级技师）
- ◆ 磨工（初级、中级、高级、技师和高级技师）
- ◆ 钳工（初级★、中级、高级、技师和高级技师）
- ◆ 机修钳工（初级、中级、高级、技师和高级技师）
- ◆ 锻造工（初级、中级、高级、技师和高级技师）
- ◆ 模具工（中级、高级、技师和高级技师）
- ◆ 数控车工（中级★、高级★、技师和高级技师）
- ◆ 数控铣工/加工中心操作工（中级★、高级★、技师和高级技师）
- ◆ 铸造工（初级、中级、高级、技师和高级技师）
- ◆ 冷作钣金工（初级、中级、高级、技师和高级技师）
- ◆ 焊工（初级★、中级★、高级★、技师和高级技师★）
- ◆ 热处理工（初级、中级、高级、技师和高级技师）
- ◆ 涂装工（初级、中级、高级、技师和高级技师）
- ◆ 电镀工（初级、中级、高级、技师

和高级技师）
- ◆ 锅炉操作工（初级、中级、高级、技师和高级技师）
- ◆ 数控机床维修工（中级、高级和技师）
- ◆ 汽车驾驶员（初级、中级、高级、技师）
- ◆ 汽车修理工（初级★、中级、高级、技师和高级技师）
- ◆ 摩托车维修工（初级、中级、高级）
- ◆ 制冷设备维修工（初级、中级、高级、技师和高级技师）
- ◆ 电气设备安装工（初级、中级、高级、技师和高级技师）
- ◆ 值班电工（初级、中级、高级、技师和高级技师）
- ◆ 维修电工（初级★、中级★、高级、技师和高级技师）
- ◆ 家用电器产品维修工（初级、中级、高级）
- ◆ 家用电子产品维修工（初级、中级、高级、技师和高级技师）
- ◆ 可编程序控制系统设计师（一级、二级、三级、四级）
- ◆ 无损检测员（基础知识、超声波探伤、射线探伤、磁粉探伤）
- ◆ 化学检验工（初级、中级、高级、技师和高级技师）
- ◆ 食品检验工（初级、中级、高级、技师和高级技师）
- ◆ 制图员（土建）
- ◆ 起重工（初级、中级、高级、技师）
- ◆ 测量放线工（初级、中级、高级、技师和高级技师）
- ◆ 架子工（初级、中级、高级）
- ◆ 混凝土工（初级、中级、高级）
- ◆ 钢筋工（初级、中级、高级、技师）
- ◆ 管工（初级、中级、高级、技师和高级技师）
- ◆ 木工（初级、中级、高级、技师）
- ◆ 砌筑工（初级、中级、高级、技师）
- ◆ 中央空调系统操作员（初级、中级、高级、技师）
- ◆ 物业管理员（物业管理基础、物业管理员、助理物业管理师、物业管理师）
- ◆ 物流师（助理物流师、物流师、高级物流师）
- ◆ 室内装饰设计员（室内装饰设计员、室内装饰设计师、高级室内装饰设计师）
- ◆ 电切削工（初级、中级、高级、技师和高级技师）
- ◆ 汽车装配工
- ◆ 电梯安装工
- ◆ 电梯维修工

变压器行业特有工种国家职业资格培训教程

丛书介绍：由相关国家职业标准的制定者——机械工业职业技能鉴定指导中心组织编写，是配套用于国家职业技能鉴定的指定教材，覆盖变压器行业5个特有工种，共10种。

读者对象：可作为相关企业培训部门、各级职业技能鉴定培训机构的鉴定培训教材，也可作为变压器行业从业人员学习、考证用书，还可作为技工学校、职业高中、各种短训班的教材。

- ◆ 变压器基础知识
- ◆ 绕组制造工（基础知识）
- ◆ 绕组制造工（初级 中级 高级技能）
- ◆ 绕组制造工（技师 高级技师技能）
- ◆ 干式变压器装配工（初级、中级、高级技能）
- ◆ 变压器装配工（初级、中级、高级、技师、高级技师技能）
- ◆ 变压器试验工（初级、中级、高级、技师、高级技师技能）
- ◆ 互感器装配工（初级、中级、高级、技师、高级技师技能）
- ◆ 绝缘制品件装配工（初级、中级、高级、技师、高级技师技能）
- ◆ 铁心叠装工（初级、中级、高级、技师、高级技师技能）

国家职业资格培训教材——理论鉴定培训系列

丛书介绍：以国家职业技能标准为依据，按机电行业主要职业（工种）的中级、高级理论鉴定考核要求编写，着眼于理论知识的培训。

读者对象：可作为各级职业技能鉴定培训机构、企业培训部门的培训教材，也可作为职业技术院校、技工院校、各种短训班的专业课教材，还可作为个人的学习用书。

- ◆ 车工（中级）鉴定培训教材
- ◆ 车工（高级）鉴定培训教材
- ◆ 铣工（中级）鉴定培训教材
- ◆ 铣工（高级）鉴定培训教材
- ◆ 磨工（中级）鉴定培训教材
- ◆ 磨工（高级）鉴定培训教材
- ◆ 钳工（中级）鉴定培训教材
- ◆ 钳工（高级）鉴定培训教材
- ◆ 机修钳工（中级）鉴定培训教材
- ◆ 机修钳工（高级）鉴定培训教材
- ◆ 焊工（中级）鉴定培训教材
- ◆ 焊工（高级）鉴定培训教材
- ◆ 热处理工（中级）鉴定培训教材
- ◆ 热处理工（高级）鉴定培训教材
- ◆ 铸造工（中级）鉴定培训教材
- ◆ 铸造工（高级）鉴定培训教材
- ◆ 电镀工（中级）鉴定培训教材
- ◆ 电镀工（高级）鉴定培训教材
- ◆ 维修电工（中级）鉴定培训教材
- ◆ 维修电工（高级）鉴定培训教材
- ◆ 汽车修理工（中级）鉴定培训教材
- ◆ 汽车修理工（高级）鉴定培训教材
- ◆ 涂装工（中级）鉴定培训教材
- ◆ 涂装工（高级）鉴定培训教材
- ◆ 制冷设备维修工（中级）鉴定培训教材

◆ 制冷设备维修工（高级）鉴定培训教材

国家职业资格培训教材——操作技能鉴定试题集锦与考点详解系列

丛书介绍： 用于国家职业技能鉴定操作技能考试前的强化训练。特色：

● 重点突出，具有针对性——依据技能考核鉴定点设计，目的明确。
● 内容全面，具有典型性——图样、评分表、准备清单，完整齐全。
● 解析详细，具有实用性——工艺分析、操作步骤和重点解析详细。
● 练考结合，具有实战性——单项训练题、综合训练题，步步提升。

读者对象： 可作为各级职业技能鉴定培训机构、企业培训部门的考前培训教材，也可供职业技能鉴定部门在鉴定命题时参考，也可作为读者考前复习和自测使用的复习用书，还可作为职业技术院校、技工院校、各种短训班的专业课教材。

◆ 车工（中级）操作技能鉴定试题集锦与考点详解
◆ 车工（高级）操作技能鉴定试题集锦与考点详解
◆ 铣工（中级）操作技能鉴定实战详解
◆ 铣工（高级）操作技能鉴定试题集锦与考点详解
◆ 钳工（中级）操作技能鉴定试题集锦与考点详解
◆ 钳工（高级）操作技能鉴定实战详解
◆ 数控车工（中级）操作技能鉴定实战详解
◆ 数控车工（高级）操作技能鉴定试题集锦与考点详解
◆ 数控车工（技师、高级技师）操作技能鉴定试题集锦与考点详解
◆ 数控铣工/加工中心操作工（中级）操作技能鉴定实战详解
◆ 数控铣工/加工中心操作工（高级）操作技能鉴定试题集锦与考点详解
◆ 数控铣工/加工中心操作工（技师、高级技师）操作技能鉴定试题集锦与考点详解
◆ 焊工（中级）操作技能鉴定实战详解
◆ 焊工（高级）操作技能鉴定实战详解
◆ 焊工（技师、高级技师）操作技能鉴定实战详解
◆ 维修电工（中级）操作技能鉴定试题集锦与考点详解
◆ 维修电工（高级）操作技能鉴定试题集锦与考点详解
◆ 维修电工（技师、高级技师）操作技能鉴定实战详解
◆ 汽车修理工（中级）操作技能鉴定实战详解
◆ 汽车修理工（高级）操作技能鉴定实战详解

技能鉴定考核试题库

丛书介绍：根据各职业（工种）鉴定考核要求分级编写，试题针对性、通用性、实用性强。

读者对象：可作为企业培训部门、各级职业技能鉴定机构、再就业培训机构培训考核用书，也可供技工学校、职业高中、各种短训班培训考核使用，还可作为个人读者学习自测用书。

◆ 机械识图与制图鉴定考核试题库（第2版）
◆ 机械基础技能鉴定考核试题库（第2版）
◆ 电工基础技能鉴定考核试题库
◆ 车工职业技能鉴定考核试题库（第2版）
◆ 铣工职业技能鉴定考核试题库（第2版）
◆ 磨工职业技能鉴定考核试题库
◆ 数控车工职业技能鉴定考核试题库
◆ 数控铣工/加工中心操作工职业技能鉴定考核试题库
◆ 模具工职业技能鉴定考核试题库
◆ 钳工职业技能鉴定考核试题库（第2版）
◆ 机修钳工职业技能鉴定考核试题库（第2版）
◆ 汽车修理工职业技能鉴定考核试题库
◆ 制冷设备维修工职业技能鉴定考核试题库
◆ 维修电工职业技能鉴定考核试题库（第2版）
◆ 铸造工职业技能鉴定考核试题库
◆ 焊工职业技能鉴定考核试题库
◆ 冷作钣金工职业技能鉴定考核试题库
◆ 热处理工职业技能鉴定考核试题库
◆ 涂装工职业技能鉴定考核试题库

机电类技师培训教材

丛书介绍：以国家职业标准中对各工种技师的要求为依据，以便于培训为前提，紧扣职业技能鉴定培训要求编写。加强了高难度生产加工，复杂设备的安装、调试和维修，技术质量难题的分析和解决，复杂工艺的编制，故障诊断与排除以及论文写作和答辩的内容。书中均配有培训目标、复习思考题、培训内容、试题库、答案、技能鉴定模拟试卷样例。

读者对象：可作为职业技能鉴定培训机构、企业培训部门、技师学院培训鉴定教材，也可供读者自学及考前复习和自测使用。

读者信息反馈表

感谢您购买《工程机械装配与调试工（汽车起重机）》一书。为了更好地为您服务，有针对性地为您提供图书信息，方便您选购合适图书，我们希望了解您的需求和对我们教材的意见和建议，愿这小小的表格为我们架起一座沟通的桥梁。

<table>
<tr><td>姓　名</td><td></td><td colspan="2">所在单位名称</td><td colspan="3"></td></tr>
<tr><td>性　别</td><td></td><td colspan="2">所从事工作（或专业）</td><td colspan="3"></td></tr>
<tr><td>电子邮件</td><td colspan="3"></td><td>移动电话</td><td colspan="2"></td></tr>
<tr><td>办公电话</td><td colspan="2"></td><td colspan="2">邮政编码</td><td colspan="2"></td></tr>
<tr><td>通信地址</td><td colspan="6"></td></tr>
<tr><td colspan="7">1. 您选择图书时主要考虑的因素（在相应项前面打“✓”）
（　　）出版社　（　　）内容　（　　）价格　（　　）封面设计　（　　）其他
2. 您选择我们图书的途径（在相应项前面打“✓”）
（　　）书目　（　　）书店　（　　）网站　（　　）朋友推介　（　　）其他</td></tr>
<tr><td colspan="7">希望我们与您经常保持联系的方式：
□电子邮件信息　　□定期邮寄书目
□通过编辑联络　　□定期电话咨询</td></tr>
<tr><td colspan="7">您关注（或需要）哪些图书和教材：</td></tr>
<tr><td colspan="7">您对我社图书出版有哪些意见和建议（可从内容、质量、设计、需求等方面谈）：</td></tr>
<tr><td colspan="7">您今后是否准备出版相应的教材、图书或专著（请写出出版的专业方向、准备出版的时间、出版社的选择等）：</td></tr>
</table>

非常感谢您能抽出宝贵的时间完成这张调查表的填写并回寄给我们，我们愿以真诚的服务回报您对我社的关心和支持。

请联系我们——

通信地址　北京市西城区百万庄大街22号　机械工业出版社技能教育分社

邮政编码　100037

社长电话　（010）8837—9711　6832—9397（带传真）

电子邮件　cmpjjj@vip.163.com